マグマの発泡と結晶化

Vesiculation and Crystallization of Magma:
Fundamentals of the Volcanic Eruption Process

火山噴火過程の基礎

寅丸敦志——[著]
Atsushi Toramaru

東京大学出版会

Vesiculation and Crystallization of Magma:
Fundamentals of the Volcanic Eruption Process

Atsushi TORAMARU

University of Tokyo Press, 2019
ISBN 978-4-13-066712-8

まえがき

火山現象を研究し，仕組みや法則を解明するには，地球物理観測や地質調査，地球化学的分析，モデリングなど様々なアプローチが必要です．物質科学分析もその１つで，特に最近20年は，世界的に活発に研究が行われ，噴火様式や推移と噴出物との対応が調べられ，マグマの上昇速度などの噴火パラメータが定量的に推定されてきました．火山噴出物は，発生から，集積，上昇，噴火に至るすべての過程で，マグマが経験した発泡，結晶化や運動を，その化学組成や組織として記録しています．こうしたマグマの運動の記録を定量的に読み解くためには，その中心的過程であるマグマの発泡と結晶化を理解することが必要になります．しかし，そのための学問的手続きを解説した書がなく，その必要性を感じていました．

従来行われている火山の観測研究，例えば地球物理観測では，火山性地震の発生や，山体変形などのデータが得られますが，その解釈には，地下でのマグマの状態についての知識が必要になります．また，計算機シミュレーションによる火道流のモデリングやマグマだまり内での対流や結晶の分別などの計算にも，物質科学についての基礎知識が必要になります．さらに，マグマの冷却や揮発性成分のマグマへの溶解度は，個別の観測やシミュレーションの方針を立てる際に前もって理解しておく，極めて基本的な事柄です．

本書の対象は，マグマの発泡過程と結晶化過程です．マグマの発泡と結晶化は，火山噴火のあらゆるシーンで登場する基本的過程です．地下深部のマグマだまりでは，冷却結晶化が起こり，結晶に入らない水やそのほかの揮発性成分が液に濃集し，あるとき発泡し，マグマだまりの増圧やマグマの上昇のための浮力を提供します．火道内を上昇するマグマでは減圧発泡が起こり，生成したガスの膨張が上昇速度や火口からの噴出速度を支配しています．さらに，減圧発泡による液中の含水量の減少の結果，鉱物の融点は上昇し，減圧誘導型結晶化が起こります．気泡や結晶の生成は，マグマの粘性や構造を変化させ，マグマの運動にフィードバックします．そうして地表に出てきた噴出物には，マグマが経験した温度・圧力経路やその変化速度が，気泡と結晶の組織（texture テクスチャー）として記録されています．そのため，噴出物の組織からこうした情報を読み出す方法論を適切に用いれば，噴火に伴うマグマの運動を推定することが可能になります．

この方法論の開発には，岩石や鉱物等，物質についての博物学的知識に加えて，実際の物質を分析した結果出てくるデータを解釈するための，よって立つべき考え方が必要になってきます．例えば，ボールの飛跡のデータを解釈するためのよって立つべき考えは，高校で学習するニュートン力学です．その意味で，火山物質のデータを解釈するためのよって立つべき考えは，大きく分けて 2 つあります．1 つは，熱力学を基礎とし，相平衡図に集大成される平衡論と呼べるものです．これは，平衡状態という概念を前提とし，運動のない安定な状態を議論するものです．もう 1 つは，ある状態からある状態に向かう運動を議論する非平衡論とも呼べるものです．非平衡論は，カイネティックスや速度論などとも呼ばれます．本書では，この 2 つを軸にして，自然の物質を解釈するためのよって立つべき考えの基礎を解説しています．

相平衡図やカイネティックスのテキストは，応用物理や材料科学の分野でたくさん出版されていますが，一般論の解説であったり，物質や取り扱う状況が異なっていたりし，火山物質に応用するにはいささか敷居が高いものになっています．また，マグマについて独自に発展してきたカイネティックスに関して包括的に解説した書は見当たりません．このことは，研究・教育を次のステップに進めるうえで，大きな障害になっていると思われます．

一方で，火山学にとどまらず，日本のテキストは，一般にコンパクトにまとめられていて，式の導出やその背後の基本的物理があまり丁寧に解説されていないことがあります．特に近年，わかりやすいことを念頭に置いて，難解な書は敬遠されがちです．そのことによって，詳細な探求過程を見ることができず，結局背景になっている仮定や基本原理について理解が得られないのではないかと危惧されます．本書は，こうしたデメリットの克服を目標として，できるだけ詳しくかつ「わかるように」記述することを心がけました．寺田寅彦は，Rayleigh の Theory of Sound を「懐手して読める」と評していますが，本書がそうした本になっているかは，まったく自信はありません．

以上のような思想のもとに，本書は下記のような構成を取っています．第 I 部では，理解したい火山現象を共有するために，著者の経験に基づいた事例を紹介します．ここでは，マグマの発泡と結晶化を学習するためのモチベーションや自然現象から直接受ける示唆についても記述しています．第 II 部では，マグマの発泡について，第 III 部ではマグマの結晶化について解説しています．第 II 部も第 III 部も，平衡論を始めに解説し，続いて非平衡論を解説しています．ただし，結晶化の平衡論は，発泡についての議論と重複すること，いくつかの既書が存在していること，紙面の関係上などの理由により，詳しくは解説していません．マグマの発泡過程では，マグマが発泡する条件，気泡形成の仕組み，気泡の成長，気泡サイズ分布の時間発展，気泡に関わる種々の過程：2 次成長，合体，変形，離脱，上昇，気泡の収縮・崩壊・振動などを取り扱います．マグマの結晶化過程では，マグマの冷却結晶化，発泡に伴う結晶化（減圧結晶化）および結晶サイズ分布（CSD：Crystal Size Distribution）について解説します．最後の第 IV 部の応用の章では，それまでの章での内容を，実際の火山の噴出物や岩石に応用し，マグマの振舞いを理解する試みを紹介します．付録では，本文の内容を理解するのに必要な事項を解説しました．主として，式の導出や計算，有用だと思われる概念やまとめ，物性の概要，組織解析の概念的基礎などです．たくさん登場するシンボルについては，違う意味に同じシンボルを用いないよう心掛け，記号一覧を掲載することで，読者の助けとしました．

火山現象を物質科学的側面から理解するのに欠かせない事項として，観測される結晶の化学組成の包括的紹介と検討，様々な結晶形態の成因，物性の詳しい説明とデータ（一部付録），相変化と流体運動とのカップリングなどがあります．これらは，残念ながら本書に含めることができませんでしたが，まとまった解説の必要性を感じています．

市原美恵，大橋正俊，山河和也，丸石崇史，西脇瑞紀の諸氏には，延べ 8 日間に及ぶ 2 回のレビュー合宿で，物理や式の導出の確認に時間を費やして頂き，根本的な間違いや表現について，数限りない指摘とアドバイスを頂きました．この合宿がなければ，本書の内容ははるかに不正確なものになっていたに違いありません．ベストを尽くしたつもりでも，たくさんの間違いがあることは否めませんが，それは著者の責任です．また，市原氏には，核形成のエネルギー論，大橋氏には，気泡の合体や変形について有益な議論をして頂きました．西脇氏には付録の粘性の計算をして頂きました．島田和彦氏には，電子顕微鏡写真を撮影して頂きました．東京大学出版会の小松美加氏には，本書を出版するきっかけと励ましを頂き，また，難しい編集作業で手を煩わせました．以上の方々に，感謝の意を表します．

本書は，独立行政法人日本学術振興会平成 30 年度科学研究費助成事業（科学研究費補助金）（研究成果公開促進費）JP18HP5236 の交付を受けた．

目 次

第I部
はじめに

第1章　天然からの動機付け

1.1　伊豆大島 1986 年噴火

1.1.1　噴火様式の推移

1986 年，30 年ぶりに伊豆大島が大きな噴火をし，全島民が避難するという前代未聞の事態が起こる．この噴火では，当初，三原山すなわち，カルデラ内の中央火口（A 火口と呼ぶ）から，真っ赤な溶岩噴泉を噴き上げるハワイ式〜ストロンボリ式噴火を行っていた（図 1.1 左）．

11 月 15 日に始まったこの溶岩噴泉は，高度 1 km に達することもあり，溶岩噴泉という様式の噴火では最大級のものだった．噴泉の高さや噴出率には，数秒の周期で消長するリズムがあった（図 1.1 右）．しかし，火山性地震などに大きな変化はなく，火口に近づかない限り，一般の見物には危険性がないように思われた．カルデラの縁にある，御神火茶屋という土産物屋には観光客が訪れ，写真撮影用

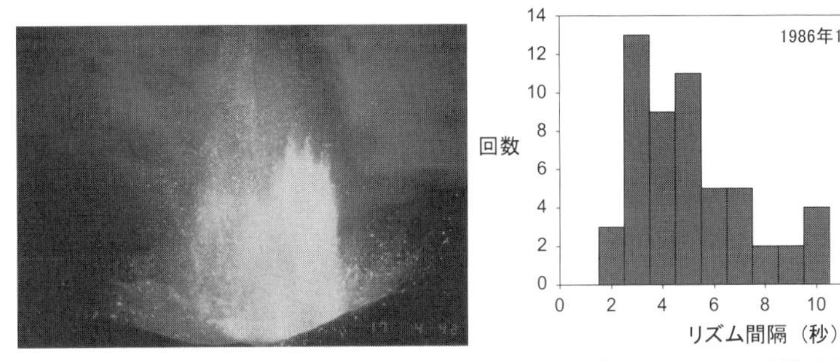

図 1.1　（左写真）伊豆大島 1986 年の A 火口（中央火口）からの溶岩噴泉噴火（1986 年 11 月 17 日，白尾元理さん撮影）．（右図）1986 年 11 月 16 日 17 時 15 分頃の溶岩噴泉噴火の噴出率変動（リズム）に見られる周期．日本大学観測グループによるビデオ映像に基づき解析．合計イベント数 58 回，平均間隔 5.56 秒，分散 2.7 秒．

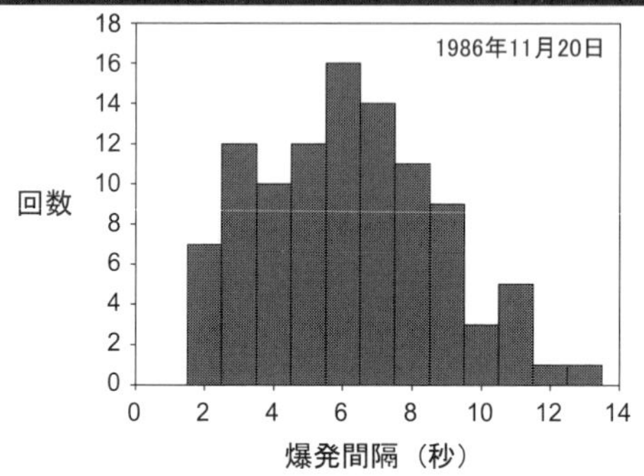

図 **1.2**　（上写真）伊豆大島 1986 年の A 火口（中央火口）からのストロンボリ式噴火．著者と同じグループで同行した白尾元理さん撮影（1986 年 11 月 20 日）．（下図）1986 年 11 月 20 日 11 時 22 分〜45 分までのマグマ風船の爆裂周期．著者と同じグループで同行した海野進さん撮影のビデオ映像に基づき解析．合計爆発数 101 回，平均間隔 6.16 秒，分散 2.5 秒．

のひな壇では溶岩を噴く三原山を背景に記念撮影が行われていた．

溶岩噴泉の勢いは数日間で次第に衰えていき，ついに断末魔の叫びのような爆発音を伴いながら，火口のマグマの中にできた巨大なあぶくが爆裂する，ストロンボリ式噴火に移行していった（図 1.2 上）．このマグマの風船（たくさんの大きな気泡が濃集した部分）の間欠的爆裂は，十秒弱の間隔で起こり 10〜20 数分継続する独立したエピソードを作っていた（図 1.2 下）．そのエピソードの時間間隔は 2〜3 時間だった．この中央火口からの爆発と爆発，エピソードとエピソードの間隔が徐々に延び，次の日（21 日）になって，爆発音の回数も極端に少なくなっていた．

こうした，噴火様式の変化は，ガスを含んだマグマの性質と供給量に関係して

図 1.3　（左）伊豆大島 1986 年の B 火口列からの準プリニー式噴火．（右）剣が峰にできた B 火口列の噴火直後の状態．噴火開始前日，著者らは，ここで A 火口からのマグマ風船の爆裂を鑑賞した．（日本火山学会絵葉書より）

いる．伊豆大島のマグマは，玄武岩質で，高温で SiO_2 が少なく，比較的サラサラしている．まさに液体という感じのマグマがガスと混じって噴き出すさまは「噴泉」に他ならない．ガスを含んだマグマの上昇量が少なくなってくると，マグマの中でガス気泡が滞在する時間が長くなり，合体し大きな気泡へと変化し，それが周期的に火口からはじけると考えられる．火道を満たしているマグマの温度も，時間とともに下がっていき，粘り気が増してくるだろう．そうすると，大きな気泡が火道中を上昇し膨張する際に，マグマの風船は内圧に対して十分伸びることができなくて，気泡内部に圧力をため込んだまま風船が不安定になり，どこかで壊れて爆発することになるのである．

次の日の夕方（21 日）起こった噴火は，カルデラ内の三原山のふもとから発生し，火口の位置は，山体の端の剣が峰にまで拡大した（図 1.3）[*1]．この噴火は，噴煙柱の高度が 10 km 以上に達するプリニー式の噴火の一種で，マグマ自身が地殻を破壊して作った割れ目を火口とした割れ目噴火であり，山腹に火口ができる

[*1] その火口へは，現在遊歩道が整備されており，巨大な火口を近くで見ることができる．

山腹噴火でもあった．実際に噴煙が到達した最高高度は，12 km とも 13 km とも言われている（Japan Meteorological Agency, 1987）．

さらにその後，火口は，カルデラ縁まで拡大し，さらに，マグマの噴き出し口の亀裂が，カルデラの外に出現し（C 火口列と呼ばれている），麓の元町の方にまで伸びる様相を呈してきた．その結果，島民はその夜の内に全島避難を余儀なくされる事態となったのである．結局，噴火は，次の朝までに終息した（いまだから言える）が，避難はその後 1 カ月続くことになった．地震や重力・地殻変動の解析から後でわかったことだが，この B 火口列から C 火口列に至る噴火のマグマは地下で板状の形状で分布し上昇してきた岩脈だったのである．

1.1.2　気泡と結晶

伊豆大島の噴火を直接あるいは映像などを通して見ると，火山噴火が，マグマの爆発的膨張に他ならないことがわかる．そのマグマの爆発的膨張の直接の原因が，マグマの発泡過程である．マグマの発泡は，地下深部の高圧下で液体のマグマ（ケイ酸塩メルト）に溶け込んでいた揮発性成分（主として水や炭酸ガスだが，島孤[*2]にある伊豆大島などの火山では水が圧倒的に多くを占める）が，低圧で析出し，ガス（気相）を生成する現象である．ビールやシャンパン，炭酸飲料の栓を開けたときの発泡と同じだ．マグマの場合には，地下 4 km，圧力 1000 気圧で，おおよそ 3–4 wt%の水が溶け込むことができる．

我々は，ビールや炭酸飲料の発泡過程を日常的に見ている（味わっている）ので，泡がどのようにしてできるのか，感覚的に知っている．しかし，私は，火山噴火におけるガスの役割と火道内部のマグマの運動について，その実態を直接見ることのできない歯がゆさを感じていた．

11 月 20 日に中央火口の近くにあがったときに踏みしめたスコリア[*3]の感触と音．散乱する様々なサイズのマグマの破片が，爆発とは破砕であることを物語っていた．私はその中から，ガラス質のスコリアをいくつか採取し，持ち帰った．数センチのサイズのスコリアを樹脂に埋め込み，チップにして断面を観察した．図 1.4 は，スコリアの断面の電子顕微鏡による後方散乱電子像（BSE 像）というも

[*2] プレートが沈み込む海溝に沿って陸側に弧状に発達した島群．

[*3] 軽石の中でも比較的黒っぽいものをスコリア scoria，白っぽいものをパミス pumice，と区別して言うことがある．軽石の色と，軽石の化学組成は比較的対応がよく，パミスは SiO_2 に富み，スコリアは乏しい傾向にある．なぜそのような色と化学組成の関係が成立するのかは難しい問題であるが，どうも軽石を構成しているガラスの成分や石基の結晶度に関係しているようである．スコリアは，マイクロライトと呼ばれる微細な結晶に比較的富んでおり，パミスにはほとんど含まれていない．

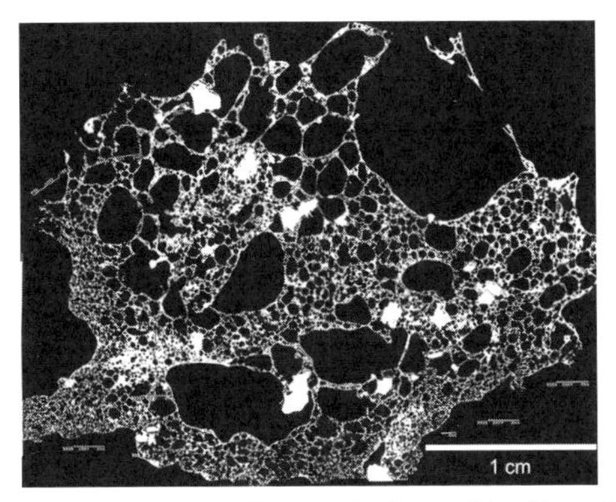

図 **1.4** 1986A のスコリアの後方散乱電子像（BSE 像）．約 50 枚の電子顕微鏡写真のモザイク像．横幅約 3 cm．

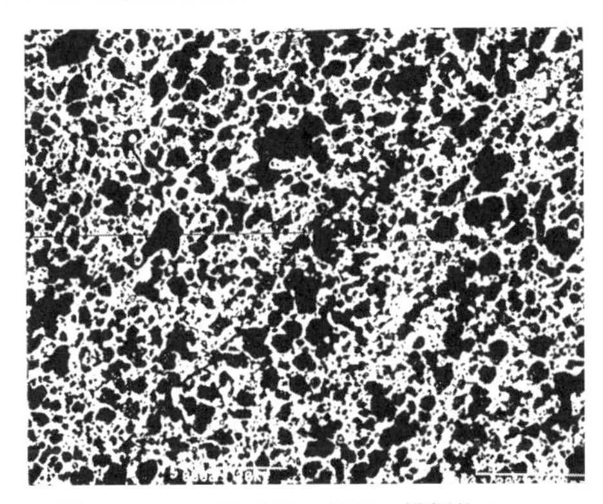

図 **1.5** 1986B のスコリア．横幅約 1 cm．

のだが，黒いところは空隙で，白いところはマグマの液体であった部分（固結後は少量の結晶を含むガラス）または結晶（斑晶）の部分である．この写真から次のことがわかる：1) 気泡のサイズがまちまちである*4．2) 気泡の形が比較的球形に近い．3) ところどころ気泡同士が合体した結果が見られる．4) 発泡度（気泡部分が全体に占める体積割合）が非常に大きい．溶岩噴泉の噴出物に対するこうした観察事実は，他の噴火様式の噴出物を観察するときの基準となる．

さてそれでは，まったく異なる噴火様式の，B 火口列からの準プリニー式噴火によって噴出されたスコリアの組織*5は，どうなっているだろうか．研究グループが外周道路で採取したスコリアの破片を，同様に電子顕微鏡で見てみた．図 1.5

*4 べき分布 (power law distribution) を取ることが多い．

*5 物質科学では，結晶や気泡などが作るミクロ構造のことを組織 (texture) と呼ぶ．

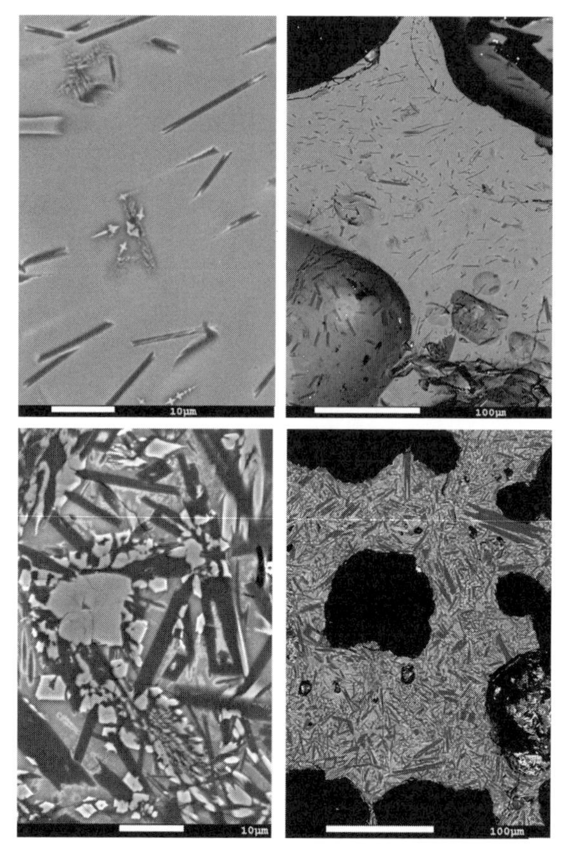

図 1.6　（上）1986A のスコリア中の石基ガラス．非常に小さいマイクロライトが散見される．（下）1986B のスコリア中の石基ガラス．たくさんのマイクロライトを含む．スケールバーはそれぞれ左が 10 μm，右が 100 μm.

からもわかるように，準プリニー式噴火からの噴出物の発泡組織は，A 火口からの溶岩噴泉噴火のスコリアの発泡組織と似ても似つかない様相を呈していた．その特徴は，1) 気泡のサイズにはあまり違いがないように見える．2) 気泡の形は球形から外れているものが多い．3) 気泡同士の合体の痕跡が多く残っている．4) 発泡度は高いが，非常に高いわけではない．さらに細かく見ると，A 火口のスコリアでは，ガラスの中にほとんど微細な結晶（マイクロライト；1.3.6 参照）を含まないが，B 火口列のスコリアにはたくさんのマイクロライトが含まれている（図 1.6）．

軽石のこうした組織・形態の違いは，噴火様式の違いと関係があり，さらには，火山噴火の原動力であるマグマの発泡過程や，見ることのできない火道中でのマグマの運動状態と関係があるに違いない．言葉を変えていえば，軽石の組織は噴火時のマグマの運動についての情報を含んでいる．さらに考えを推し進めると，軽石の組織を詳細に検討することによって，見えない火道内でのマグマの運動を定量的に知ることができるのではないか，あるいはマグマの運動の支配要因を知ることができるのではないかという，期待が沸いてくる．

1.2 軽石とプリニー式噴火

1.2.1 軽石を出す噴火

軽石は，火山噴火であれば必ず放出されるわけではない．軽石を出す噴火は，あるタイプの噴火に限られている．その噴火は，プリニー式噴火あるいは大規模火砕流（イグニンブライト：ignimbrite）と呼ばれる噴火で，プリニー式噴火は軽石や火山灰などの火山砕屑物 (pyroclast) すなわちテフラが，噴煙として上空10 km 以上にまで上昇するものである．その典型的な例として，十和田火山を見てみよう．

1.2.2 十和田火山

十和田火山のカルデラ形成以降のプリニー式噴火は，早川由紀夫さん（現・群馬大学）が学位論文で，火山地質を詳細に調べ，噴火史を編み，当時開発されたばかりの手法を用いて，過去の噴火強度を定量化することに成功していた (Hayakawa, 1985)．実際に観察・観測できるリアルタイムの噴火のみならず，過去の膨大な数の噴火の強度を，その堆積物・噴出物から定量化することは，火山噴火という現象を知るための 1 つの有効な視点である．

噴火の規模や強度をどのように定義するかはまた別の問題であるが，噴煙柱の高度は強度の 1 つの目安になる．Walker (1980) は，噴出物の広がりや，火砕粒子（軽石や火山灰）のうち比較的細粒（粒径 1 mm より小さい）の割合によって，噴火が定量化できるのではないかというアイデアを提案していた[*6]．一方，Wilson *et al.* (1980) は，プリニー式噴火を特徴付ける際に，噴煙の力学的振舞いに注目

[*6]噴出物すなわち火砕粒子は，そのサイズに分布があり，かつ地表面に厚さと広がりを持って堆積するので，噴出物の広がりや，ある粒子の割合を言うときには，厚さや対象としている空間領域を決めておく必要がある．

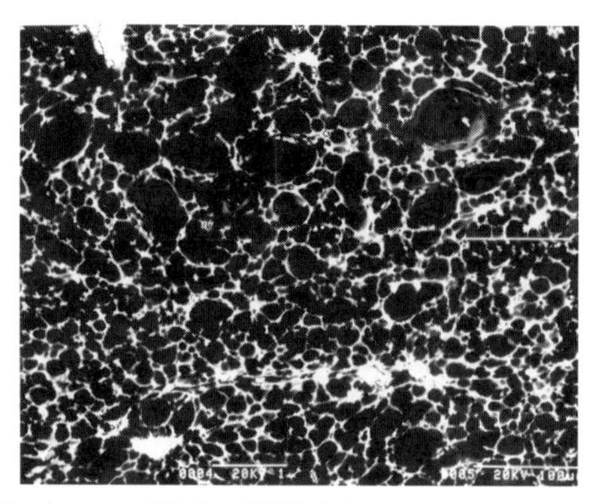

図 1.7　十和田火山の A2 軽石．噴煙柱高度 30 km，SiO_2 = 71%．図 1.8 の A2 の左上の部分．

すると，噴煙柱の高度が噴火強度の指標として理解しやすいことを提案した．さらに，噴出物の調査から，この噴煙柱高度が過去の噴火について推定できることが，Sparks らによって提唱されていた (Carey and Sparks, 1986)．その当時，これほど噴火強度が詳しく定量的に理解されている噴火，特に 1 つの火山について系統立てて調べられている過去の噴火は十和田火山の他にはなかった．

十和田軽石から推定された噴煙柱の高さは 12 km から 30 km と，準プリニー式から立派なプリニー式までの範囲をカバーしている．また，マグマの化学組成を SiO_2 で見てみると，61–74 wt%（デイサイトから流紋岩質）のケイ長質マグマである（先に見た，伊豆大島 1986B の準プリニー式噴火は，噴煙柱高度 12–13 km，SiO_2 = 53–54 wt%の玄武岩質安山岩マグマである）．

例えば，噴煙柱高度 30 km，SiO_2 = 71%の典型的ケイ長質マグマのプリニー式噴火の軽石を見てみよう（図 1.7）．先ほどの伊豆大島の噴火のスコリアと比べてわかることは，気泡が明らかに小さいことである．伊豆大島の準プリニー式噴火のスコリアでは 100 μm 程度であるのに対し，十和田軽石では，10 μm 程度のものが多くを占める．さらに，気泡の形状は球形を保ち，気泡間の液膜が非常に薄くなるまでマグマが膨張していることがわかる．気泡間の液膜が破れて合体しているものもある．気泡合体後残された液膜のカスプが表面張力で緩和しているようにも見えない．多数を占める小さい気泡のサイズも比較的よくそろっている[*7]が，大きな気泡もところどころ遍在している．

また，十和田カルデラ形成以降のプリニー式噴火の軽石について同様に調べ，

[*7]指数分布を取る場合が多い．

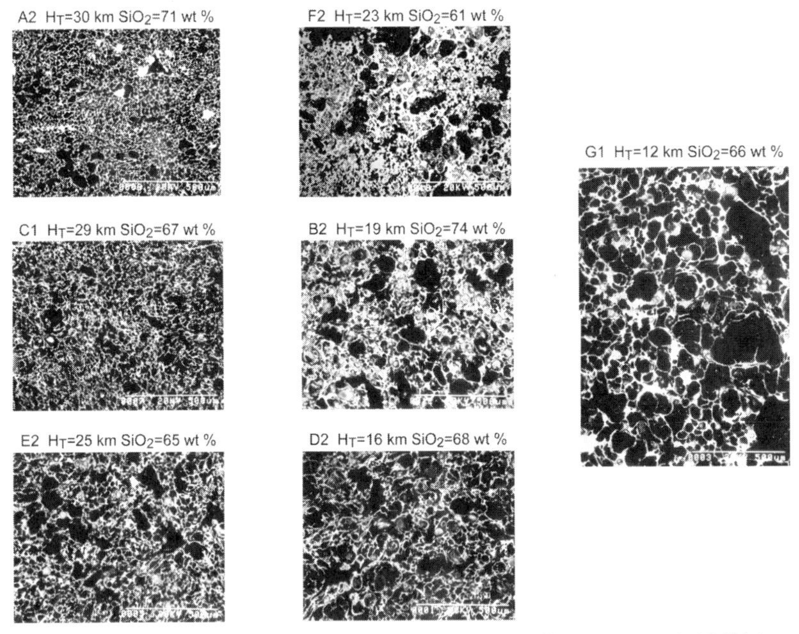

図 1.8　十和田火山の軽石．比較のために画像の縮尺は統一している（写真横幅 1 mm）(Toramaru, 1990)．

噴煙柱高度の大きさにしたがって並べてみた（図 1.8）．噴煙柱高度が，30 km ぐらいから，25 km，19 km，12 km と低くなっていくに従い，気泡のサイズがだんだん大きくなっていることがわかる．気泡のサイズを決定している地下深部での要因と地表での噴火強度の間に相関があることを示唆している．

ここで気になることは，軽石の組織は，噴火強度に関係しているだけでなく，マグマの化学組成とも関係しているように見えることである．マグマの化学組成は，マグマの性質に大きく影響を与える．特に，マグマの流動のしやすさである粘性や，分子の移動のしやすさである拡散係数などの性質は，気泡生成に大きく影響を与えることが考えられるので，慎重にその効果を吟味する必要がある．

相関を定量的に比較するために，縦軸に気泡の数密度，横軸に噴煙柱高度，および SiO_2wt%をとった図 1.9 で比べてみる．気泡の数密度は，発泡度[*8]がほぼ同じであるなら，気泡のサイズの三乗の逆数であり，数密度のほうが気泡生成の仕組みを考えるとより本質的である．この図を見る限り，軽石の組織すなわち気泡

[*8] 軽石中に占める空隙の体積割合．10.2.4 節参照．

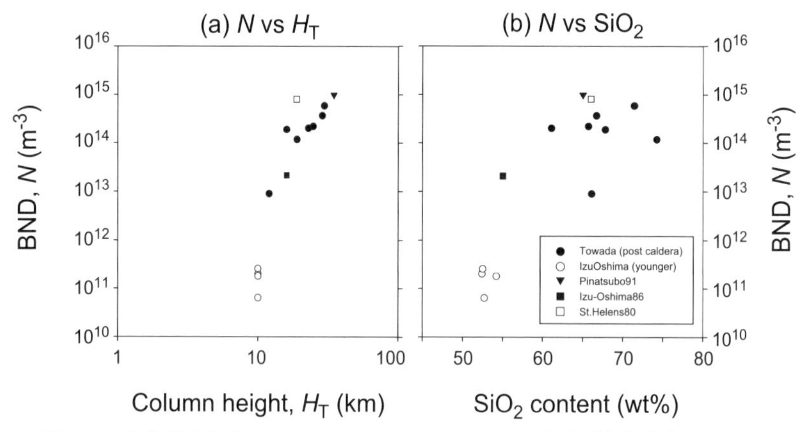

図 1.9　気泡数密度（BND：Bubble Number Density）と噴煙柱高度 (H_T) および化学組成 (SiO_2wt%) の関係 (Toramaru, 2006).

数密度は噴煙柱高度と化学組成のどちらとも関係があるように見える．マグマの化学組成は，メルトの粘性や，気泡成分である H_2O のメルト中の拡散係数を大きく左右し，ひいては気泡生成に絶大な影響を与える．この気泡数密度（気泡サイズ）と噴煙柱高度の関係は，そうしたマグマの物性の影響を間接的に表現している可能性もある．見えない火道内部のマグマの運動を知るためには，そのようなマグマの物性の影響を差っ引いて考える必要がある．そのために，後の章で，マグマ中での気泡生成すなわちマグマの発泡過程をマグマの物性の役割を含む形で理解し，その影響を吟味することにしよう．そのあとでもう一度，この関係を考えることにする．

プリニー式噴火の強度と噴火スケール則

巨大な爆発的噴火，特にプリニー式噴火の噴火強度が，何によって支配されているかということは，大変重要な問題である．また，噴火の強度あるいは規模というようなスケールの間に何か特別な関係があるはずだ．それは，噴火の強度を支配している自然の仕組み，すなわち自然の中に隠されている法則性と密接に関係しているからだ．その間に成り立つ関係を，スケール則と言う．このスケール則の発見は，科学の発展の中では特別の意味を持つ．この関係が成立した地球科学の中での例として，地震のマグニチュードとその震源の性質すなわち断層パラメータの関係がある．このことが，地震を断層の力学的問題として考えることに対する根拠の 1 つになっている．しかし，火山噴火にはそれに類する関係がいまだ見つかってはいなかった．

過去の噴火の噴出物の分布から噴煙柱高度を推定する方法が提案されて数年後，Carey and Sigurdsson (1989) は，世界中のプリニー式噴火の地質学的データをコンパイルし，噴煙柱高度が何に支配されているか検討した．その結果，図 1.10 に示すように噴煙柱高度は，総噴出量と正の相関があることを明らかにした．

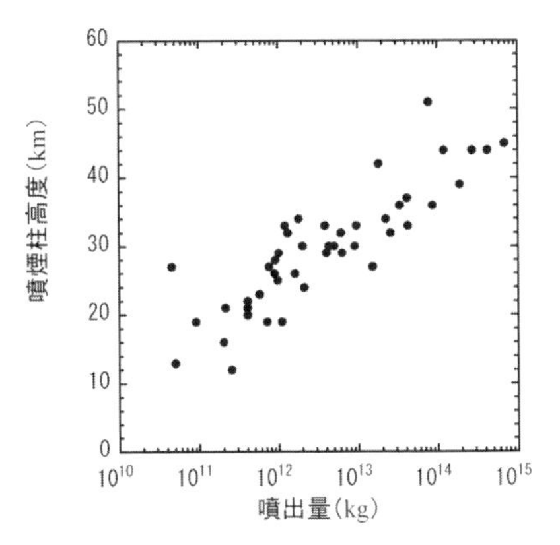

図 1.10 噴煙柱高度と総噴出量の関係（Carey and Sigurdsson, 1989 による）．

この図を見たときに，私は，やられた，と思った．それは，私が漠然とイメージしていたこれからの研究の方向性，すなわち火山噴火についてのスケール則の発見が，既になされていたからだ．このときまでに，噴煙柱高度は，流体力学的仕組みで，噴出率の 1/4 乗に比例することがわかっていた．しかし，噴出率を噴火の継続時間にわたって積分した総噴出量と，噴出率それ自身が相関を持つことは自明ではない．この関係は，その自明ではない何かを物語っている．

彼らは，噴出時間が長くなるほど，マグマの流動によって火道が侵食され，火道断面積が拡大し，実質的に噴出率が増大し（噴出率は火道断面積に比例する），結果として噴煙柱高度が大きくなると主張した．実際，巨大噴火の噴出物の中には，本質物質すなわち，噴火に寄与したマグマだけでなく，火道の壁であったであろう石質岩片が遍在している．野外で噴出物と対話した火山学者の直感から出た結論だろう．

しかし，総噴出量を左右している根本的要因が，他にあるような気がしてならない．その要因と噴出率が実は，何かある特別な理由で関係しているに違いないと思っている．また，この天然のデータ間に成立する経験的スケール則を定量的に説明する理論もまだない．

1.2.3 広域火山灰

プリニー式噴火は軽石を噴出するが，それと同時に火山灰[*9]が噴出される．火山灰のように細粒粒子は，ときとして火口からはるか離れた地域にまで運ばれ堆

[*9] 粒径 1 mm 以下の粒子を火山灰と称する．

図 1.11　バブルウォール型の AT 広域火山灰（阿蘇外輪で採集）の電子顕微鏡写真．細かく発泡した小さい軽石（マイクロパミス）も見える．

積する．こうした火山灰は，広域火山灰と呼ばれ，地質学的には年代を決定する重要な指標となる（町田・新井，2003）．この広域火山灰の主要な構成物が，数ミクロンから数十ミクロンの，気泡壁（バブルウォール）型ガラス片 (glass shard) だ．図 1.11 には，いろいろな形状のバブルウォール型の火山灰の電子顕微鏡写真を示している．この写真を見ると，火山灰が，まさに気泡が詰まった液体の泡が，火山噴火で粉々に吹き飛ばされた破片であることがよくわかる．面白いことに，このバブルウォール型気泡から推定される気泡の大きさは，軽石の中のものよりも大きい．こうした火山灰は，プリニー式噴火，特にカルデラ形成を起こしたような噴火の噴出物に見られる．

1.2.4　究極の軽石レティキュライト

Hawaii の火山の溶岩噴泉噴火（ハワイ式噴火）では伊豆大島 1986 年の溶岩噴泉よりも粘性のさらに低い玄武岩質溶岩が噴出するが，そこで特徴的に見られるのがレティキュライト (reticulite) と呼ばれる軽石である．これは，発泡度が 98%にも達し，スポンジのように見え，数ミリから数センチのサイズで変形はほとんどせず脆い．しかし，厚さ 10 cm を超えてまとまって堆積するとその堆積層は比較的よく保存されている[*10]．図 1.12 には，Hawaii で採取したレティキュライトの電

[*10] 米国地質調査所 Hawaii 火山観測所 (HVO) のすぐ横の壁に，1500 年頃（炭素 14 年代）に，Kilauea 火口が大規模に噴火した際のレティキュライト層がある (Swanson *et al.*, 2012).

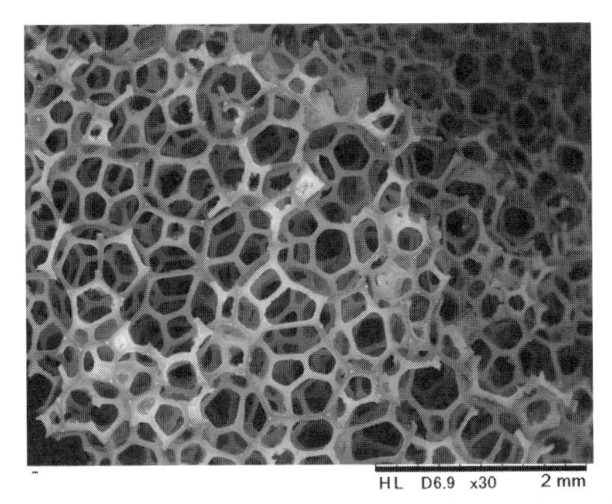

図 **1.12**　Hawaii のレティキュライトの走査電子顕微鏡写真.

子顕微鏡写真を示す．気泡のサイズは，極めて均一であり，気泡間の液膜はほとんど破れ，Plateau 境界の液だけが固結してガラスのフレームとして残っている．先のバブルウォール型の火山灰は，レティキュライトに近い構造のケイ酸塩メルトが破砕した結果と見ることができる．バブルウォール型の火山灰を作るマグマは，玄武岩とは対照的に粘性が最も高い流紋岩質である．これが，レティキュライトとして保存されないのは，高粘性の爆発的な噴火におけるマグマの破砕過程が強烈であることを示唆している．高粘性でも爆発的でない噴火では，ときとしてレティキュライトに似た構造がオブシディアン（黒曜石）の溶岩流の中に作られる．

極めて粘性の低いマグマでは，Pele の毛や Pele の涙と呼ばれるテフラもある（Pele は，ハワイの火の女神の名前）．Pele の毛は，一定の太さの繊維状のガラスで，Pele の涙は，しずく状のガラスの粒だ．これらは粘性と表面張力がある一定の範囲にある液体が，ガスに吹きさらされて，引きずられていく過程で形成される．Shimozuru (1994) は，インクジェットの工程との類似性に注目して，Pele 数という無次元数を考案した．Pele 数は，Reynolds 数と Weber 数の比であり，Capilary 数に似ている．Reynolds 数は，粘性力に対する慣性力の比で，Weber 数は，表面張力に対する慣性力の比だ．慣性力は，液体を引き伸ばそうとする力で，それに対して，粘性力は粘性によって液の変形が極端に不均一に進行することを妨げようとする力，表面張力は，液滴の外形を球形に保とうとする力である．Pele 数が大きくなるとき，Pele の毛ができて，小さくなると Pele の涙ができると議論した．自然の火山噴火の中では，液の周りのガスや空気の流れによって液体が引き伸ばされ，Pele の毛や涙ができるが，ガス流の複雑さや，液そのものの回転によってもっと複雑な力が働いて様々な毛や涙が生まれる[*11].

1.2.5 グローバルな現象としての火山噴火

Carey and Sigurdsson (1989) の噴出率と総噴出量のスケール則の発見は，噴出物の空間分布から，それを生成した噴煙柱の高度を推定する手法に基づいている．その手法は，噴煙柱内部での運動を流体力学的に仮定し，その運動に従った粒子の運動状態を追跡した結果を用いる．すなわち，粒子がどこまで遠く飛ばされ落下するかは，その噴煙柱内部での粒子の到達高度（密度中立点，傘型噴煙の高度）によって決まっている（図 1.13）．実際地質調査で明らかになった粒子の分布は，この考えに従った計算である程度説明でき，その結果，噴煙柱高度が推定された．この考えを端的に表現すれば，高くから水平方向に放出された粒子は，遠くまで飛ばされるという，弾道力学と定性的には同じだ．

実は，この考えに基づいて，第 2 次大戦中に水上武は，浅間山の噴火の噴出物から，それを飛ばした爆発がいったい何メートルまでマグマを噴き上げたかということを見積もった (Minakami, 1942)．水上は，火山性地震のタイプの名付け親として世界的に知られているが，その当時，秤と巻尺しかないので，このような

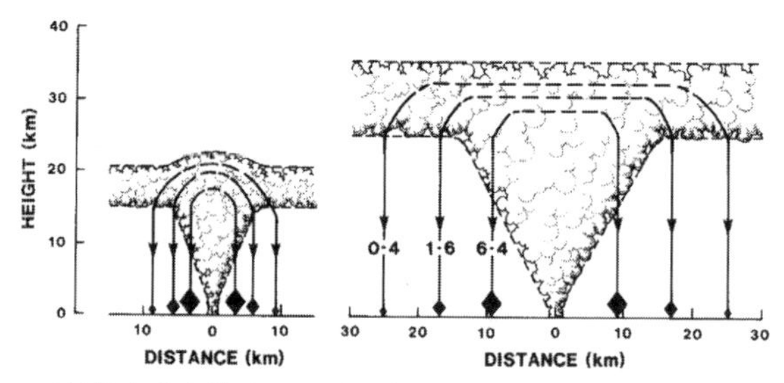

図 1.13　噴煙柱高度と粒子サイズの違いによる，粒子の運搬堆積過程の違い（Carey and Sparks, 1986 による）．

[*11] グラスファイバーは，光回線などの情報伝達媒質としていまの我々の生活の中で意識することなく使われている物質だが，それはまさに Pele の毛の極端に長いものである．グラスファイバーの製造では，ガラスの液体（ケイ酸塩メルト）を引き伸ばすと（この場合両端を持って機械的に引き伸ばす），均一の太さの一本の細い繊維になる．メルトが引き伸ばされ細くなったところでは，冷却効果が効いてきて硬くなり変形が進みにくくなり，一方まだ熱い太さの太いところでは変形が相対的に進み細くなる．その結果，高温の液体を引き伸ばすと自然と同じ太さの繊維が形成される仕組みになっている．

研究をしたと伝承されている[12].

ちょうど，この Carey and Sigurdsson (1989) の原稿を見たころ，鹿児島で火山の国際会議（鹿児島国際火山会議）が開催された．私は，荒牧重雄さんにさそわれて，会議後，その会議に参加していた件の Sigurdsson，Sparks や Schmincke らと南九州・阿蘇を巡検して回る幸運を得た．彼らは，プリニー式噴火の典型である大隅降下軽石，それに続く入戸火砕流堆積物などローカルな堆積物を観察しても，すんなり頭の中に入っていくようだった．彼らは，世界中の火山を見て歩いており，噴火堆積物を見るときの基準あるいはものさしが頭の中ででき上がっていたのだ．ある地域，ある噴火のこれこれの場所の堆積物の情報を，それだけ引き出しにしまいこむのではなくて，引き出しには，噴火の規模や特徴に従った順番があり，新たに遭遇した噴火堆積物をその順番と照らし合わせて，適切な場所にしまいこむ．このようにして彼らは，たくさんの噴火を見た結果，自然現象に備わる普遍的性質に思いをはせているのだろう．その結果，膨大な数の噴火をコンパイルして，噴火現象の中に普遍性を追究するという例の論文ができ上がったのだろう．このように，特に全地球的視点が重要になる地球科学では，自然現象に対する接し方の違いで，研究の質は大きく異なってくるように思う．

1.2.6 爆発的噴火の多様性と統一的分類

統一的分類とは，多様な現象を少数の指標を用いて系統的に整理することだ．もしそれが可能になるとすると，それに用いた指標は自然を理解するためにかなり本質的な役割をしていると言える．それは，用いる指標によっては必ずしも系統的に整理できるとは限らないからだ．

伊豆大島 1986 年の玄武岩質の噴火において，溶岩噴泉の噴火と，噴煙柱を 10 km 以上にも高く上げる準プリニー式噴火では，噴出物も異なることを述べた．また，十和田火山の噴火では，典型的なケイ長質のプリニー式噴火について紹介した．

ここでは，噴火様式と噴出物の関係を整理しておこう．火山噴火は，大きく分けて，軽石や火山灰など破砕した噴出物を生産する噴火と，全体的に破砕していない溶岩を流出・噴出する噴火がある．前者を広く爆発的噴火と言い，後者を非爆発的噴火と言う．爆発的噴火を，その噴出物の堆積特性によって分類しようと試みた人が Walker だった．彼は，横軸に分散度，縦軸に破砕度をとった図 1.14 を

[12] ここで，私は，やられた，ともう一度言わざるをえなかった．それは，噴出物の分布から，それを飛ばした爆発の強度を定量的に推定しようという考え，すなわち噴出物を用いた噴火の定量化の考えが，既に戦争中日本で芽生えていたのだ．この考えが，その後日本で成長しなかったことが，この嘆きである．

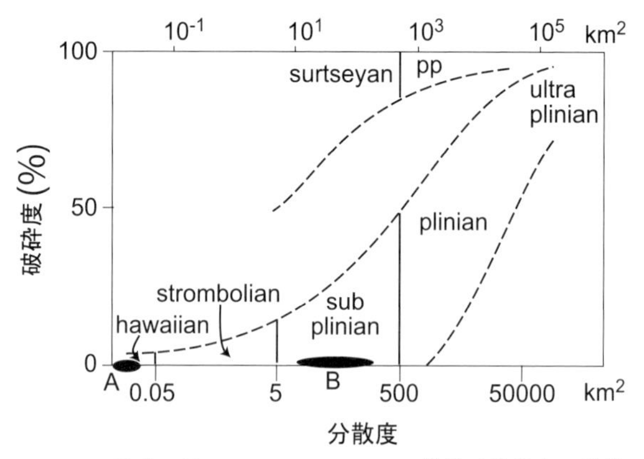

図 **1.14**　Walker ダイアグラム (Walker, 1980)．横軸は分散度，縦軸は破砕度．分散度は，最大層厚の 100 分の 1 の厚さの等層厚線によって囲まれる面積．破砕度は，分布主軸上で最大層厚の 10 分の 1 の層厚の地点での 1 mm より細かい粒子の質量割合 (%)．伊豆大島 1986 年 B 噴火を，萬年 (1999) のデータを参考に推定したおおよその値でプロット している．A 噴火については予想値．pp はマグマ水蒸気爆発が関係するプリニー式 (phreatoplinian)．

考案し，その中に地質学的調査や噴出物の分析から得られたデータをプロットすると，噴火様式をうまく整理できることに気付いた.「うまく整理できる」とは，背後にある自然の物理的仕組みをうまくとらえていることを示唆している．ここに 1986 年伊豆大島噴火をプロットしてみると，中央火口からの溶岩噴泉は，ハワイ式，割れ目噴火は準プリニー式（分散度の見積もりによってはプリニー式にかかる）に位置して，我々の観察とおおよそ一致する．Walker ダイアグラムの利点は，実際に噴火を観察していない過去の噴火について，その堆積物からその噴火様式を推定できることにある．こうして，過去の噴火の歴史が少しずつ紐解かれていく．このような噴出物と噴火様式の対応関係を意識して，噴出物の中の気泡組織と噴火様式の関係を考えるための基礎を提供することが本書の目的である．

1.3　溶岩ドームと火砕流

1.3.1　軽石を出さない噴火

火山噴火には，軽石を噴出しない火山噴火もある．溶岩流や溶岩ドームである．その典型的な例として，長崎県の雲仙普賢岳の平成噴火を見てみよう．

1.3.2　雲仙平成噴火

時代が昭和から平成に移ってまもなく（1990 年），雲仙普賢岳が噴火した．この噴火は，最初火山ガス活動が活発化し，水蒸気爆発が起こり，数カ月の休止の後火山弾を噴出するようなブルカノ式噴火やマグマ水蒸気爆発を行った．この噴火は，規模もさほど大きくなく数回で終わったが，その後，溶岩ドームの出現とそれに続くドーム崩壊型の火砕流発生という推移をたどった．1995 年に噴火が終息するまで，火砕流発生は数千回におよび，多大な災害を引き起こしたことは，我々の記憶から消えることはない．

火山の噴火様式は多様で，これまでに紹介した噴煙柱および傘型噴煙を形成し降下火砕物を堆積させるプリニー式噴火，活発な溶岩噴泉を見せるハワイ式，ストロンボリ式，マグマをどろどろ流す溶岩流噴火，に加えて，溶岩の塊が火口に出現する溶岩ドームがあることはよく知られている．この雲仙平成噴火の大きな特徴は，溶岩ドームという様式の噴火でありながら，かつそれが崩壊して火砕流を発生させる噴火であったことだ．

溶岩ドームという言葉からは，マグマが勢いよく噴出することも流れ下ることもなく，ねばねばした粘性の大きな溶岩が火口にお餅のようにドームを形成する噴火という印象を受ける．しかし，図 1.15 左の実際のドームを見てみると，お餅というよりも，ぱっくり割れた岩塊が出現している．さらに，これが一部崩壊して，図 1.15 右のように，ガスと細かい火砕物粒子からなる噴煙として，山の斜面を流れ下る．

ぱっくり割れた溶岩ドームの形状からは，このマグマが大変複雑な性質を持つことがわかる．溶岩が火口に顔を出すまでは，地下の火道中を流れて上昇してき

図 1.15　雲仙平成噴火．（左）火口に発達した溶岩ドーム．（右）ドームの崩壊によって発生した火砕流．（日本火山学会絵葉書より）

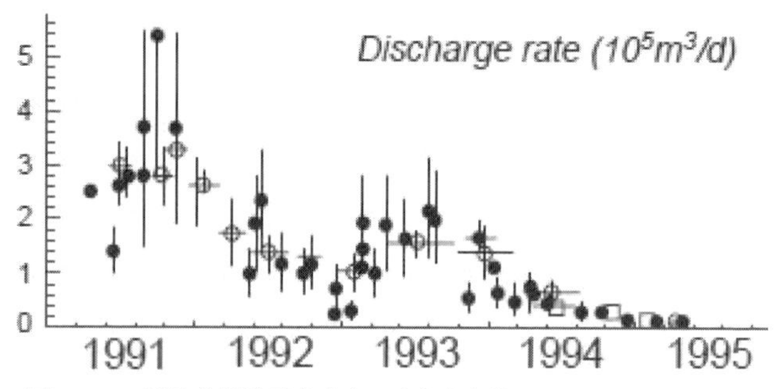

図 1.16　雲仙普賢岳平成噴火の噴出率変化 (Nakada *et al.*, 1999)

たはずで，それは，割れた部分以外の溶岩ドームの形状から判断できる．すなわち，このマグマは，地表に出現する瞬間まではおおよそ流体のように振舞い，地表に出てきてからは，その一部は破壊する固体のように振舞っているのである．さらに，そのマグマは，粉々に砕ける性質を持ち，流れ下る噴煙を作った．このような複雑な性質は，雲仙平成噴火のマグマだけでのものではなく，実はマグマ一般に備わった性質である．雲仙平成噴火の場合，その性質が，ドームの形状や火砕流の発生といった表面現象と結びついたために，わかりやすい例となった．

1.3.3　噴出率の時間変化

溶岩ドームの成長を伴うマグマの流出は，もちろん始まりと終わりがあって，一定の速度で起こっているものではない．図 1.16 は，溶岩ドームの形の変化から噴出率 (discharge rate) を算出し，それを示したものである (Nakada *et al.*, 1999)．1991 年から 1995 年の噴火時期において，噴出のピークが 2 つあることがわかる．こうした振動的な噴出率変化は，アメリカの Mount St. Helens 火山や，カリブ海に浮かぶ Montserrat 島の Soufrière Hills 火山でも顕著に見られた．マグマの上昇速度の振動的現象は，火道とマグマの仕組みの問題として近年火山学者の興味をひいてきた．結晶や気泡の生成に伴うマグマの粘性変化による流れの不安定 (Melnik and Sparks, 1999) や，火道下部での圧力変化に対応した火道壁の振動的変形 (Ida, 1996; Maeda, 2000) による考えなどが提出されているが，実証的な検証はこれからであろう．

1.3.4　ブロック・アンド・アッシュ・フロー

溶岩ドームが成長していくと，山の頂上付近の急激な傾斜変化のため，重力によって崩れやすく不安定になっている．低温で，水をあまり含んでいないデイサ

図 **1.17**　雲仙平成噴火 1993 年 6 月 23 日火砕サージ (最下部の細粒層) とその上位のブロック・アンド・アッシュ・フロー (block and ash flow：BAF) 堆積物．左端に火砕流に取り込まれた際に焼けた木の断面が見える．スケールは約 1 m.

イト質のマグマは，流体として振舞うと同時に弾性的にも振舞う．ゆっくりとした緩やかな変化に対しては流体のように変形し，山の頂上付近では，脆性破壊と褶曲を繰り返しながら花弁を重ねたような構造を作っていく．冷却とともにマグマの性質は弾性的になり，変形の進んだところではマグマ中に亀裂が生じてくる．こうした亀裂をたくさん含んだ溶岩ドームは，山頂付近の不安定な状況では頻繁に崩壊を繰り返す．溶岩ドーム崩壊によって生じた火砕流は，ブロック・アンド・アッシュ・フローと呼ばれる．岩塊と火山灰からなる火砕流ということである．こうした流れによって生じた堆積物は，独特の構造を持つ (図 1.17).

1.3.5　火砕物粒子の内部

それでは，こうした複雑な性質が表面現象を支配しているような雲仙平成噴火のマグマ，それから生成した火砕物粒子はどのような組織を持っているのだろうか．図 1.18 には，1993 年 6 月 24 日の火砕物粒子の光学顕微鏡写真を示す．この写真からわかるように，ドーム崩壊型の火砕物粒子には，ほんの数えるほどしか気泡が含まれていない．代わりに，斑晶を含み，石基には多くの結晶が晶出している．さらにその石基結晶のサイズも大きいもの (50–100 μm) から，非常に小さい数 μm 程度のものまで，様々である．

雲仙平成噴火のマグマは，$SiO_2 = 68$ wt%のデイサイト質マグマである．同様

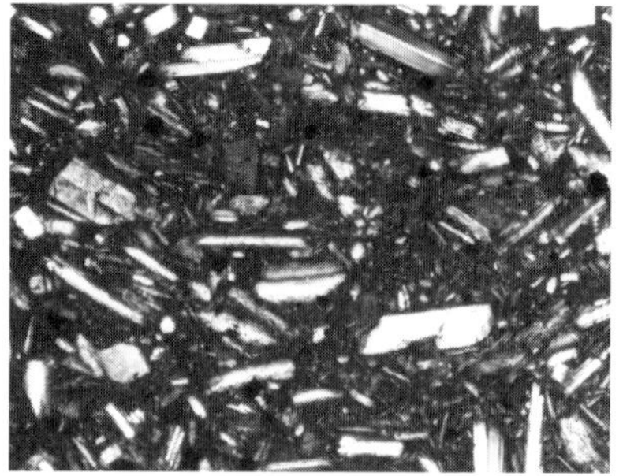

図 1.18　1993 年 6 月 24 日の火砕流堆積物中の粒子（1 cm 大）の内部組織の光学顕微鏡写真（透過光，クロスニコル）．（左）横幅 5 mm，PL：斜長石，BT：黒雲母，AM：角閃石．（右）横幅約 0.6 mm．斑晶の間をうめる石基中にはマイクロライトが密集している．

の化学組成を持つ十和田火山のプリニー式噴火の軽石組織では，たくさんの気泡を含み発泡していることが直ちにわかったが，その組織と比べると違いは明瞭であり，噴出物の組織と噴火様式の間の相関を示唆する．また，マイクロライトと呼ばれる微細な結晶が，溶岩ドームという噴火様式の仕組みや，噴火の推移の支配要因を理解するのに有効であることが期待できそうである．

1.3.6　マイクロライト

マイクロライトとは，火山岩に含まれるおおよそ 100 μm 以下の微結晶のことを言う．マイクロライトは，伊豆大島 1986 年の準プリニー式噴火のスコリアにも含まれていることを思い出してほしい．もう少し詳しく見ると，伊豆大島の準プリニー式噴火のマイクロライトに比べて，雲仙のマイクロライトはその数密度が 1 桁から数桁小さい（サイズは大きい）．数密度とは，単位体積あたりに存在する結晶の数であり，結晶のでき方と深く関係している．このことは，噴煙柱高度と相関があった軽石中の気泡数密度の持つ意味を考えると，興味深い．また，伊豆大島 1986 年の山頂火口からの玄武岩質（SiO_2 に最も乏しい種類の火山岩）の溶岩噴泉の噴火では，ほとんどマイクロライトが含まれていないことにも注意したい．さらに，実は，十和田火山のケイ長質マグマ（SiO_2 に富んだ種類の火山岩）の典型的なプリニー式噴火にも，このマイクロライトはほとんど含まれていない．

普通，結晶は，液体が冷えて固まるときに形成する．しかし，火山噴出物，軽石や，火砕流に含まれている粒子中のマイクロライトは，冷却による結晶化で形成したわけではない (Cashman and Blundy, 2000)．こうしたマイクロライトは，

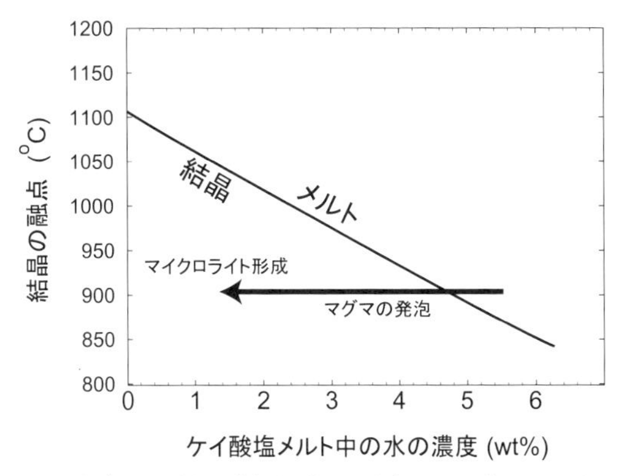

図 1.19　雲仙平成噴火の結晶（斜長石）の融点に及ぼすメルト中の水の濃度の影響.

マグマ[*13]，正確にはケイ酸塩の液体（今後，メルトという）に含まれていたH_2Oが，マグマの発泡によって気体として抜け出し減少するために起こる融点上昇の結果，形成したのだ．図 1.19 には，結晶の融点に及ぼすメルト中に溶けている水の濃度の影響が示されている．マグマの発泡とともに，水の濃度は減少し，結晶成分に過飽和になり，ついには結晶化することになる．このことを考えると，マイクロライト組織の，噴火様式との相関は，マグマの発泡過程と関係しており，マグマの発泡過程と噴火様式や噴火強度との関係，さらには，目に見えない火道やマグマだまりの内部で起こっている現象を，噴出物から定量的に推定できる可能性を示唆している．

1.4　冷えて固まるマグマにおける結晶化と発泡

1.4.1　天然の冷却結晶化実験としての岩脈

岩脈 (dike) は，マグマが脆性破壊するマントルや地殻に貫入し，固結したできた産物だ．多くの場合は，岩脈はマグマが地表に噴出する際の通路 (feeder dike) となる．マグマの貫入と上昇の駆動力は，マグマだまりの過剰圧や自らの浮力である．岩脈を作るマグマには，貫入前に気泡を含む場合もあるし，それほど含ま

[*13] マグマとは，融けた岩石のことであるが，一般に，ケイ酸塩の液体だけでなく，結晶や気泡を含む.

図 **1.20**　長崎県平戸島の 2 次発泡による気泡を含む岩脈．スケールは 20 cm.

ない場合もある．貫入前に存在していた気泡は流れで変形している．図 1.20 は，長崎県平戸島にある玄武岩質安山岩の岩脈である．このように，地下浅部で固結したマグマも，侵食によって上部の地層が削り取られた後，貫入岩として地表に姿を現す．その結果，我々は，地下で起こったマグマの冷却固結の歴史について研究することができる．

岩脈のマグマは，マグマより低温の周囲の岩石（母岩と言う）の冷却によって結晶化する．この写真のように，幅の狭い岩脈では，マグマは熱伝導によって冷却を受ける．冷却をこうむるマグマでは，温度差により対流が生じるが，マグマの粘性と冷却の時間スケールの関係で，このように幅の狭い岩脈では対流の効果はほぼ無視できる．そのため，岩脈の母岩近傍では冷却速度が速く，中心部では相対的に冷却速度が遅くなることが期待される．すなわち，天然の岩脈は，冷却速度が空間的に系統的に変化した結晶化実験の産物だと見ることができる．

平戸の岩脈では，結晶組織は距離とともにどのように変化しているであろうか．図 1.21 下は，石基中の輝石のサイズを岩脈の一方の端からの距離の関数としてプロットしたものである (吉田，2008MS)．母岩との境界から離れるにしたがって，サイズは岩脈中央に向かって線形に大きくなり，中央部で一定となっていることがわかる．石基輝石は，マグマが貫入した当初は存在していなかったと考えられるから，この距離依存性は，輝石の結晶化すなわち核形成と成長過程が，どのように冷却速度によって影響を受けたかということを示す天然の実験結果である．本書でのマグマの結晶化過程の解説の目的は，このような天然の実験結果を説明あ

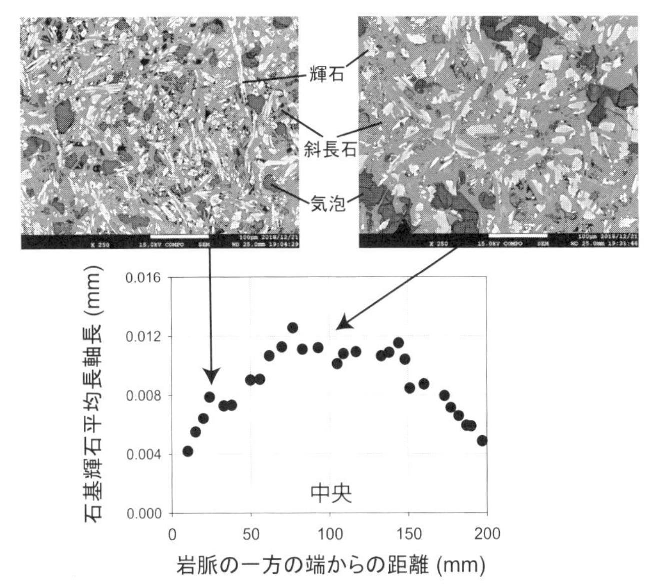

図 1.21　長崎県平戸島の岩脈における石基の組織変化（吉田，2008MS）.（上）岩脈の周辺部と中央部の電子顕微鏡 BSE 像．輝石は最も明るい結晶．斜長石は輝石の間にある灰色の針状結晶．濃い灰色は気泡（現在は 2 次的に生成した沸石などでうめられた杏仁状組織を示す）.（下）石基輝石のサイズ変化．サイズは平均値であることに注意.

るいは理解することである.

1.4.2　岩脈における発泡

マグマの発泡が起こるのは，噴火の最中にマグマが上昇し減圧される場合だけではない．意外にも，マグマが冷えて結晶化し岩石になる過程でも，マグマの発泡は起こる．このことは，冷蔵庫で水を冷やして凍らせたときに，中に溶け込んでいた空気成分があぶくとなって白く閉じ込められていることを想像するとわかりやすい.

平戸の岩脈には，母岩との接触面に平行に特徴的な縞々が発達している．詳細に調べた結果，気泡の存在度の違いが，この縞々構造を作っていることがわかった．この周期的気泡の成因が，実はマグマの冷却結晶化に伴う発泡現象なのだ.

メルトが結晶化すると，斜長石や輝石といった水を含まない結晶が晶出する．その結果，結晶化が進行しているマグマでは，残りのメルトに水など揮発性成分が濃集していくことになる．その結果，ある程度，結晶化したところで，残りのメルトは水に飽和し，さらに結晶化が進むと過飽和になり，図1.20のように発泡し気泡を形成することになる．このようなメルトが冷却結晶化の結果発泡することを，2次発泡と言う．

地下深部のマグマだまりでは，冷却がいやおうなく進行しているから，メルト中には水がじわじわと濃集していく．そして，マグマだまりのどこかの部分で気泡が生成してもおかしくない状態になる．気泡生成は，体積の膨張を引き起こすから，マグマだまりは膨らもうと周囲に力を及ぼす．しかし，周囲も岩石であるから，なかなか思うように膨張はしないであろう．冷却と結晶化は問答無用で進行するから，マグマの発泡と気泡生成はいやおうなく進行していく．こうして，マグマだまりは，増圧していき，あるとき周囲の岩体はついにその強度で持ちこたえきれなくなり（臨界状態），割れてマグマがしみ出す．体積の増加を多少許されたマグマは，減圧されることになり（溶解度が下がり過飽和度が上がる），発泡が加速して，気体の体積の割合が増える．発泡したマグマは，密度が減少し，割れ目を拡大し，浮力で地表に向かって加速度的に上昇していくことになる．噴火の開始である．

このように，2次発泡は噴火をトリガーする過剰圧として考えられてきた (Bowen, 1956)．岩脈中での2次発泡の証拠は，岩石中に残され観察することができる．それでは，火山噴火をトリガーするマグマだまり中での2次発泡の証拠は，噴出物中にないだろうか？　これまで，爆発的噴火で生成した軽石中の発泡組織を紹介した．そこで見たように，発泡組織は，一般に複雑で，そこからある特定の素過程の証拠を探し出すには，幸運に頼ると同時に，作業仮説と理論的実験的裏づけが必要であろう．しかし，何かあるだろうと思って，発泡組織を観察してみることも大切である．最後の応用の章では，2次発泡の証拠を問う視点から，軽石の発泡組織を観察し，噴火のトリガー過程を理解する試みをする．

1.4.3　火山爆発の原動力としてのマグマの発泡

マグマの発泡過程は，火山爆発の原動力であるとよく言われる．そのことを，ここでは定性的・感覚的に見ておこう．メルトへの H_2O の溶解度は，圧力とともに増加する（図1.22左）．そのために，高圧下でメルト中に溶け込んでいた H_2O は，マグマの上昇・減圧に伴い，溶け込める限界すなわち溶解度に達し，さらには過飽和になり，あるとき気泡としてマグマから析出する．発泡したマグマがその後も上昇・減圧を続けると，気体部分は膨張する．気体の膨張に伴って，気泡を含むマグマの体積は地表に近づくほど大きくなる．特に，地表に近い低圧で，その体積は猛烈に増大し，地下深部での数十倍にも膨れ上がる（図1.22右）．これ

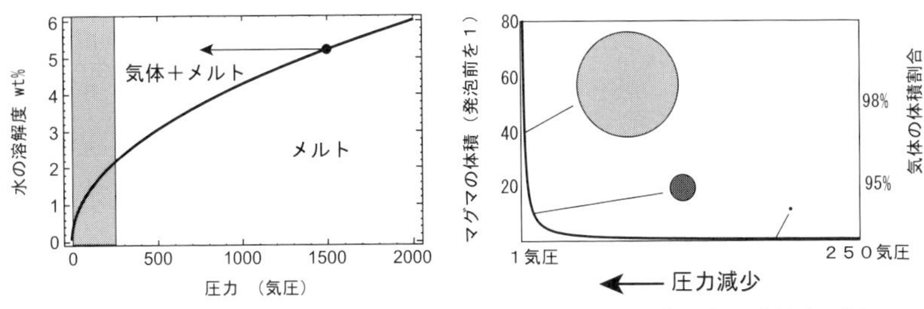

図 **1.22**　メルトへの H_2O の溶解度と，マグマの体積変化．左の溶解度の図で四角で囲んだ圧力範囲の体積変化を右図にプロットしてある．40 気圧から拡大描画．

が，火山噴火の爆発力になっている．溶岩噴泉やプリニー式噴火の軽石が 10 倍近く膨れ上がっていることを思い出してほしい．

また，泡は，お互い合体したり，浮力のためメルトを地下に置き去りして，自分だけが地表あるいは低圧側に逃げ出そうとする．泡が合体して，大きくなることは，先に伊豆大島の溶岩噴泉噴火のスコリアの断面にも記録されている．さらに，11 月 20 日のマグマ風船の爆発などは，その究極的な姿かもしれない．気泡は，小さいうちは，表面張力で球形を保っているが，成長・膨張・合体で大きくなった気泡は，マグマの流動や周囲の気泡や結晶との相互作用によって，その形を容易に変えることができる．このことは，軽石の断面の写真で，気泡の大きさとその形の関係から，定性的には認識できる．地表で見られる多様な噴火様式は，こうした複雑な要素が絡み合った結果である．

第II部
マグマの発泡

第 I 部第 1 章では，マグマ中での気泡形成，すなわちマグマの発泡が噴火の様相と極めて深い関係にあることを，軽石を観察することによって知った．また，マグマの発泡によって生成された気体の膨張が火山爆発の原動力であることも知った．さらに，マグマの発泡は，マグマの冷却固結によっても進行し，噴火の開始に導く役割をしていることを見た．マグマの発泡が起こる条件は，発泡する主要成分である水のケイ酸塩メルトへの溶解度に左右されている．マグマが発泡の条件を満たすと，気泡が形成する．形成した気泡は成長と膨張を行い，さらに変形や合体など複雑な過程を経て，地表に到達する．あるいは，地下で冷えて固まる．第 II 部では，これら一連のマグマの発泡過程の詳細を取り扱い，噴火現象の背後にある物理過程を理解すること，さらに天然の噴出物を解釈するための道具を組み立てることを目的とする．

第 2 章では，まずマグマが発泡する条件を理解するために，熱力学と相平衡図を解説する．実験で推定されている相平衡図を再現することによって，相平衡図の熱力学的意味を理解する．また，炭酸ガスを含む系についても解説し，脱ガスやフラックシングといった現象をガスの組成や系の圧力変化という視点から理解する．

第 3 章では，実際に発泡が起こる際の素過程の 1 つである，気泡の核形成について解説する．核形成という現象は，分子の世界（ミクロ）から目で見えるマクロ世界への，揮発性成分の存在状態の変換であり，取り扱いには，サイズ空間や分子クラスターのダイナミクスやマスター方程式といったあまりなじみのない考え方を用いる．重要な概念として「臨界核」がある．臨界核は，第 2 章で解説したマクロな平衡熱力学に基づくと同時に，ミクロな分子の揺動を取り扱う揺らぎの熱力学にも関係してくる．そいう意味で「臨界核」は，核形成過程がミクロとマクロの両方の世界に関わっていることを示すシンボリックな概念である．気泡の核形成速度を導出することが本章の目的であるが，根本的な理解のためには，計算が多少複雑になることは否めない．

第 4 章では，気泡の成長を取り扱う．気泡の成長は，気泡周辺のケイ酸塩メルトの粘性流動や液中の分子拡散，気泡内ガス圧によって支配される気液界面での平衡濃度など，様々な制約と素過程が関わる．この背後には熱力学があり，時間変化や物質移動を取り扱うダイナミクスの問題がある．気泡の成長と膨張過程を，時定数やそれらの比である支配パラメータを用いて理論的に整理し，実験結果と比較することによって，気泡の成長と膨張過程を系統的に理解することが本章の目的である．

第 5 章では，マグマの発泡過程の全貌を明らかにすることを目指す．その際，気泡サイズ分布を取り扱い，Euler 的見方と Lagrange 的見方の 2 つの記述方法を解説する．いくらかテクニカルな側面もあるが，こうした計算方法によって，最終的に地表で観察される発泡組織に物理的な意味を与えることができる．

第 6 章では，気泡の 2 次成長や変形，気泡の合体や，基質からの浮力による気泡の離脱上昇，気泡の崩壊や振動など，雑多な問題を取り扱う．本章の目的は，こうした問題を通して，天然で観察される複雑な発泡組織の背後にある見えないマグマの振舞いをイメージすることと，多くの未解決な研究題材について示唆を得ることである．

第2章　マグマが発泡する条件

前章では，マグマ中での気泡形成，すなわちマグマの発泡が噴火の様相と極めて深い関係にあることを，軽石を観察することによって知った．また，マグマの発泡によって生成された気体の膨張が火山爆発の原動力であることも知った．さらに，マグマの発泡は，マグマの冷却固結によっても進行し，噴火の開始に導く役割をしていることを見た．このように，火山噴火で重要な役割を果たしているマグマの発泡が起こる条件（正確には必要条件）は，発泡する主要成分である水(H_2O)のケイ酸塩メルトへの溶解度に左右されている．それでは，メルトへの水の溶解度は，どのように理解されてきたであろうか．また，溶解度は温度や圧力など，どのような条件に左右されるであろうか？　本章では，このマグマへの水の溶解度について理解を深めることにしよう．

非平衡過程すなわち気泡や結晶の核形成・成長のカイネティックスの問題を考察する基本には，平衡論がある．平衡論は，温度・圧力・組成の関数としての，相の平衡関係に集約され，相平衡図あるいは状態図として表現される．温度・圧力・組成が変化して，相平衡図上の相境界をよぎって別の安定領域に入る過程で，非平衡の問題が生じる．平衡論の必要性の1つは，相平衡図を基礎に置くと，安定相の特定と相の組み合わせの変化を図的に知ることにある．また，カイネティックスの考察には，状態が新しい平衡状態に向かう駆動力（過冷却度や過飽和度）を評価することが必要であるが，定性的には相平衡図上での位置によって理解される．駆動力の定量的評価は，自由エネルギーの差を見積もることであるが，その際には，相平衡図を描く際の熱力学的考察が基礎となる．これがもう1つの必要性である．

本章では，温度，圧力の変化に伴うケイ酸塩メルト中の揮発性成分（水と炭酸ガス）の気泡の形成に関係する平衡論を解説する．平衡論によって定義される気相の安定領域は，相平衡図すなわち溶解度曲線によって定義される．本章の目的は，この溶解度曲線を，温度・圧力・揮発性成分の濃度の関数として導出することである．

2.1　気体成分の液体への溶解度と Henry の法則

液体中に気体成分が溶け込める最大量（溶解度）は，圧力とともに大きくなることは，Henry の法則という経験則で表されている．このことは，ビールへの炭酸ガスの溶解度を示す図 2.1 によく表されている．これは，気体の圧力 P，すなわち気体中での分子の運動が，液体中の気体分子の運動とつりあっている（分子集団としての平均という意味で）ためである．液体中の気体成分の分子集団の運動力（活動度）は，気体の濃度 C に比例するから，つりあいは，

$$C = c_{\mathrm{h}} P \tag{2.1}$$

と書くことができる．ここで，c_{h} は比例定数である[*1]．これが，いわゆる **Henry の法則**である[*2]．グラフからビールと炭酸ガスの場合，比例定数 c_{h} は，温度とともに大きくなることがわかる．Henry の法則は，液体という相と気体という相の間の化学成分の平衡（つりあい）関係であるので相平衡と呼ばれる．c_{h} の絶対値は，熱力学的考察だけからはきまらないが，活動度係数と関係している．

それでは，ケイ酸塩メルトに対する気体の溶解度はどうであろうか．炭酸ガス

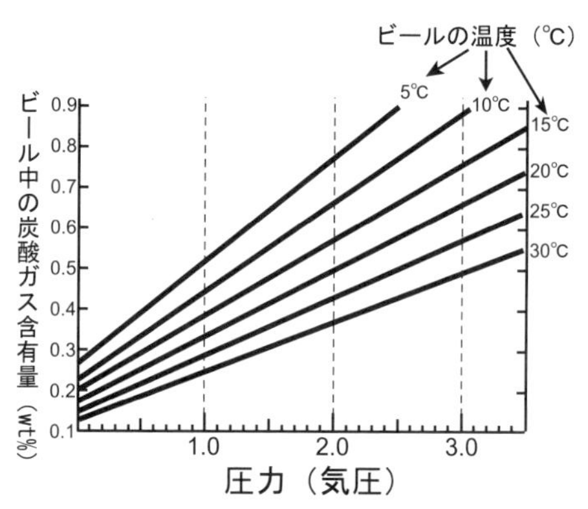

図 **2.1**　ビールへの CO_2 の溶解度（ビールのうまさをさぐる，キリンビール株式会社編より）．

[*1] 定数の値は，濃度 C と圧力 P の単位に依存している．単位の取り方は，問題の設定によって直感的に理解しやすいこと，物理的に取り扱いやすいことなどによって変わってくるので，ここでは特に単位を定めず解説を進める．

[*2] c_{h} の逆数，すなわち，$P =$ にしたときの係数を **Henry 係数**または，**Henry 定数**という（$C = c_{\mathrm{h}} P$ としたときの c_{h} を Henry 定数ということもある）．

の場合は，式 (2.1) のように圧力と溶解度の関係が直線になる．しかし，ケイ酸塩メルトに水が溶け込む場合は，以下のように線形ではなくなる．圧力と溶解度の関係が

$$C \propto P^m \tag{2.2}$$

ここで，指数 m は，100 MPa ぐらいまでの低圧では 1/2 であり，圧力が高くなるに従って，1 に近づいていく．これは，次に見るように H_2O がケイ酸塩メルトに溶け込む際の反応のためである．水は，爆発的噴火をする島孤のマグマに含まれる気体成分のうち最も大きい割合を占めるから[*3]，このことについてもう少し詳しく見ておこう．

2.2 水のケイ酸塩メルトへの溶解反応

ケイ酸塩メルトへの水の溶解度は，Burnham らによって系統的に調べられた (Burnham, 1975)．その結果を図示したのが図 2.2 であり，圧力に対して曲線になり，圧力に対して直線を示す普通の Henry の法則とは，異なっている．この理由を以下に説明する．

ケイ酸塩メルトへの水の溶解は，気体成分の H_2O がそのまま分子としてメルトに溶ける過程

$$\mathrm{H_2O_{in\ Gas}} \rightarrow \mathrm{H_2O_{in\ Melt}} \tag{2.3}$$

と，メルト中で水分子が水素と水酸基にかい離する過程と，水素が酸素と反応する過程，

$$\mathrm{H_2O_{in\ Melt}} \rightarrow \mathrm{H^+} + \mathrm{OH^-} \tag{2.4}$$

$$\mathrm{H^+} + \mathrm{O^{2-}} \rightarrow \mathrm{OH^-} \tag{2.5}$$

からなる．この 2 つを合わせた，

$$\mathrm{H_2O_{in\ Melt}} + \mathrm{O^{2-}} \underbrace{\rightarrow}_{K} 2\mathrm{OH^-} \tag{2.6}$$

をかい離反応と呼ぶ．ここで，平衡定数を K とする．後の過程は，水分子が H^+ と OH^- の 2 つに分かれ，SiO_2 のネットワークを切り架橋酸素 (bridging oxygen) と結びつく過程である（図 2.3)．このことを直接的に裏づけるには，分子の結合

[*3] 海嶺のマグマでは，炭酸ガスの方が，水よりも多く含まれている (Schmincke, 2000).

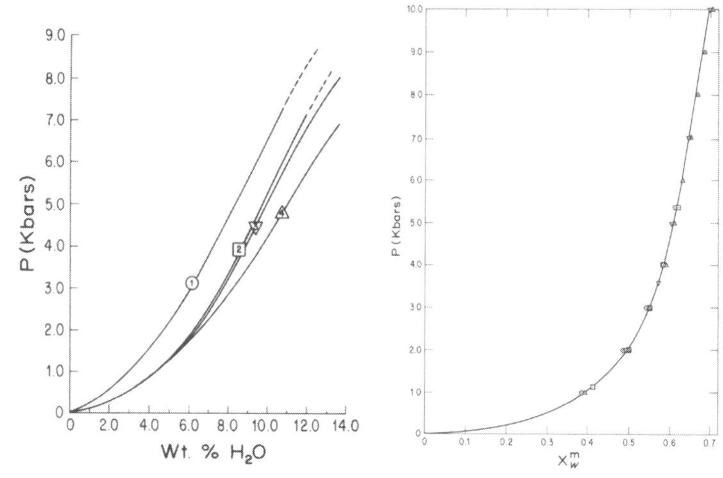

図 **2.2**　マグマへの水の溶解度．縦軸は圧力 (kbars) (1 kbar = 100 MPa)．様々な組成の液について実験的に決められた溶解度（Burnham, 1979 より）．①は玄武岩質メルト (Coumbia River basalt)，②は安山岩質メルト (Mt. Hood andesite)，③はアルバイトメルト，④は花崗岩（流紋岩）質メルト (Harding pegmatite)．（左）横軸はマグマ中の水の濃度 (wt%)．（右）アルバイト換算モル濃度による規格化プロット．アルバイト ($NaAlSi_3O_8$) 換算濃度は，実際のメルト中の Al のモル濃度に対する水のモル濃度の比．水のモル分率が，0.5 より小さいか大きいかで若干計算方法が異なる．

の証拠となる振動をとらえる必要があるが，SiO_2 のネットワークの構造に敏感な，メルトの粘性や電気伝導度の水の濃度依存性によって間接的に確かめられる．最初の過程は，普通の線形の Henry の法則に従って起こり，圧力の増加とともに溶解度は線形的に大きくなる．このことは，2 番目の過程が存在しない CO_2 のメルトへの溶解度を見るとわかる（図 2.14）．これら 2 つの過程のうちどちらが卓越しているかは，2 番目の過程の平衡定数の如何によっている．後で見るように，結局，2 番目の過程が卓越して起こるような領域（K が十分大きい）の比較的高温定圧下では，この過程が溶解度を支配している*4．

かい離反応が完全に成立していると仮定すると，すべての水は 2 つの成分 H^+ と OH^- に化けて，メルト中に溶解することになる．すなわち，2 番目の反応が溶解度を支配することになり，その化学平衡を熱力学的に表現すると，

*4 含水量が大きい高圧では，かい離反応に提供できる架橋酸素がすべて低圧での反応で使われており，もはや 2 番目の過程は起こらなくなる．

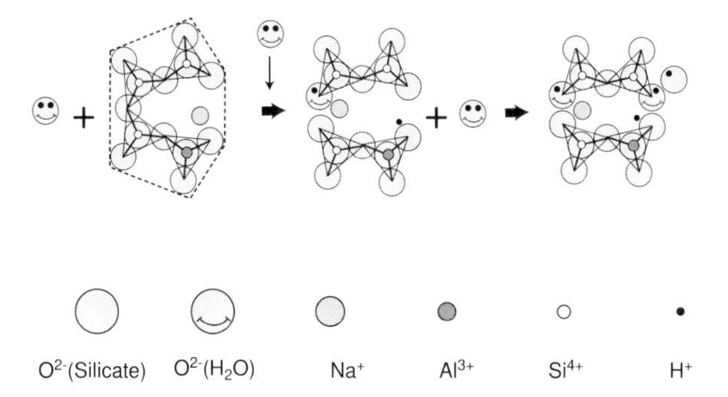

図 **2.3**　マグマへの水分子の溶解過程（Burnham, 1979 より）．溶解反応後は，左端の酸素の架橋が切れていることに注意．

$$\mu_{\text{Melt}}^{\text{H}_2\text{O}} + \mu_{\text{Melt}}^{\text{O}^{2-}} = 2\mu_{\text{Melt}}^{\text{OH}^-} \tag{2.7}$$

$$\ln a_{\text{Melt}}^{\text{H}_2\text{O}} + \ln a_{\text{Melt}}^{\text{O}^{2-}} - 2\ln a_{\text{Melt}}^{\text{OH}^-} = \text{const.} \tag{2.8}$$

となる．最後の式は，

$$\frac{a_{\text{Melt}}^{\text{H}_2\text{O}} a_{\text{Melt}}^{\text{O}^{2-}}}{\left(a_{\text{Melt}}^{\text{OH}^-}\right)^2} = \text{const.} \tag{2.9}$$

と表される．ここで，理想溶液を仮定すると，OH^- の活動度は液中の OH^- のモル分率に比例する（化学ポテンシャルについての 2.4.1 節の Box 参照）ので，$a_{\text{Melt}}^{\text{OH}^-} \propto X_{\text{Melt}}^{\text{OH}^-}$ である．OH^- のモル分率は，水のかい離（式 (2.4)）を考えると，水のモル分率に等しい．すなわち，$a_{\text{Melt}}^{\text{OH}^-} \propto X_{\text{Melt}}^{\text{H}_2\text{O}}$ であり，酸素は十分多く存在するのでモル分率と活動度を 1 と置くことができる (Stolper, 1982)．その結果，式 (2.9) は，

$$a_{\text{Melt}}^{\text{H}_2\text{O}} = c_{\text{a}} \left(X_{\text{Melt}}^{\text{H}_2\text{O}}\right)^2 \tag{2.10}$$

となる．ここで，c_{a} は係数である[*5]．これが，Burnham の活動度モデルである．

Burnham モデルでは，液をアルバイト組成 ($\text{NaAlSi}_3\text{O}_8$) と仮定している．この場合は，かい離反応が化学量論的に過不足なく起こるので，水とアルバイトの

[*5] この係数 c_{a} は，一般的な熱力学テキストに現れる活動度係数 γ_a とは異なることに注意．本書では，この係数 c_{a} は，温度と圧力によらない定数として扱う．以下で見るように，温度と圧力の依存性は，活動度以外の項の基準の状態での化学ポテンシャルに含めて取り扱う（式 (2.39)）．一方，熱力学テキストに現れる活動度係数 γ_a は，2.4.1 節の Box にあるように，温度と圧力に依存するように定義される．何れにしろ，温度・圧力の関数として化学ポテンシャルの計算を行う際には，化学ポテンシャルの微係数である部分モル量に関係づけられればよいので，結果としては同じになる．

2 成分系を仮定することができる．かい離反応は，後の NMR や FT-IR の分子結合振動のスペクトルの研究から裏づけられた．この活動度モデルによって，次に見るようにケイ酸塩メルト中の水の溶解度は，圧力の平方根に比例するようになる．玄武岩 (3 wt% at 1 Kb) は流紋岩 (4 wt%) より少し小さい．

Stolper (1982) は，ケイ酸塩ガラスにおける水の FT-IR のデータをもとに，H_2O が Burnham のモデルのように完全に水酸基 (OH^-) として，メルト中に溶解しているのではなく，式 (2.6) の平衡定数 K が小さく，水酸基と分子水 (H_2O) の両方の形をとって溶解しているとした．反応の結果，4 wt%の溶解度では，水は，水酸基と分子水がほぼ対等の割合で存在していることになる（図 2.4 左）．

その後，Nowak and Behrens (1995) や Shen and Keppler (1995) の研究により，この水酸基と分子水の間の反応は，メルトをガラスに急冷した結果であることが，急冷しないメルトに対する高温でのその場観察の測定により明らかになった．それらの研究によると，水酸基に対する分子水の割合を決定している反応 (2.6) の反応定数は，温度に依存し，ガラス転移点を境にその依存性が大きく異なることがわかった（図 2.4 右）．架橋酸素が十分に存在する低圧（水濃度 5 wt%以下）では，水はほとんど水酸基としてメルト中に溶けていると考えられる．より高圧下では，水酸基と反応するアルバイト成分がすでに消費されてしまい，分子水として溶解するようになる．その結果，溶解度の圧力依存性は直線的になる．

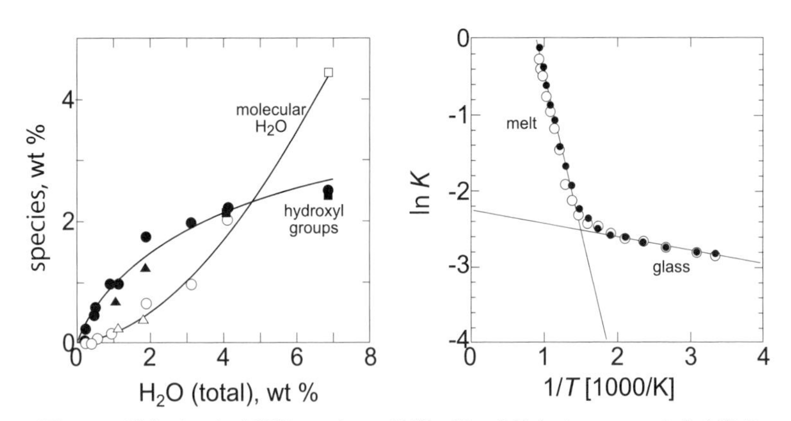

図 **2.4**　（左）水のケイ酸塩メルトへの溶解の際の分子水 (molecular) と水酸基 (hydroxyl) の各化学種 (species) 割合の圧力依存性 (Stolper, 1982)．横軸は全含水量 (wt%)，縦軸は各化学種の量 (wt%)．○● は流紋岩ガラス，△▲ は玄武岩ガラス，□■はアルバイトガラス．（右）水のかい離の反応定数 $K = X_{OH}^2/X_{H_2O}X_O$ の温度依存性 (Nowak and Behrens, 1995)．○ は加熱実験，● は冷却実験．圧力 150 MPa，含水量 4.14 wt%．

平衡定数の温度依存性は，

$$\ln K = -\frac{\Delta \mathcal{G}}{\mathcal{R}T} = -\frac{\Delta \mathcal{H}}{\mathcal{R}T} + \frac{\Delta S}{\mathcal{R}} \tag{2.11}$$

によって，Gibbs 自由エネルギーの変化 $\Delta\mathcal{G}$ および，反応の標準エンタルピー $\Delta\mathcal{H}$ とエントロピー ΔS に関係づけられる[*6]．図 2.4 右の傾きは，$\Delta\mathcal{H}/\mathcal{R}$，切片は $\Delta S/\mathcal{R}$ となる．実験結果から，メルト状態では，$\Delta\mathcal{H} = 33.6\,\mathrm{kJ/mol}$，$\Delta S = 29.8\,\mathrm{J/mol}$，低温のガラス状態では $\Delta\mathcal{H} = 1.52\,\mathrm{kJ/mol}$，$\Delta S = -18.6\,\mathrm{J/mol}$ と求められている (Nowak and Behrens, 1995)．K の値は，1000 K で約 1，1500 K で 1.85 である．

熱力学の始まりと熱力学の 3 法則

熱力学は，17 世紀に産業革命とともに成立していった．熱とは何か，すなわち熱の実態の解明，そしてそれは熱機関によって熱から仕事をいかに効率よく取り出せるかという実戦的疑問に答えるための学問として始まった[a]．実験と理論の間の論証が進んでいくに従って，産業革命に伴う社会的要請に応えるだけでなく，自然の熱的現象を整合的に理解するための学問として熱力学が整備されていった．

基礎学問としての熱力学の到達点は，少数の変数と 3 つの法則さえ仮定すれば，自然の熱的現象がすべて説明できるということである．ここで，少数の変数とは，示強変数（系の大きさに依存しない，物理的寄与の強さを示す量）の温度 T，圧力 P，化学ポテンシャル μ と，示量変数（系の大きさに依存する量）のエントロピー S，体積 V，分子数 N である．3 つの法則の正確な記述については熱力学のテキストにゆだねるとして，熱力学の基本として，シンボリックに簡潔に記しておく．

第 1 法則：系[b]の内部エネルギー $\mathcal{E}$ は，系に入ってきた熱量 $\mathcal{Q}$ と系になされた仕事 $\mathcal{W}$ によって変化する．

$$\Delta\mathcal{E} = \mathcal{Q} + \mathcal{W} \tag{2.13}$$

第 2 法則：系が変化するとき，そのエントロピー S は変わらないか増大する．

$$\Delta S \geq 0 \tag{2.14}$$

第 3 法則：完全結晶のエントロピーは，絶対零度の温度で 0 である．

[a] この経緯は，朝永振一郎著『物理学とは何だろうか』，エミリオ・セグレ著『古典物理学を創った人々』に詳しい．

[b] 系とは，注目している物質または物質の集合のことを言う．

[*6] この微分形

$$\frac{d\ln K}{dT} = \frac{\Delta\mathcal{H}}{\mathcal{R}T^2} \tag{2.12}$$

は，Van't Hoff の式と呼ばれる．

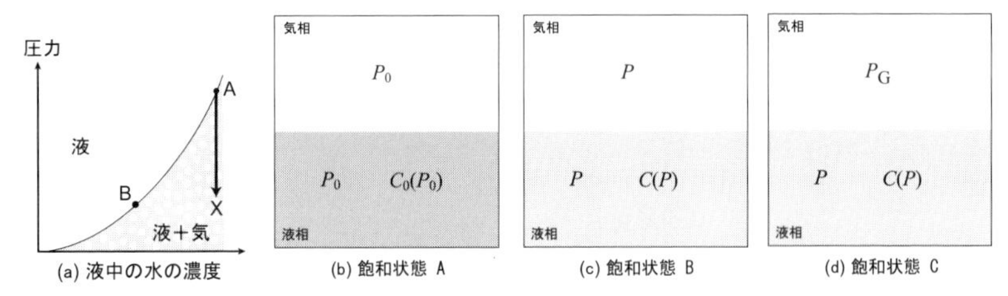

図 2.5 (a) 圧力–水濃度の関数として見た相平衡関係．図 2.15 のメルトへの H_2O の溶解度に対応．(b) 条件 A での飽和状態．(c) 条件 B での飽和状態．(d) 気相と液相が異なる場合の平衡状態 C．

2.3 溶解度の圧力変化：Burnham モデル

図 2.5(a) は，圧力の関数としての溶解度の変化を模式的に示している．状態 A の圧力では，その点で表される水濃度を含む系では，すべての水がちょうどメルトに溶け込んだ飽和状態である．A より高圧では，水はすべてメルト中に溶け込んでいる．飽和濃度は圧力 P の減少とともに減少する（曲線 AB）．減圧が起こると，系はベクトル AX で表される方向に変化するから，状態 A より低圧では過飽和な状態，すなわち熱力学的にはメルトと気相が平衡に共存する状態に移る．これが減圧発泡で，マグマの上昇に伴い，マグマに溶け込んでいた揮発性成分が析出し，発泡する．

高温で比較的低圧下では，メルト中に溶けている水はほぼ水酸基に分解していると考えられるから，Burnham の活動度モデル（式 (2.10)）を用いて，気相と液相の相平衡の熱力学に基づいて圧力の関数として溶解度を導出しよう．これは，気液平衡の相境界曲線 AB を決定することに相当する．まず低圧下で水はすべて水酸基としてメルトに溶解すると仮定しよう．温度一定 (T_0) とすると，飽和状態 A（基準点，図 2.5(b)）と B（任意の点，図 2.5(c)）での気液の平衡条件（本節 Box 参照）は，それぞれ

$$\mu^{H_2O}_{Melt}(P_0, X_0) = \mu^{H_2O}_{Gas}(P_0) \tag{2.15}$$

$$\mu^{H_2O}_{Melt}(P, X_{eq}(P)) = \mu^{H_2O}_{Gas}(P) \tag{2.16}$$

ここで，μ は化学ポテンシャルである．X は液中の水のモル分率で水の濃度 C_0（分子数/単位メルト体積，$\widetilde{C}$ は，wt%を示す）と $X = C_0/N_0$（ここで，N_0 は単位メルト体積の換算アルバイトの分子数（図 2.2）)，下付の添え字 eq と 0 は，それぞれ平衡での値および初期の値を意味する．$X_0 = X_{eq}(P_0)$ に注意し，

$X_{\mathrm{eq}}/X_0 = (C_{\mathrm{eq}}/N_0)/(C_0/N_0) = C_{\mathrm{eq}}/C_0$ とする．式 (2.15) と式 (2.16) を辺々引き算すると，

$$\mu_{\mathrm{Melt}}^{\mathrm{H_2O}}(P_0, X_0) - \mu_{\mathrm{Melt}}^{\mathrm{H_2O}}(P, X_{\mathrm{eq}}(P)) = \mu_{\mathrm{Gas}}^{\mathrm{H_2O}}(P_0) - \mu_{\mathrm{Gas}}^{\mathrm{H_2O}}(P) \tag{2.17}$$

左辺は，中間状態 (P, X_0) を介するが，これは $0 = -\mu_{\mathrm{Melt}}^{\mathrm{H_2O}}(P, X_0) + \mu_{\mathrm{Melt}}^{\mathrm{H_2O}}(P, X_0)$ として入り，

$$\begin{aligned}
\text{左辺} &= \mu_{\mathrm{Melt}}^{\mathrm{H_2O}}(P_0, X_0) - \mu_{\mathrm{Melt}}^{\mathrm{H_2O}}(P, X_0) \\
&\quad + \mu_{\mathrm{Melt}}^{\mathrm{H_2O}}(P, X_0) - \mu_{\mathrm{Melt}}^{\mathrm{H_2O}}(P, X_{\mathrm{eq}}(P)) && (2.18) \\
&= \int_P^{P_0} d\mu + \int_{X_{\mathrm{eq}}}^{X_0} d\mu && (2.19) \\
&= \int_P^{P_0} \left(\frac{\partial \mu}{\partial P}\right)_{X_0} dP + \int_{X_{\mathrm{eq}}}^{X_0} \left(\frac{\partial \mu}{\partial X}\right)_P dX && (2.20) \\
&= \int_P^{P_0} v_{\mathrm{m}}(X_0) dP + k_{\mathrm{B}} T_0 \left[\ln a(X_0) - \ln a(X_{\mathrm{eq}})\right] && (2.21) \\
&= v_{\mathrm{m}}(X_0)(P_0 - P) + k_{\mathrm{B}} T_0 \ln \left(\frac{X_0}{X_{\mathrm{eq}}}\right)^2 && (2.22)
\end{aligned}$$

ここで，Burnham の活動度モデル（式 (2.10)）を用いた．また，

$$\text{右辺} = \int_P^{P_0} v_{\mathrm{G}} dP = k_{\mathrm{B}} T_0 \ln \frac{P_0}{P} \tag{2.23}$$

となる．ここで，v_{G} は気相中のガス成分分子 1 個の体積であり，気相として理想気体

$$P v_{\mathrm{G}} = k_{\mathrm{B}} T \tag{2.24}$$

を仮定している．また，メルト中の H_2O の部分モル体積 v_{m} は，一定としている[*7]．左辺 = 右辺より

$$\frac{C_{\mathrm{eq}}}{C_0} = \left(\frac{P}{P_0}\right)^{\frac{1}{2}} \exp\left[\frac{v_{\mathrm{m}} P_0}{2 k_{\mathrm{B}} T_0}\left(1 - \frac{P}{P_0}\right)\right] \tag{2.25}$$

となり，溶解度と圧力の関係が得られた．ここで exp の項は，導出の手順からわ

*7 このとき，メルト中の部分モル体積 v_{m} は，水が X_0 だけ溶け込んでいるときのものであるが，以下特に $v_{\mathrm{m}}(X_0)$ とは書かずに，単に v_{m} と書く．v_{m} は一般に圧力の関数であり，Burnham and Davis (1974)，Burnham (1975) で与えられている関数を用いると後の計算がより正確になる．より精度の高い溶解度は，これらのモル体積を温度圧力の関数として与えて，数値的に積分することで計算される．

かるように，メルト中の水分子の圧縮性の効果である（いわゆる Poynting 補正，3.6.2 節参照）．この項を無視した場合，よく知られた圧力の平方根に比例する溶解度の関係式が得られる（簡単化 Burnham モデル）．

$$C_{\mathrm{eq}}(P) = C_0 \left(\frac{P}{P_0} \right)^{\frac{1}{2}} \tag{2.26}$$

相平衡の条件と非平衡状態における保存則

相Iと相IIが平衡にある条件は，選んだ独立変数に対する熱力学ポテンシャル（付録 A.1 参照）が最小値をとることから決定される．これは，エントロピーが最大である条件と等価である (Callen, 1960)．例えば，温度圧力が一定の系であれば，相Iと相IIの Gibbs 自由エネルギーの総和の変化が極小値をとる ($\delta\mathcal{G} = \delta\mathcal{G}_{\mathrm{I}} + \delta\mathcal{G}_{\mathrm{II}} = 0$) ことから決定される．その結果，平衡の条件は，相の間で示強変数が等しいという結論が導かれる．

$$T_{\mathrm{I}} = T_{\mathrm{II}} \quad \text{（熱的平衡）} \tag{2.27}$$

$$P_{\mathrm{I}} = P_{\mathrm{II}} \quad \text{（力学的平衡）} \tag{2.28}$$

$$\mu^i_{\mathrm{I}} = \mu^i_{\mathrm{II}} \quad \text{（化学的平衡）} \tag{2.29}$$

これらの平衡条件は，熱的平衡，力学的平衡，化学的平衡を意味しており，それらが温度，圧力，各成分 i の化学ポテンシャルという示強変数によって端的に表されている．この3つの平衡条件は，以下で見るように，3つの保存則，すなわちエネルギー，運動量，質量の保存と関係している．

平衡にない状態では，それぞれの示強変数の差によって，エネルギー，運動量，質量の流れが起こる．この流れの大きさについての最も簡単な設定は，その流束（I 単位面積を通して単位時間に流れる量）が，駆動力としての示強変数の差 Δ に比例するとしたものである．

$$I_T \propto \Delta T \quad \text{（エネルギーの流れ）} \tag{2.30}$$

$$I_P \propto \Delta P \quad \text{（運動量の流れ）} \tag{2.31}$$

$$I_\mu \propto \Delta \mu \quad \text{（質量の流れ）} \tag{2.32}$$

これら駆動力と流れの関係は，連続体の場合，熱は Fourier の法則 ($I_T = -k_T dT/dx$)，運動量は応力歪速度関係（構成方程式），質量は Fick の法則として知られている．また，電圧と電流の関係もこれである．これらの量は，流れがあっても，連続体の中では保存されている．例えば，熱容量 $\rho C_P T$ は，1次元空間内においては次の一般的な保存則を満たさなければならない．

$$\rho C_P \frac{\partial T}{\partial t} = -\frac{\partial I_T}{\partial x} \tag{2.33}$$

この I_T に，Fourier の法則を代入すれば，熱伝導の式（熱拡散方程式）が導かれる．平衡状態の熱力学的理解は，一般的な保存則の基礎になっていることがわかる．

2.4　気泡と液が異なる圧力を持つ場合の溶解度

2.4.1　気泡と液が力学平衡にない一般的な場合

後の議論のために，ここで一般的に，気相と液相の圧力が異なっている場合（図 2.5(d) 状態 C）の化学平衡関係すなわち飽和濃度を導いておこう．このように気体と液体で圧力が異なるということは，平坦な気液界面の場合，力学平衡状態にない場合である（前節 Box 参照）．曲がった界面を持つ気泡のような場合では，力学平衡にあっても界面張力のために気体と液の圧力が異なり，ガス圧は，気泡径を介して液圧と特別の関係にある．この場合は後で扱う．また，力学平衡にない場合，すなわち界面が運動している場合も，気泡の圧力は液圧と異なる．その際の気泡の内圧は，気泡膨張の運動方程式，すなわち，後で見る Rayleigh-Plesset 方程式によって記述されるような気泡径の時間発展とガスの状態方程式によって決定される．

今，ガス圧を P_{G} とすると，これまでの議論からもわかるように，式 (2.23) の積分範囲は P_{G} から P_0 まで行うことになり，式 (2.20) から (2.22) の積分は P から P_0 と変わらない．その結果，式 (2.25) において，exp の中の圧力は液中の圧力 P であり，exp の前の圧力が気体の圧力 P_{G} になるので，

$$\frac{C_{\mathrm{eq}}(P_{\mathrm{G}})}{C_0} = \left(\frac{P_{\mathrm{G}}}{P_0}\right)^{\frac{1}{2}} \exp\left[\frac{v_{\mathrm{m}} P_0}{2k_{\mathrm{B}} T_0}\left(1 - \frac{P}{P_0}\right)\right] \tag{2.34}$$

となる．

任意の液圧 P と平坦な界面を通して力学平衡にある気泡での飽和濃度 $C_{\mathrm{eq}}(P)$ は，式 (2.25) で与えられるが，それとの関係を明らかにするために，式 (2.25) で式 (2.34) を辺々割り算する．その結果，ガス圧 P_{G} と液圧 P が異なる場合の，平衡濃度の比 $C_{\mathrm{eq}}(P_G)/C_{\mathrm{eq}}(P)$ が与えられる．

$$C_{\mathrm{eq}}(P_{\mathrm{G}}) = \left(\frac{P_{\mathrm{G}}}{P}\right)^{\frac{1}{2}} C_{\mathrm{eq}}(P) \tag{2.35}$$

圧力 P で気液力学平衡にある溶解度 $C_{\mathrm{eq}}(P)$ を基準にすると，気体圧 $P_{\mathrm{G}}(\neq P)$ の影響としては，溶解度が圧力比 P_{G}/P の 1/2 乗に依存する．

化学ポテンシャルと Gibbs の自由エネルギー

i 成分の化学ポテンシャルの変化は，温度，圧力，モル分率の微小変化によって起こる．

$$d\mu_i = -s_i dT + v_i dP + \left(\frac{\partial \mu_i}{\partial X_i}\right) dX_i \tag{2.36}$$

ここで，s_i と v_i は，以下で定義されるが，これらは部分モルエントロピーと部分モル体積に等しい．

$$s_i = -\left(\frac{\partial \mu_i}{\partial T}\right)_{P,X_i} \quad v_i = \left(\frac{\partial \mu_i}{\partial P}\right)_{T,X_i} = \left(\frac{\partial V}{\partial N_i}\right)_{P,T,N_{j\neq i}} \tag{2.37}$$

最後の等式は，Gibbs の自由エネルギーについての Maxwell の関係式から得られる．$(\partial V/\partial N_i)_{P,T,N_{j\neq i}}$ は i 成分の部分モル体積を定義する．また，温度，圧力，モル分率を与えたときの化学ポテンシャルは，公式

$$\mu_i = \mu_0 + k_\mathrm{B} T \ln a(T, P, X_i) \tag{2.38}$$

で与えられる．ここで，μ_0 は標準状態での純粋物質の化学ポテンシャルである．一般的なテキストでは，理想溶液の場合，活動度 $a(T, P, X_i) = \gamma_a X_i$ において，活動度係数 γ_a は温度・圧力の関数となる[a]．本書では，組成依存性と，温度・圧力依存性を分けるために，以下のような表式を採用する．

$$\mu_i = \mu_{0,i}(T, P) + k_\mathrm{B} T \ln a(X_i) \tag{2.39}$$

ここで，活動度 $a(X_i)$ は，メルト中の組成（各成分のモル分率 X_i）だけの関数である．一方，$\mu_{0,i}(T, P)$ は，純粋物質 $(X_i = 1)$ の化学ポテンシャルであり，温度と圧力の関数で，組成に依存しない．

化学ポテンシャルは，単位分子当たりの Gibbs の自由エネルギーであり，Gibbs の自由エネルギーを $\mathcal{G}$，各成分の分子数を N_i とすると，

$$\mathcal{G} = \sum_{i=1}^{n} N_i \mu_i \tag{2.40}$$

である．よって，化学ポテンシャルは，部分モル Gibbs エネルギーとして以下のように定義される．

$$\mu_i = \left(\frac{\partial \mathcal{G}}{\partial N_i}\right)_{T,P,N_{j\neq i}} \tag{2.41}$$

[a] 部分モル体積 $v_i = (\partial \mu_i/\partial P) = (\partial \mu_0/\partial P) + k_\mathrm{B} T(\partial \ln \gamma_a/\partial P)$ となる．第1項は，純粋物質のモル体積，第2項の活動度係数の微分は，モル体積と部分モル体積の差を与える．部分モル体積のデータを用いることは，表式上，活動度係数を定数としても，この効果を考慮していることになる．

2.4.2 気泡と液が力学平衡にある場合

気体と液体で圧力が異なるということは，平坦な気液界面の場合，力学平衡でないが，気泡という曲がった界面を持った気体の場合，界面張力を介して力学平衡が成り立つ．その力学平衡においては，気体の圧力は，界面張力を介して液圧および気泡径と次の Laplace の式によって一意に関係づけられる（Rayleigh-Plesset 方程式の 4.6 節を参照）．

$$P_{\mathrm{G}} - P = \frac{2\gamma}{R} \tag{2.42}$$

この式は，気泡の内部は，周りの液体圧に比べて，界面張力の寄与分 $2\gamma/R$ だけ，増圧されていることを意味している．これは，風船が割れたときの状況を思い出せば実感がわく．

このように，気泡内の圧力 P_{G} は半径 R の関数 $(P_{\mathrm{G}}(R))$ であるので，平衡濃度 $C_{\mathrm{eq}}(P_{\mathrm{G}}(R)) = C_R(R)$ は[*8]，式 (2.34) から，$C_{\mathrm{eq}}(P_{\mathrm{G}}(R)) \to C_R(R)$ とすればよい．ここで，P_{G} は式 (2.42) によって与えられる．また，平衡濃度と Laplace の式 (2.42) を用いると，圧力 P の平坦な界面を通しての力学平衡が成り立っている場合の平衡濃度 $C_{\mathrm{eq}}(P)$ に対して，

$$C_R(R) = \left(1 + \frac{1}{P}\frac{2\gamma}{R}\right)^{\frac{1}{2}} C_{\mathrm{eq}}(P) \tag{2.43}$$

となる．これは，曲率半径が小さい界面の方が平衡濃度が大きくなることを表す **Gibbs-Thomson** の関係式である（図 2.6）．

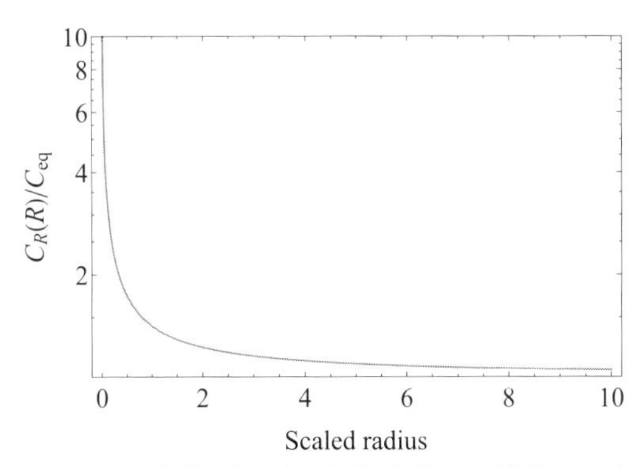

図 2.6 過飽和溶液中で力学平衡にある気泡界面での平衡濃度（式 (2.43)）．気泡径は $2\gamma/P$ でスケールされている．

[*8] R の関数であることをあらわに表現する際には $C_R(R)$ と書く．

一般に，気泡成長の拡散支配領域では，おおよそ力学平衡が成り立っているが，粘性支配の領域では，力学平衡が崩れてくるので注意を要する．すなわち，力学平衡にない場合は，界面平衡濃度は，気泡径の関数というよりガス圧の関数と見なした式 (2.35) を用いる．

2.5　不完全かい離を考慮した水の溶解度の圧力依存性

以上は，Burnham モデルに従って水分子が完全に OH にかい離している場合であるが，実際には，かい離反応の平衡定数に従って，分子水と水酸基に分かれている．その影響を以下の手順で調べよう．分子としての溶解反応（式 (2.3)）とかい離反応（式 (2.6)）を考慮した場合，液中のかい離反応の詳細はわからないので，平衡定数を通して評価する．方針としては，分子水としての溶解に対する圧力依存性を熱力学的に計算し，かい離反応に関わる分子水と水酸基の量比は，平衡定数を介して結びつける．

まず，分子水については，溶解度の圧力依存性を直接決める積分（式 (2.21)）の中で，分子水に関して理想溶液の活動度，$a(X) = X$ を仮定すると，分子水についての溶解度（式 (2.25) に相当する）は，

$$\frac{X_{\mathrm{m}}}{X_{\mathrm{m0}}} = \left(\frac{P}{P_0}\right) \exp\left[\frac{v_{\mathrm{m}} P_0}{k_{\mathrm{B}} T_0}\left(1 - \frac{P}{P_0}\right)\right] \tag{2.44}$$

となる．ここでは，まだ水分子のかい離は考えていないので，(P/P_0) と exp に 1/2 乗がない．平衡モル分率 X_{m} は，分子水として溶け込んでいる H_2O のモル分率であり，X_{m0} はその基準値を示す．

かい離反応が起こり，かつかい離が不完全な場合，水は水酸基としても溶け込んでおり，そのモル分率を X_{OH} とすると，2 個の水酸基が水 1 分子（と酸素 1 原子）を作るので，水の分子数は水酸基のそれの 1/2 である．全含水量のモル分率 X_{W} は，分子水と水酸基のものを足し合わせるので，

$$X_{\mathrm{W}} = X_{\mathrm{m}} + 0.5 X_{\mathrm{OH}} \tag{2.45}$$

となる．かい離反応（式 (2.6)）に相当する平衡定数 K を，

$$K = \frac{X_{\mathrm{OH}}^2}{X_{\mathrm{m}} X_{\mathrm{Oxy}}} \tag{2.46}$$

とする．X_{Oxy} は，液中で反応に寄与する酸素のモル分率で，$X_{\mathrm{Oxy}} = 1$ と近似

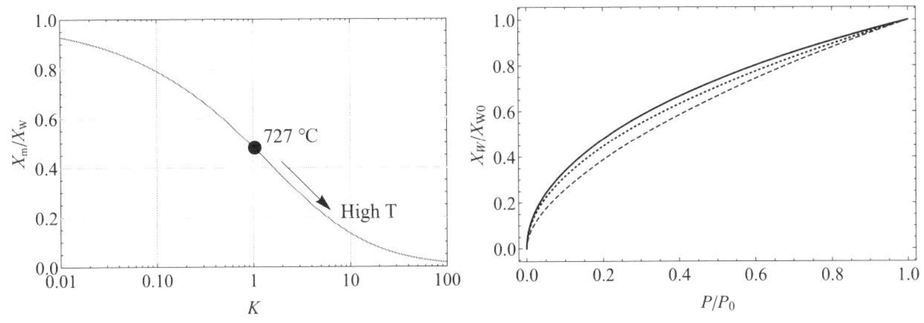

図 2.7 （左）平衡定数 K とメルト中の分子水の割合の関係．全含水量 $X_W = 0.45 \approx 4.14\,\mathrm{wt\%}$を仮定．Nowak and Behrens (1995) によると，150 MPa での K の値は，1000 K でおおよそ 1 で，それより高温では急激に大きくなるので，噴火に関係する条件でのマグマ中では，第 1 近似としては水はほぼ水酸基に分解していると考えられる．（右）マグマへの水の溶解度の圧力変化．水の濃度，圧力とも，初期飽和圧の量 (150 MPa，$X_W = 0.45 \approx 4.14\,\mathrm{wt\%}$) で規格化されている．実線は，Burnham モデル（式 (2.25)），点線は簡単化 Burnham モデル（式 (2.26)），破線は $K = 2$ の場合の反応モデル．

することができる (Stolper, 1982)．この式から，X_{OH} は X_m と関係づけられ，それを式 (2.45) に代入すると，溶解している水の全モル分率 X_W と分子水のモル分率 X_m の関係が得られる．

$$X_W = X_m + 0.5K^{\frac{1}{2}} \cdot X_m^{\frac{1}{2}} \tag{2.47}$$

全含水量 X_W に対する，分子水 X_m の量比は，図 2.7 左に表されているように，$K \to \infty$ でゼロ，すなわちすべて水酸基としてメルト中に溶けており，Burnham モデルに相当する．$K \to 0$ で，すべて分子水として溶け込んでいることになり，線形の Henry の法則に相当する．この K の値には，先で見たように温度依存性が顕著にある．組成や圧力依存性については今後の課題である．

基準状態 $P = P_0$ での水の全モル分率 X_{W0} と分子水のモル分率を X_{m0} とすると，

$$X_{W0} = X_{m0} + 0.5K^{\frac{1}{2}} \cdot X_{m0}^{\frac{1}{2}} \tag{2.48}$$

である．この X_{W0} を用いて，X_W を規格化した量 $\tilde{X}_W = X_W/X_{W0}$ と $\tilde{X}_m = X_m/X_{W0}$ の関係は，

$$\tilde{X}_W = \tilde{x}_m + 0.5K_0^{\frac{1}{2}} \cdot \tilde{X}_m^{\frac{1}{2}} \tag{2.49}$$

となる．ここで，K_0 は，

$$K_0 = \frac{K}{X_{W0}} \tag{2.50}$$

であり，式 (2.44) より，

$$\tilde{X}_\mathrm{m} = \left(\frac{X_{\mathrm{m}0}}{X_{\mathrm{W}0}}\right) \cdot \left(\frac{P}{P_0}\right) \exp\left[\frac{v_\mathrm{m} P_0}{k_\mathrm{B} T_0}\left(1 - \frac{P}{P_0}\right)\right] \tag{2.51}$$

$$\frac{X_{\mathrm{m}0}}{X_{\mathrm{W}0}} = \frac{1}{4}\left[-0.5K_0^{1/2} + (0.25K_0 + 4)^{1/2}\right] \tag{2.52}$$

である．式 (2.49) から，かい離反応が十分起きる場合 $\tilde{X}_\mathrm{m}^{1/2} < 0.5K_0^{1/2}$，すなわち $X_\mathrm{m} < 0.25K$ のときには，簡単化 Burnham モデルで近似できることがわかる：$\tilde{X}_\mathrm{W} \approx K_0^{1/2} \cdot \tilde{X}_\mathrm{m}^{1/2}$，$\tilde{X}_\mathrm{m} = (P/P_0) \cdot \exp((1 - P/P_0) v_\mathrm{m} P_0/(k_\mathrm{B} T_0))$ であるので，式 (2.25) に等しくなる．

反応モデルの溶解度の圧力変化は，K および P_0 での X_W の値 ($X_{\mathrm{W}0}$) を与えて式 (2.49)～(2.52) を計算すると得られる．いま高温状態を仮定すると $K > 1$ が考えられる．これは，分子水の割合として 0.4 以下に相当する（図 2.7 左）．これまで解説したいくつかの溶解度モデルを比較したものを図 2.7 右に示す．おおよそどれも似たようなトレンドを示すが溶解度としては 20%程度の差が生じる．

2.6　温度による溶解度の変化

ケイ酸塩メルトと水の平衡関係に対する温度の影響を調べよう．図 2.8 には実験的に推定された相平衡図を示す．図 2.9(a) は，実験結果を参考にして，縦軸に温度，横軸に系に含まれる水の量をとった模式的な相平衡図である．これも共融系の一種であり，端成分の水のリキダスが負の傾きを持つ．いまの場合は，系の圧力が一定であることに注意しよう．すなわち，等圧過程 ($P = P_0 = P_\mathrm{G}$) で，温度上昇がある場合を考える（図のベクトル AY)．これは，マグマ混合の際の，高温マフィック（Fe や Mg に富んだ）マグマによって低温フェルシック（Al や Si に富んだ）マグマが加熱されることに相当する．この場合もやはり飽和状態から，過飽和の状態に入り，発泡が起こる．ここでは，水の溶解度の温度依存性が重要になる．以下で，図 2.9(a) において，気液相境界 $\mathrm{F_H}$-$\mathrm{E_H}$（すなわち，図 2.8 左における曲線，図 2.8 右における L/L + V 境界）を熱力学的に決定する．

状態 A（図 2.9(b)）での平衡関係を，温度と組成（水のモル分率）を独立変数として記述すると，

$$\mu_\mathrm{Melt}^{\mathrm{H_2O}}(T_0, X_0) = \mu_\mathrm{Gas}^{\mathrm{H_2O}}(T_0) \tag{2.53}$$

となる．同様に，状態 D（図 2.9(c)）での平衡関係は，

$$\mu_\mathrm{Melt}^{\mathrm{H_2O}}(T, X_\mathrm{eq}(T)) = \mu_\mathrm{Gas}^{\mathrm{H_2O}}(T) \tag{2.54}$$

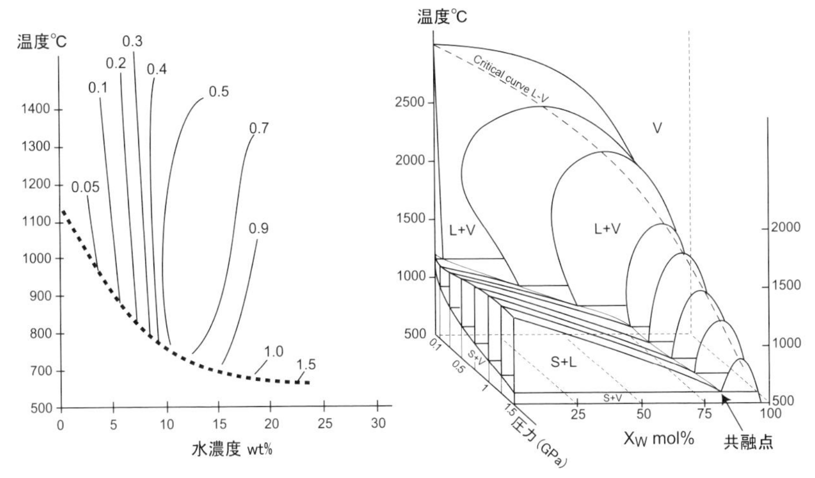

図 **2.8**　実験で推定されているアルバイトと H_2O の 2 成分共融系の相平衡図 (Paillat *et al.*, 1992).（左）低水濃度領域での液/液 + 気 (L/L+V) 境界線（実線）の圧力による変化．線上部の数字は，圧力 (GPa) を示す．点線は，共融点 (Eutectic Point) の圧力による変化．共融点が圧力の低下とともに，高温・低 H_2O 濃度側に移動していくことがわかる．（右）温度-圧力-水モル分率の 3 次元空間での相平衡図．高圧では，気相と液相の区別がつかなくなり，臨界点 (Critical Point) が生じる．それをつなげた線を Critical curve L-V として破線で描いている．

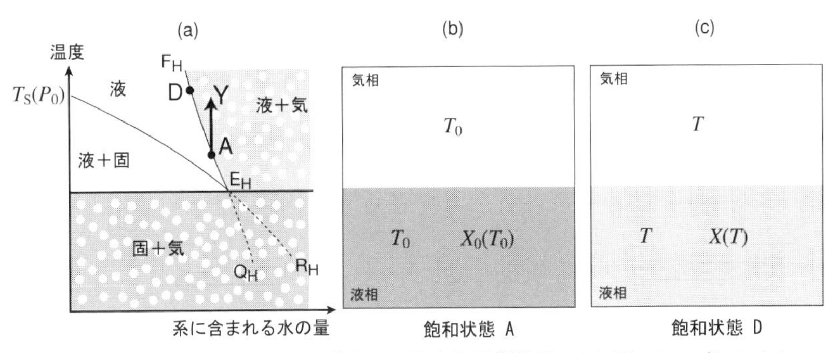

図 **2.9**　(a) 温度–水濃度の関数として見た相平衡関係．(b) 図 (a) の点 A での飽和状態．(c) 図 (a) の点 D での飽和状態．等圧を仮定．

となる．これらを辺々引き算すると，

$$\mu_{\mathrm{Melt}}^{\mathrm{H_2O}}(T_0, X_0) - \mu_{\mathrm{Melt}}^{\mathrm{H_2O}}(T, X_{\mathrm{eq}}(T)) = \mu_{\mathrm{Gas}}^{\mathrm{H_2O}}(T_0) - \mu_{\mathrm{Gas}}^{\mathrm{H_2O}}(T) \tag{2.55}$$

と書ける．基準点 (T_0, X_0) から (T, X_{eq}) に移る際に，2 つの独立変数の両方が変化しているので，中間地点として (T, X_0) をとることにすると，

$$\begin{aligned} LHS &= \mu_{\mathrm{Melt}}^{\mathrm{H_2O}}(T_0, X_0) - \mu_{\mathrm{Melt}}^{\mathrm{H_2O}}(T, X_0) \\ &\quad + \mu_{\mathrm{Melt}}^{\mathrm{H_2O}}(T, X_0) - \mu_{\mathrm{Melt}}^{\mathrm{H_2O}}(T, X_{\mathrm{eq}}(T)) && (2.56) \\ &= \int_T^{T_0} \left(\frac{\partial \mu_{\mathrm{Melt}}^{\mathrm{H_2O}}}{\partial T} \right)_{X_0} dT + \int_{X_{\mathrm{eq}}}^{X_0} \left(\frac{\partial \mu_{\mathrm{Melt}}^{\mathrm{H^2O}}}{\partial X} \right)_T dX && (2.57) \\ &= -s_{\mathrm{inMelt}}^{\mathrm{H_2O}}(X_0)(T_0 - T) + k_{\mathrm{B}} T \left[\ln a(X_0) - \ln a(X_{\mathrm{eq}}) \right] && (2.58) \end{aligned}$$

となる．ここで，$s_{\mathrm{inMelt}}^{\mathrm{H_2O}}(X_0)$ は，X_0 のときの，すなわち基準状態でのエントロピーである*9．また，右辺は，

$$RHS = \int_T^{T_0} \left(\frac{\partial \mu_{\mathrm{Gas}}^{\mathrm{H_2O}}}{\partial T} \right)_{X_{\mathrm{eq}}} dT = -s_{\mathrm{inGas}}^{\mathrm{H_2O}}(T_0 - T) \tag{2.62}$$

となる．ここで，式 (2.58) に，Burnham の活動度モデル（式 (2.10)）を用いると，

$$T - T_0 = -\frac{k_{\mathrm{B}} T}{\Delta s} \ln \left(\frac{X_{\mathrm{eq}}}{X_0} \right)^2 \tag{2.63}$$

が得られる．

ここで，Δs は，$s_{\mathrm{Gas}}^{\mathrm{H_2O}} - s_{\mathrm{inMelt}}^{\mathrm{H_2O}}(X_0)$ である．潜熱 $\Delta \mathcal{H} = N_{\mathrm{Avogadro}} \cdot \Delta s \cdot T = 20\,\mathrm{kJ/mole}$ として，Yamashita (1999) の実験データとともにプロットすると図

*9 ここで，もし中間地点として (T_0, X_{eq}) をとると

$$\begin{aligned} LHS &= \mu_{\mathrm{Melt}}^{\mathrm{H_2O}}(T_0, X_0) - \mu_{\mathrm{Melt}}^{\mathrm{H_2O}}(T_0, X_{\mathrm{eq}}(T)) \\ &\quad + \mu_{\mathrm{Melt}}^{\mathrm{H_2O}}(T_0, X_{\mathrm{eq}}(T)) - \mu_{\mathrm{Melt}}^{\mathrm{H_2O}}(T, X_{\mathrm{eq}}(T)) && (2.59) \\ &= \int_{X_{\mathrm{eq}}}^{X_0} \left(\frac{\partial \mu_{\mathrm{Melt}}^{\mathrm{H_2O}}}{\partial X} \right)_{T_0} dX - \int_{T_0}^{T} \left(\frac{\partial \mu_{\mathrm{Melt}}^{\mathrm{H_2O}}}{\partial T} \right)_{X_{\mathrm{eq}}} dT && (2.60) \\ &= k_B T_0 \left[\ln a(X_0) - \ln a(X_{\mathrm{eq}}) \right] + s_{\mathrm{inMelt}}^{\mathrm{H_2O}}(X_{\mathrm{eq}})(T - T_0) && (2.61) \end{aligned}$$

となり，活動度の項以外の $s_{\mathrm{inMelt}}^{\mathrm{H_2O}}(X_{\mathrm{eq}})$ に X_{eq} が現れることになるので簡単ではない．

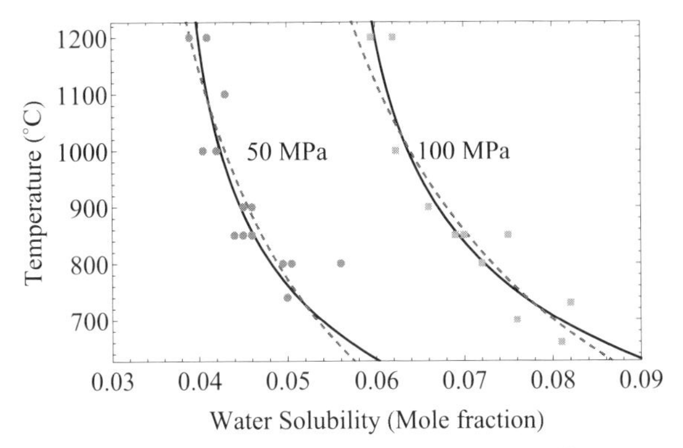

図 **2.10**　Yamashita (1999) の実験データと式 (2.63) の比較．100 MPa では，$T_0 = 1000\,\mathrm{K}$ で $X_0 = 0.078$, 50 MPa では $T_0 = 1000\,\mathrm{K}$ で $X_0 = 0.052$ を仮定している．ここでのモル分率は，酸素 1 原子に対する比で定義されている．実線は Burnham モデル（式 (2.63)）．破線は，反応モデル ($\Delta\mathcal{H}_1 = 13\,\mathrm{kJ/mol}$, $K = 1$) の計算結果．

2.10 になり，実験結果をうまく説明できる[*10]．

結局，完全にかい離反応が進む Burnham モデルでは，温度の関数としての水の溶解度は，

$$\frac{C_{\mathrm{eq}}}{C_0} = \frac{X_{\mathrm{eq}}}{X_0} = \exp\left[-\frac{\Delta h_0}{2k_{\mathrm{B}}T_0}\left(1 - \frac{T_0}{T}\right)\right] \tag{2.66}$$

となる．

不完全かい離反応を考慮すると，圧力依存性のところで行った手順がそのまま転用される．すなわち，分子水としてメルトに溶け込む反応の平衡は，式 (2.63) の代わりに，

$$T - T_0 = -\frac{k_{\mathrm{B}}T}{\Delta s_1}\ln\left(\frac{X_{\mathrm{m}}}{X_0}\right) \tag{2.67}$$

で記述される．ここで，Δs_1 は，分子水として溶け込む反応（式 (2.3)）のエンタ

[*10] ここで，Δs は基準点での水の析出に伴う 1 分子当たりのエントロピー変化で，発泡に伴う潜熱 Δh_0 に相当している．

$$\Delta h_0 = T_0\Delta s(X_0) = T_0\left(s^{\mathrm{H_2O}}_{\mathrm{inMelt}} - s^{\mathrm{H_2O}}_{\mathrm{inGas}}(X_0)\right) \tag{2.64}$$

$$\frac{dT}{dX_{\mathrm{eq}}} = -2\frac{k_{\mathrm{B}}T^2}{\Delta h_0 X_{\mathrm{eq}}} \tag{2.65}$$

からもわかるように，吸熱反応の場合，$\Delta h_0 > 0$，すなわち $dT/dX < 0$ となる．このため，温度–組成（アルバイト–水）の空間での共融系相平衡図でリキダスに相当する液/液 + 気の境界線の傾きは負となる．

ルピーであり，分子水としての溶解反応の T_0 でのモルエンタルピーは $\Delta\mathcal{H}_1 = \Delta s_1 T_0 \times N_{\mathrm{Avogadro}}$ である．これを用いると，式 (2.51) に相当する $\tilde{X}_{\mathrm{m}}$ は

$$\tilde{X}_{\mathrm{m}} = \left(\frac{X_{\mathrm{m0}}}{X_{\mathrm{W0}}}\right) \exp\left[-\frac{\Delta\mathcal{H}_1}{R_{\mathrm{B}} T_0}\left(1 - \frac{T_0}{T}\right)\right] \tag{2.68}$$

となり，式 (2.52) と併せて，式 (2.49) に代入すれば求まる．ただし，平衡定数 K は温度によらず一定とし，かい離反応のエンタルピーも一定と仮定する[*11]．これを図 2.10 に示す．かい離モデルでは，分子水の溶解の潜熱 $\Delta\mathcal{H}_1$ を 13 kJ/mol，水分子のかい離反応の反応熱は，33 kJ/mol と見積もられている．図に示した $K = 1$ では，分子水として残る割合は 20% ぐらいであるので，トータルな実効的潜熱は，$13 + 0.8 \times 33 = 39.4$ kJ/mol となる．一方，簡単化 Burnham モデルでは，メルトへの溶解の潜熱 $\Delta\mathcal{H}$ を 20 kJ/mol と仮定した．この値は，かい離反応モデルにおける分子水溶解の潜熱より幾分大きい．

これまでの議論（式 (2.25) と (2.66)）から，より一般に水の溶解度に関する圧力と温度の影響について，Burnham モデルを用いると，温度と圧力の関数としての水の溶解度は，

$$\frac{C_{\mathrm{eq}}}{C_0} = \left(\frac{P}{P_0}\right)^{\frac{1}{2}} \exp\left[\frac{v_{\mathrm{m}} P_0}{2k_{\mathrm{B}} T_0}\left(1 - \frac{P}{P_0}\right) + \frac{\Delta h_0}{2k_{\mathrm{B}} T_0}\left(\frac{T_0}{T} - 1\right)\right] \tag{2.69}$$

と与えられる．

2.7　結晶の融点に及ぼす水の影響と減圧発泡誘導型結晶化

一般に，純粋固体の凝固点 $T_{\mathrm{S}}(P_0)$（2 成分系リキダスの端点に相当）は（図 2.9），別の成分が加わると低下する（凝固点降下）．マグマ中の結晶の凝固点も，水の付加によって低下する．このことは，図 2.11 における，固液相境界曲線 $T_{\mathrm{S}}(P_{\mathrm{H}})$-$\mathrm{E_H}$ によって示されている．さらに，凝固点降下は，圧力にも依存する．これをアルバイト-H_2O 系を例に熱力学的に考察する (Burnham, 1979).

1 成分固相と 2 成分液相からなるアルバイト-H_2O 系は，これまで考察した 1 成分気相と 2 成分液相からなる系の平衡論と同じ手順が使える．始めに，定圧状態での化学平衡を取り扱い，凝固点（リキダス T_{L}）と水濃度の関係を得る．その後，水濃度が，減圧発泡によって化学平衡で決定される場合に拡張する．

[*11] かい離反応定数の温度依存性を考慮しても，結果はあまり変わらない．1000 K 以上の温度では，60%以上かい離が進んでいるからだ．

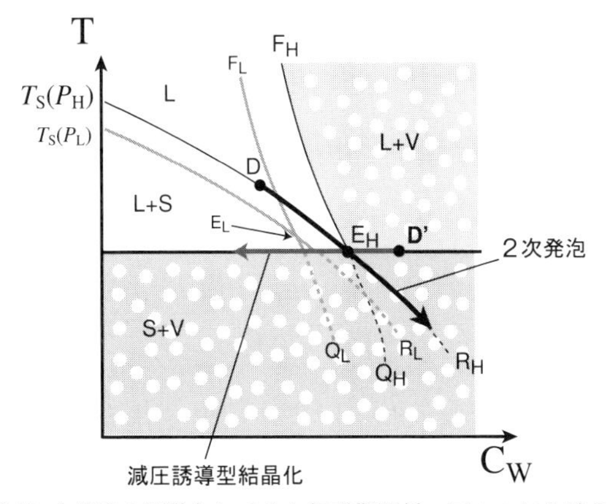

図 **2.11**　温度–水濃度の関数としてみた相平衡関係．図 2.9 における，$P_0 = P_H$ と $P_0 = P_L$ の場合を示す．減圧発泡による結晶（減圧結晶）の相境界に対する相対的経路を灰矢印で示す．また，冷却結晶化により発泡（2 次発泡）に至る経路を黒矢印で示す．

アルバイト-H_2O 系を 2 成分共融系と見なしたときの，アルバイト-液の化学平衡条件は，

$$\mu_{\text{Solid}}(\text{pure Ab}, T, P) = \mu_{\text{Melt}}(\text{pure Ab}, T, P) + k_B T \ln a_{\text{Melt}}^{\text{Ab}} \tag{2.70}$$

である．これから，

$$k_B T \ln a_{\text{Melt}}^{\text{Ab}} = \mu_{\text{Solid}}(\text{pure Ab}, T, P) - \mu_{\text{Melt}}(\text{pure Ab}, T, P) \tag{2.71}$$

一般に，基準状態を (T_0, P_0) とすると，ある温度圧力 (T, P) での化学ポテンシャル μ は，$\mu(T,P) = \mu(T_0, P_0) - s(T - T_0) + v(P - P_0)$ と与えられる．Δh_{Ab} を基準状態でのアルバイトの融解熱（単位分子当たり）とすると，

$$\begin{aligned}\Delta h_{\text{Ab}} = {} & \mu_{\text{Melt}}(\text{pure Ab}, T_0, P_0) - \mu_{\text{Solid}}(\text{pure Ab}, T_0, P_0) \\ & +(s_{\text{Solid}}^{\text{Ab}} - s_{\text{Melt}}^{\text{Ab}})T_0\end{aligned} \tag{2.72}$$

であるから，化学平衡の条件は，

$$k_B T \ln a_{\text{Melt}}^{\text{Ab}} = -(\Delta h_{\text{Ab}} - T\Delta s_{\text{Ab}} + P\Delta v_{\text{Ab}}) \tag{2.73}$$

となる．ここで，Δs_{Ab} は基準状態でのアルバイト分子 1 個当たりの融解のエン

トロピー ($s^{\mathrm{Ab}}_{\mathrm{Solid}} - s^{\mathrm{Ab}}_{\mathrm{Melt}}$)，$\Delta v_{\mathrm{Ab}}$ は基準状態でのアルバイト分子 1 個当たりの融解に伴う体積変化である．いま，基準状態を 1 気圧での無水下でのアルバイトの融点 T_{Ab} にとると，$\Delta h_{\mathrm{Ab}} = \Delta s_{\mathrm{Ab}} T_{\mathrm{Ab}} (X^{\mathrm{W}}_{\mathrm{Melt}} = 0)$ の関係がある．また，式 (2.73) では，圧力 P は 1 気圧より十分大きいとした．

式 (2.73) において，温度 T は，化学平衡の温度（アルバイトリキダス：$T^{\mathrm{Ab}}_{\mathrm{L}}$）であり，圧力 P とアルバイトの活動度 $a^{\mathrm{Ab}}_{\mathrm{M}}$ の関係を示すが，これは，以下で示すように水のモル分率と関係するので，この式は，水のモル分率とアルバイトリキダスの関係を表すことになる．

式 (2.73) の $a^{\mathrm{Ab}}_{\mathrm{Melt}}$ を水のモル分率 $X^{\mathrm{W}}_{\mathrm{Melt}}$（これまでの X_{W} と同じ）の言葉で書き換えて，アルバイトリキダスと $X^{\mathrm{W}}_{\mathrm{Melt}}$ の関数として $T^{\mathrm{Ab}}_{\mathrm{L}}$ を求める．そのために，Gibbs-Duhem の関係式，

$$sdT - vdP + \Sigma n_i d\mu_i = 0 \tag{2.74}$$

を用いる．いまの場合，T, P 一定として，液相に適用すると，

$$X^{\mathrm{W}}_{\mathrm{Melt}} d \ln a^{\mathrm{W}}_{\mathrm{Melt}} + X^{\mathrm{Ab}}_{\mathrm{Melt}} d \ln a^{\mathrm{Ab}}_{\mathrm{Melt}} = 0 \tag{2.75}$$

である．これに，簡単化 Burnham モデルと自明な保存則，

$$a^{\mathrm{W}}_{\mathrm{Melt}} = c_{\mathrm{a}} \left(X^{\mathrm{W}}_{\mathrm{Melt}} \right)^2, \tag{2.76}$$

$$X^{\mathrm{W}}_{\mathrm{Melt}} + X^{\mathrm{Ab}}_{\mathrm{Melt}} = 1 \tag{2.77}$$

を用いると，

$$a^{\mathrm{Ab}}_{\mathrm{Melt}} = \left(X^{\mathrm{Ab}}_{\mathrm{Melt}} \right)^2 = \left(1 - X^{\mathrm{W}}_{\mathrm{Melt}} \right)^2 \tag{2.78}$$

となる．ここで，無水の状態では，アルバイトの活動度 (X^{Ab}_{Melt}) は 1 であることを用いると，係数は 1 となる．これを式 (2.73) に用いて，T について整理すると，結局，水が加わることによる凝固点降下は，

$$T^{\mathrm{Ab}}_{\mathrm{L}} (X^{\mathrm{W}}_{\mathrm{Melt}}, P) = \frac{\Delta h_{\mathrm{Ab}} + P \Delta v_{\mathrm{Ab}}}{\Delta s_{\mathrm{Ab}} - k_{\mathrm{B}} \ln (1 - X^{\mathrm{W}}_{\mathrm{Melt}})^2} \tag{2.79}$$

と表される．これを図示すると，図 2.12 となる．

以上見た凝固点降下は，逆に見れば，水の濃度の減少とともに結晶の融点が増加することを意味する．このために，マグマの発泡とともにメルトからの水の析出が起こると，メルトは結晶化する．これが，減圧誘導型結晶化である．式 (2.79) の水のモル分率 $X^{\mathrm{W}}_{\mathrm{Melt}}$ に，圧力の関数としての水の溶解度を代入すると，発泡しているマグマ中での水の分圧（水飽和圧）の関数としての融点が求まる．また，圧

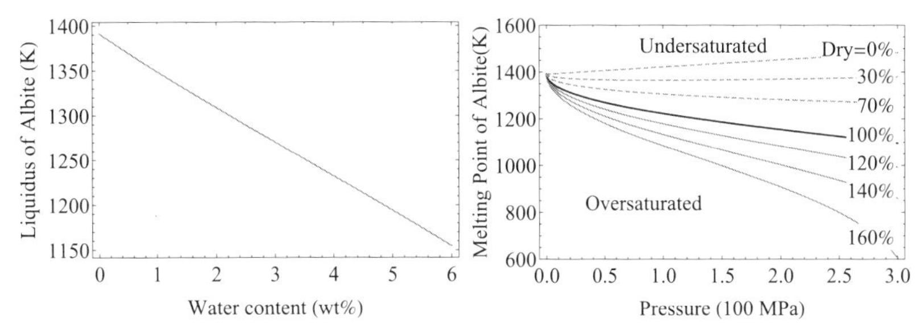

図 2.12 アルバイトの融点に及ぼすメルト中の含水量の影響．（左）溶解度に従って水の濃度が変化する場合（平衡脱水）の水の濃度に対するアルバイトの融点．（右）含水量が溶解度に関して未飽和な場合と過飽和な場合のアルバイトの融点の圧力に対する変化．“Dry” は無水の場合．アルバイトの 1 気圧での融点は 1391 K，潜熱は 62 kJ/mol，Δv は，$1.37 \times 10^{-5}\ \mathrm{m^3/mol}$（アルバイトメルトの密度を $2200\ \mathrm{kg/m^3}$，アルバイト固相を $2500\ \mathrm{kg/m^3}$，分子量を 0.252 kg として計算）．水のメルトへの溶解度の基準点はデイサイトメルトを仮定し，200 MPa ($= P_0$) で 6 wt% ($= \tilde{C}_0$)，モル分率 0.5 ($= X_0$)（図 2.2）．

力の項に，水の溶解度と圧力の関係を代入すると，水の飽和条件下での水の濃度だけの関数として融点が求まる．たとえば，T を一定として，exp の項を無視した水の溶解度；

$$P = P_0 \left(\frac{\tilde{C}}{\tilde{C}_0} \right)^2 \tag{2.80}$$

を用いると，以下のように近似式として書き下すことができる．

$$T_{\mathrm{L}}^{\mathrm{Ab}}(\tilde{C}) = \frac{\Delta h_{\mathrm{Ab}} + P_0 \Delta v_{\mathrm{Ab}} (\tilde{C}/\tilde{C}_0)^2}{\Delta s_{\mathrm{Ab}} - k_{\mathrm{B}} \ln(1 - X_0 \tilde{C}/\tilde{C}_0)^2} \tag{2.81}$$

また，温度と圧力の関数としての水の溶解度の式 (2.69) を式 (2.79) に代入すると，結晶・ガス・メルトの 3 相が平衡共存する系において，温度低下とともにどのように圧力が変化するかを記述する式が得られる．これは，地下深部で冷却結晶化するマグマだまりにおける，増圧量を見積もるのに有用である．

相平衡図上では，減圧誘導型結晶化は気相とアルバイトの共融点を通過して，気液共存から，気固共存領域へ入ることになる．共融点は，溶解度曲面（式 (2.69)）とリキダス面（式 (2.79)）との交線として定義される．等温の減圧発泡では温度は変わらず，相平衡図のそれぞれの温度–濃度平面内で曲線自体が減圧発泡に伴って相対運動することになる（図 2.13 に相対的関係を示す）．すなわち，気液相平衡曲線 ($\mathrm{F_H}$-$\mathrm{Q_H}$) は低水濃度側へ，固液相平衡曲線 (T_{S}-$\mathrm{R_H}$) は低温側へ動く．後者の程度は小さいので，始めに圧力 $P5$ で気液平衡を保った点 A は，$P5$ よりも低

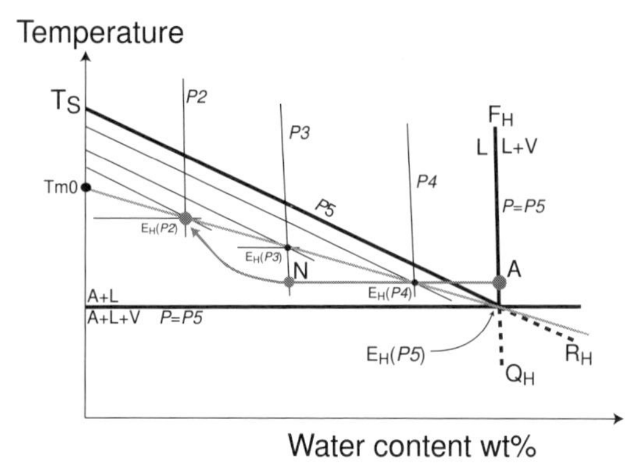

図 2.13　減圧平衡発泡に伴う相平衡図の変化と，発泡・結晶化経路．T_{m0} は，1 気圧下での純粋な固体の融点を示す．N は結晶の核形成点．$\mathrm{E_H}(P5)$～$\mathrm{E_H}(P2)$ は図 2.8 左の点線に対応している．

圧の $P4$ で気・液・固の共融点 $\mathrm{E_H}(P4)$ を通過して，固相に過飽和な領域に入り結晶化を起こす（減圧誘導型結晶化）．ある過冷却度（過飽和度）で核形成し，その後，圧力によってきまる共融点（図の場合は $\mathrm{E_H}(P2)$）に向けて気泡成長と結晶成長により近づいていく．温度が上昇するのは結晶化の潜熱の影響であり，どの程度温度上昇するかは，結晶化する際の化学平衡とエネルギー保存の組み合わせできまる．このように，天然では，マグマの上昇とともに，発泡と結晶化の両方が起こり，マグマの力学的性質が変化し，それが噴火様式を左右することになる．共融点 $\mathrm{E_H}(P)$ の変化を，水濃度の関数として図示すると図 2.13 になる．これは，温度–圧力–水濃度空間相平衡図（付録図 A.1）における共融点の軌跡の，温度–水濃度平面への投影である．

2.8　冷却結晶化による揮発性成分の濃集と発泡

固相（結晶）に水が溶け込まない場合，冷却結晶化の進行とともに H_2O が，残りの液に濃集する．これを相平衡図（図 2.11）上で見ると，点 D から冷却結晶化する際，液はリキダスに沿って変化し，水との共融点 $\mathrm{E_H}$ で気相–液相平衡曲線と交差し，液相 + 気相が安定な状態に入ることに相当する．このように冷却に伴い発泡する現象は，2 次発泡として知られている．これはちょうど，冷蔵庫の中で氷を作る際に，氷に入りきれない空気成分が細かい泡となって析出し氷が白く濁ることにも似ている．

マグマの冷却結晶化は，結晶化だけが進行している場合，体積の収縮を起こすから，マグマだまりは減圧する．結晶化がさらに進み，揮発性成分との共融点よりさらに温度が下がり，結晶化が進行していくと揮発性成分に過飽和になり，発泡が起こるとマグマは増圧に転じる．

この増圧過程は，マグマだまりの周囲の岩体の力学的性質と結晶化の速度によって支配されている．周囲の岩体が自由に変形できる場合，あるいはマグマが自由に運動・膨張できる場合は，当然増圧は起こらない．一方，周囲の岩体が剛体でマグマの膨張がまったく許されない状況では，マグマの圧力は結晶化とともに高まっていく．その際の，温度，圧力，残液中の水の濃度（すなわち総結晶量）は，上で見た，共融点に沿って低温・高圧方向に変化する．平衡状態を仮定する限り，温度変化すなわち冷却によって結晶化が主導的に進行する場合，発泡は従属的に進行し，系は，気相・液相・固相が共存する共融点にある．実際は，時間スケールとのからみで，結晶成長や気泡成長のカイネティックスが影響し，相平衡図上での経路は，共融点からずれてくる．水-アルバイト系の低水濃度での相平衡図のまとめを付録の図 A.2 に載せている．

2.9　炭酸ガスを含む系

2.9.1　炭酸ガスの溶解度

炭酸ガスのケイ酸塩メルトへの溶解は，

$$CO_{2\,\mathrm{in\,Gas}} \rightarrow CO_{2\,\mathrm{in\,Melt}} \tag{2.82}$$

という溶解反応だけからなる．そのため，炭酸ガスのケイ酸塩メルトへの溶解度は，Henry の法則に従い，ガス圧力とともに直線的に大きくなる．また，低圧では水の溶解度よりもはるかに小さいことが知られている（図 2.14）．すなわち，

$$\tilde{C}_{\mathrm{CO_2}}(P_{\mathrm{G}}) = c_{\mathrm{CO_2}} P_{\mathrm{G}} \tag{2.83}$$

である．ここで，濃度 $C_{\mathrm{CO_2}}$ の単位を，直感的に理解しやすいように wt%とし，$\tilde{C}_{\mathrm{CO_2}}$ と書き（本書では C を用いた際には濃度を分子数/単位メルト体積とする），圧力 P_{G} の単位を Pa とする．その場合，比例定数 $c_{\mathrm{CO_2}}$（Henry 定数の逆数）は，流紋岩で 5×10^{-10} (wt%/Pa) である．比例定数は，メルトの組成によって大きく異なることが知られており，超苦鉄質メルトでは，2 倍から 3 倍になる（Papale, 1997; Newman and Lowenstern, 2002 およびその中の文献）．

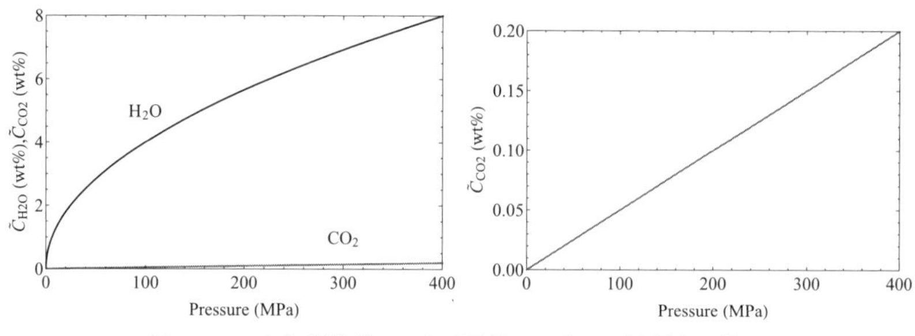

図 **2.14**　水と炭酸ガスのケイ酸塩メルトへの溶解度の違い．

一方，簡単化した水の溶解度を同様に表現すると，

$$\tilde{C}_{\mathrm{H_2O}}(P_{\mathrm{G}}) = c_{\mathrm{H_2O}} P_{\mathrm{G}}^{\frac{1}{2}} \tag{2.84}$$

であり，比例定数 $c_{\mathrm{H_2O}}$ は 4×10^{-4} (wt%/Pa$^{1/2}$) である．

2.9.2　水と炭酸ガスを含む系の溶解度

水と炭酸ガスの両方を含む場合は，それぞれの溶解度が分圧に依存するので，式 (2.84) と (2.83) に相当して，

$$P_{\mathrm{H_2O}} = k_{\mathrm{H_2O}} \tilde{C}_{\mathrm{H_2O}}^2 \tag{2.85}$$

$$P_{\mathrm{CO_2}} = k_{\mathrm{CO_2}} \tilde{C}_{\mathrm{CO_2}} \tag{2.86}$$

となる．ここで，溶解度係数 $k_{\mathrm{H_2O}} = c_{\mathrm{H_2O}}^{-2} = 6.25 \times 10^6$ (Pa/wt% ^{2})，$k_{\mathrm{CO_2}} = h_{\mathrm{CO_2}}^{-1} = 2 \times 10^9$ (Pa/wt%)，である．また，$P_{\mathrm{CO_2}}$ と $P_{\mathrm{H_2O}}$ は，炭酸ガスと水の分圧であり，全圧 P と次の関係にある．

$$P_{\mathrm{H_2O}} + P_{\mathrm{CO_2}} = P \tag{2.87}$$

これに，式 (2.85) と (2.86) を代入すると，水の溶解度と炭酸ガスの溶解度の関係が得られる．

$$\tilde{C}_{\mathrm{CO_2}} = \frac{P}{k_{\mathrm{CO_2}}} - \left(\frac{k_{\mathrm{H_2O}}}{k_{\mathrm{CO_2}}}\right) \tilde{C}_{\mathrm{H_2O}}^2 \tag{2.88}$$

これを図示すると，図 2.15 のようになる．溶解度係数の比 $k_{\mathrm{H_2O}}/k_{\mathrm{CO_2}}$ の値は，ケイ酸塩メルトに関して上の値を用いると 0.003125 である．

これは，水の溶解度とガスの全圧の関係に炭酸ガスの存在が大きく影響を与

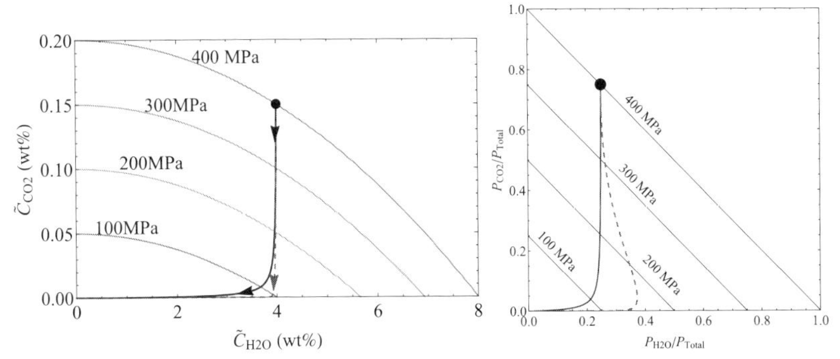

図 **2.15**　（左）水と炭酸ガスが共存する系での，それぞれの溶解度の間の制約関係．閉鎖系脱ガスと分別（レイリー）脱ガスの場合の組成経路を黒線と破線で示している．（右）液と平衡にあるガス中でのそれぞれの分圧．各等圧線と曲線との交点の座標が，分圧に相当する．

えることを意味している．例えば，水だけが 4 wt%含まれているとすると，全圧 100 MPa，すなわちおおよそ 4 km の深さでは，おおよそ飽和条件であり，過飽和にはならない．しかし，ほんの少し，例えば 0.03 wt%の炭酸ガスが存在していたとすればその全圧下で十分過飽和になり，発泡を起こすことになる．

2.9.3　発泡の進行に伴うガス組成変化

全圧，分圧，溶解度の関係式

減圧とともにマグマの発泡が進んでいくと，メルト中のガスの組成はどのように変化するであろうか？　発泡が化学平衡を保って進行していく場合を考えよう．初期圧力 P_0 のもとでの水と炭酸ガスのメルト中初期質量濃度 ($\tilde{C}_{H_2O}(P_0)$ と $\tilde{C}_{CO_2}(P_0)$)(wt%) に対応するモル濃度 (mol/kg) を x_0 と y_0 として導入する．これは，水と炭酸ガスでは 1 モル質量が異なるので，気体として析出したときに，析出量が理想気体の状態方程式（モル数で記述）を介してガス相の圧力と直接関係づけられるためである．任意の圧力 P ($< P_0$) での水と炭酸ガスのモル濃度を x と y とする．水と炭酸ガスの 1 モル質量を，$m_{H_2O} = 0.018$ (kg) および $m_{CO_2} = 0.044$ (kg) と書くと，モル濃度と質量濃度の関係は，$x = 0.01 \times \tilde{C}_{H_2O}(P)/m_{H_2O}$ および $y = 0.01 \times \tilde{C}_{CO_2}(P)/m_{CO_2}$ である．溶解度の関係（式 (2.85) と (2.86)）と全圧と分圧の関係を，この x と y を用いて書くと

$$P_x = P_{H_2O} = 10^4 m_{H_2O}^2 k_{H_2O} x^2 = k_x x^2 \tag{2.89}$$

$$P_y = P_{CO_2} = 10^2 m_{CO_2} k_{CO_2} y = k_y y \tag{2.90}$$

$$P = P_{H_2O} + P_{CO_2} = k_x x^2 + k_y y \tag{2.91}$$

となる．ここで，$k_x = 10^4 m_{H_2O}^2 k_{H_2O} \approx 2 \times 10^7$ (Pa/(mol/kg)^2) および $k_y = 10^2 m_{CO_2} k_{CO_2} \approx 8.8 \times 10^9$ (Pa/(mol/kg)) である．また，$\tilde{C}_{H_2O} = 4$ (wt%) は 2.2 (mol/kg) に相当する．初期条件は

$$P_{x0} = k_x x_0^2 \tag{2.92}$$

$$P_{y0} = k_y y_0 \tag{2.93}$$

$$P_0 = k_x x_0^2 + k_y y_0 \tag{2.94}$$

である．

閉鎖系脱ガスによるガス組成と分圧

初期状態としてガス相がない場合を考える．減圧発泡過程で生成したガス中でのそれぞれの分圧は，析出したガスのモル量 $x_0 - x$ と $y_0 - y$ の比に他ならない．

$$\frac{P_x}{P_y} = \frac{x_0 - x}{y_0 - y} \tag{2.95}$$

一方，溶解度の関係（式 (2.89) と (2.90)）から，

$$\frac{P_x}{P_y} = \frac{k_x}{k_y}\frac{x^2}{y} \tag{2.96}$$

これら 2 つの等式の右辺を等しいとおき，y について解くと，発泡の進行に伴う水濃度 x の変化に伴う，炭酸ガス濃度 y の変化

$$\frac{y}{y_0} = \frac{a_k x_0 \left(\frac{x}{x_0}\right)^2}{1 - \left(\frac{x}{x_0}\right) + a_k x_0 \left(\frac{x}{x_0}\right)^2} \tag{2.97}$$

が得られる．ここで，a_k は，以下で定義される，溶解度係数の比であり，後で見るようにフラックシングの際の圧力変化を制御する．

$$a_k = \frac{k_x}{k_y} = \frac{100 m_{H_2O}^2 k_{H_2O}}{m_{CO_2} k_{CO_2}} \tag{2.98}$$

この値は，ケイ酸塩メルトに関して上の値を用いると 0.0023 (mol/kg) である．このときの，ガス析出に伴うガス組成の変化を，図 2.15 にプロットしてある．炭

酸ガスの方が始めに濃度が減っていることがわかる．いまの場合，析出したガスは系に保たれ，その後の気液の平衡状態に影響を与える．これは，**閉鎖系脱ガス** (closed system degassing) と呼ばれている (Anderson *et al.*, 1989).

メルトと平衡にあるガスの全圧とメルト中の水濃度の関係は，初期状態で式 (2.94), 発泡途中で式 (2.91) で与えられる．また, 式 (2.89) と (2.92) から $P_x/P_{x0} = (x/x_0)^2$，式 (2.90) と (2.93) から $P_y/P_{y0} = y/y_0$ であるから,

$$\frac{P_x}{P_0} = \frac{P_x}{P_{x0}}\frac{P_{x0}}{P_0} = \frac{P_{x0}}{P_0}\left(\frac{x}{x_0}\right)^2 \tag{2.99}$$

$$\frac{P_y}{P_0} = \frac{P_y}{P_{y0}}\frac{P_{y0}}{P_0} = \frac{P_{y0}}{P_0}\left(\frac{y}{y_0}\right) \tag{2.100}$$

となる．さらに，式 (2.92) (2.93) (2.94) から上式の係数 P_{x0}/P_0 および P_{y0}/P_0 は

$$\frac{P_{x0}}{P_0} = \frac{a_k x_0\left(\frac{x_0}{y_0}\right)}{a_k x_0\left(\frac{x_0}{y_0}\right)+1} \tag{2.101}$$

$$\frac{P_{y0}}{P_0} = \frac{1}{a_k x_0\left(\frac{x_0}{y_0}\right)+1} \tag{2.102}$$

と与えられるから，ガス中のそれぞれの分圧が，x をパラメータとして計算できる．右図には，メルトと平衡にあるガス中のそれぞれの成分の分圧を示している．メルト中には炭酸ガスが相対的に少なく，ガス中に炭酸ガスが相対的に多くなることがわかる．

Rayleigh 脱ガスによるガス組成と分圧

ガスが発泡した瞬間にすぐに系から取り去られる場合には，ガスの分圧比が，非常に短い時間に析出したガス量 dx と dy で決まるので,

$$\frac{P_x}{P_y} = \frac{dx}{dy} \tag{2.103}$$

となる．式 (2.96) と組み合わせると,

$$\frac{dy}{dx} = \frac{y}{a_k x^2} \tag{2.104}$$

となる．これを，x，y についての微分方程式と見なし，$x = x_0$ から x，$y = y_0$ から y まで積分すると,

$$y = y_0 e^{\frac{1}{a_k}\left(\frac{1}{x_0} - \frac{1}{x}\right)} \tag{2.105}$$

となる．これは，分別脱ガスあるいは **Rayleigh** 脱ガスと呼べるようなもので，急激に炭酸ガスに乏しくなることがわかる（図2.15左）．このときの，ガス相中のそれぞれの分圧は，

$$P_x = \frac{a_k x^2}{a_k x^2 + y} P_0 \tag{2.106}$$

$$P_y = \frac{y}{a_k x^2 + y} P_0 \tag{2.107}$$

で計算され，同右図に示す．Rayleigh 脱ガスの場合は，選択的に CO_2 が析出するから，メルト中の CO_2 濃度が急激に減少することに伴い，平衡にあるガス相中の CO_2 分圧も減少し，H_2O 分圧が相対的に増加する．

水と炭酸ガスを含む系についての以上の議論は，非常に簡単化したもので，メルトへの溶解は理想溶液を仮定し，気相は理想気体を仮定しており，低圧ではおおよそ実験結果と整合的であるが，高圧になると，メルト中での水と炭酸ガスの相互作用や，気相の非理想性を議論する必要がある．

2.9.4　炭酸ガスに富んだ流体の付加に伴うガス組成と圧力変化

近年，地下深部のマントルに近い場所でメルトに CO_2 に富んだ流体が付加されている（フラックシング）という証拠が，鉱物中のメルト包有物の研究から明らかになっている（例えば，Yoshimura and Nakamura, 2013）．いま，初期条件として，圧力 P_0 の下で，1 kg のケイ酸塩メルト中に揮発性成分として H_2O だけが，飽和濃度に対応するモル数 x_0 溶け込んでいるとする（図2.16）．そこに，CO_2 だけからなる圧力 P_0 のガス（高温の流体）が，モル数 Δy_0 付加されるとする．このガス中の H_2O 分圧は0なので，メルト中の H_2O はガス相に析出し，一方ガス中の CO_2 はメルト中に溶け込もうとする．その結果，ケイ酸塩メルト中のガス成分濃度は，ガスと平衡に達しようと変化する．その過程での全圧を P，ガス中での H_2O と CO_2 の分圧をそれぞれ P_x，P_y とする．以上のような状況で，平衡状態に達した後の，メルト中のそれぞれのガス成分濃度と系の圧力およびそれぞれの分圧，さらにそれに至る時間変化の基本的性質を理解しよう．系の体積と温度は一定だと仮定する．

平衡状態についての解析

初期条件は，これまでに出てきた溶解度の関係より

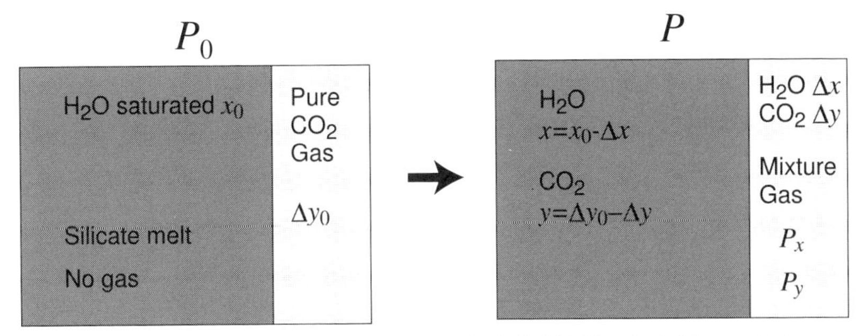

図 2.16　CO_2 フラックシングの模式図．（左）初期条件．ケイ酸塩メルト中には揮発性成分として H_2O だけが，圧力 P_0 での飽和濃度 x_0 だけ溶け込んでおり，そこに，CO_2 だけからなるガス（高温の流体）が付加される．（右）ケイ酸塩メルトとガスが平衡に達しようと組成を変える．そのときの全圧 P は，ガス中でのそれぞれの分圧 P_x と P_y の和であり，ガスのモル比に比例する．

$$P_0 = k_x x_0^2 \tag{2.108}$$

が成り立っている．いまの場合，メルトと平衡にあるガスは存在しないので仮想的な条件である．分圧 P_x と P_y での，それぞれの飽和濃度 $x_s(P_x)$ と $y_s(P_y)$ は，以下のように与えられる．

$$P_x = k_x x_s^2 \tag{2.109}$$

$$P_y = k_y y_s \tag{2.110}$$

これらは，平衡状態に至る過程で時間変化する．ガスのモル数は，初期条件では Δy_0 であるが，メルト中のガス成分濃度が x および y であるとき，ガス中には $x_0 - x\ (= \Delta x)$ の H_2O と $\Delta y_0 - y\ (= \Delta y)$ の CO_2 が存在し，全ガスモル数は $x_0 - x + \Delta y_0 - y$ に変化している．理想気体を仮定すると，ガスのモル数比が圧力比になるから，

$$P = \frac{x_0 - x + \Delta y_0 - y}{\Delta y_0} P_0 \tag{2.111}$$

であり，H_2O と CO_2 のそれぞれの分圧は，そのモル数比であるから，

$$P_x = \frac{x_0 - x}{\Delta y_0} P_0 \tag{2.112}$$

$$P_y = \frac{\Delta y_0 - y}{\Delta y_0} P_0 \tag{2.113}$$

となる．

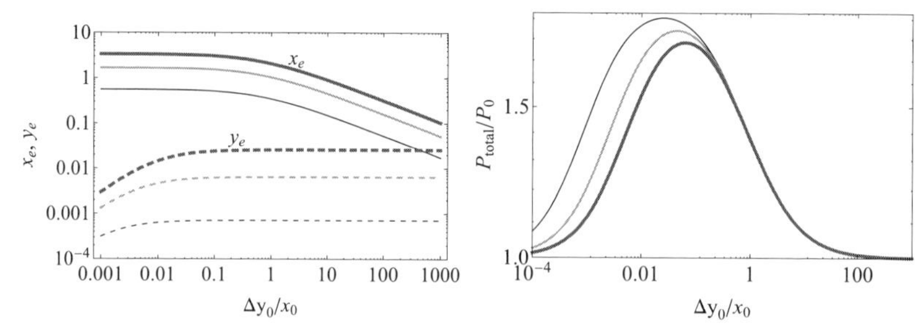

図 **2.17**　CO_2 フラックシングの後の平衡ガス組成と全圧.（左）平衡ガス組成 (H_2O: x_e, CO_2: y_e) をフラックシングの量 $\Delta y_0/x_0$ の関数としてプロットしている. この値が大きくなるほどフラックシング量は大きくなる. 線の太さは, パラメータ $a_k x_0$ の違いで, $a_k = 0.0023$（定数）としているので, 実際にはケイ酸塩メルトに溶け込んでいる初期含水量 x_0 の違いに相当する. 細線：1 (wt%), 灰細線：3 (wt%), 太線：6 (wt%) である.（右）対応する全圧 P/P_0.

平衡状態では, 分圧によってきまる飽和濃度 x_s（式 (2.109)）と y_s（式 (2.110)）と液中濃度 $x = x_e$ および $y = y_e$ が等しい. すなわち,

$$x_e = \left(\frac{P_x}{k_x}\right)^{1/2} = x_0\left(\frac{x_0 - x_e}{\Delta y_0}\right)^{1/2} \tag{2.114}$$

$$y_e = \frac{P_y}{k_y} = a_k x_0^2\left(\frac{\Delta y_0 - y_e}{\Delta y_0}\right) \tag{2.115}$$

である. ここで, 式 (2.112), (2.113) および式 (2.108) を用いた. これらから,

$$\frac{x_e}{x_0} = \frac{1}{2}\left(\frac{x_0}{\Delta y_0}\right)\left[-1 + \sqrt{1 + 4\frac{\Delta y_0}{x_0}}\right] \tag{2.116}$$

$$\frac{y_e}{x_0} = \frac{a_k x_0}{1 + a_k x_0 \frac{x_0}{\Delta y_0}} \tag{2.117}$$

と求まる. この式からわかるように, 平衡濃度は, 初期水濃度とフラックシングの量の比 $\Delta y_0/x_0$ と相対ガス分配 $a_k x_0$ だけできまる（図 2.17 左).

フラックシングが少ないと, ケイ酸塩メルト中に溶けている水濃度はほとんど変化しないが, フラックシングの増加とともに, 水濃度は減少し, 炭酸ガス濃度が相対的に増加する. $x_0/\Delta y_0$ は, メルト中に溶けていた水の量と付加される炭酸ガスの量比であり, a_k は, 式 (2.98) で与えられているように溶解度係数の比を表す. a_k の値が大きいほど付加される CO_2 の方が相対的に溶けやすいが, ケイ酸塩メルトではこの値はおよそ 0.0023 で 1 より小さく, CO_2 は, 水に比べて

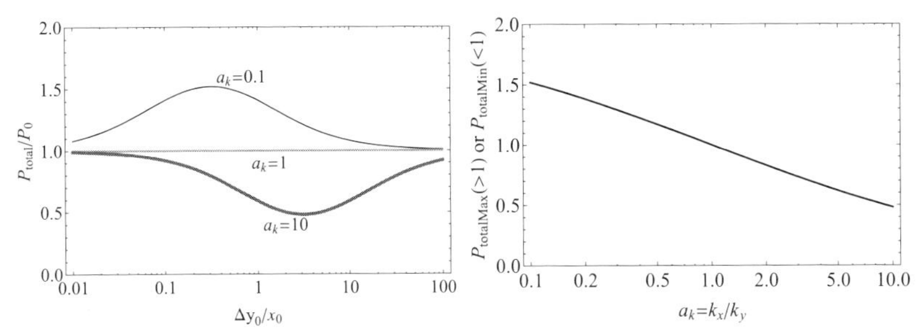

図 2.18　(左) 線形溶解度の場合のフラックシングによる平衡状態での圧力変化．フラックシング量を横軸，溶解度係数比 a_k をパラメータとして取っている．細線は $a_k = 0.1$，中細線は $a_k = 1$，太線は $a_k = 10$ の場合．(右) 最大圧力変化と溶解度係数比の関係．a_k がちょうど 1 のときは，同じ分圧に対し等量溶け込む．この場合は，圧力変化がない．フラックシングしてくる流体の方が溶け込みやすい場合 $a_k > 1$ は減圧，溶け込みにくい場合 $a_k < 1$ は増圧する．

ケイ酸塩メルトに圧倒的に溶け込みにくい．このために，平衡後，ガスの全圧は増大する (図 2.17 右)．図からわかるように，フラックシングによって，全圧が増加し，それもフラックシングの量がある値のところで最大値を取ることがわかる．最大増圧に対応する値は，初期水濃度が 0.1 (wt%) から 10 (wt%) のとき，0.01 $< \Delta y_0/x_0 < 0.08$ の範囲を単調に増加する (最大値を与える横軸の位置が右に移動する)．また，増圧率 P_{max}/P_0 は，初期水濃度が小さいほど大きい (最大値が，下に移動する)．このことは，低圧でのフラックシングの方が相対的に大きい増圧を生み出すことを意味しているが，増圧の絶対値は，やはり高圧下の方が大きい．

線形溶解度に従う気体の場合

増圧の要因について調べるために，溶解度が圧力に線形に依存する 2 つのガス成分 $(x,\ y)$ について一般的に考察する．すなわち，$P_x = k_x x$ および $P_y = k_y y$ が成り立っている．これまでと同じ解析により，初期状態の圧力 P_0 に対する平衡状態での圧力 P は，

$$\frac{P}{P_0} = \frac{\frac{x_0}{\Delta y_0}}{1 + \frac{x_0}{\Delta y_0}} + \frac{1}{1 + a_k \frac{x_0}{\Delta y_0}} \tag{2.118}$$

と与えれ，やはりパラメータ $x_0/\Delta y_0$ と a_k が，増圧の振舞いを支配していることがわかる (図 2.18)．フラックシングしてくる流体の方が溶け込みやすい場合 $a_k > 1$ は減圧，溶け込みにくい場合 $a_k < 1$ は増圧することがわかる．

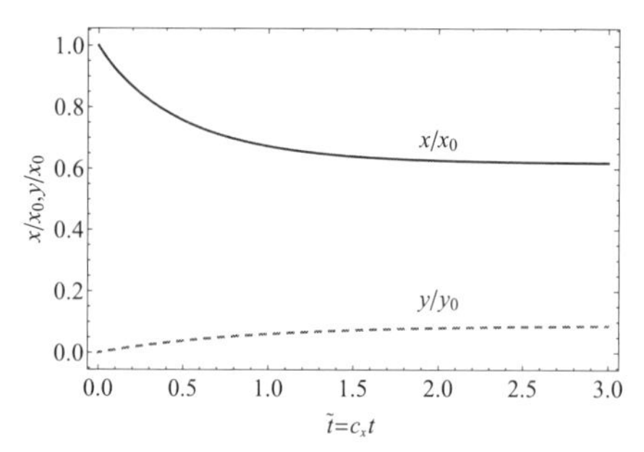

図 **2.19**　CO_2 フラックシングの後の平衡ガス組成に至る時間変化．$\Delta y_0/x_0 = 1$，$a_k x_0 = 0.1$，$c_y/c_x = 1$ の場合．実線は x/x_0，破線は y/x_0 の変化を示す．

時間変化についての解析

平衡状態に至る過程を考察しよう．平衡状態へは，液中のガス成分の拡散を通して進行するとする．それを簡単な一時反応と見なす：

$$\frac{dx}{dt} = c_x(x_s(P_x) - x) \tag{2.119}$$

$$\frac{dy}{dt} = c_y(y_s(P_y) - y) \tag{2.120}$$

ここで，界面での局所平衡が仮定されており，速度定数 c_x と c_y は，界面での局所平衡濃度と拡散係数に依存する．また，x_s と y_s は局所的な時間での飽和濃度，x_e と y_e はダイナミックな式 (2.119) と (2.120) の平衡解である．平衡状態に達するまでの時間変化は，式 (2.119) と (2.120) により記述され，

$$\tilde{t} = c_x t \tag{2.121}$$

$$\tilde{x} = \frac{x}{x_0} \tag{2.122}$$

$$\tilde{y} = \frac{y}{x_0} \tag{2.123}$$

と無次元化した時間 $\tilde{t}$ と濃度 $\tilde{x}$，$\tilde{y}$ を用いて

$$\frac{d\tilde{x}}{d\tilde{t}} = \left(\frac{x_0}{\Delta y_0}\right)^{1/2}(1-\tilde{x})^{1/2} - \tilde{x} \tag{2.124}$$

$$\frac{d\tilde{y}}{d\tilde{t}} = \frac{c_y}{c_x}a_k x_0\left[1 - \left(\frac{x_0}{\Delta y_0} + \frac{1}{a_k x_0}\right)\tilde{y}\right] \tag{2.125}$$

となる．これからわかるように，先の平衡状態を特徴づけるパラメータ $x_0/\Delta y_0$ と $a_k x_0$ に加えて，速度定数の比 c_y/c_x が解の振舞いを支配することになる．計算例を図 2.19 に示す．

第3章　気泡形成の仕組み

前章では，気泡の発生には，過飽和状態が必要であることを知った．それでは，過飽和状態になった液体の中では，実際にどのようにして気泡は形成するのだろうか．さらに，形成した気泡は，どのようにして我々が目にする気泡にまで成長するのであろうか．このような疑問に答え，気泡の形成について理解することは，第1章で見た，軽石中の気泡のサイズや数の意味を考えるうえで，どうしても必要なことである．また，軽石中の気泡組織から，それと関係が深い噴火の様式や強度の支配要因を理解するためにも，必要なことである．この章では，こうした気泡形成の仕組みや，液体中での気泡の振舞いについて，考え方や実験を基に，理解を深めることにする．

3.1　気泡核形成のエネルギー論

発泡する成分（揮発性成分）に過飽和な液体中で，気泡が芽を作る過程を核形成という．この核形成は，少しでも過飽和な液体であれば，必ず起こるというわけではない．このことも，我々はテーブルのうえで経験済みである．同じ飲み物であっても，静かに運ばれてきたビンや缶であれば，栓をあけると，少し音がでるだけで，活発な気泡発生はまずない．しかし，栓を開ける前に衝撃を受けたビンや缶であれば，栓を開けた瞬間，悲惨な結果になることはよく知っている．第2章で見たように，栓を開けたビールは過飽和になっている．しかし，発泡するためには，何か特別なエネルギーが必要なようだ．別の言葉で言えば，炭酸ガスを含んだビールは，この特別なエネルギーに相当する「仕事」がなければ過飽和の状態のままで，安定に存在することができるようだ[*1]．衝撃などの擾乱が，発泡に必要な特別なエネルギーを与える「仕事」をしたと考えると納得がいく．

[*1] この「安定」を準安定という．水は，氷点の0℃を超えて冷やされても水として安定に存在することが可能である．これも準安定の状態で，過冷却水ということもある．エネルギー的理解としては，直方体を水平面に立てて置いた場合と横にした場合では，横に置いた方が位置エネルギーが低いが，立てて置いていてもある大きさ以上の外力が加わらない限り安定である．

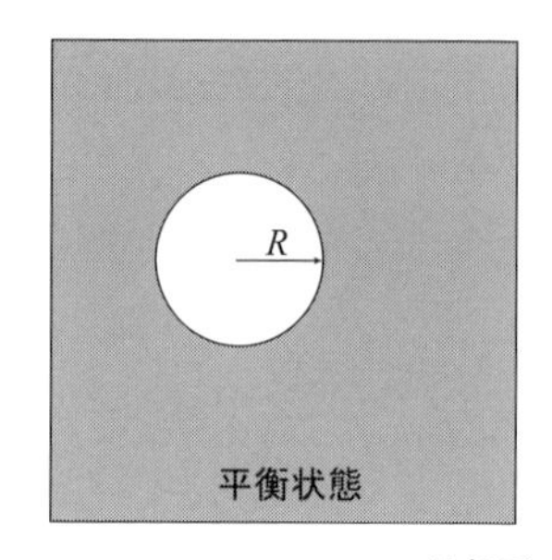

図 3.1　（左）状態 A，非平衡な過飽和（準安定）状態のメルトの系．（右）状態 B，気泡が 1 個形成し界面で気液平衡状態になったメルト＋ガスの系．外部系との相互作用で変化が起こる．

気泡生成に関して日常生活の経験からわかるもう 1 つの重要なことは，気泡形成とは確率的な現象ということだ．気泡の発生は，時間的に不連続に間歇的に起こっている．こうした現象は，単位時間当たりの発生回数というような，ある事象（今の場合，気泡発生）が起こる確率を決定することが重要になる．ここでは，特別なエネルギーと仕事に注目して，気泡の発生確率について熱力学的に考察しよう．熱力学的考察のためには，まず系を設定しなければならない．系とは，考察の対象としている物質または物質の集合のことである．図 3.1 に示すように，発泡する前の過飽和状態（左図）と，発泡して 1 個気泡ができた状態（右図）を比べることで[*2]，気泡を作ることに必要な特別なエネルギーを調べることができる．

3.1.1　揺らぎの熱力学

図 3.1 の変化に伴う確率は，熱力学的には，系のエントロピー変化と関係づけられる．Boltzmann (1844–1906) は，熱力学変数であるエントロピー S にミクロな視点から定義を与えた：

$$S = k_{\mathrm{B}} \ln w \tag{3.1}$$

ここで，w は，その状態を取りうる場合の数の最大値である[*3]．ここで注意を要

[*2] この気泡は，水分子が 100 個から 1000 個程度集まってできる非常に小さなものである．

[*3] 場合の数とは，ある決まった系の総エネルギーに対して，その系を構成するミクロな部分がそれぞれ持つ異なるエネルギー状態の配置の組み合わせの数のことで，その最大値とは，組み合わせの仕方が最も多い配置に対応する．別の言葉で言えば，ミクロなエネルギー状態の配置の取り方が最大であるような場合が平衡状態で，その

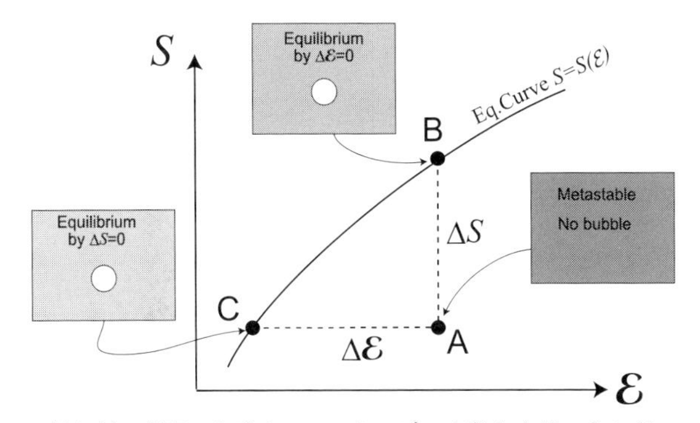

図 3.2 揺らぎの考察における，エントロピー変化と内部エネルギーの関係．

するのは，ここでのエントロピー S は，注目している系と外部系とを合わせた合成系についてのものである．

ある状態の場合の数 w をある基準の状態の場合の数 w_0 で割った値 w/w_0 は，その状態の実現確率を与える．この確率は，非平衡な系についても応用できるもので，系の状態間の遷移確率を与える．式 (3.1) から，

$$\text{確率} = \frac{w}{w_0} = \exp\left(\frac{\Delta S}{k_{\mathrm{B}}}\right) \tag{3.2}$$

となる．ここで，ΔS は合成系としての基準系とのエントロピーの差 $S - S_0$ である．熱力学的にエントロピー差を計算することはすぐに思いつかないが，以下の考察で，このエントロピー差はその変化を起こすのに必要な外部からの仕事，あるいは自由エネルギー変化と関係づけられることがわかる．

注目する系におけるある特徴の変化 (A→B) に対応したエントロピー変化を考える．ある特徴とは，いまの場合，平衡気泡の存在である．B はそこに至る過程によるので，一意ではない．体積 V を一定とした場合，系のエントロピー S と内部エネルギー $\mathcal{E}$ の関係を $S(\mathcal{E})$ と表すことにする．図 3.2 にその関係を示している．点 A は準安定な状態であり，点 B, C はともに気泡を持った平衡系である．準安定な状態から平衡状態 B に移る際のエントロピー変化を見積もることができればよい．

曲線 $S(\mathcal{E})$ の微小変化を取り扱うことにより，エントロピーの変化は，点 C での $S(\mathcal{E})$ の傾きと $\Delta\mathcal{E}$ の積として，

ときエントロピーは最大になっており，式 (3.1) で与えられる．アンサンブルの場合は，それを構成するコピー系の組み合わせの場合の数になる．

$$\Delta S_{\mathrm{A}\to\mathrm{B}} = \left(\frac{\partial S}{\partial \mathcal{E}}\right)_V |\Delta\mathcal{E}| = \frac{\Delta\mathcal{E}_{\mathrm{C}\to\mathrm{A}}}{T} = -\frac{\Delta\mathcal{E}_{\mathrm{A}\to\mathrm{C}}}{T} \tag{3.3}$$

と与えられる．

以上から，内部エネルギーを用いて，系の変化確率を表現することができる．

$$確率 \propto \exp\left(-\frac{\Delta\mathcal{E}}{k_{\mathrm{B}}T}\right) \tag{3.4}$$

$\Delta\mathcal{E}$ はエントロピー一定の下での変化であることに注意すると，熱力学第 1 法則より $\Delta\mathcal{E} = \mathcal{W}$ である．この $\mathcal{W}$ のことを可逆仕事と呼び，もし，系が熱平衡にあれば，温度が変化しないので，$\mathcal{E} = \mathcal{F} - TS$ において T_0 を T に変えることができる．いま，$\Delta\mathcal{E}$ は，S 一定の下での変化であるので，$\Delta\mathcal{E} = \Delta\mathcal{F}$ とすることができ，

$$\Delta\mathcal{E} = \Delta(\mathcal{E} - T_0 S) = \Delta\mathcal{F} \tag{3.5}$$

となり，内部エネルギー変化，すなわち仕事は Helmholtz の自由エネルギー $\mathcal{F}$ の変化に等しい[*4]．

また，温度も圧力も変化しないのであれば，同様に $\mathcal{E} - T_0 S + P_0 V = \mathcal{G}$ であり，

$$\Delta\mathcal{E} = \Delta\mathcal{G} \tag{3.6}$$

となり，$P =$ 一定での Gibbs の自由エネルギー $\mathcal{G}$ の変化に等しい．

3.1.2　気泡生成のエネルギー

等温過程を仮定できるので，Helmholtz の自由エネルギーの変化を求める．前提として，気相と液相の間の熱平衡と化学平衡を仮定する．液相圧力は P，気相圧力は常に飽和圧 P_{G}^* で一定と仮定する[*5]．このことは，化学平衡を保って可逆的に気泡を作ることを意味している．図 3.3 に一定圧力 P_{G} の気相を作る過程のイメージを示す．もし，球形の気泡という形を取って力学平衡まで入れようとすると，Laplace の式 (2.42) に従って半径 R の変化とともに，P_{G}^* が変化してしまう．それ故，エネルギー変化を求めるための平衡経路は，仮想的に $R =$ 一定であることを必要としている（想定している．しかし，実際に核が形成されている際に，どいう熱力学経路をたどるかは不明な点が多い (Tanaka *et al.*, 2015)）．

[*4] 従来，内部エネルギーを，エントロピー一定下での仕事（可逆仕事）に変換し，これを用いて核形成の確率が評価されていた．この考察は，Landau and Lifshitz (1958) に基づいているが，本書では，のちの計算に直接つながるように自由エネルギーを用いる．

[*5] $*$ を飽和状態を示す記号として用いる．

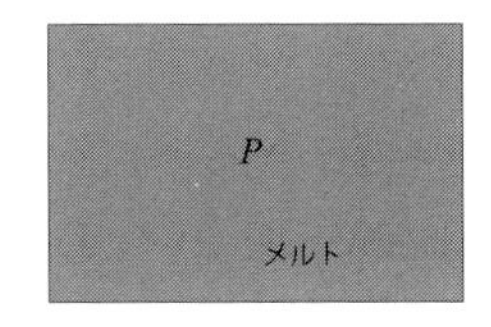

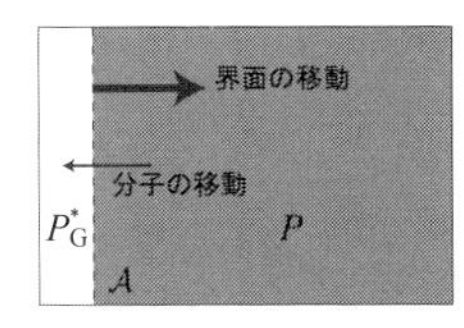

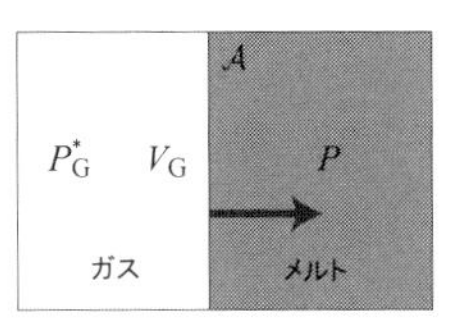

図 3.3　(上) 過飽和 (準安定) 状態のメルト．(下) メルトとガスの界面 (面積 A) が移動する．ガス相の圧力 P_G^* はメルト相の圧力 P よりも大きい．

気泡形成前の準安定状態で $\mathcal{F}_1$，気泡形成後で $\mathcal{F}_2$ と書き，全体積一定 ($V=$ 一定) とすると，それぞれ，

$$\mathcal{F}_1 = \int_0^V (-P)\, dV' = -PV \tag{3.7}$$

$$\mathcal{F}_2 = \int_0^{V_G} (-P_G^*)\, dV' + \int_0^{V-V_G} (-P)\, dV' + \gamma\mathcal{A} \tag{3.8}$$

$$= -P_G^* V_G - P(V - V_G) + \gamma\mathcal{A} \tag{3.9}$$

よって，

$$\Delta\mathcal{F} = \mathcal{F}_2 - \mathcal{F}_1 = -(P_G^* - P)V_G + \gamma A \tag{3.10}$$

となる．ここで $P - P_G^*$ ($= \Delta\mathcal{F}_V^*$) は単位体積当たりのガス成分の Helmholtz 自由エネルギーの気体と液体中での差，γ は気液界面のエネルギー (J/m^2) で，$\mathcal{A}$ は界面の面積である．$\gamma\mathcal{A}$ は新しい気液界面が生じたことによるエネルギーの増分である．

Gibbs の自由エネルギーをいまの場合に当てはめる (図 3.4)．液相成分は圧力が P のままで変化がないから，液相成分の Gibbs の自由エネルギーにも変化がない．気相成分について考える．化学平衡と熱平衡を仮定する．気相成分の圧力は液中にある P から気相中での P_G^* に変化したから，それによる $\mathcal{G}$ の変化は，$\mathcal{G}_G(P_G^*) - \mathcal{G}_{\mathrm{inMelt}}(P)$ である．Gibbs の自由エネルギーは，圧力一定の下で熱力学ポテンシャルとして有効であるので，気体の圧力増分による寄与 $(P_G^* - P)V_G$ をこれから差し引くと，

$$\mathcal{G}_G(P_G^*) - \mathcal{G}_{\mathrm{inMelt}}(P) - (P_G^* - P)V_G + \gamma\mathcal{A} \tag{3.11}$$

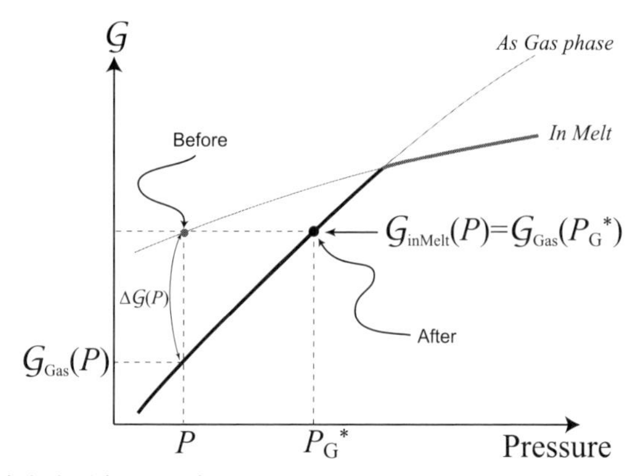

図 3.4　気相を形成した場合 (Gas) とメルト中に溶けている場合 (in Melt) についての Gibbs 自由エネルギーの圧力に伴う変化．太線の状態は細線の状態よりも安定で，自由エネルギーが低い．

となる．ここで，液中でも気相成分は V_{G} の体積を占めていると仮定している．$\mathcal{G}_{\mathrm{G}}(P^*_{\mathrm{G}})$ は飽和圧力 P^*_{G} のガス相の $\mathcal{G}$ であり，$\mathcal{G}_{\mathrm{inMelt}}(P)$ は圧力 P の液相にガス成分があるときの $\mathcal{G}$ である．液相と気相はガス成分に関して化学平衡にあるから，$\mathcal{G}_{\mathrm{G}}(P^*_{\mathrm{G}}) - \mathcal{G}_{\mathrm{inMelt}}(P) = 0$ であり，

$$\Delta\mathcal{G} = -(P^*_{\mathrm{G}} - P)V_{\mathrm{G}} + \gamma\mathcal{A} \tag{3.12}$$

となり，式 (3.10) と一致する．また，$\mathcal{G}_{\mathrm{G}}(P^*_{\mathrm{G}})$ を，以下のように展開し，

$$\mathcal{G}_{\mathrm{G}}(P^*_{\mathrm{G}}) = \mathcal{G}_{\mathrm{G}}(P) + \frac{\partial\mathcal{G}_{\mathrm{G}}}{\partial P}(P^*_{\mathrm{G}} - P) = \mathcal{G}_{\mathrm{G}}(P) + V_{\mathrm{G}}(P^*_{\mathrm{G}} - P)$$

これを，式 (3.11) に代入すると，

$$\Delta\mathcal{G} = \mathcal{G}_{\mathrm{G}}(P) - \mathcal{G}_{\mathrm{inMelt}}(P) + \gamma\mathcal{A} \tag{3.13}$$

と近似することができる．もし，式 (3.6) をそのまま用いると，$\Delta\mathcal{G} = \mathcal{G}_{\mathrm{G}}(P^*_{\mathrm{G}}) - \mathcal{G}_{\mathrm{inMelt}}(P) + \gamma\mathcal{A} = \gamma\mathcal{A}$ となり正しくない．

式 (3.10) および (3.13) の意味を述べておく．右辺第 1 項の $-(P^*_{\mathrm{G}} - P)V_{\mathrm{G}}$ および $\mathcal{G}_{\mathrm{G}}(P) - \mathcal{G}_{\mathrm{inMelt}}(P)$ は，過飽和状態（気相，液相ともに圧力 P）でのガス成分の存在状態の違いによる Gibbs 自由エネルギー差 $\Delta\mathcal{G}^*_V V_{\mathrm{G}}$ であり，分子として液に溶け込んでいた状態 ($\mathcal{G}_{\mathrm{inMelt}}(P)$) に比べて，気相状態 ($\mathcal{G}_{\mathrm{G}}(P)$) では低い状態になっているので，マイナスの値である（図 3.4）．これは，過飽和度が大き

いほど大きくなる．気泡を作るのに伴う状態変化がこれだけならば，気泡形成に特別なエネルギーは必要としないはずである．問題は，気泡という存在とその周りの液体との界面であって，その界面を作ることにエネルギーを必要とする．これに相当するのが，第2項 $\gamma\mathcal{A}$ である．この界面の単位面積当たりのエネルギー γ は，エネルギーが高い状態になるのでプラスの値である．

気泡核形成過程の考察における要点

1. 臨界核半径を持った気泡が熱揺らぎで生じる場合の存在確率は以下のように表される．

$$\text{確率} \propto \exp\left[-\frac{\Delta\mathcal{F}^*}{k_{\mathrm{B}}T}\right] \tag{3.14}$$

ここで，$\Delta\mathcal{F}^*$ は臨界核半径 R_{C} の気泡を作る際の可逆仕事であり，熱力学的考察から，次のように見積もられる．

$$\Delta\mathcal{F}^* = \frac{4\pi}{3}R_{\mathrm{C}}^2\gamma \tag{3.15}$$

2. 臨界核半径 R_{C} は，気液の力学平衡条件と化学平衡条件を満たす．力学平衡条件は，Laplace の式

$$P_{\mathrm{G}}^* - P = \frac{2\gamma}{R_{\mathrm{C}}} \tag{3.16}$$

によって表現され，気泡内圧力 P_{G}^* とメルト圧力 P は，気液界面張力を介してつりあっていることを表す．化学平衡条件は，気泡内圧力 P_{G}^* を持つガス成分の，圧力 P のメルトへの溶解度（ガス成分濃度 C）の関係（式 (3.21)）であり，

$$P_{\mathrm{G}}^* = P_0\left(\frac{C}{C_0}\right)^2 \exp\left[-\frac{v_{\mathrm{m}}P_0}{k_{\mathrm{B}}T_0}\left(1-\frac{P}{P_0}\right)\right] \tag{3.17}$$

で与えられる．

3. 核形成速度は，臨界気泡の数 N^*（個数/m^3）と遷移頻度 $\mathcal{K}^*$ (1/s) の積 $J = \mathcal{K}^*\cdot N^*$，または，サイズ空間での流束，すなわちクラスター移動速度 G_{R}^* (m/s) と臨界サイズのクラスターサイズ分布関数の値（個数/m^4）の積 $J = G_{\mathrm{R}}^*\cdot F_{\mathrm{E}}^*$ として評価できる．

4. 分子クラスター（気泡）のサイズ分布の時間発展を，マスター方程式から出発し，サイズ空間での Fokker-Planck 方程式で記述する．平衡サイズ分布を計算し，それを利用して，Fokker-Planck 方程式の定常流束の解として，核形成速度を評価する．

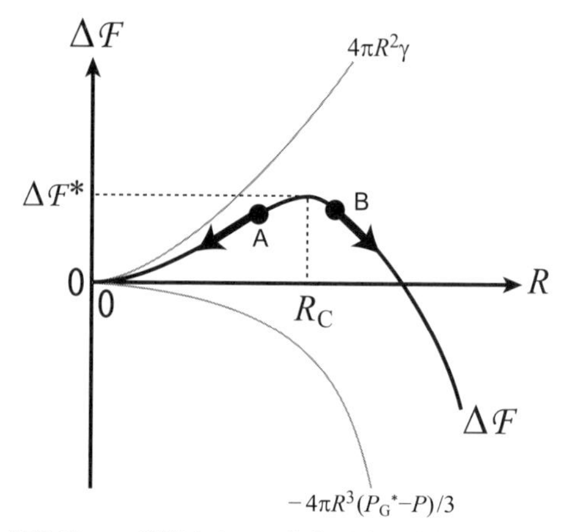

図 3.5　気泡径 R の関数としての気泡形成に伴うエネルギーの変化.

3.2　均質核形成

前節を整理すると，過飽和液中に，1 個の球形の気泡が形成し，液が飽和状態になる過程での，エネルギーの収支 $\Delta\mathcal{F}$ は，式 (3.10) から，

$$\Delta\mathcal{F}(R) = -\frac{4\pi}{3}R^3(P_G^* - P) + 4\pi R^2\gamma \tag{3.18}$$

と書ける．ここで，R は気泡の半径で，$4\pi R^3/3$ は気泡の体積 V_G，$4\pi R^2$ は気泡の表面積 $\mathcal{A}$ である．右辺第 1 項が，過飽和液から気体成分が出てきて気相を作ることによるエネルギーの得（マイナス），第 2 項が，気体と液体の界面を作ることによるエネルギーの損（プラス）ということになる．この $\Delta\mathcal{F}$ を気泡のサイズの関数としてグラフにすると，図 3.5 のようになる．この図には，上式の右辺第 1 項と第 2 項の損得の寄与がわかるように，それぞれについてもプロットしている．このエネルギーの収支は，気泡の半径の関数であり，第 1 項は R の 3 乗，第 2 項が R の 2 乗であるから，R が小さい場合は第 2 項が優勢で，R の 2 乗に沿って変化するが，R が大きくなると第 1 項が優勢になり，R の 3 乗に沿って減少する（係数がマイナス）．極大値 $\Delta\mathcal{F}^*$ に相当する半径を R_C としている．

この Helmholtz の自由エネルギー変化は，2 つの重要な役割を持つ．1 つは，エントロピー変化としての役割で，非平衡準安定な過飽和状態から気泡が形成される確率を決める．もう 1 つは，熱力学ポテンシャル（付録 A.1 参照）としての役割で，形成された気泡がその後たどる方向（自由エネルギーの小さい方に向かう）

をきめる．

揺らぎの確率に従って過飽和メルト中でたまたまできた気泡が，この大きさ R_C より小さいとしてみよう（点 A）．そのように偶然できた気泡は，その後，$\Delta\mathcal{F}$ の曲線に従って，エネルギーの低い状態に向かう．すなわち，図の点 A からの矢印の方向に動くことになる．これは，気泡径が小さくなる方向（横軸左方向）である．結局気泡は，どんどん径が小さくなり，消えてなくなることになる．

それでは，R_C より大きな気泡が，揺らぎの発生確率に従って形成したとしてみよう（点 B）．この場合，系のエネルギーが小さくなる方向は点 B からの矢印で示されているように，気泡径が大きくなる方向（横軸右方向）である．すなわち，気泡はどんどん大きくなり，ついには，エネルギーの収支がマイナスになることができる．この場合には，気泡の形成が，エネルギー的に保証されており，条件さえ整えば，我々の眼で見ることができる大きさの気泡が出現することになる．

このように，偶然できた気泡の半径が R_C より大きいか小さいかによって，その後の運命は大きく分かれることになるので，この R_C のことを臨界半径と呼ぶ*6．「臨界」とは事象の分かれ目という意味である．核形成とは，臨界半径よりも大きな気泡を揺らぎ，すなわち偶然の力によって作ることに他ならない．今の場合のように，均一な液体中に安定に成長する気泡を形成する過程を，均質核形成という．この臨界半径に対応したエネルギーの最大値 $\Delta\mathcal{F}^*$ が，気泡形成に対する特別なエネルギーであったのだ．

この臨界半径についてもう少し詳しく知ることができる．臨界半径は，式 (3.18) の R についての 3 次関数の極値に対応しているから，式 (3.18) の微分が 0 となる場合に相当している．

$$\frac{d\Delta\mathcal{F}(R)}{dR} = -4\pi R^2(P_G^* - P) + 8\pi R\gamma = 0 \tag{3.19}$$

すなわち，

$$R_C = \frac{2\gamma}{P_G^* - P} = \frac{2\gamma}{\Delta\mathcal{F}_V^*} \tag{3.20}$$

または，$R_C = 2\gamma/\Delta\mathcal{G}_V^*$ である．これは，気泡と液の力学平衡を記述する Laplace の式であるが，気相圧は，液圧 P，水の濃度 C の液と化学平衡にある気相の圧力 P_G^* である．一般的に，気相と液相の圧力が異なる場合の化学平衡条件（式 (2.34)）から，

$$P_G^* = P_0\left(\frac{C}{C_0}\right)^2 \exp\left[-\frac{v_m P_0}{k_B T_0}\left(1 - \frac{P}{P_0}\right)\right] \tag{3.21}$$

*6 臨界半径の気泡核または結晶核 (nucleus) を臨界核 (critical nucleus) という．また，臨界核の半径という意味で臨界核半径と呼ぶこともある．

によって与えられる．圧力差 $P_{\mathrm{G}}^{*} - P$ が過飽和圧に相当する．もし，C が基準飽和濃度 C_0 であり，液圧変化の項 exp（Poynting 補正）を無視し，簡単化 Burnham モデルを用いると，$P_{\mathrm{G}}^{*} = P_0$ となり，過飽和圧は $P_0 - P$，すなわち飽和状態からの減圧量に等しくなる．

これを式 (3.18) に代入すると，気泡核形成に必要な特別なエネルギー $\Delta\mathcal{F}^{*}$ が次のように求まる．

$$\Delta\mathcal{F}^{*} = \frac{4\pi}{3}(R_{\mathrm{C}})^2\gamma \tag{3.22}$$

すなわち，特別なエネルギーの大きさは，臨界半径の大きさの気泡を作る際の表面エネルギーの大きさの 1/3 であることがわかる．上で見たように核形成が起こるには，分子の揺らぎによって形成される気泡の大きさが，この臨界半径を超えなければならない．それゆえ，臨界半径が小さいほど，特別なエネルギーも小さく，核形成は起こりやすくなるはずである．言い換えれば，式 (3.22) の分子の界面エネルギー γ が小さいほど，また，分母の過飽和圧 $P_{\mathrm{G}}^{*} - P$ が大きければ大きいほど，核形成は起こりやすい．過飽和圧は，減圧量が大きいほど，溶解度と実際に溶けている水の量の差が大きいほど，大きくなり，核形成はしやすくなるわけである．

核形成速度の古典理論 1：発展の歴史

核形成速度の理論的研究は，Becker and Döring (1935) によって，気体中での液滴の生成に関して行われた．ここでは，液滴の生成蒸発が，気体の分子運動論を用いて行われた (Friedlander, 1977)．この研究は，当時盛んになった素粒子研究において，素粒子の飛跡を霧箱でとらえていたことや，大気中での雨滴の形成機構の解明に動機づけられている．続いて，Turnbull and Fisher (1949) が，液体中での固体結晶の核形成の解明を目指して，複雑な反応の速度論について当時威力を発揮した Eyring の絶対反応速度論（Absolute reaction rate theory）（または，Transition state theory）を用いて，液体から固体が生じる相変化を一種の反応と見なし，定式化した．この研究の背景には，当時盛んになってきた鉄鋼工業があるように見える．Zeldovich (1942) は，不連続なクラスターダイナミクスの式を連続場での F-P 方程式に直し，マクロな成長過程を用いることで，一般的な核形成速度の方法を確立した．Kashchiev (1969) は，F-P 方程式の非定常解を議論し，核形成速度の立ち上がりを議論した．Hirth *et al.* (1970) は，液体中の気泡の形成過程について定式化した．これは，当時盛んになりだした，原子力発電の原子炉冷却装置内での沸騰現象の解明に動機づけられている．さらに，Uhlmann (1972) は，Turnbull and Fisher (1949) の定式化において，Einstein-Stokes の関係や Transition state theory（遷移状態の理論）を用いて，核形成速度の pre-exponential factor（指数前因子）を，粘性や拡散を用いて書き換えた．以上のように，核形成速度の古典理論の発展は，やはりその当時の社会情勢や工業的応用に影響を受けているように見える．

3.3 気泡核形成の運動論

気泡核形成のための特別なエネルギー $\Delta\mathcal{F}^*$ と，気泡核の生成率とはどのような関係にあるだろうか．気泡の核形成速度とは，単位時間当たり単位体積当たりに臨界サイズを超えて大きくなる気泡の数（個数/(m^3s)）として定義される．シンボリックな表現をすると，核形成速度は，臨界サイズの数 N^* とそれに分子が1つ付け加わりサイズが大きくなる頻度 $\mathcal{K}^*$ の積 $J = \mathcal{K}^* \cdot N^*$ によって表される．すなわち，

$$J = \underbrace{\text{遷移頻度 (1/s)}}_{\mathcal{K}^*} \cdot \underbrace{\text{臨界数密度（個数/m}^3\text{）}}_{N^*} \tag{3.23}$$

N^* は上で見たように，特別なエネルギー $\Delta\mathcal{F}^*$ を持つ確率 $\exp(-\Delta\mathcal{F}^*/kT)$ に比例し，$N^* = N_1 \exp(-\Delta\mathcal{F}^*/k_BT)$ となることが想像できる（N_1 は，モノマー数密度と関係がある定数）[*7]．気泡の核形成の問題とは，この $\Delta\mathcal{F}^*$ と係数 N_1 および遷移速度 $\mathcal{K}^*$ を決定することに他ならない．ミクロに見ると，気泡には分子が出たり（収縮）入ったり（成長）して，そのサイズは常に変動している．この気泡サイズの揺らぎが，係数（モノマー数密度）や遷移速度を決めている．それは，気泡の成長速度に関係している．こうした要因が，お互いに関係しあって核形成速度の指数関数の前の因子が決まっている．

実際に計算する際には，実空間のイメージから離れて，この後説明するような分子の集合体としてのクラスター（そのうち，臨界半径 R_C を超えて巨視的スケールになったものを気泡と呼ぶことにする：図 3.6）のサイズ空間でのダイナミクスを考察することが便利である．サイズ空間の中では，核形成速度は，サイズの小さい側から大きな側へ臨界サイズを通り越してながれる流束と見ることができる．これは，移動速度 G_R^* (m/s) と臨界サイズのサイズ分布関数の値 F^* の積 $J = G_R^* \cdot F^*$ によって表される．すなわち，

$$J = \underbrace{\text{クラスター移動速度 (m/s)}}_{G_R^*} \cdot \underbrace{\text{臨界サイズの分布関数の値（個数/m}^4\text{）}}_{F^*} \tag{3.24}$$

[*7] ここで，臨界サイズの数が，平衡サイズ分布での値 N_E^* か，後で議論するような定常サイズ分布での値 N_S^* かは明言していない．この2つは後で見る通り比例関係にある．

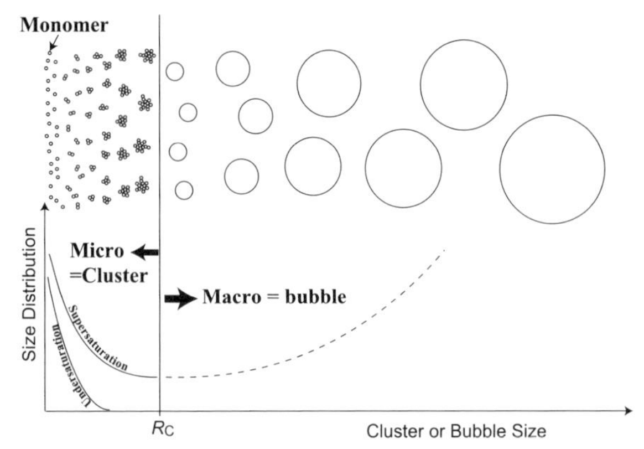

図 3.6　平衡サイズ分布の中でのモノマー，クラスター，気泡のイメージ．モノマーは，クラスターのうち単体分子からなるクラスター．R_C は臨界半径．過飽和の場合，R_C より大きいサイズ分布は実際には実現しない．

と見ることができる[*8]．ここで，F^* は臨界サイズでのサイズ分布関数の値であり，$F^* = F_0 \exp(-\Delta\mathcal{F}^*/k_B T)$ と，$\Delta\mathcal{F}^*$ を用いて表現される．ここで，F_0 はやはりモノマー数と関係がある定数である．

いずれにしろ，核形成速度は，

$$J = J_0 \exp\left(-\frac{\Delta\mathcal{F}^*}{k_B T}\right) \tag{3.25}$$

の形を取り，J_0 は pre-exponential factor（指数前因子）と呼ばれ，先の遷移確率や成長速度，数密度係数などにより以下のように決定される．

$$J_0 = \mathcal{K}^* \cdot N_1 = G_R^* \cdot F_0 \tag{3.26}$$

中央の項 $\mathcal{K}^* \cdot N_1$ は，単位体積当たりのモノマー数 N_1 と関係づけた場合であり，右辺の項 $G_R^* \cdot F_0$ は，サイズ分布関数 F（単位体積当たり，単位サイズ当たりの数）と関係づけた場合である．こうした理解の仕方で，核形成速度が計算できることを以下で見ていこう．

[*8] ここでの移動速度は成長速度とは異なることに注意する．ここでの移動速度は，揺動の効果が入った結果である．F^* を平衡サイズ分布 F_E^* で代表させることができる．揺動を伴うクラスターのサイズ空間での流束 J は，定常分布 F_S を仮定しても単純にサイズ分布 F_S と成長速度（実際に臨界サイズのクラスターが大きくなる速さ：0 である）A の積 $A \cdot F_S$ では表せない．揺動項 (B) があるから $J = A \cdot F - B \cdot \partial F/\partial R$ となる（式 (3.34)）．シンボリックには，いっそ平衡サイズ分布 F_E^* の臨界サイズでの値で代表させた方がよい．

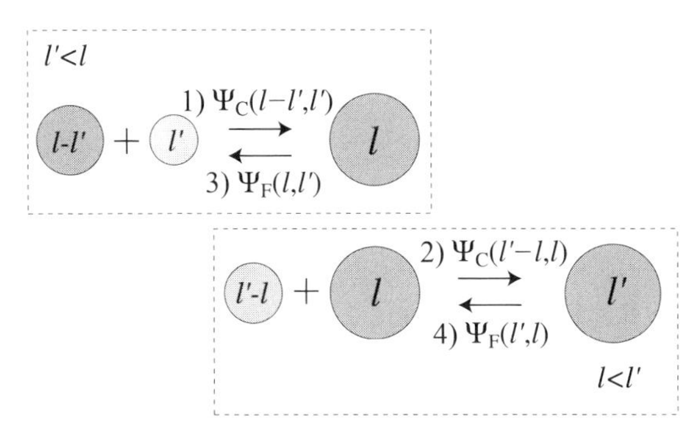

図 3.7　気泡サイズの遷移過程．上の過程では，注目しているサイズ l より小さいサイズ l' との遷移過程を表しており，$l' < l$ である．下の過程では，l より大きいサイズ l' との遷移過程を表しており，$l' > l$ である．

3.3.1　マスター方程式

クラスターのサイズを，それに含まれる分子数 l で計ることにする[*9]．サイズ l の気泡の数を $N(l)$（個数/m^3）とする．サイズ l' からサイズ l への遷移確率を $W_\circ(l' \to l)$ と書くと，気泡の数 $N(l)$（個数/m^3）の変化は次のようになる．

$$\frac{\partial N(l,t)}{\partial t} = \sum_{l'} \left(\underbrace{W_\circ(l' \to l) \cdot N(l',t)}_{\text{gain}} - \underbrace{W_\circ(l \to l') \cdot N(l,t)}_{\text{loss}} \right) \tag{3.27}$$

この式は，あるサイズのクラスター数の時間変化を記述する最も基本的な式である．そのためこの式は，マスター方程式と呼ばれる (Haken, 1978)．この式は，サイズ l という特徴で分類された個体の数の変化は，サイズ間の遷移確率 $W_\circ(l' \to l)$ を知りさえすれば，計算可能であることを示している[*10]．

さらに，$W_\circ(l' \to l)$ は，次の 4 つの過程と関係している（図 3.7）．

1）サイズ $l - l'$ の気泡に，サイズ l' の気泡が合体し，サイズ l の気泡の数が増加する．このときの遷移確率を $\Psi_{\mathrm{C}}(l - l', l')$ とする．

2）サイズ l の気泡に，サイズ $l' - l$ の気泡が合体し，サイズ l の気泡の数が減

[*9] これは，気泡の合体分裂に伴うサイズ変化と物質の保存を成り立たせて，サイズの足し引きの表現を簡単にするための便宜的なものであり，後で，気泡半径 R に変換する．ガスの分子体積を v_{G} とすると，$lv_{\mathrm{G}} = 4\pi R^3/3$ である．

[*10] それ故，この式は，サイズを人の所得や，昆虫のサイズと読み替えることによって，人間や昆虫の個体数の変化を記述することができる．もっとも，完全に遷移確率がサイズの関数として記述できた場合であるが．

少する．このときの遷移確率を $\Psi_{\mathrm{C}}(l'-l,l)$ とする．

3) サイズ l の気泡から，サイズ l' の気泡が分裂し，サイズ l の気泡の数が減少する．このときの遷移確率を $\Psi_{\mathrm{F}}(l,l')$ とする．

4) サイズ l' の気泡から，サイズ $l'-l$ の気泡が分裂し，サイズ l の気泡の数が増加する．このときの遷移確率を $\Psi_{\mathrm{F}}(l',l)$ とする．

数の増加 (gain) と数の減少 (loss) を表す $W_\circ$ を，このような合体・分裂過程の言葉で書き換える．次に，詳細つりあい（detail balance）の仮定を導入する．詳細つりあいは，平衡分布 $N_{\mathrm{E}}(l)$ では，あるサイズ l と別のサイズ l' の間の，合体と分裂の割合がつりあっていることを意味する．

$$\Psi_{\mathrm{C}}(l-l',l')\cdot N_{\mathrm{E}}(l-l')\cdot N_{\mathrm{E}}(l')=\Psi_{\mathrm{F}}(l,l')\cdot N_{\mathrm{E}}(l)\equiv W(l':l) \tag{3.28}$$

この仮定により，合体と分裂が，ユニークな遷移頻度 $W(l'\to l)$ によって記述される．また，この仮定は，合体・分裂という非平衡過程を，平衡分布という平衡状態の性質と関係づける重要な意味がある．計算の結果（付録 A.3.1 節参照），マスター方程式は以下のようになる．式 (A.17) を，次のように書き下す．

$$\frac{\partial N(l,t)}{\partial t}=-\frac{\partial}{\partial l}\left(-(\Delta l)^2\cdot W(l)\cdot\frac{\partial N_{\mathrm{E}}(l)^{-1}}{\partial l}\cdot N(l,t)-\frac{(\Delta l)^2\cdot W(l)}{N_{\mathrm{E}}(l)}\frac{\partial N(l,t)}{\partial l}\right) \tag{3.29}$$

このクラスター数 $N(l,t)$ の時間発展を記述するマスター方程式は，分子スケールから臨界半径近傍のマクロな気泡までを対象としている．

3.3.2　気泡（クラスター）サイズ分布についての **Fokker-Planck** 方程式

式 (3.29) は，後で見るマクロなスケールでの成長（成長速度 G）だけを考えたサイズ分布 $F(R,t)$ の一般的な保存則

$$\frac{\partial F(R,t)}{\partial t}=-\frac{\partial}{\partial R}\left(G\cdot F(R,t)\right) \tag{3.30}$$

と照らし合わせて考えると，右辺第 1 項の $N(l,t)$ の前の係数が気泡の成長速度 G に相当していることがわかる．このクラスターの成長速度を $A(l)$,

$$A(l)=-(\Delta l)^2\cdot W(l)\cdot\frac{\partial N_{\mathrm{E}}(l)^{-1}}{\partial l} \tag{3.31}$$

として式 (3.29) を書く．この $A(l)$ を用いると，分子 1 個（モノマー）がくっついたり離れたりしながら気泡（クラスター）サイズが揺らいでいる場合の，サイズ l の気泡（クラスター）数 $N(l,t)$ の時間発展は

$$\frac{\partial N(l,t)}{\partial t} = -\frac{\partial}{\partial l}\left(A(l)N(l,t) - B(l)\frac{\partial N(l)}{\partial l}\right) \tag{3.32}$$

という，Fokker-Planck 型の微分方程式で記述される．ここで，$B(l)$ は，サイズ空間での気泡の拡散係数の役割を果たし，成長速度と

$$B(l) = A(l)(\partial \ln N_{\mathrm{E}}(l)/\partial R)^{-1} \tag{3.33}$$

の関係があり，先に仮定した詳細つりあいからの結果である．この拡散係数は，分子スケールの揺らぎによる，気泡（クラスター）への分子の脱着を表現しており，R_{C} 近傍よりミクロなスケールでのみ有効である．

ここで，気泡のサイズ分布関数 $F(R,t)$ を導入する．この時点で，マクロなスケール R を導入するので，これまでの「気泡（クラスター）」を単に「気泡」ということにする．気泡サイズ分布関数は，気泡サイズ間隔 $R \sim R + dR$ に存在する単位体積当たりの気泡数 $N(l,t)dl = F(R,t)dR$ となるように定義されている．l は数であり，単位を持たないので，$N(l,t)dl$ の単位は個数/m^3 である．このサイズ分布関数のモーメントは，後で見るように，観測可能な量である．この $F(R,t)$ を用いて式 (3.32) を書くと（付録 A.3.2 参照），次の気泡（クラスター）サイズ分布関数についての Fokker-Planck 方程式が得られる．

$$\frac{\partial F(R,t)}{\partial t} = -\frac{\partial}{\partial R}\left(A(R)F(R,t) - B(R)\frac{\partial F(R,t)}{\partial R}\right) \tag{3.34}$$

ただし，ここで，分子スケールまで含む成長速度 $A(R)$ は，$A(R) = -(\partial R/\partial l)\cdot W(R)\cdot (\partial(F_{\mathrm{E}}(R)^{-1})/\partial R)$ となり，l から R への変換のため，式 (3.31) とは，因子 $(\partial R/\partial l)$ だけ異なる．

$A(R)$ と $B(R)$ は，

$$B(R) = A(R)\left(\frac{\partial \ln F_{\mathrm{E}}(R)}{\partial R}\right)^{-1} \tag{3.35}$$

という関係にある．この物理的意味は，気泡の成長 $A(R)$ とサイズ空間上での拡散 $B(R)$（サイズ増減の揺らぎ）がバランスし，平衡サイズ分布が決定されているということである．別の言い方をすれば，平衡サイズ分布の指数部はポテンシャルの意味を持ち，そのポテンシャルの形状に従って，気泡数密度が分布する場合の，成長と拡散の関係を示している．これは，詳細つりあいからの結果であるが，もし，$A(R)$ と $B(R)$ が既知であるなら，この式が平衡分布 F_{E} を定義しているといえる．後の Box で示す，ガスからの凝結の場合は，分子運動論から $A(R)$ と

$B(R)$ に相当するものがきまり，それから平衡分布が求まる．しかし，いまの気泡の問題では，残念ながらこれらカイネティックな係数がわかっておらず，平衡分布を揺らぎの確率と核形成に必要なエネルギー $\Delta\mathcal{F}$（式 (3.18)）から与えることにする．

気泡数の変動のすべては，式 (3.34) で記述されている．式 (3.34) は，サイズ空間での気泡流量 J を

$$J = A(R)F(R,t) - B(R)\frac{\partial F(R,t)}{\partial R} \tag{3.36}$$

$$= -B(R)\cdot F_{\mathrm{E}}(R)\frac{\partial}{\partial R}\left(\frac{F(R,t)}{F_{\mathrm{E}}(R)}\right) \tag{3.37}$$

とするような，気泡数の保存則を表している．すなわち，

$$\frac{\partial F(R,t)}{\partial t} = -\frac{\partial J}{\partial R} \tag{3.38}$$

核形成速度は，気泡サイズが臨界核サイズを越えて，大きな方にサイズ空間で移動する気泡の数，すなわち気泡流量 J に他ならない．そのためには，気泡のサイズ空間での拡散係数 $B(R)$ に含まれている，気泡サイズの平衡分布 $F_{\mathrm{E}}(R)$ を，最初に決めておく必要がある．

ガスから凝結する粒子の平衡分布：一般的サイズ分布

ガス中の凝集では，詳細つりあいに登場する蒸発率と凝集率が，分子運動論からわかっているので，平衡分布[a]の正確な解析解が求まる (Friedlander, 1977)．離散化した状態での詳細つりあいは，

$$A_{+}(l-1)N_{\mathrm{E}}(l-1) = A_{-}(l)N_{\mathrm{E}}(l) \tag{3.39}$$

である．ここで，表面積のサイズ効果は無視している．

液滴の凝集過程では，分子運動論から，蒸発率 A_{-} と凝集率 A_{+} が，粒子に含まれる分子数 l と蒸気圧（分圧）P_1 の関数として，

$$A_{-}(l) = \frac{P_{\mathrm{R}}}{(2\pi m k_{\mathrm{B}}T)^{1/2}} = \frac{P_{\mathrm{s}}}{(2\pi m k_{\mathrm{B}}T)^{1/2}}\exp\left[\frac{2\gamma v_{\mathrm{m}}}{Rk_{\mathrm{B}}T}\right] \tag{3.40}$$

$$A_{+}(l-1) = \frac{P_1}{(2\pi m k_{\mathrm{B}}T)^{1/2}} \tag{3.41}$$

とわかっている．ここで，P_{R} は，半径 R の液滴の飽和蒸気圧であり，平坦な界面を通しての飽和蒸気圧 P_{s} とは Kelvin の関係（Gibbs-Thomson の関係式）で結ばれている[b]．粒子半径 R と，分子数で数えたサイズ l の関係は $v_{\mathrm{m}}l = 4\pi R^3/3$ である．式 (3.39) において N_{E} と A_{+} (A_{-}) を移項し，$N_{\mathrm{E}}(l-1)/N_{\mathrm{E}}(l) = A_{-}(l)/A_{+}(l-1)$ として，$l=2$ から辺々掛け算すれば，

$$\mathrm{Term}N_{\mathrm{E}} = \frac{N_{\mathrm{E}}(1)}{N_{\mathrm{E}}(2)} \cdot \frac{N_{\mathrm{E}}(2)}{N_{\mathrm{E}}(3)} \cdots \frac{N_{\mathrm{E}}(l-1)}{N_{\mathrm{E}}(l)} = \frac{N_{\mathrm{E}}(1)}{N_{\mathrm{E}}(l)} \tag{3.42}$$

$$\mathrm{Term}A = \frac{A_-(2)}{A_+(1)} \cdot \frac{A_-(3)}{A_+(2)} \cdots \frac{A_-(l)}{A_+(l-1)} \tag{3.43}$$

$$= \Delta^{-(l-1)} \exp\left[\frac{2\gamma v_{\mathrm{m}}(4\pi/3v_{\mathrm{m}})^{1/3}}{k_{\mathrm{B}}T} \sum_{l=2}^{l} l^{-1/3}\right] \tag{3.44}$$

となり，N_{E} に関する項からは，$N_{\mathrm{E}}(l-1)$ が逐次キャンセルされ，$N_{\mathrm{E}}(1)/N_{\mathrm{E}}(l)$ が残る．$N_{\mathrm{E}}(1)$ は平衡モノマーの分子数 N_1 であり，過飽和圧と $P_1 = N_{\mathrm{E}}(1)k_{\mathrm{B}}T$ の関係にある．過飽和度 Δ を，飽和蒸気圧 P_{s} に対する過飽和圧 P_1 の比 $P_1/P_{\mathrm{s}} = \Delta$ とした．右辺は計算可能な級数で，

$$\sum_{l=2}^{l} l'^{-1/3} \approx \int_0^l l'^{-1/3} dl' = \frac{3}{2} l^{2/3} \tag{3.45}$$

であり，

$$N_{\mathrm{E}}(l) = N_{\mathrm{s}}\Delta^l \exp\left[-\frac{3\gamma v_{\mathrm{m}}(4\pi/3v_{\mathrm{m}})^{1/3} l^{2/3}}{k_{\mathrm{B}}T}\right] \tag{3.46}$$

となる．ここで N_{s} は，飽和蒸気圧 P_{s} に相当する分子数 $N_{\mathrm{s}} \equiv P_{\mathrm{s}}/k_{\mathrm{B}}T$ である．

[a] ここでは，サイズ分布関数ではなく，単なる数密度分布 N（個数/m^3）を考える．
[b] Thomson は Kelvin 卿と呼ばれた．

ガスから凝結する粒子の平衡分布：臨界サイズでの値

平衡分布，式 (3.46) は，臨界サイズの場合，もう少しわかりやすい表現に書き換えられる．臨界サイズ R_{C} は，Kelvin の式より

$$R_{\mathrm{C}} = \frac{2\gamma v_{\mathrm{m}}}{k_{\mathrm{B}}T \ln \Delta} \tag{3.47}$$

この式と，$v_{\mathrm{m}} l = 4\pi R^3/3$ を用いると，

$$\Delta^l = \exp\left[\frac{32\pi}{3} \frac{\gamma^3 v_{\mathrm{m}}^2}{(k_{\mathrm{B}}T)^3(\ln\Delta)^2}\right] \tag{3.48}$$

となる．式 (3.46) の exp の中は $-16\pi\gamma^3 v_{\mathrm{m}}^2 (k_{\mathrm{B}}T)^{-3}(\ln\Delta)^{-2}/3$ となり，N_{s} を，モノマーの分子数 N_1 と近似すると[a]，

$$N_{\mathrm{E}}^* = N_1 \exp\left[-\frac{16\pi}{3} \frac{\gamma^3 v_{\mathrm{m}}^2}{(k_{\mathrm{B}}T)^3(\ln\Delta)^2}\right] = N_1 \exp\left[-\frac{4\pi}{3} \frac{\gamma R_{\mathrm{C}}^2}{k_{\mathrm{B}}T}\right] \tag{3.49}$$

最後の exp の中が，可逆仕事から求められた平衡サイズ分関数（式 (3.76)）のそれ

と同じ表現になっていることに注意.

[a] モノマー以外のクラスターも存在する場合を考えているので，厳密には，モノマー数密度に等しくない．3.3.3 節参照.

3.3.3　平衡分布

気泡形成に必要なエネルギーは Helmholtz の自由エネルギー変化 $(\Delta\mathcal{F})$ に等しく，揺らぎによって形成される気泡の発生確率は，式 (3.14) によって表される．この $\Delta\mathcal{F}$ は，気泡半径 R の関数として，式 (3.18) で与えられている．気泡サイズの平衡分布は，気泡の発生確率に比例するから，

$$F_{\mathrm{E}} = F_{\mathrm{E}}^{0} \exp\left(-\frac{\Delta\mathcal{F}(R)}{k_{\mathrm{B}}T}\right) = F_{\mathrm{E}}^{0} \exp\left(-\frac{-\dfrac{4\pi}{3}R^{3}(P_{\mathrm{G}}^{*}-P)+4\pi R^{2}\gamma}{k_{\mathrm{B}}T}\right) \tag{3.50}$$

と与えられる．スケーリングの議論から，係数は

$$F_{\mathrm{E}}^{0} \approx \frac{C{R_{\mathrm{C}}}^{2}}{v_{\mathrm{G}}} \tag{3.51}$$

となる[*11].

後の計算のために，サイズ分布関数（式 (3.50)）の exp の中を，$\Delta\mathcal{F}(R)$ の値が極大値を与える R の周りに展開しておく．すなわち，$\Delta\mathcal{F}(R)$ を展開し，

$$\Delta\mathcal{F}(R) = \Delta\mathcal{F}^{*} + \frac{1}{2}\left.\frac{d^{2}\Delta\mathcal{F}}{dR^{2}}\right|_{R=R_{\mathrm{C}}}(R-R_{\mathrm{C}})^{2} + \cdots \tag{3.52}$$

とする．ここで，$\Delta\mathcal{F}^{*}$ は式 (3.22) で与えられている $\Delta\mathcal{F}(R)$ の極大値である．当然，幸いなことに，$\Delta\mathcal{F}$ の極大値を与える R は，臨界核半径 R_{C} という物理的意味を持っており，その定義により，1 次の項は 0 であることに注意する．また，過飽和状態では $\Delta\mathcal{F}(R)$ が上に凸の曲線であることからもわかるように，$d^{2}\Delta\mathcal{F}/dR^{2}$ は以下のように計算され，負の値であることに注意しておく．これは後に出てくる Zeldovitch 因子と関係してくる．

$$\left.\frac{d^{2}\Delta\mathcal{F}}{dR^{2}}\right|_{R=R_{\mathrm{C}}} = -8\pi\gamma \tag{3.53}$$

[*11] 付録 A.4 参照．この，F_{E}^{0} に関わる ambiguity は，最後まで残るので，ミクロな視点から正確に記述されるべきであろう．溶液や気体の均質反応に関しては，遷移状態の理論によって，遷移状態の分配関数を統計力学的に定義し，また遷移速度を計算している.

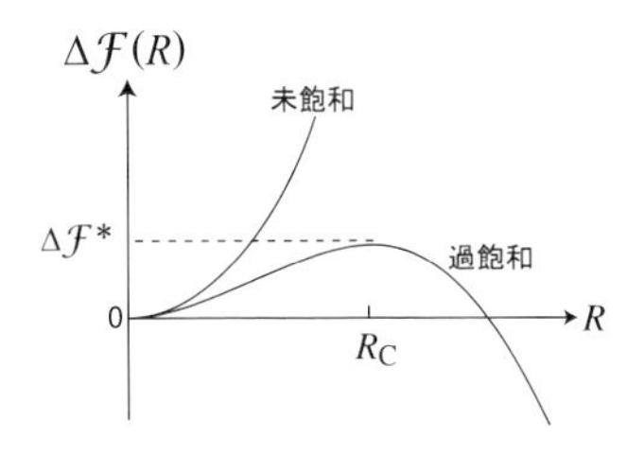

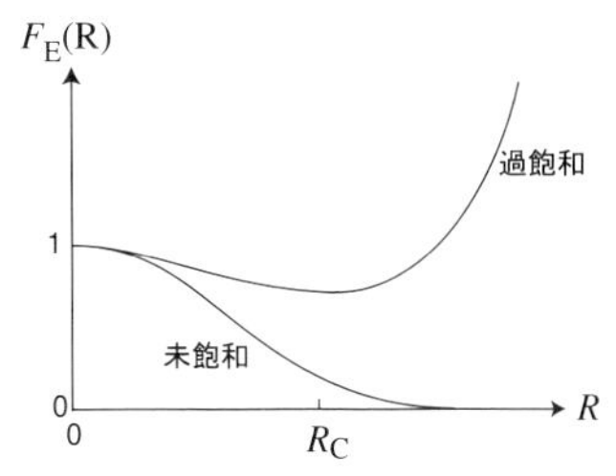

図 3.8 (左) 気泡サイズの関数としての Helmholtz の自由エネルギー変化 ($\Delta\mathcal{F}$). 過飽和状態と未飽和状態. (右) 過飽和状態および未飽和状態での平衡サイズ分布.

結局，平衡分布は，

$$F_E = \frac{C(R_C)^2}{v_G} \exp\left(-\frac{\Delta\mathcal{F}^*}{k_B T}\right) \cdot \exp\left(-\frac{\dfrac{1}{2}\dfrac{d^2\Delta\mathcal{F}}{dR^2}\bigg|_{R=R_C}(R-R_C)^2}{k_B T}\right) \tag{3.54}$$

$$= \frac{C(R_C)^2}{v_G} \exp\left(-\frac{4\pi\gamma(R_C)^2}{3k_B T}\right) \cdot \exp\left(\frac{4\pi\gamma(R-R_C)^2}{k_B T}\right) \tag{3.55}$$

としてよい．図 3.8 に，この平衡サイズ分布を示す．また，式 (3.35) における $\partial \ln F_E/\partial R$ は

$$\frac{\partial \ln F_E(R)}{\partial R} = -\left.\frac{d^2\Delta\mathcal{F}}{dR^2}\right|_{R=R_C} \frac{(R-R_C)}{k_B T} = \frac{8\pi\gamma(R-R_C)}{k_B T} \tag{3.56}$$

となり，$B(R)$ は，

$$B(R) = \frac{k_B T A(R)}{\left|\dfrac{d^2\Delta\mathcal{F}}{dR^2}\right|(R-R_C)} = \frac{k_B T A(R)}{8\pi\gamma(R-R_C)} \tag{3.57}$$

と与えられる．このように，サイズ空間における拡散係数には，サイズの関数としてのクラスター生成エネルギー $\Delta\mathcal{F}(R)$ の曲率（2 階微分：Zeldovich 因子）が登場する．

分子運動論によるフラックス

ガス中の凝集では，分子運動論を用いて，単位面積当たりを通過する分子数を計算する．分子の x, y, z 方向の速度 v_x, v_y, v_z は，次の Maxwell 分布 $f(v_x, v_y, v_z)$

に従う．

$$f(v_x, v_y, v_z) = \left(\frac{m}{2\pi k_B T}\right)^{3/2} e^{-m(v_x^2+v_y^2+v_z^2)/2k_B T} \tag{3.58}$$

凝集体に突入する分子数を計算したいので，x 方向の法線を持つ断面積 $\mathcal{A}$ を通過する正の速度を持つ単位時間当たりの総分子数 $\dot{N}$ を計算する．

$$\dot{N} = \mathcal{A}\int_0^\infty dv_x \int_{-\infty}^\infty dv_y \int_{-\infty}^\infty dv_z \cdot v_x \cdot N_0 \cdot f(\mathbf{v}) \tag{3.59}$$

で計算される．ここで，N_0 は単位体積当たりの分子数である．

$$\int_{-\infty}^\infty f(\mathbf{v})dv_y = \int_{-\infty}^\infty f(\mathbf{v})dv_z = \int_{-\infty}^\infty e^{-\frac{m}{2k_B T}\xi^2} d\xi = \left(\frac{2\pi k_B T}{m}\right)^{1/2} \tag{3.60}$$

であるから，

$$\dot{N} = \mathcal{A}N_0\left(\frac{m}{2\pi k_B T}\right)^{1/2} \int_0^\infty v_x e^{-\frac{m}{2k_B T}v_x^2} dv_x \tag{3.61}$$

$$= \mathcal{A}N_0\left(\frac{m}{2\pi k_B T}\right)^{1/2} \int_0^\infty e^{-\frac{m}{k_B T}\left(\frac{v_x^2}{2}\right)} d\left(\frac{v_x^2}{2}\right) = \mathcal{A}N_0\left(\frac{m}{2\pi k_B T}\right)^{1/2}\left(\frac{k_B T}{m}\right) \tag{3.62}$$

となる．単位体積 1 (m^3) についての状態方程式 $P = N_0 k_B T$ より，N_0 を上式に代入し整理すると

$$\dot{N} = \mathcal{A}\frac{P}{k_B T}\left(\frac{m}{k_B T}\right)^{1/2}\left(\frac{k_B T}{m}\right) \tag{3.63}$$

となる．$\dot{N}/\mathcal{A}$ が分子のフラックス A_+ を与えるので，

$$A_+ = \frac{P}{(2\pi m k_B T)^{1/2}} \tag{3.64}$$

となる．

3.3.4　定常核形成速度の導出

式 (3.37) を用いると式 (3.34) は

$$\frac{\partial F(R,t)}{\partial t} = \frac{\partial}{\partial R}\left[\underbrace{B(R)\cdot F_E(R)}_{\text{拡散係数}}\frac{\partial}{\partial R}\underbrace{\left(\frac{F(R,t)}{F_E(R)}\right)}_{\text{場}}\right] \tag{3.65}$$

となる．これが，今後の基礎方程式となる．

未飽和あるいは飽和状態から条件を変えて，ある一定の過飽和度を与えた場合

を考える．未飽和状態では，気泡径（クラスターサイズ）が小さいほど数も多くなるという単調な平衡サイズ分布を示すが，過飽和状態では，臨界半径の気泡の存在確率が最も低く，気泡径が大きいほど存在確率も高くなる平衡サイズ分布を取る．未飽和状態では，気体は，単分子を最大多数とした分子クラスターとして存在しているので，過飽和状態になったときに，分子クラスターの形成が効率的に起こり，臨界半径を超えた気泡の形成が実効的に起こっていく．その際のサイズ分布は，この式 (3.65) に従って時間発展していく．

いろいろな場所で，どんどん気泡が大きくなっていくわけであるが，そのときの分子（サイズ 0 の気泡）は常に，非常に多く（$F_{\mathrm{E}}(0)$ で決まる数）存在し，それらが集合して大きくなっていく過程は，$F(R,t)$ の時間発展そのものである．その際，臨界半径 R_{C} を通り過ぎる気泡の数は，サイズ空間での流束すなわち flux Jととらえることができる．

その中でも，サイズ分布関数の形が変化しない定常の場合 $F_{\mathrm{S}}(R)$ に対して，定常流束を定常核形成速度 J_{S} とする．ミクロな揺らぎを考慮した Fokker-Planck 方程式では，流束はサイズ空間での拡散も含み，単純な移流による流束，（成長速度）×（サイズ分布関数）とは異なる．我々の問題では，式 (3.65) に示すように，$F(R,t)/F_{\mathrm{E}}(R)$ の勾配に従った拡散流と見なすことができる．その際，拡散係数の役割を果たすのが $B(R)F_{\mathrm{E}}(R)$ である．この章の最初に，式 (3.23) や式 (3.24) のような，遷移確率やサイズ空間における移動速度を用いて，定常核形成速度を説明したが，ここで示す解析の結果を用いると，そのような直感的理解も可能になることを，後で述べる．

我々の問題は，下記で与えられるサイズ空間での流束が一定となる解を探すことである．すなわち，

$$J_{\mathrm{S}} = -B(R)\cdot F_{\mathrm{E}}(R)\frac{\partial}{\partial R}\left(\frac{F_{\mathrm{S}}(R)}{F_{\mathrm{E}}(R)}\right) = \text{一定} \tag{3.66}$$

となる解 $F(R)$ を見つけ，J_{S} を見積もることである．これは，1 階の微分方程式であるので積分は，

$$\frac{F_{\mathrm{S}}(R)}{F_{\mathrm{E}}(R)} = -J_{\mathrm{S}}\int_0^R \frac{dR'}{B(R')\cdot F_{\mathrm{E}}(R')} + \frac{F_{\mathrm{S}}(0)}{F_{\mathrm{E}}(0)} \tag{3.67}$$

となる．境界条件

(a) $R \to 0$ で，$F_{\mathrm{S}}/F_{\mathrm{E}} \to 1$

(b) $R \to \infty$ で，$F_{\mathrm{S}}/F_{\mathrm{E}} \to 0$

を適用すると，(a) から，

$$\frac{F_{\rm S}(0)}{F_{\rm E}(0)} = 1 \tag{3.68}$$

(b) から，

$$J_{\rm S} = \frac{1}{\displaystyle\int_0^\infty \frac{dR'}{B(R') \cdot F_{\rm E}(R')}} = \frac{1}{In} \tag{3.69}$$

となる．

積分 In 中の $B(R)$ を記述するためには，分子的考察に立ち入らなければならないが，ここでは，それを避けて，マクロな考察から成長速度 $A(R)$ を求め，それを用いて，式 (3.35) から，$B(R)$ を計算する[*12]．マクロな成長速度が，臨界半径近傍まで適用可能だと考えるのである．後で見るように式 (4.30) から，$A(R)$ は，

$$A(R) \equiv \frac{dR}{dt} = \frac{v_{\rm G}DC}{R}\left\{1 - \left[1 + R_P^*\left(\frac{1}{R} - \frac{1}{R_{\rm C}}\right)\right]^{\frac{1}{2}}\right\} \tag{3.70}$$

$$\approx \frac{v_{\rm G}DC}{R} \times \frac{(R - R_{\rm C})R_P^*}{2RR_{\rm C}} \tag{3.71}$$

と与えられる．ここでは，R が $R_{\rm C}$ の近傍での振舞いが重要なので，$R_P^*/R - R_P^*/R_{\rm C} \ll 1$ として近似した．$R_P^*(C, P)$ は界面張力が効くサイズスケールで，$R_P^* = 2\gamma/P_{\rm G}^*$ と与えられる．$P_{\rm G}^*$ は過飽和圧力で，過飽和状態での曲がった界面での飽和圧力として式 (3.21) で定義される．状態方程式 $v_{\rm G}P_{\rm G}^* = k_{\rm B}T$ を用いると，$R_P^* = 2\gamma v_{\rm G}/k_{\rm B}T$ であり，式 (3.57) から，$B(R)$ は，

$$B(R) = \frac{v_{\rm G}DCk_{\rm B}TR_0}{16\pi\gamma R_{\rm C}R^2} = \frac{v_{\rm G}^2DC}{8\pi R_{\rm C}R^2} \tag{3.72}$$

となる．ここでの $v_{\rm G}$ は，過飽和圧力 $P_{\rm G}^*$ の下での，気体の分子容であることに注意が必要で，式 (3.21) を用いた計算によって求められる[*13]．$R - R_{\rm C}$ は，式 (3.57) の分母と分子で都合よくキャンセルされるが，$R = R_{\rm C}$ では $B(R)$ の分母

[*12] これは，Lifshitz and Pitaevskii (1981) 流のやり方で，結果がマクロな物性だけから決定されるので都合がよい．もう 1 つの方法としては，遷移状態の理論に従って統計力学的に反応速度を計算する方法がある．

[*13] Toramaru (1995) では，$y = C_{\rm eq}/C$ を導入し，$R_0 = 2\gamma/P \cdot P/P_{\rm G}^* = 2\gamma y^2/P$ であり，$v_{\rm G}$ を $v_{\rm G} = k_{\rm B}T/P$ によって定義した．この場合は，

$$B(R) = \frac{v_{\rm G}^2DCy^2}{8\pi R_{\rm C}R^2} \tag{3.73}$$

となり，y^2 が分子に現れる．この場合，$v_{\rm G}$ は液圧 P の下での気体の分子容であることに注意．

と分子の減衰が一定値に収束することを意味している．式 (3.69) の分母の積分の結果（付録 A.5 節参照），

$$J_S = Z \cdot B_{\mathrm{C}} \cdot F_{\mathrm{E}}^{*} \tag{3.74}$$

となる．ここで，B_{C} と $F_{\mathrm{E}}^{\mathrm{C}}$ は $B(R)$ と $F_{\mathrm{E}}(R)$ の $R = R_{\mathrm{C}}$ での値である．

$$B_{\mathrm{C}} \equiv B(R_{\mathrm{C}}) = \frac{v_{\mathrm{G}}^2 DC}{8\pi R_{\mathrm{C}}^3} \tag{3.75}$$

$$F_{\mathrm{E}}^{*} \equiv F_{\mathrm{E}}(R_{\mathrm{C}}) = \frac{4\pi C R_{\mathrm{C}}^2}{v_{\mathrm{G}}} \exp\left(-\frac{4\pi\gamma R_{\mathrm{C}}^2}{3k_{\mathrm{B}}T}\right) \tag{3.76}$$

Z は Zeldovich 因子と呼ばれ，自由エネルギーを極大値を与える気泡サイズに関して展開したときの 2 次の項に関係し，

$$Z = \sqrt{\frac{\left|\dfrac{d^2\Delta\mathcal{F}}{dR^2}\right|}{2\pi k_{\mathrm{B}}T}} = \sqrt{\frac{4\gamma}{k_{\mathrm{B}}T}} \tag{3.77}$$

と定義されている．Z は長さの逆数 m^{-1} の次元を持っており，Z^{-1} は臨界サイズ付近でのサイズ空間上での運動を特徴づけるスケールを与えている．また，Z^{-1} は，拡散 $B(R_{\mathrm{C}})$ が働く特徴的なサイズスケールと見なすことができる．式 (3.74) は，臨界サイズのサイズ幅に入る気泡数 F_{E}^{*} と，臨界サイズを通過する遷移速度 $Z \cdot B(R_{\mathrm{C}})$ の積になっている．

核形成速度は，式 (3.74) で与えられるが，これは下のように解釈することができる．

$$J_{\mathrm{S}} = \underbrace{(\text{成長速度 } G_{\mathrm{R}}^{*})}_{Z\cdot B_{\mathrm{C}}\ (\mathrm{m/s})} \cdot \underbrace{(\text{臨界サイズのサイズ分布関数値 } F_{\mathrm{E}}^{*})}_{F_{\mathrm{E}}^{*}\ (\text{個数}/\mathrm{m}^4)} \tag{3.78}$$

$$= \underbrace{(\text{遷移頻度 } \mathcal{K}^{*})}_{Z^2\cdot B_{\mathrm{C}}\ (\mathrm{s}^{-1})} \cdot \underbrace{(\text{臨界サイズの数密度 } N^{*})}_{F_{\mathrm{E}}^{*}\cdot Z^{-1}\ (\text{個数}/\mathrm{m}^3)} \tag{3.79}$$

結局，核形成速度は，

$$J_{\mathrm{S}} = Z\frac{v_{\mathrm{G}} DC^2}{2R_{\mathrm{C}}} \exp\left(-\frac{4\pi\gamma R_{\mathrm{C}}^2}{3k_{\mathrm{B}}T}\right) = \frac{\phi_{\mathrm{G}} DC}{R_{\mathrm{C}}}\sqrt{\frac{\gamma}{k_{\mathrm{B}}T}} \exp\left(-\frac{4\pi\gamma R_{\mathrm{C}}^2}{3k_{\mathrm{B}}T}\right) \tag{3.80}$$

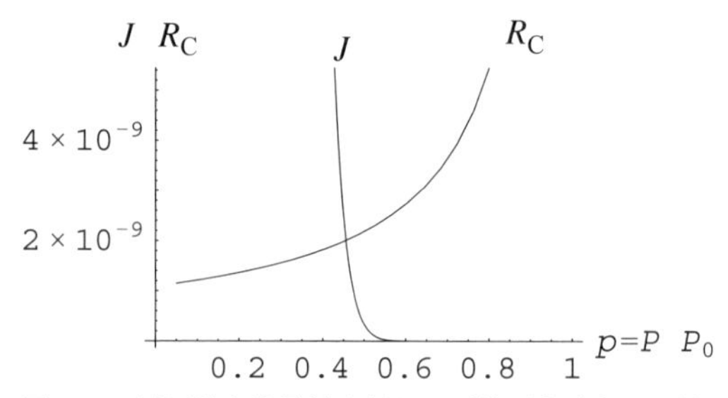

図 **3.9**　減圧量と臨界核半径および核形成速度の関係.

と表される[*14]．ここで，$\phi_{\mathrm{G}} = v_{\mathrm{G}}C$ は，水のメルト中の溶存体積濃度であり，過飽和圧 $P^*_{\mathrm{G}}(C,P)$ で計ったもの，R_{C} は式 (3.20) と (3.21) から与えられる．Toramaru (1995) の核形成速度[*15]とは，F^0_{E} の違いに起因する 4π と，v_{G} の定義が異なる．実際，この因子のこの程度の違いは，核形成の履歴においてさほど重大な影響を与えないが，上記の定式化の方がすっきりしており，結晶の核形成速度との対応もより直接的である．結晶化の際の核形成速度とは基本的に同じであるが，活動度がモル分率の 2 乗に依存することに起因して，この因子が 2 倍異なる．

核形成速度は，過飽和度 $P^*_{\mathrm{G}} - P$ すなわち臨界核半径 R_{C} に大きく依存し，過飽和度の少しの変化で核形成速度は桁で変化する．図 3.9 にその様子を示している．気泡核形成速度は，飽和圧からの減圧量の関数として，指数関数的に増加し，気泡数はそれを時間的に積分する形で，時間とともに増加する．次項で見るように，形成した気泡は，メルトからの揮発性成分の拡散で成長するから，メルトは揮発性成分に枯渇していき，過飽和度は減少する．このために，核形成はいずれ終了し，気泡数密度が決定される．

減圧量が時間とともに変化する場合，一般に，減圧量の増加による飽和度の増

[*14] もし，平衡サイズ分布の係数 F^0_{E} をそのまま残すと，

$$J_{\mathrm{S}} = Z\frac{v^2_{\mathrm{G}}DCF^0_{\mathrm{E}}}{8\pi R^3_{\mathrm{C}}}\exp\left(-\frac{4\pi\gamma R^2_{\mathrm{C}}}{3k_{\mathrm{B}}T}\right) \tag{3.81}$$

となる．

[*15]

$$J_{\mathrm{S}} = \frac{DC^2(1-y^2)}{8\pi}\sqrt{\frac{k_{\mathrm{B}}T}{\gamma}}\exp\left(-\frac{4\pi\gamma R^2_{\mathrm{C}}}{3k_{\mathrm{B}}T}\right) = Z\frac{v_{\mathrm{G}}DC^2y^2}{8\pi R_{\mathrm{C}}}\exp\left(-\frac{4\pi\gamma R^2_{\mathrm{C}}}{3k_{\mathrm{B}}T}\right) \tag{3.82}$$

ここでは，$v_{\mathrm{G}} = k_{\mathrm{B}}T/P$ である．

加と，核形成した気泡成長による飽和度の減少の競合によって，核形成の歴史が決定される．そのため，結果として決定される気泡数密度（単位メルト体積中の気泡の数）の減圧速度 $|dP/dt|$ に対する依存性は，気泡の成長則と密接に関係している (Toramaru, 1995)．拡散律速成長の場合は，気泡数密度は減圧速度の 3/2 乗に比例して大きくなる．このことは，同じ化学組成や温度のマグマでは，減圧速度が大きいほどたくさん気泡が生成されることを意味している．これは，後で見るように流紋岩質メルトに対して，実験によって確かめられている．

核形成速度の古典理論 2：定常核形成速度の表現の違い

定常核形成速度 $J = J_0 \exp(-\mathcal{W}^*/(k_\mathrm{B}T)$ の指数前因子 J_0 には，様々な表現がある．本質的な違いは，臨界核へのモノマーフラックスの考え方であり，気体分子運動論や現象論が用いられる．以下では，式 (3.26) の $J_0 = \mathcal{K}^* \cdot N_1$ の表現に当てはめて表現する．

Becker and Döring (1935) によって行われた気体中での液滴の生成に関しては，分子運動論が用いられ，

$$J_0 = \left[\frac{P}{(2\pi m k_\mathrm{B}T)^{1/2}}\right]\left[v_\mathrm{m}\left(\frac{4\gamma}{k_\mathrm{B}T}\right)^{1/2}\right]N_1 \tag{3.83}$$

となる (Friedlander, 1977)．ここで，P は液滴成分の過飽和分圧，N_1 はガス中のモノマー分子数，v_m はモノマーの分子体積，m は分子の質量である．はじめの大かっこは，臨界サイズへのモノマーフラックス（個数/m^2/s），次の大かっこは，面積の次元を持ち臨界サイズクラスター表面積の目安となる．

Hirth *et al.* (1970) は，臨界核の気泡では，液からのモノマーフラックスは気体分子運動論による気泡内ガスのこのモノマーフラックスとつりあっているとして，液の中の気泡にも適用し，気体の分子容 $v_\mathrm{G} = k_\mathrm{B}T/P$ を用いて書き換え，

$$J_0 = \frac{v_\mathrm{m}}{v_\mathrm{G}}\left[\frac{\gamma}{\pi m}\right]^{1/2} N_1 \tag{3.84}$$

とした（オリジナルの式には凝集定数が係数として掛けてある）．

Turnbull and Fisher (1949) は，液体中での固体結晶の核形成について，液中のモノマーフラックスも含めて一連の反応と見なし，絶対反応速度論を適用し

$$J_0 = n_A^*\left(\frac{\gamma}{k_\mathrm{B}T}\right)^{1/2}\left(\frac{2v}{9\pi}\right)^{1/3}\frac{k_\mathrm{B}T}{\hbar}\exp\left(-\frac{\mathcal{Q}}{k_\mathrm{B}T}\right)N_1 \tag{3.85}$$

とした．ここで，n_A^* は臨界核の単位表面積当たりの分子数，$\hbar$ はプランク常数である．Uhlmann (1972) は，拡散係数 D や粘性係数 η を用いていくつかの書き換えを行った．

$$J_0 = \hat{J}_0 \exp\left(-\frac{\mathcal{Q}}{k_\mathrm{B}T}\right) = \frac{D}{a_0^2}N_1 = \frac{k_\mathrm{B}T}{3\pi a_0^3 \eta}N_1 \tag{3.86}$$

ここで，a_0 は分子間距離である．

本書の定式化では，Lifshitz and Pitaevskii (1981) と Zeldovich (1942) に従い，現象論的拡散成長速度から求めた．結晶化の場合（$N_1 = F_{\mathrm{E}}^0 \cdot \delta R = v_{\mathrm{S}} F_{\mathrm{E}}^0 / R_{\mathrm{C}}^2$ として），

$$J_0 = \frac{\phi_{\mathrm{S}} Z D}{4\pi R_{\mathrm{C}}} N_1 = \frac{\phi_{\mathrm{S}} D}{4\pi R_{\mathrm{C}}/Z} N_1 \tag{3.87}$$

であり，$1/Z$ が，臨界状態のサイズ幅を定義しているので，$a_0^2 \approx 4\pi R_{\mathrm{C}}/Z$ と見なすことができる．ここで，ϕ_{S} は，v_{S} は液中の結晶化成分の分子体積，結晶化成分の液中体積濃度 $\phi_{\mathrm{S}} = v_{\mathrm{S}} C$ である．本書では，最終的に $N_1 = C$ となるように F_{E}^0 を決めている．

3.3.5　定常サイズ分布

式 (3.67) に，式 (3.69) の計算結果（式 (A.40)）を用いると，

$$\frac{F_{\mathrm{S}}(R)}{F_{\mathrm{E}}(R)} = 1 - Z \cdot \int_0^R \left(\frac{B(R_{\mathrm{C}})}{B(R')} \right) \left(\frac{F_{\mathrm{E}}(R_{\mathrm{C}})}{F_{\mathrm{E}}(R')} \right) dR' \tag{3.88}$$

$$= 1 - Z \cdot \int_0^R \left(\frac{R'}{R_{\mathrm{C}}} \right)^2 \exp\left[-\pi (Z R_{\mathrm{C}})^2 \left(\frac{R'}{R_{\mathrm{C}}} - 1 \right)^2 \right] dR' \tag{3.89}$$

となる．積分結果は，かなり複雑になるが，図示すると図 3.10 のようになる．

臨界サイズでの比

$$\frac{F_{\mathrm{S}}(R_{\mathrm{C}})}{F_{\mathrm{E}}(R_{\mathrm{C}})} = 一定 \tag{3.90}$$

は常に 1 より小さい値を取る．その値は，臨界サイズが小さくなるにつれて 1 に近づく．

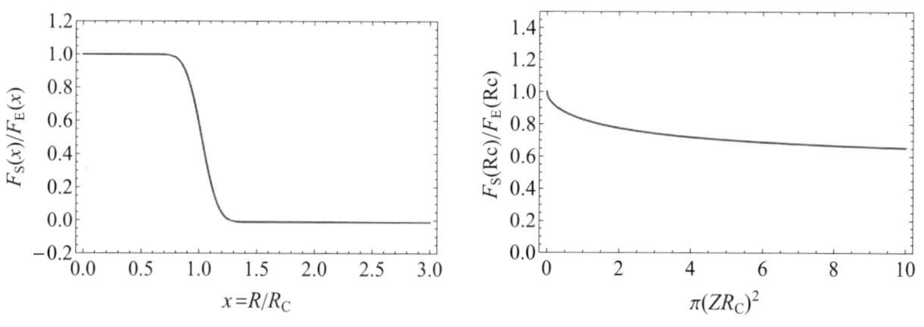

図 3.10　（左）平衡サイズ分布で規格化したときの定常解．（右）臨界サイズでの平衡サイズ分布の値と定常サイズ分布の値の比．臨界サイズが小さくなるほど，この比は 1 に近づく．

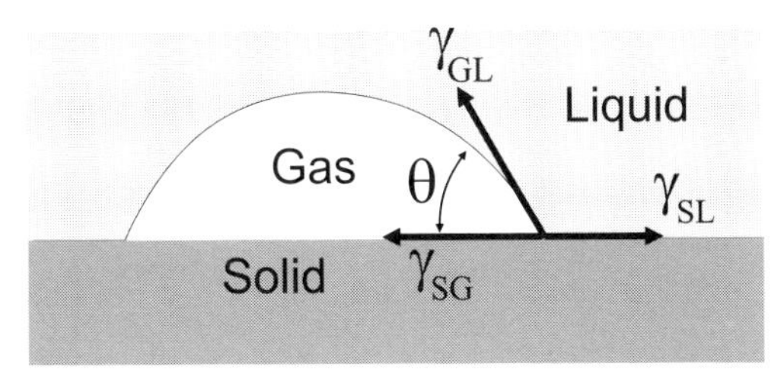

図 **3.11**　固体（結晶）表面上での不均質核の模式図.

3.4　不均質核形成

実際のマグマ中での核形成現象では，結晶表面を核として起こる不均質核形成が支配的なことがある．その場合は，気液の界面エネルギー γ の代わりに不均質核と周囲の媒質の間の実効的界面エネルギー $\gamma_{\rm eff}$ を当てはめれば，上の核形成についての理解はそのまま適用できる．不均質核の幾何学に関して，図 3.11 で示されているように，核の形状が球形の一部であるような場合を考える．球形の場合の同様の考察をすると，式 (3.12) に相当する自由エネルギーの変化は，

$$\Delta\mathcal{F}_{\rm hetero} = -(P_{\rm G} - P)V_{\rm CAP} + (\gamma_{\rm S,G} - \gamma_{\rm S,L})\mathcal{A}_{\rm BOTTOM} + \gamma_{\rm G,L}\mathcal{A}_{\rm TOP} \tag{3.91}$$

となる．ここで，$V_{\rm CAP}$ は気泡の体積，$\mathcal{A}_{\rm BOTTOM}$ は核の底面の面積である．$\mathcal{A}_{\rm TOP}$ は核の上面で，核の形成とともに新たに作られた気相と液相の間の界面の面積である．核の存在前にも発核剤と液の間の界面が存在するので，核の存在によって変化する界面エネルギーは，それを差し引いたものになる（右辺第 2 項，$(\gamma_{\rm SG} - \gamma_{\rm SL})\mathcal{A}_{\rm BOTTOM}$）．それぞれ，気相をはさみ結晶とメルトが作る接触角 θ の関数として，

$$V_{\rm CAP} = \frac{\pi R^3}{3}(1 - \cos\theta)^2(2 + \cos\theta) \tag{3.92}$$

$$\mathcal{A}_{\rm BOTTOM} = \pi(R\sin\theta)^2 \tag{3.93}$$

$$\mathcal{A}_{\rm TOP} = 2\pi R^2(1 - \cos\theta) \tag{3.94}$$

と書ける．ここで，R は気泡核に内接する球の半径である．また，核の体積 $V_{\rm CAP}$ は，次のように表すことができる．

3 重点での，結晶と液の界面に沿った方向での界面張力のつりあいから，

$$\gamma_{\rm SG} = \gamma_{\rm SL} - \gamma_{\rm GL}\cos\theta \tag{3.95}$$

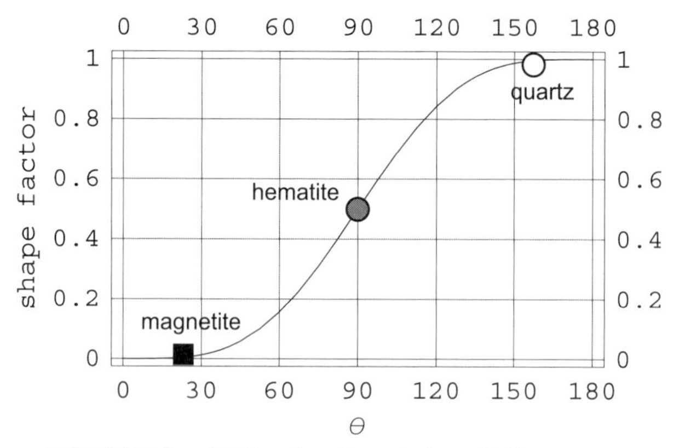

図 3.12　不均質核形成に必要なエネルギーにおける形状因子 (shape factor) と接触角の関係．実験から得られた，流紋岩質メルト中での磁鉄鉱 (magnetite)，赤鉄鉱 (hematite)，石英 (quartz) に対する接触角を示す．

という関係が成り立つ[*16]．この式を用いて，エネルギー変化を整理すると，

$$\Delta\mathcal{F}_{\mathrm{hetero}} = -\frac{4}{3}\pi R^3 s_{\mathrm{f}}(\theta)\cdot(P_{\mathrm{G}} - P) + 4\pi R^2 \cdot s_{\mathrm{f}}(\theta)\cdot\gamma_{\mathrm{GL}} \tag{3.96}$$

となる．ここで $s_{\mathrm{f}}(\theta)$ は，接触角が核の形状に与える効果で，形状因子（shape factor）と呼ばれ，核を球の一部と仮定すると，

$$s_{\mathrm{f}}(\theta) = \frac{(2+\cos\theta)(1-\cos\theta)^2}{4} \tag{3.97}$$

と計算できる（図 3.12）．この形状因子を用いると，不均質核形成に伴うエネルギー変化は，均質核形成に伴うエネルギー変化の式 (3.18) $\Delta\mathcal{F}_{\mathrm{homo}}$ との関係として

$$\Delta\mathcal{F}_{\mathrm{hetero}} = s_{\mathrm{f}}(\theta)\Delta\mathcal{F}_{\mathrm{homo}} \tag{3.98}$$

となる．核形成速度において重要になる，臨界半径 R_{C} は $2\gamma_{\mathrm{GL}}/(P_{\mathrm{G}}^* - P)$ と与えられるが，形式上，不均質核の臨界半径を $R_{\mathrm{C,hetero}} = 2\gamma_{\mathrm{eff}}/(P_{\mathrm{G}}^* - P)$ と書くと，式 (3.22) に相当する臨界のエネルギー変化は

$$\Delta\mathcal{F}_{\mathrm{hetero}}^* = \frac{4\pi}{3}(R_{\mathrm{C,hetero}})^2\gamma_{\mathrm{eff}} \tag{3.99}$$

となる．ここで，γ_{eff} は不均質核の形成に関わる実効的な界面エネルギーで，

[*16] 結晶と液の界面に垂直な方向の力のつりあいは，結晶の強度で補償されている．

表 3.1　流紋岩メルト中における各結晶に対する実効的界面エネルギー．流紋岩メルトと水蒸気の界面エネルギーは 0.103 N/m）としてある (Cluzel *et al.*, 2008).

鉱物	磁鉄鉱	赤鉄鉱	石英
θ	約 20°	約 90°	160°–150°
実効的界面エネルギー	0.025 N/m	0.078 N/m	0.099 N/m

$$\gamma_{\mathrm{eff}} = s_{\mathrm{f}}(\theta)^{1/3}\gamma_{\mathrm{GL}} \tag{3.100}$$

である．例えば，$\theta = 0°$ で $\gamma_{\mathrm{eff}} = 0$，$\theta = 180°$ で $\gamma_{\mathrm{eff}} = \gamma$ であり，γ_{eff} は θ が小さくなるとともに単調に減少する．

接触角は，液相中での気相の結晶に対する濡れやすさ（気相中の液に注目するなら，濡れにくさ）を定義し，$\theta = 0°$ のときは完全に濡れる状態（結晶表面に気相が十分広がる状態）になり，γ_{eff} は 0 となり，容易に核形成を起こす．実際の結晶に関して，γ_{eff} を直接実験的に測定する試みはなされていないが，現在では，磁鉄鉱は濡れやすく，ケイ酸塩鉱物は濡れにくい傾向にあることが知られている（表 3.1）．これは，ケイ酸鉱物/メルト間の界面に比べて，磁鉄鉱/メルト間の界面の方が，2 相の分子レベルの構造の違いが大きく，結晶/メルト間の界面エネルギー（= 張力：厳密には異なるがここでは簡単のために等しいとする）が大きくなるためである．気相・結晶・メルトの三重点における力のつりあいの結果，磁鉄鉱の方が θ が小さくなる．またメルト中に，H_2O 分子のクラスターやメルト構造における強い不均一が存在すると，それが不純物の役割をして不均一核形成が起こることが考えられる．実際のマグマ中で，均質核形成か不均質核形成になるかについては，第 5 章で述べる．

3.5　非定常核形成速度

非定常な核形成速度は，Fokker-Planck 方程式（式 (3.65)）の非定常解に関係し，そのサイズ空間での非定常流束 J に他ならない．$\varphi(R,t) = F(R,t)/F_{\mathrm{E}}(R)$ を用いて Fokker-Planck 方程式を書き直すと，

$$\frac{\partial \varphi(R,t)}{\partial t} = \frac{1}{F_{\mathrm{E}}(R)}\frac{\partial}{\partial R}\left[B(R)\cdot F_{\mathrm{E}}(R)\frac{\partial \varphi(R,t)}{\partial R}\right] \tag{3.101}$$

となる．これに対して，φ を定常解に相当する部分 φ_{st} と非定常項 φ_{tr} に以下のように分ける．

$$\varphi(R,t) = \varphi_{\mathrm{st}}(R) + \varphi_{\mathrm{tr}}(R,t) \tag{3.102}$$

さらに，非定常項を変数分離し，以下のように設定する．

$$\varphi_{\mathrm{tr}}(R,t) = f(R) \cdot g(t) \tag{3.103}$$

以上の式を式 (3.101) に代入すると，

$$\frac{1}{g(t)}\frac{dg(t)}{dt} = \frac{1}{F_{\mathrm{E}}(R)f(R)}\frac{d}{dR}\left[B(R) \cdot F_{\mathrm{E}}(R)\frac{df(R)}{dR}\right] = -c \tag{3.104}$$

となる．左辺は時間のみ，中央の項はサイズのみの関数であり，これらが等しいためにはそれぞれ定数（$c = c_n$）でなければならない[*17]．$g(t)$ については，

$$g(t) = g_0 e^{-c_n t} \tag{3.105}$$

と求まる．

一方，$f(R)$ についての式

$$\frac{d}{dR}\left[B(R) \cdot F_{\mathrm{E}}(R)\frac{df(R)}{dR}\right] + c_n F_{\mathrm{E}}(R)f(R) = 0 \tag{3.106}$$

は，c_n が固有値で，$F_{\mathrm{E}}(R)$ を重み関数とした Strum-Liouville 型方程式である[*18]．Kashchiev (1969) は，それを固有値問題として解くことによって，

$$J(t) = -B(R_{\mathrm{C}}) \cdot F_{\mathrm{E}}(R_{\mathrm{C}}) \left[\frac{\partial\varphi(R,t)}{\partial R}\right]_{R=R_{\mathrm{C}}} \tag{3.108}$$

で定義される時間依存する核形成速度を次のように求めた[*19]．

$$J(t) = J_{\mathrm{st}}\left[1 + 2\sum_{n=1}^{\infty}(-1)^n \exp\left(-n^2\frac{t}{\tau}\right)\right] \tag{3.109}$$

ここで，J_{st} は，式 (3.80) で与えられる定常核形成速度である．τ は，非定常過程を特徴づける時間の次元を持つ 1 次の固有値で，

[*17] 定数が 1 つであるとは限らないので c_n とした．

[*18] この式は，係数が定数でない一般的な 2 階の常微分方程式

$$\frac{d^2y(x)}{dx^2} + p(x)\frac{dy(x)}{dx} + q(x)y(x) = 0 \tag{3.107}$$

になる．Legendre 方程式や，Bessel 方程式など，物理数学で登場する方程式の多くがこの形に帰着される．定数係数の場合はなじみがあるので，定数係数でない場合も容易に解けるような気がするが，一般的な解法はかなり煩雑である．

[*19] この解は，無限個の固有値に対する解を重ね合わせた結果として表現されている．

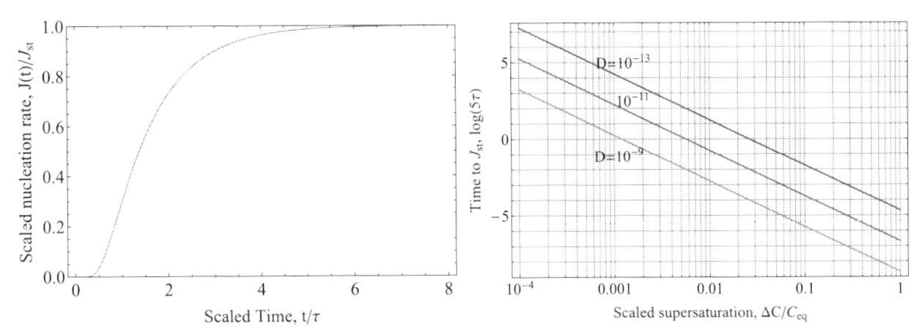

図 3.13　（左）非定常核形成速度と時間の関係．（右）定常核形成に至る時間 (s) と無次元の過飽和度 $(C - C_{\mathrm{eq}})/C_{\mathrm{eq}}$ の関係．拡散係数 $D\,(\mathrm{m}^2/\mathrm{s})$ による違いを表示．

$$\tau = \frac{4}{\pi^3 Z^2 B_{\mathrm{C}}} = \frac{8k_{\mathrm{B}}TR_{\mathrm{C}}^3}{\pi^2\gamma v_{\mathrm{G}}^2 DCy^2} \tag{3.110}$$

と与えられる．Zeldovich 因子 Z の逆数は，臨界核サイズ近傍でのサイズ空間での揺らぎのサイズスケール，B_{C} はサイズ空間での拡散を与えるから，Z^2B_{C} は揺らぎの緩和時間の逆数と見ることができる．

図 3.13 左に，式 (3.109) の振舞いを示す．式 (3.109) の級数は $n > 3$ 以上でよい近似になる．図の核形成速度の時間的振舞いから，$t = 5\tau$ で，定常核形成速度として近似してよいことがわかる．τ は臨界核サイズ R_{C} に依存し，臨界核サイズは過飽和度に依存するから，定常核形成へ至る時間は過飽和度の関数になる．実際の値を代入し計算した例を図 3.13 右に示す．定常状態に達するのに要する時間は，過飽和度と拡散係数（あるいは粘性）に依存する．拡散係数 D が 10^{-11} (m^2) の場合，過飽和度が小さい $C - C_{\mathrm{eq}} = 0.01C_{\mathrm{eq}}$ の場合でも，0.1 秒程度である．実際的な均質核形成は，定常核形成として取り扱ってよさそうである．しかし，D が 10^{-13} $(\mathrm{m}^2/\mathrm{s})$ の場合には，10 秒程度となり，異常に急激な減圧では効いてきそうである．このことは，減圧脱ガス結晶化作用においても効いてくるかもしれない．

3.6　古典核形成理論に対する種々の補正

3.6.1　Tolman 補正

古典均質核形成理論への補正として，表面エネルギーへの曲率効果がある．界面の曲率が大きくなる，すなわち気泡サイズが小さくなる（ナノスケール）と，分子の相互作用に曲がった界面の幾何学効果が効いてきて，通常の表面エネルギーとずれてくる (Tolman, 1949)．これは，Tolman 補正と呼ばれ，補正係数を δ_{T} とすると，界面エネルギー γ は

$$\gamma = \frac{1}{1 + 2\frac{\delta_{\mathrm{T}}}{R}} \gamma_0 \tag{3.111}$$

で与えられる．ここで，γ_0 は，曲率ゼロでの界面エネルギーである．δ_{T} は，純粋物質の場合，10^{-8} m のオーダーであり，マクロな計測により決定された界面エネルギーより小さくなる可能性がある (Tanaka *et al.*, 2015)．さらに，高次の補正も考えられる (Schmelzer and Baidakov, 2016, Tanaka *et al.*, 2016)．しかし，これらは，純粋物質すなわち 1 成分系の気相と液相の界面に関しての議論で，本書で扱っている 2 成分系の場合にそのまま適応できるかどうかはわからない．

3.6.2　Poynting 補正

純粋物質の沸騰の問題では，圧力一定下での沸騰を想定しており，本書で扱うような減圧発泡は想定していなかった．Blander and Katz (1975) は，雰囲気圧が変化する場合について考察し，液の圧縮性の気泡内平衡蒸気圧への影響を評価した．これを彼らは，Poynting 補正と呼んだ．この補正は，本書で扱うマグマの場合では，式 (3.21) の exp の項によって既に考慮されている．

3.6.3　粘性補正

Kagan (1960) は，液の粘性が，臨界核形成時でも作用すると考えた．彼は，1 成分系の沸騰問題に関して，臨界核の遷移速度を求める際に，分子運動論で決まる分子の気泡への流入だけでなく，後述する Rayleigh-Presset の方程式を連立して解き，定常核形成速度の指数前因子に粘性率が入る式を導出した．マグマの場合には，2 成分系であり拡散による分子の流入と Rayleigh-Presset 方程式を連立して解く必要がある．その結果，定常核形成速度の指数前因子には粘性係数が，後述する Peclet 数の形で入り，粘性が大きくなると，指数前因子がゼロに近づくことが明らかになった (Nishiwaki and Toramaru in prep.)．

第4章　気泡の成長と膨張

過飽和液の中で核形成した気泡は，H_2O の気泡への拡散によって成長（気泡内の H_2O 分子数が増加）し，減圧により膨張（気泡内の分子数の変化がなく分子体積が増加）する．本章では，このように「成長」と「膨張」を使い分ける．この成長と膨張は同時に進行するが，始めに，一方を無視してそれぞれの項目について，その振舞いを理解する．その後で，これら 2 つを統合し，実験結果を理解する．本章で重要になってくるのが，様々な素過程の時定数と，それらの比としての無次元数である．例えば，拡散と粘性律速膨張速度の比である Pélclet 数である．

4.1　気泡成長・膨張の計算の概略

気泡の成長と膨張過程は，1) 拡散流束による気泡内分子の増加率を支配する式，2) 気泡径変化を記述する運動量保存の式（Rayleigh-Plesset の式），3) メルト中の H_2O の拡散場の式（定常解が用いられることもある），4) 系全体での H_2O の質量保存式，5) 気泡内気体の状態方程式，を連立して解くことによって理解される．

この気泡成長の問題には 2 つのポイントがある．1 つは，半径が増大する球形気泡の周りの濃度場を求める問題である．これは，拡散方程式を解く問題である．液中のガス成分濃度 C に対する拡散方程式は，

$$\frac{\partial C}{\partial t} + \underbrace{u_r \frac{\partial C}{\partial r}}_{\text{移流}} = \underbrace{\frac{1}{r^2}\frac{\partial}{\partial r}\left(r^2 D \frac{\partial C}{\partial r}\right)}_{\text{拡散}} \tag{4.1}$$

である．ここで，u_r は動径方向の液の速度，r は気泡中心からの距離である．液が非圧縮性だと仮定すると，後述するように液の質量保存から，

$$u_r = \frac{R^2}{r^2}\dot{R} \tag{4.2}$$

となり，u_r が与えられる．ここで，$\dot{R} \equiv dR/dt$ は気泡半径の変化速度である．そこでもう 1 つの問題は，半径の変化速度を求める問題になる．$\dot{R}$ は，Rayleigh-Plesset 方程式（式 (4.52)）

$$R(t)\ddot{R(t)} + \frac{3}{2}\dot{R(t)}^2 = \frac{1}{\rho}\left(P_\mathrm{G} - P_\infty - \frac{2\gamma}{R(t)} - 4\eta\frac{\dot{R(t)}}{R(t)}\right) \tag{4.3}$$

を解くことによって得られる．気泡内圧力 P_G は，気体の状態方程式からきまり，P_G がきまれば，溶解度の関係から，界面での平衡濃度がきまり，それは拡散方程式の $r = R$ での境界条件になる．以上は単一気泡の場合であり，核形成により多数の気泡が生成し気相として存在しているガス成分量が無視できなくなると，発泡するガスの質量保存を考慮する必要がある：

$$[\text{気泡としてのガスの量}] + [\text{液中に残っているガス量}] = [\text{初期のガス量}] \tag{4.4}$$

気泡から適当な距離（単一気泡の場合，無限遠）での境界条件が拡散方程式に対して必要になる．隣の気泡の存在が拡散場や流れ場に対して無視できなくなるほど気泡の体積分率が大きくなってくると，多気泡の気泡 1 つ 1 つにセルを割り当てたセルモデル（拡張された Rayleigh-Plesset の式：気泡配置の幾何学効果を考慮した実効粘性率をメルト粘性率の代わりに用いる）が適用される．

これらの過程は，数値的には解くことが可能であるが，解析的にはたくさんの困難がある．例えば，濃度場と気泡径変化速度のカップリング（拡散と粘性のカップリング），拡散係数，粘性係数や表面張力など物性のガス成分濃度依存性，拡散の非定常性，ガス成分質量保存の平均場・非平均場といった問題である．そのため，解析的に気泡成長の振舞いを理解する際には，近似に近似を重ね，簡単な場合について考察することになる．

まず，流れ場を無視し，気泡径は力学平衡を仮定し，一定の過飽和度の下での気泡への拡散流束のみによる「成長」を議論する．その後に，膨張の問題を取り扱う．ここでは，力学平衡が成立している場合とそうでない場合を取り扱う．力学平衡が成立している場合には，気泡内圧 P_G と液圧 P および気泡径 R の間には Laplace の式で表される特別な関係がある．しかし，この力学平衡が成立していない場合には，周囲の流体の粘性抵抗や慣性も評価する必要がある．これは後で導出する Rayleigh-Plesset の式によってなされる．

気泡成長の一連の過程の中で前提となっているのが，気泡と液の界面での局所化学平衡が常に成立しているという考えである[*1]．そのため，まず最初に，気泡表面での平衡濃度について説明する．

[*1] 結晶成長の場合と幾分異なる．反応律速による結晶成長速度は，界面での液中濃度と平衡濃度の差（すなわち過飽和度）が，駆動力となる．

4.2　気泡表面での平衡濃度

4.2.1　一般的表現

過飽和溶液中に核形成した気泡への，ガス成分の拡散流は，気液界面での平衡濃度と，液中での過飽和濃度の差によって駆動される．ガス圧 P_{G} を持つ気泡と液（液圧 P）との界面での平衡濃度 $C_{\mathrm{int}}(P_{\mathrm{G}}, P)$ は，気泡のガス圧と液圧が等しい圧力 P の場合の飽和濃度を $C_{\mathrm{eq}}(P)$ とすると，式 (2.35) で与えられる．すなわち，

$$C_{\mathrm{int}}(P_{\mathrm{G}}, P) = \left(\frac{P_{\mathrm{G}}}{P}\right)^{\frac{1}{2}} C_{\mathrm{eq}}(P) \tag{4.5}$$

ここで，$C_{\mathrm{eq}}(P)$ は，基準とする飽和状態 (C_0, P_0) に対して，式 (2.25) で与えられている．

4.2.2　力学平衡にある場合の平衡濃度

力学平衡にある場合には，気泡内圧 P_{G} は Laplace の式 (2.42) $P_{\mathrm{G}} - P = \frac{2\gamma}{R}$ を介して液圧 P と気泡半径 R と結びついており，界面での平衡濃度は Gibbbs-Thomson の式 (2.43) で与えられる：

$$C_{\mathrm{int}} = C_R(R, P) = \left(1 + \frac{1}{P}\frac{2\gamma}{R}\right)^{\frac{1}{2}} C_{\mathrm{eq}}(P) \tag{4.6}$$

4.2.3　臨界半径を用いた表現

Laplace の式や Rayleigh-Plesset 等の力学過程を組み合わせて P_{G} と連立させて数値的に気泡成長を解く場合は，式 (4.5) で十分であるが，気泡の核形成速度の定式化や Ostwald 熟成において飽和状態に近いところでは，臨界半径 R_{C} を用いて，過飽和状態を表現した方が便利である．それは，任意の半径 R の気泡の安定性，別の言葉で言うと，その気泡が成長するか収縮するか，が判断できるからだ．

臨界半径 R_{C} とその気泡の飽和内圧 P^*_{G} は，Laplace の式によって結びついている．

$$P^*_{\mathrm{G}} - P = \frac{2\gamma}{R_{\mathrm{C}}} \tag{4.7}$$

臨界半径を持つ気泡の界面平衡濃度は，過飽和濃度 C に等しい ($C = C_{\mathrm{int}} = C_R(R_{\mathrm{C}}, P)$) ので，式 (4.6) から，

$$\frac{C}{C_{\mathrm{eq}}(P)} = \left(1 + \frac{1}{P}\frac{2\gamma}{R_{\mathrm{C}}}\right)^{\frac{1}{2}} = \left(\frac{P_{\mathrm{G}}^*}{P}\right)^{\frac{1}{2}} \tag{4.8}$$

と書ける．この式によって，液圧 P と液中のガス成分濃度 C の関数として臨界半径 $R_{\mathrm{C}}(P,C)$ が定義されていると言うこともできる．一般的な気泡径 R の平衡濃度 C_R についての式 (4.6) と上の式 (4.8) を 2 乗し辺々引き算すると：

$$C_R(R,C,P) = C\left[1 - R_P^*(C,P)\left(\frac{1}{R_{\mathrm{C}}(C,P)} - \frac{1}{R}\right)\right]^{\frac{1}{2}} \tag{4.9}$$

となる[*2]．ここで，R_P^* は以下のように与えられる．

$$R_P^*(C,P) = \frac{2\gamma}{P\left(\frac{C}{C_{\mathrm{eq}}(P)}\right)^2} = \frac{2\gamma}{P_{\mathrm{G}}^*} \tag{4.10}$$

また，$R_{\mathrm{C}}(P,C)$ は，式 (4.8) から，

$$R_{\mathrm{C}}(C,P) = \frac{2\gamma}{P\left[\left(\frac{C}{C_{\mathrm{eq}}(P)}\right)^2 - 1\right]} = \frac{2\gamma}{P_{\mathrm{G}}^* - P} \tag{4.11}$$

と与えられる．これは当然，気液の力学平衡と化学平衡の条件である[*3]．ここで，圧力 P での平衡濃度，$C_{\mathrm{eq}}(P)$ は，基準圧力 P_0 での飽和濃度 C_0 を用いて，式 (2.25) で表されるから，R_P^* と R_{C} はそれぞれ，

$$R_P^*(C,P) = \frac{2\gamma}{P_0\left(\frac{C}{C_0}\right)^2 \exp\left(-\frac{v_{\mathrm{m}}P_0}{k_{\mathrm{B}}T_0}\left(1 - \frac{P}{P_0}\right)\right)} \tag{4.14}$$

[*2] この式は，結晶化の場合の式（式 (7.38)）と若干異なっている．これは，1) 気泡と結晶の状態方程式の違い（ガスの状態方程式に依存し，結晶は体積一定の線形弾性体としている）と，2) 活動度の違い（水は濃度の 2 乗に比例し，結晶は理想溶液を仮定している）ことに由来している．もし，ガスに対して理想気体 $P_{\mathrm{G}}^* = k_{\mathrm{B}}T/v_{\mathrm{G}}$ を適用すると，結晶化の場合の対応する定義式と形の上で一致する：$R_P^* = 2\gamma v_{\mathrm{G}}/k_{\mathrm{B}}T$

[*3] $y = C_{\mathrm{eq}}/C$ とすると，$y^{-2} - 1$ は無次元の過飽和度の目安 Δ を与え，無次元過飽和度 Δ と臨界核半径 R_{C} とは，一般に

$$\Delta = y^{-2} - 1 = \frac{C^2 - C_{\mathrm{eq}}^2}{C_{\mathrm{eq}}^2} = \frac{1}{P}\frac{2\gamma}{R_{\mathrm{C}}},\quad \text{または,}\left(\frac{C}{C_{\mathrm{eq}}}\right)^2 = y^{-2} = \Delta + 1 \tag{4.12}$$

であるから，

$$R_{\mathrm{C}} = \frac{2\gamma}{P \cdot \Delta} \tag{4.13}$$

と書ける．

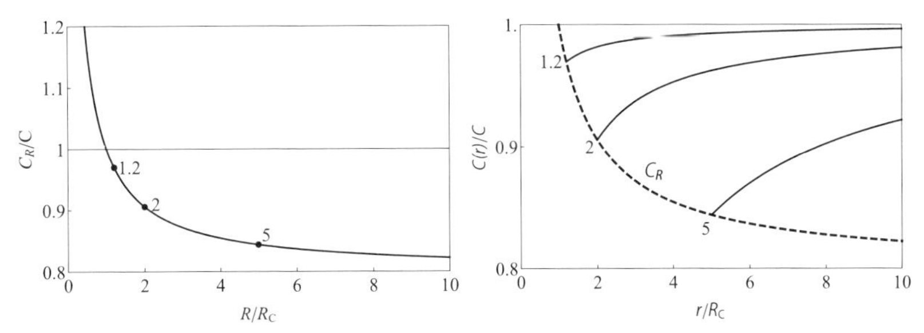

図 4.1　（左）力学平衡にある場合の気泡半径と界面での平衡濃度の関係．（右）臨界核の 1.2，2，5 倍の半径を持つ気泡の周りのガス成分濃度の定常分布（実線）．破線の曲線は，左図の界面での平衡濃度を表す．$(C - C_{\mathrm{eq}})/C = 0.2$ の過飽和度が仮定されている．

$$R_{\mathrm{C}}(C,P) = \frac{2\gamma}{P_0\left[\left(\frac{C}{C_0}\right)^2 \exp\left(-\frac{v_{\mathrm{m}}P_0}{k_{\mathrm{B}}T_0}\left(1-\frac{P}{P_0}\right)\right) - \frac{P}{P_0}\right]} \tag{4.15}$$

とも書ける．

今，過飽和状態を考えているから，$C > C_{\mathrm{eq}}(P)$ である．この式から，臨界半径より大きい気泡 $R > R_{\mathrm{C}}$ は，$1/R - 1/R_{\mathrm{C}} < 1$ となり，$C_R < C$ である（図 4.1 左図）．このことは，核形成で生じた気泡が，臨界半径より少しでも大きくなれば，その界面での平衡濃度は，周囲のメルト中の濃度 C よりも小さく，濃度勾配によって，周囲から気泡へガス成分の拡散が起こることを意味している．これは，エネルギー論の考察と整合的である．

4.3　定常拡散律速成長

4.3.1　移流項を含まない場合

液中の濃度場は，式 (4.1) において移流を無視した球対称の拡散方程式，

$$\frac{\partial C(t,r)}{\partial t} = D\frac{1}{r^2}\frac{\partial}{\partial r}\left(r^2\frac{\partial C(t,r)}{\partial r}\right) \tag{4.16}$$

に従う．気泡の周りの濃度分布が「定常」であるとは，数学的には $\partial C/\partial t = 0$ を意味する．物理的には，気泡の膨張に伴い気泡径が変化すると，それに応じて濃度場 $C(t,r)$ も変化するが，すぐにその気泡径と気泡内圧での定常状態に濃度場が達することを意味している．

この問題についての定常解は，

$$C(r) = c_1 + \frac{c_2}{r} \tag{4.17}$$

の形を取る (Lyakhovsky *et al.*, 1996)．ここで，c_1 と c_2 は，境界条件から決まる積分定数である．今の問題では，境界条件が

$$r \to R \text{ で} \quad C(r) \to C_R$$
$$r \to \infty \text{ で} \quad C(r) \to C_\infty$$

であり，

$$C_R = c_1 + \frac{c_2}{R} \tag{4.18}$$
$$C_\infty = c_1 \tag{4.19}$$

であるので，解は

$$C(r) = C_\infty - (C_\infty - C_R)\frac{R}{r} \tag{4.20}$$

と与えられる（図 4.1 右図）．これらの式から，気泡表面での濃度勾配は

$$\left|\frac{\partial C(r)}{\partial r}\right|_{r=R} = \frac{C_\infty - C_R}{R} \tag{4.21}$$

であることがわかる．

過飽和溶液中での気泡へのガス成分の拡散流束（分子数/単位時間/単位面積）を I とする．ただし，r が正の向きを流束が正としているので，気泡への流束はマイナスとなる．気泡中の気体成分分子数の変化は，$-4\pi R^2 I$ であるから，気泡の体積変化は，

$$\frac{d}{dt}\left(\frac{4\pi}{3}R^3\right) = -v_\mathrm{G} \times 4\pi R^2 I \tag{4.22}$$

であり，成長速度 dR/dt は，以下の式で与えられる．

$$\frac{dR}{dt} = -v_\mathrm{G} I \tag{4.23}$$

v_G は，気相中のガス成分分子 1 個の体積であり，ここでは一定とする[*4]．拡散流束 I は，気液界面での濃度勾配に比例するから，

$$I = -D\left|\frac{\partial C(r)}{\partial r}\right|_{r=R} = -D\frac{C_\infty - C_R}{R} \tag{4.24}$$

[*4] 実際は，状態方程式，例えば $v_\mathrm{G} = k_\mathrm{B}T/P_\mathrm{G}$ に従って変化する．

で与えられる．

定常拡散による気泡の成長は，上の定常拡散流束（式 (4.24)）を式 (4.23) に代入すれば得られるので，

$$\frac{dR}{dt} = v_{\mathrm{G}} D \frac{C_\infty - C_R}{R} \tag{4.25}$$

となる．ここで，一般に v_{G} は気泡内圧力 P_{G} の関数である．以下で，v_{G} や C, P について近似したいくつかの場合について調べる．

v_{G} = 一定，$C_\infty - C_R$ = 一定の場合

ここで，R が R_{C} に比べて十分大きい場合を考え，駆動力としての濃度差 $C_\infty - C_R$ が一定値 ΔC であるとすると，

$$\frac{dR}{dt} = v_{\mathrm{G}} D \frac{\Delta C}{R} \tag{4.26}$$

となる．これを積分すると，

$$\frac{1}{2}\left(R^2 - R(0)^2\right) = D v_{\mathrm{G}} \Delta C \cdot t \tag{4.27}$$

すなわち，

$$R = R(0)\sqrt{1 + \frac{2 D v_{\mathrm{G}} \Delta C}{R(0)^2} t} \tag{4.28}$$

となる．これは，界面平衡濃度についての曲率の効果を無視した近似である．ここで，$R(0)$ は $t = 0$ における気泡半径である．$t \gg R(0)^2/(v_{\mathrm{G}} \Delta C D)$ では，

$$R = \sqrt{2 D v_{\mathrm{G}} \Delta C \cdot t} \tag{4.29}$$

となり，いわゆる時間の平方根に比例する成長則（parabolic growth law）が導かれる．

v_{G} = 一定，C_∞，P = 一定，力学平衡 C_R の場合

もう少し詳しく見るために，式 (4.25) に，力学平衡にある気泡界面での平衡濃度の式 (4.9) を用いると，気泡の成長速度は，

$$\frac{dR}{dt} = \frac{v_{\mathrm{G}} D C_\infty}{R} \left\{ 1 - \left[1 - R_P^*(C_\infty, P) \left(\frac{1}{R_{\mathrm{C}}(C_\infty, P)} - \frac{1}{R} \right) \right]^{\frac{1}{2}} \right\} \tag{4.30}$$

と与えられる．拡散駆動力 ΔC は，{ } 内に相当する．核形成近傍に注目すると $R_P^*(1/R_{\mathrm{C}} - 1/R) \ll 1$ であるので，

$$\frac{dR}{dt} = \frac{v_G D C_\infty R_P^*(C_\infty, P)}{2R}\left(\frac{1}{R_C(C_\infty, P)} - \frac{1}{R}\right) \tag{4.31}$$

と近似できる．これは，式 (3.35) から式 (3.71) を計算し，核形成速度を求める際に用いられた．以上 2 つの式で，( ) 内の $-1/R$ が Gibbs-Thomson 効果に相当する．また，$R \gg R_C$ では，拡散の最大駆動力は，$\Delta C \approx C_\infty R_P^*/R_C$ である．実際の駆動力は，Gibbs-Thomson 効果によって，R の増加とともにこの値に近づくが，初期の駆動力はこれよりも小さく初期気泡径 $R(0)$ に依存する．

式 (4.10) で定義されている R_P^* と，気泡の拡散成長時間 t_{difG}

$$t_{\mathrm{difG}} = \frac{(R_P^*)^2}{v_G D \Delta C} \tag{4.32}$$

を用いて，式 (4.31) を無次元化 ($\tilde{t} = t/t_{\mathrm{difG}}$) する[*5]．ここで，$\Delta C$ は最大駆動力である．式 (4.31) は，$\tilde{R}(\tilde{t})$ $(= R(t)/R_P^*)$ の $(\tilde{t})$ を省略して書くと，

$$\frac{d\tilde{R}}{d\tilde{t}} = \frac{1}{2\tilde{R}}\left(1 - \frac{\tilde{R_C}}{\tilde{R}}\right) \tag{4.33}$$

となり，$\tilde{R}_C = R_C/R_P^* =$ 一定（過飽和度一定）の場合，変数分離形として積分でき，解は陰関数として次のように求まる．

$$\frac{1}{2}(\tilde{R}^2 - \tilde{R}(0)^2) + \tilde{R}_C(\tilde{R} - \tilde{R}(0)) + \tilde{R}_C^2 \ln\left(\frac{\tilde{R} - \tilde{R}_C}{\tilde{R}(0) - \tilde{R}_C}\right) = \frac{\tilde{t}}{2} \tag{4.34}$$

ここで，$\tilde{R}(0)$ は初期気泡径 $R(0)$ を R_P^* によって無次元化したものである．

Gibbs-Thomson 効果を考慮した式 (4.30) を数値積分して得られる解と，その近似式 (4.33) または式 (4.34)，Gibbs-Thomson 効果を考慮していない式 (4.28), (4.29) が，どのように異なるか評価する．また，初期気泡径の効果についても評価する．図 4.2 は，その結果を示す．この計算では，過飽和濃度一定としているが，これはある圧力下で，その溶解度よりも大きい濃度を一定に保っているということであり，臨界半径一定（$R_C =$ 一定）に対応している．また，気泡成長の初期条件としては，界面で飽和に近い状態（初期気泡径が，臨界半径より少し大きい）を仮定している．この図から，拡散成長のモデル化に関して次のことがわかる．

1) 気泡径 R の界面平衡濃度への効果，すなわち Gibbs-Thomson 効果を考慮した場合（式 (4.30) および (4.33)），成長の初期遅れが現れる．ただしこれは，初

[*5] 結晶化の場合との違いとして，分母に 2 が入ってくることに注意．

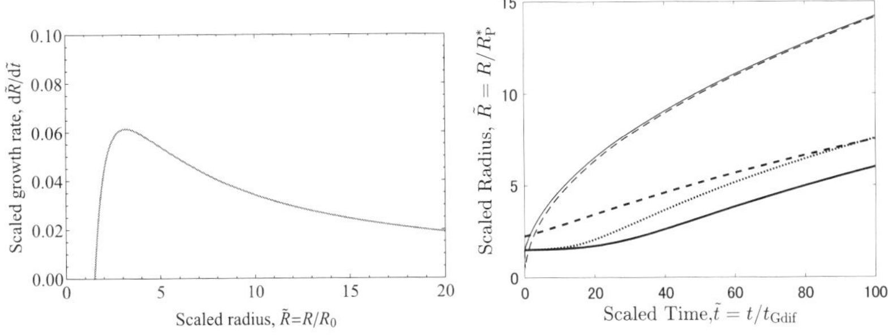

図 **4.2** (左) 過飽和一定 ($\tilde{R}_\mathrm{C} = 1.5$) 状態での気泡成長速度. 成長速度が 0 の $\tilde{R} = 1.5$ は, 臨界半径に対応. (右) 気泡径 ($\tilde{R} = R/R_\mathrm{P}^*$) 変化. 細実線は式 (4.28), 細破線は式 (4.29) で (最上部の 2 つ, ほとんど重なっている), Gibbs-Thomson 効果を考慮しない場合. いずれも $\tilde{R}(0) = 1.01\tilde{R}_\mathrm{C}$. 太実線と太破線は Gibbs-Thomson 効果を考慮した場合で, 式 (4.30) を数値積分した結果. 点線は近似式の解析解 (式 (4.34)). 太実線 (点線) と太破線は初期気泡径の違いで, 前者は $\tilde{R}(0) = 1.01\tilde{R}_\mathrm{C}$, 後者は $\tilde{R}(0) = 1.5\tilde{R}_\mathrm{C}$ の場合.

期条件が飽和状態 (気泡径が臨界核半径に等しい. これは必ずしも核形成直後を意味しない) に近い場合である. それも, 臨界半径の 1.5 倍になっただけで, 初期遅れは見えにくい. さらにこの場合, 溶解度に関する 1/2 乗の項を線形近似した場合は, 気泡成長の後半のステージで, 成長が過大評価されている (図 4.2 右の太実線と太破線).

2) Gibbs-Thomson 効果を無視した場合, 初期遅れは現れない. これは当然の結果である. この場合, 初期気泡径や近似の影響は, 拡散成長の時間スケールより十分後の段階では無視できる.

まず 1) の場合について考察しよう. 初期気泡径が臨界半径と厳密に等しい場合, 濃度勾配がない状態が解であるが, この状態は, 不安定平衡の状態で, 気泡の成長は起こらない. 揺らぎにより少し気泡径が大きくなると, 界面での平衡濃度が減少し濃度勾配が生じ加速度的に成長することになる. 初期気泡径が臨界半径に近い場合は, 駆動力としての濃度勾配が初期に小さく (図 4.1 右), 図 4.2 左に示されているように, 成長速度は限りなく 0 に近いことになる. そのため, この成長の遅れが生じる. このことは, 式 (4.34) の左辺において, ln 以外の項を無視することに相当し, $\ln((\tilde{R} - \tilde{R}_\mathrm{C})/(\tilde{R}(0) - \tilde{R}_\mathrm{C})) = \tilde{t}/\tilde{R}_\mathrm{C}^2$ となり, 書き換えると,

$$\tilde{R} = \tilde{R}_\mathrm{C} + \left(\tilde{R}(0) - \tilde{R}_\mathrm{C}\right)\exp\left(\frac{\tilde{t}}{2\tilde{R}_\mathrm{C}^2}\right) \tag{4.35}$$

となる．これは，あとで示す粘性律速成長と似た表現になる[*6]．初期遅れが，この拡散成長における表面張力の所為であるか，あとで示す粘性の所為であるか区別するには，初期気泡径と臨界半径を知り，そのうえで時定数を比較する必要がある（4.9.3 節）．何れにしろ，初期遅れを表現する指数関数的成長は，化学的つりあい（拡散律速成長の場合）あるいは力学的つりあい（粘性律速成長の場合）に近い初期気泡径から成長あるいは膨張が始まる場合の特徴的な成長パターンである．

この図からわかるように，1/2 乗をはずした線形近似では，気泡が小さい間はよい近似だが，時間が経過し気泡が大きくなると誤差が大きい．このことは，気泡径が臨界半径に近いところではよい近似になることを示しており，核形成速度を見積もる際に用いることに大きな不都合はありそうにない．また，界面平衡濃度についての Gibbs-Thomson 効果を無視した近似では，同じ時刻で見ると大きく評価される．以上の結果は，一定過飽和度（$R_{\mathrm{C}}^{-1} =$ 一定）（式 (4.12)）の下での成長速度であることに注意する．気泡の成長に伴い，液中のガス成分濃度は変化するから過飽和度も変化する．

v_{G} が理想気体として変化し，力学平衡が成立している場合

以上は，気泡内のガス分子の体積 v_{G} が一定として計算した．実際には，気液臨界点より高温では，ガス分子の体積は状態方程式に従って気泡内圧とともに変化する．気泡内圧は，気泡内分子数や周囲の圧力の変化によってきまり，これを調べるには，あとで説明する粘性流体中での気泡の膨張過程を調べる必要がある．ここでは力学平衡が成立している場合について，気泡内分子数の変化とガス分子体積の変化を含んだ定式化を行う．そのために，拡散に伴う気泡内分子数 n_{G} の変化を記述しておく．気泡へのガス分子数流入量は $-4\pi R^2 I$ であり，$I = -D(C_\infty - C_R)/R$ であるから，

$$\frac{dn_{\mathrm{G}}}{dt} = 4\pi D(C_\infty - C_R(R, C_\infty, P))R \tag{4.36}$$

である．ここで，界面平衡濃度 C_R は，基本的には式 (2.35) によって，液圧 P およびガス圧 P_{G} と液圧 P の下での平衡濃度 $C_{\mathrm{eq}}(P)$ の関数である（式 (4.6)）．$C_\infty >$

[*6] この気泡成長の初期遅れは，Proussevitch *et al.* (1993) が最初にセルモデルで気泡成長の計算でそれを示した際に，Sparks (1994) がこの遅れは粘性のせいではないかと議論した．Sparks (1978) は，この気泡成長の初期遅れの問題をレビューしており，表面張力が効く臨界サイズの問題と粘性の影響を認識していたのだ．それに対し，Proussevitch *et al.* (1994) は，さらなるシミュレーション結果を示し，界面張力の効果であると譲らなかった．その後，Navon *et al.* (1998) により，粘性律速の成長での気泡の成長の遅れは指数関数的な性質があることが示された．

$C_{\mathrm{eq}}(P)$ が過飽和状態であり，これらのことを考慮した C_R が，式 (4.9) である．そのことを，$C_R(R, C_\infty, P)$ と表現している．

ガス圧 P_{G} は，力学平衡（Laplace の式 (2.42)）によって，気泡径 R および液圧 P と関係する．すなわち

$$P_{\mathrm{G}} = P + \frac{2\gamma}{R} \tag{4.37}$$

である．状態方程式は，$4\pi R^3 P_{\mathrm{G}} = n_{\mathrm{G}} k_{\mathrm{B}} T$ であり，この P_{G} に上の式を代入すると，

$$\frac{4}{3}\pi R^3 \left(P + \frac{2\gamma}{R}\right) = n_{\mathrm{G}} k_{\mathrm{B}} T \tag{4.38}$$

となる．C_∞ を一定とする場合，もし液圧 P が時間の関数として与えられていれば，式 (4.36) と式 (4.38) を気泡径 R と気泡内ガス分子数 n_{G} についての連立方程式と見なし解けばよい．その結果，気泡径増加速度の式として

$$\frac{dR}{dt} = \frac{R^2|\dot{P}|/3 + k_{\mathrm{B}} T D C_\infty \left(1 - \left[1 - R_P^* \left(\frac{1}{R_{\mathrm{C}}} - \frac{1}{R}\right)\right]^{1/2}\right)}{R\left(P + \frac{4\gamma}{3R}\right)} \tag{4.39}$$

となる．ここで，R_P^* は，式 (4.10) で与えられている．一定圧力下の場合 ($\dot{P} = 0$) で，式 (4.30) と比べてみると，気泡内ガスの実効圧が $P + 4\gamma/3R$ となる補正項が分母についていることがわかる．

4.3.2 移流項を含む場合

ここで，式 (4.1) の移流項を含めた定常状態を考えよう．

$$u_r \frac{\partial C}{\partial r} = \frac{1}{r^2}\frac{\partial}{\partial r}\left(r^2 D \frac{\partial C}{\partial r}\right) \tag{4.40}$$

後で見るように，液の質量保存から，速度場は泡の成長あるいは膨張速度 $\dot{R} = dR/dt$ に関係づけられ，

$$u_r = \frac{R^2}{r^2}\dot{R} \tag{4.41}$$

と決まっている．これを，式 (4.40) に代入すると，

$$\frac{\partial}{\partial r}\left(R^2 \dot{R} C - r^2 D \frac{\partial C}{\partial r}\right) = 0 \tag{4.42}$$

となる．積分して

$$r^2 D \frac{dC}{dr} = R^2 \dot{R}(C_\infty - c_1) \tag{4.43}$$

を得る．ここで，c_1 は積分定数に対応し，境界条件からきまる．さらに，r から無限大まで積分し，境界条件として $C(R) = C_R$ とすると，

$$C(r) = c_1 + (C_\infty - c_1)e^{-\mathrm{Pe}\frac{R}{r}} \tag{4.44}$$

$$\mathrm{Pe} = \frac{R\dot{R}}{D} \tag{4.45}$$

$$c_1 = \frac{C_R - C_\infty e^{-\mathrm{Pe}}}{1 - e^{-\mathrm{Pe}}} \tag{4.46}$$

となる．ここで，Pe は，拡散 D/R と気泡径増加 $\dot{R}$ による移流の大きさの比を表す無次元数（Péclet 数），C_∞ は $r = \infty$ での過飽和濃度である．これから，界面での拡散流束を求めると，

$$I = D \left.\frac{dC}{dr}\right|_R = \dot{R}(C_\infty - C_R)\frac{e^{-\mathrm{Pe}}}{1 - e^{-\mathrm{Pe}}} \tag{4.47}$$

となり，これを式 (4.23) に代入すると，係数の $\dot{R}$ はキャンセルされるが，$e^{-\mathrm{Pe}}$ の中の $\dot{R}$ が残り，その $\dot{R}$ について解くと

$$\dot{R} = \frac{D}{R}\ln\left(1 + v_\mathrm{G}(C_\infty - C_R)\right) \tag{4.48}$$

を得る．これは，定常移流拡散成長と呼べる成長則である．これは，$v_\mathrm{G}(C_\infty - C_R)$ が十分小さいとき，移流項を含まない場合の定常拡散成長の式 (4.25) に帰着する．高圧下での現実的な $v_\mathrm{G}(C_\infty - C_R)$ は十分小さいので，移流項を無視しても変わらない．しかし，低圧下では v_G が大きくなるので，無視できないことが予想される．

4.4　非定常拡散成長

C_R は，力学平衡の場合でも気泡の成長とともに変化する（図 4.1 右図）から，濃度プロファイルに定常拡散を仮定するのは必ずしも納得がいくものではない．その際には拡散方程式 (4.1) または (4.16) を，数値的に解くわけであるが，境界条件を与える気泡の界面そのものが動くので，これは数値的に厄介である．そのためには，$r = R(t)$ を原点として，気泡の成長とともに dR/dt で動く座標系に式を書き直して解くことが多い．気泡径は，時間とともに大きく変化するから，それを有限差分法などの手法で解くことは，空間メッシュのメモリーの問題上不都合が生じることがある．それを避けるためには，拡散方程式を $R(t)$ とともに動く座標系を基準に書き直した拡散方程式をもとに解くことになる．この方法は初め工学系の研究で提案され，マグマの問題に応用された．結晶成長に関しても同じ

取り扱いがあり，7.7.3 節で解説している．

4.5　気泡の力学的平衡膨張

4.5.1　断熱 vs 等温膨張と潜熱の影響

気泡内の分子数が一定，すなわち気泡が周囲のメルトと化学的には非平衡であるが，力学的には平衡を保って膨張する場合を考える．気泡が断熱的に膨張したとすると，気泡中の気体の温度は低下する．その程度は，理想気体の断熱変化の式 $PV^{\gamma_h} =$ 一定 および $TV^{\gamma_h-1} =$ 一定 によって見積もることができる．その結果，温度と体積は，$\frac{V}{V(0)} = \left(\frac{P}{P(0)}\right)^{-\frac{1}{\gamma_h}}$ および $\frac{T}{T(0)} = \left(\frac{P}{P(0)}\right)^{\frac{\gamma_h-1}{\gamma_h}}$ となる．ここで，γ_h は気体の比熱比で水蒸気の場合 1.3 である．$V \propto R^3$ であるので，断熱変化に伴う気泡径の変化と温度変化は図 4.3 のようになる．初期圧力 $P(0)$ を 100 MPa とし，1 気圧すなわち 0.1 MPa まで減圧したとすると，初期温度 $T(0)$ の 20% ≈ 200–300 K 程度冷却することになる．実際には，気泡は高温のメルトに包まれているから，メルトとの熱のやり取りが迅速に行われることが期待される．ケイ酸塩メルトの比熱は 3000 J/kg/K 程度であり，水蒸気の等圧比熱は 2000 J/kg/K 程度である．気体成分である水蒸気のマグマ中での割合は質量比で数% なので，せいぜい 10°C 程度の温度低下が見込まれる (Sparks, 1978).

一方，気泡内分子数が変化する場合，すなわち化学的平衡に近づこうと揮発性成分の析出が進行すると，潜熱の吸収が起こり，それによって系の温度は減少する．Sahagian and Proussevitch (1996) によると，その影響を考慮すると，マグマはおよそ 30°C 程度冷却されることになる．また，2.6 節で見たように，水の析出の潜熱 $\Delta\mathcal{H}_{\mathrm{water}}$ を，20 kJ/mol ≈ 10^6 J/kg と仮定すると，5 wt%溶け込んでいた水が，すべて発泡して析出し，メルトと熱的平衡にあった場合，温度低下

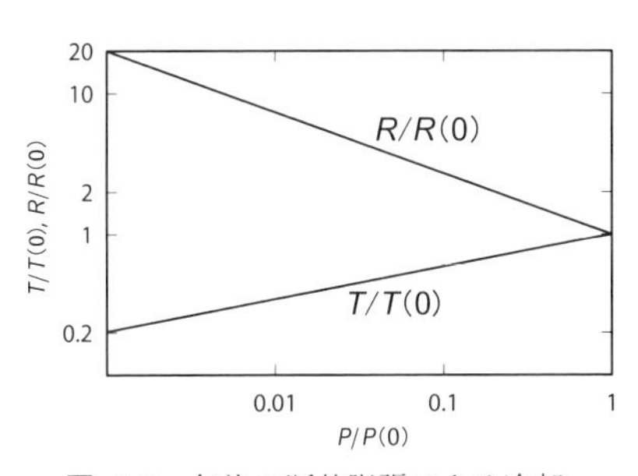

図 4.3　気泡の断熱膨張による冷却．

は 19°C 程度となる．マグマの発泡によるガスの析出と膨張過程は，第 1 次近似としては，等温過程と見なすことができるが，30°C 程度と言えども，あとで見るように，マイクロライトの結晶化においては，結晶度に影響を与えうる大きさである．さらに，マイクロライトの結晶化は結晶化の潜熱を放出するから，水析出とガス膨張による温度低下は抑えられるか，もしくは温度上昇することになる (Blundy *et al.*, 2006).

4.5.2　気泡径の関数としての気泡膨張率

気泡内分子数が一定で，周囲のメルトと化学的には非平衡であり，比較的低圧で，気泡の膨張が粘性抵抗に十分打ち勝って，メルトの圧力と平衡を保ちながら膨張する場合を考えよう．この際には，上で見たように，第 1 近似としては等温変化を考えてよい．その場合の気泡の膨張率は，理想気体の状態方程式から，

$$PV \approx PR^3 = \text{一定} \tag{4.49}$$

であり，

$$\left.\frac{dR}{dt}\right|_T = \frac{1}{3}\frac{R}{P}\left|\frac{dP}{dt}\right| \tag{4.50}$$

となる．断熱過程の場合，

$$\left.\frac{dR}{dt}\right|_S = \frac{1}{3\gamma_h}\frac{R}{P}\left|\frac{dP}{dt}\right| \tag{4.51}$$

となる．いずれの場合でも，気泡膨張率は，減圧速度が一定の場合，気泡半径に比例して大きくなる．

一方拡散律速成長の場合，式 (4.26) より，気泡の成長速度 dR/dt は，気泡の大きさに反比例する．このことから，気泡サイズが小さい核形成直後では拡散律速

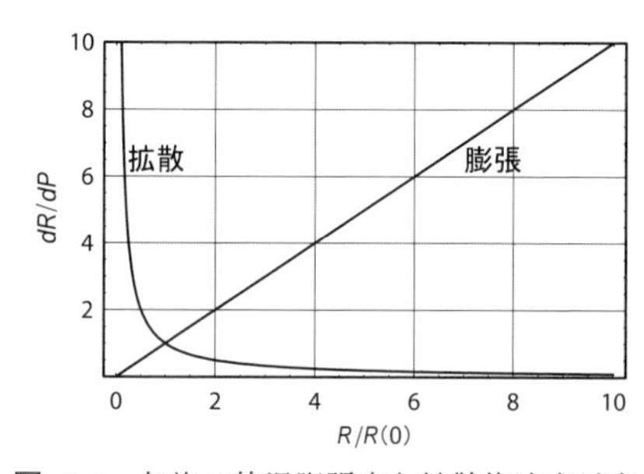

図 **4.4**　気泡の等温膨張率と拡散律速成長率.

が優勢であり，低圧で気泡サイズが大きくなると，減圧による膨張が卓越してくることがわかる（図 4.4）.

4.6　粘性流体中での気泡径変化を記述する式：Rayleigh-Plesset 方程式

気泡中へのガス成分の拡散は，気泡中のガス圧を増加させるから，Laplace の式によって表される力学平衡が崩れることになる．力学平衡にない状態での気泡半径の時間変化を記述するのが，下に示すいわゆる Rayleigh-Plesset の方程式である[*7]：

$$\underbrace{R(t)\ddot{R}(t)+\frac{3}{2}\dot{R}(t)^2}_{\text{慣性項}}=\frac{1}{\rho}\left(\underbrace{P_{\mathrm{G}}-P_{\infty}-\frac{2\gamma}{R(t)}}_{\text{駆動力}}-\underbrace{4\eta\frac{\dot{R}(t)}{R(t)}}_{\text{粘性抵抗}}\right) \tag{4.52}$$

ここで，ρ は液の密度，$R(t)$ は気泡半径，P_{G} は気泡内圧力，P_{∞} は気泡から遠く離れた場所での液の圧力，η は液の粘性係数である．この式は，膨張あるいは収縮する気泡の周りの質量保存と運動量保存を満たす式であるが，以下でその導出を行って，この式の背後にある物理と各項の意味を明確にしておこう．

球形を保って，膨張あるいは収縮する気泡の周りの液の質量および運動量の保存則は，球座標系，球対称，無重力場を考えると，次のように表される (Bird *et al.*, 1960)（Box 参照）.

質量保存

$$\frac{\partial\rho}{\partial t}+\frac{1}{r^2}\frac{\partial}{\partial r}\left(r^2\cdot\rho u_r\right)=0 \tag{4.53}$$

動径方向の運動量保存

$$\rho\left(\frac{\partial u_r}{\partial t}+u_r\frac{\partial u_r}{\partial r}\right)=-\frac{\partial P}{\partial r}+\frac{1}{r^2}\frac{\partial}{\partial r}\left(r^2\cdot\sigma_{rr}\right)-\frac{\sigma_{\theta\theta}+\sigma_{\phi\phi}}{r} \tag{4.54}$$

である．ここで，u_r は動径方向の液体の速度，P は液体の圧力である．

運動方程式の座標変換 I

式 (4.54) の導出は相当煩雑で，以下の 2 つの方針に従う (Bird *et al.*, 1960)．デ

[*7] 非粘性の場合は Rayleigh (1917) によって導かれていたが，その後，Poritsky (1952) が粘性項を導入し，その後，Plesset and Prosperetti (1977) によって，広く使われるようになった．

カルト座標系の運動方程式から曲線座標系での運動方程式に数学的に変換を行う．曲線座標系での力のつりあいの幾何学から導くことは勧められない．

方針 1．運動方程式の各辺はベクトル量なので，ベクトルの座標変換のルールに従う．すなわち，デカルト座標系でのベクトル (F_x, F_y, F_z) から球座標系のベクトル $F_{k'}$（成分 (F_r, F_θ, F_ϕ)）への変換は，

$$F_x = l_{xk} F_{k'}$$

で与えられ（添え字の縮約のルールが用いられている），変換行列 l_{ij} は，

$$\begin{pmatrix} l_{xr} & l_{x\theta} & l_{x\phi} \\ l_{yr} & l_{y\theta} & l_{y\phi} \\ l_{zr} & l_{z\theta} & l_{z\phi} \end{pmatrix} = \begin{pmatrix} \sin(\theta)\cos(\phi) & \cos(\theta)\cos(\phi) & -\sin(\phi) \\ \sin(\theta)\sin(\phi) & \cos(\theta)\sin(\phi) & \cos(\phi) \\ \cos(\theta) & -\sin(\theta) & 0 \end{pmatrix}$$

である．テンソルの場合，τ_{ij}（τ_{xx}，τ_{xy}，τ_{xz} 等）と，球座標系での $\tau_{i'j'}$（τ_{rr}，$\tau_{\theta\theta}$，$\tau_{\phi\phi}$ 等）とは，

$$\tau_{ij} = l_{ii'} l_{jj'} \tau_{i'j'}$$

で与えられる．

方針 2．デカルト座標での微分はチェーンルール，例えば

$$\frac{\partial}{\partial x} = \frac{\partial}{\partial r}\frac{\partial r}{\partial x} + \frac{\partial}{\partial \theta}\frac{\partial \theta}{\partial x} + \frac{\partial}{\partial \phi}\frac{\partial \phi}{\partial x}$$

に従って，球座標系での微分に変換する．ここで，

$$\frac{\partial r}{\partial x} = \sin(\theta)\cos(\phi), \quad \frac{\partial \theta}{\partial x} = \frac{\cos(\theta)\cos(\phi)}{r}, \quad \frac{\partial \phi}{\partial x} = \frac{-\sin(\phi)}{r\sin(\theta)}$$

である．

運動方程式の座標変換　II

基礎となる式は，重力を無視したデカルト座標系での Navier-Stokes 方程式

$$\underbrace{\rho\left(\frac{\partial u_i}{\partial t} + u_j \frac{\partial u_i}{\partial x_j}\right)}_{\text{慣性項}} = \underbrace{-\frac{\partial P}{\partial x_i} + \frac{\partial \sigma_{ij}}{\partial x_j}}_{\text{力}}$$

である．この式を球座標での式に変換していく．まず，両辺ともベクトル量なので，上記 Box の方針 1 より，球座標の慣性項の r 成分は

$$[\text{慣性項}]_r = \hat{l}_{rx}\,[\text{左辺}]_x + \hat{l}_{ry}\,[\text{左辺}]_y + \hat{l}_{rz}\,[\text{左辺}]_z$$

である．ここで，$\hat{l}_{rx}$ 等は l_{ij} の逆行列成分である．各ベクトル成分，例えば $[左辺]_x$ は，

$$[慣性項]_x = \rho \left[\frac{\partial u_x}{\partial t} + u_x \frac{\partial u_x}{\partial x} + u_y \frac{\partial u_x}{\partial y} + u_z \frac{\partial u_x}{\partial z} \right]$$

である．ベクトル量 u_x などについては方針 1，微分 $\partial/\partial x$ などについては方針 2 に従う．各項が相当キャンセルしあって，

$$[慣性項]_r = \left(\frac{\partial u_r}{\partial t} + u_r \frac{\partial u_r}{\partial r} + \frac{u_\theta}{r} \frac{\partial u_r}{\partial \theta} + \frac{u_\phi}{r \sin(\theta)} \frac{\partial u_r}{\partial \phi} - \frac{u_\theta^2 + u_\phi^2}{r^2} \right)$$

となる．$[力]$ も同様であるが，応力の変換は，例えば，

$$\begin{aligned} \sigma_{xx} &= l_{xi'} l_{xj'} \sigma_{i'j'} \\ &= \cos^2(\phi) \sin^2(\theta) \sigma_{rr} + \cos(\theta) \cos^2(\phi) \sin(\theta) \sigma_{r\theta} \\ &\quad - \cos(\phi) \sin(\theta) \sin(\phi) \sigma_{r\phi} + \cos(\theta) \cos^2(\phi) \sin(\theta) \sigma_{\theta r} \\ &\quad + \cos^2(\theta) \cos^2(\phi) \sigma_{\theta\theta} - \cos(\theta) \cos(\phi) \sin(\phi) \sigma_{\theta\phi} \\ &\quad - \cos(\phi) \sin(\theta) \sin(\phi) \sigma_{\phi r} - \cos(\theta) \cos(\phi) \sin(\phi) \sigma_{\phi\theta} + \sin^2(\phi) \sigma_{\phi\phi} \end{aligned}$$

となる．一方，球座標系での r 方向の応力成分を $[\partial \sigma_{ij}/\partial x_j]_r$ と書くと，

$$\left[\frac{\partial \sigma_{ij}}{\partial x_j} \right]_r = \hat{l}_{rx} \left[\frac{\partial \sigma_{ij}}{\partial x_j} \right]_x + \hat{l}_{ry} \left[\frac{\partial \sigma_{ij}}{\partial x_j} \right]_y + \hat{l}_{rz} \left[\frac{\partial \sigma_{ij}}{\partial x_j} \right]_z$$

であり，また，例えば

$$\left[\frac{\partial \sigma_{ij}}{\partial x_j} \right]_x = \frac{\partial \sigma_{xx}}{\partial x} + \frac{\partial \sigma_{xy}}{\partial y} + \frac{\partial \sigma_{xz}}{\partial z}$$

である．この σ_{xx} 等に σ_{rr} 等で表された σ_{xx} を代入し，方針 2 に従って球座標での微分に変換し，それをさらに $[\partial \sigma_{ij}/\partial x_j]_r$ の式に代入し，球座標系での $[慣性項]_r = [力]_r$ に代入し整理すると，式 (4.54) が得られる．θ と ϕ 成分についても同様．

σ_{rr}，$\sigma_{\theta\theta}$，$\sigma_{\phi\phi}$ は，動径方向，経度方向，緯度方向の法線応力テンソルであり，一般に次のように与えられる．

$$\sigma_{rr} = \eta \left[2 \frac{\partial u_r}{\partial r} - \frac{2}{3} (\nabla \cdot \boldsymbol{u}) \right] \tag{4.55}$$

$$\sigma_{\theta\theta} = \eta \left[2 \left(\frac{1}{r} \frac{\partial u_\theta}{\partial \theta} + \frac{u_r}{r} \right) - \frac{2}{3} (\nabla \cdot \boldsymbol{u}) \right] \tag{4.56}$$

$$\sigma_{\phi\phi} = \eta \left[2 \left(\frac{1}{r \sin\theta} \frac{\partial u_\phi}{\partial \phi} + \frac{u_r}{r} + \frac{u_\theta \cot\theta}{r} \right) - \frac{2}{3} (\nabla \cdot \boldsymbol{u}) \right] \tag{4.57}$$

式 (4.54) の，左辺は慣性項，右辺第 1 項

$$-\frac{\partial P}{\partial r} \tag{4.58}$$

は，動径方向の圧力勾配による力，右辺第 2 項

$$\frac{1}{r^2}\frac{\partial}{\partial r}\left(r^2 \cdot \sigma_{rr}\right) \tag{4.59}$$

は界面の動径方向の運動によって直接起こる動径方向の粘性抵抗，第 3 項

$$-\frac{\sigma_{\theta\theta} + \sigma_{\phi\phi}}{r} \tag{4.60}$$

は緯度経度方向に働く圧縮または伸長によって導入された応力が，幾何学効果によって動径方向に作用することになった力である．動径方向の運動量も，質量保存の $r^{-2}\partial(r^2\rho u_r)/\partial r$ と同様に，動径方向の応力 σ_{rr} のみによって起こる第 2 項のみに関係していると思ってしまうが，接線方向の応力 $\sigma_{\theta\theta}$ と $\sigma_{\phi\phi}$ が関わり，その寄与を示しているのが第 3 項である．このことは，接線方向の力である表面張力が外圧に加わって気泡内圧とつりあう Laplace の式を思い出すとわかる．

また，これは，ゴム風船のゴム膜の中の力のつりあいと似ている．その場合ゴムは弾性体であり，緯度経度方向の応力はゴムの張力に相当するのであるが，ゴム風船が一定の大きさでいる状況では，ガスの内圧による動径方向の応力が，ゴム膜内の緯度経度方向の弾性応力とつりあっていることを意味している．この状況は，ゴム風船のような弾性膜だけでなく流体中でも同様に働いている．

非圧縮な液体を仮定すると，式 (4.53) において，$\partial\rho/\partial t = 0$ であるから，

$$\frac{\partial}{\partial r}\left(r^2 \cdot \rho u_r\right) = 0 \tag{4.61}$$

であり，これを，気泡表面 $r = R$ から任意の位置 $r = r$ まで積分すると，

$$r^2 \cdot u_r - R^2 \cdot u_R = \mathrm{const} \tag{4.62}$$

となり，$r = R$ で $u_R = \dot{R}$ より const=0 となる．すなわち，質量保存から，r^{-2} で減衰する動径方向の速度場が得られる．

$$u_r(t, r) = \frac{R(t)^2}{r^2}\dot{R}(t) \tag{4.63}$$

応力テンソルについては，球対称 ($\sigma_{\theta\theta} = \sigma_{\phi\phi}$)，および非圧縮 ($\nabla \cdot \mathbf{u} = 0$) であるから，Newton 粘性流体に対して，

$$\sigma_{rr} = 2\eta\frac{\partial u_r}{\partial r} \tag{4.64}$$

$$\sigma_{\theta\theta} = \sigma_{\phi\phi} = 2\eta \frac{u_r}{r} \tag{4.65}$$

式 (4.63) を代入すると，

$$\sigma_{rr} = -4\eta \frac{R(t)^2 \dot{R}}{r^3} \tag{4.66}$$

$$\sigma_{\theta\theta} = \sigma_{\phi\phi} = 2\eta \frac{R(t)^2 \dot{R}}{r^3} \tag{4.67}$$

となる．すなわち $\sigma_{rr} = -(\sigma_{\theta\theta} + \sigma_{\phi\phi})$ である．これを用いると，運動量保存の式 (4.54) は，

$$\rho \left(\frac{\partial u_r}{\partial t} + u_r \frac{\partial u_r}{\partial r} \right) = -\frac{\partial P}{\partial r} + \left(\frac{\partial \sigma_{rr}}{\partial r} + 3 \frac{\sigma_{rr}}{r} \right) \tag{4.68}$$

となる．速度場の式 (4.63) を左辺に代入し，

$$\frac{\partial u_r}{\partial t} = \frac{1}{r^2} \frac{\partial}{\partial t} \left(R^2 \dot{R}(t) \right) \tag{4.69}$$

および，

$$u_r \frac{\partial u_r}{\partial r} = \frac{\partial}{\partial r} \left(\frac{1}{2} u_r^2 \right) \tag{4.70}$$

に注意して，$r = R$ から ∞ まで積分すると：

$$\text{左辺} = \rho \left(\frac{3}{2} \dot{R}(t)^2 + R\ddot{R} \right) \tag{4.71}$$

$$\text{右辺} = -(P_\infty - P(R,t)) - \sigma_{rr}(R,t) + 3 \int_R^\infty \frac{\sigma_{rr}}{r} dr \tag{4.72}$$

となる．ここで，応力に関する積分を残したのは，これが，粘弾性液体にも適用できる一般的な表式であるからだ．気泡表面での動径方向の力のつりあいは（動的力学平衡と呼べる），

$$P_{\mathrm{G}} + \sigma_{rr}(R,t) = P(R,t) + \frac{2\gamma}{R} \tag{4.73}$$

である（図 4.5）．

この式を式 (4.72) に代入し整理すると，運動量保存は

$$\rho \left(\frac{3}{2} \dot{R}^2 + R\ddot{R} \right) = P_{\mathrm{G}} - P_\infty - \frac{2\gamma}{R} + 3 \int_R^\infty \frac{\sigma_{rr}}{r} dr \tag{4.74}$$

となる．これは，液中で半径が変化する球形気泡の運動方程式の一般的な形で，液

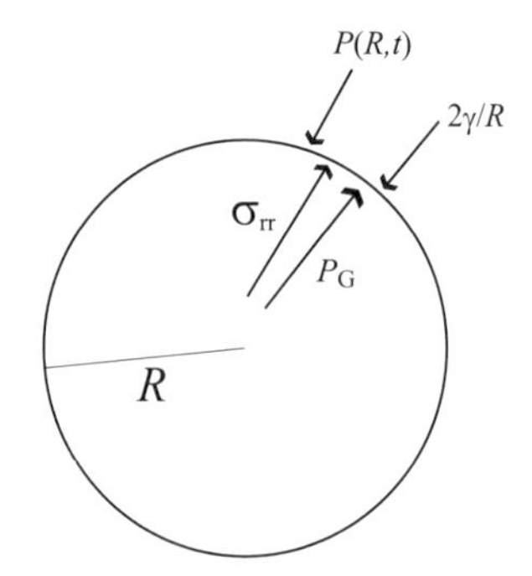

図 **4.5**　粘性流体中での膨張する気泡界面での力学つりあい（動的力学平衡）.

のレオロジーに関わらず成立する．式 (4.72) での σ_{rr} はレオロジーに依存しない $\partial\sigma_{rr}/\partial r$ の積分の結果である．それ故，界面での動的力学平衡の式 (4.73) は，レオロジーに依存せず常に成立している．しかし，式 (4.74) の積分は，レオロジーが単純な Newton 粘性でない場合，それによって異なってくる．このことは，後で，粘弾性液体に拡張する場合に具体的に理解できる．

ここで σ_{rr} について，Newton 粘性の場合の式 (4.66) を用いると，

$$\int_R^\infty \frac{\sigma_{rr}}{r}dr = -\frac{4}{3}\eta\frac{\dot{R}}{R} \tag{4.75}$$

であり，これを，式 (4.74) に代入すると，Rayleigh-Plesset 方程式 (4.52) が得られる．また，$\dot{R}=0$ の力学平衡は Laplace の式に帰着することがわかる．以上では，液体は非圧縮流体として扱ったが，液体の圧縮性を考慮した定式化もなされている (Keller and Miksis, 1980).

4.7　気泡膨張の時間変化：慣性膨張

4.5 節では，気泡が周囲の圧力と力学的平衡を常に維持して膨張する場合を見た．ここでは，前節で導いた Rayleigh-Plesset 方程式に基づいて，平衡に近づくまでの時間変化を見てみよう．なお気泡の崩壊や，振動現象については，6.6, 6.7 節で取り扱う．

4.7.1　非粘性液体中での気泡膨張

粘性が十分小さく無視できる液体を仮定すると，Rayleigh-Plesset 方程式 (4.52) は，

$$\rho\left(R(t)\ddot{R(t)}+\frac{3}{2}\dot{R(t)}^2\right)=P_{\mathrm{G}}-P_{\infty}-\frac{2\gamma}{R(t)} \tag{4.76}$$

である（Rayleigh の式）．

この式を見ると，初期気泡径 $R(0)$ が，右辺が 0 すなわち，Laplace の式を満たす力学平衡にあるなら，左辺も 0，すなわち $\dot{R}$ も $\ddot{R}$ も 0 である．その力学平衡の気泡径 R_{B} を以下のように定義しておく．

$$R_{\mathrm{B}}=\frac{2\gamma}{P_{\mathrm{G}}-P_{\infty}} \tag{4.77}$$

このつりあいの半径は，核形成の際の臨界半径と同様の意味を持つ．

しかし，この力学平衡は，不安定平衡である．もし気泡内圧力が変化せず，気泡径が R_{B} より少しでも大きくなれば，表面張力による圧力が減少し，力学平衡は破れ，右辺は正となり，$\ddot{R}$ と $\dot{R}$ は 0 でない正の値を取り，気泡の膨張が始まる．また，気泡径が R_{B} より小さくなれば，表面張力による気泡に働く圧力が大きくなり，右辺は負となる．$\dot{R}^2$ は正であるから，$\ddot{R}$ は負になる．すなわち，時間に対して気泡径をとった空間で，上に凸の曲線を描き気泡は収縮する．現実的には，気泡内のガス分子数が変化しなければ，気泡の膨張によって気泡内圧は減少するし，気泡の収縮によって気泡内圧は増加するから，気泡径は安定を保つか，もしくは振動する．

4.7.2 気泡内圧一定の場合：単純慣性膨張

上の式 (4.76) は，ガスの圧力 P_{G} が一定の条件下で，初期条件として，$\Delta P_{\mathrm{G}}=P_{\mathrm{G}}-P_{\infty}=2\gamma/R(0)$ と置き，$R=R(0)$ で $\dot{R}=0$ とすると，気泡径変化速度 $\dot{R}$ について解析的に解くことができて[*8]，その解は，

$$\dot{R}=\frac{dR}{dt}=\left[\frac{2}{3}\frac{\Delta P_{\mathrm{G}}}{\rho}\left(1-\left(\frac{R(0)}{R}\right)^3\right)-\frac{2\gamma}{\rho}\frac{1}{R}\left(1-\left(\frac{R(0)}{R}\right)^2\right)\right]^{\frac{1}{2}} \tag{4.79}$$

[*8] 式 (4.76) は，$\ddot{R}=d\dot{R}/dt=d\dot{R}/dR\cdot dR/dt=\dot{R}\cdot d\dot{R}/dR$ に注意すると，

$$\rho\left(R(t)\frac{d}{dR}\left(\frac{\dot{R(t)}^2}{2}\right)+\frac{3}{2}\dot{R(t)}^2\right)=\Delta P_{\mathrm{G}}-\frac{2\gamma}{R(t)} \tag{4.78}$$

となる．$y=\dot{R(t)}^2/2$ と置くと，

$$\frac{dy}{dR}+\frac{3}{R}y=\frac{1}{R}\left(\frac{\Delta P_{\mathrm{G}}}{\rho}-\frac{2\gamma}{\rho}\frac{1}{R}\right)$$

となり，これは，R の関数としての y についての非同次 1 階線形微分方程式で，定数変化法によって解くことができる．$R=R(0)=R_{\mathrm{B}}$ で，$y=0$ とすることから積分定数 (0) が決定される．

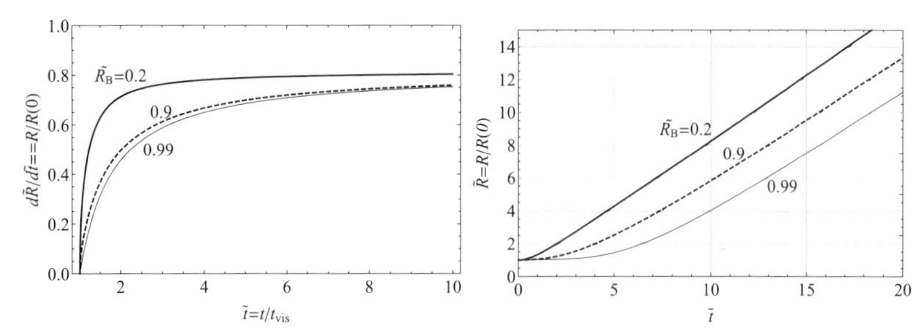

図 4.6　非粘性液体中での気泡ガス圧一定の下での，気泡膨張の様子．初期半径 $R(0)$ を平衡径 R_B から瞬間的に大きくした場合．（左）気泡径の関数としての気泡膨張速度（式 (4.79)）．平衡径からのずれ $\tilde{R}_B = R_B/R(0)$ の大きさに依存して膨張率は異なる．この比の値が 1 は，初期条件として気泡内圧が表面張力とつりあっている力学平衡の場合である．比が 1 以下の場合は，表面張力より気泡内圧が大きい場合に相当する．（右）Rayleigh の式（式 (4.76)）を数値積分して求めた，時間の関数としての気泡径（左図と条件同じ）．気泡径 R のスケールは初期気泡径 $R(0)$，時間 t のスケールは $R(0)(\rho/\Delta P_G)^{1/2}$．その結果，気泡径変化速度 $\dot{R} = dR/dt$ のスケールは，気泡振動の時間スケール $(\Delta P/\rho)^{1/2}$ である．

と求まる．式 (4.79) は，$t = 0$ で $R(0) = R_B$ とすると，$\ddot{R} = \dot{R} = 0$ となり，膨張も収縮もしない．上で述べたように不安定平衡を見るために，この平衡径から気泡径を瞬間的に変化させた場合を図 4.6 に示す．初期気泡径が R_B より少しでも大きくなると，加速的に膨張が起こる．

気泡膨張の振舞いは，上記の平衡径からのずれ，すなわち駆動力の大きさによって，系統的に変化する．駆動力が大きいほど，直線的な気泡径変化を示す．駆動力が小さくなると，この直線的な膨張率に近づくのに時間を要する．いずれにしろ，時間が十分に経つと一定の膨張速度

$$\frac{dR}{dt} = \left(\frac{2}{3}\frac{\Delta P_G}{\rho}\right)^{\frac{1}{2}} \tag{4.80}$$

に漸近する．

非粘性液体中での，この気泡の慣性膨張の非定常性を特徴づける時間スケールが，

$$t_{in} = R(0)\left(\frac{\rho}{\Delta P_G}\right)^{\frac{1}{2}} \tag{4.81}$$

であり，過剰圧 ΔP_G と初期気泡径 $R(0)$ に依存する（図 4.6）．これは気泡振動の時間スケールであり，気泡内をガスの音速で圧力が伝わる時間スケール $R(0)(\rho_G/P_G)^{1/2}$

より一般に長い．ΔP_{G} が小さくなると定常に達する時間は長くなるが，過剰圧の程度は所詮小さい*9．ただし，気泡内過剰圧は，気泡振動やマグマの上昇速度や粘性など他のファクターにもよる．

気泡内気体の分子数が一定の場合には，気泡の膨張とともに，気泡内圧力が減少するので，気泡は振動する．あとで見るように，気泡振動の発生には液体の粘性が大きく影響する．また，液圧 P 中に真空の気泡がある場合，気泡は崩壊するが，そのときの時間スケールは Rayleigh 崩壊 (collapse) の時間スケール t_{col} と呼ばれ，$\Delta P_{\mathrm{G}} = P$ とした場合におおよそ等しく，工学のキャビテーションの研究で広く使われている (6.6.1 節参照)．気泡内気体の分子数が一定の場合は，粘性の影響についての次節で解説する．

4.8 気泡膨張に対する粘性の影響：粘性律速膨張

粘性の影響を調べるために，慣性を無視した Rayleigh-Plesset 方程式を考えよう．気液界面付近の液圧は，Rayleigh-Plesset 方程式の下になった運動量保存の式 (4.68) から決定され，一般に，Rayleigh-Plesset 方程式において P_∞ で示される，無限遠での液圧とは異なる．しかし，慣性項が無視できるようなゆっくりとした気泡膨張の場合では，圧力勾配が 0 であり，界面での動的力学平衡の式 (4.73) において，$\sigma_{rr}(R,t) = -4\eta\dot{R}/R$ となり，Rayleigh-Plesset 方程式の P_∞ と気液界面での液圧は無限遠での液圧と等しくなる．それ故，特に断らない限り，今後，無限遠での液圧 P_∞ を単に P と書くことにする．Rayleigh-Plesset 方程式は，

$$P_{\mathrm{G}}(t) - P(t) - \frac{2\gamma}{R(t)} - 4\eta\frac{\dot{R}(t)}{R(t)} = 0 \tag{4.83}$$

すなわち，

$$\dot{R}(t) \equiv \frac{dR(t)}{dt} = \frac{R}{4\eta}\left(P_{\mathrm{G}}(t) - P(t) - \frac{2\gamma}{R(t)}\right) \tag{4.84}$$

となる．

---

*9 上の式を，この時間スケールを用いて無次元化 ($\tilde{R} = R/R(0)$，$\tilde{t} = t/t_{\mathrm{c}}$) すると

$$\frac{d\tilde{R}}{d\tilde{t}} = \left[\frac{2}{3}\left(1 - \tilde{R}^{-3}\right) - \frac{\tilde{R}_{\mathrm{C}}}{\tilde{R}}\left(1 - \tilde{R}^{-2}\right)\right]^{\frac{1}{2}} \tag{4.82}$$

となる．

4.8.1　気泡内圧や気泡内過剰圧が一定の場合

気泡内圧一定の場合 ($\boldsymbol{P_{\mathrm{G}}(t) - P(t) = \Delta P_{\mathrm{G}}}$ = 一定)

気泡の過剰圧 $P_{\mathrm{G}} - P$ が一定 (ΔP_{G}) である場合を考える．この式は，積分できて，

$$R(t) = R_{\mathrm{B}} + (R(0) - R_{\mathrm{B}}) \exp\left(\frac{\Delta P_{\mathrm{G}}}{4\eta} t\right) \tag{4.85}$$

となる (Lyakhovsky *et al.*, 1996)．ここで，$R(0)$ は初期気泡半径，R_{B} は力学的つりあいでの気泡径で式 (4.77) で与えられる．

また，$4\eta/\Delta P_{\mathrm{G}}$ は粘性変形のタイムスケール t_{vis} を与える：

$$t_{\mathrm{vis}} = \frac{4\eta}{\Delta P_{\mathrm{G}}} \tag{4.86}$$

で表される．ここで，ΔP_{G} は，粘性変形を駆動する圧力差の意味がある．

初期気泡径 $R(0)$ を用いて，$\tilde{R} = R/R(0)$，$\tilde{R}_{\mathrm{B}} = R_{\mathrm{B}}/R(0)$，$\tilde{t} = t/t_{\mathrm{vis}}$ とすると，式 (4.84) とその解は，無次元表記で，

$$\frac{d\tilde{R}}{d\tilde{t}} = \tilde{R}\left(1 - \frac{\tilde{R}_{\mathrm{B}}}{\tilde{R}}\right) \tag{4.87}$$

$$\tilde{R}(\tilde{t}) = \tilde{R}_{\mathrm{B}} + \left(1 - \tilde{R}_{\mathrm{B}}\right) \exp(\tilde{t}) \tag{4.88}$$

となる．

$R(0) \gg R_{\mathrm{B}}$ では，

$$R(t) \approx R(0) \exp\left(\frac{\Delta P_{\mathrm{G}}}{4\eta} t\right) \tag{4.89}$$

となり，指数関数的膨張，いわゆる粘性律速成長が得られる (Toramaru, 1995)．

これらの粘性膨張の様子を，図 4.7 に示している．この粘性の時間スケールが，慣性の時間スケールに比べて同等か短い場合，粘性の影響はあまりなく，気泡の周囲の液の質量を動かす慣性が気泡の膨張を律速する．一方，粘性の時間スケールが大きくなってくると，気泡膨張の初期遅れが長くなる．このことは，実質的に慣性が無視でき，気泡膨張は粘性が支配することを意味している．

慣性膨張と粘性膨張の時間スケールの比：

$$\frac{t_{\mathrm{in}}}{t_{\mathrm{vis}}} = \frac{R(0)(\rho \Delta P_{\mathrm{G}})^{1/2}}{4\eta} \tag{4.90}$$

は，気泡径と液の粘性によって大きく左右される．定性的には，水のように低粘

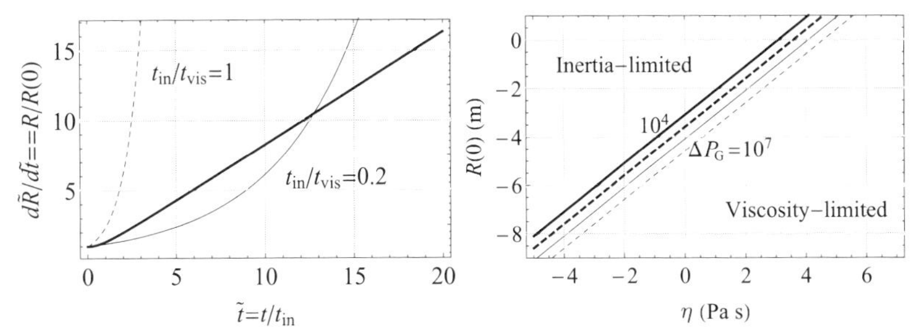

図 **4.7**　気泡内ガス圧一定 ($\tilde{R}_{\mathrm{B}} = R_{\mathrm{B}}/R_P^* = 2\gamma/\Delta P_{\mathrm{G}} R_P^* = 0.5$) の下での気泡膨張の慣性膨張と粘性律速膨張の比較．（左）時間の関数としての気泡径変化．時間は，慣性膨張の時間スケールで規格化されている．太線は，慣性膨張のみの場合．細線は，粘性膨張のみの場合で，式 (4.85) に対応している．破線と実線は，時間スケールの比 $t_{\mathrm{in}}/t_{\mathrm{vis}} = 1$ と 0.2 の場合にそれぞれ対応している．（右）粘性律速と慣性律速を分ける粘性と気泡径の関係（$t_{\mathrm{in}}/t_{\mathrm{vis}} = 1$ となるときの粘性と気泡径）．線種は $\Delta P_{\mathrm{G}} = 10^4$ から 10^7 Pa の場合．液の密度を 2500 kg/m^3 と仮定しているが，水の密度を用いても大差ない．粘性が 1 Pa s より小さいところは，水の粘性の影響を評価するため．

性で，気泡径が比較的大きい場合には，粘性は影響せず気泡の膨張は慣性膨張である．粘性が大きくなり気泡径が小さくなると，気泡の膨張は液の粘性によって支配されることになる（図 4.7）．

4.8.2　減圧量一定下での膨張

ここでは，気泡サイズの変化により気泡内圧が変化する場合を考える．減圧前の液圧を P_0 とすると，液圧を時間に関してステップ関数として取り扱う．すなわち，

$$P(t) = P_0 \qquad t = 0 \tag{4.91}$$

$$P(t) = P_{\mathrm{f}} \qquad t > 0 \tag{4.92}$$

である．ここで，P_{f} は，減圧後の液圧である．

粘性律速の時間スケール $t_{\mathrm{vis}} = 4\eta/P_{\mathrm{G0}}$，初期気泡径 $R(0)$ を用いて，$\tilde{R} = R/R(0)$，$\tilde{t} = t/t_{\mathrm{vis}}$，$\tilde{P}_{\mathrm{G}} = P_{\mathrm{G}}/P_{\mathrm{G}}(0)$ とすると，式 (4.84) は，

$$\frac{d\tilde{R}}{d\tilde{t}} = \tilde{R}\left(P_{\mathrm{G}} - \tilde{P}_{\mathrm{f}} - \frac{b}{\tilde{R}}\right) \tag{4.93}$$

$$\tilde{P}_{\mathrm{f}} = \frac{P}{P_{\mathrm{G}}(0)} \tag{4.94}$$

$$b = \frac{2\gamma}{R(0)P_{\mathrm{G}}(0)} \tag{4.95}$$

ここで，$\tilde{P}_{\mathrm{f}}$ と b は，最終的な平衡気泡径 $\tilde{R}_{\mathrm{f}}$ に関係づけられる．

気泡内分子数一定，等温

気泡内分子数が一定という状態は，液中のガス成分分子の拡散が無限に遅い場合に相当する．等温状態の場合，状態方程式から $P_{\mathrm{G}} = P_{\mathrm{G}}(0)(R(0)/R)^3(\tilde{P}_{\mathrm{G}} = \tilde{R}^{-3})$ であり，界面張力の項を無視する $(b = 0)$ と，

$$\tilde{P}_{\mathrm{G}} = \frac{1}{\tilde{R}^3} \tag{4.96}$$

$$b = 0 \tag{4.97}$$

であり，式 (4.93) は，

$$\frac{d\tilde{R}}{d\tilde{t}} = \tilde{R}\left(\frac{1}{\tilde{R}^3} - \tilde{P}_{\mathrm{f}}\right) \tag{4.98}$$

となる．この式は，積分できて，

$$\tilde{R} = \tilde{P}_{\mathrm{f}}^{-1/3}\left[1 - \left(1 - \tilde{P}_{\mathrm{f}}\tilde{R(0)}^3\right)e^{-3\tilde{P}_{\mathrm{f}}\tilde{t}}\right]^{1/3} \tag{4.99}$$

となる（図 4.8）．

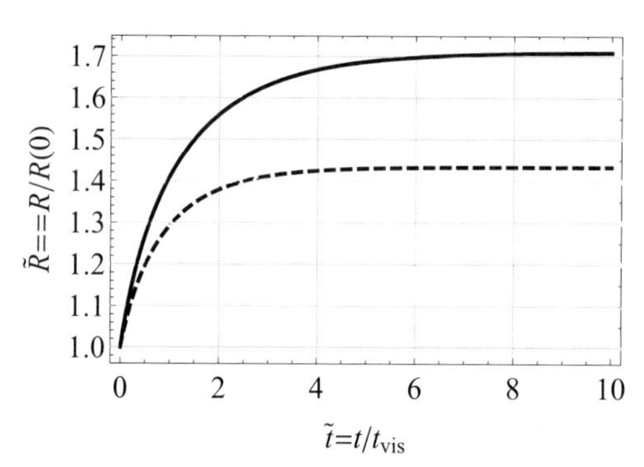

図 4.8　ガス量一定とした場合の，減圧量一定下での気泡膨張の振舞いとそれに及ぼす表面張力の影響．メルト圧 P_{f} は，初期気泡圧 $P_{\mathrm{G}}(0)$ に対して，$\tilde{P}_{\mathrm{f}} = P_{\mathrm{f}}/P_{\mathrm{G}}(0) = 0.2$ を仮定している．$\tilde{P}_{\mathrm{f}} = 0.2$ は，気泡の初期内圧が液圧の 5 倍であることを意味する．実線：表面張力なし $(b = 0)$，式 (4.99)．破線：表面張力あり $(b = 0.2)$，式 (4.100)．$b = 0.2$ は，初期気泡径に対する表面張力の圧力 $2\gamma/R(0)$ が気泡内圧 $P_{\mathrm{G}}(0)$ の 5 分の 1 であることを意味する．表面張力を無視した場合の方が，平衡径が若干大きくなる．

Barclay *et al.* (1995) は，単一気泡についてのこの式とフォーム状の気泡を想定したセルモデル式 (4.156) について，瞬間的に減圧された場合と，線形的に減圧速度一定で減圧された場合に関して解析解を得た．慣性項が入ってくると，気泡振動が起こるが，それについては 6.7 節で取り扱う．

表面張力が無視できない場合は，

$$\frac{d\tilde{R}}{d\tilde{t}} = \tilde{R}\left[\frac{1}{\tilde{R}^3} - \tilde{P}_{\mathrm{f}} - \frac{b}{\tilde{R}}\right] \tag{4.100}$$

となる．数値的に解いた結果を示した図 4.8 から，表面張力の効果は，最終平衡径に影響を与え，表面張力分だけ平衡径は小さくなる．気泡内分子数が一定の場合は，気泡の膨張曲線は上に凸であり，粘性の時間スケールの数倍程度で平衡径に達する．

4.8.3　一定速度で減圧する場合

圧力変化

液体圧力が減圧前飽和圧 P_0 から線形に時間とともに減少する場合を考える．

$$P(t) = P_0\left(1 - \frac{t}{t_{\mathrm{dec}}}\right) \tag{4.101}$$

ここで，減圧時間 t_{dec} は，

$$t_{\mathrm{dec}} = \frac{P_0}{|dP/dt|} \tag{4.102}$$

で定義される．すなわち，

$$\frac{dP(t)}{dt} = -\frac{P_0}{t_{\mathrm{dec}}} \tag{4.103}$$

である．

気泡内圧一定の場合（気体の分子容も一定）

気泡内圧力一定 ($P_{\mathrm{G}} = P_{\mathrm{G}}(0)$) を一定とし，界面張力を無視して ($P_{\mathrm{G}}(0) \approx P_0$)，線形的に減圧する場合 Rayleigh-Plesset 方程式 (4.84) は，

$$\frac{dR(t)}{dt} = \frac{P_0}{4\eta}\frac{t}{t_{\mathrm{dec}}}R(t) \tag{4.104}$$

となり，その解は次のようになり (Lensky *et al.*, 2004)，時間の 2 乗の指数関数で与えられる．

$$R(t) = R(0)\exp\left(\frac{t^2}{2t_{\mathrm{dec}}t_{\mathrm{vis}}}\right) \tag{4.105}$$

膨張の時間スケールは，減圧時間と粘性律速成長の時間スケールの積の平方根で与えられるところが，減圧量一定の場合と異なる．これは，圧力一定下での式 (4.89) に相当する．ここでの粘性律速成長の時間スケール $t_{\rm vis}$ は，

$$t_{\rm vis} = \frac{4\eta}{P_0} \tag{4.106}$$

と定義され，減圧量のスケールの違いのため，先の粘性の時間スケール（式 (4.86)）とは異なっている．仮定とした気泡内圧力が一定の状態は，核形成段階のように過飽和な液と平衡にあるガス圧が効率の良い拡散で維持されているような状態である．

4.8.4　拡散と粘性が組み合わさった気泡成長

以上の議論は，気泡内の分子数が変化しない場合，もしくは無限に拡散が速く，気泡内過剰圧が一定に保たれる場合である．実際には，気泡内分子数は，水の液中拡散によって支配され，拡散の効率は，気泡と液の界面平衡濃度と，気泡から離れた位置での液中濃度の差によって駆動される．拡散によって気泡内分子数が増加すると気泡内ガス圧が増加し，粘性抵抗に打ち勝って気泡の膨張が駆動される．そのため，気泡径変化を知るためには，液中の分子拡散，気泡内ガスの状態方程式，Rayleigh-Plesset 方程式を連立させる必要がある．

支配方程式の導出

気泡と液の界面平衡濃度は，一般に式 (4.5) で与えられ，気泡内ガス圧の関数である．慣性項を無視した場合の Rayleigh-Plesset 方程式 (4.83) によってきまる気泡内ガス圧 $P_{\rm G}$ を式 (4.5) に代入し式 (4.7) と (4.8) を用いると，式 (4.9) に相当する式は，

$$C_R(R,P,C_\infty) = C_\infty\left[1 - R_P^*(C_\infty,P)\left(\frac{1}{R_{\rm C}(C_\infty,P)} - \frac{1}{R} - \frac{2\eta}{\gamma}\frac{\dot{R}}{R}\right)\right]^{\frac{1}{2}} \tag{4.107}$$

となり，粘性抵抗による気泡内圧の増加を表す項 $-2\eta/\gamma\cdot\dot{R}/R$ が付加される．気泡が膨張する場合，この項はマイナスで丸括弧内は小さくなり，平衡濃度は大きくなり，拡散流束の駆動力は小さくなる．また，$R_P^*(C_\infty,P)$ や $R_{\rm C}(C_\infty,P)$ は，過飽和状態を定義するパラメータなので，溶解度の液圧依存性 (Poynting factor) を無視すれば，C_∞ が変化しない場合は，一定の飽和圧 ($P_{\rm G}^* = P_{\rm G}(C_\infty)$) と減圧状態での液圧 $P(t)$ の変化だけに影響される：

$$R_{\rm C}(C_\infty, P) = \frac{1}{P_{\rm G}^* - P(t)} \tag{4.108}$$

$R_P^*(C_\infty, P)$ は，式 (4.10) で与えられるので，無限遠での水濃度（すなわち減圧前飽和濃度）に対応する飽和圧 $P_{\rm G}^*$ だけで決定される：

$$R_P^*(C_\infty, P) = \frac{1}{P_{\rm G}^*} \tag{4.109}$$

減圧前の状態を液圧 P_0，均一な液中濃度 C_∞ とする．この液に有限の大きさの気泡が平衡で存在する場合を考えると，液は過飽和状態（共通の圧力 P_0 を持つ気液が平坦な界面を通しては平衡にない）でなければならない．気泡内圧力 $P_{\rm G}(0)$ は，表面張力分だけ液圧よりも高くなっている．そのガス圧は，液中濃度と平衡にある $P_{\rm G}^*$ に等しく，気泡の半径 $R(0)$ は，臨界半径 $R_{\rm C}(0)$ に等しいので，次の式が成り立つ．

$$P_{\rm G}(0) - P_0 = \frac{2\gamma}{R(0)} \tag{4.110}$$

$$P_{\rm G}^* - P_0 = \frac{2\gamma}{R_{\rm C}(0)} \tag{4.111}$$

減圧後は，液圧 $P(t)$，気泡径 $R(t)$ と気泡内ガス圧 $P_{\rm G}(t)$ および気泡径変化速度 $\dot{R}(t)$ は，Rayleigh-Plesset 方程式 (4.83) によって決定される．

$$P_{\rm G}(t) - P(t) - \frac{2\gamma}{R(t)} - 4\eta\frac{\dot{R}(t)}{R(t)} = 0 \tag{4.112}$$

拡散によって気泡内分子数が増加する場合，気泡内分子数 $n_{\rm G}$ は式 (4.36) に従って変化する．理想気体の状態方程式 $4\pi R^3 P_{\rm G}/3 = n_{\rm G} k_{\rm B} T$ の $P_{\rm G}$ に，慣性項を無視した Rayleigh-Plesset 方程式（式 (4.112)）の $P_{\rm G}(t)$ を代入し，時間に関して微分する．その式の dn_G/dt の項に拡散成長の式 (4.36) を代入する．その際，C_R に式 (4.107) を用いる．一定減圧速度の場合（式 (4.101)），そうして得られる気泡径変化の式は，時間を粘性の特徴的時間 $t_{\rm vis}$，気泡を初期気泡径 $R(0)$，圧力を減圧前飽和圧 P_0 で無次元化し整理すると，

$$\underbrace{\tilde{R}\ddot{\tilde{R}} + 2\dot{\tilde{R}}^2}_{\text{粘性抵抗}} = \underbrace{\frac{t_{\rm vis}}{t_{\rm dec}}\tilde{R}^2}_{\text{連続減圧}} + \underbrace{\left[3\frac{t_{\rm vis}}{t_{\rm difG}}\tilde{P}_{\rm G}^*\Delta\tilde{C} - (3\tilde{R}\tilde{P} + 2b\tilde{P}_{\rm G}^*)\dot{\tilde{R}}\right]}_{\text{拡散成長・力学平衡}} \tag{4.113}$$

となる．ここで，b は式 (4.95) で定義されているもので，いまの場合，式 (4.110) から，$b = \tilde{P}_{\rm G}(0) - 1 = \tilde{P}_{\rm G}^* - 1$ であるので，b の値を与えれば，$\tilde{P}_{\rm G}^*$ もきまる．

パラメータ b の物理的意味は，過飽和な液と平衡に共存する気泡内圧の表面張力による過剰分である．また，粘性の特徴的時間は $t_{\mathrm{vis}} = 4\eta/P_0$，拡散成長の特徴的時間は $t_{\mathrm{difG}} = R(0)^2/(\phi_{\mathrm{G0}}D)$，$\phi_{\mathrm{G0}} = v_{\mathrm{G}}C_\infty = k_{\mathrm{B}}T/P_{\mathrm{G}}(0)$ である．

この式の中の $\Delta\tilde{C}$ は，拡散を駆動する無限遠と気泡界面での濃度差 $C_\infty - C_R$ に相当し，式 (4.107) を使って

$$\Delta\tilde{C} = 1 - \left[1 - \frac{1}{\tilde{P}_{\mathrm{G}}^*}\left(\tilde{P}_{\mathrm{G}}^* - \tilde{P} - \frac{1}{\tilde{R}} - \frac{1}{b}\frac{\dot{\tilde{R}}}{\tilde{R}}\right)\right]^{1/2} \tag{4.114}$$

と表される．

これらの式 (4.113) と (4.114) は，無限遠での液中水濃度が一定の条件下での，平衡圧力から減圧された液中での単一気泡の拡散成長を記述し，液体の粘性抵抗（左辺）と駆動力（右辺）のつりあいを表す．この式からわかるように，気泡の成長は，特徴的時間の比 $t_{\mathrm{vis}}/t_{\mathrm{dec}}$ と $t_{\mathrm{vis}}/t_{\mathrm{difG}}$ および減圧前の状態を定義するパラメータ b（または P_{G}^*）だけで，振舞いが決定される．$t_{\mathrm{vis}}/t_{\mathrm{difG}}$ の逆数はあとで定義する Péclet 数 (Pe) である．瞬間的に一定圧力に減圧された場合は，$\tilde{P} = \tilde{P}_{\mathrm{f}} < P_0$ を用い，$t_{\mathrm{dec}} = \infty$ であり，式 (4.113) の右辺第1項は0となる．線形連続減圧の場合，式 (4.101) に従い，$\tilde{P} = 1 - t_{\mathrm{vis}}\tilde{t}/t_{\mathrm{dec}}$ を用いる．

以上は，液中のガス成分濃度は一定として定式化しているが，ガス成分の保存により気泡の成長とともに濃度は減少する．その場合は，気泡数密度 N の同じサイズからなる系を考え，水の質量保存 $C_\infty(t) = C_0 - 4\pi R^3 N/3$ から，無限遠での濃度の減少を考慮する必要がある．Proussevitch *et al.* (1993b)，Blower *et al.* (2001)，Lensky *et al.* (2004) は，あとで説明するセルモデル（4.10.2 節）を用いて，このガス成分の保存も考慮して，拡散と粘性の競合による気泡成長について調べた．

気泡成長曲線

上で導いた粘性流体中での気泡の拡散成長を記述する式 (4.113) と (4.114) を用いて，拡散，粘性，減圧速度の競合を見てみよう．液中ガス成分濃度 (C_∞) 一定での気泡成長を例にしよう．減圧前は，液圧 P_0 で，初期半径 $R(0)$ の気泡が液と平衡にあると仮定する．すなわち，この状態の気泡径は，物理的には臨界半径 R_{C} に等しいが，今は核形成の問題は取り扱わないので，核形成過程における臨界核半径の役割はしない．気泡内圧は，表面張力の分だけ液圧より高くなっているから，それと平衡共存する液中の水の濃度は，圧力 P_0 での飽和濃度 $C_{\mathrm{eq}}(P_0)$ より高い．すなわち，液は過飽和状態にある．この表面張力による気泡内過剰圧

$(2\gamma/R(0))$ と液中水濃度は，気泡半径に依存し，気泡半径が無限大のときに過剰圧 0 で，液中水濃度は飽和濃度 $C_{\mathrm{eq}}(P_0)$ に等しい．

液と平衡共存している有限の大きさの気泡は，いわば不安定平衡の状態にある．気泡径が，力学平衡を保って平衡気泡径より小さくなれば，気泡内圧が増加し，平衡界面濃度が大きくなり，界面での化学平衡が破れて，気泡からは水が液に溶解し，界面での平衡濃度に近づく．気泡内分子数は減少し，気泡径は減少し，気泡界面濃度が増加し，界面から液内部への拡散が起こる．そのため，界面濃度は減少し，水の液への溶解と拡散，気泡径の減少が継続的に起こる．結果として液中濃度勾配は維持され，拡散と気泡からの水の溶解は，気泡が消滅するまで続く．気泡径が大きくなる場合は，逆の過程が起こり，気泡は成長し続ける．化学平衡を保って，気泡径の変化が起こる場合も同様であるが，気泡径の変化は界面での圧力差によって駆動される．また，液圧が変化した場合も，同様に気泡は成長するか消えてなくなるかのどちらかになる．

一定減圧量の場合は，減圧速度が 0 に対応する．この場合，$t_{\mathrm{dec}} = \infty$ であるので $t_{\mathrm{vis}}/t_{\mathrm{dec}} = 0$ である．$\mathrm{Pe} = t_{\mathrm{difG}}/t_{\mathrm{vis}}$ による違いを図 4.9 に示す．Pe 数が大きいほど拡散に時間がかかり，成長は抑えられる．また，Pe 数が大きいと，拡散に必要な時間が長いから，初期段階では，気泡内分子数一定の場合の振舞いに似て，平衡径に向かって緩和するように上に凸の曲線になる（図 4.9(c)(d)）．これは拡散律速成長の時間の平方根に比例する増加よりも急である．長期的には，粘性の影響は無視できるから，気泡成長曲線は拡散律速成長の緩やかな上に凸の曲線を示す．$\mathrm{Pe} = t_{\mathrm{difG}}/t_{\mathrm{vis}}$ が 1 より小さい場合では，粘性の時間スケール程度の初期段階で粘性律速に特徴的な下に凸の曲線を示し，それより長い時間領域では拡散成長に特徴的な上に凸の曲線になる（図 4.9(a)(b)）．

図 4.9 からもわかるように，このような Pe 数と時間領域に依存した粘性律速に特徴的な成長曲線の振舞いは，時間領域がせいぜい粘性の特徴的時間スケール t_{vis} の範囲で見られる．気泡成長の絶対量は，Pe 数の値が小さいほど，すなわち拡散が有効に働くほど大きくなる．これらのことは，連続減圧の場合にも成り立つ．以上まとめると，粘性支配か拡散支配かという判断は，気泡成長の初期段階での振舞いと，粘性の特徴的時間に対する気泡成長の絶対量によることになる．

減圧速度が 0 でない場合，$t_{\mathrm{vis}}/t_{\mathrm{dec}}$ または $t_{\mathrm{difG}}/t_{\mathrm{dec}}$ の値によっても振舞いが変わる．図 4.10 に，これらのパラメータの値を変えた場合の気泡成長曲線を示す．減圧前は，気泡と液は平衡，すなわち化学平衡と力学平衡にあるが，液圧が微小量減少すると，界面での力のバランスが崩れ，気泡内分子数一定で気泡は膨張する．このときの膨張率は粘性に影響される．気泡径が増加すると，状態方程

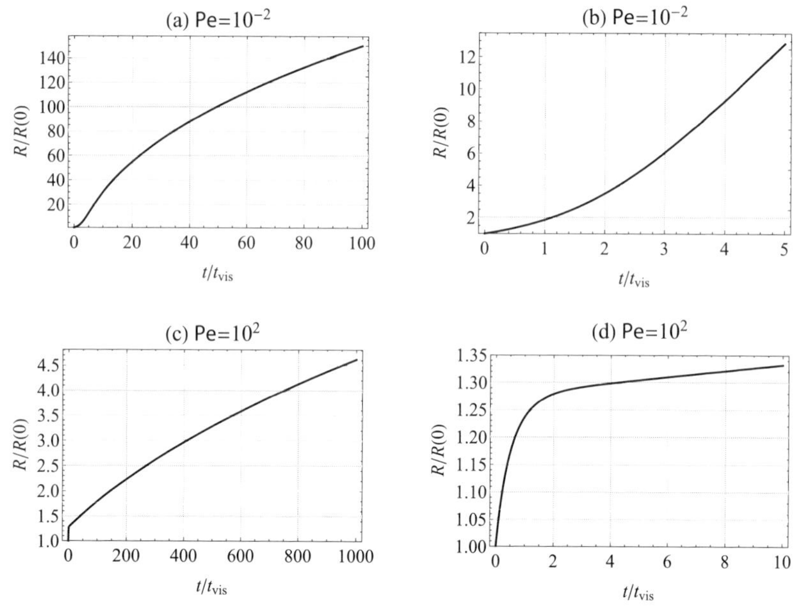

図 4.9　圧力一定下でのガス析出に伴う気泡成長の振舞いの比較（式 (4.113), P_f/P_0=0.4, $b = 0.2$）. (a)(b) $\mathrm{Pe} = t_{\mathrm{difG}}/t_{\mathrm{vis}} = 10^{-2}$ の場合. (c)(d) $\mathrm{Pe} = t_{\mathrm{difG}}/t_{\mathrm{vis}} = 10^{2}$ の場合. (b) と (d) は初期段階の振舞いを示す. Pe 数が小さい場合は, 下に凸が現れる時間領域は, 粘性の特徴的時間スケールの範囲内 ($t/t_{\mathrm{vis}} < 10$) である. $\mathrm{Pe} = 10^2$ の場合は, 初期段階で気泡数一定の膨張則（図 4.8 参照）に従って, 上に凸の時間変化をする.

式に従って気泡内圧が減少し, 界面での平衡濃度は減少する. 界面での化学平衡を保つために, 界面から気泡に水が移動し, 界面での濃度が減少し, 液中に濃度勾配が生じる. この濃度勾配によって, 液から気泡に向かう水の拡散が駆動され, 気泡中の水の分子数は増加し, 気泡の成長が起こる.

連続減圧の初期段階では, 気泡膨張を駆動する気泡と液の圧力差は小さいから, 粘性が大きいほど（すなわち, t_{vis} は大きく Pe 数は小さい), 気泡膨張は遅れる. そのため, Pe 数が小さい場合, 気泡への水の拡散流入も遅れ, 気泡成長の初期遅れが顕著に表れる（図 4.10(a)). さらに, Pe 数が小さい場合には, 初期遅れに伴う濃度勾配が大きく, 成長曲線は, 拡散律速成長に特徴的な上に凸の形を取る. 逆に, Pe 数が大きい場合には, 気泡は液とほぼ力学平衡を保って膨張し, 下に凸の成長曲線を示す. これは, 気体の状態方程式（R^3P = 一定）から予想される圧力と気泡径の関係に基づき, $R \propto P^{-1/3} \propto (1 - t/t_{\mathrm{dec}})^{-1/3}$ となることから推察できる.

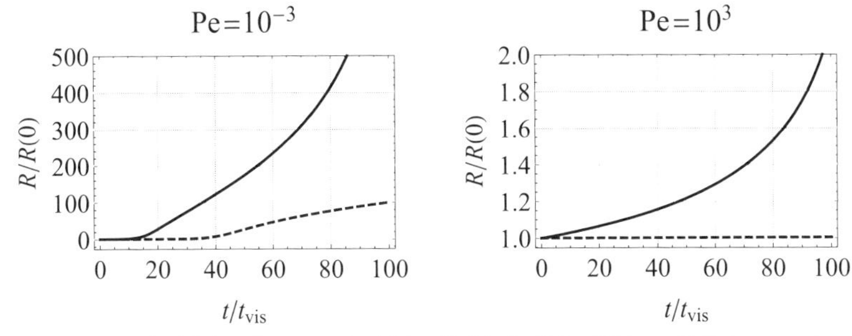

図 **4.10** 減圧速度一定下でのガス析出に伴う気泡成長の振舞いの比較 ($b = 0.2$). (左) Pe $= 10^{-3}$ の場合. (右) Pe $= 10^{3}$ の場合. 縦軸のスケールの違いに注意. 破線：一定減圧速度小 ($t_{\mathrm{vis}}/t_{\mathrm{dec}} = 0.0001$). 実線：一定減圧速度大 ($t_{\mathrm{vis}}/t_{\mathrm{dec}} = 0.01$). 時間と圧力の関係は, 横軸の値に $t_{\mathrm{vis}}/t_{\mathrm{dec}}$ を掛ければその時間での減圧量となる. すなわち, 破線では横軸が 100 の値は 1%の減圧で, 実線では 100%の減圧に相当する.

連続減圧の成長曲線への影響を見るために, 式 (4.113) を下のように書き換えてみる.

$$\ddot{\tilde{R}} = \frac{1}{\tilde{R}} \left\{ \underbrace{\frac{t_{\mathrm{vis}}}{t_{\mathrm{dec}}} \tilde{R}^2}_{\text{連続減圧}} + \underbrace{\left(3\frac{t_{\mathrm{vis}}}{t_{\mathrm{dif}}} \tilde{P}_{\mathrm{G}}^{*} \Delta \tilde{C} - (3\tilde{R}\tilde{P} + 2b\tilde{P}_{\mathrm{G}}^{*}) \dot{\tilde{R}} \right)}_{\text{拡散成長・力学平衡}} - \underbrace{2\dot{\tilde{R}}^2}_{\text{気泡径増加}} \right\} \tag{4.115}$$

成長曲線の曲率 $\ddot{\tilde{R}}$ は, 連続減圧, 拡散, 粘性抵抗に影響された気泡径増加の兼ね合いによってきまることがわかる. 曲率に対し, 連続減圧は正に寄与し, 粘性抵抗の一部は負に寄与する. 図 4.10 には, 減圧速度を変えた場合の成長曲線も示している. Pe 数に関わらず, 減圧速度が大きいほど, 成長曲線は下に凸の形を取る傾向を示し, 減圧速度が小さいと, 上に凸の傾向に近づく. これは, 拡散による成長と連続減圧による膨張の競合の結果である.

液圧一定下の場合も含め, 成長曲線の特徴は, Pe 数を用いた成長律速過程の単純な場合分け, すなわち拡散律速 = 上に凸の放物型 (parabolic), 粘性律速=下に凸の指数型 (exponential) という対応関係とは完全には一致しない. それ故, 成長の律速過程を特定するためには, 各時定数に対して気泡の成長量や, 粘性の特徴的時間スケールでの成長曲線の形を比較することが重要となる.

4.9　気泡成長の概要と実験結果

4.9.1　気泡成長における特徴的時間スケール

気泡成長・膨張過程に関係する時間スケールを整理する．時間スケールは，境界条件が状況によって多少異なる．ここでは，この境界条件の影響を無視し，時間スケールがどの程度のオーダーになるか，また，どのようなパラメータに依存するかを見る．

気泡径 R に対する拡散律速成長の時間スケールは，式 (4.32) を参考にすると，

$$t_{\mathrm{difG}} = \frac{R^2}{\phi_{\mathrm{G0}} D} \tag{4.116}$$

と与えられる．ここで，$\phi_{\mathrm{G0}} = v_{\mathrm{G}} C_0$ で，初期水濃度に対応する換算体積であり，初期濃度 C_0 を用いて，拡散成長の駆動力を考慮するための補正項の役割をする．気体の分子体積は理想気体の状態方程式に従うとすると，$\phi_{\mathrm{G0}} = k_{\mathrm{B}} T C_0 / P_0$ である．飽和状態を仮定すると（悪い仮定ではない），濃度は圧力によってきまるので，ϕ_{G0} も圧力のみできまる．簡単化 Burnham モデルを用いると，$C(P(\mathrm{Pa})) = C(10^8)(P/10^8)^{1/2}$ によって見積もることができる．ここで，$C(10^8\,\mathrm{Pa})$ は 100 MPa での玄武岩質メルトの飽和濃度で，3.0 wt% すなわち分子数として $3.0 \times 10^{27}\,\mathrm{m}^{-3}$（安山岩質，花崗岩質，アルバイトメルトについては 4.2 wt%，$4.2 \times 10^{27}\,\mathrm{m}^{-3}$ が共通の代表値）である．これらを用いると，ϕ_{G0} の値は，1000 MPa から 1 MPa の圧力範囲で，0.2 から 6 の値を取る．よって，単純な拡散の時間スケール

$$t_{\mathrm{dif}} = \frac{R^2}{D} \tag{4.117}$$

を拡散成長の時間スケールとしてもさほど桁で大きな違いはない．図 4.11 左に時間スケールを気泡径と拡散係数の関数として示す．気泡径に大きく依存し，10^{-6} s から 10^{10} s の値を取る．

粘性律速成長の時間スケールは，式 (4.86) から，基準となる圧力 P_0 を用いて，

$$t_{\mathrm{vis}} = \frac{4\eta}{P_0} \tag{4.118}$$

と与えられる．粘性成長の時間スケールは，粘性係数と気泡内過剰圧の目安としての基準圧 P_0 に依存し，10^{-6} s から 10^5 s の値を取る（図 4.11 右）．気泡径には依存しない．議論では，基準圧として飽和状態での液圧やガス圧 P_{G}^*，気泡内初期圧力 $P_{\mathrm{G}}(0)$ を取ることもある．

慣性膨張の時間スケールは，式 (4.81) から

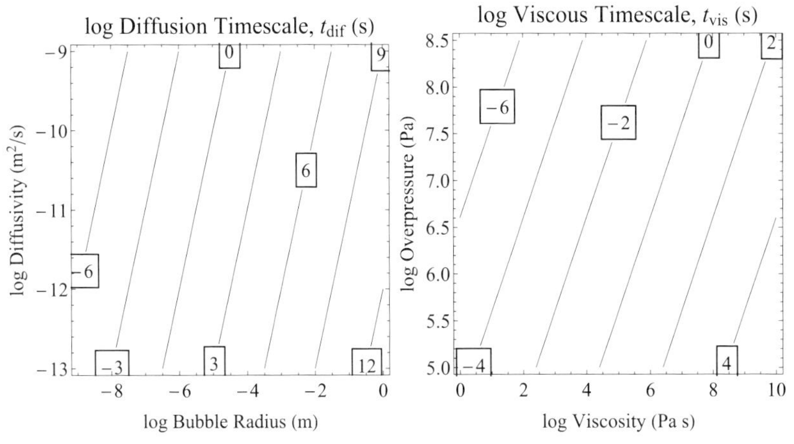

図 **4.11** 拡散成長の時間スケール（左）と粘性成長の時間スケール（右）.

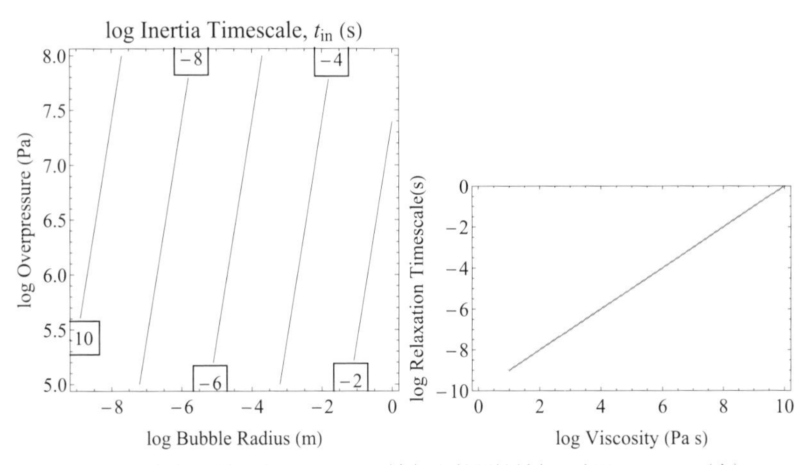

図 **4.12** 慣性膨張の時間スケール（左）と粘弾性緩和の時間スケール（右）.

$$t_{\mathrm{in}} = R\left(\frac{\rho}{\Delta P_{\mathrm{G}}}\right)^{1/2} \tag{4.119}$$

と与えられ，物理的には Rayleigh 崩壊の時間スケール t_{col}（式 (6.109)）や，気泡振動の時間スケールと同じである．Rayleigh 崩壊は，真空気泡を仮定しているので，ΔP_{G} は液圧 P に等しい．慣性膨張の時間スケールは，非常に短くマイクロ秒からミリ秒のオーダーである（図 4.12 左）．

マグマは，粘性的性質だけでなく複雑なレオロジーを持つ．Maxwell 粘弾性流

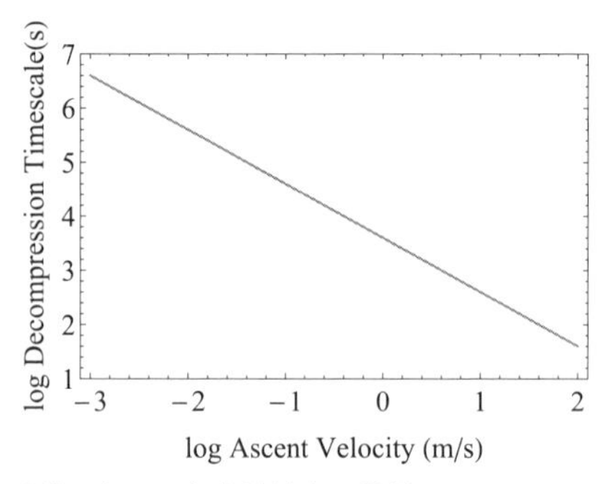

図 4.13　減圧の時間スケールと上昇速度の関係．$P = 100\,\mathrm{MPa}$，およそ 4 km の深さからの定常上昇の場合 $\rho = 2500\,\mathrm{kg/m^3}$ を仮定している．

体として近似した場合，次の粘弾性緩和の時間スケールが重要になる（付録 A.7 参照）．

$$t_{\mathrm{re}} = \frac{\eta}{k_{\mathrm{E}}} \tag{4.120}$$

ケイ酸塩メルトのせん断剛性率 k_{E} は 10 GPa のオーダーであまり変化しないので，粘弾性緩和時間は，ほぼメルトの粘性 η できまり，10^{-9} から 1 秒の間で大きく変化する（図 4.12 右）．

マグマの運動に伴い液圧は変化するから，次の減圧の時間スケールも重要となる．

$$t_{\mathrm{dec}} = \frac{P}{|dP/dt|} \tag{4.121}$$

マグマの圧力がマグマの静水圧できまる場合，減圧はマグマの流出速度，すなわちマグマの上昇速度 U と関係づけられるので，

$$t_{\mathrm{dec}} = \frac{P}{\rho g U} \tag{4.122}$$

と書ける（詳しくは 5.4 節の Box「減圧速度について」を参照）．ここで ρ はマグマの密度である．マグマの上昇速度によって，減圧の時間スケールは，10 秒から 1 年のスケールまで大きく変化する（図 4.13）．

4.9.2　気泡の成長を支配する無次元パラメータ

上で示された時間スケールは，各素過程の現象のスピードの目安である．非平衡状態（減圧下）での気泡の成長・膨張は，これら素過程が同時に進行する複合過程である．それ故，時間スケールの長いものが，複合過程を律速することにな

る．そのことを評価する際には，各時間スケールの比を取る無次元数を見ることが便利である．

Péclet 数は，元来，拡散の大きさに対する移流の大きさとして定義される：

$$\mathrm{Pe} = \frac{[移流]}{[拡散]} \tag{4.123}$$

気泡成長に関しては，拡散の大きさは，拡散の速さによって評価でき，拡散の時定数が小さいほど拡散は速く進行するので，拡散が大きいことを意味する．すなわち，[拡散]$=1/t_{\mathrm{difG}}$.

一方，移流の大きさは，気泡径の増加速度 $\dot{R}$ によって評価でき，時定数は $(\dot{R}/R)^{-1}$ となる．慣性を無視した Rayleigh-Plesset 方程式（式 (4.83)）より，$\dot{R}/R = 4\eta/\Delta P_{\mathrm{G}} \approx 4\eta/P_0$ とすることができる．そのため，粘性流体中での気泡成長に関する移流の大きさは，粘性の時定数によって測ることができ，[移流]$=1/t_{\mathrm{vis}}$ となる．よって，Pe 数は，

$$\mathrm{Pe} = \frac{t_{\mathrm{difG}}}{t_{\mathrm{vis}}} = \frac{P_0 R^2}{4\phi_{\mathrm{g0}}\eta D} \tag{4.124}$$

と与えられる (Navon *et al.*, 1998)[*10]．この Pe 数は，拡散と粘性のどちらが気泡成長を律速しているかを示しており，$\mathrm{Pe} > 1$ では，粘性の時定数の方が拡散の時定数より小さく，拡散が支配的であることを示す．逆に，$\mathrm{Pe} < 1$ では，粘性の時定数の方が大きく，粘性が支配していることになる．$\mathrm{Pe} = 1$ は，拡散と粘性の支配領域を分けるおおよその目安となる（図 4.14）．このことは，後述する実験でも確認されている．

Pe 数は，拡散係数や粘性率だけでなく，気泡径や過飽和度，気泡内過剰圧によっても影響を受ける．ケイ酸塩メルト中の水の拡散係数は組成や温度によって，10^{-9} から 10^{13} の範囲で変化する（付録 A.6.2 参照）．一方，粘性率は，10^1 から 10^{10} 程度変化する（付録 A.6.3 参照）[*11]．そのため，他のパラメータが同等でも，

[*10] ここで定義された Pe 数は，伝統的に用いられている物質運送における移流と拡散の比を表していない．その場合は，拡散方程式の移流項（式 (4.1) の左辺第 2 項）と，拡散項（同右辺）との比である．例えば，4.3.2 節で登場した Pe 数である．しかし，ここの議論では，移流項を含んでいないことに注意が必要である．

[*11] 拡散係数と粘性率の間には，古典的な Stokes-Einstein の関係

$$D = \frac{k_{\mathrm{B}}T}{6\pi\eta a_{\mathrm{M}}} \tag{4.125}$$

が成立することがある．ここで，a_{M} は分子の有効半径である．しかし，ケイ酸塩メルトの粘性と分子拡散の間にはこの関係は成立しない (Liang *et al.*, 1997).

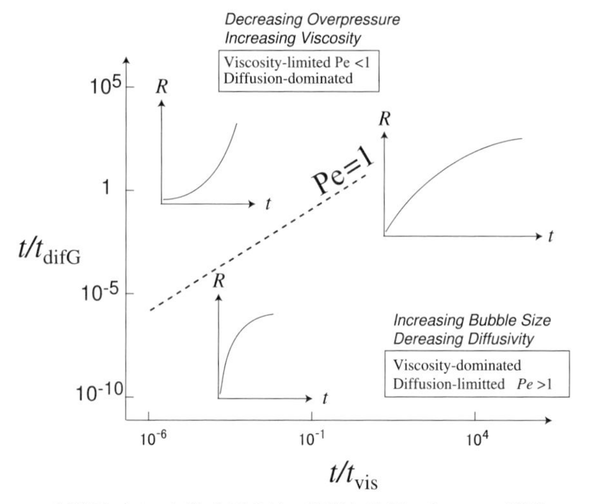

図 4.14　一定減圧下での気泡成長曲線の特徴と時間スケールの関係．t_{difG} は拡散成長の時間スケール，t_{vis} は粘性の特徴的時間，t は注目している時間スケール．$\mathrm{Pe} = t_{\mathrm{difG}}/t_{\mathrm{vis}} = 1$ は，拡散と粘性のおおよその支配領域を分ける．粘性の時間スケールより長い領域では，Pe 数の影響は少ない．"-dominated" は，粘性や拡散が十分有効に短い時間スケールで働いていることを示し，"-limited" はそれらが，成長を相対的に抑制していることを示す．

Pe 数には数桁の変化がある．また，気泡の成長に伴い，気泡径が増加したり，気泡内過剰圧や過飽和度が変化する場合は，Pe 数が変化する．このことは，気泡成長に伴い，成長の律速様式が変化することの理解の助けになる．

Pe 数は，メルト圧が変化しない瞬間減圧後の気泡成長を調べる際に直接有効であるが，減圧が連続的に進行する場合，例えば，上昇するマグマに対しては，減圧の特徴的時間との兼ね合いが重要になる．減圧の特徴的時間と拡散成長や粘性成長の時間スケールの比はそれぞれ，

$$\frac{t_{\mathrm{dif}}}{t_{\mathrm{dec}}} = \Theta_{\mathrm{D}} = \alpha_3^{-1} \tag{4.126}$$

$$\frac{t_{\mathrm{vis}}}{t_{\mathrm{dec}}} = \Theta_{\mathrm{V}} = \alpha_4^{-1} \tag{4.127}$$

である．これらは，あとで取り扱う連続減圧場での気泡核形成の問題に対して本質的に重要な役割を担う．Lensky *et al.* (2004) は，これらをシンボル Θ_{D} と Θ_{V} で表した．Toramaru (1995) が定義した α_3 と α_4 は，これらの逆数になる．Pe 数と合わせた，これら 3 つの無次元数は，気泡成長の振舞いを支配する．

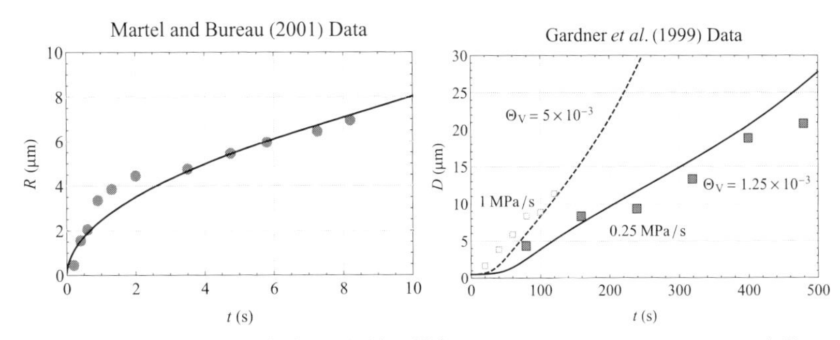

図 4.15 気泡成長の実験との比較.（左）Martel and Bureau (2001) の実験データ（黒丸）と理論（曲線）との比較.（右）Gardner *et al.* (1999) の実験データ（四角）と理論との比較. シンボルの違いは減圧速度の違いを示す. 線種の違いは本文中で説明されているパラメータの違いに対応している. 水の溶解度に関しては簡単化 Burnham モデルを用いた. $\tilde{R}_0 =$ 一定, $\tilde{R}_C = b/(1-\tilde{P})$. また, 液中の水の濃度は一定としている. 横軸の時間スケールの違いに注意.

$$\mathrm{Pe} = \frac{\Theta_D}{\Theta_V} = \frac{\alpha_4}{\alpha_3} \tag{4.128}$$

この関係があるので, 3 つのうちの 2 つが与えられれば, 残りの 1 つはおのずときまる.

4.9.3 実験との比較

4.8.4 節で見たように, 気泡の成長・膨張は, 気泡へのガス成分の拡散と気泡の膨張に伴うメルトの粘性流動が関係してくる. さらに, 一定圧力下であるか連続的減圧下であるかも影響する. それは, 式 (4.113) において, $t_{\mathrm{vis}}/t_{\mathrm{dec}}$ がゼロとなるかどうかに関わっている. 連続的減圧であれば, バックグラウンドとして過飽和が増加するが, 一定圧力下ではそれはない.

Martel and Bureau (2001) は, ダイアモンドアンビルを用いた高温高圧下でのその場観察実験を行い, 気泡の成長を観察した. 装置の特性上, 温度と圧力は同時に連続的に変化する場合が多いが, その中でも, 温度圧力がほぼ一定の実験結果を例にしよう. 彼らの実験で, 初期温度 879°C, 最終温度 869°C, 初期圧力 1.26 GPa（12.6 kbar）, 最終圧力 1.24 GPa（12.4 kbar）の実験結果を図 4.15 左に示す. 出発物質は, SiO_2 78.6 wt%の haplogranite（"haplo" とは薬品として市販されている酸化物から天然の花崗岩 granite に似せて合成した人工的な granite という意味）に, 初期含水量 23.9 wt%という膨大な水を溶け込ませたものである.

この物質に対して Shaw (1974) の実験結果から推定される拡散係数は, おおよ

そ $10^{-9}\ \mathrm{m^2/s}$, 粘性率は 10^{-4} Pa s であるが, 物性の実験データは, このように高い含水量までないので, 推定値は怪しい. 拡散は 10^{-9} ぐらいで頭打ちになり, 粘性は SiO_4 ネットワークの結合を切ってしまえば, これも頭打ちになる. よって, 粘性はせいぜい 10 Pa s 程度とする. これらの値を用いて, 1 μm の半径と気泡過剰圧が 10^6 Pa について, 拡散と粘性の時定数を見積もると, $t_{\mathrm{dif}} = 10^{-3}$ s および $t_{\mathrm{vis}} = 10^{-5}$ s 程度となり, Pe 数は 10^2 となる. 図には, 式 (4.113) を数値的に解いて, $t_{\mathrm{vis}}/t_{\mathrm{dec}} = 0$, $\mathrm{Pe} = 10^2$ の場合の曲線を描いている. おおよそ実験結果を説明しているように見える. その後, Martel らは, ダイアモンドアンビル装置を改良し, 同様の実験を行い, ほぼ同様の気泡成長曲線を報告している (Gonde *et al.*, 2011).

Gardner *et al.* (1999) は, ガス圧装置を用いて, SiO_2 77 wt%の黒曜石を出発物質とし, 初期温度 825°C, 初期含水量 5.5 wt%で行い, 連続減圧後様々な圧力で急冷凍結後, 発泡組織を観察した. 彼らの実験では, 200 MPa の初期条件から出発し, 気泡過飽和圧は気泡形成圧力から 40 MPa 程度と推定している. 結果を図 4.15 右に示す.

この実験条件に対応する, 拡散係数は約 $10^{-10}\ \mathrm{m^2/s}$, 粘性率は 10^6 Pa s である. これらを用いて, 拡散と粘性の時定数を見積もると, 気泡径に依存し $t_{\mathrm{dif}} = 10^{-4}$ から 10^{-2} s, $t_{\mathrm{vis}} = 10^{-1}$ から 10^1 s のオーダーであり, Pe 数は 10^{-5} から 10^{-1} のオーダーである. また, 減圧時間は, 1 MPa/s の減圧速度で $t_{\mathrm{dec}} = 200$ s, 0.25 MPa/s の減圧で 800 s と見積もられる. この実験に対応する Pe 数を 10^{-3} のオーダーとして, $\Theta_{\mathrm{V}} = t_{\mathrm{vis}}/t_{\mathrm{dec}} = 5 \times 10^{-3}$ と 1.25×10^{-3} となる.

図には, 式 (4.113) を, これらのパラメータの値を用いて数値的に解いた成長曲線を描いている. Gardner らは, 気泡成長がほぼ直線になることを指摘している. この線形な成長曲線は, Pe 数が 1 より大きいことを示唆するが, 粘性の特性時間 $t_{\mathrm{vis}} = 10^{-1}$ s に対して, 実験時間は 100〜50 s と長く, 気泡径が 30 倍にも成長していることから, 極端に大きくはないであろう (図 4.10 参照).

減圧過程での気泡径の変化は, その他にも比較的良く調べられている (例えば, Liu *et al.*, 2004). 減圧量一定の実験では, 気泡径は時間とともに S 字型の曲線をとる場合が多い. 初期の段階の下に凸の立ち上がりは, Pe 数が大きくかつ気泡内過剰圧が大きく, ほぼ一定に保たれている条件で, 拡散の効率が悪い指数関数的な成長による. この時期は, 気泡内の過剰圧がメルトの粘性抵抗を受けながら, 気泡を膨張させる力学過程が気泡成長を支配している. その後, 力学過程が無視できるような領域に入り, 気泡への H_2O の物質輸送が気泡成長を律速し (拡散律速領域), 気泡径は放物型の曲線 (上に凸) に従って気泡径は変化する (Navon *et al.*, 1998). 液圧一定の実験における, 初期段階での下に凸の成長曲線は, 次の 2

つの要因が組み合わさったものである．1) 初期気泡内の過剰圧は，高圧での核形成時の飽和圧力を保存しており，メルトが減圧された時点で，気泡内圧とメルトとの圧力差が気泡膨張を駆動する．2) 初期段階では，気泡内の高ガス圧のため気泡界面での H_2O 平衡濃度が大きく，実質的に気泡への水分子の拡散が無視できる．これらは減圧量一定実験での特殊な状況であり，そのため，その結果得られた実験結果を天然に適用する際には，注意が必要である．

減圧速度一定の実験で得られる気泡数密度の減圧速度依存性が，気泡の拡散成長を仮定した場合の依存性 ($BND \propto |dP/dt|^{3/2}$) でよく説明できることは，核形成段階で，気泡は拡散律速で成長していることを示唆している．減圧速度一定の実験で得られる，核形成段階での気泡径の変化のデータは，残念ながら，成長様式を議論できるほど稠密に与えられていないのが現状である．

4.10 Rayleigh-Plesset 方程式の拡張

4.10.1 粘弾性液体への拡張

液が粘弾性体の場合，応力と歪速度の関係を記述する構成方程式を用いて，応力の項を記述する．粘弾性のモデルによって，応力–歪速度の構成方程式も様々であるので，その構成方程式の数だけ粘弾性体の Rayleigh-Plesset 方程式も存在する．ここでは，Fogler and Goddard (1970) に従って，Maxwell 体と Newton 粘性体が並列に連結したモデルを考えよう．これを Oldroyds モデルという．このモデルは，Ichihara *et al.* (2004) によって，マグマを模擬した気泡のダイナミクスの実験に応用された．

モデルでは，Maxwell モデルの式 (A.65)（付録 A.7 節参照）に相当する

$$\sigma_{rr} = 2\int_0^t N(t-t')\cdot\dot{\epsilon}_{rr}(r',t')\cdot dt' \tag{4.129}$$

のメモリー関数 $N(t)$ が，

$$N(t) = \eta\delta(t) + k\exp\left(-\frac{t}{t_{\mathrm{re}}}\right) \tag{4.130}$$

によって与えられる．第 1 項 $\eta\delta(t)$ は，Newton 粘性の項であり，この項が先に導いた Rayleigh-Plesset 方程式の粘性抵抗の項に相当する．第 2 項は，Maxwell 体の粘弾性特性を反映している．

歪速度は，

$$\dot{\epsilon}_{rr}(r,t)=\frac{\partial u_r}{\partial r}=-2\frac{R^2(t)\dot{R}(t)}{r^3} \tag{4.131}$$

で与えられる．ここで注意が必要なことは，式 (4.129) の中の歪速度 $\dot{\epsilon}_{rr}$ が，過去の時刻 t' での歪速度だということだ．そのため，歪速度の分母の位置 r を過去の時刻 t' での位置 r' に対応づける必要がある．質量の保存から導かれる速度場 $u_r=R^2(t)\dot{R}(t)/r^2$ は，流体粒子の位置を r とすると，$u_r=dr/dt$ であるので，$r^2dr=R^2(t)\dot{R}(t)dt=R^2(t)dR$ を積分して，$r^3-(r')^3=R^3(t)-R^3(t')$ である．時刻 t の位置 r にある物質が，過去の時刻 t' に位置 r' で受けた歪速度は，

$$\dot{\epsilon}_{rr}(r',t')=-\frac{2R^2(t')\dot{R}(t')}{(r')^3}=-\frac{2R^2(t')\dot{R}(t')}{r^3+R^3(t')-R^3(t)} \tag{4.132}$$

となる．式 (4.75) の応力に関わる積分は，

$$\int_R^\infty\frac{\sigma_{rr}}{r}dr=-4\int_R^\infty\int_0^t\frac{N(t-t')R^2(t')\dot{R}(t')}{r(r^3+R^3(t')-R^3(t))}dt'dr \tag{4.133}$$

となり，r に関しては積分でき，

$$\int_R^\infty\frac{\sigma_{rr}}{r}dr=-4\int_0^t\frac{N(t-t')R^2(t')\dot{R}(t')\ln\left(\frac{R(t')}{R(t)}\right)}{R^3(t')-R^3(t)}dt' \tag{4.134}$$

となる．

結局，Oldroyds 粘弾性流体に拡張された Rayleigh-Plesset 方程式は無次元の形で，

$$\begin{aligned}\tilde{R}\ddot{\tilde{R}}+\frac{3}{2}\dot{\tilde{R}}^2&=\frac{\Delta P_{\mathrm{G}}}{P_\infty}-\frac{P_\gamma}{P_0\cdot\tilde{R}}-\frac{t_{\mathrm{vis}}}{t_{\mathrm{c}}}\frac{\dot{\tilde{R}}}{\tilde{R}}\\&\quad-12\frac{k}{P_\infty}\int_0^{\tilde{t}}\left[\exp\left(-\frac{\tilde{t}-\tilde{t}_1}{t_{\mathrm{re}}/t_{\mathrm{c}}}\right)\right]\frac{\dot{\tilde{R}}_1\tilde{R}_1^2\ln(\tilde{R}_1/\tilde{R})}{\tilde{R}_1^3-\tilde{R}^3}d\tilde{t}_1\end{aligned} \tag{4.135}$$

となる．ここで，$\tilde{R}=R/R(0)$，$\tilde{R}_1=\tilde{R}(t_1)$，$\tilde{t}=t/t_{\mathrm{c}}$，$t_{\mathrm{c}}=R(0)(\rho/P_0)^{1/2}$，$P_\gamma=2\gamma/P_0$，$t_{\mathrm{vis}}=4\eta/P_0$ である．ここで，気泡崩壊時間と粘弾性緩和時間の比 $t_{\mathrm{re}}/t_{\mathrm{c}}$ は，現象の特徴的時間と粘弾性緩和時間の比として定義される Deborah 数 (De) の一種である．

$$\mathrm{De}=\frac{t_{\mathrm{re}}}{t_{\mathrm{c}}} \tag{4.136}$$

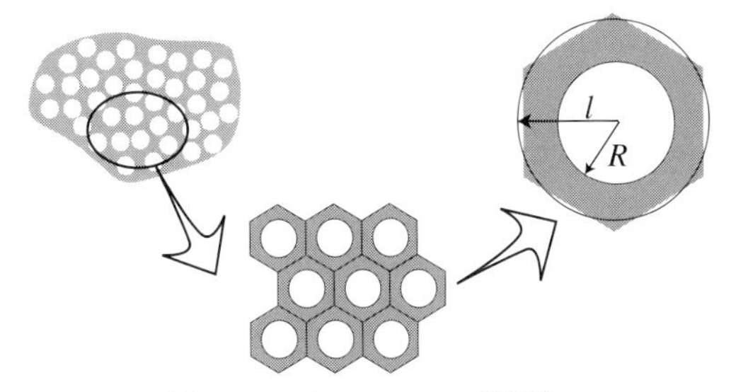

図 **4.16** セルモデルの幾何学.

4.10.2 多気泡の場合への拡張：セルモデル

セルモデルの幾何学：メルトの質量保存

発泡が進行し，気泡の体積分率が大きくなってくると，気泡同士の相互作用が無視できなくなる．このような場合には，セルモデルと呼ばれる多気泡の気泡膨張を記述するモデルが用いられる（図 4.16）．このモデルは，Amon and Denson (1984) によって工学系の分野で開発され，Proussevitch *et al.* (1993b) によってマグマに応用された．このモデルでは，拡散方程式や Navier-Stokes 方程式を積分する際の境界条件が変わってくる．

この幾何学では体積分率と特徴的なスケールの間に，以下の関係がある．初期状態では，気泡は存在しないか，しても非常に小さいサイズであるとする．これは，初期ガス体積分率 $\phi(0) = 0$ という意味である．1 つの気泡を含むメルトセルの初期の実効半径を l_0 とし，気泡膨張過程で，そのメルトセルの実効半径は l，それに含まれる気泡半径は R である．膨張過程でメルトの体積は保存されるから，

$$l_0^3 = l^3 - R^3 \tag{4.137}$$

である．また，気泡の体積分率 ϕ は，

$$\phi = \frac{R^3}{l^3} \tag{4.138}$$

で与えられる．また，上記 2 式より

$$\frac{l_0^3}{l^3} = 1 - \phi \tag{4.139}$$

が成り立つ．

初期気泡径が十分小さいとすると，セルの初期の実効半径 l_0 は，気泡数密度 N

(単位メルト体積当たりの気泡数) と関係づけられる．$4\pi l_0^3 N/3 = 1$ より，

$$l_0 = \left(\frac{3}{4\pi N}\right)^{1/3} \tag{4.140}$$

である．

揮発性成分の質量保存

揮発性成分の質量保存は，濃度 $\tilde{C}$ を wt% で定義すると，

$$\frac{4}{3}\pi R^3 \rho_{\mathrm{G}} + 4\pi\rho \int_R^l \tilde{C}(r) r^2 dr = \frac{4}{3}\pi l_0^3 \rho \tilde{C}_0 \tag{4.141}$$

と与えられる．ここで，ρ_{G} はガスの密度，ρ は液の密度である．この式を利用するためには，濃度プロファイル $\tilde{C}(r)$ を知らなければならない．

今簡単のために，$\tilde{C}(r) = \tilde{C}$=一定という，いわゆる平均場近似を行うと，上式の積分は簡単にできて，揮発性成分の質量保存は

$$\rho_{\mathrm{G}}\phi + \rho\tilde{C}(1-\phi) = (1-\phi)\rho\tilde{C}_0 \tag{4.142}$$

となる．ここで，セルモデルの幾何学 (式 (4.137) と式 (4.138)) を用いた．これより，メルト中の揮発性成分濃度 C は，

$$\tilde{C} = \tilde{C}_0 - \frac{\phi}{1-\phi}\frac{\rho_{\mathrm{G}}}{\rho} \tag{4.143}$$

として，気相の体積分率 ϕ および密度 ρ_{G} から計算できる．$\phi(0) = 0$ と仮定したので，$\phi = 0$ で $C = 0$ である[*12]．

これは，セルモデルに従わない場合の質量保存

$$\frac{4}{3}\pi R^3 N \rho_{\mathrm{G}} + \tilde{C}\rho = \tilde{C}_0 \rho \tag{4.144}$$

から導かれる，濃度の関係と同じになる．N は単位メルト体積当たりの気泡数密度であるので，気泡の総体積 V_{G} とは $V_{\mathrm{G}} = 4\pi R^3 N/3 = \phi/(1-\phi)$ の関係がある．

流れ場：Rayleigh-Plesset 方程式の拡張

この幾何学では，式 (4.54) を積分する際に，$r = R$ から $r = l$ まで積分する．

[*12] 濃度を，wt%から (分子数/m^3) に変換するには，ρ_{G}/ρ を $P_{\mathrm{G}}/k_{\mathrm{B}}T = 1/v_{\mathrm{G}}(P_{\mathrm{G}})$ で置き換えればよい．ここで $v_{\mathrm{G}}(P_{\mathrm{G}})$ は，圧力 P_{G} での気体中の水分子 1 個の体積である．

$$左辺 = \rho\left[\left(2R\dot{R}^2 + R^2\ddot{R}\right)\left(\frac{1}{R} - \frac{1}{l}\right) - \frac{1}{2}\dot{R}^2\right] \tag{4.145}$$

$$右辺 = -(P(l,t) - P(R,t)) - \sigma_{rr}(l,t) + 3\int_R^l \frac{\sigma_{rr}}{r}dr \tag{4.146}$$

気泡壁での力のつりあいは式 (4.73) で表されるから，

$$P(R,t) - \sigma_{rr}(R,t) = P_{\mathrm{G}} - \frac{2\gamma}{R} \tag{4.147}$$

$$P(l,t) = P_{\mathrm{m}} \tag{4.148}$$

となる．ここで P_{m} は気泡壁中央での液の圧力である．

$$右辺 = P_{\mathrm{G}} - P_{\mathrm{m}} - \frac{2\gamma}{R} + 3\int_R^l \frac{\sigma_{rr}}{r}dr \tag{4.149}$$

この積分に，単一気泡の速度場の式 (4.63) を用いると

$$\int_R^l \frac{\sigma_{rr}}{r}dr = -\frac{4}{3}\eta R^2\dot{R}\left(\frac{1}{R^3} - \frac{1}{l^3}\right) \tag{4.150}$$

となり，Rayleigh-Plesset 方程式のセルモデルへの拡張は，

$$\rho\left[\left(2R\dot{R}^2 + R^2\ddot{R}\right)\left(\frac{1}{R} - \frac{1}{l}\right) - \frac{1}{2}\dot{R}^2\right] = P_{\mathrm{G}} - P_{\mathrm{m}} - \frac{2\gamma}{R} - 4\eta\frac{\dot{R}}{R}\left(1 - \frac{R^3}{l^3}\right) \tag{4.151}$$

となる．幾何学から，気泡の体積分率 ϕ と気泡の間隔 l および気泡径 R は，

$$\phi = \frac{R^3}{l^3} \tag{4.152}$$

という関係にあるから，

$$\rho\left[\left(2\dot{R}^2 + R\ddot{R}\right)\left(1 - \phi^{1/3}\right) - \frac{1}{2}\dot{R}^2\right] = P_{\mathrm{G}} - P_{\mathrm{m}} - \frac{2\gamma}{R} - 4\eta\left(1 - \phi\right)\frac{\dot{R}}{R} \tag{4.153}$$

となる．慣性項を無視した場合，

$$P_{\mathrm{G}} - P_{\mathrm{m}} - \frac{2\gamma}{R} - 4\eta(1 - \phi)\frac{\dot{R}}{R} = 0 \tag{4.154}$$

という関係式が得られる．これは，単一気泡についての式 (4.84) において，粘性を以下の実効粘性に置き換えた場合になっている．

$$\eta_{\mathrm{eff}} = \eta(1 - \phi) \tag{4.155}$$

Barclay *et al.* (1995) は，気泡壁球殻厚みの半長 $h = l - R$ を用いて，式 (4.151) の $1 - r^3/l^3$ の項を展開し，次の式を用いて気泡膨張の際の粘性による過剰圧を議論した．

$$P_{\mathrm{G}} - P_{\mathrm{m}} - \frac{2\gamma}{R} - 4\eta h\frac{\dot{R}}{R^2} = 0 \tag{4.156}$$

気泡周囲の濃度プロファイルの時間変化

多気泡であれ，単一気泡であれ，液中の濃度変化は拡散方程式 (4.1) あるいは (4.16) に従う．気泡壁の移動を考慮する場合は式 (4.1)，しない場合は式 (4.16) である．いまの問題では，境界条件は，

$$r \to R \text{ で } \quad \tilde{C}(r) \to \tilde{C}_R$$

$$r \to l \text{ で } \quad d\tilde{C}(r)/dr = 0$$

となる．

気泡間中央位置 ($r = l$) での境界条件は幾何学的要請であり，そこでの濃度 $\tilde{C}_l$ は，支配方程式系の解として決定される．$\tilde{C}_R$ は，気泡径 R の界面での平衡濃度であり，式 (4.9) あるいは (4.107) で与えられる C_R から計算される．これらの境界条件は，セルモデルの Rayleigh-Plesset 方程式（式 (4.153) あるいは式 (4.154)），気泡内への拡散フラックスと気泡内分子数の増加の式，気泡内圧力に関する状態方程式，揮発性成分の保存式（式 (4.141) あるいはその平均場近似の式 (4.143)）とあわせて，支配方程式系を構成する．気泡の膨張に伴い，気泡壁の厚さ $2h$ も変化するから，そのための計算の工夫も必要である．

セルモデルでは，気泡成長の振舞いに及ぼす粘性や拡散の影響は，定性的には単一気泡の場合と同じである．しかし，セルモデルでは拡散を駆動する濃度勾配の空間スケールが，気泡壁の厚さで与えられることから，単独気泡に比べて気泡成長速度は大きくなる．セルモデルでは，気泡周辺の濃度プロファイルが最終的にはその圧力での平衡濃度で均一になる．

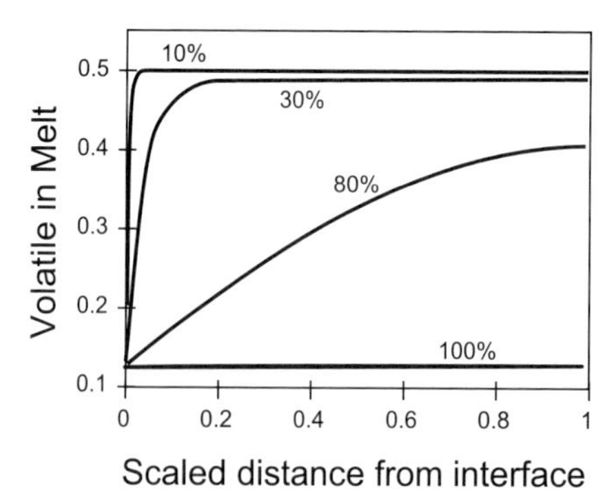

図 **4.17**　セルモデルにおける，気泡成長に伴う気泡壁での水濃度プロファイルの時間変化（Proussevitch *et al.*, 1993b の図 17 を改変）．時間の目安として，最終気泡径に対する気泡サイズを%で示す．

図 4.17 に，一定減圧量下での気泡成長に伴う濃度プロファイルの時間変化を示す．この図からわかるように，気泡の成長に伴い濃度プロファイルは，均一な初期濃度分布から濃度勾配を持つ拡散プロファイルを経て，最終的な均一な平衡濃度プロファイルに時間発展する．このように，セルモデルでは，界面での平衡濃度 C_R を一定と仮定すると，数学的には，幅を持った岩脈の熱伝導による冷却の問題と類似性がある．

第5章　発泡の時間発展

前章までは，温度・圧力・揮発性成分の濃度を与えたときに，瞬間的な減圧に際して，気泡の核形成速度 (simultaneous nucleation rate) や成長速度が，どのように決定されるかについて理解してきた．しかし，そうした瞬間的な核形成速度と成長速度だけでは，発泡過程の全容や，噴出物中で見られる発泡組織を理解するには十分ではない．そのためには，発泡過程の履歴，すなわち，気泡の核形成・成長過程の時間発展を理解する必要がある．発泡するマグマの流体力学的挙動や，噴出物の発泡組織は，逐次進行している，温度・圧力・揮発性成分濃度の時間変化に呼応して，互いに影響を及ぼしながら時間発展した結果だからだ．本章では，圧力が時間とともに線形に減少する場合を仮定して，発泡過程の時間発展を理解する方法論を解説する．それは，気泡サイズ分布関数の時間発展を理解することに他ならない．その結果は，少数の無次元支配パラメータを用いて系統的に理解できる．また，その結果を室内実験に応用し，発泡過程について実証的理解を確立する．

5.1　全体のスキーム

全体の計算の流れとしては，温度，圧力，揮発性成分の濃度を与え，気泡核形成成長を逐次計算していく（図 5.1）．マグマの上昇に伴う減圧発泡では，等温過程を仮定し，飽和条件 (C_0, P_0) から出発する．圧力を時間の関数として与え（または火道流の計算から与え），臨界半径を計算し，それに対応する気泡核形成速度 J を定常核形成速度 J_{S} を用いて以下の式で計算する（式 (3.80)，(3.20)，(3.21)）．

$$J = \frac{\phi_{\mathrm{G}} DC}{R_{\mathrm{C}}} \sqrt{\frac{\gamma}{k_{\mathrm{B}} T}} \exp\left(-\frac{4\pi\gamma R_{\mathrm{C}}^2}{3k_{\mathrm{B}} T}\right) \tag{5.1}$$

$$\phi_{\mathrm{G}} = v_{\mathrm{G}}^* C \tag{5.2}$$

$$v_{\mathrm{G}}^* = \frac{k_{\mathrm{B}} T}{P_{\mathrm{G}}^*} \tag{5.3}$$

$$R_{\mathrm{C}} = \frac{2\gamma}{P_{\mathrm{G}}^* - P} \tag{5.4}$$

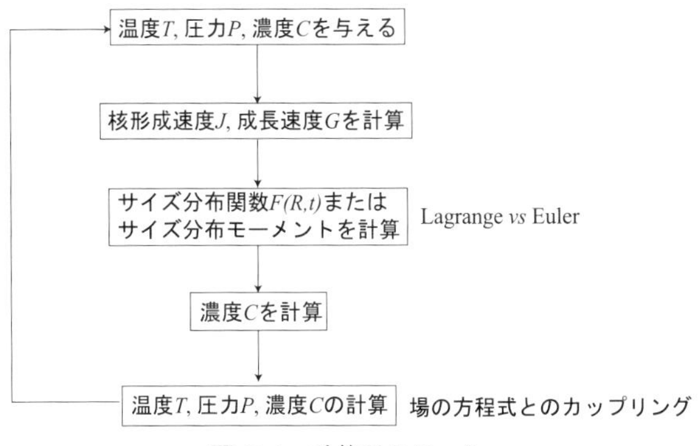

図 5.1　計算のスキーム．

$$P_{\mathrm{G}}^{*} = P_0 \left(\frac{C}{C_0}\right)^2 \exp\left[-\frac{v_{\mathrm{m}} P_0}{k_{\mathrm{B}} T_0}\left(1 - \frac{P}{P_0}\right)\right] \tag{5.5}$$

ここで，P_{G}^{*} と v_{G}^{*} は，臨界半径サイズの気泡の内圧とガス分子容である．

次に，気泡への揮発性成分の拡散流入流束から，気泡内分子数 n_{G}，気泡内圧力を計算する（式 (4.36) と状態方程式）．

$$\frac{dn_{\mathrm{G}}}{dt} = 4\pi D(C - C_R)R \tag{5.6}$$

ここで C は，拡散を駆動する無限遠での濃度 C_∞ を平均場の濃度 C と等しいとしている（平均場近似）．C_R は，半径 R の気泡界面での平衡濃度で，気泡内圧力 P_{G} によってきまる．一般には，式 (2.35) または (2.34) によって与えられる．あるいは，力学平衡にある場合は式 (4.9)，力学平衡にない場合は式 (4.107) によって計算される．

気泡内圧力 P_{G} は，理想気体の状態方程式によって気泡径 R と分子数 n_{G} に関連づけられる．

$$P_{\mathrm{G}} = \frac{n_{\mathrm{G}} k_{\mathrm{B}} T}{4\pi R^3/3} \tag{5.7}$$

気泡内圧力 P_{G} を用いて，Rayleigh-Plesset 方程式（拡散成長など十分遅い変化に対しては，慣性項は無視する）から，気泡成長速度（膨張速度）を計算する．

$$\frac{dR}{dt} = \frac{R}{4\eta}\left(P_{\mathrm{G}} - P - \frac{2\gamma}{R}\right) \tag{5.8}$$

ここでは一般に，気泡成長速度は気泡半径の関数でもあることに注意する．これら気泡核形成速度 J と気泡内分子数 n_{G}，気泡成長速度 $\dot{R} = dR/dt$ を用いて，気泡のサイズ分布関数の時間変化を計算するが，その際，大きく分けて，あとで見るように Euler 的見方と，Lagrange 的見方の 2 つの理解の仕方がある．いずれにしろ，サイズ分布関数 $F(R,t)$ の計算が行われた結果，析出した揮発性成分濃度の量 C_{exs} は，以下のように計算される．

$$C_{\mathrm{exs}} = \int_{R_{\mathrm{C}}}^{\infty} \frac{4\pi R^3}{3v_{\mathrm{G}}} F(R,t)dR \tag{5.9}$$

$$v_{\mathrm{G}} = \frac{k_{\mathrm{B}}T}{P_{\mathrm{G}}} \text{ or } \frac{4\pi R^3}{3n_{\mathrm{G}}} \tag{5.10}$$

ここで，P_{G} は式 (5.7) によって与えられている．質量保存から，メルト中に残っている揮発性成分濃度 C が計算される．

$$C = C_0 - C_{\mathrm{exs}} \tag{5.11}$$

次のステップの新しい温度・圧力条件下では，この新しい揮発性成分濃度の値 C と液圧 P を用いて，気泡核形成速度，そして気泡内分子数と気泡成長速度を計算し，同様に気泡サイズ分布の時間変化を計算する．このようにして，逐次，気泡サイズ分布あるいは分布関数のモーメントを計算することによって，温度，圧力変化に伴う発泡過程の時間発展を計算する．

5.2　Euler 的見方による発泡の時間発展

5.2.1　気泡数の保存を表す偏微分方程式

Euler 的見方では，一般にある絶対空間を定義し，その中の単位胞における物理量の収支すなわち保存を記述する．ここでは，「ある絶対空間」とはサイズ空間のことで，「物理量」とは，気泡数密度（単位メルト体積当たりの気泡数）のことである．もちろん，サイズ分布関数は，実空間における位置の関数でもあるが，ここでは均一で位置によらないと仮定しておく．

気泡の核形成・成長に伴う気泡サイズ分布の時間変化を，サイズと時間の関数 $F(R,t)$ として明示的に取り扱うことによって理解しよう．前章でも述べたように，$F(R,t)$ は，気泡サイズ R と $R+dR$ の間にある気泡数密度が $F(R,t)dR$ となるように定義される．この気泡サイズ分布 $F(R,t)$ は，サイズ空間での数密度であると同時に，実空間における数密度でもあるので，(個数/m^4) の次元を持つ．

サイズ空間でのサイズ分布関数の時間発展は，サイズ空間での気泡数の保存則に従う（図 5.2）．ある時間間隔 dt におけるサイズ区間 R〜$R+dR$ の気泡数 $F(R,t)dR$ の変化を

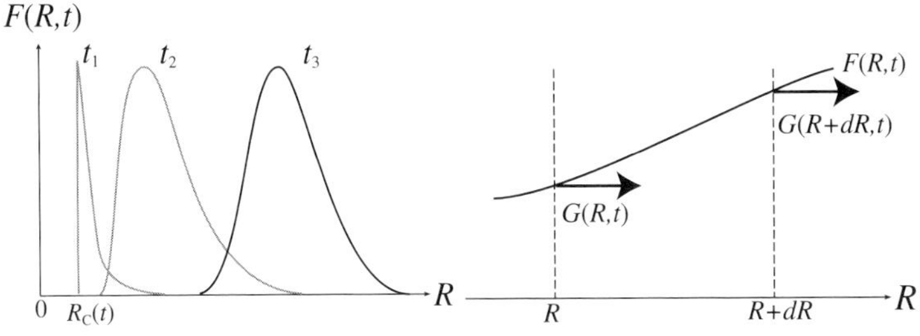

図 **5.2** Euler 的見方によるサイズ分布の時間発展の理解.

$$d(F(R,t)dR) \tag{5.12}$$

とする．そのサイズ区間での気泡数流束 $I_R(R,t)$（個数/(m^{3}s)）の差引による気泡数の変化は

$$[I_R(R,t) - I_R(R+dR,t)]\,dt \tag{5.13}$$

と与えられる．これを Taylor 展開し，高次項を無視し，$d(F(R,t)dR)$ に等しいと置いて整理すると，

$$\frac{\partial F(R,t)}{\partial t} = -\frac{\partial I_R}{\partial R} \tag{5.14}$$

となる．サイズ空間での気泡流束 I_R は，サイズ空間での気泡の流れ，すなわち気泡の成長速度 $G(R,t)$ にそのサイズの気泡数 $F(R)$ をかけたものであるから，

$$I_R = G(R,t)F(R,t) \tag{5.15}$$

と表される．ここで，$G(R,t)$ は $\dot{R} = dR/dt$ のことである．気泡数の保存則は，

$$\frac{\partial F(R,t)}{\partial t} = -\frac{\partial}{\partial R}\left[GF(R,t)\right] \tag{5.16}$$

となる．気泡は臨界核半径 R_C で，核形成速度 J に従って生成し，無限に大きい気泡は存在しないから，境界条件は，

$$\begin{aligned} G(R,t)F(R,t) &= J \quad \text{at} \quad R = R_C \\ F(R,t) &= 0 \quad \text{at} \quad R = \infty \end{aligned} \tag{5.17}$$

である．

気泡サイズ分布関数の時間発展は，サイズ分布の保存則の偏微分方程式（式(5.16)）を境界条件 (5.17) の下で直接解くことによって得られる（図 5.3）．しかし，偏微分方程式を解くことは，解析的には一般に難しいし，$\partial f(x,t)/\partial t+$

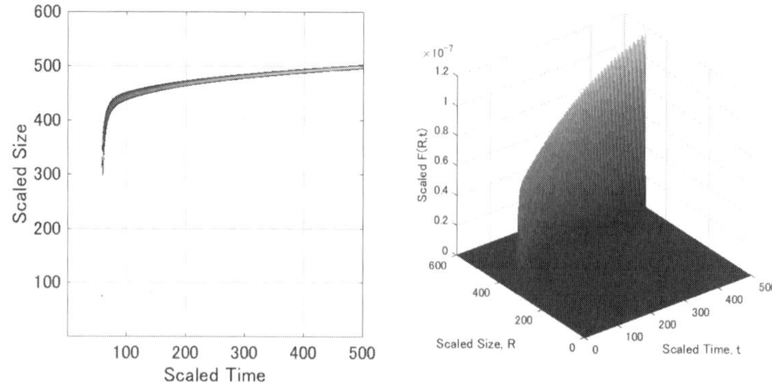

図 **5.3**　Euler 流による気泡サイズ分布の時間発展計算例．式 (5.16) の数値解．（左）横軸は時間，縦軸はサイズ（対数スケール）にプロットしたサイズ分布関数 $F(R,t)$ のコンター図．ある時刻で気泡が生成し，一気に成長し，あとはゆっくり成長していることがわかる．（右）時間–サイズ–$F(R,t)$ の 3D グラフ．

$\partial(f(x,t)v(x,t))/\partial x = 0$ の簡単な形の保存則でも，数値的には不安定性の問題が出てくる[*1]．また，温度や圧力といった場の変数とのカップリングを解く際には，プログラミングが煩雑になる．そのため，偏微分方程式を直接解くのではなくて，これをサイズ空間で積分し，サイズ分布のモーメントについて解く方法がある．それについて，次に解説する．

5.2.2　モーメント方程式の導出

サイズ分布のモーメント M_i は，次式で定義される．

$$M_i(R_{\rm C}(t),t) = \int_{R_{\rm C}}^{\infty} R^i F(R,t)dR \tag{5.18}$$

ここで，i はモーメントの次数を表す整数である．

このモーメントは，それぞれ岩石組織学的観測量であり，0 次のモーメント，

$$M_0(t) = \int_{R_{\rm C}}^{\infty} F(R,t)dR \tag{5.19}$$

は気泡数密度である．1 次のモーメント M_1 は，単位メルト体積当たりの気泡半径の総計であり，

*1 数値不安定の問題は，CIP (Cubic Interpolation) 法などを用いることでかなり解決される．

$$M_1(R_{\mathrm{C}}(t),t)=\int_{R_{\mathrm{C}}}^{\infty} RF(R,t)dR \tag{5.20}$$

平均気泡径 $\langle R\rangle$ は,

$$\langle R\rangle=\frac{M_1}{M_0} \tag{5.21}$$

で与えられる．2 次のモーメント

$$M_2(R_{\mathrm{C}}(t),t)=\int_{R_{\mathrm{C}}}^{\infty} R^2F(R,t)dR \tag{5.22}$$

は，単位メルト体積当たりの総気泡表面積，3 次のモーメント

$$M_3(R_{\mathrm{C}}(t),t)=\int_{R_{\mathrm{C}}}^{\infty} R^3F(R,t)dR \tag{5.23}$$

は，単位メルト体積当たりの気泡総体積に，それぞれ関係する．特に，3 次のモーメント M_3 は，気泡の総体積 V_{G} と,

$$V_{\mathrm{G}}=\frac{4\pi}{3}M_3 \tag{5.24}$$

の関係にあり，気泡の体積分率 ϕ は,

$$\phi=\frac{\frac{4\pi}{3}M_3}{1+\frac{4\pi}{3}M_3} \tag{5.25}$$

と計算される．

これらのモーメントの時間発展の式を導く．モーメントは時間の関数であるが，数学的表現上，時間と時間の関数としての臨界核半径 $R_{\mathrm{C}}(t)$ の関数になっている．このことに注意してチェーンルールを用いると，i 次のモーメントの時間微分は

$$\frac{dM_i(R_{\mathrm{C}},t)}{dt}=\frac{\partial M_i(R_{\mathrm{C}},t)}{\partial t}+\frac{\partial M_i(R_{\mathrm{C}},t)}{\partial R_{\mathrm{C}}}\frac{dR_{\mathrm{C}}}{dt} \tag{5.26}$$

となる．

モーメントの定義式（式 (5.18)）より,

$$\frac{\partial M_i}{\partial R_{\mathrm{C}}}=-(R_{\mathrm{C}})^iF(R_{\mathrm{C}}) \tag{5.27}$$

である．また，成長速度 $G(R,t)$ とサイズ分布 $F(R,t)$ が R と t の関数であることに注意して,

$$\frac{\partial M_i(R_{\mathrm{C}},t)}{\partial t}=\frac{\partial}{\partial t}\left(\int_{R_{\mathrm{C}}}^{\infty} R^iF(R,t)dR\right) \tag{5.28}$$

$$= -\int_{R_\mathrm{C}}^{\infty} R^i \frac{\partial}{\partial R}\left(G(R,t)F(R,t)\right)dR \tag{5.29}$$

$$= (R_\mathrm{C})^i G(R_\mathrm{C},t)F(R_\mathrm{C},t) + i\int_{R_\mathrm{C}}^{\infty} R^{i-1}G(R,t)F(R,t)dR \tag{5.30}$$

$$= (R_\mathrm{C})^i G(R_\mathrm{C},t)F(R_\mathrm{C},t) + iM_0\langle R^{i-1}G(R,t)\rangle \tag{5.31}$$

である．ここで，

$$\langle R^{i-1}G(R,t)\rangle = \frac{1}{M_0}\int_{R_\mathrm{C}}^{\infty} R^{i-1}G(R,t)F(R,t)dR \tag{5.32}$$

と定義する．式 (5.31) において，核形成速度とサイズ分布関数，成長速度の間のシンボリックな関係，

$$J = G(R_\mathrm{C},t)F(R_\mathrm{C},t) \tag{5.33}$$

があることに注意すると，$i = 0$ の場合には，

$$\frac{\partial M_0(R_\mathrm{C},t)}{\partial t} = J \tag{5.34}$$

となる．

結局モーメントの運動方程式（式 (5.26)）は，$i = 0$ の場合，

$$\frac{dM_0(R_\mathrm{C},t)}{dt} = J - F(R_\mathrm{C})\frac{dR_\mathrm{C}}{dt} \tag{5.35}$$

$i > 0$ の場合，

$$\frac{dM_i(R_\mathrm{C},t)}{dt} = (R_\mathrm{C})^i J - (R_\mathrm{C})^i F(R_\mathrm{C})\frac{dR_\mathrm{C}}{dt} + iM_0\langle R^{i-1}G(R,t)\rangle \tag{5.36}$$

となる．

式 (5.35) と (5.36) 右辺第 1 項は，核形成による寄与，第 2 項は，臨界核半径の変化によるモーメントへの影響を表す．式 (5.36) の第 3 項は成長による寄与を表す．式 (5.35) と (5.36) の第 2 項は，過飽和が進行している段階では，核形成の補正項となるが，$F(R_\mathrm{C})$ が小さいので無視できる．むしろ，過飽和であるがほぼ飽和状態の場合には，臨界サイズ以下の気泡のメルトへの溶解・消失を表し，Ostwald 熟成 (Ostwald ripening) の効果（第 6 章参照）を記述する．$F(R_\mathrm{C})$ の値をマクロな量で記述するのは難しいが，Langer and Schwartz (1980) では，

$$F(R_C) = b_{LS} \frac{M_0}{\langle R \rangle - R_C} \tag{5.37}$$

と近似した．ここで，b_{LS} は Ostwald 熟成の際の，数密度の時間変化の指数が -1 になるように決定し，$\langle R \rangle - R_C < 0.5R_C$ のとき $b_{LS} = 0.317$，$\langle R \rangle - R_C > 0.5R_C$ のとき $b_{LS} = 0$ とした．

式 (5.36) の右辺第 3 項にある積分（式 (5.32)）を評価する際に，R の平均値 $\langle R \rangle = M_1/M_0$ を用いて，

$$\langle R^{i-1} G \rangle = G(\langle R \rangle) \cdot M_{i-1}/M_0 \tag{5.38}$$

と近似する．これは，G が R によらないときには，厳密に成り立つが，そうでないときには検討を要する．

Ostwald 熟成と核形成による 1 次以上のモーメントへの影響を無視すると，実際の計算は極めて簡単で，以下の常微分方程式からなる一連の階層方程式を解けばよい．

$$\frac{dM_0}{dt} = J \tag{5.39}$$

$$\frac{dM_1}{dt} = G(\langle R \rangle) M_0 \tag{5.40}$$

$$\frac{dM_2}{dt} = 2G(\langle R \rangle) M_1 \tag{5.41}$$

$$\frac{dM_3}{dt} = 3G(\langle R \rangle) M_2 \tag{5.42}$$

$$\vdots$$

$$\frac{dM_i}{dt} = iG(\langle R \rangle) M_{i-1} \tag{5.43}$$

となる．ここで，i は整数，$G(\langle R \rangle)$ とは，平均気泡径 $\langle R \rangle$ の気泡について気泡の膨張（Rayleigh-Plesset 方程式 (4.52) の慣性項を無視した式 (4.84)）と拡散成長の式 (4.30) を組み合わせて計算される $d\langle R \rangle/dt$ である．実際の計算は，$i = 3$ まですれば十分である．

5.3 Lagrange 的見方による発泡の時間発展

この考えは，原始太陽系星雲中のダストの形成の研究において初めて考案された（Yamamoto and Hasegawa, 1977）．Lagrange 的見方では，時間–サイズ空間での粒子の運動そのものを追跡する．ここでは，「粒子」とは，気泡のことで，あ

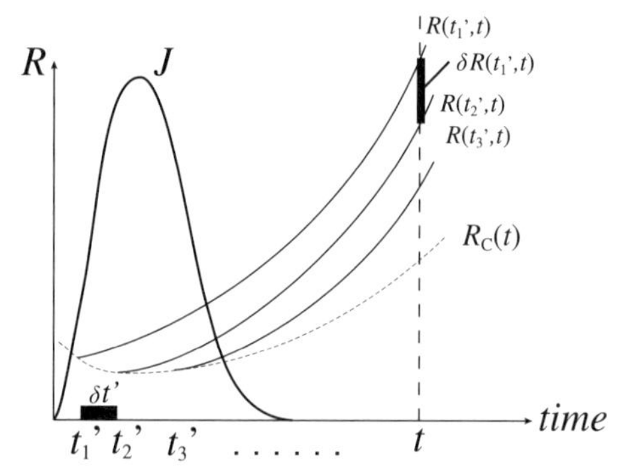

図 **5.4**　Lagrange 的見方による気泡サイズ分布の時間発展の考え方．実際の計算では，δt を十分小さくとる．$R(t_1', t)$ などは時刻 t_1' で核形成した気泡の成長軌跡を表す．

る気泡は，核形成の後直ちに成長によって時間–サイズ空間上を動くことになる（図 5.4）．あるサイズ範囲 R と $R+dR$ にある気泡の数は，それらが核形成したときの核形成速度に関係づけられる．同時刻で生まれた気泡がある時間後も，すべて同じサイズを取るとすると，気泡の数は保存される．時刻 t' での核形成速度を $J(t')$ とすると，時刻 t' と時刻 $t'+\delta t'$ の間で核形成した気泡の数は，

$$J(t')\delta t' \tag{5.44}$$

と近似できる[*2]．ここで，微小な時間差として記号 δ を用いたのは，通常の微分とは異なり，変分の意味合いがあるからだ[*3]．また，時刻 t' に核形成した気泡の時刻 t での気泡サイズ $R(t', t)$ は，

$$R(t', t) = R_{\mathrm{C}} + \int_{t'}^{t} G(R(t', \tau), \tau) d\tau \tag{5.45}$$

であり，時刻 $t'+\delta t'$ に核形成した気泡の時刻 t での気泡サイズは，

$$R(t'+\delta t', t) = R_{\mathrm{C}} + \int_{t'+\delta t'}^{t} G(R(t'+\delta t', \tau), \tau) d\tau \tag{5.46}$$

である．ここで，

[*2] R_{C} が動くことによる数密度への寄与は無視する．

[*3] 微分は，ある関数 $y = f(x)$ において，x を微小量変化させたときの y の変化 dy の変化の割合であり，変分は，関数 f そのものが変化する場合での変化の割合である．いまの場合，核形成の時刻 t が変化することによって，気泡の成長曲線 $R(t)$ そのものが変化する．

$$G(R(t',\tau),\tau) = \frac{dR(t',\tau)}{d\tau} \tag{5.47}$$

である．$\delta t'$ 時間後に核形成した気泡 $R(t'+\delta t',\tau)$ の方が，サイズが小さいから，サイズ間隔は $R(t',t) - R(t'+\delta t',t)$ であり，$\delta R(t',t)$ と書くことにする．このサイズ間隔にある気泡の数は，サイズ分布関数を用いて，

$$F(R(t',t),t)\delta R(t',t) \tag{5.48}$$

と近似できる．これは，上の核形成時の気泡の数に等しいから，

$$J(t')\delta t' = F(R(t',t),t)\delta R(t',t) \tag{5.49}$$

となる．

サイズ分布は，

$$F(R(t',t),t) = \frac{J(t')}{\dfrac{\delta R(t',t)}{\delta t'}} \tag{5.50}$$

と書ける．ここで，注意しなければならないのは，分母の $\delta R(t',t)/\delta t'$ は，時間差で生まれた気泡のその後の時刻でのサイズ差を時間差 $\delta t'$ で割ったものであり，通常のいわゆる気泡の成長速度ではないということだ．数値計算としては，時刻 t' と少し遅れた時刻 $t'+\delta t'$ に生成した気泡の成長を追跡し，それぞれのサイズをメモリーに残していき，時刻 t での差

$$R(t',t) - R(t'+\delta t',t) \tag{5.51}$$

を計算し，核形成時間差 $\delta t'$ で割り算する．

核形成速度は，液圧と水濃度の変化に伴う過飽和度の変化に敏感に反応して変化する．液圧は，噴火のシミュレーションではマグマの流体力学的なダイナミクスによって決定され，実験を解釈するためには実験条件に従う．水の濃度は，保存則（式 (5.9)〜(5.11)）に従う．すなわち：

$$C = C_0 - \int_{R_C}^{\infty} \frac{4\pi R^3}{3v_G} F(R,t)dR \tag{5.52}$$

あるいは核形成速度を用いて，

$$C = C_0 - \int_0^t \frac{4\pi R^3(t',t)}{3v_G} J(t')dt' \tag{5.53}$$

と表現される．数値的には，$F(R,t)$ または $J(t')$ を逐次この式に代入し，核形成

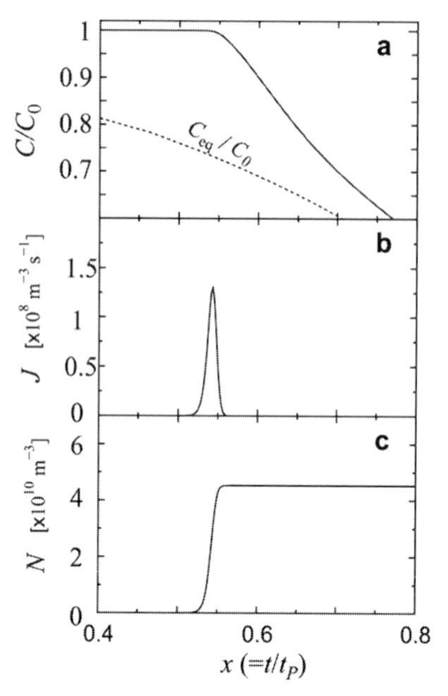

図 5.5　Lagrange 的定式化による計算結果の例 (Yamada *et al.*, 2005)．(a) メルト中の水の濃度と溶解度．(b) 核形成速度．(c) 気泡数密度の時間変化．

速度と水濃度の時間変化を計算する．その際，J のその時刻までの履歴 $J(t')$ と，時刻 t' に核形成した気泡のその時刻 t でのサイズを記録しておく必要がある．計算例を図 5.5 に示す．もし，核形成速度と成長速度が時間の関数として与えられていれば，サイズ分布関数が解析的に比較的容易に求まることが，この方法の最大のメリットである．この方法については，CSD の章で解説する．

方程式の無次元化と無次元数

複数の方程式からなる問題について，境界条件や初期条件，さらに様々な物性が，解の振舞いにどのように影響するか知りたいとき，無次元化を行うことが有効である．無次元化は，適当なスケールを用いて変数を無次元にすることである．スケールは，こちらで与えることもあるし，方程式系の中できめることができる場合もある．体積力のない 1 次元の Navier-Stokes 方程式を例にしよう．

$$\rho \frac{Du}{Dt} = -\frac{\partial P}{\partial x} + \eta \frac{\partial^2 u}{\partial x^2} \tag{5.54}$$

ここで，u は流速，D は Lagrange 微分である．これを，$u = u_0\tilde{u}$，$t = t_0\tilde{t}$，

$P = P_0\tilde{P}$, $x = x_0\tilde{x}$, $u_0 = x_0/t_0$ として無次元化すると，

$$\frac{D\tilde{u}}{D\tilde{t}} = -\frac{P_0}{\rho u_0^2}\frac{\partial \tilde{P}}{\partial \tilde{x}} + \frac{1}{Re}\frac{\partial^2 \tilde{u}}{\partial \tilde{x}^2} \tag{5.55}$$

となる．Reynolds 数 (Re) は

$$\mathrm{Re} = \frac{u_0 x_0}{\nu}$$

と定義され，慣性と粘性の比になっている．ここで，ν は，動粘性係数 η/ρ であり，拡散係数（粘性による運動量拡散）の次元を持つ．

カルマン渦のように系の幾何学（例えば，柱の直径）が x_0 を与える場合，Re 数によって，渦の発生条件を整理することができる．幾何学的制約のない方程式系の潜在的な特性を見たい場合，$\mathrm{Re} = 1$ として，空間スケールとして $x_0 = \nu/u_0$ を取れば，唯一残る無次元数は $P_0/(\rho u_0^2)$ だけで，これが系の流体力学的振舞いを支配していることがわかる．ただし，この場合，空間スケール x_0 は粘性の緩和スケール ν/u_0，時間スケール t_0 は x_0^2/ν という粘性拡散時間スケールに関係づけられていることに注意が必要である．x_0 が，あらかじめ系の幾何学で与えらえている場合には，Re 数は残ることになる．この場合は，$\partial\tilde{P}/\partial\tilde{x}$ の前の係数 $P_0/(\rho u_0^2)$ を 1 においてやると，$u_0 = (P_0/\rho)^{1/2}$ となり，これは音速のスケールで流速を見ることになる．速度場 u_0 も与えられている場合には，2 つの無次元数が，系の振舞いを支配していることがわかる．

さらに，本書で取り扱うような複数の式を組み合わせて解く方程式系の場合，各物性量や物理条件が独立に変化しうる．例えば，γ, η, P_0, D, v_{m}, t_{dec}, T, C_0 などである．これらパラメータを 1 つ 1 つ独立に系統的に変化させても，解の振舞いに対する影響はわかるが，パラメータ間の関係性がわかりにくいし，解の振舞いをきめている本質的なパラメータを発見することは煩雑になる．無次元化の方法を取れば，パラメータの特別な組み合わせできまる**無次元数の組** (dimensionless groups) を抽出することができ，各パラメータや無次元数の役割もわかりやすい．

5.4　減圧発泡における支配パラメータ

圧力変化が一定速度の場合の問題を無次元化（Box 参照）すると，次の 4 個の無次元数の組が，解の振舞いを支配していることがわかる．これらを，発泡の支配パラメータ (controlling parameters) と呼ぶ．

$$\alpha_1 = \frac{4\pi\gamma(R_P^*)^2}{3k_{\mathrm{B}}T} \tag{5.56}$$

ここで，R_P^* は，

$$R_P^* = 2\gamma/P_0 \tag{5.57}$$

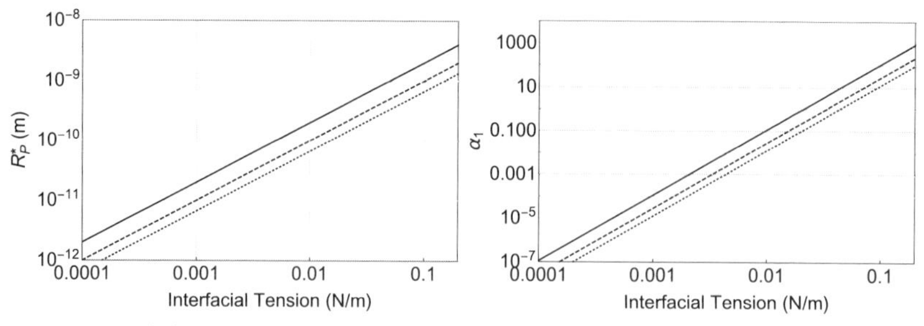

図 5.6　(左) R_P^* と表面張力の関係．(右) α_1 と表面張力の関係．線の種類は初期飽和圧力の違い．実線：10^8 Pa，破線：2×10^8 Pa，点線：3×10^8 Pa．

で定義される臨界半径のスケールで，$\gamma = 10^{-2}$ N/m, $P_0 = 100$ MPa で，2×10^{-10} となる．α_1 は核形成のし難さ（核形成バリアー）を意味し，界面張力に大きく依存し，桁で変化する．不均質核形成に相当する $\gamma = 0.001$ (N/m) から均質核形成に対応する $\gamma = 0.1$ 付近に対応して，10^{-4} から 10^2 まで変化する（図 5.6）．

$$\alpha_2 = \frac{v_{\mathrm{m}} P_0}{k_{\mathrm{B}} T} \tag{5.58}$$

これは，初期飽和圧の影響を表し，溶解度に対する Poynting 補正に現れる（式 (2.25)）．おおよそ 0.2 から 1 までの値を取る．

$$\alpha_3 = \frac{\phi_{\mathrm{G0}} D t_{\mathrm{dec}}}{(R_P^*)^2} = \frac{t_{\mathrm{dec}}}{t_{\mathrm{difG}}} \propto \left|\frac{dP}{dt}\right|^{-1} \tag{5.59}$$

これは，減圧時間と拡散成長時間の比で，拡散がどれだけ実効的に働くかを示す．また，拡散領域では，減圧速度の影響も表す．減圧時間 t_{dec} は，初期圧 P_0 からの線形な減圧を仮定すると，P_0/t_{dec} が減圧速度 $|dP/dt|$ に等しい．最後の式はそれに基づく．減圧時間スケール t_{dec} は，マグマの上昇に伴いマグマの静水圧が変化する場合は，上昇速度 U を用いて $P_0/\rho g U$ と表すことができる（図 5.7）．t_{difG} は気泡の拡散律速成長の時間スケール $(R_P^*)^2/\phi_{\mathrm{G0}} D$ である．ϕ_{G0} は初期水濃度に対応する換算体積で，$k_{\mathrm{B}} T C_0/P_0$ (= 0.33, 100 MPa)．これは，C_0 と P_0 がある程度キャンセルしあうので，初期飽和圧力 P_0 にさほど敏感ではない．α_3 の値は，表面張力や拡散係数，減圧速度に依存して 10^8 から 10^{22} まで変化する．

$$\alpha_4 = \frac{P_0 t_{\mathrm{dec}}}{4\eta} = \frac{t_{\mathrm{dec}}}{t_{\mathrm{vis}}} \tag{5.64}$$

これは，減圧時間と粘性律速成長の時間スケール ($t_{\mathrm{vis}} = 4\eta/P_0$) の比で，粘性の影響を示す．また，粘性領域では減圧速度の影響を表す．

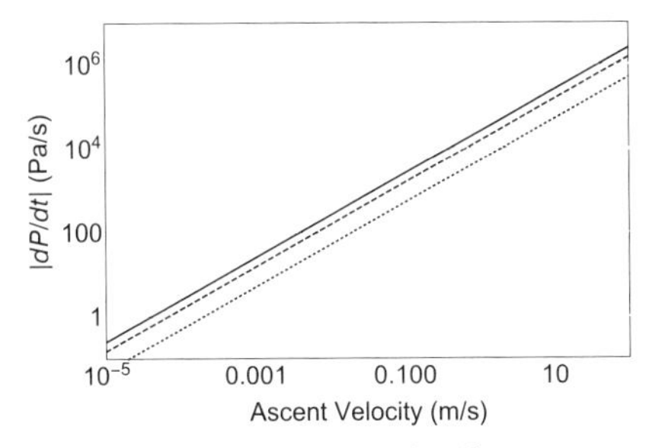

図 5.7 減圧速度とマグマ上昇速度の関係．線の種類はマグマカラムの平均密度を表す．実線：2500 kg/m^3，破線：1500 kg/m^3，点線：500 kg/m^3．

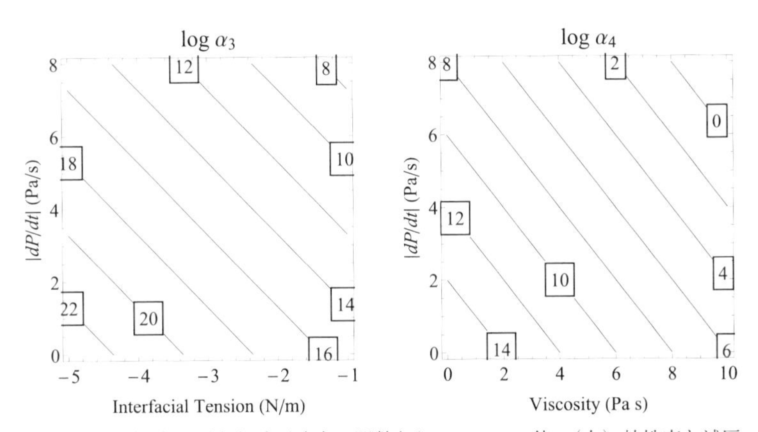

図 5.8 （左）表面張力と減圧速度の関数としての α_3 の値．（右）粘性率と減圧速度の関数としての α_4 の値．コンターの数字は 10 のべき数．

表 5.1 物性値と支配パラメータの例．他のパラメータと定数は，次のように仮定している．$\alpha_1 = 1$, $\alpha_2 = 0.17$, $R_P^* = 4.3 \times 10^{-10}$ m, $\gamma = 0.0215$ N/m, $P_0 = 10^8$ Pa, $C_0 = 4.2(\text{or } 3) \times 10^{27}$ number m^{-3}, $k_B = 1.38 \times 10^{-23}$ J/K, $T = 1200$ K, $v_m = 3 \times 10^{-29}$ m^3, $\rho = 10^3$ kg/m^3.

α_3	α_4	t_{dec}, s	t_{difG}, s	t_{vis}, s	D, m^2/s	η, Pa s	U, m/s
2.15×10^{12}	2.5×10^6	10^4	4.6×10^{-9}	4×10^{-3}	10^{-10}	10^5	1
2.15×10^{11}	2.5×10^6	10^4	4.6×10^{-8}	4×10^{-3}	10^{-11}	10^5	1
2.15×10^{12}	2.5×10^3	10^4	4.6×10^{-9}	4	10^{-10}	10^8	1
2.15×10^{12}	2.5×10^2	10^3	4.6×10^{-9}	4	10^{-10}	10^8	10

減圧速度について

ここで扱う減圧速度は，マグマがその運動に従って経験する減圧で，Lagrange 的な減圧速度である．一般に，火道流モデルでは Euler 的な記述，すなわち Navier-Stokes 方程式から，固定された空間座標での時間の関数としての圧力変化が計算される．この 2 つの間の連絡をつけよう．

1 次元鉛直火道中を上昇するマグマを考える．ある深さ z_n での，マグマの粒子が上昇とともに経験する Lagrange 的減圧速度 $(DP/Dt)_{z_n}$ は，

$$\left(\frac{DP}{Dt}\right)_{z_n} = \left(\frac{\partial P}{\partial z}\right)_{z_n} \cdot \left(\frac{dz}{dt}\right)_{z_n} + \left(\frac{\partial P}{\partial t}\right)_{z_n} \tag{5.60}$$

$$= \left(\frac{\partial P}{\partial z}\right)_{z_n} \cdot U(z_n) + \left(\frac{\partial P}{\partial t}\right)_{z_n} \tag{5.61}$$

と与えられる．ここで，右辺第 1 項は位置の移動による圧力勾配からの寄与，第 2 項は z_n の位置での Euler 的な圧力変化である．第 1 項の圧力勾配は，運動量保存則すなわち Navier-Stokes 方程式から決定され，定常的な流れの場合，

$$\left(\frac{\partial P}{\partial z}\right)_{z_n} = -\rho \mathrm{g} - \rho U \left(\frac{\partial U}{\partial z}\right)_{z_n} - F_{\mathrm{ric}} \tag{5.62}$$

であり，右辺第 2 項の速度勾配は

$$\left(\frac{\partial U}{\partial z}\right) = -\frac{U}{A}\left(\frac{\partial A}{\partial z}\right) - \frac{M^2}{\rho U}\left(\frac{\partial P}{\partial z}\right) \tag{5.63}$$

と与えられる．ここで，M はマッハ数である．マグマの速度が音速より小さく，火道断面積 (A) の変化や壁との摩擦 (F_{ric}) が無視できる場合には，速度勾配 $\partial U/\partial z$ の圧力勾配 $\partial P/\partial z$ への寄与は小さく，静水圧勾配 $-\rho \mathrm{g}$ で決定され，Lagrange 的減圧速度は，式 (5.67) となる．一方，Euler 的な圧力変化 $\partial P/\partial t$ は，定常流では 0 であり，非定常な流れでは 0 でなくなる．たとえば，そこでの相変化に伴う体積変化や非定常な速度変化に起因する．

ここまで登場した時間スケールとパラメータは，状況に非常に依存している．代表的な値を図 5.8 と表 5.1 に示す．

減圧が瞬間的に行われる場合については t_{dec} が定義できないので，t_{difG} と t_{vis} の比である Péclet 数 (Pe) が定義される：

$$\mathrm{Pe} = \frac{t_{\mathrm{difG}}}{t_{\mathrm{vis}}} = \frac{\alpha_4}{\alpha_3} \tag{5.65}$$

5.5　減圧速度一定の条件下での発泡の時間発展

5.5.1　減圧速度

減圧速度一定の場合，圧力は初期飽和圧力 P_0 から時間とともに線形に減少する．

$$P = P_0 - |\dot{P}|t \tag{5.66}$$

ここで，$|\dot{P}| = |dP/dt|$ である．このような圧力減少は，U をマグマの上昇速度とすると，天然の火道流では定常的で大きな速度勾配がなく $(U \cdot \partial U/\partial z = 0)$，かつ粘性散逸や壁との摩擦の影響が少ない部分 $(F_{\mathrm{ric}} = 0)$ に成立し，

$$|\dot{P}| = \rho \cdot \mathrm{g} \cdot U \tag{5.67}$$

となる（Box 参照）．

5.5.2　Euler 的記述に基づくモーメント方程式による解

Toramaru (1989) は，粘性の効果を無視した，すなわち力学平衡にある気泡の成長則を用いて，サイズ空間における気泡数の保存則（式 (5.16)）を数値的に説くことを試み，ここで示すモーメント方程式による理解と定性的には同じ理解を得た．しかし，数値不安定のために，実際的なパラメータの値で経験式を導くことには成功しなかった．Toramaru (1995) は，気泡成長則に粘性の効果を，Rayleigh-Plesset 方程式（式 (5.8)）として組み込み，実際のケイ酸塩メルトの物性に対応するパラメータ範囲において発泡過程の振舞いを定量的に理解した．その結果を概説する．

核形成・成長の概要

モーメント方程式による計算例を図 5.9 に示す．計算の結果わかったことは，気泡の核形成は，ある過飽和度の狭い範囲で一度だけ起こり，そのあとは気泡の成長と膨張が起こる．気泡の成長は，過飽和度が十分な状態では，拡散律速成長を行うが，地表に近い低圧では膨張が卓越する（この場合では等温過程を仮定しているので等温膨張）．これは拡散律速成長が気泡の成長を支配している場合で，拡散支配型の気泡核形成過程（あるいは拡散核形成領域）と呼ぶことにする．

一方，拡散と減圧に比べて粘性が卓越する場合（α_4 が小さい場合），1 回の核形成イベントとその後に気泡成長・膨張過程が続くことは同じであるが，気泡の核形成と成長の定量的側面は大きく異なる．その違いを図 5.10 に示す．粘性が

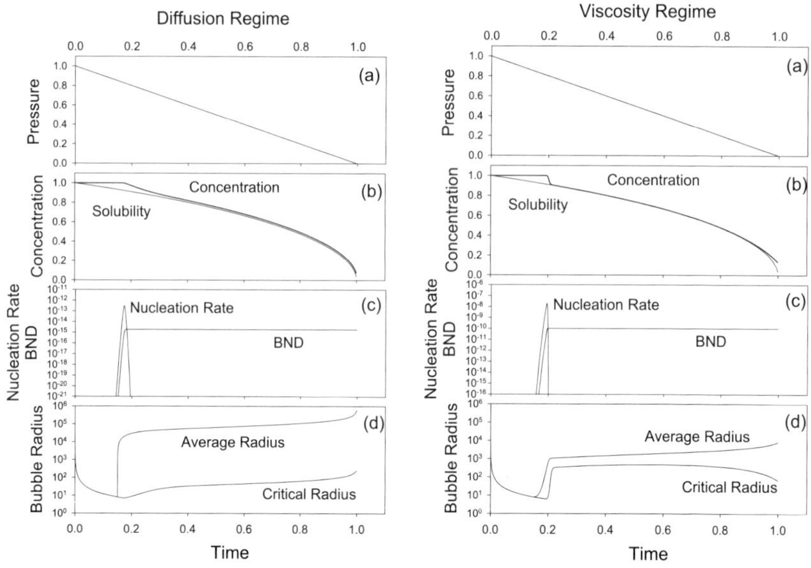

図 5.9　モーメント方程式による発泡の時間発展計算例．変数は以下のスケールで無次元化されている：時間 t_{dec}，気泡径 R_P^*，濃度 C_0，気泡数密度 BND $C_0/2$，圧力 P_0，核形成速度 $C_0/2t_{\mathrm{dec}}$（表 5.1 参照）．（左）拡散領域 $\alpha_4 = 10^5$．（右）粘性領域 $\alpha_4 = 10^3$．上から，(a) 圧力，(b) メルト中の水の濃度と飽和濃度，(c) 核形成速度と気泡数密度，(d) 平均気泡径と臨界半径の時間変化を示す．他のパラメータは，$\alpha_1 = 1$，$\alpha_2 = 0.17$，$\alpha_3 = 10^{11}$ で共通．この α_1 の値は図 5.6 から，界面張力約 0.02 N/m，α_3 の値は図 5.8 から，この界面張力に対して減圧速度 1 MPa/s（図 5.7 から，定常流上昇速度，数十 m/s に対応），粘性は拡散領域で 10^6 Pa s，粘性領域で 10^8 Pa s に対応．拡散領域と粘性領域の核形成速度と BND の大きさの違いに注意．

支配的な場合は，核形成に必要な過飽和度は大きくなり，核形成段階と過飽和緩和段階での気泡の成長は，気泡過剰圧一定下での指数関数則に従う粘性律速成長を示す．これを，粘性支配型の気泡核形成過程（あるいは粘性核形成領域）と呼ぶ．

こうした発泡の全過程の振舞いを定量的に理解するためには，核形成圧力 P_{n} や，核形成の起こっている時間スケール δt_{n} あるいは圧力スケール ΔP_{n}，核形成速度の最大値 $J_{\max}$，気泡数密度 N（BND）といった発泡の時間発展を特徴づけるパラメータ（発泡パラメータ）が，α_1〜α_4 の支配パラメータによってどのよう

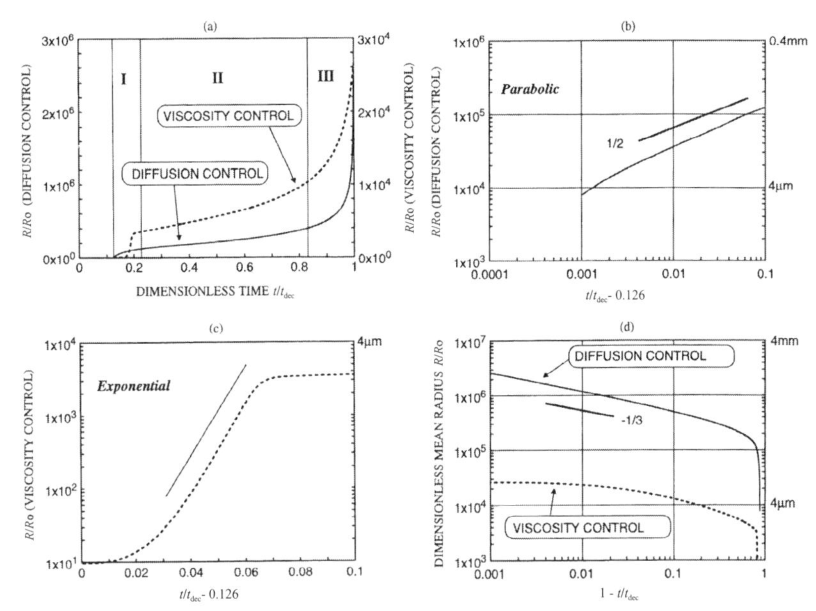

図 5.10 一定減圧速度における気泡の成長 (Toramaru, 1995). 縦軸：気泡径, 横軸：時間. 変数は無次元化されている（図 5.9 に同じ). 実線は拡散律速成長で $\alpha_4 = 10^7$ に対応. 破線は粘性律速成長で $\alpha_4 = 10^3$ に対応. いずれも, $\alpha_1 = 1$, $\alpha_2 = 0.17$, $\alpha_3 = 10^{12}$ が用いられている. 気泡径の目安の値を右の軸に示す. (a) 気泡径, 時間とも線形プロット. I, II, III は, それぞれ緩和領域, 準平衡領域, 膨張領域の気泡成長を示す. (b) 両対数プロット. 傾き 1/2 の成長は拡散成長を示す. ただし時間は核形成時刻からの時間である. (c) 片対数プロット（気泡径は対数, 時間は線形). 直線性は指数関数的成長を示す. 時間は核形成時刻からの時間である. (d) 両対数プロット. ただし時間は, 地表への到達時刻までの時間を示し, 無次元の圧力に相当する. 傾き $-1/3$ の直線は等温膨張を示す.

に影響を受けるか知る必要がある[*4]. この中で, BND は発泡過程の最終生成物であるから, すべてを代表している. パラメータスタディの結果, 発泡パラメータの中で気泡数密度（BND）に, 拡散領域と粘性領域の違いが顕著に現れることがわかる（図 5.11). 拡散と減圧速度の比である α_3 と BND の間には負の相関があり, 定量的には BND $\approx \alpha_3^{-1.5}$ の関係が成立する（図 5.11 左). これは, 減圧速度の 3/2 乗に比例して気泡数密度が大きくなることを意味する.

[*4] 支配パラメータを系統的に変化させて数値計算を行うことをパラメータスタディという.

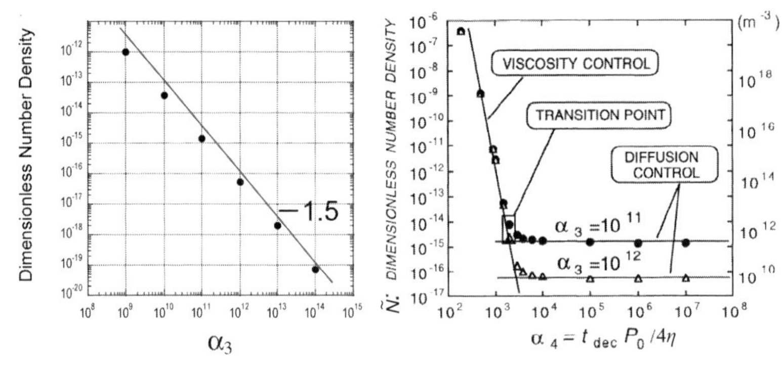

図 5.11　数値実験で得られた無次元気泡数密度と支配パラメータの関係．点は，その位置の横軸で与えられる支配パラメータを与えて，初期飽和圧力から 1 気圧まで減圧したときにアウトプットとして得られた気泡数密度をプロットしている．（左）α_3，（右）α_4．このような図を，他の発泡パラメータに関しても，すべての支配パラメータの依存性を調べ，経験式を作る．右縦軸におおよその実スケールを示す (Toramaru, 1995).

次に，粘性と減圧速度の比である α_4 と BND の関係を見よう（図 5.11 右）．この図から，BND の α_4 への依存性は，α_3 のみに依存する拡散支配領域と，支配パラメータの α_4 のみに依存する粘性支配領域に端的に分かれることがわかる．$\alpha_4 = 2 \times 10^3$ 付近が分かれ目となる．この値より α_4 が大きい，すなわち粘性と減圧速度が小さい場合には，BND は拡散と減圧の比である α_3 のみに影響を受け，BND $\approx \alpha_3^{-1.5}$ に従って変化し，粘性には関係しない．この値より α_4 が小さい場合には，逆に拡散には全く影響を受けず，粘性と減圧速度だけに影響を受け，粘性や減圧速度が大きくなるほど指数関数的に BND が増加することがわかる．数値実験の結果得られた，発泡パラメータの支配パラメータに対する依存性を拡散核形成領域と粘性核形成領域に分けて以下に示す．

拡散核形成領域

核形成が起こる圧力は，初期飽和圧力 P_0 で規格化すると

$$\Delta\tilde{P}_{\mathrm{n}} = 1 - \frac{P_{\mathrm{n}}}{P_0} \approx 10^{-1} \times \alpha_1^{1/2}\alpha_2^{0.06}\alpha_3^{-0.03} \tag{5.68}$$

$1 - P_{\mathrm{n}}/P_0$ は，核形成に必要な過飽和度（初期飽和圧力で規格化した）である．α_2 と α_3 の指数が小さいので，核形成圧力はほとんど α_1 すなわち界面エネルギー（張力）だけできまっている．界面エネルギーによっては核形成が起こらないで過

飽和状態を保ったまま地表まで上昇することもありうる．このことは，あとの核形成の限界の 5.8 節で改めて述べる．

最大核形成速度は

$$J_{\max} \approx 10^4 \times C_0 t_{\rm dec}^{-1} \alpha_1^{-5/2} \alpha_2^{-1/4-0.06} \alpha_3^{-3/2+0.03} \tag{5.69}$$

で与えられる．最大核形成速度は，界面エネルギー（α_1）と拡散/減圧速度比 $\alpha_3 = t_{\rm dec}/t_{\rm difG}$ に依存する．界面エネルギーが大きくなるほど，核形成バリアーが大きくなる．拡散係数が大きくなるほど，α_3 は大きくなる．そのため $J_{\max}$ は小さくなる．また，減圧速度が大きくなるほど α_3 が小さくなり，$J_{\max}$ は大きくなる．$J_{\max}$ は無次元の形で，$\alpha_3^{-3/2}$ すなわち減圧速度 $|dP/dt|$ の 3/2 乗に比例するが，次元を持った量に変換する際に減圧速度の時間スケール $t_{\rm dec}$ で割るので，$J_{\max}$ 自身は減圧速度の 5/2 乗に比例する．

核形成の継続時間は，最大核形成速度に対して半値幅を与える時間である．

$$\delta t_{\rm n} \approx 10^{-3} \times t_{\rm dec} \alpha_1^{1/2} \alpha_2^{0.06} \alpha_3^{-0.03} \tag{5.70}$$

この時間スケールは表面張力の 3/2 乗に比例する．減圧時間が長くなると，核形成の継続時間も比例して長くなる．結局，核形成の継続時間は，それに相当する圧力範囲 $\delta P_{\rm n}$ で見ると $\alpha_1^{1/2}$ に比例する．

気泡数密度 (BND) は，単位メルト体積当たりに形成した気泡の数である．

$$N \approx 10 \times C_0 \alpha_1^{-2} \alpha_2^{-1/4} \alpha_3^{-3/2} \tag{5.71}$$

拡散支配，粘性支配の領域に関わらず，最大核形成速度と核形成の継続時間，気泡数密度の間には基本的に次の関係が成り立っている．

$$N \approx J_{\max} \times \delta t_{\rm n} \tag{5.72}$$

粘性核形成領域

粘性律速領域においては，α_3 の代わりに α_4 が発泡パラメータに入ってくる．結果は，以下のように与えられる．基本的には，α_1 と α_2 の依存性は拡散領域と同じであるが，α_4 の依存性は exp の形で入ってくる．これは核形成領域での気泡の成長様式と関係している（5.5.4 節参照）．

$$\Delta \tilde{P}_{\rm n} \approx 10^{-1} \times \alpha_1^{1/2} \alpha_2^{0.06} \alpha_4^{-0.1} \tag{5.73}$$

$$J_{\max} \approx 10^2 \times C_0 t_{\mathrm{dec}}^{-1} \alpha_1^{-5/2} \alpha_2^{-1/4-0.06} \alpha_4^{-1} e^{-0.0128\alpha_4} \tag{5.74}$$

$$\delta t_{\mathrm{n}} \approx 10^{-1} \times t_{\mathrm{dec}} \alpha_1^{1/2} \alpha_2^{0.06} e^{0.0052\alpha_4} \tag{5.75}$$

$$N \approx 10 \times C_0 \alpha_1^{-2} \alpha_2^{-1/4} \alpha_4^{-1} e^{-0.0075\alpha_4} \tag{5.76}$$

これらは，おおよその関係で，指数については更なる吟味が必要である．

5.5.3 Lagrange 的記述による解

Yamada *et al.* (2005) は，粘性を無視した拡散による成長則を仮定して，Lagrange 的記述に基づく問題を解析に解き，気泡数密度や最大核形成速度，および核形成圧力についての解析表現を得た（図 5.5）．計算の全過程は煩雑なので，以下に概要を述べる．

核形成速度 $J(t)$ は，水の濃度と圧力の関数であるから，それらの時間変化を通して時間の関数となる．圧力と時間は線形の関係 ($P = P_0 - |\dot{P}|t$) にあるので，圧力は時間と見ることができる．この履歴を明らかにすることが問題を解くことである．拡散成長による気泡成長は，核形成時刻 t' からの時間 $(t - t')$ の平方根に比例しているので，式 (5.53) で与えられる水濃度は解析的に時間の関数 $C(t)$ として与えられる．

次に，核形成圧力 P_{n}（時刻 t_{n}）を決定する．そのために，過飽和度が，最大核形成時に丁度極大値に達することを利用する．過飽和度 ΔC は，$C(P(t)) - C_{\mathrm{eq}}(P(t))$ で与えられるから，その時間微分が 0 すなわち，

$$\frac{d\Delta C}{dt} = \underbrace{\frac{dC}{dt}}_{\text{減少}} - \underbrace{\frac{dC_{\mathrm{eq}}}{dt}}_{\text{増加}} = 0 \tag{5.77}$$

この式の中央は，核形成成長に伴う水の析出による過飽和度の減少と圧力減少に伴う過飽和度の増加の競合を表している．この式によって，核形成最大時刻 t_{n} が得られ，核形成速度の指数部を時間（すなわち圧力）に関して t_{n} の周りに Taylor 展開して 2 次の項まで取り（1 次の項は定義により 0)，その関係を用いると，気泡数密度は，以下の積分を実行すれば時間の関数として求まる．

$$N = \int_0^{\infty} J(t')dt' \tag{5.78}$$

結果は，ほぼモーメント方程式に基づく拡散領域での発泡の時間発展と一致する．BND の拡散係数と減圧速度に関する依存性においてもほぼ一致するが，最大核形成速度が若干小さくなり，核形成の継続時間がファクターで大きくなる．

Lagrange 的記述の方が，サイズ分布関数の形もあらわに含み，より正確なパラメータ依存性を提供していると考えられるが，解析表現を用いて実際の BND の数値を得るためには超越方程式[*5]を数値的に解く必要がある．

Yamada *et al.* (2008) は，Yamada *et al.* (2005) の方法を粘性の効果を含む気泡成長則に拡張し，方程式系を数値的に解いた．その結果，粘性領域と拡散領域の遷移点が，Toramaru (1995) に比べて低粘性側に若干ずれることがわかった．また，粘性領域では，Ostwald 熟成すなわち気泡の再溶解が起こり BND がより小さい値になること，さらに高粘性では気泡の核形成が一定速度で継続することなどを示した．しかし，これら高粘性領域での振舞いが実際に起こるかどうかは，今後実験によって確かめられる必要がある．

5.5.4 気泡数密度をきめる要因としての気泡成長

発泡過程の時間発展の計算の結果わかった重要なことは，核形成によって形成される気泡の数密度は，基本的に気泡の成長に支配されているということだ．すなわち，気泡の成長はメルト中の揮発性成分を消費し，メルト中の揮発性成分の過飽和度を減じる．この効果が，気泡の核形成の最中に作用し，核形成の履歴を決定づけている．

気泡数密度を決定する核形成と成長の関係をもう少し詳しく見てみよう．気泡数密度を決定づける核形成の最大値は，過飽和度の極値に対応する．核形成と成長を関係づける基本的関係は，この過飽和度の極値条件を考察することによって明確になる．このことを，過飽和度の目安として臨界核半径の逆数

$$\frac{2\gamma}{R_\mathrm{C}} = P_\mathrm{G}^* - P = P_0\left(\left(\frac{C}{C_0}\right)^m \times \exp\left[-\alpha_2\left(1-\frac{P}{P_0}\right)\right] - \frac{P}{P_0}\right) \tag{5.79}$$

を用いる．ここで，$\tilde{t} = t/t_\mathrm{dec}$，$\tilde{R}_\mathrm{C} = R_\mathrm{C}P_0/2\gamma$，$\tilde{P} = P/P_0$，$\tilde{C} = C/C_0$ などとした無次元の変数を用いると，極値条件 $(d(\tilde{R}_\mathrm{C}^{-1})/d\tilde{t} = 0)$ は

$$\underbrace{m\tilde{C}^{m-1}\exp\left\{-\alpha_2(1-\tilde{P})\right\}\frac{d\tilde{C}}{d\tilde{t}}}_{\text{気泡成長による揮発性成分減少：負}} + \underbrace{\left\{\alpha_2\tilde{C}^m\exp\left[-\alpha_2(1-\tilde{P})\right]-1\right\}\frac{d\tilde{P}}{d\tilde{t}}}_{\text{減圧による過飽和度増加：正}} = 0 \tag{5.80}$$

と表現される．これは，式 (5.77) に相当する．ここで，m は溶解度の圧力依存性をきめている指数で，H_2O の場合 $m = 2$，CO_2 の場合 $m = 1$ である．式 (5.80) は，気泡成長によるメルト中の揮発性成分濃度の減少と減圧による過飽和度の増

[*5] 方程式が exp や log などを含み，代数的に解が得られない方程式．

加の競合で，核形成速度が到達する最大値が決定されることを表している．

このように，核形成段階では，揮発性成分濃度の絶対値ではなく，初期飽和濃度からの微小な変化量が問題である．そのため，揮発性成分濃度は初期値 $\tilde{C}=1$ で近似することができる．揮発性成分濃度の変化は，先にも見たように気泡の成長と関係づけられ，気泡径 R と数密度 N を用いると，$C=1-4\pi R^3N/(3v_{\rm G})$ と表される．ここで，$v_{\rm G}$ は気体分子の体積で理想気体の状態方程式に従う．これを，$R=R_P^*\tilde{R}$，気泡数密度 N を $N=C_0\tilde{N}/2$ として無次元化すると，$\tilde{C}=1-\alpha_1\tilde{P}_{\rm G}\tilde{N}\tilde{R}^3$ となり，これを微分する（$\tilde{R}$ 以外は一定）ことによって

$$\frac{d\tilde{C}}{d\tilde{t}}=-3\alpha_1\tilde{P}_G\tilde{N}\tilde{R}^2\frac{d\tilde{R}}{d\tilde{t}} \tag{5.81}$$

が得られる．核形成段階では，気泡内圧力は初期飽和圧力に近いので，$\tilde{P}_{\rm G}=1$ と近似できる．また，$d\tilde{P}/d\tilde{t}$ は定義上 1 である．式 (5.80) から，結局，気泡数密度 $\tilde{N}$ は

$$\tilde{N}\approx\frac{1-\alpha_2}{3m\alpha_1\tilde{R}^2d\tilde{R}/d\tilde{t}} \tag{5.82}$$

と与えられる．これは，気泡成長速度 $d\tilde{R}/d\tilde{t}$ と気泡数密度の関係を結びつけている．

拡散律速成長では，$\tilde{R}=\tilde{R}_0(\alpha_3\tilde{t})^{1/2}$ であるので，気泡成長時間を核形成の継続時間で近似する（$\tilde{t}=\delta\tilde{t}_{\rm n}$）と，気泡数密度は

$$\tilde{N}\approx\frac{1-\alpha_2}{3m\alpha_1\tilde{R}_0^3\alpha_3^{3/2}\delta\tilde{t}_{\rm n}^{1/2}} \tag{5.83}$$

となり，拡散と減圧のパラメータ α_3 の $-3/2$ 乗に比例することがわかる．

一方，粘性律速成長の場合，

$$\tilde{R}=\exp\left(\alpha_4\Delta\tilde{P}\delta\tau\right) \tag{5.84}$$

$$\tilde{N}=\alpha_4^{-1}\exp\left(-3\alpha_4\Delta\tilde{P}\delta\tilde{t}_{\rm n}\right) \tag{5.85}$$

となり，粘性と減圧のパラメータ α_4 について指数関数的に依存することがわかる．ここの $\Delta\tilde{P}$ は，核形成圧力での過飽和圧である．

5.6　減圧量一定下での発泡過程の時間発展

5.6.1　核形成・成長の概要

減圧量一定の条件は，実験室での発泡を理解する際に有用である．さらに，減圧誘導型結晶化実験では，減圧量一定の実験を行うことがあり，結晶化過程を考

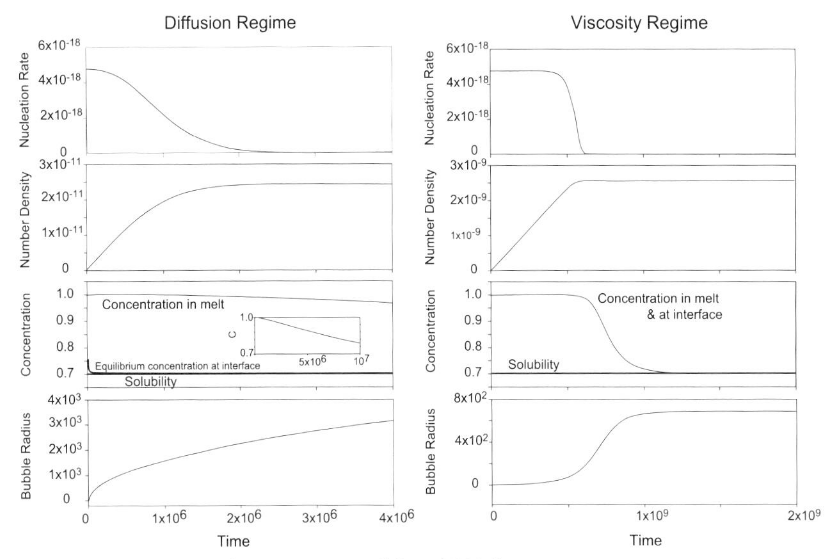

図 **5.12** 減圧量一定下でのマグマの発泡の時間変化 (Toramaru and Miwa, 2008). 上から，核形成速度，気泡数密度，メルト中の H_2O 濃度，気泡径の時間変化を示す．変数は図 5.9 と同じスケールで無次元化されている．共通に用いられたパラメータは，$\alpha_1 = 8.0$，$\alpha_2 = 0.17$，$\Delta\tilde{P} = 0.55$，$\alpha_1/\Delta\tilde{P}^2 = 26.4$ である．(左) 拡散領域：$\mathrm{Pe} = 10^{-2}$．(右) 粘性領域：$\mathrm{Pe} = 10^{-7}$．気泡成長曲線の曲率と横軸の時間スケールの違いに注意．

察するうえでも参考になる．減圧量一定の場合でも，拡散支配型と粘性支配型の 2 つのタイプの発泡過程がある．それぞれの時間発展の例を図 5.12 に示す．

核形成は，減圧量に対応した最大核形成速度からスタートし，その後気泡の成長によって過飽和度が減少する．拡散領域では，核形成速度はスタートから緩やかに減少するが，粘性領域では，一定時間最大核形成速度が継続する．それは，粘性領域では気泡の成長が抑えられるからである．

一定減圧速度の項でも見たように，最終的に生成する気泡数密度をパラメータの関数として整理してみる．パラメータとして，Péclet 数 (Pe) を取ったプロットを図 5.13 に示す．ここで，Pe 数は，式 (4.124) で定義されているとおり，拡散成長の特徴的時間と粘性成長の特徴的時間の比であり，減圧量と気泡径の 2 乗に比例し，拡散係数と粘性率の積に反比例する．この図では，後で見るように核形成速度の exp の中に登場する $\alpha_1/\Delta\tilde{P}^2$ 値によって，データを整理している．この図から，Pe 数が大きいと Pe 数には依存せず，パラメータ $\alpha_1/\Delta\tilde{P}^2$ によってのみ気泡数密度が決定され，ある値より小さくなると Pe 数に依存し，その依存

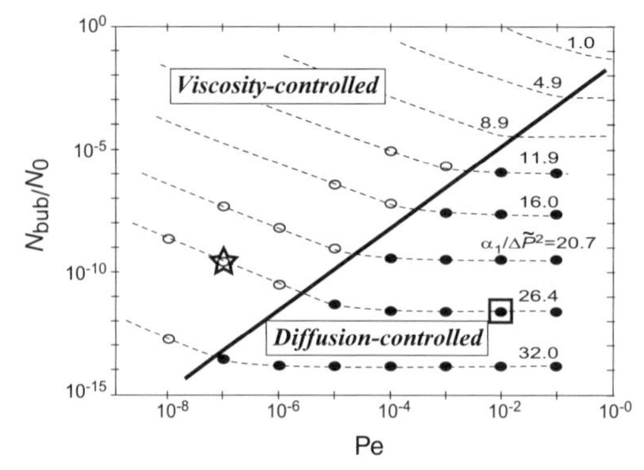

図 **5.13**　一定減圧量における気泡数密度の拡散支配と粘性支配の領域 (Toramaru and Miwa, 2008)．縦軸は，水の分子数またはクラスター数でスケールした気泡数密度，横軸は Pe 数である．黒丸点と白抜き点は，数値実験の結果であり，それぞれ拡散支配領域と粘性支配領域に対応している．破線は，パラメータ $\alpha_1/\Delta\tilde{P}^2$ の値に沿って数値実験結果をつないだ線．四角と星印は，それぞれ図 5.12 の拡散支配と粘性支配の計算条件に対応している．

性は Pe 数に反比例する ($\tilde{N} \propto \mathrm{Pe}^{-1}$)．

Pe 数に依存しないということは一見わかりにくいが，拡散係数の影響が，核形成速度と核形成継続時間（この積が気泡数密度を与える）においてキャンセルされるからだ．すなわち，Pe 数に依存しない領域は，気泡核形成と成長の競合によって決定される気泡数密度の振舞いにおいて，拡散支配の領域と呼べる[*6]．

一方，Pe 数に依存する領域では，拡散以外に粘性が効いていることを意味している．実際，図 5.12 における，気泡成長曲線の初期段階での曲率と気泡成長の時間スケールの違いにより，この領域は粘性支配の領域であると言える．

数値実験の結果から，拡散領域と粘性領域の境界は，Pe 数と減圧量 $\Delta\tilde{P}$ および核形成バリアー（界面張力）α_1 を用いて，次の式によって表現されることがわかった．

$$\ln\left(\frac{\mathrm{Pe}}{\alpha_1^{3/5}}\right) = \epsilon - 0.55\frac{\alpha_1}{\Delta\tilde{P}^2} \tag{5.86}$$

ここで，Pe 数は式 (5.65) で定義されている．ϵ はゼロに近い値である．

表面張力は，均質核形成か不均質核形成によって，大きく異なるので，それを表す無次元数 α_1 も広い範囲の値を取りうる（図 5.6）．このことは，あとで室内

[*6]気泡成長のところで議論した，拡散律速と粘性律速の領域とは対象が異なることに注意．

実験を解釈するときに重要になる.

パラメータ $\alpha_1/\Delta\tilde{P}^2$ において, 例えば, 界面張力が 0.1 N/m に対応する $\alpha_1 \approx 10$ (図 5.6 から飽和圧 300 MPa のおおよその値) と $\Delta\tilde{P} = 0.5$ を用いると, このパラメータの値は 40 となり, 図から $\mathrm{Pe} = 10^{-2}$ に対して, 拡散支配の領域に入る. もし, 不均質核形成を想定し, 界面張力が 0.03 N/m に対応する $\alpha_1 \approx 0.1$ を用いると, このパラメータの値は 0.4 であり, 図 5.13 から明らかに粘性支配の領域に入る. このように, 拡散支配–粘性支配の領域は, 界面張力または均質核形成か不均質核形成かに密接に関係している.

5.6.2 最大核形成速度

いずれの領域でも, 減圧量と表面張力できまる最大核形成速度が気泡数密度を決定する重要な要因である. 無次元の最大の核形成速度は, 核形成速度の定式化から, 近似的に以下のように与えられる.

$$\tilde{J}_{\max} = \tilde{J}_0 \exp\left(-\varepsilon_{\mathrm{P}} \frac{\alpha_1}{\Delta\tilde{P}^2}\right) \tag{5.87}$$

$$\tilde{J}_0 = \frac{(3\alpha_1)^{1/2}}{4\pi^{3/2}} \tag{5.88}$$

ここで, 時間は $t_{\mathrm{difG}} = (R_{\mathrm{P}}^*)^2/(\phi_{\mathrm{G0}} D)$ でスケールされ, J_0 は $C_0/(2t_{\mathrm{difG}})$ でスケールされている. ε_{P} は, 初期飽和圧力と一定減圧下での圧力の違いの, 液中の水の化学ポテンシャルへの影響を表しており (Poynting 補正, これを無視すると $\varepsilon_{\mathrm{P}} = 1$),

$$\varepsilon_{\mathrm{P}} = \left(\frac{\Delta\tilde{P}}{\exp(-\alpha_2 \Delta\tilde{P}) - 1 + \Delta\tilde{P}}\right)^2 \tag{5.89}$$

である. この値は α_2 を通して初期飽和圧 P_0 に敏感で, P_0 が 100～250 MPa で ε_{P} は 1.5～2.5 の値をとる.

5.6.3 気泡数密度

基本的に, 気泡数密度 N は, 最大核形成速度 $J_{\max}$ と核形成の継続時間 δt_{n} の積できまるから, 核形成の継続時間のパラメータ依存性が与えられれば, 気泡数密度の依存性も明らかになる. 拡散支配領域では, 気泡数密度は拡散係数に依存せず, 核形成速度における減圧量と表面張力 (α_1) だけで決定される. これは, 拡散係数が変化すると, 核形成速度が変化し, 同時に気泡の拡散成長速度も変化し, 双方がキャンセルするからである. これは, 減圧速度一定の場合と大きく異なる点である. 一方, 粘性支配の領域では, 核形成速度だけなく, 気泡の粘性律速成長の成長時間に依存する．粘性律速成長の時間は，Pe 数に反比例するので，結果として気泡数密度も Pe 数に反比例することになる．

拡散領域

拡散領域では，核形成の継続時間は，最大核形成速度によってきまり，

$$\delta\tilde{t}_{\mathrm{n}}^{\mathrm{dif}} = \left(\alpha_1 \tilde{J}_{\max}\right)^{-2/5} \tag{5.90}$$

の関係が成立する．これを式 (5.87) に代入すると，

$$\tilde{N}_{\mathrm{dif}} = \alpha_1^{-2/5} \tilde{J}_{\max}^{3/5} = \alpha_1^{-2/5} J_0^{3/5} \exp\left(-\frac{3}{5}\omega\frac{\alpha_1}{\Delta\tilde{P}^2}\right) \tag{5.91}$$

となる．

粘性領域

粘性領域では，核形成の継続時間は，Pe 数に反比例する．

$$\delta\tilde{t}_{\mathrm{n}} = \mathrm{Pe}^{-1} \tag{5.92}$$

よって，気泡数密度は

$$\tilde{N}_{\mathrm{vis}} = J_0 \exp\left(-\omega\frac{\alpha_1}{\Delta\tilde{P}^2}\right)\mathrm{Pe}^{-1} \tag{5.93}$$

となる．

5.6.4　メルト中の水濃度の減少率

水の濃度の減少すなわち脱水は，結晶の融点の上昇を起こすから，その減少率は，実効的な冷却速度に相当し，減圧誘導型結晶化で生じるマイクロライトの核形成・成長過程を左右する．一般に，気泡への水の拡散を通してメルト中の水の濃度の減少は，質量保存 $C_0 = C + 4\pi R^3/(3v_{\mathrm{G}})N$ から，

$$\left|\frac{dC}{dt}\right| = \frac{4\pi R^2}{v_{\mathrm{G}}}\frac{dR}{dt}N \tag{5.94}$$

で変化する．これからもわかるように，水の析出速度，すなわち水濃度の減少率は気泡数密度に比例する（Navon and Lyakhovsky, 1998）．すなわち，気泡数が多いほど，実効的な冷却速度（リキダスの上昇速度）も大きくなる．

このことは，減圧結晶化で生じたマイクロライトの組織を解釈するためには，

マイクロライトの組織解析だけでは不十分で，発泡組織も含めた組織解析が必要なことを示唆している．気泡成長速度 dR/dt は，第 4 章で取り扱われた方法で計算できる．以下では簡単なモデルを用いて，脱水速度のパラメータ依存性を考察しよう．

拡散支配の領域では，式 (5.94) に拡散律速の成長則（式 (4.26)）を代入すると，

$$\left|\frac{dC}{dt}\right| = (48\pi^2\phi_{\mathrm{e}})^{1/3} D\Delta C_{\mathrm{e}} N^{2/3} \tag{5.95}$$

となる（Navon and Lyakhovsky (1998) と基本的に同じ）．ここで，ΔC_{e} は拡散を駆動する実効濃度差，ϕ_{e} は，効率的に脱水が進むときの気体の体積分率（気体の体積が小さいとき $4\pi R^3 N/3$ と近似できる）である．このことから，脱水は，気泡数密度が大きいほど効率よく進むことがわかる．

一方，粘性支配の領域では，式 (4.84) から $\Delta P = P_{\mathrm{G}} - P_{\infty} - 2\gamma/R$ と置いて，$dR/dt = \Delta P \cdot R/(4\eta)$ として，式 (5.94) に代入すると，

$$\left|\frac{dC}{dt}\right| = \frac{3\phi_{\mathrm{e}}}{4\eta v_{\mathrm{G}}}\Delta P \tag{5.96}$$

となり，減圧量に線形に依存し，気泡数密度には依存しない．気泡数密度は，実効的気泡体積分率 ϕ_{e} に組み込まれており，以上の考察は，ϕ_{e} や ΔC_{e} の減圧量依存性を考慮すると，数値実験のパラメータスタディの結果と整合的である（Toramaru and Miwa, 2008）．

5.7 発泡実験

下鶴ほか（1957）および佐久間・村瀬（1957）は，ケイ酸塩メルトを用いて火山学の分野で発泡実験を行った最初の研究であろう．どちらも 1 気圧下の実験である．下鶴ほか（1957）は，佐賀県伊万里産の黒曜石を用いて，高温下でその場観察実験を行い，温度や昇温速度が，気泡の生成率や気泡の成長速度に影響を及ぼすことを示した．佐久間・村瀬（1957）は，長野県和田峠の黒曜石を用いて，高温下で一定の時間を置き，その後急冷した試料を観察する実験を行った．初期状態で試料の中に含まれる多数の微細（5〜150 μm）な気泡の成長過程を観察し，サイズ分布の時間発展を実験的に示した．さらに，気泡成長の Rayleigh-Plesset 方程式に相当する式の導出を試み（残念ながら元の運動方程式に誤りがあり，正しく導けていない），サイズ分布関数を含む形で気泡の合体効率を定式化し，実験結果を説明しようとしている．

こうした 1 気圧下での発泡実験は，その後 30 年近くほとんど行われずにきた．Sakuyama and Kushiro（1979）は，ピストンシリンダーを用いた減圧発泡実験を行い，気泡の生成と移動によりアルカリ元素が輸送されることを実験的に示した．この実験も含め減圧実験によって発泡過程そのものを取り扱う研究は，90 年代に入るまでほとんど行われていない．

5.7.1　減圧速度一定実験

1990 年代中頃から，ケイ酸塩メルトを用いた減圧発泡実験が盛んに行われるようになってきた．発泡実験は，主としてガス圧装置を用いて行われる．出発物質としては初期には花崗岩組成に似せた haplogranite や，黒曜石のガラスが用いられた．出発物質を，融点以上（マイクロライトによる不均一核形成を避ける場合）で，6 時間程度加熱する．サンプルを水と一緒に白金や金のチューブに封入し，目的の温度と圧力で，数日かけて水に飽和させる．その後サンプルを一度取り出すこともあれば（含水量測定のため），そのまま減圧することもある．一定減圧速度あるいは瞬間的に（圧力バルブを開く）ある圧力まで減圧し一定に保つ．減圧方法は，コンピュータで圧力バルブの開閉を制御して行う場合と，注意深くバルブを手動で開く場合とがある．コンピュータで制御する場合，一定減圧速度は，多数の減圧ステップ (0.1～1 MPa) と時間ステップから構成される．目的圧力に達した後，サンプルを低温部に移動させ急冷する．急冷したサンプルの，発泡度，気泡径分布，数密度，メルト中の含水量を測定する．含水量の測定は，FT-IR（フーリエ変換型赤外分光計）を用いて行われる．

図 5.14 には，200 MPa で飽和させた後（飽和水濃度 6.05 wt%），2 つの減圧速度（1 MPa/s と 27.8 kPa/s）で減圧させ，異なる目的圧力で急冷したサンプルの発泡度とメルト中の含水量の測定例を示している．各サンプルが記録しているこれらの測定量は，1 気圧まで連続的に減圧した場合のスナップショットであると考えられる．この図から，200 MPa から一定速度で減圧した場合，およそ 80 MPa までは，気泡は生じておらず（発泡度はゼロ），70 MPa 付近から急にサンプルガラス中の水濃度が飽和濃度に近づき，気泡量も増加していることがわかる．高減圧速度の方が気泡総体積の増加が最初緩やかで，その後急激に増加していることがわかる．低減圧速度の方が緩やかに気泡体積が増加するのは，結果として生成される BND がより少なく，総気泡への実効的な水の拡散が小さく，メルト中の水の減少率が小さくなるため（式 (5.94)），と考えられた．気泡体積の増加率の違いは，それを反映している．

減圧実験の結果得られたサンプルの発泡組織を図 5.15 左に示す．ほぼ同じ大き

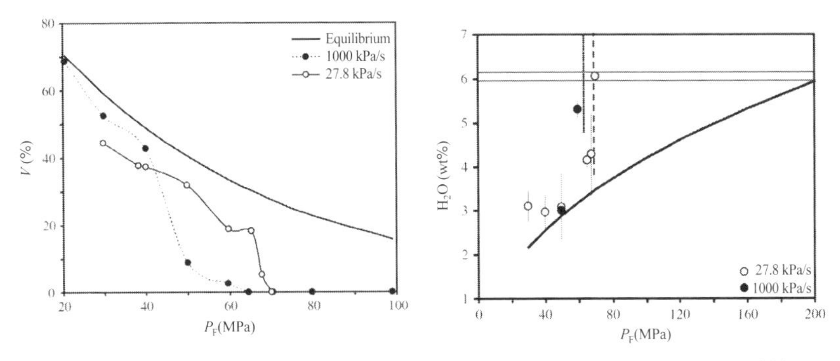

図 5.14 気泡核形成成長に伴う発泡度（左）とメルト中の水濃度の変化（右）(Cluzel *et al.*, 2008). 実線は，溶解度（右）と，平衡発泡により予想される発泡度（左）. 右の横の帯は初期値.

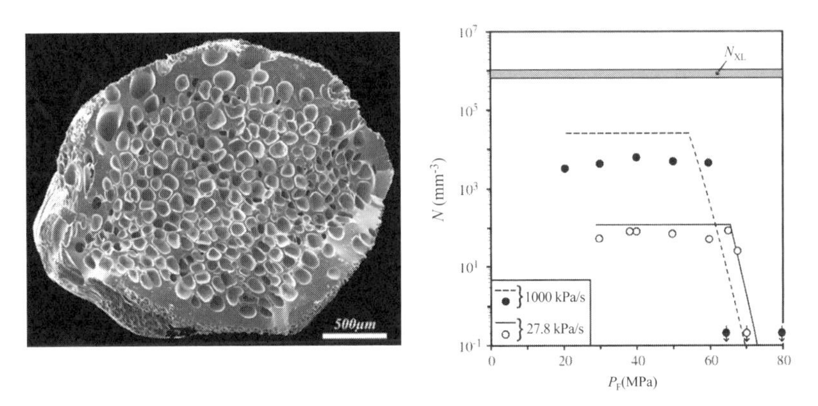

図 5.15 (左) 流紋岩メルトの減圧発泡実験によって得られた発泡組織. 200 MPa 飽和圧，1 MPa/s で減圧，20.5 MPa で急冷したサンプル.（右）減圧速度および急冷圧の関数としてみた BND (Cluzel *et al.*, 2008). N_{XL} はヘマタイトの数密度. 折れた直線は古典核形成理論から予想される立上がり（斜め線）と BND（横線の部分は Toramaru (2006) のモデル式 (10.1)（式 (5.71) の精密版）により計算).

さの気泡が均一に分布していることがわかる．また，図 5.15 右には，2 つの減圧速度に対して，急冷（最終）圧力とともに気泡数密度（BND）がどのように変化するかを示している．BND は，ある圧力で突然ある値になる．これは，ある狭い圧力範囲で 1 回の核形成イベントが起こり，それによって気泡数は決定されていることを示す．また，気泡が形成された後，数が一定に保たれていることがわかる．これは，これらの実験では気泡の合体が起こっていないことを示している．

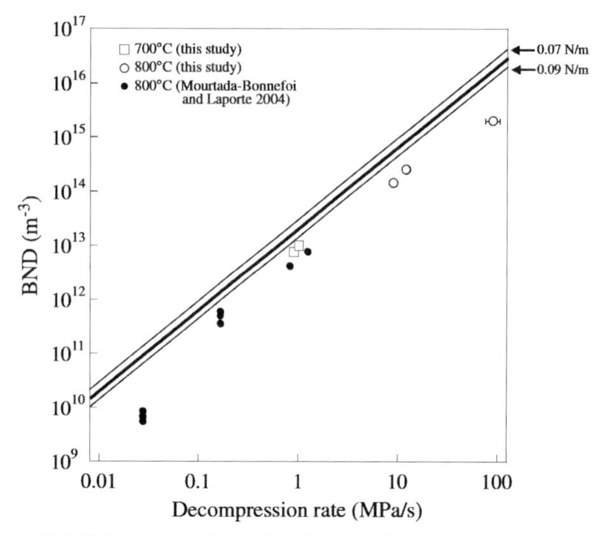

図 5.16　流紋岩質メルトの減圧速度一定実験で得られた気泡数密度 BND と減圧速度の関係 (Hamada *et al.*, 2010)．直線は Toramaru (2006) の式（基本的には式 (5.71)）で，表面張力の値が異なる．

気泡核形成圧力 $P_{\rm n}$ を 70 MPa とすると $\Delta\tilde{P}_{\rm n}/P_0 = (P_0 - P_{\rm n})/P_0 = (200 - 70)/200 = 0.65$ であり，これは式 (5.68) より，$\alpha_1^{1/2}$ が（α_2 と α_3 の効果を無視すると）6.5，α_1 が 42.25 となる．この α_1 の値は，図 5.6 から，界面張力が 0.1 から 0.2 (N/m) の間の値であることを示している．正確な値を得るには，式 (5.68) の他のパラメータの影響や係数を正確に決定する必要がある．実は，Cluzel *et al.* (2008) の実験では，初期メルトにはヘマタイトの微結晶が無数に（図 5.15 参照）存在しており，不均質核形成の可能性が高いが，結果としての BND より多い場合は，単に表面張力 (α_1) の実効補正だけすれば，均質核形成の式 (5.71) が使える．

これまで見てきたように，連続的な減圧では，減圧速度が生成される気泡数を支配している．理論的に予想される減圧速度依存性は，式 (5.71) によって与えられているように，減圧速度の 3/2 乗に比例する．当初行われてきた実験（Mangan and Sisson, 2000 など）では，減圧速度の増加とともに気泡数密度が増加する傾向は見られたものの，理論的予想とは正確には一致しなかった．これらの実験では，均質核形成の条件が完全には整っておらず，試料中の不均一や容器の壁での不均質核形成（不均質核サイトの数が不十分な）によって少なからず影響を受けていた可能性がある．その後，Mourtada-Bonnefoi and Laporte (2004) とその

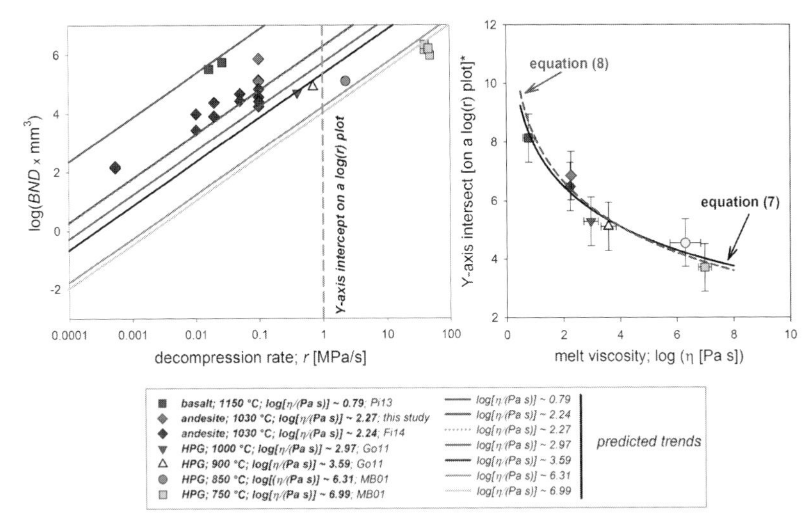

図 5.17 (左) 様々な組成のメルトに対して減圧速度一定の実験で得られた気泡数密度 BND と減圧速度の関係. 直線は粘性の違いで傾き 3/2 乗は式 (5.71) から. (右) 減圧速度が 1 MPa/s での直線の切片を粘性に対してプロットしたグラフ. Fiege and Cichy (2015) による.

後の実験 (Hamada *et al.*, 2010) によって行われた実験の結果では, BND の減圧速度依存性とおおよその絶対値は理論的な予想と一致する (図 5.16).

流紋岩組成以外のメルトでの減圧発泡実験も, 近年行われてきている. Mangan and Sisson (2005) は, デイサイト質メルトの減圧発泡実験を行い, 流紋岩質メルトより高い BND になることを示した. 彼らは, 核形成圧力の違いから, デイサイト質メルトの方が, 表面エネルギーが小さいと議論した. また, Fiege *et al.* (2014) と Fiege and Cichy (2015) は, 安山岩質メルトの減圧発泡実験を行い, やはり BND が理論的予測より大きくなることを示した. Pichavant *et al.* (2013) は, 玄武岩質メルトを用いて減圧発泡実験を行い, やはり高い BND になることを示した. 流紋岩メルトより低粘性のメルトでは, メルトの流動のしやすさなどから, 気泡が核形成時のオリジナルな位置を保持しているかどうかが問題になる. これらの実験では, その点に注意を払っているが, 低粘性メルトでは, より高い BND になることはどうも確からしい. その原因として, Fiege and Cichy (2015) は, 粘性と BND の相関を議論し, 粘性が何らかの形で気泡核形成に影響を与えているとした (図 5.17).

メルトの粘性の気泡核形成への影響を実験的に調べる試みもなされている.

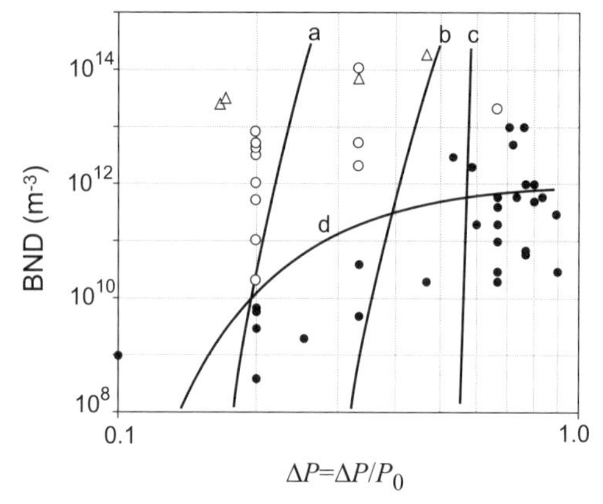

図 **5.18**　減圧量一定での減圧発泡によって生じた気泡数密度 BND と減圧量の関係．黒丸●は初期条件として酸化物結晶を含まない場合 (Hurwitz and Navon, 1994)，白抜き○と△は酸化物結晶を含む場合（Hurwitz and Navon, 1994 と Gardner, 2007b）．曲線 a, b, c, d は初期水分子クラスター数（と表面力）がそれぞれ 10^{20} (0.027), 10^{19} (0.039), 10^{70} (0.1), 10^{12} (0.016) に対する式 (5.91) による予想．(Toramaru and Miwa, 2008)

Gardner and Denis (2004) と Gardner (2007b) では，流紋岩を用いて，α_4 が 2000 以下の粘性核形成領域で実感を行ったが，Toramaru (1995) で予測されるような高い BND は得られていない．

以上総合すると，流紋岩質メルトの均質核形成に関しては，理論と実験の整合性は良い．この組成のメルトでは，表面張力が Bagdassarov *et al.* (2000) によって直接測定されていること（付録 A.6.1 参照）が，理論と実験の比較を容易にしている．一方，流紋岩質メルトより SiO_2 含有量の小さい低粘性のメルトでは，直接表面張力を測定する実験がなされておらず，そのことによって理論との比較の際に議論の余地が広がり，十分強固な理解には達していない．これは今後の課題であろう．

5.7.2　減圧量一定実験

発泡実験のきっかけとなった研究は，Hurwitz and Navon (1994) の流紋岩メルトに対する減圧量一定実験である．彼らは，減圧量と気泡数密度の関係を結晶のあるなしに注目して調べた．彼らの結果を図 5.18 に示す．

初期条件として酸化物のマイクロライト結晶を含む場合は，生成気泡数密度に対する減圧量依存性がそれほどなく，かつ大きい値になっている．このことは，生成気泡の数が，既に存在する不均質核形成サイトの数によって決定されている可能性を示唆している．酸化物結晶とケイ酸塩メルト間の界面張力は大きくなり，その結果，水蒸気気泡は酸化物結晶表面で核形成しやすくなる（3.4 節）．

マイクロライト結晶を含まない場合は，減圧量が 1 桁大きくなると，おおよそ 4 桁の数密度変化がある．このことは，気泡の数が，既存の核形成サイトの数によって支配されているのではなく，減圧量によってきまる核形成時の過飽和度に支配されていることを示唆している．これまで見てきたように，減圧量一定下では気泡数密度は，過飽和度の指数関数に依存するから（式 (5.87) と (5.91)），この実験の関係は，ある程度それで説明されるようにも見える．しかし，定量的に検討してみると，水の分子数を仮定したのでは，数密度は減圧量とともに急激に 10 桁以上大きくなり，実験結果を説明できない．気泡核形成のためにメルト中を運動する分子の数が 10^{12} 個の場合，図に示すデータがうまく説明できることがわかる．実際の H_2O 分子の数は 10^{23} のオーダーであるから，この数字は水分子が既にいくつか重合したクラスターとして存在しており，それが核形成過程を支配しているように見える．しかし，その際の分子拡散については適切に考慮されていない．また，不均質核形成では，粘性支配の領域に入り，その影響もまだよくわかっていない．

減圧量一定は，結晶化の実験では温度一定に相当する．結晶化では，過冷却の温度一定下で，結晶数の時間変化から，定常核形成速度が決定されている．そのことによって，基本的に重要な古典核形成理論の吟味がなされる．しかし，気泡形成に関しては，減圧量一定での気泡数変化の振舞いが実験的に十分なされておらず，今後の課題である．

5.8　均質核形成の限界

一定速度で減圧する場合の核形成に必要な過飽和圧は，減圧速度や拡散係数などに大きく依存せず，ほぼ表面張力の大きさできまる．表面張力が大きくなるほど，核形成に必要な過飽和圧は大きくなる．このことは式 (5.68) で表現されており，図示すると図 5.19 になる．可能な最大減圧すなわち，真空まで減圧しても，核形成が起こらないような表面張力の大きさが定義でき，その値は，240 MPa の初期飽和圧に対して 0.13 N/m となる．この初期飽和圧は，Mourtada-Bonnefoi and Laporte (2004) の実験条件に対応しており，そのときの核形成に必要な過飽和圧は 0.625 MPa であり，それに対応する表面張力は約 0.1 N/m となり，以下で述べるように表面張力の実験結果ともよく一致する．

Bagdassarov *et al.* (2000) による流紋岩質メルトの表面張力の値に当てはめて

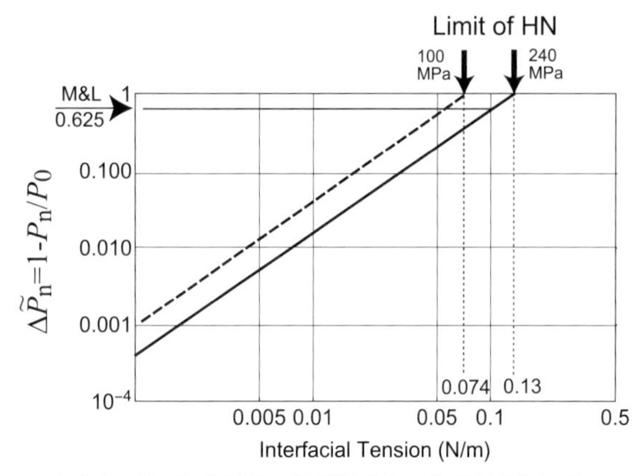

図 5.19　一定速度で減圧した場合の均質核形成に必要な過飽和圧 $\Delta P_{\rm n}$ と表面張力の関係．式 (5.68) を用いて計算．飽和圧が 100 MPa（破線）では表面張力が 0.074 N/m 以上，飽和圧が 240 MPa で 0.13 N/m 以上では，0 気圧 ($\Delta\tilde{P}_{\rm n} = 1$) まで減圧しても，均質核形成は起こらない．M&L は Mourtada-Bonnefoi and Laporte (2004) の実験結果．

みよう（図 A.2 ）．飽和状態でのメルト-水蒸気間の表面張力は，飽和圧力の増加とともに急激に減少する．1 気圧で 0.27 N/m の値は，100 MPa で 0.14，200 MPa で 0.1 に，300 MPa では 0.06 程度にまで減少する．このことは，およそ 100 MPa 以下の初期過飽和圧に対しては，均質核形成が起こらないことを意味している．100 MPa は，3〜4 wt%の初期含水量に対応しており，これ以下の初期含水量のメルトは，均質核形成を起こさず不均質核形成によってのみ，気泡が生成が可能である．その際には，形状因子の値が小さい，磁鉄鉱の表面をサイトとして不均質核形成が起こるであろう．ただし，以上は，1 気圧でメルトが急冷固結した場合で，高温の状態で比較的長時間保たれた場合には，均質核形成によってじわじわ核形成が進行することも考えられる．この場合，気泡数密度は，固結までの冷却時間により，減圧量一定の場合の理解が応用できる．気泡サイズは，気泡数密度が小さいから，相対的に大きくなることが予想される．

5.9　2 次核形成

気泡の 2 次核形成は，既に気泡を含んでいるマグマがさらに減圧する際に，新たに気泡が核形成する現象である[*7]．2 次核形成は，減圧履歴が複雑になると，起

[*7] 2 次発泡と異なることに注意．

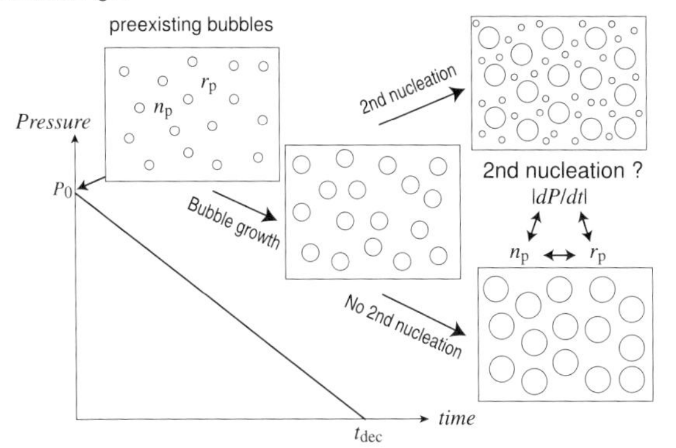

図 5.20　気泡の 2 次核形成を調べるための概念図 (Toramaru, 2014).

こる可能性が生まれる．例えば，飽和マグマが減圧し，いったん気泡が核形成したところで，地下深部に停留し，ある一定の時間を置いて気泡を含んだマグマが，周囲の岩体の破壊などにより急減圧する場合がある．また，冷却するマグマだまりの中で結晶化とともに気泡核形成が起こり，気泡を含んだマグマだまりが形成され，噴火のトリガーとともにそのマグマが急減圧される場合がある．こうした 2 次核形成の証拠は，軽石や火山灰といった噴出物中のバイモーダルな気泡サイズ分布として観察される可能性がある．

Massol and Koyaguchi (2005) は，火道を上昇するマグマにおける核形成の問題を数値的に解き，減圧が加速する低圧では，2 次核形成が起こることを示した．Sparks and Brazier (1982) では，気泡サイズ分布をガス吸着法により測定し，3 回の核形成が起こった噴出物 (Askja 1875, Mount St. Helens 1980) を示したが，これは後に，計測に問題があるとした (Witham and Sparks, 1986)．また，これまでの火砕岩組織の観察から，2 次核形成の可能性を示唆するいくつかの研究がある（Mount Mazama のプリニアン軽石サンプル CP15 (Klug *et al.*, 2002 の Fig.8), Montserrat ブルカニアン軽石（Formenti and Druitt, 2003 の Fig.5 や Gonde *et al.*, 2011 の Fig.4)）.

既存気泡数密度とサイズが小さいほど，総表面積は小さくなり，その成長に伴う揮発性成分のメルトからの減少率は小さくなる．その結果，そうした既存気泡を含んだマグマが減圧した場合，過飽和になりやすく，2 次核形成が起こりやすくなることが推察できる．また，減圧速度が大きいと 2 次核形成は起こりやすくなることが期待できる（図 5.20).

既存気泡の数密度やサイズ，マグマの減圧速度が 2 次核形成にどのように影響するか，モーメント方程式を用いて数値的に調べることができる (Toramaru, 2014). 数値実験の結果と解析から，2 次核形成が起こる限界の条件は，既存気泡の数密度 N_{PE} とサイズ R_{PE} および，表面張力 γ や拡散係数 D などマグマの物性の関数として以下のように与えられる．

$$\left|\frac{dP}{dt}\right|_{\mathrm{limit}} = 4\pi D P_0 N_{\mathrm{PE}} R_{\mathrm{PE}} \tau_* \left[\mathcal{Z}(\zeta)^{-1} + \mathcal{Z}(\zeta)/3\right] \tag{5.97}$$

ここで，$|dP/dt|_{\mathrm{limit}}$ は限界の減圧速度で，それ以下の減圧速度では 2 次核形成は起こらないしきい値である，また，関数 $\mathcal{Z}$ と ζ は以下で定義されている．

$$\mathcal{Z}(\zeta) = 3\left[\frac{1}{2}\left(\zeta^{\frac{1}{2}} + \sqrt{\zeta - \frac{4}{27}}\right)\right]^{\frac{1}{3}} \tag{5.98}$$

$$\zeta = \left(\frac{\phi_{\mathrm{G0}}\tau_*}{8\pi N_{\mathrm{PE}} R_{\mathrm{PE}}^3}\right)^2 = \left(\frac{\tau_*}{6}\frac{\phi_{\mathrm{G0}}}{\phi_P}\right)^2 \tag{5.99}$$

パラメータ ζ は，溶存含水量に相当する体積 $\phi_{\mathrm{G0}} = k_{\mathrm{B}} T C_0/P_0$ と，既存気泡としての水の体積 $\phi_{\mathrm{PE}} = 4\pi N_{\mathrm{PE}} R_{\mathrm{PE}}^3/3$ の比である．また，τ_* は，界面張力に依存する数値パラメータで $\tau_* = \tau_0 \alpha_1^{1/2}$ ($\tau_0 = 0.15$) によって与えられる．

もしマグマの情報が与えられていれば (物性や初期濃度など)，2 次核形成の限界の減圧速度は，既存気泡の数密度とサイズを与えるときまる．これは，数密度 N_{PE} とサイズ R_{PE} の平面上にコンター図（図 5.21）として表すことができる．この図から，既存気泡の数密度とサイズに対する限界減圧速度への依存性は，既存気泡としての含水量 ϕ_{PE} によって，既存気泡のサイズにも依存する領域（high ϕ_{PE} 領域）と数密度のみに依存する領域（low ϕ_{PE} 領域）の 2 つの領域に分かれることがわかる．

例えば，点 A で表されている既存気泡は，気泡径が $R_{\mathrm{PE}} = 1\,\mu\mathrm{m}$，気泡数密度が $N_{\mathrm{PE}} = 10^{11}\,\mathrm{m}^{-3}$ の状態である．ϕ_{PE} は $4 \times 10^{-7}\,\mathrm{m}^3$ であり，既存気泡としての含水量が相対的に小さい low ϕ_{PE} 領域に入る．水の拡散係数を $10^{-11}\,\mathrm{m}^2/\mathrm{s}$，界面張力を $0.1\,\mathrm{N/m}$ とすると，限界の減圧速度は $10^5\,\mathrm{Pa/s}$ で，これは $4\,\mathrm{m/s}$ の上昇速度に相当する．すなわち，それ以上の減圧速度なら，マグマ中で 2 次核形成が起こるし，それ以下なら起こらない．

一方，点 B で表されている既存気泡は，$N_{\mathrm{PE}} = 5 \times 10^9\,\mathrm{m}^{-3}$，$R_{\mathrm{PE}} = 1\,\mathrm{mm}$，$\phi_{\mathrm{PE}} \approx 21\,\mathrm{m}^3$ であり，high ϕ_{PE} 領域に入り，より少ない既存気泡数密度でも同じ限界減圧速度になる．図の温度圧力条件下での $\phi_{\mathrm{PE}} = 1$ に相当する既存気泡含水量は，$0.018 \times P \times \phi_P/(6 \times 10^{23} \times 2500 k_{\mathrm{B}} T) \times 100\,\mathrm{wt\%}$ から計算でき，約

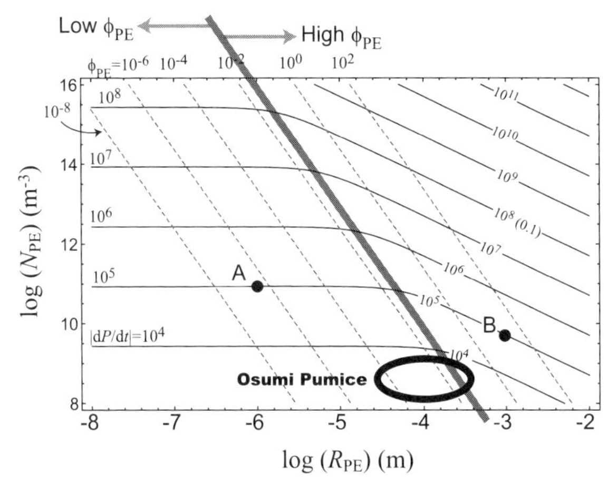

図 5.21　既存気泡の数密度 N_{PE} とサイズ R_{PE} の関数としての 2 次核形成発生の限界の減圧速度 $|dP/dt|$ (Pa/s) のコンター図．コンターで示される値よりも大きい減圧速度であれば，2 次核形成が起こる．$C_0 = 4.2 \times 10^{27}$, $k_{\mathrm{B}} = 1.38 \times 10^{-23}$, $T = 1100\,(\mathrm{K})$, $D = 10^{-11}\,(\mathrm{m^2/s})$, $P_0 = 150\,(\mathrm{MPa})$, $\phi_{\mathrm{G0}} = 0.425$，$\gamma = 0.1\,\mathrm{N/m}$，$\tau_0 = 0.15$ が仮定されている．界面張力 γ の影響は，γ が 1 桁小さくなると，$|dP/dt|$ の等値線は，Low ϕ_{PE} 領域では縦軸で 3 桁，High ϕ_{PE} では 3/2 桁上に動く．(Toramaru, 2014 を改変)

12 wt%となる．このような高含水量で発泡したマグマが，地下に存在しているかどうかは定かではない．

既存気泡としての揮発性成分量が相対的に小さい場合，すなわち ζ が大きい場合，$\mathcal{Z}(\zeta)^{-1} + \mathcal{Z}(\zeta)/3 \approx \mathcal{Z}(\zeta)/3 = \zeta^{1/6}$ であり，限界の減圧速度は，

$$\left|\frac{dP}{dt}\right|_{\mathrm{limit}} = 2\pi^{1/3} \cdot D \cdot P_0 \cdot \phi_{\mathrm{G0}}^{1/3} \cdot (\tau_0 \alpha_1^{1/2})^{4/3} \cdot N_{\mathrm{PE}}^{2/3} \propto N_{\mathrm{PE}}^{2/3} \cdot \gamma^2 \quad (5.100)$$

と近似できる．限界の減圧速度は，既存気泡数密度の 2/3 乗，表面張力の 2 乗に比例し，気泡サイズには依存しない．既存気泡のサイズに依存しないことは，ある一定のサイズ以下になると，既存気泡サイズによらず，拡散成長による濃度減少効率が一定であり，既存気泡の数密度だけできまっていることを反映している．

一方，既存気泡の体積が比較的大きい場合，$\mathcal{Z}(\zeta)^{-1} + \mathcal{Z}(\zeta)/3 \approx 1$ であり，限界の減圧速度は，

$$|dP/dt|_{\mathrm{limit}} = 4\pi \cdot D \cdot P_0 \cdot N_{\mathrm{PE}} \cdot R_{\mathrm{PE}} \cdot (\tau_0 \alpha_1^{1/2}) \propto N_{\mathrm{PE}} \cdot R_{\mathrm{PE}} \cdot \gamma^{3/2} \quad (5.101)$$

と近似できる．限界の減圧速度は，既存気泡数密度とサイズに比例し，表面張力

の 3/2 乗に比例する．既存気泡サイズに比例することは，既存気泡サイズが濃度減少の振舞いに影響を与えていることを示している．

2 次核形成に関する数値実験の結果は，以下のように定性的にまとめることができる．

1. 既存気泡の体積分率が小さい場合には，2 次核形成が起こる限界の減圧速度は，既存気泡の数密度のみによってきまる．その場合，限界の減圧速度は，既存気泡の数密度を作るのに仮想的に必要な減圧速度よりおおよそ 1 桁大きい必要がある．

2. 既存気泡の体積分率が大きい場合には，2 次核形成が起こる限界の減圧速度は，既存気泡の数密度とサイズに比例する．

3. もし気泡の 2 次核形成が起こったなら，2 次気泡の数密度は，1 次気泡の数密度より 1 桁以上大きくなる．

4. 2 次気泡の数密度には BND 減圧速度計が適用可能である．

第6章　気泡に関わるその他の過程

これまでの章では，マグマの発泡の熱力学的平衡条件，気泡の核形成と成長のカイネティックスについて解説した．マグマ中の気泡は，過飽和液中での核形成と成長という簡単な素過程だけでなく，様々な過程を経験し地表に到達する．本章では，気泡が経験する種々の過程のうち，2 次成長，変形，合体，離脱，崩壊，振動など比較的研究がなされているものについて解説する．これまでの章と同様に，初めに理論的考察を行い，その後，実験結果に理論的考察を応用する．

6.1　気泡の 2 次成長：Ostwald 熟成

6.1.1　2 次成長の仕組み

核形成・成長を経て新しい相が形成し，弱い過飽和状態に置かれると，相（気泡や結晶）の体積は変化せずに粒成長が起こる．このことを，2 次成長または，Ostwald 熟成 (Ostwald Ripening) という．気泡や結晶の 2 次成長は，表面エネルギーをより小さい状態にする作用が駆動力となって起こる．粒成長の仕組みは，Gibbs-Thomson 効果による界面での局所平衡濃度の不均一と，それによって駆動される液相中での物質移動の組み合わせである．

図 6.1 は，2 次成長の仕組みを模式的に示している．Gibbs-Thomson 効果の力学的アナロジーとして，大きさの異なるゴム風船をストローでつないだ場合を考えよう．風船の大きさによらず，ゴムの張力が同じだと仮定する．力学的平衡すなわち Laplace の式 (3.16) に従って，風船の内部の圧力は，風船が大きいほど小さくなっている．そのため，この 2 つの風船をストローでつないだとすると，内圧の大きい小さい風船から，内圧の小さい大きい風船に向けて，風船内の気体の圧力差に駆動されて，気体の流れが生じる．気体の流れで，風船のサイズの違いはますます大きくなるから，駆動力と気体の流れもますます大きくなり，その結果最終的には，小さい風船はしぼんでしまい，大きい風船だけが残る．

同じ過程が，界面が曲率を持った気泡や結晶と液体の間の化学平衡においても

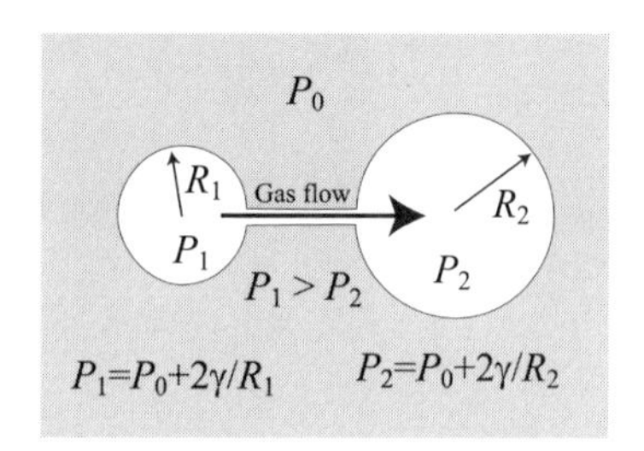

図 6.1　大きさの異なるゴム風船をストローでつないだイメージ図．気泡の 2 次成長（Ostwald 熟成）とのアナロジー．周囲の流体（液圧 P_0）と力学平衡（Laplace の式）にある風船の内圧（P_1 と P_2）は，風船のサイズ R が小さいほど高くなる．そのため，ガスは小さい風船から大きい風船に流れる．気泡の 2 次成長では，液と化学平衡にある気泡の界面濃度（化学ポテンシャル）は，気泡径が大きくなるほど大きくなる：$\mu_R = \mu_\infty + 2\gamma v_{\mathrm{G}}/R$．ここで，$\mu_R$ と μ_∞ は，曲率半径 R の気泡界面および平坦な界面（曲率半径無限大）での化学ポテンシャル，v_{G} はガスの分子体積である．そのため，液中に濃度勾配が生じ，ガス成分は小さい気泡の周りから大きい気泡の周りに拡散で移動する．

働く．この場合，界面張力による気泡内圧の差が，気泡内ガスと平衡にある液中ガス成分の化学ポテンシャルの差を生みだし，曲率の大きい高内圧の半径の小さい気泡は，より大きな界面平衡濃度を持つことになる．すなわち，液内では，ガス成分濃度に不均一が生まれ，その結果拡散による物質移動が起こる．その物質移動は，濃度勾配に従った液中拡散で，界面の曲率が大きな小さい気泡の近傍から曲率の小さな大きな気泡の近傍へ向かうので，小さい気泡の界面では濃度が減少し未飽和に，反対に大きい気泡の近傍では過飽和になる．未飽和領域では，界面平衡を保つために，気泡に析出していたガスが液に再溶解し，過飽和領域では気泡への析出がさらに進む．その結果，小さい気泡はますます小さくなり，大きなサイズの気泡はますます成長することになる．この過程の結果，小さいサイズの気泡は消滅し，全体の気泡数と平均サイズは増加していく．

6.1.2　サイズ分布についての Lifshitz と Sliyozov の解（LS 理論）

溶液中の球状結晶について，Lifshitz and Slyozov (1961) によって解析解が与えられている．溶液中の球状結晶の場合，溶解度は圧力に線形に依存するので，ケイ酸塩メルト中の気泡における Gibbs-Thomson の関係（式 (2.43)）のように 1/2 乗が現れない．

Lifshitz and Slyozov (1961) は，この問題に対して，サイズ分布関数の時間発展の解析解を得た．彼らの解を図示すると，図 6.2 になる．ここで注意すべき点

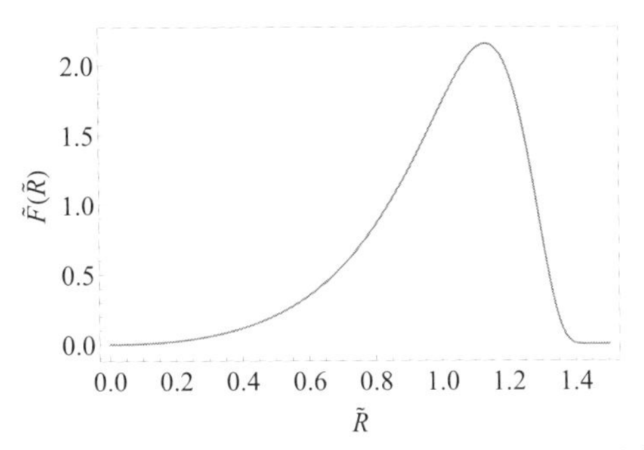

図 6.2 Lifshitz and Slyozov (1961) の解のサイズ分布．サイズ $\tilde{R}$ は平均粒径，分布 $\tilde{F}(\tilde{R})$ は適当にスケールされている．

は，臨界サイズの 3/2 倍以上大きいサイズのドメインは存在しないという結論である．ピークの位置（最も卓越しているサイズ）は，全体のサイズ分布の中で $1.2/1.5 = 0.8$ の位置にある．大きいサイズのものの中に，小さいサイズのものが分布しており，サイズが小さいものほど数が少なくなっていく．

粒子の個数 N m^{-3} は，時間に反比例して減少する．

$$N \approx \frac{0.5}{DR_X^* t} \tag{6.1}$$

また，平均粒径 $\langle R \rangle$ は，臨界半径と一致し，時間の 1/3 上に比例して増加する．

$$\langle R \rangle \approx \left(\frac{4R_X^* D}{9} t \right)^{\frac{1}{3}} \tag{6.2}$$

ここで R_X^* は式 (7.27) で定義されている表面張力が効く粒径である．LS 理論の成長則は，比較的大きな過飽和度の中での拡散成長の成長則（時間の 1/2 乗に比例する）と比べると興味深い．

6.1.3 成長則の定性的理解

Ostwald 熟成の成長則は時間の 1/3 乗に比例する．一方，拡散成長則は時間の 1/2 乗に比例する．この違いはどこから生まれてくるだろうか．第 4 章で，気泡の拡散成長の基本式は式 (4.25) で与えられた．この式において，右辺分母の粒径 R が拡散長に相当し，右辺分子の $C_\infty - C_R$ は拡散の駆動濃度差と見ることができる．Ostwald 熟成の場合，拡散長は気泡中心間距離の半分 l であり（希薄な場合），濃度差は気泡内圧力差による平衡濃度差 ΔC であり，気泡成長を次のように書き換えることができる．

$$\frac{dR}{dt} = v_{\rm G} D \frac{\Delta C}{l} \tag{6.3}$$

気泡内圧力差 $\Delta P_{\rm G}$ による平衡濃度差 ΔC は，

$$\Delta C \approx \frac{\partial C}{\partial P} \Delta P_{\rm G} \tag{6.4}$$

と近似できる．さらに，気泡内圧力差 $\Delta P_{\rm G}$ のスケールは，界面張力による圧力差であるから，Laplace の式より

$$\Delta P_{\rm G} \approx \frac{2\gamma}{R} \tag{6.5}$$

と近似できる．

一方，気泡中心間距離 $2l$ は，気泡数 N の減少とともに $l \approx N^{-1/3}$ に従って増加する．気泡の体積分率 ϕ がほとんど変化しない場合，セルモデルのところで見たように $N \propto R^{-3}$ に従って変化する（これは気泡の体積分率によらない）ので，気泡間距離は，系の代表的な気泡径に比例して増加する ($l \propto R$)．その結果，気泡成長速度は

$$\frac{dR}{dt} = v_{\rm G} D \frac{(\partial C/\partial P) 2\gamma}{R^2} \tag{6.6}$$

となり，これを積分すると，径は時間の 1/3 乗に比例することがわかる．

6.1.4　実験との比較

液体中の液滴や固相あるいは固相中の固相の Ostwald 熟成は，時間の 1/3 乗に従う粗粒化が実験的によく確認されている (Kingery *et al.*, 1976)．体積分率が大きいフォームにおいては，時間の 1/2 乗に従うことが確認されている (Weaire and Hutzler, 2000; Proussevitch *et al.*, 1993a)．また，ケイ酸塩メルトを用いた実験 (Larsen and Gardner, 2000; Larsen *et al.*, 2004; Lautze *et al.*, 2011) においては，時間の 1/3 乗に必ずしも従わないことが報告されている．特に，気泡数密度の減少率は，時間に反比例する LS 理論よりも緩やかになる．Larsen *et al.* (2004) は，Mono Craters 流紋岩を用いた減圧量一定の実験を行い，気泡数密度 N が，次の時間 t（分）に関するべき則に従うことを示した．

$$N \propto t^{\chi_{\rm OS}} \tag{6.7}$$

ここで，指数 $\chi_{\rm OS}$ の値は，-0.32 から -0.43 の値を取り，LS 理論から予想される -1 とは大きくずれる．また，Lautze *et al.* (2011) は，流紋岩質と玄武岩質安

山岩メルトを用いた実験を行い，指数が $-0.59\sim-0.94$ の値を取り，やはり LS 理論とは合わないことを報告した．

このことはケイ酸塩メルト中の水蒸気気泡の場合，LS 理論がそのまま適用できないことを示唆している．理論との不一致の主な要因として，次の 2 つが考えられる．1 つは，水のケイ酸塩メルトへの溶解度が気泡圧の 1/2 乗に比例していることがある．LS 理論では，平衡濃度は圧力に比例していると仮定されている．もう 1 つは，気泡の場合，気泡内ガス分子の分子容は気泡内圧力と理想気体の状態方程式を介して相互に関連している．LS 理論では，粒子内の分子容は一定としている．このように，ケイ酸塩メルト中の Ostwald 熟成を理解するためには，理論の改良が必要である．

6.2　気泡の変形

6.2.1　理論的研究

Newton 粘性流体中における Newton 流体の液滴の変形は，比較的昔から調べられている．一般に，液滴の変形は，周囲の流体の速度場，液滴表面の界面活性剤，周囲の流体の粘性率 η と液滴の粘性 η' の比，表面張力 γ，周囲の流体の Reynolds 数 (Re) によって支配される．気泡の場合は，粘性比 η'/η が 0 に近い場合として取り扱うことができる．また，界面活性剤の効果はとりあえず無視する．

液滴の変形を評価する際の手順は，液滴の周りの流体の変形場を決定し，それによる流体中の応力と液滴内部の流れ場を決定する．表面張力を考慮する場合は，液滴と周囲の流体との境界での境界条件にそれを考慮して，液滴表面の運動方程式を計算し決定する．Taylor (1934) は，Re 数が小さい場合について，Taylor (1932) によって求めた球形に近い液滴の周りの変形場を用いて力のつりあいを計算し，定常状態での形状を決定した．その結果，次の Capillary 数 (Ca) が重要になることを示した．

$$\mathrm{Ca} = \frac{\eta\dot{\epsilon}R}{\gamma} \tag{6.8}$$

Ca 数は，周囲の流体の変形で球形からずれる力 $(\eta\dot{\epsilon})$ と表面張力による球形に戻る力 (γ/R) 効果の比である．Ca 数が小さいと，表面張力の効果が優勢で，球形を保つ．Ca 数が大きくなると，変形が優勢で，液滴は球形からずれてくる．また，Ca 数が閾値を超えて大きくなると，気泡の分裂が起こることもわかっている．

Taylor は，Re 数も粘性比も 1 より小さく，単純ずり (simple shear) と純粋ずり (pure shear) の場合について，次の式で定義される変形度 DF を調べた．

$$DF = \frac{L_1 - L_3}{L_1 + L_3} \tag{6.9}$$

ここで，変形液滴の長軸を L_1，最短軸を L_3 とする．その結果，変形が小さい場合 ($0 \ll L_3/L_1 < 1$)，simple shear の定常状態では Ca 数に比例することを見出した．

$$DF = \mathrm{Ca} \tag{6.10}$$

pure shear の場合は，係数に 2 が掛かる．

変形が非常に大きくなってくる ($L_1/L_3 \gg 1$) と，気泡の先端は尖るようになる（図 10.15 左の左上の気泡）．この形状は，slender-body と呼ばれ，周囲の変形場に影響を与える．Hinch and Acrivos (1980) は，slender-body について解析的に解き，定常形状に関して次の関係式を得た．

$$\frac{L_1}{R} = 3.45\mathrm{Ca}^{1/2} \tag{6.11}$$

また，pure shear の場合 (Acrivos and Lo, 1978) には

$$\frac{L_1}{R} = 20\mathrm{Ca}^2 \tag{6.12}$$

となる．

球形から少し変形が進み，楕円体で近似できる場合についても，Eshelby の弾性体の理論 (Eshelby, 1957) を応用し，表面張力がない場合 (Wetzel and Tucker, 2001) や，表面張力が働く場合 (Jackson and Tucker, 2003) について，解析的取り扱いがなされてきた．これらの研究の中で，Jackson and Tucker (2003) は，液滴の伸びが小さい場合から，楕円体を経て，slender-body にまで大きく伸びた場合を統一的に取り扱えるモデルを開発した．これら最近のモデルの特筆すべき点は，平常状態での液滴の形状を計算できるだけでなく，それに至る過渡的状態の液滴形状も計算できる点にある．

これらの研究の関心は Newton 流体中にある粘性流体の液滴の変形を取り扱い，粘性比 η'/η が極端に小さい 0 に近い気泡に相当する場合を含んでいなかった．最近，Ohashi *et al.* (2018) は，Jackson and Tucker (2003) のモデル（JT モデルと呼ぶ）を改良し，非定常過程における気泡形状の時間発展の計算手法（MJT モデルと呼ぶ）を確立し，非定常過程を含む気泡の形状の支配要因を詳細に調べた．その結果，気泡形状を，Ca 数（歪速度）と，総歪（すなわち時間）の関数として表現することに成功した（図 6.3）．これを天然の変形した気泡に応用すると，変形に寄与した Ca 数すなわち歪速度と歪量の両方を同時に推定することが可能である（第 10 章参照）．

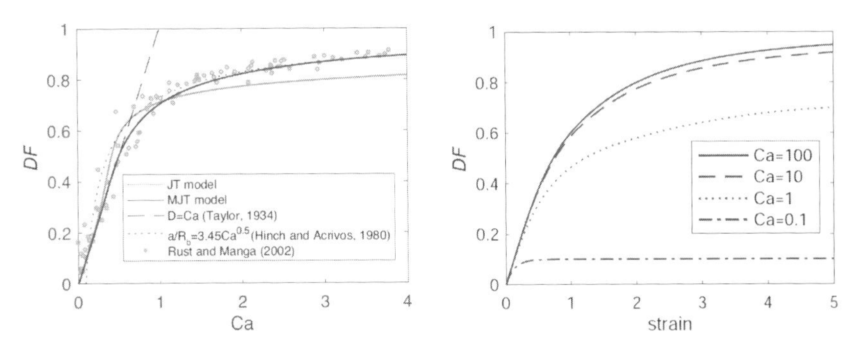

図 **6.3** (左) 定常状態下での気泡形状 (変形度 DF) と Ca 数の関係 (Rust and Manga, 2002). 曲線はいくつかのモデル. (右) Ca 数をパラメータとした, simple shear 下における気泡形状 (変形度 DF) の時間発展 (歪を時間と見ることができる) (Ohashi *et al.*, 2018).

6.2.2 実験的研究

Rust and Manga (2002) は, 空気気泡に関して, 変形が大きいところと小さいところの中間もカバーする領域で, Taylor によって始められた parallel band (反対方向に動く平行に設置されたバンド) を用いた実験を行い, $\mathrm{Ca}=1$ で定常形状の遷移が起こることを確かめた (図 6.3 左). 変形度 DF は, Ca 数が小さいところでは, 式 (6.10) に従って Ca 数に比例し, 1 より大きくなると式 (6.11) に従って L_1/R が $\mathrm{Ca}^{1/2}$ に比例して増加する. ここで重要な点は, Ca 数が 1 より大きいところでは, 定常状態での変形度 DF は 1 に近く, 0.8 よりも大きな値を取ることである. このことは, 図 6.3 において, Ca 数が大きいところでの定常状態の DF の曲線が 1 に近いところで密集していることに対応している.

さらに彼らは, 変形場がなくなって, 気泡が表面張力で緩和する過程も調べ, 長軸の変形度 L_1-R が, 時定数 $\tau=R\eta/\gamma$ で,

$$\frac{L_1-R}{L_1(0)-R}=\exp(-0.67t/\tau) \tag{6.13}$$

で緩和することを示した. 以上, 定常状態での気泡形状は, Ca 数だけで記述されるということが重要な点である.

6.3 気泡の合体

核形成した気泡の成長が進んでくると, 気泡間の距離が縮まり, 気泡の合体が

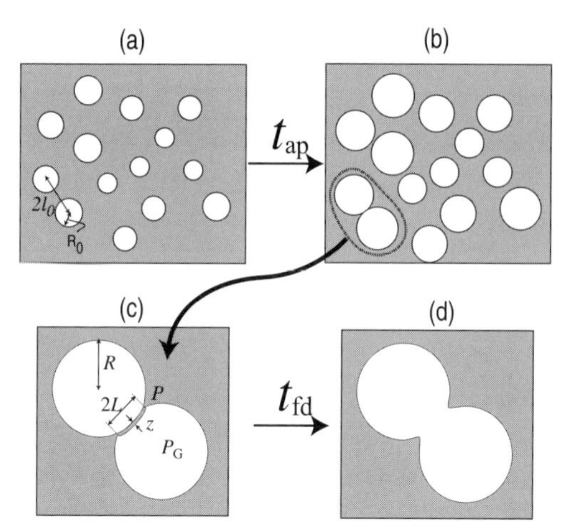

図 **6.4**　気泡の合体過程の概念図．気泡成長による気泡接近の場合は，$t_{\mathrm{ap}} = t_{\mathrm{G}}$ となる．(a) (b) 気泡の膨張による気泡の接近．気泡の中心は動かない．(c) (d) 気泡間液膜の排出による気泡の合体．Reynolds の潤滑理論では，気泡間液膜を半径 L，厚さ z の円盤と見なす．

起こるようになる．気泡合体の効率は，気泡同士が接近する気泡間距離の短縮過程と，接近した気泡間のメルトフィルムの排出過程に支配される（図 6.4）．さらに，合体した気泡の形状が球形に緩和される過程も，最終的な発泡組織に影響を与える．まず，その基本的な側面として，気泡の合体過程による気泡サイズ分布の時間発展を理解するために，不連続サイズ分布関数による定式化を行い，合体効率の概念を説明する．一般に，合体効率は，合体の素過程に依存し，合体する気泡のサイズに依存する．合体効率についての理解をより深めるために，いくつかの素過程について，合体効率を定式化する．簡単のために，例として気泡サイズに依存しない合体効率を用いて，サイズ分布の時間発展を定量的に理解する．

6.3.1　合体頻度

不連続サイズ分布を n_i で定義する．i は，連続する整数でサイズを定義する．整数の値が，2，3，4，…と変化するなら，サイズは 2 倍，3 倍，4 倍，…とそれに比例して変化するような関係が都合がよい．よって，もし最小のサイズが，分子 1 個でなく，何か別の大きさなら，その整数倍でサイズは定義される．

サイズビン k にある気泡数密度の時間変化は，

$$\frac{dn_k}{dt} = \underbrace{\frac{1}{2}\sum_{i+j=k}^{\infty} K_{ij} n_i n_j}_{\text{Increase}} - \underbrace{n_k \sum_{i=1}^{\infty} K_{ik} n_i}_{\text{Decrease}} \tag{6.14}$$

ここで，K_{ij} は，全体として n_i 個と n_j 個存在している気泡の中から，サイズ i とサイズ j の 2 個の気泡が合体する頻度（合体頻度）であり，$\mathrm{m^3/(number\ s)}$ の次元を持つ．合体頻度 K_{ij} は，合体のメカニズムによる．

右辺第 1 項は，小さいサイズの気泡同士（サイズ i とサイズ j）が合体してサイズ $k = i + j$ になる増加率である．因子 1/2 は，和を小さいサイズから順番に取る際，自らが小さい場合と大きい場合について 2 回勘定するので，それを差し引いている．右辺第 2 項は，サイズ k の気泡に異なるサイズの気泡が合体し k より大きなサイズ $(k + j)$ になり，サイズ k の気泡数が減少することを表している．合体頻度 K_{ij} の意味は，$K_{ij} n_i$ が，今注目しているサイズ j の粒子とサイズ i の粒子との遭遇・合体回数（単位時間当たり）を与える．

気泡が，分散粒子のように流体中を自由に運動できる場合，従来の粒子の凝集過程での衝突頻度を用いることができる．その際は，$K_{ij} n_i$ において，注目しているサイズ j が出会う候補の母集団の数を粒子数密度 n_i，その母集団の中でサイズ j と出会う確率が K_{ij} であると見なせる．この場合は，あとで解説する．

気泡が密に存在していたり粘性のため気泡が自由に運動できない場合は，注目しているサイズ j と遭遇し合体できるサイズ i の気泡の母集団の数が最近接気泡数となり，気泡の幾何学配置できまっている．等球のランダム分布の場合，それは 1 個であり，規則的な細密充填の場合には，14 個である．気泡の体積分率とサイズ分布によってこの数は変化するが，本書では 1 と仮定する．その場合，$K_{ij} n_i$ において，母集団数は 1 であり，$K_{ij} n_i$ が，その 1 個の中にサイズ i を発見する単位時間当たりの確率と見ることができる．そうすると，母集団数 1 はすべてのサイズを含む総粒子数 N の中から，サイズ i の n_i 個を選ぶ確率になるから，

$$K_{ij} n_i \propto \frac{n_i}{N} \tag{6.15}$$

となる．

また，この場合，合体頻度は 2 個の気泡が合体に要する延べ時間 t^* に反比例する．形状の緩和時間を無視すると，合体に要する延べ時間は，2 個の気泡の接近時間 t_{ap} と気泡の間の液膜の排出時間 t_{fd} の合計 $t^* = t_{\mathrm{ap}} + t_{\mathrm{fd}}$ であり，

$$K_{ij}n_i \propto \frac{1}{t_{\rm ap}+t_{\rm fd}} \tag{6.16}$$

となる．$t_{\rm ap}$ と $t_{\rm fd}$ は，一般にサイズ i と j に依存する．そうすると，この場合の合体頻度 K_{ij} は，

$$K_{ij} = \frac{1}{N(t_{\rm ap}+t_{\rm fd})} = \frac{1}{Nt^*} \tag{6.17}$$

となる．ここで，N は総気泡数であり

$$N = \sum_{i=1}^{\infty} n_i \tag{6.18}$$

により与えられる．

気泡が自由に運動できない場合，t^* がサイズに依存しないとすると，式 (6.17) を式 (6.14) に代入すると，

$$\frac{dn_k}{dt} = \frac{1}{2Nt^*}\sum_{i+j=k}^{\infty} n_i n_j - \frac{n_k}{Nt^*}\sum_{i=1}^{\infty} n_i \tag{6.19}$$

となる．この式に $\sum_{k=1}^{\infty}$ を作用させ，総気泡数（気泡数密度）N の変化率についての式を求めると，

$$\frac{dN}{dt} = -\frac{1}{2t^*}N \tag{6.20}$$

となる．この式は，t^* が N と t に関係しない定数と見なすと，解は容易に求まる．

$$N = N(0)\exp\left(-\frac{t}{2t^*}\right) \tag{6.21}$$

ここで，$N(0)$ は初期総気泡数である．このように，気泡数は指数関数的に減少し，その時定数は $2t^*$ である．その逆数を，合体効率 CE と呼ぶことにする．

$$\mathrm{CE} = \frac{1}{2t^*} \tag{6.22}$$

また，粒子が気体中をブラウン運動するように，気泡が液体中を乱流で自由に運動できる場合は，

$$N = \frac{N(0)}{1+N(0)t/(2t^*)} \tag{6.23}$$

となる (Freidlander, 2000)．

6.3.2　気泡間距離の短縮過程：合体の素過程

成長・膨張による気泡接近

これは液体中の気泡の合体過程に特徴的に見られる機構である（図 6.4(a)(b)）．エアロゾルや惑星空間でのダスト凝集過程では，粒子が相手粒子を見つけるためにブラウン運動などによって動き回るが，マグマ中の気泡ではこうしたことは考えづらい．

気泡中心間距離 $2l$ は，気泡の数密度 N と関係し，数密度が大きくなると短くなる：$l \propto N^{-1/3}$．また，体積分率一定とすると，$N \propto R^{-3}$ と近似できるので，$l \approx R$ とする．気泡の成長あるいは膨張速度を dR/dt とすると，気泡接近の時間スケール t_{ap} は，第 0 近似として $t_{\mathrm{ap}} = l/dR/dt \approx R/dR/dt$ である．気泡の合体過程では気泡体積 v をサイズの単位とするので，$v = 4\pi R^3/3$ を利用すると，

$$t_{\mathrm{ap}} \approx \frac{R}{\frac{dR}{dt}} \approx \frac{v}{\frac{dv}{dt}} \tag{6.24}$$

となる．また，これは，

$$\frac{dv}{dt} = \frac{v}{t_{\mathrm{ap}}} \tag{6.25}$$

となる．

単純拡散成長の場合，$dR/dt \propto 1/R$ であるので，$dv/dt \approx v^{1/3}$ となり，

$$\frac{dv}{dt} \approx v^{1/3} \tag{6.26}$$

$$t_{\mathrm{ap}} \approx v^{2/3} \tag{6.27}$$

となる．

一定速度で連続減圧される場合の気泡の等温膨張では，気泡内分子数一定の下で，状態方程式 $Pv =$ 一定から，

$$\frac{dv}{dt} = \frac{v}{t_{\mathrm{dec}}} \tag{6.28}$$

$$t_{\mathrm{ap}} = t_{\mathrm{dec}} \tag{6.29}$$

となる．気泡の接近時間は，減圧時間 $t_{\mathrm{dec}} = P/|dP/dt|$ と等しくなり，気泡径には依存しない．これらの結果は，平均場的考えに基づいており，サイズ v の気泡の周りの最近接気泡のサイズや距離はそれ自身の v に依存し，最近接気泡のサイズには依存しない（気泡の空間分布がランダムで平均するとすべてのサイズについて等確率である）．

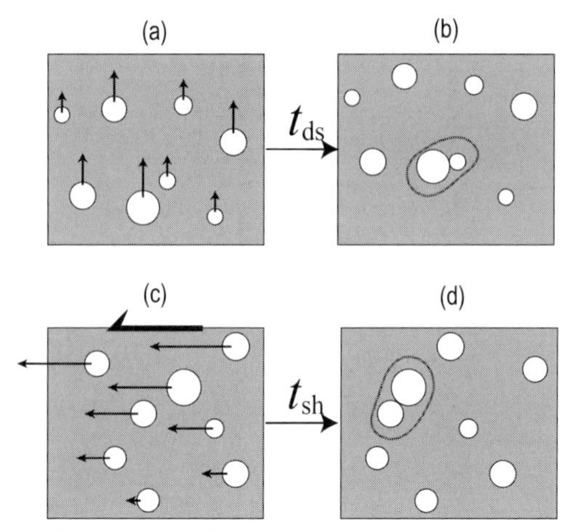

図 6.5　(a)(b) 浮力による上昇速度の違いによる接近．(c)(d) せん断による接近．

浮力による相対運動が引き起こす気泡接近

メルト中の気泡の上昇が，気泡のサイズに依存して起こるとすると，気泡間の上昇速度の違いによって，サイズの違う気泡が接近し，合体が起こることが考えられる（図 6.5(a)(b)）．一般に，粘性流体中に浮遊する粒子が浮力によって上下に相対運動することによって合体する効率の評価では，まず始めに実効衝突断面積を見積もる必要がある．実効衝突断面積は，幾何学的衝突断面積を粒子間の流体力学的相互作用を考慮して補正したものだ．

気泡は浮力により上昇するが，液体よりも重い粒子は沈降する．粒子の沈降の場合にも，同様の合体過程（凝集：coagulation）が起こる．気泡を変形しない球形と仮定すると，粒子の沈降速度差（差動沈降：differential sedimentation）による凝集過程の議論が当てはまる．

変形しない球状粒子の場合は，まず，浮力によって Stokes 速度で上昇するある大きさ R_2 の粒子の周りの流れ場を決定する．次に，その粒子の流体力学的影響のない下方位置に，中心位置をある水平距離だけ離して，より大きいサイズ R_1 の粒子を置き，その粒子の上昇軌跡を計算する．2 つの粒子の初期水平間隔が半径の和 $R_1 + R_2$ より十分小さいと，下方粒子は上方粒子に衝突するし，初期水平間隔が十分大きいと衝突しない，ことが予想される．流体力学的相互作用を考えない場合，幾何学的衝突断面積は明らかに $\pi(R_1 + R_2)^2$ である．流体力学的相互作用を考慮すると，それに補正項が掛かることが予想される (Freidlander, 2000)．さらに，気泡は相互作用の際に変形するので，それが流れ場にフィードバックし，

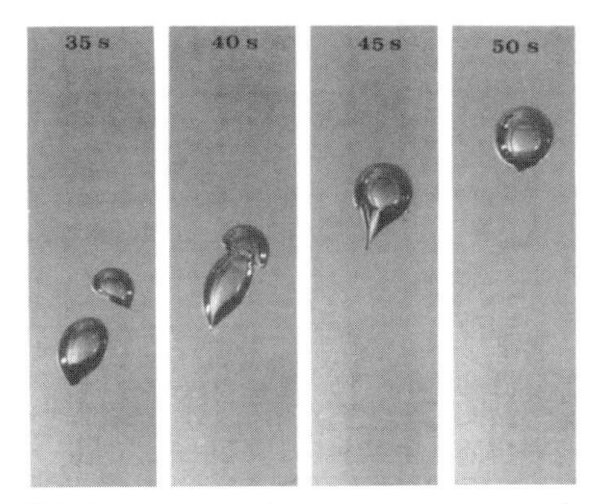

図 6.6 粘性流体中（コーンシロップ：Re $\approx$ 0.005, Bo $\approx$ 20）で半径の和よりも長い中心距離から上昇し始めた 2 つの気泡の合体の様子 (Manga and Stone, 1994)．大きな気泡が小さい気泡と斜めに並ぶように近づき，小さい気泡の斜め下方から衝突するように合体する．別の条件では，大きい気泡がいったん小さい気泡を追い越し，小さい気泡を下方に吸い上げるように合体する．

問題はより複雑になり，解析的には難しそうである．形式的には，流体力学的相互作用と気泡の変形を考慮した補正項を β_{ij} と書くと，合体効率は，

$$K_{ij} = \beta_{ij}\pi(R_i + R_j)^2|U_i - U_j| \tag{6.30}$$

と書くことができる．上昇速度 U に Stokes 速度 $U_{\mathrm{St}} = \Delta\rho \mathrm{g} R^2/(3\eta)$，粒子体積 $v = 4\pi R^3/3$ を用いて，粒子体積 v を使って書き換えると，

$$K_{ij} = \beta_{ij}\pi(\Delta\rho g/(3\eta))(4\pi/3)^{-4/3}(v_i^{1/3} + v_j^{1/3})^2|v_i^{2/3} - v_j^{2/3}| \tag{6.31}$$

となる．β と v の項以外の係数の次元は ($\mathrm{m}^{-1}\,\mathrm{s}^{-1}$) であり，$v$ の項の次元は (m^4) であり，上で見たように K_{ij} の次元は ($\mathrm{m}^3\,\mathrm{s}^{-1}$) であるので，$\beta$ の次元は無次元である．

Manga and Stone (1994) は，粘性流体としてコーンシロップを用いた実験を行い（図 6.6），低い Reynolds 数 (Re) の場合に，上記の諸々の影響を次の Bond 数 (Bo)（または Eötvös 数と言う）で評価した：

$$\mathrm{Bo} = \frac{\Delta\rho \mathrm{g} R^2}{\gamma} \tag{6.32}$$

Bo 数は，浮力による圧力 ($\Delta\rho \mathrm{g} R$) と表面張力 ($2\gamma/R$) の比（の 2 倍）である．Bo

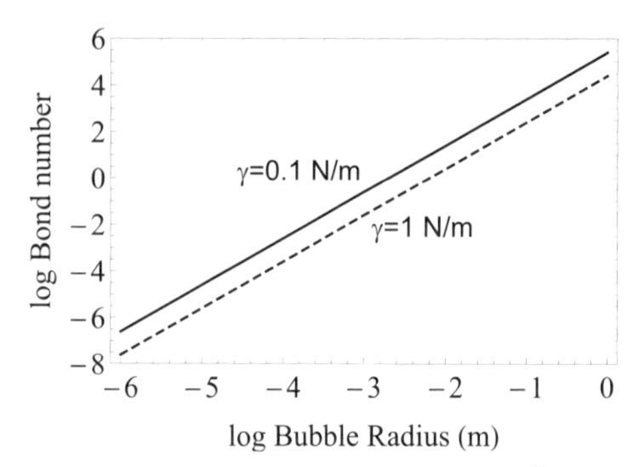

図 6.7　気泡半径と Bo 数の関係．密度差 2500 kg/m^3 を仮定．表面張力 0.1 N/m と 1 N/m の例を示す．

数が小さくなると，気泡は球形を保ち変形の影響は少ない．Bo 数が大きくなると，気泡は変形し流体力学的相互作用も複雑になる．また，Re 数が大きくなると，上昇気泡は単独でも変形し複雑な動きをするので (6.5.2 節参照)，合体効率は Re 数の関数でもあるだろう[*1]．

気泡径の関数として見た Bo 数の値を，図 6.7 に示す．マグマの場合，気泡半径が 1 mm 以下では，Bo 数はおおよそ 1 以下で，気泡の変形は無視できる．10 cm ぐらいから，Bo 数は 10 を超えるようになり，球形からのずれの影響を考慮する必要が生じる．

彼らは，実験結果から，実効的衝突断面積と幾何断面積の比である補正項 β_{ij} を

$$\beta_{ij} = 0.3\left(\frac{R_2}{R_1}\right)^{1/2} + \frac{\mathrm{Bo}}{2}\left(\frac{R_2}{R_1}\right)^6 \tag{6.34}$$

と決定した．この式と，$R_1 > R_2$，$0 < R_2/R_1 < 1$ から，気泡が変形しない

[*1] 6.2 節で見たように，気泡の変形は，Capillary 数（Ca，式 (6.8)）で評価できる．Ca 数において，Stokes 速度 V_S を気泡径 R で割ったものを歪速度 $\dot{\epsilon}$ とすると，

$$\mathrm{Ca} = \frac{\eta R V_\mathrm{S}}{\gamma R} = \frac{\Delta\rho \mathrm{g} R^2}{\gamma} = \mathrm{Bo} \tag{6.33}$$

となり，Bo 数と等しくなる．それ故，Bo 数と Re 数を考慮すれば，合体効率をうまく表現できると考えられる．

表面張力 $(2\gamma/R)$ と慣性力 (ρV_S^2) の比である Weber 数 (We)：

$$\mathrm{We} = \frac{\rho V_\mathrm{S}^2 R}{\gamma}$$

は，高速で上昇する気泡では，影響してくる可能性もある．

Bo = 0 の場合は，合体効率は幾何衝突断面積より 0.3 倍小さくなることがわかる．これは，気泡間の液膜の存在により，単純な衝突よりも合体が難しくなることを示している．また，Bo 数が 10 を超えて大きくなると，ある粒径比 R_2/R_1 の範囲では，合体効率が大きくなる．実際の気泡の流体力学的相互作用は複雑であるが，2 つの気泡がかなり接近しても合体しない場合があることは興味深い．

Manga and Stone (1994) や Stewart (1995) の実験でわかったことは，上昇気泡の衝突による合体が，衝突と同時に起こるのではなくて，衝突以降の気泡の巻き込みの際起こることである．単一気泡の上昇でも，周囲の流体は気泡の下方淀み点に向けて巻き込まれるが，上昇気泡同士の合体を理解するためには，この巻き込み過程と気泡同士の間にできる液膜の挙動を調べる必要がある．

せん断による気泡接近

せん断流による気泡の接近合体（図 6.5(c)(d)）に関しても，粒子の差動沈降と同様の手順で，せん断による粒子の衝突を考える．まず，流体力学的相互作用や，気泡の変形を無視し，せん断流れ場（歪速度 $\dot{\epsilon}$）に置かれた質点の弾道的移動を仮定する．いま，せん断流のせん断面に垂直な方向を x として，$x = 0$ に半径 $R_i + R_j$ の球の中心を置き，その球への質点の衝突を考える．この場合，サイズ i とサイズ j は交換可能であることに注意する．せん断流に平行な弾道的な粒子のこの球への流入数（すなわち $K_{ij}n_i$）は，次の式で幾何学的に計算できる (Freidlander, 2000).

$$K_{ij}n_i = 4n_i \int_0^{\pi/2} (R_i + R_j)^3 \dot{\epsilon} \sin^2 \theta cos\theta d\theta \tag{6.35}$$

積分の実行の結果，

$$K_{ij} = \beta_{ij} \frac{4}{3} (R_i + R_j)^3 \dot{\epsilon} \tag{6.36}$$

となる．この式は，幾何衝突断面積 $(R_i + R_j)^2$ とせん断による粒子の流入速度 $(R_i + R_j)\dot{\epsilon}$ の積と見ることができる．係数の 4/3 は，積分の結果出てくる幾何補正である．β_{ij} はやはり，せん断流場での粒子（気泡）同士の流体力学的相互作用と気泡の変形を表しており，上の計算では 1 となる．6.2 節で解説したように，気泡の変形は，Ca 数で評価することができるので，β_{ij} は Ca 数の関数として評価できる：$\beta_{ij}(\mathrm{Ca})$.

Okumura *et al.* (2008) は，2 重円筒の回転装置を用い準単純歪を起こし，サンプルとして実際の流紋岩質メルトを用いて，975°C での気泡組織の時間変化を，Spring-8 によりその場観察した．この装置では，円筒の外側に向かうほど歪速度が大きくなる．その結果，気泡の合体や変形が組み合わさって起こり，歪量とともに気泡の形状が複雑化していくことがわかった．このことはあとで述べる浸透性の問題と密接に関係している（6.4.3 節）．

気泡間液膜の排出過程

気泡が単独で運動できないほど密に詰まった状態は，フォーム（foam）と呼ばれる．この状態では，気泡間のメルトフィルム内の液を動かす駆動圧力差は表面張力に起因する．フォーム全体が運動せず，静的な状態では，メルトの運動を引き起こす力は表面張力だけになる．この場合，メルトフィルム排出の過程は，最も簡単には Reynolds の潤滑理論（lubrication theory）によって取り扱われる (Batchelor, 1967)．この場合，液膜を，半径 L，厚さ z の薄い円盤と仮定している（図 6.4(c)(d) および図 6.9)．このとき，気泡膜の厚さ z は，次の式に従って変化する．

$$\frac{d(z^{-2})}{dt} = \frac{4\Delta P}{3\eta \cdot L^2} \tag{6.37}$$

ここで，駆動圧力 ΔP は液膜円盤の中心（2 気泡の中心を結んだ線が通る位置）付近と端（Plateau 境界：3 気泡が作るプリズムの部分）との圧力差である．プリズムでは気泡の曲率 κ の分だけ負圧になっている．すなわち，

$$\Delta P = \kappa \cdot \gamma \tag{6.38}$$

である．

フォーム状の気泡を想定しているが，このような気泡の形状変化を作っているのは，気泡に何らかの力が掛っている状態であることに注意したい．例えば，気泡が浮力によって上方に集積している場合には，浮力が気泡の変形とメルトフィルムの流れの駆動力になっているし，マグマが有限の容積の中で発泡して気泡量が多くなっている場合だと，容器の封圧が，その駆動力になる．また，気泡が相対運動しているような場合だと，周りの流体を運動させる駆動力が，メルトフィルム排出の駆動力である．フォームを作らない気泡体積分率が比較的小さい状況で，球形気泡が成長・膨張していく場合，2 つの気泡が接触した瞬間では，その間の円盤液膜の半径 L は実効的に 0 と置くことができるので，液排出にかかる時間は無限に小さく，気泡の接近過程に掛かる時間に比べて無視できる．このメルトフィルム排出は，気泡がフォームを作るような体積分率の大きいところでは，2 つの気泡に最も近いところで最も薄くなるのではなくて，それから離れたところで薄くなることが理論的に示されている (Traykov *et al.*, 1977)．このことは，粘性の低い玄武岩質のストロンボリ式噴火によるスコリアで確認できる（図 1.4)．

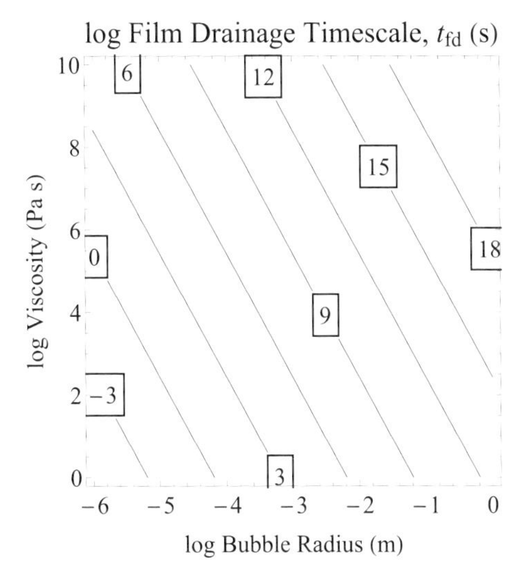

図 6.8 気泡体積分率が大きいフォーム状気泡集団における液膜排出の時間スケール．Plateau 境界の曲率半径と，液ディスクの半径を同じであると仮定した場合．球形気泡の接触場合，粘性や径によらず，$t_{fd} = 0$ とすることができる．

式 (6.37) を初期厚さ z_0 から，メルトフィルムが分子間力で不安定になり破裂するときの最小の厚さ z_{min} まで積分し，$z_0 \gg z_{min}$ と仮定すると，フィルム破裂まで液の排出に要する時間 t_{fd} は，

$$t_{fd} = \frac{3\eta \cdot L^2}{4\Delta P \cdot z_{min}^2} \tag{6.39}$$

となる．ここで，L は液膜ディスクの実効的半径である．さらに，液膜中の液の流れを駆動する圧力差は，Plateau 境界と気泡接触部のフラットな部分（曲率 0）の圧力差であるので，$\Delta P = 2\gamma/L$ と見積もることができる．ここでは，簡単のために，液膜円盤径と Plateau 境界の曲率半径を同じ L とした．その結果，液の排出の時間スケールは，

$$t_{fd} = \frac{3\eta \cdot L^3}{8\gamma \cdot z_{min}^2} \tag{6.40}$$

となる．L と液粘性 η の関数として見た t_{fd} を図 6.8 に示す．

気泡の体積分率が小さいところでは，気泡間に dimple と呼ばれるくぼみが生じる（図 6.9）．このくぼみの形成メカニズムは，2 つの気泡の内圧の差が，液膜の表面張力による形状保存に打ち勝って起こる．自己加速的にくぼみが成長すると考えられる．これは，いろいろな物質に関して実験的にも確認されているが，解

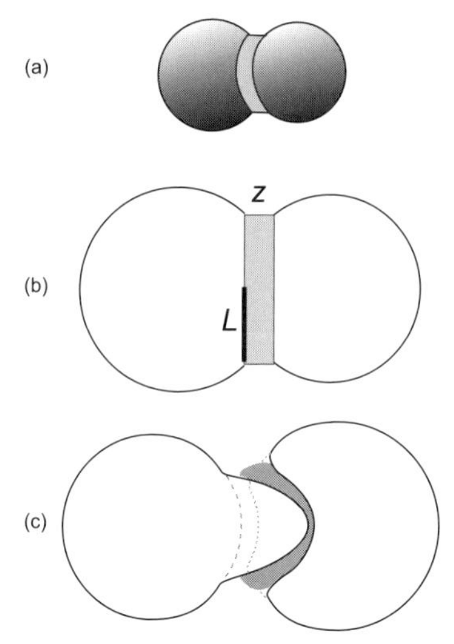

図 **6.9**　気泡間液膜の破裂に向かう形状変化（Castro *et al.*, 2012 の Fig.6 を改変）．(a) 2 つの気泡の間の液膜．(b) disk 状の形状．(c) dimple 状の形状．

析的な取り扱いは難しく，計算機によるアプローチがなされている．

6.3.3　気泡の形状緩和

変形や合体を受けた気泡は，気液界面の曲率空間的に変化している．力学平衡は，気液界面の曲率が一定で，かつ，液相と気相の圧力差が界面張力による圧力 $2\gamma/R$ とつりあっていることを要請する．界面の曲率が空間的に一様でない場合，界面張力による液圧の不均一（気相の圧力は準静的に一定になっていると考える）が液の流れを駆動する．かつ，液の流れは，曲率の局所的不均一に駆動されて，極めて局所的に起こる．

形状緩和の時間スケールを見積もろう (Toramaru, 1988)．重力と慣性項を無視した Navier-Stokes の方程式は，$-\partial P/\partial x + \eta\partial^2 U/\partial x^2 = 0$ である．ここで，x は界面に沿った座標，U は緩和過程での代表的な流速である．この式は，界面張力の不均一に寄る圧力勾配 $\partial P/\partial x$ と粘性抵抗 $\eta\partial^2 U/\partial x^2$ のつりあいを表す．圧力勾配は，おおよそ $2\gamma/R^2$ である．ここで，R は不規則な気液界面形状の局所的曲率半径である．形状緩和（界面の曲率が一定になる過程）の時間スケールを t_{sr} とすると，速度 U は R/t_{sr} とおけ，粘性抵抗は $\eta R/t_{\mathrm{sr}}/R^2$ となる．その結果，形状緩和の時間スケールとして，

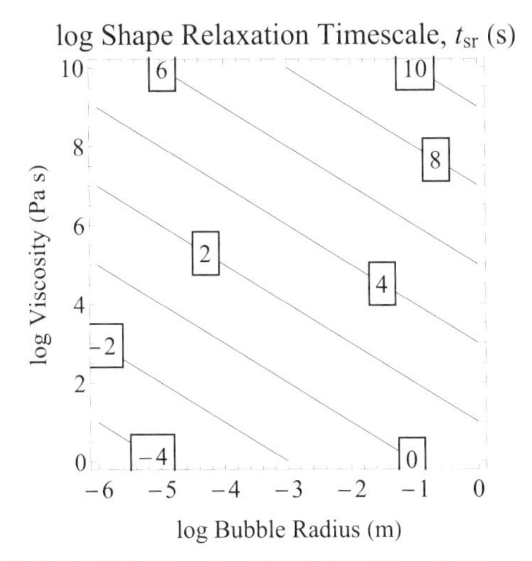

図 **6.10** 形状緩和の時間スケール．界面曲率の不均一のスケールとして気泡サイズを取っている．界面張力は 0.1 N/m を仮定している．

$$t_{\mathrm{sr}} = \frac{\eta R}{\gamma} \tag{6.41}$$

を得る．

図 6.10 に，代表的な構造のスケールとしての気泡サイズ R と粘性の関数としての緩和時間を示す．不均一スケールが小さく，粘性も小さい場合は，1 秒以下であるが，気泡サイズが 1 mm より大きくなり，粘性も玄武岩質メルトで想定される 10^3 Pa s より大きくなると，形状緩和時間は 1 秒より大きくなる．合体の時間スケール，もしくは液膜排出の時間スケールと比べると，液膜排出の方が常に数桁大きい．よって，合体した気泡は直ちに形状緩和し，球形に戻ると見なすことができる．しかし，このことは，気泡あるいは気相の形状変形が連続的に起こるような外力が働いている場合には成立しない．例えば，マグマの変形による気相の浸透率獲得に際しては，合体と形状緩和が似た時間スケールで進行する．

6.3.4 初期サイズ分布が単分散の場合のサイズ分布の時間発展

不連続サイズ分布による解析

初期条件としての単分散気泡は，

$$n_1(0) = N_0 \tag{6.42}$$

$$n_i(0) = 0, \quad i > 1 \tag{6.43}$$

と表される．

Freidlander (2000) に従い，単分散の初期気泡サイズ分布の場合の時間発展を求めていこう．式 (6.19) に，$k = 1, 2, 3, \cdots$ を随時代入していく．

$k = 1$ の場合，式 (6.19) の右辺第 1 項は 0 であるので，

$$\frac{dn_1}{dt} = -\frac{n_1}{t^*} \tag{6.44}$$

となり，解は

$$n_1 = N_0 \exp\left(-\frac{t}{t^*}\right) \tag{6.45}$$

となる．ここで，単分散初期条件 $n_1(0) = N_0$ を用いた．

$k = 2$ の場合：

$$\frac{dn_2}{dt} = \frac{n_1^2}{2Nt^*} - \frac{n_2}{t^*} = \frac{N_0}{2t^*}\exp\left(-\frac{3t}{2t^*}\right) - \frac{n_2}{t^*} \tag{6.46}$$

となる．ここで，総気泡数についての解 N（式 (6.21)）と $k = 1$ に対する解 n_1（式 (6.45)）を用いた．$k = 2$ についての解は，

$$n_2 = N_0 \exp\left(-\frac{t}{t^*}\right)\left[1 - \exp\left(-\frac{t}{2t^*}\right)\right] \tag{6.47}$$

となる．同様に，$k = 3, 4, 5, \cdots$ と解いていくと，一般的な k に対して

$$n_k = N_0 \exp\left(-\frac{t}{t^*}\right)\left[1 - \exp\left(-\frac{t}{2t^*}\right)\right]^{k-1} \tag{6.48}$$

を得る．

気泡の場合，190 頁にもあるように，最小サイズの気泡を単位として気泡サイズを測るなら，不連続なサイズビンはその k（整数）倍として定義される．最小気泡として均一核形成の 1 回のイベントによって形成された気泡（原理的には臨界核サイズ）を用いて，気泡サイズとして体積 v（初期気泡体積を v_0 とする）を用いると，

$$k = \frac{v}{v_0} \tag{6.49}$$

となる．これを，式 (6.48) に代入すると，

$$n_v = N_0 \exp\left(-\frac{t}{t^*}\right)\left[1 - \exp\left(-\frac{t}{2t^*}\right)\right]^{(v/v_0)-1} \tag{6.50}$$

となる．さらに，よく使われる指数関数で表現すると，

$$n_v = N_0 \frac{\exp\left(-\frac{t}{t^*}\right)}{1-\exp\left(-\frac{t}{2t^*}\right)} \exp\left(-\frac{v}{v^*}\right) \tag{6.51}$$

と書ける．ここで，v^* は，その逆数によって分布関数の傾きを定義する特徴的サイズで，

$$\frac{1}{v^*} = \frac{\ln\left[1-\exp\left(-\frac{t}{2t^*}\right)\right]^{-1}}{v_0} \tag{6.52}$$

v^* は時間とともに大きくなる[*2]．すなわち合体の進行とともに，特徴的気泡サイズが大きくなっていることを表す．一方，t^* は，気泡の数の減少で見た合体の進行を特徴づける時間である．さらに，$t \gg t^*$ では，

$$n_v = N_0 \exp\left(-\frac{t}{t^*}\right) \exp\left(-\frac{v}{v^*}\right) \tag{6.53}$$

となる．

これら不連続分布の計算は，初期単分散を仮定すると，サイズ分布の時間発展が容易に計算できるというメリットがある．しかし，気泡接近の素過程として気泡成長や膨張による気泡の接近を仮定しているにも関わらず，サイズ分布の時間発展には，気泡の成長や膨張が含まれていないという欠点がある．この問題点は，次に見る連続サイズ分布の理論を展開することで，ある程度解決できる．

6.3.5　連続サイズ分布による解析

Smoluchowski 方程式

粒子の成長と合体によるサイズ分布関数の時間発展は，エアロゾル科学や化学工学の分野で古くから研究されており，周囲の流体運動による移流の効果も含めた一般式が与えられている (Friedlander, 1977)．マグマの分野では，Sahagian (1985), Sahagian *et al.* (1989) が，気泡のサイズによる上昇速度の差で合体する場合について，溶岩流中の気泡のサイズ分布の時間発展を議論した．物理分野では，Meakin (1990) が計算機シミュレーションを用いて上昇する気泡群の合体と気泡の空間分布について調べた．Mancini *et al.* (2016) は，マグマの上昇に伴う減圧場で，気泡の成長（気泡内分子数の増加）と膨張（気泡内分子数不変でサイズの増加）を分離して気泡質量と体積の関数としての分布関数を導入し，3 つの

[*2] この v^* は $t=0$ で発散するように見えるが，元の式 (6.48) に戻って吟味すると，$t=0$ では $v=v_0$ であるので，$(1-\exp(-t/2t^*))^{(v/v_0-1)}$ は極限として 1 に収束する．

合体カーネル（上昇速度差による衝突（図6.5(a)(b)），気泡間液膜の排出，気泡間液膜の変形）に対応できる数値モデルを提出した．

移流の効果を無視し，粒子成長を含まない粒子の合体による粒子サイズ分布関数の時間発展を，連続サイズ分布について記述する一般式は，Smoluchowski の合体方程式と呼ばれる[*3]：

$$\frac{\partial n(v,t)}{\partial t} = \underbrace{-n(v,t)\int_0^{\infty} K(v,v')n(v',t)dv'}_{\text{サイズ } v \text{ の粒子の合体による数の減少}} + \underbrace{\frac{1}{2}\int_0^{v} K(u,v-v')n(v',t)n(v-v',t)dv'}_{\text{サイズ } v \text{ 以外の粒子が合体することによる数の増加}} \tag{6.54}$$

ここで，$n(v,t)$ は，時刻 $t \sim t+dt$ の範囲かつ，体積 $v \sim v+dv$ の範囲にある粒子の分布関数 $[\frac{\mathrm{number}}{\mathrm{m}^6}]$ である．また，$K(v,v')$ は合体頻度 (coagulation kernel)$[\frac{\mathrm{m}^3}{\mathrm{s}}]$ であり，合体の素過程に依存し，粒子サイズ（注目しているサイズを v，それと合体する粒子のサイズを v'）の関数である場合は積分の中に入る．不連続サイズ分布のところで見た合体頻度，式 (6.17) から，連続分布の場合，

$$K(v,v') = \frac{1}{t^* N(t)} \tag{6.55}$$

と書き換えることができる．

初期単分散気泡の成長を含むモデルの解

式 (6.54) に，式 (6.55) を代入すると，右辺第1項の積分は $1/t^*$ となる．これに，気泡成長による移流項を追加すると，下記の合体方程式が得られる．

$$\frac{dn(v,t)}{dt} + \frac{\partial}{\partial v}[G_v(v)n(v,t)] = -\frac{n(v,t)}{t^*} + \frac{1}{2N(t)t^*}\int_0^{v} n(v-v')n(v')dv' \tag{6.56}$$

ここで，$G_v(v)$ は，単独気泡の体積成長・膨張速度 m^3/s である．

この式を，$v=0$ から ∞ まで積分すると，時間の関数としての総気泡数密度 $N(t)$ についての微分方程式が得られる．

$$\frac{dN(t)}{dt} = -\frac{1}{2t^*}N(t) \tag{6.57}$$

[*3] これは，マスター方程式から Fokker-Planck 方程式を導く際に通過した合体と分裂を記述するクラスターサイズ分布の時間発展を記述する式の連続サイズ分布版である．

この式を，単分散の初期条件，

$$n(v,0) = N_0\delta(v - v_0) \tag{6.58}$$

の下で積分する．ここで，N_0 は，$t = 0$ における総気泡数密度 number/m^3 であり，v_0 はその気泡サイズ m^3 である．その結果，初期単分散，成長なし，不連続分布の解析から得られた，数密度の減少則（式 (6.21)）と同じ，下記の減少則が得られる．

$$N(t) = N_0 \exp\left(-\frac{1}{2t^*}\right) \tag{6.59}$$

Ohashi *et al.* (2019) は，Ramabhadran *et al.* (1976) の方法を用いて，体積成長速度が気泡体積に比例する場合 ($G_v(v) = v/t_\mathrm{g}$) について，以下の解析解を得た．

$$n(v,t) = N_0\mathrm{exp}\left(-\frac{t}{t^*}\right)\sum_{i=0}^{\infty}\left\{1 - \exp\left(-\frac{t}{2t^*}\right)\right\}^i \delta\left(v - (i+1)v_0\mathrm{exp}\left(\tilde{t^*}\frac{t}{t^*}\right)\right) \tag{6.60}$$

ここで，$\tilde{t^*}$ は，合体の時間スケール t^* と成長の時間スケール t_g の比である．

$$\tilde{t^*} = \frac{t^*}{t_\mathrm{g}} \tag{6.61}$$

式 (6.60) からわかるように，結局この時間スケールの比が唯一の支配パラメータで，この値によって，サイズ分布の時間発展が左右されることがわかる．この式は，無限級数の項が複雑に見えるが，デルタ関数に注目すると，ある時刻 t，あるサイズ v の個数 $n(v,t)$ は，

$$v - (i+1)v_0 \exp\left(\tilde{t^*}\frac{t}{t^*}\right) = 0 \tag{6.62}$$

によって，特別な i しか選べない．無限級数は，連続分布のこの解の場合 $i = 0$ からスタートする[*4]．結局，サイズ v を $v = kv_0\exp(t/t_\mathrm{g})$ として，成長によるサイズスケールの拡大を考慮したものととらえればよいことになる．すなわち，

$$n(v,t) = n(kv_0e^{t/t_\mathrm{g}}, t) = N_0 \exp\left(-\frac{t}{t^*}\right)\left[1 - \exp\left(-\frac{t}{2t^*}\right)\right]^{\frac{v}{v_0}\exp(-t/t_\mathrm{g})-1} \tag{6.63}$$

であり，測定されたサイズは，成長と膨張を受けた結果の v であり，それを考慮する因子 e^{-t/t_g} を乗じたサイズ指標 $\hat{v}(= kv_0) = ve^{-t/t_\mathrm{g}}$ にプロットを変換すれ

[*4] 成長を含まない場合の離散型初期単分散の場合（式 (6.48)）では，$k = 1$ からスタートする．

ば，成長なしの場合の議論がそのまま使え，合体過程前の，核形成で生じた初期気泡数密度 N_0 が推定できる．ただし，それには，体積成長時間 t_{g} が何らかの方法でわかっていなければならないし，数学的に正確に成立するのは，体積成長速度が体積に比例する場合だけである．これは，マグマの減圧に伴う気泡の等温的膨張の場合に成立する（式 (6.28)）．

べき分布についてのスケーリング論

Gaonac'h *et al.* (1996a) は，天然でよく観察されるべき分布のスケーリング則について調べた．べき分布は，溶岩流やスコリアの中の気泡のサイズ分布でしばしば見られる (Gaonac'h *et al.*, 1996b, 2005)．今，べき分布を，

$$n(v,t) = n_0 v^{-\chi_{\mathrm{v}}-1} t^{-\chi_{\mathrm{t}}} \tag{6.64}$$

と与えよう．成長のない，合体方程式の式 (6.54) のカーネル $K(v,v')$ に関して，気泡の上昇による合体素過程を仮定すると，

$$K(v,v') = \left(v^{1/3} + v'^{1/3}\right)^2 |U(v) - U(v')| \tag{6.65}$$

となる．ここで，U は気泡サイズの関数としての気泡上昇速度で，その依存性を

$$U(v) \propto v^{\chi_{\mathrm{U}}} \tag{6.66}$$

とする．Stokes 速度の場合，$\chi_{\mathrm{U}} = 2/3$ である．

合体方程式 (6.54) の左辺は，

$$\frac{\partial n(v,t)}{\partial t} \propto v^{-\chi_{\mathrm{v}}-1} t^{-\chi_{\mathrm{t}}-1} \tag{6.67}$$

となる．

右辺に関しても同様の評価をしよう．そのために，体積のスケールを λ 倍した λv の体積の気泡に関しても，同じべき則が成立しているとすると，

$$n(\lambda v,t) = \lambda^{-\chi_{\mathrm{v}}-1} n(v,t) \tag{6.68}$$

である．右辺第 1 項の積分 I_1 は，

$$I_1(\lambda v,t) = \int_0^\infty K(\lambda v,v') n(v',t) dv' \tag{6.69}$$

ダミー変数 v' に関して，$v^\dagger = v'/\lambda$ を導入すると，

$$K(\lambda v, v') = K(\lambda v, \lambda v^\dagger) \propto \lambda^{\chi_\mathrm{U}+2/3} K(v, v^\dagger) \tag{6.70}$$

であり，$n(v', t) = n(\lambda v^\dagger, t)$ に注意すると，

$$I_1(\lambda v, t) \propto \lambda^{\chi_\mathrm{U}-\chi_\mathrm{v}+2/3} I_1(v, t) \tag{6.71}$$

となる．これは，$I_1(v,t) \propto v^{\chi_\mathrm{U}-\chi_\mathrm{v}+2/3} t^{-\chi_\mathrm{t}}$ を意味する．積分 I_1 の前の $n(v,t)$ を考慮すると，式 (6.54) の右辺第 1 項と第 2 項は，同じ次元

$$v^{\chi_\mathrm{U}-2\chi_\mathrm{v}-1/3} t^{-2\chi_\mathrm{t}} \tag{6.72}$$

を持つ．これと，左辺の v と t の次元の指数部を比べると，

$$\chi_\mathrm{v} = \frac{2}{3} + \chi_\mathrm{U} \tag{6.73}$$

$$\chi_\mathrm{t} = 1 \tag{6.74}$$

となる．これから，べき分布の指数は，合体頻度の素過程（この場合は，差分沈降）と関係づけられることがわかる．もし，気泡の Stokes 速度（気泡径の 2 乗に比例する）による上昇を仮定すると，体積の指数は $\chi_\mathrm{U} = 2/3$ であり，積算べき分布の指数は $-\chi_\mathrm{v} = -4/3$，微分べき分布の指数は $-\chi_\mathrm{v} - 1 = -7/4$ となる．これは，計算機シミュレーションによって確認されている．以上の議論は，同じ指数のべき分布が定常的に成立していると仮定していることに注意が必要である．そのためには，常にサイズの最も小さい気泡が一定率で供給されていなければならない．

Blower *et al.* (2002) は，計算シミュレーションによって，気泡核形成の継続時間が，気泡成長の特徴的時間と同じか長い場合，それまでに核形成し大きく成長した気泡の隙間のメルト中に次々と核形成する場合にも，べき分布が生まれることを示した．これは，不均質核形成の場合に起こりうることで，今後の実験的研究が必要である．

その他の分布

最小サイズの供給がない場合には，合体過程を経たと考えられる多くの例では，対数正規分布に近づくことが知られている (Freidlander, 2000)．この場合は，平均値よりも小さいサイズ領域では，合体により粒子の数が急速に減少するので，平均値付近で最大値を取るベル型の分布関数になることが予想される．平均値より大きいサイズ領域では，上で見た定常的なべき分布が成立していると楽観的に

考えることもできる．実際，対数正規分布では，平均サイズより大きいサイズ領域ではべき分布で近似できる．

Friedlander and Wang (1966) は，Brown 運動による凝集を仮定し，成長がない場合の合体方程式の解に対して，

$$\frac{n(v,t)dv}{N(t)} = \psi\left(\frac{v}{\langle v\rangle}\right) d\left(\frac{v}{\langle v\rangle}\right) \tag{6.75}$$

という要請をした．これは，各サイズ幅 dv での粒子数を総数 $N(t)$ で規格化したもの（左辺）が，サイズのスケールをその平均値 $\langle v\rangle$ で規格化したものに対する分布関数 $\psi(v/\langle v\rangle)$ を用いると，そのサイズ幅 $d(v/\langle v\rangle)$ での数（右辺）に等しくなるような関数 ψ が存在する（自己保存性 self-preserving）という考えである．彼らは，その解の解析表現を得て，それを数値的に計算することにより，対数正規分布に近いものが得られることを示した．また，対数正規分布は，比例成長 (law of proportionate grwoth: Grbrat's law)（合体の場合，サイズに比例した合体効率）を仮定すると，導かれる (Eberl *et al.*, 1998).

6.3.6　実験との比較

実験結果の概要

Larsen *et al.* (2004) は，Lipari 黒曜石を用いた実験で，一定減圧速度 0.5 MPa/s で実験を行い，気泡の数密度 N が，時間に関して指数関数的に減少することを示した（Ostwald 熟成を調べようとした減圧量一定の実験では，時間に関してべき関数で減少したことに注意）.

$$N \propto \exp(-0.018t) \tag{6.76}$$

ここで時間 t は，秒である．実験条件は減圧速度一定であり，1 回の核形成イベントで単分散の初期気泡が生成したとすると，連続分布関数を用いた成長を含む合体の理論の結果である式 (6.59) が応用できる．気泡数密度の減少を示す時間の前の数値 0.018 は，$1/2t^*$ に相当するから，気泡合体の時間スケール t^* は，$1/0.036 = 27.8$ 秒と推定される．

Gardner (2007a) は，10^5 から 10^7 Pa s の粘性率のメルトに対し，0.0064 から 0.025 MPa/s の一定減圧速度の実験を行い，粘性や減圧速度が，気泡数密度の減少に影響を及ぼすことを示した．Masotta *et al.* (2014) は，モアッサナイトセルを用いたその場観察実験で，玄武岩質，安山岩質，流紋デイサイト質の組成のメルトに関して，一定圧力下で CO_2 気泡の合体過程を観察し，やはり気泡数密度が

表 6.1　実験で得られた気泡の合体の時定数．

組成	粘性 (Pa s)	時定数 (1/s)	条件	文献
黒曜石	$9.5\times10^{4}\sim3.2\times10^{6}$	1.8×10^{-2}	減圧速度一定	Larsen *et al.* (2004)
流紋デイサイト	2.51×10^{5}	1.02×10^{-4}	圧力一定	Masotta *et al.* (2014)
安山岩	1.32×10^{3}	5.08×10^{-4}	圧力一定	Masotta *et al.* (2014)
玄武岩	3.98×10^{1}	1.06×10^{-3}	圧力一定	Masotta *et al.* (2014)

時間に関して指数関数的に減少することを見出した．また，サイズ分布が指数分布になり，合体の時定数は組成とともに 2 桁変化することを示した（表 6.1）．

理論の実験への応用

Masotta *et al.* (2014) の実験結果を，理論的に解釈してみよう．実験のような状況では，気泡の成長あるいは膨張が，気泡同士の接近を支配していると考えられる．第 4 章で見たように，気泡の成長と膨張の支配要因は，拡散と粘性の時間スケールの比である Péclet 数 (Pe) によって評価できる．いまの場合，Pe 数は，

$$\mathrm{Pe} = \frac{t_{\mathrm{Gdif}}}{t_{\mathrm{vis}}} = \frac{R^2 \Delta P}{4 v_{\mathrm{G}} \Delta C D \eta} \tag{6.77}$$

と与えられる．図 4.11 から t_{Gdif} と t_{vis} をおおよそ見積もり，算出してもよいが，実験条件と合うようにより正確に見積もると，表 6.2 のようになる．これから，

表 6.2　Masotta *et al.* (2014) の実験における Pe 数の推定．1 気圧での溶解度は，5.00×10^{-5} (wt%) である．分子容 v_{G} は，理想気体の状態方程式より計算し温度を 1473 K とすると，2×10^{-25} (m^3)．a は論文で与えられている値．b は CO_2 の溶解度の関係式 $C = 5 \times 10^{-10} P$ を用いて計算（2.9.1 節参照）．c は Giordano *et al.* (2008) を用いて計算．e は Spickenbom *et al.* (2010) を用いて計算．f は $R = 10^{-5}$ (m) を仮定し，ΔC に対して溶解度曲線の傾きからの推定値を用いて計算．

組成	玄武岩	安山岩	流紋デイサイト	備考
初期 CO_2 (ppm)	101	289	1135	a
初期圧力 (Pa)	2.02×10^{7}	5.78×10^{7}	2.27×10^{8}	b
温度 T(K)	1513	1473	1373	a
SiO_2(wt%)	50.64	57.90	68.65	a
粘性 η(Pa s)	3.98×10^{1}	1.32×10^{3}	2.51×10^{5}	c
拡散 $D(\mathrm{m}^2/\mathrm{s})$	5.43×10^{-11}	1.37×10^{-11}	3.17×10^{-12}	e
時定数 (1/s)	1.06×10^{-3}	5.08×10^{-4}	1.02×10^{-4}	a
Pe	3.32×10^{5}	4.08×10^{4}	9.95×10^{2}	f

Pe 数は 1 より大きくなり，気泡成長は拡散が律速していることがわかる．この実験では，気泡同士の接近には，拡散が重要な役割を果たしており，実際，拡散係数は組成によって 1 桁変化し，合体効率も 1 桁変化している．

上で見たように，気泡の成長・膨張による合体の時間スケール t^* は，成長・膨張による気泡の接近と液膜排出に要する時間の和である：$t^* = t_{\rm fd} + t_{\rm g}$．合体の素過程の節で見たように，この実験における体積分率が小さくフォームを作っていない場合には，液膜排出の時間は無視できるので，$t^* = t_{\rm g}$ と見ることができる．このことは，気泡成長の時間スケールで，ほぼ合体効率がきまっていることでも理解できる．ここで検討した理論と実験の比較は，単分散の初期気泡サイズ分布から緩和していく過程が比較的理想に近い状況で成立している場合であることに注意が必要である．

6.4　ガス浸透性の獲得

6.4.1　ガス浸透性の重要性

ガス浸透性は，爆発的噴火と非爆発的噴火を分ける支配要因として注目されてきた．Eichelberger *et al.* (1986) は，東カリフォルニアの Inyo 流紋岩の中で最も大きい Obsidian Dome の掘削コア試料の空隙率と浸透率の測定を行い，空隙率の増加に対して浸透率が急激に増加する関係を示した．その観測結果を受けて，Jaupart and Allègre (1991) は，1 次元火道内における脱ガスを考慮した（開放系の）気液 2 相流の定常流モデルを用いて，浸透率の大きさとマグマの深部での上昇速度が，地表でのマグマの上昇速度を支配していることを明らかにした．

そもそも，第 1 章の図 1.22 からわかるように，もし，マグマが脱ガスを行うことなく地表まで到達すれば，発泡度は 99%を超えてしまう（10.2.4 節参照）．すなわち 99 倍に膨れ上がる．その膨張は，火道という準 1 次元の流れでは，鉛直方向の速度に変換され，圧縮性流体としての閉塞条件に従って地表では音速に達する．もしマグマが，揮発性成分に関して閉鎖系として振舞うなら，おおよそ考えられる初期揮発性成分量の範囲内 (3～6 wt%) では，爆発的噴火にならざるを得ない．溶岩流や溶岩ドームのような非爆発的噴火を生じるには，地下のマグマは開放系として振舞い，脱ガスが有効に起こっているに違いない．

Jaupart and Allègre (1991) の計算でわかったように，浸透率というパラメータが，脱ガス効率を支配している．ある物質中を 1 次元 x 方向に流れるガスの流速 U は，その方向の圧力勾配もしくは両端（間隔 Δx）での圧力差 ΔP に比例する（Darcy 則）[*5]．

$$U = \frac{k_\mathrm{p}}{\eta}\frac{\Delta P}{\Delta x} \tag{6.78}$$

その比例定数にガスの浸透率 (permeability) とガスの粘性率が登場する．浸透率 k_p の次元は，m^2 でガス流に対する実効断面積の意味を持つ．浸透率が大きくなるとガス流速は大きくなり，粘性が大きくなると流れにくくなり流速は小さくなる．それでは，発泡するマグマにおけるガスの浸透性は，どういった仕組みで獲得されるのであろうか．

Eichelberger *et al.* (1986) の観測は，脱ガス後のサンプルを分析しており，岩石組織はマグマが経験した複雑の履歴の結果である．そのため，マグマの発泡の進行とともに気泡がどのように連結し，浸透性が獲得されていくかについては不明な点が多く，現在の火山学で最も活発に研究されている課題の 1 つである．

6.4.2　流れのない等方的な場での気泡の連結

マグマが連続的に減圧され，気泡核形成，成長，膨張が進行していく過程で，気泡の連結が起こり，ガス相のネットワークが形成されていく過程は，浸透率の獲得の基本過程だ．ここでは，マグマの流動がない場合についてまとめる．

同じの大きさの気泡が，ランダムに 3 次元空間に分布するとき，単純に幾何学的に重なり合った気泡は連結したと見なすことにする．これは，気泡の合体が，空間的に大規模に発生する，もしくは合体した気泡の形状緩和が有効に働かない状況で進む．それ故，連結度発達の素過程は，気泡の合体と形状緩和（しない）過程である．

それでは，気泡の体積分率がいくらになったとき，気泡はその系全体にわたって連結したネットワークを作るか．この問題は，連続パーコレーション[*6]という問題で，物性物理の浸透理論の分野で調べられており，約 30%で連結することが理論的にわかっている（例えば，Shante and Kirkpatrick, 1971）．無限大のサイズネットワークが生じる体積分率を臨界体積分率と言い，ϕ_C と書くことが多い．実際に気泡の分布がランダムであるかは怪しいし，発泡によって形成した気泡は細密充填に近い状態にまで合体することなく成長する．

Eichelberger *et al.* (1986) の観測では，およそ 60%で浸透率が急増するので，

[*5] 速度 U は，m/s の次元を持つが，これに断面積を掛ければ m^3/s，流束 (flux) の意味を持つ．

[*6] 浸透理論では元来，格子上の点やそれをつなぐボンドの連結を扱うので，連続媒質中という意味で連続パーコレーションという名前がついている (Stauffer and Aharony, 2014)．

$\phi_C = 0.6$ と解釈することができる．200 MPa で水に飽和したマグマ（6 wt%の水が溶けている）が閉鎖系で平衡に減圧発泡して，0.6 の臨界値に達する圧力はおおよそ 40 MPa であり，深さ約 300 m である．また，$\phi_C = 0.3$ の臨界値に達するのは，70 MPa となり，約 560 m の深さとなる．

Saar and Manga (2002) は，連続空間に分布させるオブジェクトの形状を，板状や針状などいろいろ変えて，数値シミュレーションを行い，扁平なオブジェクトや針状のオブジェクトでは，臨界体積分率が極端に小さくなることを示した．これは，オブジェクト形状効果により実効的な体積が増加したことを意味している．

浸透率は，幾何学的には，連結度というトポロジカルな性質と，流れを左右する通路の最小開口幅 (a_p) できまり，一般に

$$k_p = \frac{a_p^2 \phi^n (1-\phi)^m}{b_p} \tag{6.79}$$

によって経験的に与えられる．トポロジカルな性質は，ϕ の項の指数と分母の定数 b_p で，開口幅は a_p^2 で表現されている．$n = 5.5$，$m = 0$ の場合，Rumpf-Gupte の関係式 (Rumpf and Gupte, 1971)，$n = 3$，$m = 2$ の場合，Careman-Kozeny の関係式 (Rumpf and Gupte, 1971) になる．Klug and Cashman (1996), Klug *et al.* (2002) は，軽石のサンプルを分析し，ガス浸透率と発泡度 ϕ の関係を，これまでの浸透率に関する関係式と比較し，$n = 2$，$m = 0$，$\phi_C = 0.3$ の浸透理論から予測される臨界現象的振舞いで説明できるとし，開口部の影響もあるとした．

これら天然のサンプルは，浸透率獲得後の種々の物理過程，例えば脱ガスによる圧密や冷却や衝撃による微小破壊によって改変を受けているので，その浸透率と発泡度の関係から，直接，発泡度の増加によって浸透率がどのように増加するかを理解することは危険である．Takeuchi *et al.* (2008, 2009) は，この困難を解消するために，減圧発泡実験の生成物に対して実験後直ちに浸透率測定を行った．その結果，臨界体積分率は $\phi_C = 0.8$ で，天然のサンプルで予想されたよりも浸透率の獲得は難しいことを示した．これは，気泡は体積分率が増加しても気泡の合体が進行せず，気泡の連結が発達しないことを意味している．ただし，この実験結果は，連続減圧下の実験であることに注意が必要である．

6.4.3　せん断流の中での気泡の連結

6.3.2 節でも述べたように，せん断流中での気泡の連結は気泡の合体過程と密接に関係している．また，6.2 節で取り扱った気泡の変形とも密接に関係している．こうした複合過程を理論的に取り扱うことは不可能に近いので，数値シミュレー

ションによる研究が行われ始めている．Huber *et al.* (2014) は，格子 Boltzmann 法 (lattice Boltzmann method) を用いて，気泡間液膜の破裂や，simple shear 下での単一気泡の変形を調べ，理論的および実験的結果と一致するよう計算パラメータを決定し，この計算手法が有効であることを示した．このパラメータを用いて，彼らは，変形場における多気泡の挙動を調べた．気泡連結の発達などはこれからの課題であろう．また，Gupta and Kumar (2008) は，この計算手法を用いて，後で出てくる粘性流体中を上昇する単一気泡の形状（図 6.15）をある程度再現している．

6.2 節で紹介した実験で，Okumura *et al.* (2008) は，気泡の連結度も調べ，変形量が大きくなると気泡の連結度も大きくなることを示した．せん断場では，マグマの粘弾性的性質によりマグマの脆性破壊が起こり，気泡の連結の問題はさらに複雑になる．こうしたことを室内実験で調べることも今後の課題であろう．

6.5　気泡の離脱・上昇

6.5.1　気泡の離脱 (detachment)

気泡の不均質核形成について 3.4 節で見たように，マグネタイトなど，ケイ酸塩メルトとの構造が大きく異なる結晶表面では界面張力の関係で接触角が小さくなり，不均質核形成が起こりやすい．不均質核形成は，小さい過飽和度で起こるから，マグマだまりの冷却発泡による増圧と関係している．水平な固相表面に不均質核形成した気泡が浮力により界面を離れる仕組みと条件について考察する[*7]．

そのためにまず，水平な固相表面に張りついている気泡に働く浮力を計算する．図 6.11 は，球形気泡が，2 面角 θ' で水平基盤に張りついている様子を示している．2 面角 θ' は，気液 (γ_{GL})，液固 (γ_{SL})，気固 (γ_{SG}) の各界面張力と下の関係にある．

$$\cos\theta' = \frac{\gamma_{\mathrm{SG}} - \gamma_{\mathrm{SL}}}{\gamma_{\mathrm{GL}}} \tag{6.80}$$

これは 3 重点での界面張力の水平方向の力のつりあいから導かれる（3.4 節参照．式 (3.95) での θ は $\pi - \theta$）．鉛直方向成分は，固相の強度とつりあっている．浮力 F_{B} は，気液界面を通して働く，気相と液相の圧力差を，気液界面全体にわたって積分したものである．いま，図のように，固相表面から鉛直上向きを z 軸とし，

[*7] この研究は機械工学の分野で膨大な蓄積があるが，それをレビューすることは本書の範囲をはるかに超えている．例えば，Carey (2007) 参照．

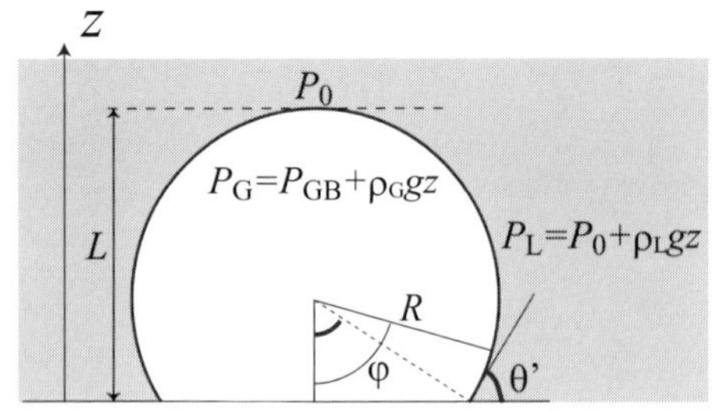

図 6.11　不均質核形成した気泡の幾何学．気泡は球形（半径 R）を仮定している．

球形気泡の中心から，気液界面に引いた線の鉛直からの角度を φ とする．微小角 $d\varphi$ の緯度に沿った帯が作る微小面積 dA は，

$$dA = 2\pi R^2 \sin\varphi d\varphi \tag{6.81}$$

となる．その帯に液相側から気相側に界面で働く鉛直上向きの力は，$(P_L(z) - P_G(z))dA\cos\varphi$ である．ここで，P_L と P_G は液圧と気圧であり，$P_L(z) = P_0 + \rho_L g(L - z)$ および $P_G = P_0 + \rho_G g(L - z)$ であるので，$P_L(z) - P_G(z) = \Delta\rho g(L - z)$，また $L - z = R(1 + \cos\varphi)$ である．浮力 F_B は，この鉛直上向きの成分 $(P_L(z) - P_G(z))\cos\varphi dA$ を 3 重点 (θ') から気泡の頂上 (π) まで積分したものであるから，

$$F_B = 2\pi R^3 \Delta\rho g \int_{\theta'}^{\pi} (1 + \cos\varphi)\cos\varphi \sin\varphi d\varphi \tag{6.82}$$

$$= \frac{\pi}{3} R^3 \Delta\rho g(2\cos^3\theta' + 3\cos^2\theta' - 1) \tag{6.83}$$

となる (Linde *et al.*, 1994)．この浮力は，$\theta' > 60°$ では負となる．すなわち，θ' が 60° 以上では浮力は生じない．これは，気泡の上向きの気液界面から下向きに働く力の方が，気泡の下向きの気液界面から上向きに働く力より大きいためである．気泡に浮力が働くためには，気泡の下向きの界面が十分大きな割合を占めなければならない．それが，θ' が 60° 以下の場合である．しかし，実際の気泡の離脱は，2 面角 θ' が 60° 以上でも起こる．

実際の問題として重要になるのは，離脱する際の気泡のサイズである．気泡が大きくなると基盤に張りついていることはできないことは明らかなので，気泡が離脱する際のサイズまたは，張りついていることができる最大のサイズがどういう仕組みで決まっており，それを支配しているパラメータが何かを知る必要がある．そのために，次の気泡の変形を考慮した離脱メカニズムを考えよう．

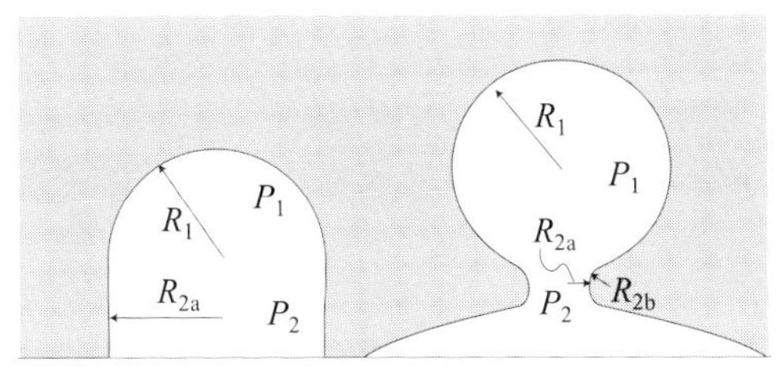

図 6.12 (左) くびれが生じる直前の臨界安定状態. (右) くびれが生じたときの気泡と圧力および曲率半径. 主気泡の形状はおおよその部分で半径 R_1 の球形である. くびれの部分は内側水平面内の半径は R_{2a} であり, 外側鉛直面内の曲率半径は, 左側の気泡で $R_{2b}=\infty$, 右側の気泡で R_{2b} である.

気泡が成長し浮力が大きくなると, 気泡が球形から外れてくる. 浮力は, 気泡を鉛直に伸ばす方向に働き, 気泡の中部にくびれ (necking) が生じてくる. いったんくびれが生じると, 気泡の中心部の圧力 P_1 よりもくびれ部分の圧力 P_2 が大きくなる. そうすると, 気体はくびれ部分から気泡内に押し出され, くびれはますます細くなる. このようにして, 最終的にくびれがちぎれて, 気泡は離脱する. このことをもう少し定量的に見てみよう (図 6.12).

主気泡内のガス圧は, 気泡頂上部での液圧 P_0 と力学平衡を満たすように Laplace の式できまっているとする : $P_1 = P_0 + 2\gamma/R_1$. くびれのガス圧は, 近傍の液圧 $P_0 + 2\rho_L g R_1$ と力学平衡を満たすようにきまっているとする : $P_2 = P_0 + 2\rho_L g R_1 + \gamma(1/R_{2a} - 1/R_{2b})$. くびれ部から主気泡へのガスの流れを駆動する圧力差 $P_2 - P_1$ は, $2\rho_L g R_1 - \gamma(2/R_1 - 1/R_{2a} + 1/R_{2b})$ となる. 土管のようにくびれが起こっていない状態では, $R_{2b}=\infty$ なので, $1/R_{2b}=0$ となり, $P_2 - P_1 = 0$ となる, 不安定条件は, R_1 についての 2 次式を解き,

$$R_1^* = \left(\frac{\gamma}{2\Delta\rho g}\right)^{1/2} \tag{6.84}$$

が得られる. この結果は, 界面張力 γ の 1/2 乗に比例して, 離脱気泡のサイズは大きくなることを示している.

我々はエタノールを溶かした純水に炭酸ガスを封入し, 気液の界面張力を制御した実験を行った. 表面張力はエタノールの付加により約半分にまで減少する (工業技術院計量研究所, 1977). エタノール濃度を変えた実験で, 離脱直前あるいは, 基盤に張りついている最大気泡の径を測定した. 図 6.13 は, 実験結果とモデル式 (6.84) の比較を示す. モデルは実験をよく説明してるように見えることから, 上で述べたメカニズムで気泡の離脱が起こっていると考えられる.

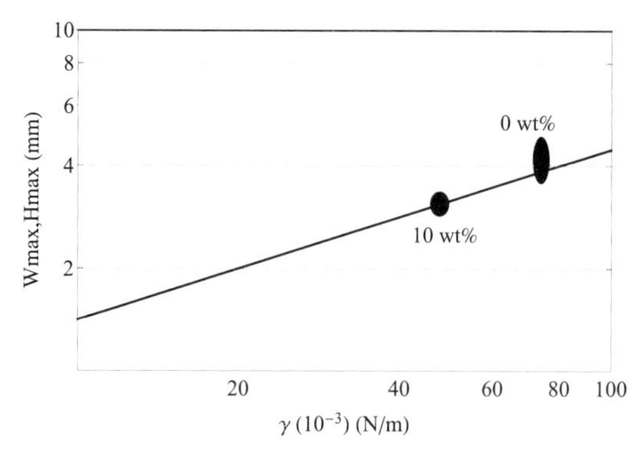

図 **6.13**　アルコール水溶液中の炭酸気泡の離脱実験によって得られた基盤に張りついている最大気泡のサイズ（横幅 W_{max}，高さ H_{max}）と表面張力の関係．直線は式 (6.84)．

6.5.2　気泡の上昇

粘性流体中の単独気泡の上昇は，浮力が駆動力であり，周囲の流体の粘性抵抗とのつりあいの結果，一定の上昇速度を持つようになる．この速度は終端速度 (terminal velocity：U_{t}) と呼ばれる．球形気泡の場合，すなわち低い Reynolds 数 (Re) で上昇する場合，気泡の定常的上昇速度（終端速度）は，よく知られた Stokes 速度 U_{St} で表すことができる：

$$U_{\mathrm{St}} = \frac{\Delta\rho \mathrm{g} R^2}{3\eta} \tag{6.85}$$

気泡の場合，粒子と異なり，気泡の表面で摩擦が起こらないので，粒子の場合の Stokes 速度とは係数が異なる．

終端速度は，気泡の形状に大きく左右される．Re 数が大きくなると，気泡の形状は球形からずれてくるのと同時に，終端速度も変化する．気泡の形状が球でない場合，気泡の形状と周りの流体運動はお互いに組み合わさってきまるので，解析的取り扱いは極めて難しいが，実験的研究は古くから行われている．

終端速度と気泡の形状は，Re 数，Bond 数 (Bo)（Eötvös 数，Eo），その組み合わせの Morton 数 (Mo) という無次元数によって整理され，それぞれ

$$\mathrm{Re} = \frac{U_t R \rho}{\eta} \tag{6.86}$$

$$\mathrm{Bo} = \frac{\rho \mathrm{g} R^2}{\gamma} \tag{6.87}$$

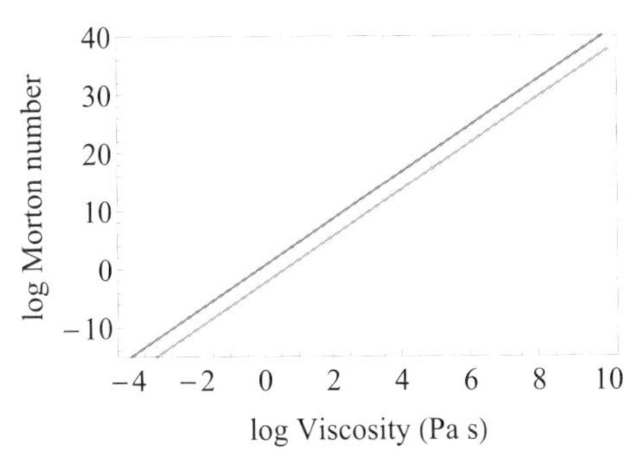

図 6.14 粘性と Mo 数の関係．密度差 2500 kg/m^3 を仮定．表面張力 0.1 N/m と 1 N/m の例を示す．

$$\mathrm{Mo} = \frac{g\eta^4}{\rho\gamma^3} \approx \frac{\mathrm{Bo}^3}{\mathrm{Re}^2} \tag{6.88}$$

と与えられる．最後の式の中央と右辺の関係は，Stokes 速度を仮定し，係数を無視している．Mo 数は，物性のみからできている無次元数であることに注意する．Bo 数と Re 数は，物性を介してお互いに関係している．それを示すのが最後の Mo 数で，その係数を与える：$\mathrm{Re} = \mathrm{Mo}^{-1/2}\mathrm{Bo}^{3/2}$．図 6.14 には粘性の関数としての Mo 数を示す．水の場合は Mo 数は 10^{-10} より小さくなる．玄武岩質メルトで $1 \sim 10^{10}$ 程度，安山岩質メルトで $10^{10} \sim 10^{20}$，流紋岩質メルトで 10^{20} を超える．

図 6.15 には，Eo(Bo) 数と Re 数の関数としての気泡の形状を示す．斜めに走る等値線は，Mo 数を示す．球形気泡の領域 (“s”) では，Mo 数の等値線が 3/2 の傾きを持つ．これは，終端速度が Stokes 速度になっており，式 (6.88) が成立している．Bo 数（Eo 数）は，図 6.7 を参考にすると，気泡半径が 1 μm で 10^{-8}，1 mm で 10^{-2} 程度，10 cm で 10^2 程度である．玄武岩質メルトでは，気泡形状は，気泡径に従って，球形から扁平気泡，スカート型気泡へと形状が変化する．安山岩質メルトや流紋岩質メルトでは，Bo 数の取りうる範囲が 10^{-8} で小さい方に広がり（横軸左方），Mo 数の範囲が 10^{20} まで大きい方に広がり，結果として，Re 数の取りうる範囲が 10^{-10} 程度にまで小さくなる（縦軸下方）．それ故，これらのメルトでの気泡の上昇はほぼ球形気泡の上昇と見なしてよい．

気泡が球形からずれる領域 ($\mathrm{Eo} \geq 40$, $\mathrm{Re} \geq 2$) に関しては，上昇速度 U (cm/s) と気体体積 v (cm^3) の間に，下記の経験式がよく成立する (Bhaga and Weber, 1981)．

$$U = c_{\mathrm{Mo}} v^{\chi_{\mathrm{U}}} \tag{6.89}$$

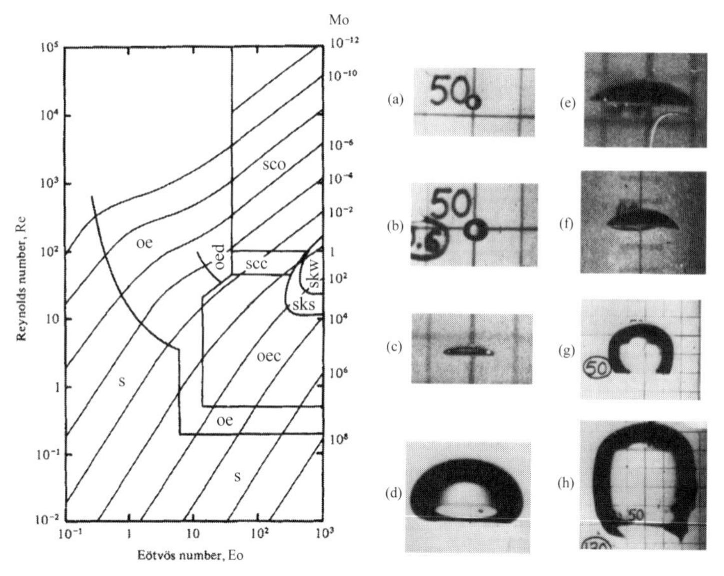

図 6.15　粘性流体中を浮力で上昇する気泡の形状．（左）Bo 数（Eo 数）と Re 数の関数として見た相図．線は Mo 数一定値のコンター．記号の形状は右図を参照．（右）典型的な気泡の形状．背後のマス目は 2 × 2 cm．(a) s, spherical; (b) oe, oblate ellipsoid; (c) oed, oblate ellipsoidal (disk-like and wobbling); (d) oec, oblate ellipsoidal cap; (e) scc, spherical cap with closed, steady wake; (f) sco, sphcrical cap with open, unsteady wake; (g) sks, skirted with smooth, steady skirt; (h) skw, skirted with wavy, unsteady skirt（Bhaga and Weber, 1981 による）．

ここで c_{Mo} と χ_{U} は，Mo の関数として下記のように与えられている．

$$c_{\mathrm{Mo}} = 25/(1 + 0.33\mathrm{Mo}^{0.29}) \tag{6.90}$$

$$\chi_{\mathrm{U}} = 0.167(1 + 0.34\mathrm{Mo}^{0.24}) \tag{6.91}$$

6.5.3　気泡の上昇と移流過剰圧 (advective overpressure)

Sahagian and Proussevitch (1992) は，体積が変化できない系の中にある非圧縮性の液中で，径の底に力学的に平衡に存在していた気泡が，そこから離れ，上昇し，高さ L の天井に移動するとすると，系の圧力が $\rho g L$ 増加することを示した．これは，液が非圧縮でかつ系の体積が不変なので，本来膨張するはずの気泡が，低静水圧の位置に移動してもその体積を変えることができず，力学平衡を保つためには，系の圧力を移動前の気泡の圧力と等しくする必要があることを意味している．このことは，実験的も確認できるが，実際には，ある程度時間が経過すると，液や系は体積を変えて気泡の膨張を許すようになり，また，高圧により気泡中のガスが液に再溶解し圧力は緩和する (Bagdassarov, 1994; Groβ and Peters, 2013; Pyle and Pyle, 1995)．

6.6 気泡の収縮

気泡の膨張や収縮に関連した現象で，キャビテーション (cavitation) と呼ばれる現象がある．これは流体力学的な負圧の下（例えば，スクリューの回転）で，液体中に空洞が生じる現象で，液圧が常圧に戻る瞬間に気泡の崩壊が起こり，これがスクリューにダメージを与えると考えられていた．また，気泡の膨張や収縮で慣性項が効いてくる場合には振動現象が起こる．この気泡の振動現象は，気泡が分散した液体の圧縮率，音速，圧力波の減衰など音波特性に大きく影響する．

6.6.1 Rayleigh 崩壊

Rayleigh (1917) は，キャビテーションの問題や，やかんでお湯を沸かせたときに発生するコツコツという音の励起源に興味を持った．やかん内部での初期沸騰では，やかんの底の過熱状態での気泡の発生とそれに続く気泡の離脱，未飽和水中への上昇移動，そこでの気泡の崩壊が起こっている．その際の気泡の崩壊が，音の励起源になっていると考えた彼は，密度 ρ，液圧 P の水中において水蒸気泡の内部凝結で生じたキャビティ（内部が真空の気泡）が崩壊する際の崩壊時間と圧力上昇について計算した．式 (4.52) の中の表面張力と粘性項を含まない場合，気泡径 R についての運動方程式は，

$$R(t)\ddot{R(t)} + \frac{3}{2}\dot{R(t)}^2 = -\frac{P}{\rho} \tag{6.92}$$

となる．これは，Rayleigh-Plesset 方程式 (4.52) の，粘性と表面張力の項を無視した場合に相当する．

彼は，この運動方程式から出発するのではなく，次のようなエネルギー論から出発した．質量保存の式 (4.53) から，収縮崩壊する気泡の周りの速度場を式 (4.63) と同様に与えた．気泡の収縮に関わる液体の全運動エネルギーは

$$\frac{1}{2}\rho\int_R^\infty u^2 \cdot 4\pi r^2 dr = 2\pi\rho\dot{R}^2R^3 \tag{6.93}$$

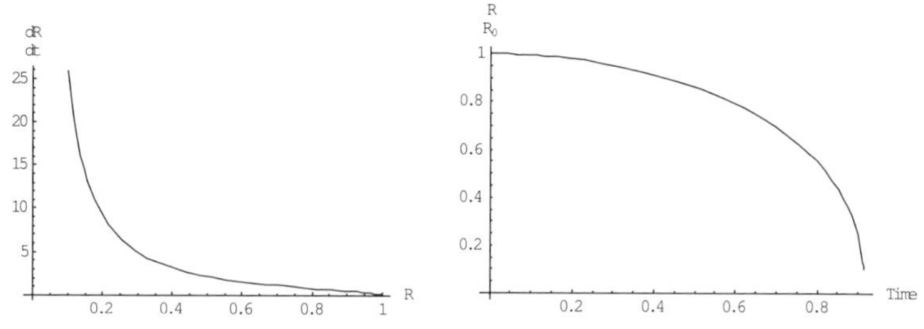

図 6.16　Rayleigh 崩壊の計算例．$R(0)(\rho/P)^{1/2} = 1$ として計算してある．（左）R の関数としての崩壊速度 $\dot{R}$（絶対値），（右）時間の関数としての気泡半径．崩壊までの時間が，式 (6.96) の係数になっていることがわかる．

となる．一方，$R(0)$ の初期半径の気泡が，R に収縮したとすると，これは無限遠で圧力 P が流体に作用した結果であると見ることができる．その際の圧力がなした仕事は，無限遠から $R(0)$ まで $4\pi r^2 P$ で動かす仕事と，R まで動かす仕事の差であるから，

$$\int_{\infty}^{R} 4\pi r^2 \cdot P dr - \int_{\infty}^{R(0)} 4\pi r^2 \cdot P dr = \frac{4\pi P}{3}(R^3 - R(0)^3) \tag{6.94}$$

となる．式 (6.93) と式 (6.94) が等しいことから，気泡径の変化速度 $\dot{R}$ について

$$\dot{R} = -\sqrt{\frac{2P}{3\rho}\left(\frac{R(0)^3}{R^3} - 1\right)} \tag{6.95}$$

と求まる[*8]．$R = R(0)$ で $\dot{R} = 0$ だが，$\ddot{R} \neq 0$ なので P_0/ρ によって加速していく．いま仮定している真空気泡の崩壊では，R は 0 に近づきうるので，上式の平方根の中は無限大に増加する．すなわち，崩壊速度は気泡径の減少とともに爆発的に増大することがわかる (図 6.16)．上式は，当然ながら，この場合の Rayleigh-Plesset の式 (6.92) を積分して得られる解と等しい．すなわち，式 (4.79) において $\gamma = 0$, $\Delta P = -P$ とした場合になる．

Rayleigh は，崩壊までの時間 t_{col} を $\int_{R(0)}^{0} \dot{R}^{-1} dR$ を計算することによって，次の結果を得た．

$$t_{\mathrm{col}} = R(0)\sqrt{\frac{\rho}{6P}}\frac{\Gamma(\frac{5}{6})\Gamma(\frac{1}{2})}{\Gamma(\frac{4}{3})} = 0.91468R(0)\sqrt{\frac{\rho}{P}} \tag{6.96}$$

1 気圧の水中で，半径 1 mm の真空気泡が崩壊する時間は 0.1 ms である．

[*8] これは，式 (4.79) において，$\Delta P = -P$，$\gamma = 0$ とした場合に相当する．

崩壊速度の増加とともに気泡周辺での液圧は爆発的に増大する．これは，気泡に向かって運動する液体の運動量を受け止める気泡の表面積が，気泡の崩壊に伴って無限小に小さくなっていくからだ．液中の圧力変化は，運動量保存の式 (4.54) によって記述されるが，今の場合，粘性を無視しているので，

$$\rho\left(\frac{\partial u_r}{\partial t}+u_r\frac{\partial u_r}{\partial r}\right)=-\frac{\partial P}{\partial r} \tag{6.97}$$

となる．この式に，速度場の式 (4.63) を代入すると，

$$\frac{\partial P}{\partial r}=-\rho\left\{\left(\frac{R}{r}\right)^2\left[2\frac{\dot{R}^2}{R}+\ddot{R}\right]-2\left(\frac{R}{r}\right)^5\left[\frac{\dot{R}^2}{R}\right]\right\} \tag{6.98}$$

となる．これから，液圧 P は，形式上

$$\left(\frac{r_{\mathrm{max}}}{R}\right)^3=\frac{2\dot{R}^2}{2\dot{R}^2+R\ddot{R}^2}=\frac{2\dot{R}^2}{\dot{R}^2/2+\mathrm{RHRP}} \tag{6.99}$$

となる $r=r_{\mathrm{max}}$ で極大値を取ることがわかる．ここで，RHRP は，Rayleigh-Plesset 方程式 (4.52) の右辺（= 左辺）であり，いまの場合，式 (6.92) から $-P/\rho$ に等しい．中央の式に気泡径速度の式 (6.95) を代入して整理すると，

$$\left(\frac{r_{\mathrm{max}}}{R}\right)^3=\frac{4\left[\left(\frac{R(0)}{R}\right)^3-1\right]}{\left(\frac{R(0)}{R}\right)^3-4} \tag{6.100}$$

これから，気泡径が初期気泡径に対して

$$1<\left(\frac{R(0)}{R}\right)^3\leq 4 \tag{6.101}$$

の場合は，無限遠で最大値を取り，その値は P_∞ に等しいが，気泡径が $(R(0)/4)^{1/3}$ より小さくなると，距離 $r=r_{\mathrm{max}}$ で極大値を取ることがわかる．式 (6.98) の積分の結果，液の圧力分布 $P(r,t)$ は，

$$P(r,t)=P_\infty\left[1+\frac{1}{3}\left(\frac{R}{r}\right)\left(\left(\frac{R(0)}{R}\right)^3-1\right)\left(1-\left(\frac{R}{r}\right)^3\right)-\frac{R}{r}\right] \tag{6.102}$$

と計算される（図 6.17 左）．気泡が $(R(0)/4)^{1/3}$ より大きいときには最大圧力は初期液圧 P に等しいが，それより小さくなったときの液圧の最大値 P_{max} は，

$$P_{\mathrm{max}}=P(r_{\mathrm{max}})=\left(1+\frac{\left[\left(\frac{R(0)}{R}\right)^3-4\right]^{\frac{4}{3}}}{4^{\frac{4}{3}}\left[\left(\frac{R(0)}{R}\right)^3-1\right]^{\frac{1}{3}}}\right)P_\infty \tag{6.103}$$

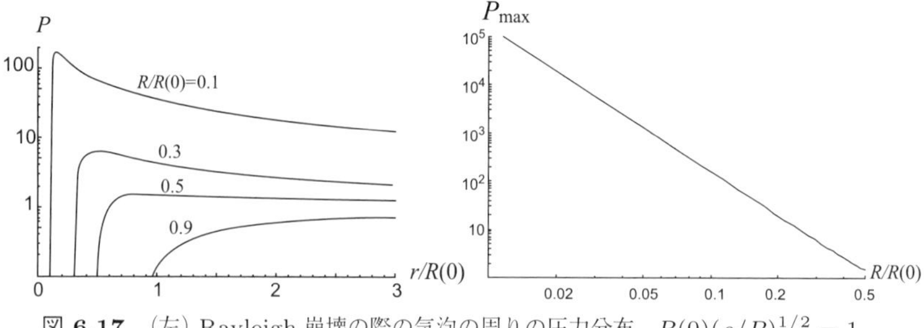

図 6.17　(左) Rayleigh 崩壊の際の気泡の周りの圧力分布．$R(0)(\rho/P)^{1/2} = 1$ として計算してある．(右) 気泡径の関数としての最大圧力．

となる (図 6.17 右)．また，R が十分小さいときには，

$$P_{\max} = 4^{-\frac{4}{3}} \left(\frac{R(0)}{R} \right)^3 \tag{6.104}$$

と近似できる．これは，気泡径が 0 に近づくにつれて，局所圧力は無限大に発散することを意味している．このことは，工学分野で，船のスクリューの回転による気泡生成 (cavitation) が，スクリューそのものに損傷を与える原因であるとすることの大きな根拠になっている．

6.6.2　気泡収縮に対する気泡内ガスの影響

気泡内にガスがある場合についても同様な考察が行える．表面張力と粘性の項をいま考慮しないでおくと，Ralyleigh-Plesset の式 (4.52) は，

$$R(t)\ddot{R}(t) + \frac{3}{2}\dot{R}(t)^2 = \frac{1}{\rho}\left[P_{\mathrm{G}}(R) - P_\infty\right] \tag{6.105}$$

となる．ガス圧 $P_{\mathrm{G}}(R)$ は気泡径の関数であり，初期気泡径を $R(0)$，初期気体を圧力を $P_{\mathrm{G}0}$ とすると，

$$P_{\mathrm{G}}(R) = P_{\mathrm{G}0} \left(\frac{R}{R(0)} \right)^{-3\gamma_{\mathrm{h}}} \tag{6.106}$$

と書ける．ここで γ_{h} は比熱比で，等温過程の場合 $\gamma_{\mathrm{h}} = 1$，水蒸気の断熱過程の場合 $\gamma_{\mathrm{h}} = 1.33$ である．気泡半径 R の関数としての気泡径変化速度 $\dot{R}$ は，非粘性の場合と同じ手法で解くことができる．その結果，それぞれの場合について気泡径変化は，次のように計算される．

等温過程では，

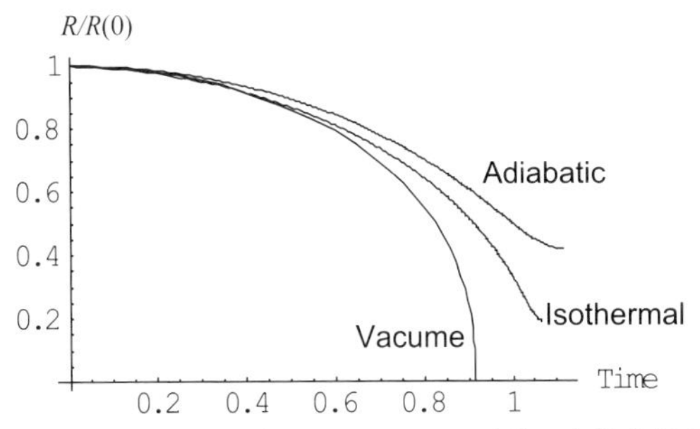

図 **6.18** 真空，等温，断熱過程での Rayleigh 崩壊の気泡半径変化の比較.

$$\dot{R}^2 = \frac{2P_\infty}{3\rho}\left(\frac{R(0)}{R}\right)^3\left\{3\left(\frac{P_{\mathrm{G0}}}{P_\infty}\right)\ln\left(\frac{R}{R(0)}\right) - \left[\left(\frac{R}{R(0)}\right)^3 - 1\right]\right\} \tag{6.107}$$

断熱過程では，

$$\dot{R}^2 = \frac{2P_\infty}{3\rho}\left(\frac{R(0)}{R}\right)^3\left\{\frac{1}{1-\gamma_h}\left(\frac{P_{\mathrm{G0}}}{P_\infty}\right)\left[\left(\frac{R}{R(0)}\right)^{3(1-\gamma_h)} - 1\right] - \left[\left(\frac{R}{R(0)}\right)^3 - 1\right]\right\} \tag{6.108}$$

と表せる．図 6.18 に気泡収縮の様子を比較して示している．

液中の圧力分布は，式 (6.98) と式 (6.99) であるが，式 (6.99) 中の Rayleigh-Plesset の項 (RHRP) が複雑になり，単純には求まらない．

6.7 気泡振動

6.7.1 気泡内ガス量一定の場合

気泡の収縮に際し，気泡内部が真空でなく気体がある場合には，ある気泡サイズで気泡の収縮がストップする．その後跳ね返って，膨張に転じ振動する．振動するかどうかは，粘性の大きさによっている．水の場合は，振動が起こり，マグマの場合には一般に振動は起こらない．この様子は，Rayleigh-Plesset 方程式 (4.52) を数値的に解くことによって得られる（図 6.19）．Rayleigh-Plesset 方程式は，初期気泡径を $R(0)$，特徴的な時間スケール（t_{c} しばしば Rayleigh collapse time と呼ばれる式 (6.96) の係数を 1 にしたもの）を

$$t_{\mathrm{c}} = R(0)\sqrt{\frac{\rho_l}{P_\infty}} \tag{6.109}$$

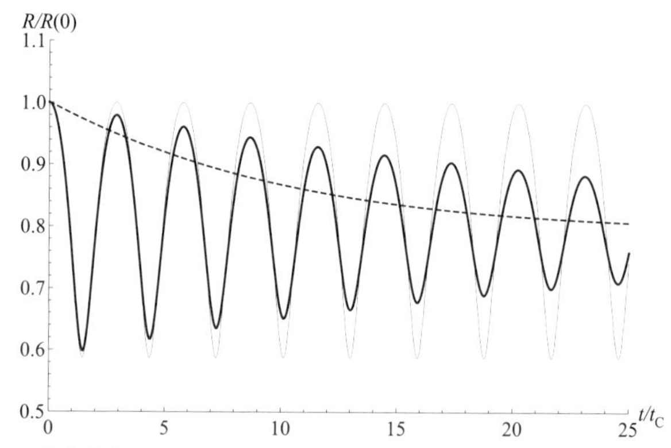

図 6.19　気泡収縮の際の振動の有無と特徴の違い．細実線：水（Π（粘性のスケール）＝ 0.00011，Λ（界面張力のスケール）＝ 0.0011）．太実線：ピクライト質メルト (Π ＝ 0.046，Λ ＝ 0.00002)．破線：玄武岩質メルト (Π ＝ 25，Λ ＝ 0.00002) の場合の気泡収縮の様子．初期気泡内圧力は平衡圧力の 1/2 に設定してある．液圧は，それぞれ 1 気圧，100 気圧，100 気圧である．水とケイ酸塩の Λ の違いは，液圧の違いによる．

として，変数を $X = R/R(0)$，$\tilde{t} = t/t_{\mathrm{c}}$ と規格化し，1 階の連立常微分方程式の形に表すと，以下のようになる．

$$\frac{dX}{d\tilde{t}} = Y \tag{6.110}$$

$$\frac{dY}{d\tilde{t}} = \frac{1}{X}\left(\tilde{P}_{\mathrm{G0}}X^{-3\gamma_h} - 1 - \frac{\Lambda}{X} - \Pi\frac{Y}{X} \quad \frac{3}{2}Y^2\right) \tag{6.111}$$

ここで，$\tilde{P}_{\mathrm{G0}}$，Λ，Π は，以下で定義される無次元数である．

$$\tilde{P}_{\mathrm{G0}} = \frac{P_{\mathrm{G0}}}{P_\infty} \tag{6.112}$$

$$\Lambda = \frac{2\gamma}{R(0)P_\infty} \tag{6.113}$$

$$\Pi = \frac{4\eta}{t_{\mathrm{c}}P_\infty} \tag{6.114}$$

ここで，それぞれ，駆動力としての初期力学非平衡，界面張力の寄与，粘性の効果を意味する．$R(0)$ は初期気泡径，P_{G0} は初期気泡内圧である．

気泡振動は，過剰圧をもった気泡の膨張に際しても起こる．気泡内初期過剰圧力が ΔP で，内部の気体の分子数は一定とし，等温過程と断熱過程の場合について，基礎となる運動方程式とガス圧の式は，気泡収縮の場合の式と同じ式 (6.105) と

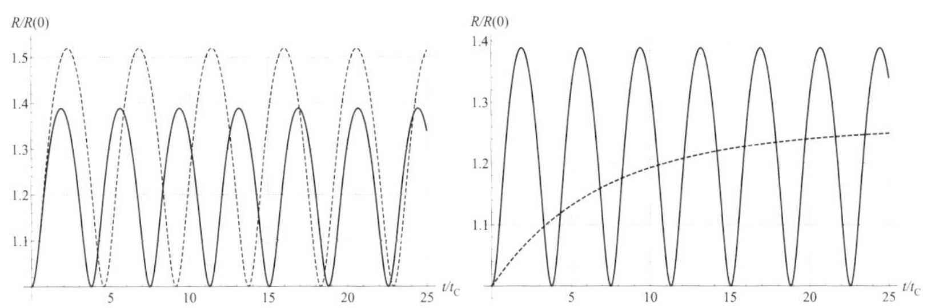

図 6.20 気泡膨張の場合の振動の発生と特徴の違い．（左）水の場合の等温膨張（細実線）と断熱膨張（太実線）．（右）水（実線）と玄武岩質メルト（破線）の場合の気泡の等温膨張の比較．初期気泡内圧力は平衡圧力の 2 倍に設定してある．その他のパラメータは図 6.19 に同じ．

式 (6.106) である．その結果，気泡半径の変化速度 $\dot{R}$ も，式 (6.107) と式 (6.108) になる．

気泡径の時間発展は，これらの式を積分することで得られるが，気泡内部のガスが一定の場合，最大気泡径で膨張は止まり，その後跳ね返って収縮し最小径に達し，そこでまた膨張に転じ振動する（図 6.20）．振動の周期は，断熱過程の場合の方が等温過程よりも若干短くなり，振幅も小さくなる．振動するかどうかは，液の粘性の大きさによっている．水の場合は，振動が起こり，マグマの場合には，粘性の気泡径によって振動が起こる場合と起こらない場合がある（図 6.20 左）．こうした振動の特徴や振動の発生の条件についてもう少し詳しく見るために，次に Rayleigh-Plesset 方程式の線形解析を行う．

6.7.2 Rayleigh-Plesset 方程式の線形解析

Rayleigh-Plesset の式 (4.52) を，$R = R_{\mathrm{eq}}(1 + X')$, $P_\infty = P_{\mathrm{G0}} - \frac{2\gamma}{R_{\mathrm{eq}}} + P'_\infty$ として，線形化すると，

$$\ddot{X}' + 2b_{\mathrm{v}}\dot{X}' + \omega_{\mathrm{G}}^2 X' = -\frac{P'_\infty}{\rho_{\mathrm{L}} R_{\mathrm{eq}}^2} \tag{6.115}$$

となる (Ichihara and Nishimura, 2009)[*9]．ここで，

$$b_{\mathrm{v}} = \frac{2\eta}{\rho_{\mathrm{L}} R_{\mathrm{eq}}^2} \tag{6.116}$$

$$\omega_{\mathrm{G}} = \frac{1}{R_{\mathrm{eq}}}\sqrt{\frac{3\gamma_{\mathrm{h}} P_{\mathrm{G0}} - 2\frac{\gamma}{R_{\mathrm{eq}}}}{\rho_{\mathrm{L}}}} \tag{6.117}$$

[*9] この式は，時間に関して無次元化されていないことに注意．

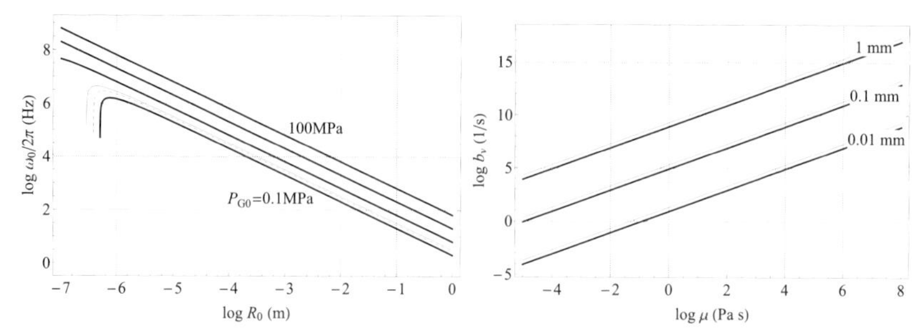

図 6.21　(左) 断熱過程の場合の振動周波数と気泡径の関係．気泡内圧をパラメータとしている．太線はケイ酸塩メルト，細線は水（$P_{G0} = 0.1$ MPa のみ表示）に対応している．気泡圧 $P_{G0} = 0.1$，1，10，100 にそれぞれ対応している．破線は等温過程（水の $P_{G0} = 0.1$ MPa のみ表示）に対応している．(右) 減衰係数と液粘性の関係．気泡径をパラメータとしている．線の意味は左図に同じ．

である．ここで，R_{eq} は平衡径，b_v は減衰係数であり，気泡径の変化に伴う粘性散逸を表している．ω_G は，気泡内ガスの線形体積弾性率に対応している．これは，表面張力の項を無視して考えるとわかりやすい．$\omega_G^2 = 3\gamma_h P_{G0}/(R_{eq}^2 \rho_L)$ であり，気泡内体積変化は，$P_G V^{\gamma_h}$ = 一定であるので，気泡の弾性率 K_G は，$K_G = -(dV/(VdP_G)^{-1} = \gamma_h P_G$ となる．係数の 3 は $V \approx R^3$ のためである．ここで，ガスの線弾性率を $k_G = 3K_G$ とすると，$\omega_G^2 = k_G/P_{G0}/t_c^2$ となり，気体の振動であることが明瞭になる．上の式から，気泡の振動は，気泡内ガス圧の弾性をバネ，周りの液体をダッシュポットとした調和振動子系を作っていることがわかる．

振動周波数は $\omega_G/2\pi$ で与えられるから，この式から，気泡振動の周期は，気泡径が大きくなるほど低周波数になり，内圧が大きくなるほど高周波数になる．比熱比 γ_h は 1.33 (断熱過程)，等温過程では 1 と見なすことができるので，その分だけ，断熱過程が高周波，すなわち周期が短くなる．気泡径が 1 cm より大きく，ごく低圧では，振動周波数が 100 Hz を下回ることが予想される．界面張力の影響は気泡径が 1 μm 以下の非常に小さいときだけであることがわかる．また，減衰係数は，粘性と気泡径が大きくなるほど大きくなることがわかる．これらを図示したのが，図 6.21 である．

減衰を伴う調和振動の方程式では，減衰振動から過減衰に移行する臨界状態は $b_v = \omega_G$ のときに起こる．図 6.22 は，減衰振動と過減衰の境界を，水とケイ酸塩メルトについて，気泡圧をパラメータとして，気泡径と液の粘性の関数として図示したものである．この図から，表面張力の効果は，1 気圧付近の低圧で気泡

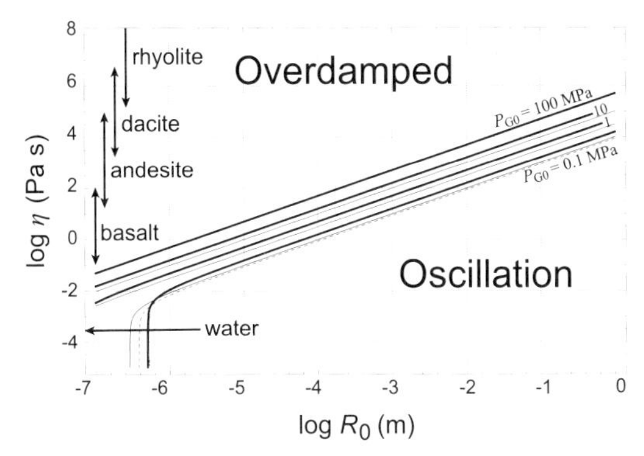

図 6.22　断熱過程の場合の Rayleigh-Plesset 方程式の線形解析による気泡の減衰振動と過減衰の境界．太線はケイ酸塩メルト，細線は水（$P_{G0} = 0.1\,\mathrm{MPa}$ のみ表示）に対応している．気泡圧 $P_{G0} = 0.1$，1，10，100 MPa にそれぞれ対応している．破線は，水の場合の等温過程に対応しているが，等温過程の大きな違いはない．

径が 1 μm 以下の場合にのみ効いてくること，断熱過程と等温過程の違いはあまりないことがわかる．また，水の場合はほとんどの気泡径領域で振動が起こるが，逆にケイ酸塩メルトの場合には，玄武岩質メルトや安山岩質メルトで気泡径が大きい場合には振動が起こるが，気泡径が小さい場合や，デイサイト質メルトや流紋岩質メルトでは振動が起こらない．これは，先に見た数値計算の結果を裏づけている．

6.8　気泡崩壊と振動に及ぼす液の粘弾性の影響

Fogler and Goddard (1970) は，Oldroyds 粘弾性液体について Rayleigh-Plesset 方程式を拡張した式 (4.135) に基づいて線形解析を行った．彼らは，真空気泡の崩壊を調べるために $P_G = 0$ の場合に対して，式 (4.135) を $\tilde{R} = X_e + X'$ として，線形化すると，

$$\ddot{X}' + \frac{4\eta t_c}{\rho_l X_e^2}\dot{X}' - \frac{4K_L}{P_0}\left[\frac{\ln X_e^3}{X_e^3(1 - X_e^3)}\right]X' = 0 \qquad (6.118)$$

となる．ここで，X_e は平衡気泡径で $X_e < 1$ である．第 3 項は全体として正になるので，この場合もやはり，減衰項を含む調和振動子の形をしている．これを式 (6.115) と比較すると，式 (6.115) では時間に関して無次元化されていないことに注意すると，式 (6.115) では固有振動の項が，基本的には気泡内ガスの弾性（体

積弾性率）K_{G} であるのに対し，式 (6.118) では，液の弾性 K_{L} になっている点が異なるだけである．この特徴的角振動数 ω_{L} は，

$$\omega_{\mathrm{L}}^2 = -\frac{4K_{\mathrm{L}}}{P_0 t_{\mathrm{c}}^2}\left[\frac{\ln X_{\mathrm{e}}^3}{X_{\mathrm{e}}^3(1-X_{\mathrm{e}}^3)}\right] \tag{6.119}$$

と書ける．これを用いると，ガス気泡の場合の線形振動の式として，時間に関しては無次元化されていない形で，

$$\ddot{X}' + 2b_{\mathrm{v}}\dot{X}' + \left(\omega_{\mathrm{G}}^2 + \omega_{\mathrm{L}}^2\right)X' = 0 \tag{6.120}$$

が与えられる．一般に K_{L} は K_{G} に比べて，2 桁程度大きいので，気泡径が等しいなら固有振動数は，液の弾性が効く場合の方が 1 桁大きくなる．さらに詳しい議論が，Ichihara *et al.* (2004), Ichihara and Kameda (2004) によって行われている．

第III部
マグマの結晶化

岩石組織は，火成岩の岩石名を決定する際の重要な指標である．火成岩の名前は，岩石の色と粒径によって分類される．岩石の色は主として化学組成によるものであり，塩基性岩（SiO_2 が少ない）は黒っぽく，酸性岩（SiO_2 が多い）ほど白っぽいことが多くの場合に当てはまり，マグマの生成と組成改変の履歴を反映している．一方，結晶粒径あるいはもっと一般に岩石組織は，マグマ中での結晶化カイネティックスと，多相流としての運動および冷却固結過程という非平衡過程によって決定される．

化学組成も岩石組織いずれも多段階の過程が積み重なっている結果であるが，化学組成については相平衡関係と元素分配という比較的強固な平衡論の基礎をもち，かつ現在のテクノロジーの急速な進展による微量元素や同位体組成の微小空間での微小濃度の測定限界の更新と相まって，多くの研究がなされている．ほとんどすべてと言ってもよいくらい多くの岩石学学者がこれに携わっている．それに比べ，岩石組織に関する研究は，その重要性に比べてポピュレーションの占める割合は極端に低い．その 1 つの原因は，よって立つべき基礎が非平衡過程であり，それから導かれる結論の実用性の乏しさがある．非平衡熱力学の一般論はまだ完成していないし，個別な問題を考える際にも実験的検証を経なければならないたくさんの課題がある．さらに，観測量から我々が知りたい未知量を定量的に知るための関係式，すなわち観測ツール（観測のための道具）が，非平衡過程の研究からほとんど提出されていないことが大きな原因の 1 つであろう．結晶化に関わる非平衡過程については，比較的強固な古典論と，その実験的検証が行われてきており，岩石組織を観測するための道具作りも可能になってきている．

マグマの結晶化の第 III 部では，まず第 7 章で，平衡論とカイネティックスの古典論とその実験との比較に基づき，冷却結晶化を定量的に理解する．この冷却結晶化の理解を発展させ，次の第 8 章で，圧力変化が大きい条件を取り扱う火山学で独特に発達してきた減圧結晶化について解説する．この 2 つの章では，岩石組織を結晶数密度という定量的指標で代表し，組織形成過程を理解する．次の第 9 章では，岩石組織についてより包括的情報を含む結晶サイズ分布 (CSD: Crystal Size Distribution) の理論的取り扱いについて解説する．各章では，理論と実験との比較を行い，将来の研究の方向性を探るための材料とする．

第7章　マグマの冷却結晶化

本章では，マグマの冷却結晶化のカイネティックスすなわち，核形成と成長についての理解を深め，道具作りの基礎とする．マグマの発泡過程の理解が，発泡組織から未知情報を観測するための道具作りに集約されることと同じである．発泡の問題では，平衡条件（第2章），核形成過程（第3章），成長過程（第4章），発泡の時間発展（第5章），発泡に関わる複雑な過程（第6章）と，章を分けて詳細に検討したが，結晶化の問題では，同様の内容を一気にこの章で解説する．それが行えるのは，どちらも溶液からの新しい相の析出という相転移過程であり，類似性があるからだ．

まず，2成分共融系を多成分系の例として，液からの結晶化の条件を解説し，固液平衡と過飽和を熱力学的に定義する．次に，結晶核形成と結晶成長の定式化を行い，その結果を用いて実験を評価し，古典論の検討を行う．結晶成長の問題は，結晶内でしばしば見られる組成累帯構造の成因と関係する．結晶の累帯構造を理解するためには，結晶成長によって前進する界面の動きを考慮した物質輸送の問題を論じる必要があり，ここではその簡単な場合について解説する．界面の移動を伴う結晶成長の問題は，金属学の分野でよく研究され，理解が進んだ．この問題に限らず，結晶成長の多くの問題は金属学の研究から学ぶことが多い．実際に実験で観測される結晶成長は複雑で，天然での結晶形態も多様である．天然での結晶形態は，地球科学ならではのたくさんの興味深い問題を含むが，非常に簡単な紹介だけ行った．結晶の累帯構造と結晶形態の問題は，発泡では登場しない結晶化独特の問題である．

7.1　冷却結晶化の熱力学

7.1.1　結晶の融点と相平衡図

相平衡図は，平衡状態で存在する相を表現している．例えば，図7.1右の透輝石-灰長石の2成分共融系の相平衡図では，L+Diの領域内に温度と系の組成が位置すれば，系には液相(L)と透輝石(Di)の2相が存在することを教えてくれる．その領域の高温側のLの領域との境界は，2成分系における融点（液相線(Liquidus)リキダス）を示す．左端，Di 100%の組成の固相線の位置は，純粋物質の融点を

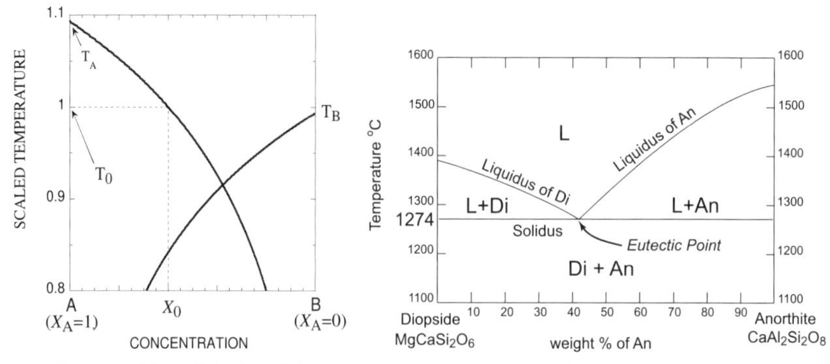

図 7.1　（左）冷却結晶化を調べるための 2 成分共融系における各固相の液相線（Liquidus:リキダス）の相平衡図．（右）1 気圧での透輝石-灰長石の 2 成分共融系相平衡図 (Bowen, 1915)．L：液相 (Liquid)，Di：透輝石 (Diopside)，An：灰長石 (Anorthite)．Solidus：固相線．

示し，図から 1390°C 付近であると読み取れる．灰長石 (An) 成分が増える（横軸を右に移動する）と，液相線は低温に移動する．これは凝固点降下に相当する．Di の液相線と An の液相線が交わる点は共融点 (Eutectic Point) と呼ばれ，その点を通る温度一定の線は固相線（Solidus ソリダス）である．多成分系では，融解あるいは固化が，固相線と液相線によってはさまれたある温度範囲で起こることが，1 成分系と異なる点である．相平衡図は，相の種類の平衡状態での存在を教えてくれるだけでなく，その量比もてこの原理 (level rule) によって教えてくれる．相平衡図は，下で示す熱力学による理論的考察によって描かれるが，それと同時に実験による相の存在の確認や融解の潜熱などの物性値の決定が行われて，初めて確立される．

以下の結晶化の理論的考察では，図 7.1 左のような共融系の相平衡図を仮定する．これは，図 7.1 右の透輝石 (Diopside)-灰長石 (Anorthite) 系を代表していると考えてよい．また，玄武岩質から安山岩質の比較的苦鉄質のマグマでは，この 2 つが常に主要構成鉱物であり，貫入岩では斜長石と輝石の幾何学的関係によって岩石組織に名前が付けられている（第 10 章参照）ので，この系を考察することには汎用性がある．

温度の異なる状態 I（温度 T_0，モル分率 X_0）と状態 II（温度 T，モル分率 X_0）についての平坦な界面を通してのそれぞれの平衡条件は（図 7.2 および図 7.3），化学ポテンシャルを用いて，

$$\mu^{\mathrm{A}}_{\mathrm{Liquid}}(T_0, P, X_0) = \mu^{\mathrm{A}}_{\mathrm{Solid}}(T_0, P) \tag{7.1}$$

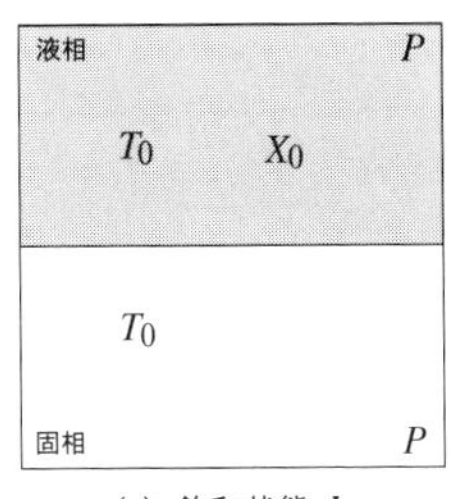

(a) 飽和状態 I

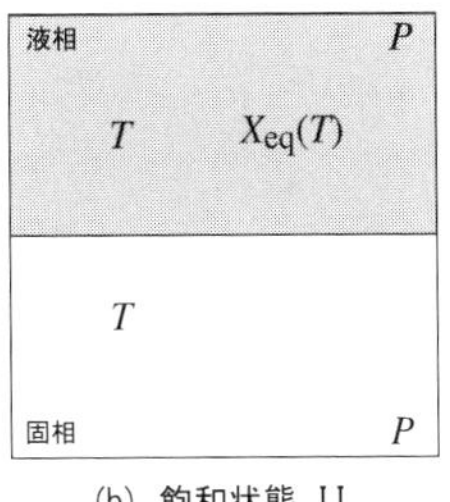

(b) 飽和状態 II

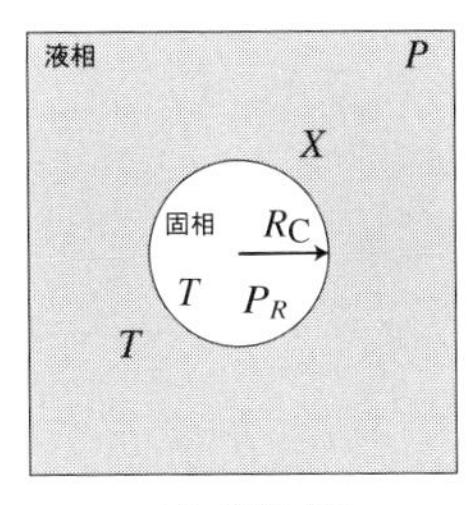

(c) 状態 III

図 7.2　(a) 温度 T_0 での平面の界面を通しての平衡状態（飽和状態 I）. (b) T_0 とは異なる温度 T での平面の界面を通しての平衡状態（飽和状態 II）. (c) 曲がった界面を通しての局所界面平衡状態（状態 III）. 状態 I と II では，液相・固相の圧力はともに P で等しいのに対し，状態 III では曲率半径 R に従って異なった圧力 P_R になっていることに注意. また，状態 I と II では，均一な系を仮定しているが，状態 III では，界面のメルトだけに注目しており，メルト全体は，その圧力 P 温度 T で，飽和状態の組成より高い濃度を持っているから過飽和状態である. 図 7.3 に相図上での位置を示す.

$$\mu^{\mathrm{A}}_{\mathrm{Liquid}}(T,P,X_{\mathrm{eq}})=\mu^{\mathrm{A}}_{\mathrm{Solid}}(T,P) \tag{7.2}$$

と表される. ここで，$\mu^{\mathrm{A}}_{\mathrm{Liquid}}$ と $\mu^{\mathrm{A}}_{\mathrm{Solid}}$ は，液相と固相中での A 成分の 1 分子当たりの化学ポテンシャルである. 2.6 節と同じ取り扱いにより，理想溶液の化学ポテンシャル $\mu=\mu_0+k_{\mathrm{B}}T\ln X$ を仮定し，辺々引き算し，$T=T_0+dT$ として，$\partial\mu/\partial T=-s$（$s$ は分子エントロピー）を用いて積分を実行すると，式 (2.66) と同様の式

$$\frac{X_{\mathrm{eq}}}{X_0}=\frac{C_{\mathrm{eq}}}{C_0}=\exp\left[-\frac{\Delta s_{\mathrm{A}}}{k_{\mathrm{B}}}\left(\frac{T_0}{T}-1\right)\right] \tag{7.3}$$

が得られる. これは，温度・組成空間において液と固相 (L+A) が共存する領域と，液のみの領域 (L) との相境界 (phase boundary) である，液相線 (Liquidus) を定義する. ここで，Δs_{A} は，温度 T_0 での純粋な固相 A の，組成 X_0 の液への溶解のエントロピーであり，純粋な A の融点 T_{A} での潜熱（1 分子当たり）$\Delta h^0_{\mathrm{A}}=\Delta S^0_{\mathrm{A}}T_{\mathrm{A}}$ と関係している[*1]. ここで，Δs^0_{A} は温度 T_{A} での純粋物質 A の融解（固化）に

[*1]
$$\Delta s_{\mathrm{A}}=\Delta s_{\mathrm{A}}(T_0,X_0)=s^{\mathrm{A}}_{\mathrm{Liquid}}(T_0,X_0)-s^{\mathrm{A}}_{\mathrm{Solid}}(T_0,1) \tag{7.4}$$
$$=s^{\mathrm{A}}_{\mathrm{Liquid}}(T_0,X_0)-s^{\mathrm{A}}_{\mathrm{Liquid}}(T_0,1)+s^{\mathrm{A}}_{\mathrm{Liquid}}(T_0,1)-s^{\mathrm{A}}_{\mathrm{Solid}}(T_0,1) \tag{7.5}$$
$$=\frac{\partial s^{\mathrm{A}}_{\mathrm{Liquid}}}{\partial X}(X_0-1)+\Delta s_{\mathrm{A}}(T_0,1) \tag{7.6}$$
$$=\Delta s_{\mathrm{A}}(T_{\mathrm{A}},1)+\frac{\partial s^{\mathrm{A}}_{\mathrm{Liquid}}}{\partial X}(X_0-1)+\frac{\partial\Delta s_{\mathrm{A}}}{\partial T}(T_0-T_{\mathrm{A}}) \tag{7.7}$$

$\Delta s_{\mathrm{A}}(T_{\mathrm{A}},1)=\Delta s^0_{\mathrm{A}}$ であるので，右辺第 2 項の組成の補正項と第 3 項の温度の補正項が小さいと，$\Delta s_{\mathrm{A}}=\Delta s^0_{\mathrm{A}}$ と見なしてよい.

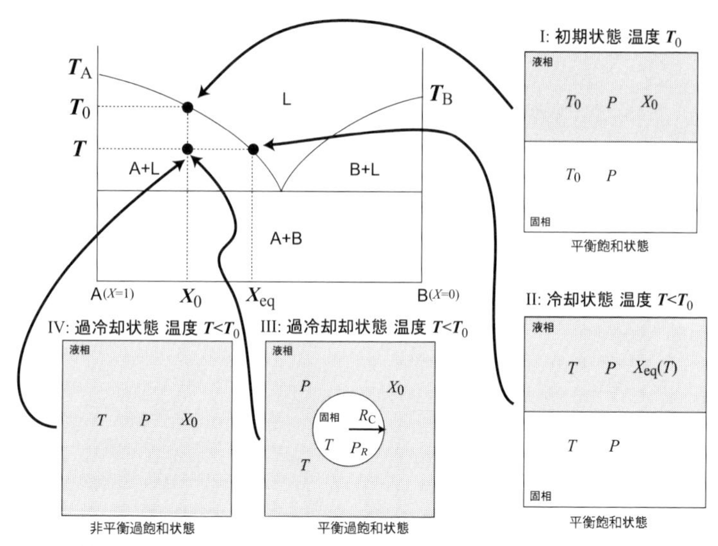

図 7.3　2 成分共融系での熱力学考察に用いる相図上での位置.

伴うエントロピー変化である．図 7.1 の左図は，$\Delta s_A^0/k_B = \Delta s_B^0/k_B = 6.0$, $T_A/T_B = 1.1$ を仮定している．

温度 T_0 での潜熱に相当する量 $\Delta s_A T_0$ を簡単に Δh と書き，一定とすると，式 (7.3) より，基準となるリキダス上の点 (C_0, T_0) からの相対的な関係として，リキダス $T_L(C)$ は以下のように書き換えられる．

$$T_L(C) = \frac{T_0}{1 - \frac{k_B T_0}{\Delta h} \ln \frac{C}{C_0}} \tag{7.8}$$

これを濃度 C に関して以下のように線形化しておくと便利である．

$$T_L(C) = T_0 \left[1 + \frac{k_B T_0}{\Delta h} \left(\frac{C}{C_0} - 1 \right) \right] \tag{7.9}$$

ここで，リキダスの傾きを定義する無次元数

$$\alpha_2 = \Delta \tilde{h} = \frac{\Delta h}{k_B T_0} = \frac{\Delta s}{k_B} \tag{7.10}$$

を定義すると，

$$T_L(C) = T_0 \left[1 + \frac{1}{\alpha_2} \left(\frac{C}{C_0} - 1 \right) \right] \tag{7.11}$$

と書くことができる．

7.1.2 結晶核の熱力学的考察と Gibbs-Thomson の関係

結晶化の熱力学的考察を，図 7.2 と 7.3 に従って行う．ここでの目的は，過飽和度の理解と臨界半径の導出である．臨界半径を持つ臨界固相は過飽和溶液と化学平衡の状態にあるから，化学平衡論から臨界核サイズを決定することができる（臨界核サイズの核形成のエネルギー論との関係は 7.1.2 節の Box を参照）．ある温度 T_0 で曲率 0 の平面の界面を介しての結晶と液の飽和状態 I と，T_0 より低い温度 T の過冷却状態で曲がった界面を介しての平衡状態 III について考察する．平衡条件は，曲がった界面を介して圧力が異なるから

$$\mu^{\mathrm{A}}_{\mathrm{Liquid}}(T, P, X_0) = \mu^{\mathrm{A}}_{\mathrm{Solid}}(T, P_R) \tag{7.12}$$

である．過冷却度 $\Delta T = T_0 - T > 0$ に対応する臨界核サイズを決定するために，図 7.2 の飽和状態 I と，この過冷却状態 III の化学ポテンシャルの差を取る．

基準の濃度に相当するモル分率を X_0 とすると，式 (7.1) と (7.12) を辺々引き算する．

$$\mu^{\mathrm{A}}_{\mathrm{Liquid}}(T_0, P, X_0) - \mu^{\mathrm{A}}_{\mathrm{Liquid}}(T, P, X_0) = \mu^{\mathrm{A}}_{\mathrm{Solid}}(T_0, P) - \mu^{\mathrm{A}}_{\mathrm{Solid}}(T, P_R) \tag{7.13}$$

$\partial\mu/\partial P = v$（$v$ は部分分子容）を用いると，

$$-s^{\mathrm{A}}_{\mathrm{Liquid}}(X_0)(T_0 - T) = -s^{\mathrm{A}}_{\mathrm{Solid}}(T_0 - T) + v^{\mathrm{A}}_{\mathrm{Solid}}(P - P_R) \tag{7.14}$$

を得る．これを，固相の曲率半径 R に対する力学平衡の式（Laplace の式）

$$P_R - P = \frac{2\gamma}{R} \tag{7.15}$$

を用いて整理する[*2]．結果は，

$$\Delta h \left(1 - \frac{T}{T_0}\right) = \frac{2\gamma v_{\mathrm{S}}}{R} \tag{7.16}$$

となる．ここで，v_{S} は，結晶化している固相の分子容 $v^{\mathrm{A}}_{\mathrm{Solid}}$ であり，圧力によらず一定であると仮定している．

[*2] 液中の結晶の場合は，気泡と異なり常に力学平衡が成立しているとしてよい．

飽和，過飽和，過冷却，平衡，非平衡

飽和とは，液の濃度が，その液の温度または圧力での飽和曲線または平衡曲線上にあることを意味する．過飽和とは，液の濃度が，飽和曲線（平衡曲線）上の値よりも，注目している成分に富んでいることを意味する．過冷却とは，相平衡図上で温度軸に沿って，飽和曲線（平衡曲線：融点）から結晶が共存する領域にあることを意味する．実効的過冷却（過飽和）とは，圧力や含水量など過冷却を起こす要因が温度以外にある場合に用いる．

平衡とは，化学平衡の場合，2つの相の間で相界面を通して，注目している成分の各相での化学ポテンシャルが等しい状態である．力学平衡の場合は，界面を通しての静的力学平衡が成立している状態を意味し，Laplace の式が成立している．熱平衡は，温度が各相で等しいことを意味する．非平衡とは，これらの平衡状態にない場合を意味する．

この式 (7.16) は，ある組成の液と固相が，平坦な界面（曲率半径 $R=\infty$）を通して平衡である温度 T_0 と，その組成の液が曲がった界面（液側に凸で曲率半径 R）を通して固相と平衡である温度 T の関係を示しているので，平衡温度 T は，

$$\frac{T}{T_0} = 1 - \frac{2\gamma v_{\mathrm{S}}}{\Delta h}\frac{1}{R} = 1 - \frac{R_T^*}{R} \tag{7.17}$$

と与えられる．ここで，R_T^* は

$$R_T^* = \frac{2\gamma v_{\mathrm{S}}}{\Delta h} \tag{7.18}$$

で定義され，温度による過冷却度を定義する際の臨界半径のスケールを与える．もし，$R=\infty$ なら，$T=T_0$ であり，$R>0$ なら $T<T_0$ すなわち過冷却でなければならない．式 (7.17) は，温度の言葉で書かれた Gibbs-Thomson の公式である．式 (7.17) の R は，$T<T_0$ の過冷却の場合の臨界半径 R_{C} を定義する：

$$R_{\mathrm{C}} = \frac{R_T^*}{(1-T/T_0)}, \quad \left(\mathrm{or}\ \frac{1}{R_{\mathrm{C}}} = \frac{1}{R_T^*}\left(1-\frac{T}{T_0}\right)\right) \tag{7.19}$$

となり，過冷却度 (T_0-T) と臨界半径の逆数が同義であることがわかる．これは，核形成のエネルギー論的考察から得られる式 (7.36)（7.1.2 節の Box）と同じである．また，基準としたリキダス上の点 (C_0, T_0) を一般化して $(C, T_{\mathrm{L}}(C))$ とし，臨界半径の上式において，T_0-T を $T_{\mathrm{L}}(C)-T$ で置き換えると，組成と温度の関数としての臨界半径（過冷却度の逆数）を与えることになる．ここで，$T_{\mathrm{L}}(C)$ は，式 (7.8)～(7.11) で与えられている．

組成に関しての Gibbs-Thomson の公式を導くために，ある温度 T での界面の曲

率の違いによる平衡条件を考察する．同一温度 T での状態II（式(7.2)）と状態III（式(7.12)）の差を取る．理想溶液の化学ポテンシャルの表式 ($\mu = \mu_0 + k_{\mathrm{B}} T \ln X$) を用いると，以下の Gibbs-Thomson の式が得られる．

$$\frac{X}{X_{\mathrm{eq}}} = \frac{C_R}{C_{\mathrm{eq}}} = \exp\left(\frac{2\gamma v_{\mathrm{S}}}{k_{\mathrm{B}} T} \frac{1}{R}\right) = \exp\left(\frac{R_X^*}{R}\right) \tag{7.20}$$

ここで，R_X^* は，

$$R_X^* = \frac{2\gamma v_{\mathrm{S}}}{k_{\mathrm{B}} T} \tag{7.21}$$

で定義され，基準とした過冷却温度 T での組成による過飽和度を定義する際の臨界半径のスケールを与える*3．この曲がった界面での平衡濃度 C_R と，過飽和液の濃度 C $(> C_{\mathrm{eq}})$ と等しいと置けば，平衡半径 R は，その過飽和液の中での核形成の際の臨界半径 R_{C} になる．すなわち，

$$R_{\mathrm{C}} = \frac{R_X^*}{\ln\left(\frac{C}{C_{\mathrm{eq}}}\right)}, \quad \left(\text{or } \frac{1}{R_{\mathrm{C}}} = \frac{1}{R_X^*} \ln\left(\frac{C}{C_{\mathrm{eq}}}\right)\right) \tag{7.23}$$

である*4．

実際の結晶化過程では，濃度 C と温度 T の両方が変化し，それぞれが過飽和度（過冷却度）に総合的に寄与するから，その寄与の仕方を初期基準状態 (C_0, T_0) からの変化として明示的に表現しておいた方が便利である．温度差によって定義した臨界半径（式(7.19)）では，基準となる温度 T_0 を一定としたが，これが式(7.8) に従って濃度の関数として変化する．すなわち，温度 T と濃度 C を与えたときの臨界半径は，式(7.19) において，$T_0 \to T_{\mathrm{L}}(C)$ という置き換えをして，

$$\frac{1}{R_{\mathrm{C}}} = \frac{1}{R_T^*}\left(1 - \frac{T}{T_{\mathrm{L}}(C)}\right) \tag{7.24}$$

---

*3 温度 T_0 を過冷却温度とすると，それより高温での T_{L} を想定する必要がある．式(7.8) より，$T_{\mathrm{L}} - T_0 = \Delta\tilde{h}^{-1} T_{\mathrm{L}} \ln(C_{\mathrm{L}}/C_0)$．一方，式(7.17) より，$1 - T_0/T_{\mathrm{L}} = R_T^*/R$ である．この 2 式より，

$$\frac{C_{\mathrm{L}}}{C_0} = \exp\left[\Delta\tilde{h}\frac{R_T^*}{R}\right] = \exp\left(\frac{R_X^*}{R}\right) \tag{7.22}$$

ここで，$\Delta\tilde{h} = \Delta h/(k_{\mathrm{B}} T_0)$ である．このときの R_X^* は $2\gamma v_{\mathrm{S}}/k_{\mathrm{B}} T_0$ であり，T_0 が温度として用いられている．

*4 この式で，過飽和濃度 C を，基準の濃度 C_0 と見なせば，過冷却度 $T_0 - T$ での平衡濃度の比（もしくは対数の第 1 近似としては濃度差すなわち過飽和度 $1 - C_0/C_{\mathrm{eq}}$）が，臨界半径を用いて定義されている．すなわち，この式は，液相線を定義する式(7.3) を用いると，式(7.19) になる．

となる．さらに，$T/T_{\mathrm{L}}(C) = T/T_0 \times T_0/T_{\mathrm{L}}(C)$ として，式 (7.8) を代入して整理すると，

$$\frac{1}{R_{\mathrm{C}}} = \frac{1}{R_X^*} \ln \frac{C}{C_0} + \frac{1}{R_T^*}\left(1 - \frac{T}{T_0}\right) \tag{7.25}$$

$$= \underbrace{\frac{k_{\mathrm{B}}T}{2\gamma v_{\mathrm{S}}} \ln \frac{C}{C_0}}_{\text{濃度変化}} + \underbrace{\frac{\Delta h}{2\gamma v_{\mathrm{S}}}\left(1 - \frac{T}{T_0}\right)}_{\text{温度変化}} \tag{7.26}$$

となる．右辺第 1 項は，濃度変化による過飽和度（臨界半径の逆数）への寄与で，濃度 C が初期値 C_0 から減少していくと臨界半径は大きくなる．右辺第 2 項は，温度変化による寄与で，温度が初期値 T_0 より低くなると過飽和度は増加する．ここで，R_X^* と R_T^* は，それぞれ式 (7.21) と式 (7.18) によって定義されている．

$$R_X^* = \frac{2\gamma v_{\mathrm{S}}}{k_{\mathrm{B}}T} \tag{7.27}$$

$$R_T^* = \frac{2\gamma v_{\mathrm{S}}}{\Delta h} \tag{7.28}$$

この，下付き文字 X と T は，R_P^* の定義式 (4.10) と合わせて，それぞれ，組成，温度，圧力変化による過飽和状態に対応する臨界半径のスケールである．また，この比

$$\Delta\tilde{h} = \frac{R_X^*}{R_T^*} = \frac{\Delta h}{k_{\mathrm{B}}T} \approx \frac{\Delta s}{k_{\mathrm{B}}} \tag{7.29}$$

は，無次元の結晶化のエントロピーあるいは潜熱であり，$\Delta\tilde{h}$ として定義しておく[*5]．

臨界半径：化学平衡論と核形成のエネルギー論との関係

核形成のエネルギー論的考察から，臨界半径 R_{C} は，

$$R_{\mathrm{C}} = \frac{2\gamma}{\Delta\mathcal{G}_V^*} \tag{7.31}$$

と与えられる．ここで，$\Delta\mathcal{G}_V^*$ は，固液共通の温度圧力 (T，P) 下での，固相（純粋物質）と液相（モル分率 X_0）の結晶化成分の Gibbs 自由エネルギー差である（3.1.2 節参照）．すなわち，

[*5] 比 R_X^*/R_T^* は，液相線の傾きを定義する無次元数 α_2（式 (7.10)）に等しい：

$$\frac{R_X^*}{R_T^*} = \frac{\Delta s}{k_{\mathrm{B}}} = \alpha_2 \tag{7.30}$$

$$\Delta\mathcal{G}_V^* = \frac{1}{v}\left(\mu_{\rm Melt}^{\rm A}(T, P, X_0) - \mu_{\rm Solid}^{\rm A}(T, P)\right) \tag{7.32}$$

ここで, $\mu_{\rm Melt}^{\rm A}(T, P, X_0)$ は過飽和（過冷却）メルトでの自由エネルギー, $\mu_{\rm Solid}^{\rm A}(T, P)$ は結晶での自由エネルギーに相当する（μ（J/1 分子））. v は結晶化成分の実効的分子容である（v（m^3/1 分子））（液相中と固相中で同じ v を取ると仮定）. このときの固相は, 組成 $X_{\rm eq}$ の液と平衡にあるから, 化学平衡論から, $\mu_{\rm Melt}^{\rm A}(T, P, X_{\rm eq}) = \mu_{\rm Solid}^{\rm A}(T, P)$ である. よって,

$$\Delta\mathcal{G}_V^* = \frac{1}{v}\left(\mu_{\rm Melt}^{\rm A}(T, P, X_0) - \mu_{\rm Melt}^{\rm A}(T, P, X_{\rm eq})\right) \tag{7.33}$$

となり, 自由エネルギー差が, 液の組成差だけに帰着された. 理想溶液の化学ポテンシャルの表式 ($\mu = \mu_0 + k_{\rm B}T\ln X$) と, $C_0 = C_{\rm eq} + (C_0 - C_{\rm eq})$ より,

$$\Delta\mathcal{G}_V^* = \frac{k_{\rm B}T}{v}\ln\frac{X_0}{X_{\rm eq}} = \frac{k_{\rm B}T}{v}\ln\frac{C_0}{C_{\rm eq}} \approx \frac{k_{\rm B}T(C_0 - C_{\rm eq})}{vC_{\rm eq}} \tag{7.34}$$

となる. これは, 組成差によって定義された「過飽和度」による結晶化の駆動エネルギーである. 臨界半径は,

$$R_{\rm C} = \frac{2\gamma v}{k_{\rm B}T\ln\frac{C_0}{C_{\rm eq}}} = \frac{R_X^*}{\ln C_0/C_{\rm eq}} \tag{7.35}$$

となる. これは, 濃度差の言葉で定義された臨界半径である. 一方, 式 (7.34) に化学平衡論から得られる液相線の式 (7.3) を用いると,

$$R_{\rm C} = \frac{2\gamma v}{\Delta h(1 - T/T_0)}, \quad \left(\text{or } \frac{1}{R_{\rm C}} = \frac{\Delta s(T_0 - T)}{2\gamma v}\right) \tag{7.36}$$

となる. これは, 過冷却度 $T_0 - T$ の言葉で定義された結晶化の駆動エネルギーと臨界半径である. これらは, 化学平衡論からの式（式 (7.23) と式 (7.19)）と一致している.

式 (7.20) の Gibbs-Thomson の関係式では, 曲がった界面での平衡濃度 C_R を平坦な界面を通しての平衡濃度 $C_{\rm eq}$ を基準にして記述しているが, 過飽和メルトの濃度 C を基準に取ることができる. 式 (7.20) と (7.23) から, $C_{\rm eq}$ を消去すると,

$$\frac{C_R}{C} = \exp\left[\frac{2\gamma v_{\rm S}}{k_{\rm B}T}\left(\frac{1}{R} - \frac{1}{R_{\rm C}}\right)\right] \tag{7.37}$$

$$\approx 1 - R_X^*\left(\frac{1}{R_{\rm C}} - \frac{1}{R}\right) \tag{7.38}$$

ここで，R_X^* は式 (7.21) で定義されている[*6]．式 (7.38) は，等温下での臨界核サイズに近い結晶の成長や，Ostwald 熟成を考える際に便利である．過飽和メルト中の臨界半径よりも大きい結晶は，液の濃度 C よりも小さい局所平衡濃度を持ち，臨界半径よりも小さい結晶は，大きい濃度を持つ．すなわち曲率に依存した局所界面平衡を境界条件として，液中での濃度は不均一な分布をとる．この濃度不均一が拡散による物質移動を駆動し，界面平衡を保つために固相の溶解や析出を起こすことになる．

核形成や成長のための駆動力としての自由エネルギー差という観点から整理する．相変化の核形成や成長のための自由エネルギー差（1 分子当たり）Δg^* は，

$$\Delta g^* = k_\mathrm{B} T \ln \frac{C}{C_\mathrm{eq}} = k_\mathrm{B} T \frac{R_X^*}{R_\mathrm{C}} \left(= \Delta h (1 - T/T_0)\right) \tag{7.39}$$

である（単位体積当たりは $\Delta \mathcal{G}_V^* = \Delta g^*/v$）．これは，平坦な界面での成長のための駆動エネルギー $\Delta g^*(R = \infty)$ でもある．曲がった界面（曲率半径 R）での成長の駆動エネルギー $\Delta g^*(R)$ は，

$$\Delta g^*(R) = k_\mathrm{B} T \ln \frac{C}{C_R} = k_\mathrm{B} T \left(\frac{R_X^*}{R_\mathrm{C}} - \frac{R_X^*}{R} \right) \tag{7.40}$$

である．核形成のための自由エネルギー差は，成長のための自由エネルギー差より R_X^*/R だけ大きく，$\Delta g^*(R)$ において $R \to \infty$ とした場合に相当する．

7.2　核形成速度と成長速度を用いた岩石組織の古典的理解

上で議論した平衡論に加えて，これから解説する核形成と成長過程という結晶化のカイネティックスを理解することで，岩石組織に意味を与えることが可能になる．核形成と成長速度の意義を理解するために，岩石組織の古典的理解の仕方について解説する．

冷却結晶化による，結晶の数密度やサイズといった岩石組織に関する情報は，古典的には，核形成速度と成長速度の過冷却度依存性を用いて定性的に理解されてきた (Winkler, 1948; Wager, 1961)．具体的に，以降の節で導く核形成速度と成長速度を用いて，そのことを見てみよう．核形成速度の過冷却度依存性は，式 (7.48) で与えられており，成長速度は，式 (7.103) で得られている．これらを図にすると，図 7.4 のようになる．過冷却度の関数として見た核形成速度と成長速

[*6]気泡の場合の R_X^* と因子 y^2 だけ異なる点に注意.

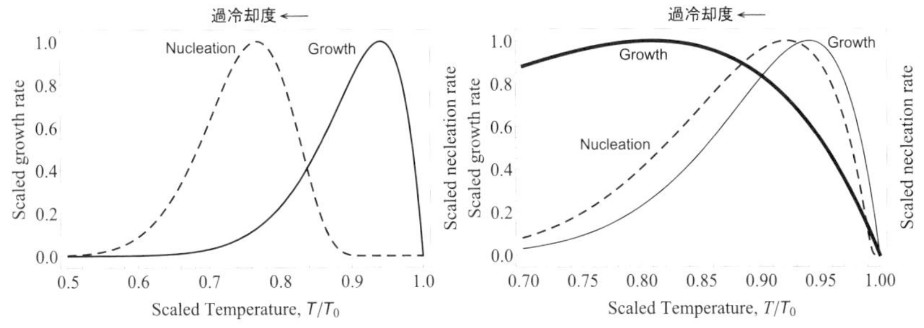

図 7.4　核形成速度（破線）と成長速度（実線）のマスターカーブの比較．どちらもいま考えている問題に対して実効的に作用するピーク値でスケールされている．また，横軸は過冷却度ではなく温度を取っていることに注意．拡散の活性化エネルギー（後出）$\tilde{q} = 11.7$ は共通．（左）均質核形成に相当する界面張力（後述）$\Gamma = 0.084$．（右）不均質核形成に相当する $\Gamma = 0.0001$ である．成長速度の太実線は，拡散の活性化エネルギーを極端に小さくした場合 (1/10) に相当し，最大成長速度を与える過冷却度は核形成の過冷却度より大きくなる．

度の曲線は，以下で見るように，結晶化の履歴岩石組織を支配しているので，マスターカーブと呼ぶ．これを実験的に決定することが極めて重要である．このマスターカーブの形は，次節から見るように，拡散の活性化エネルギーや表面張力など物性によってきまる．

冷却結晶化の場合，どちらのマスターカーブも温度に対してベル型をとる．これは，温度の低下によって過冷却度が増加する効果と，拡散が減少する効果の競合による．一般に，均質核形成の場合，核形成を起こすためにより大きな過冷却度を必要とするので，核形成速度の最大値を与える温度は低くなる．成長速度は比較的高温でも大きいから，図 7.4 左のような関係になる．この場合に，メルトを冷却していくと，高温では核形成は起こらない（核形成速度は極めて小さい）から，いくら結晶成長速度が大きくても意味がない．やっと核形成が起こるぐらいに過冷却されたころには，成長速度は小さくなり，核形成が卓越して起こり，小さい結晶が大きな結晶数密度で存在する．

一方，不均質核形成の場合には，核形成が小さい過冷却度でも起こりやすいので，図 7.4 右のようになる．この場合，温度を低下させていくと，核形成は小さい過冷却度でも起こりやすいが，成長速度も大きいので，結晶は核形成したそばから成長し，結晶化成分を消費し，さらなる核形成を妨げる．結果として，少数の大きな結晶が形成される．しかし，何らかの理由により，成長速度が抑えられた場合（図中の太線），過飽和度を下げるのに成長は有効に働かないから，核形成は継続し，多数の小さい結晶が形成される．このように，核形成と成長との相対的関係によって結晶のサイズや数密度はきまってくることがわかる（Box 参照）．

核形成速度と成長速度の相対的関係に影響を与える要因として冷却速度がある．結晶の数密度によって特徴づけられる岩石組織の違いは，冷却速度の違いを直接的に反映している．この冷却速度の影響は，核形成速度と成長速度の相対関係を基本に理解できる．

核形成と成長の特徴的大きさを用いた結晶化のスケーリング

核形成速度のスケール J_{m} は，単位時間当たり単位体積当たりの結晶数であるから，$[\mathrm{m}^{-3}\mathrm{s}^{-1}]$ の次元を持つ．結晶成長速度のスケール G_{m} は，単位時間当たりの長さであるから，$[\mathrm{m\ s}^{-1}]$ の次元を持つ．これらから，次元解析によって，長さの次元を持つ量は，

$$L = \left(\frac{G_{\mathrm{m}}}{J_{\mathrm{m}}}\right)^{\frac{1}{4}} \tag{7.41}$$

であり，時間の次元を持つ量は，

$$\tau = \left(J_{\mathrm{m}} G_{\mathrm{m}}^{3}\right)^{-\frac{1}{4}} \tag{7.42}$$

で与えられる．また，結晶数密度は，$[\mathrm{m}^{-3}]$ の次元を持つので，L^{-3} であり，

$$N = \left(\frac{J_{\mathrm{m}}}{G_{\mathrm{m}}}\right)^{\frac{3}{4}} \tag{7.43}$$

となる．これらのスケーリング議論が成り立つのは，核形成速度と成長速度のスケール J_{m} と G_{m} が，正しく選ばれた場合である．単なるパラメタリゼーションのために選ばれる核形成速度や成長速度の最大値（マスターカーブの最大値）をこれに使うのは正しくない．

結晶化成分の体積分率 ϕ は液の化学組成と相平衡図によってきまり，冷却速度には依存しないとすると，結晶数密度 N がきまれば，自動的にサイズは決定される．例えば球形を仮定すれば，

$$\phi = \frac{4\pi}{3} L^{3} N \tag{7.44}$$

によって，L は，N と ϕ から決定される．このように最も重要な量は結晶数密度である．そのためには，式 (7.43) に登場する J_{m} と G_{m} は，核形成のステージ，すなわち数が決定される瞬間の代表値でなければならない．

7.3 結晶の核形成

7.3.1 均質核形成の基本的特徴

ある過冷却度が与えられたときに，その過冷却度に応答して瞬間的に発生する結晶核の生成率，すなわち核形成速度を知ることは，結晶化過程の理解において最も基本である．すなわち，過冷却度の関数としての核形成速度は，結晶化過程におけるマスターカーブ（支配曲線）である．

均質核形成の場合，結晶の核形成速度も，気泡の核形成と同様の手順で導出される．気泡の場合と異なる点は，次節で見るように，成長速度である．気泡の場合は，かい離反応のため，液中の水の活動度が非理想溶液的になり，このことが発泡の条件や過飽和度を決定する際に本質的である．その結果，拡散成長速度，核形成速度もその非理想性が現れる．一方，結晶の場合は，第 1 近似としては理想溶液と見なすことができる．そのため，成長速度や核形成速度導出は煩雑さが少なくなる．

3.3.4 節で行った手順と全く同じことを，次節での拡散成長速度（式 (7.68)）を用いて行い，過飽和度を臨界核半径 R_C（式 (7.26)）を用いて記述すると，結晶の核形成速度について次の式が求まる．

$$J = Z\frac{v_S DC^2}{4\pi R_C}\exp\left(-\frac{4\pi\gamma R_C^2}{3k_B T}\right) = \frac{DC\phi_S}{2\pi R_C}\sqrt{\frac{\gamma}{k_B T}}\exp\left(-\frac{4\pi\gamma R_C^2}{3k_B T}\right) \tag{7.45}$$

ここで，$\phi_S = v_S C$ はメルト中の結晶化成分の体積濃度（分率）である．

より具体的に，過冷却度 $1 - T/T_0$ の依存性を見るために，濃度を一定とする．無次元温度を $\tilde{T} = T/T_0$ とすると，臨界核半径 R_C（式 (7.26)）は，

$$R_C = \frac{R_T^*}{1-\tilde{T}} \tag{7.46}$$

となる．結晶化成分の過冷却度 $\Delta\tilde{T}$ を $\Delta\tilde{T} = 1 - \tilde{T}$ と定義する．拡散係数 D は，以下のような熱活性的な温度依存性を持ち，これが温度低下とともに重要な役割を果たす．

$$D = D_0 \exp\left(-\frac{q}{k_B T}\right) \tag{7.47}$$

ここで，q は拡散の活性化エネルギー（1 分子当たり）である．これを上式に代入すると，

$$J = J_0 \cdot \tilde{T}^{-\frac{1}{2}} \cdot \Delta\tilde{T} \exp\left(-\frac{\tilde{q}}{\tilde{T}} - \frac{\Gamma}{\tilde{T}(1-\tilde{T})^2}\right) \tag{7.48}$$

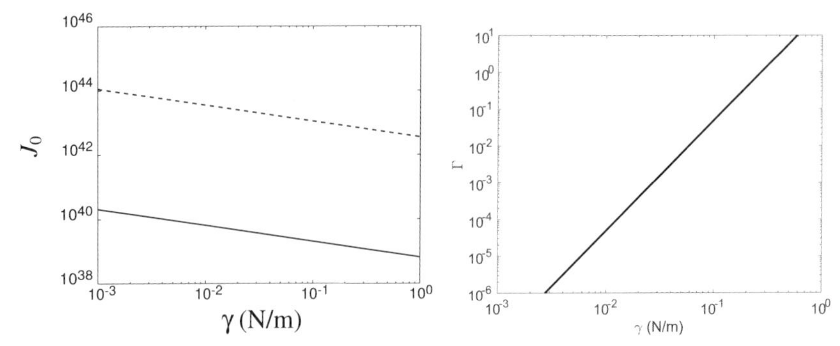

図 7.5　(左) 理論式 (7.49) から得られる指数前因子 (pre-exponential factor) の定数部と界面エネルギーの関係．温度 $T_0 = 1400$ (K)，拡散係数 $D = 10^{-11}$ (m^2/s)，結晶化成分の分子数密度 $C = 10^{28}$ (m^{-3})，$v_\mathrm{S} = 5 \times 10^{-29}$ (m^3) ($\phi_0 = 0.5$)，$\tilde{q} = 8.6$ の場合．実線は，$\exp(-\tilde{q})$ を含む場合．破線は $D = D_0 \exp(-\tilde{q})$ の D_0 を用いた場合．(右) パラメータ Γ と界面エネルギー γ の関係．

となる．ここで，J_0 は指数前因子（pre-exponential factor）と呼ばれ，

$$J_0 = \frac{D_0 C \phi_\mathrm{S}}{2\pi R_T^*} \sqrt{\frac{\gamma}{k_\mathrm{B} T_0}} \tag{7.49}$$

であり，R_T^* は，式 (7.18) または (7.28) でも定義している温度を基準にしたときの臨界核半径のスケールである．無次元数 Γ は，

$$\Gamma = \frac{4\pi\gamma (R_T^*)^2}{3k_\mathrm{B} T_0} \tag{7.50}$$

で定義され，温度を基準にした核形成バリアーの大きさの目安を与え，界面エネルギーに大きく依存する（図 7.5 右）．指数前因子 J_0 は，拡散係数や界面エネルギーなどの物性値に依存するが，一般に非常に大きい値を取る（図 7.5 左）．$\tilde{q}$ は，以下で定義される拡散の活性化エネルギーの無次元の値である．

$$\tilde{q} = \frac{q}{k_\mathrm{B} T_0} \tag{7.51}$$

核形成速度（式 (7.48)）を，過冷却度 $\Delta\tilde{T}$ の関数としてプロットすると，特徴的なベル型の曲線を示す（図 7.6）．これを，核形成速度のマスターカーブと呼ぶ．これは，過冷却度が増加することによって，初め核形成速度は増加するが，さらに温度が低下するに従って拡散係数が減少する，すなわち分子が運動しにくくなることの結果である．図 7.6 には，界面エネルギーと拡散の活性化エネルギーの

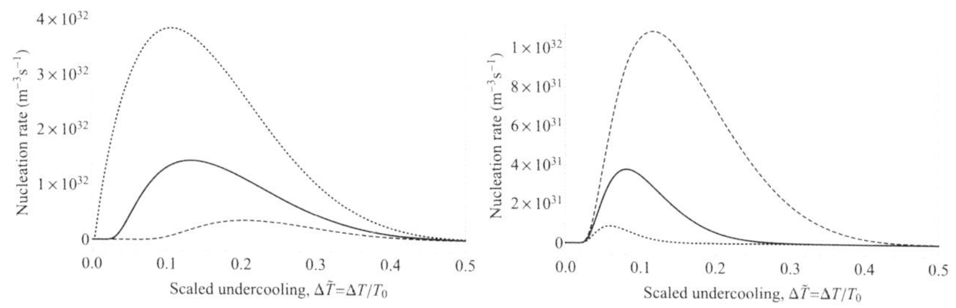

図 7.6 (左) 界面エネルギーをパラメータとして，UndercoolingΔT の関数としての核形成速度．$\tilde{q}=8.0$ に対して，パラメータ α_1 の値は，破線 ($\alpha_1=1$, $\Gamma=0.028$, $\gamma=0.056$ (J/m^2))，太実線 ($\alpha_1=0.1$, $\Gamma=0.0028$, $\gamma=0.026$ (J/m^2))，細実線 ($\alpha_1=0.01$, $\Gamma=0.00028$, $\gamma=0.012$ (J/m^2))，点線 ($\alpha_1=0.001$, $\Gamma=0.000028$, $\gamma=0.0056$ (J/m^2)) に対応している．Γ と α_1 は式 (7.50) と式 (7.60) で定義されている．(右) パラメータ $\alpha_1=0.1$ に対して，パラメータ $\tilde{q}$ の値は，破線 ($\tilde{q}=10$)，太実線 ($\tilde{q}=20$)，細実線 ($\tilde{q}=30$)，点線 ($\tilde{q}=40$) に対応している．

マスターカーブへの影響を示す．界面エネルギーが大きくなるほど，核形成はし難くなるので，ピーク核形成速度は小さくなり，それを与える過冷却度は大きくなる．活性化エネルギーが大きくなるほど，ピーク核形成速度を与える過冷却度は小さくなり，ピーク核形成速度の値も小さくなる．これは，活性化エネルギーが大きいほど，拡散係数の温度低下による減少が高温でも表れるためである．

過冷却度の関数としての核形成速度の振舞いは，界面エネルギーと拡散の活性化エネルギーに大きく左右される．この振舞いは，ピーク核形成速度 J_{PEAK} とそれを与える過冷却温度 $\tilde{T}_{\mathrm{JPEAK}}$ によって特徴づけられる．ピーク核形成速度は，式 (7.48) の指数部分

$$-\frac{\tilde{q}}{\tilde{T}}-\frac{\Gamma}{\tilde{T}(1-\tilde{T})^2} \tag{7.52}$$

の極値条件から近似的に決定される．すなわち，

$$\frac{\tilde{q}}{\tilde{T}^2}+\frac{\Gamma(1-3\tilde{T})}{\tilde{T}^2(1-\tilde{T})^3}=0 \tag{7.53}$$

これは，$\Delta\tilde{T}_{\mathrm{JPEAK}}=1-\tilde{T}_{\mathrm{JPEAK}}$ に関して 3 次方程式であり，その解は，

$$\Delta\tilde{T}_{\mathrm{JPEAK}}=-\frac{\Gamma_q}{(\Gamma_q+(\Gamma_q^2+\Gamma_q^3)^{1/2})^{1/3}}+(\Gamma_q+(\Gamma_q^2+\Gamma_q^3)^{1/2})^{1/3} \tag{7.54}$$

$$\Gamma_q=\frac{\Gamma}{\tilde{q}} \tag{7.55}$$

表 7.1　結晶化に関わる典型的な物性値と関係する無次元量の値．$T_0 = 1300\,\mathrm{K}$ を仮定．q と Δh は，1 分子当たりの活性化エネルギーおよび潜熱であり，Avogadro 数を $N_{\mathrm{Av}} = 6 \times 10^{23}$ としたとき，$q = Q/N_{\mathrm{Av}}$，$\Delta h = \Delta\mathcal{H}/N_{\mathrm{Av}}$ と与えられる．

量	表記	値	無次元数	値
拡散係数の活性化エネルギー	Q	80–250 (kJ/mol)	$\tilde{q} = \dfrac{q}{k_{\mathrm{B}}T_0}$	7.4–23
融解のエンタルピー	$\Delta\mathcal{H}$	100 (kJ/mol)	$\Delta\tilde{h} = \dfrac{\Delta h}{k_{\mathrm{B}}T_0}$	9.2
結晶化成分の分子容	v_{S}	5×10^{-29} (m^3)		
臨界核サイズのスケール R_T^*	$\dfrac{2\gamma v}{\Delta h}$	6×10^{-11}		
固/液界面エネルギー	γ	0.02–0.2 (J/m^2)		
界面張力のスケール R_X^*	$\dfrac{2\gamma v}{k_{\mathrm{B}}T_0}$	5.6×10^{-10}		
結晶化成分の分子数	C_0	10^{28} (m^{-3})		

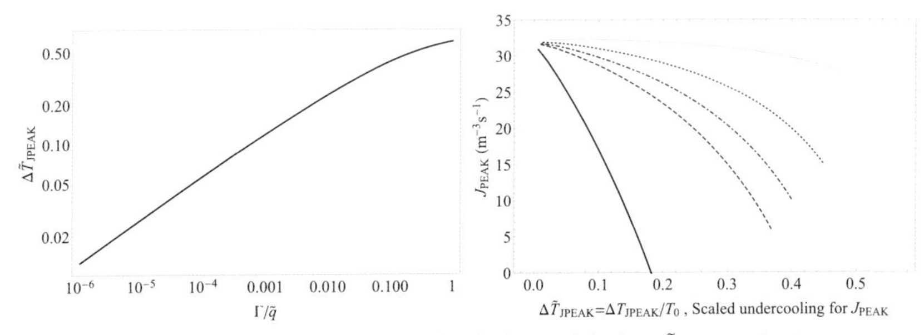

図 7.7　（左）ピーク核形成速度を与える無次元過冷却度 $\Delta\tilde{T}_{\mathrm{JPEAK}}$ とパラメータ $\Gamma/\tilde{q}$ の関係．（右）ピーク核形成速度とそれを与える無次元過冷却度の関係．各線種は，$\tilde{q}$ の値と対応している：細実線 ($\tilde{q} = 5$)，点線 ($\tilde{q} = 20$)，1 点破線 ($\tilde{q} = 35$)，破線 ($\tilde{q} = 50$)，黒実線 ($\tilde{q} = 200$)．

である．これからわかるように，ピーク核形成速度を与える過冷却度は，Γ と $\tilde{q}$ の比だけで決定される．この関係を図 7.7 左に示す．Γ は，図 7.5 に示すように，界面エネルギー γ の増加に応じて，10^{-6} から 1 まで変化する．$\tilde{q}$ は，8 から 50 程度の値を取るので（表 7.1 参照），ピーク核形成速度を与える過冷却度もかなり広い範囲で変化することがわかる．それに対応してピーク核形成速度 J_{PEAK} も変化し，核形成がしやすいとき，$\Delta\tilde{T}_{\mathrm{JPEAK}}$ が小さくなり（図 7.7 左），J_{PEAK} が大きくなる（図 7.7 右）．

過冷却度に対する核形成速度の応答は，瞬間的に温度を下げて過冷却度を与えた場合に対応しており，次節で見るように，実験との比較が可能である．ここで注意が必要なことは，融点以上の温度から連続的に温度を下げて固結させた場合，結晶化過程の全歴史の中での，最大の核形成速度とそれに相当する過冷却度は，

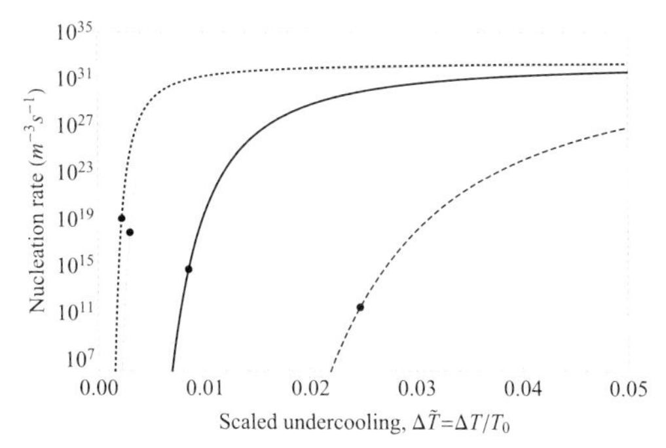

図 **7.8** 瞬間的な核形成速度と過冷却度の関係．$\tilde{q}=8$ を仮定．各線の種類は α_1 の値と対応している：破線 ($\alpha_1=1$)，太実線 ($\alpha_1=0.1$)，細実線 ($\alpha_1=0.01$)，点線 ($\alpha_1=005$)．点は，連続的に一定の冷却速度で結晶化した場合の，経験した最大値．

こうした瞬間的な核形成速度の最大値とは異なっているということだ．実際に経験する核形成速度の最大値は，例えば，数値計算の結果を参考にすると図 7.8 のようになる．このとき，核形成はある短い時間幅でパルス的に起こる．この図からわかることは，核形成速度のベル型マスターカーブのピーク値 J_{PEAK} に比べ，実際の冷却履歴の中で到達する最大核形成速度 J_{MAX} は，はるかに小さいということだ．また，この最大核形成速度 J_{MAX} は，冷却履歴の中で一瞬到達する最大値である．しかし，実際の指数前因子が小さくて，この最大核形成速度 J_{MAX} よりも，J_{PEAK} が小さい場合，核形成速度は冷却履歴のなかで最大値のまま，ほぼ一定で推移する．このように，核形成速度の指数前因子は，結晶化過程を理解するうえで重要な役割を果たす．このことは，実験との比較や，結晶過程の概要，結晶サイズ分布の項で随時説明していく．

以上の表現は，過飽和度あるいは過冷却度が温度のみの関数である場合である．実際の多成分系マグマの結晶化では，過飽和度は温度だけでなく組成にも依存するので，その表現を求めておいた方が便利である．無次元濃度を $\tilde{C}=C/C_0$ とし，過飽和度の目安として臨界半径（式 (7.26)）を過冷却度の半径スケール R_T^* を用いて無次元化した

$$(\tilde{R}_{\mathrm{C}T})^{-1}=\left(\frac{R_{\mathrm{C}}}{R_T^*}\right)^{-1}=\frac{R_T^*}{R_X^*}\ln\tilde{C}+\left(1-\tilde{T}\right) \tag{7.56}$$

用いると，核形成速度は，

$$J = J_0 \tilde{T}^{-\frac{1}{2}} \Delta\tilde{T} \exp\left(-\frac{\tilde{q}}{\tilde{T}} - \Gamma\frac{(\tilde{R}^*_{CT})^2}{\tilde{T}}\right) \tag{7.57}$$

と与えられる．$\tilde{C}=1$ のとき，これは式 (7.48) に帰着する．

もし，臨界半径を過飽和度の半径スケール R^*_X を用いて規格化した，

$$(\tilde{R}_{CX})^{-1} = \left(\frac{R_C}{R^*_X}\right)^{-1} = \ln\tilde{C} + \alpha_2\left(1-\tilde{T}\right) \tag{7.58}$$

を用いると（α_2 は式 (7.30) で定義），核形成速度は，

$$J = J_0 \tilde{T}^{-\frac{1}{2}} \Delta\tilde{T} \exp\left(-\frac{\tilde{q}}{\tilde{T}} - \alpha_1\frac{(\tilde{R}^*_{CX})^2}{\tilde{T}}\right) \tag{7.59}$$

となる．α_1 は，

$$\alpha_1 = \frac{4\pi\gamma(R^*_X)^2}{3k_B T_0} \tag{7.60}$$

で定義され，気泡の核形成・成長の問題と同様に，濃度で計った場合の核形成バリアーの大きさを与える．この α_1 と Γ の関係は，以下のようになっている．

$$\Gamma = \frac{4\pi\gamma(R^*_X)^2}{3k_B T_0}\left(\frac{R^*_T}{R^*_X}\right)^2 = \alpha_1\left(\frac{R^*_T}{R^*_X}\right)^2 = \alpha_1\cdot\alpha_2^{-2} \tag{7.61}$$

不均質核形成

不均質核形成についても，気泡の核形成と同じ概念が結晶の場合に適応される．不均質核形成は，核形成速度に 2 つの影響を与える．1 つは，核形成のバリアーであり，式 (7.45) 中の表面エネルギー γ あるいは式 (7.48) の exp の中のパラメータ Γ である．もう 1 つは，exp の前の因子（指数前因子）である．状況としては，結晶の表面に核形成する場合や，リキダス下の温度で結晶構成分子が液中でクラスターを作っている場合である．結晶表面の乱れにより不均質核サイト数が制御されたり，実効的分子数が減少したり，分子の動きやすさ，すなわち拡散係数が実効的に小さくなったりする指数前因子への影響は，核形成速度のマスターカーブのピークが，実際に到達されるであろう最大核形成速度と同程度に小さくなった場合に顕著に現れる．それは，核形成速度の時間発展や，結果として現れる結晶サイズ分布 CSD や，冷却速度依存性などにおいて，全く異なる特性を示す．

7.3.2　核形成実験との比較

工業ガラスを形成するケイ酸塩メルトにおいては，数多くの実験がなされている．実験方法は以下の手順による．1) 融点より高温にし完全なメルトを作る．2)

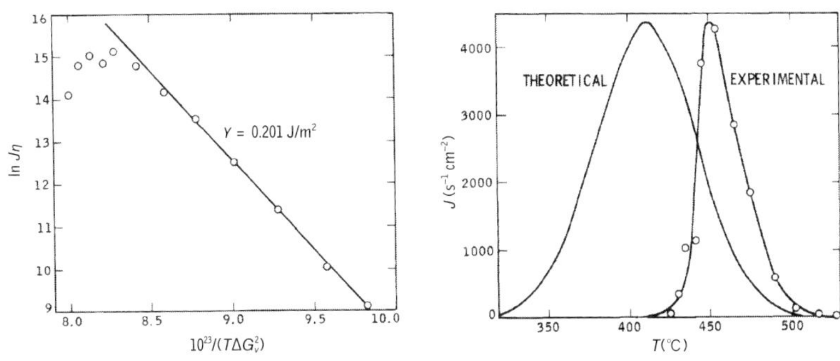

図 **7.9**　(左) 実験結果を，$\ln J\eta$ と $(T\Delta G_v^2)^{-1}$ を用いて整理した図．ここで，ΔG_v は，彼らの論文で用いられた過冷却度である．この傾きから，γ が 0.201 $(\mathrm{J/m^2})$ と推定される．(右) 左の図から推定された γ を用いて計算した理論曲線と実験結果の比較 (Neilson and Weinberg, 1979 より)．最大値が等しくなるように，J_0 の値が選ばれて描かれている．最大値を与える過冷却度と，核形成の広がりが理論と実験で異なることを著者らは主張している．

メルトを，融点以下の温度に瞬間的に下げて，ある時間その温度で保持する．3) そのサンプルをいったん低温で急冷する．4) サンプルの温度を徐々に上げていき，2) で核形成した結晶を観察可能な大きさにまで成長させる (このとき新たな核形成は生じない)．このような実験は，瞬間的過冷却実験 (instantaneous undercooling experiment) と呼ばれるもので，前節で示した核形成速度を温度の関数としてそのまま見ていると考えられ，実験と理論の比較が可能である (Kirkpatrick, 1981; Neilson and Weinberg, 1979; James, 1985)．結論から言うと，潜熱，拡散の活性化エネルギー，界面エネルギーを適当に選べば，核形成のピーク値とそれを与える過冷却度の実験結果を理論的に説明することができるものの，温度の関数としての核形成速度の形，すなわち幅と非対称性を再現することができない．また，潜熱，活性化エネルギー，界面エネルギーの最適な値も，実験で決められた値とずれがある．

例えば，Neilson and Weinberg (1979) は，$Li_2O{\cdot}2SiO_2$ の核形成実験データを，$\tilde{q} \approx 50$，$\gamma = 0.201$ を用いて説明しようとした (図 7.9)．これらの値では，うまく実験結果を説明できない．ピーク核形成速度 J_{PEAK} とそれを与える過冷却度 $\Delta\tilde{T}_{\mathrm{JPEAK}}$ は，Γ と $\tilde{q}$ によってユニークに決定される．この実験結果では，おおよそ $J_{\mathrm{PEAK}} = 4.3 \times 10^9$ $(\mathrm{m^{-3}s^{-1}})$，$\Delta\tilde{T}_{\mathrm{JPEAK}} = 1 - 723/1300 = 0.4438$ であり，これは $\Gamma = 3.5$，$\tilde{q} = 26.8$ になる．$\Gamma = 3.5$ は，界面エネルギー $\gamma = 0.28$ $(\mathrm{J/m^2})$ に相当する．図 7.10 左には，その値を用いて描いた核形成速度と温度の

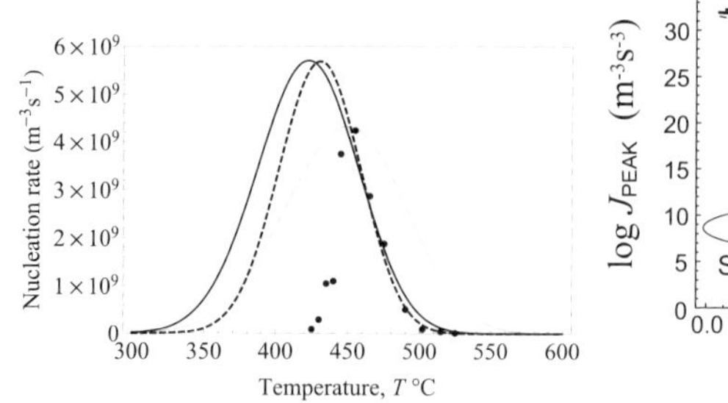

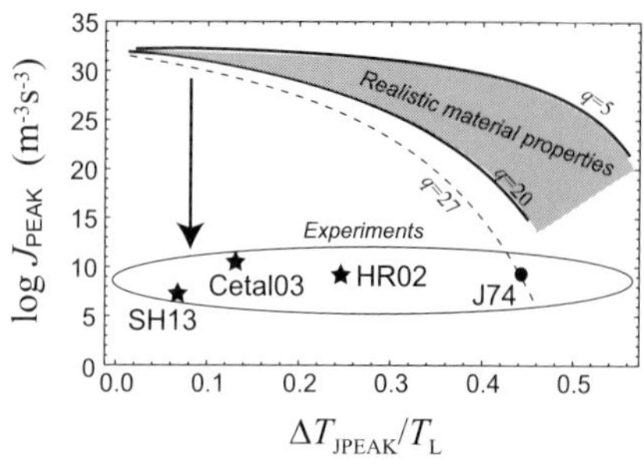

図 **7.10**（左）James (1974) による実験結果（点）と，これまでに述べた理論との比較．融点は 1033°C．ピーク核形成速度を与える過冷却度は，583 (K)，$\Delta\tilde{T}_{\mathrm{JPEAK}} = 0.45$ である．細実線：$\gamma = 0.28$ (J/m^2)，$\tilde{q} = 26.9$，J_0 の拡大縮小なし．J の最大値とそれを与える過冷却度を実験データと合わせている．太実線：$\gamma = 0.33$ (J/m^2)，$\tilde{q} = 35$，$J_0 \times 10^{12}$ の拡大．破線：$\gamma = 0.55$ (J/m^2)，$\tilde{q} = 55$，$J_0 \times 10^{30}$ の拡大．最大値までの傾向を実験データと合わせている．太線と破線を比較すると，γ と $\tilde{q}$ を増大させると，分散は小さくなり，最大値も小さくなる（10^{30} 倍増幅してちょうどよい）ことがわかる．このように，実験データに合わせるためには，異常に大きな J_0 の拡大率が必要となる．（右）均質核形成理論から予想される瞬間的ピーク核形成速度 J_{PEAK} とそれを与える過冷却度 $\Delta\tilde{T}_{\mathrm{JPEAK}}$ の関係，および瞬間的過冷却による実験結果．J74 (James, 1974)：$Li_2O{\cdot}2SiO_2$ 系の冷却実験．HR02 (Hammer and Rutherford, 2002)：Pinatsubo デイサイトの減圧結晶化実験における長石．Cetal03 (Couch *et al.*, 2003b)：Soufriere Hills のデイサイトにおける長石．SH13 (Shea and Hammer, 2013)：玄武岩質メルトにおける単斜輝石．

関係を，実験データとともに示す．この図から明らかなように，核形成速度の最大値と対応する過冷却度を与えても，核形成速度の広がりは説明できない．これが，古典核形成理論の欠点として認識されてきた．

この欠点の原因の解明と克服が，実験条件の見直し，古典理論の見直し，物性値の見直し等，様々な角度からなされてきた．その中には，以下の試みがある (James, 1985)．1) 拡散係数の代わりに粘性の逆数を用いる．ケイ酸塩メルトでは，粘性と拡散の関係は単純な Stokes-Einstein の関係にはないが (Liang *et al.*, 1997)，実測値の粘性を，分子の動きやすさと関係づけて用いる．2) 表面張力の温度依存性を考慮する．

核形成速度の指数前因子 J_0 を，理論値よりも大きくしたり小さくしてやることによって，実験データのピーク核形成速度を説明できることがある．J_0 の値を大きくすることの必要性は，実験データのピーク位置に対応する過冷却度を満たすように，古典核形成理論に従ってパラメータを与えると（図 7.7），ピーク核形成速度の値そのものが小さくなりすぎて，実験の値を説明できないからだ．そうすることによって，例えば，James (1974) の $\Delta\tilde{T}_{\mathrm{JPEAK}}$ と J_{PEAK} のデータを説明できるように，拡散の活性化エネルギー $\tilde{q}$=27 という比較的現実的な値を用いて，J_0 を動かしても，核形成速度のマスターカーブにおける分散までは説明できない（図 7.10 左）．さらに，J_0 を大きくするということの物理的意味は明確ではない．

反対に，J_0 の値を小さくすることの必要性は，多くのケイ酸塩メルトを用いた実験 (Hammer and Rutherford, 2002; Couch *et al.*, 2003b; Shea and Hammer, 2013) では，比較的小さい過冷却度で小さいピーク核形成速度が得られているからだ（図 7.10 右）．$\Delta\tilde{T}_{\mathrm{JPEAK}}$ と J_{PEAK} の理論的関係を信じるなら，小さい過冷却度に対して，ピーク核形成速度は 10^{20} 倍以上大きくなるはずである．しかし，実験はそうなっていない．J_0 の値を理論値より小さくするということは，不均質核形成による不均質核サイトの数を考慮することに相当し，現実的にはありうることである．

不均質核形成を考慮して，J_0 の値を実験結果を説明できる程度にまで小さくすると，別の問題が出てくる．それは，連続冷却の場合に登場する．J_0 の値がある程度大きい場合は，核形成は，ある狭い温度範囲で 1 回のイベントとして起こる．この場合には，核形成の過飽和度依存性が指数関数的であり，少しの過飽和度の増加で核密度は一気に増加する．このことにより，過飽和度が一気に減少し，核形成は短い時間で終了する．ところが，J_0 の値が十分小さいと，いくら過冷却度を上げても核形成速度は J_0 の値で頭打ちになる．それは，核形成速度の指数関数の部分でいくら過飽和度を増加させても，その値は 1 を超えないためである．そのため，十分な核数密度を作るまで活発に核形成が起こらず，核形成はある程度の時間，最大値で継続することになる．この現象は，結果としてできる結晶サイズ分布や岩石組織の解釈に，それらの冷却速度依存性を通して大きく影響してくる（後述）．

実験的に核形成速度が小さい場合，試料サイズが核形成速度の測定に影響を及ぼす場合がある（試料サイズ効果）．それは，小さい試料では，核形成のイベントを十分に拾いきれないからだ．その場合には，試料中に結晶核を見つける確率を考慮する必要がある．そのためには，同じ過冷却度 ΔT でたくさんの実験を行い，時間の関数として，結晶核を見つける確率 $\mathcal{P}_x$ を決定する．結晶核を見つける確率は，Poisson 過程によって決定されるとすると，確率は，試料サイズと実験時間によって左右され，サイズが大きいほど，時間が長いほど，確率は大きくなる．それ故，その確率は，実験時間 t の関数としての核形成速度 J および試料サイズ V の関数として，以下のように表される (Toschev *et al.*, 1972).

$$\mathcal{P}_x = 1 - \exp\left(-\int_0^t J(t')V dt'\right) \tag{7.62}$$

Tsuchiyama (1983) は，An-Di 系において，Di_{80} の組成のメルトを用いて実験を行った（数ミリサイズの試料を用いたワイヤーループ法）．彼は，$J(t) =$ 一定としたときのこの式の時間変化曲線に，過冷却温度が小さい $\Delta T = 70°\mathrm{C}$ の場合に関して，31 回から 34 回の繰り返し実験により決めた確率の時間変化にフィッティングし，核形成速度を 1.3×10^{-2} $(\mathrm{cm}^{-3}\mathrm{s}^{-1}) \approx 10^4$ $(\mathrm{m}^{-3}\mathrm{s}^{-1})$ と決定した．この過冷却度と核形成速度の 1 つのデータでは，$\tilde{q}$ の値を与えても，ユニークに核形成バリアー Γ や指数前因子 J_0 の値を決定することはできない．

7.4　拡散律速成長

7.4.1　球状結晶の定常拡散成長

球対称場における拡散方程式の定常解は，式 (4.20) で与えられる．すなわち，

$$C(r) = \frac{c_2}{r} + C_\infty \tag{7.63}$$

ここで，定数 c_2 は，境界条件によって決定される．境界条件は，界面での局所平衡，すなわち，曲率半径 R での平衡濃度 C_R にあり，$r \to \infty$ では，C_∞ とすると，

$$c_2 = R(C_R - C_\infty) \tag{7.64}$$

である．ここで注意すべきことは，局所平衡が成り立っているかどうかは自明ではないということだ．あとで見るように，結晶化は，液体の構造から結晶の構造に分子の組み換えが行われる過程であり，その反応速度は必ずしも局所な拡散に比べて十分速いとは言えないからだ．このことはあとで議論する．

球状の結晶の成長速度は，希薄溶液を仮定するとやはり式 (4.23)（ただし v_G の代わりに $v_\mathrm{S} =$ 結晶化成分の分子容）と式 (4.25) で与えられる．これに式 (7.20) を用いると，拡散律速結晶成長速度

$$\frac{dR}{dt} = \frac{v_\mathrm{S} \cdot D \cdot C_\mathrm{eq}}{R}\left(\frac{C_\infty}{C_\mathrm{eq}} - \frac{C_R}{C_\mathrm{eq}}\right) \tag{7.65}$$

$$= \frac{v_\mathrm{S} \cdot D \cdot C_\mathrm{eq}}{R}\left[\frac{C_\infty}{C_\mathrm{eq}} - \exp\left(\frac{2\gamma v_\mathrm{S}}{k_\mathrm{B} T_0}\frac{1}{R}\right)\right] \tag{7.66}$$

である．C_∞ / C_eq は，過飽和濃度比である．過飽和濃度比に臨界核半径 R_C を用いた場合，$C = C_\infty$ として式 (7.37) を代入すると，

$$\frac{dR}{dt} = \frac{v_S \cdot D \cdot C_\infty}{R} \left\{ 1 - \exp\left[-R_X^* \left(\frac{1}{R_C} - \frac{1}{R} \right) \right] \right\} \tag{7.67}$$

$$= \frac{v_S \cdot D \cdot C_\infty \cdot R_X^*}{R} \left(\frac{1}{R_C} - \frac{1}{R} \right) \tag{7.68}$$

が得られる[*7]．スケールされた過飽和度 Δ と臨界核半径 R_C の関係は，

$$\Delta = \frac{R_X^*}{R_C} = \frac{C_\infty - C_{eq}}{C_{eq}} \tag{7.70}$$

である．ここで注意すべきことは，この過飽和度は，界面で定義されている値ではなく，界面の影響を受けない距離（無限大）での濃度 C_∞ と，平坦な界面での平衡濃度（その温度でのリキダス濃度 C_{eq}）との差で定義されているということだ．

拡散律速成長則の基本的性質を見るために，式 (7.66) に対して，R と t を以下のようにスケーリングする[*8]．

$$R = \frac{R_X^*}{\Delta} \tilde{R} = R_C \tilde{R} \tag{7.71}$$

$$t = \frac{R_0^2}{\Delta^3 \cdot v_S \cdot D \cdot C_\infty} \tilde{t} = \frac{R_C^2}{\Delta \cdot v_S \cdot D \cdot C_\infty} \tilde{t} \tag{7.72}$$

以下では，最も単純な過飽和度一定の条件下での結晶サイズの時間発展を理解するために，R_C と Δ を一定として式変形する[*9]．

無次元の結晶半径 $\tilde{R}$ と時間 $\tilde{t}$ を用いると，式 (7.66) は，

$$\frac{d\tilde{R}}{d\tilde{t}} = \frac{1}{\tilde{R}} \left(1 - \frac{1}{\tilde{R}} \right) \tag{7.73}$$

となる．この式からわかるように，成長速度は，$\tilde{R} = 2$ すなわち $R = 2R_C$ で最大値 $d\tilde{R}/d\tilde{t} = 1/4$ すなわち，$v_S DC\Delta^2/(4R_X^*)$ をとる（図 7.11 左）．

[*7] 式 (7.67) は，$\Delta g^* = (C_\infty - C_R)/C_\infty = R_X^*/R_C - R_X^*/R$ を成長の駆動エネルギーと見ると，

$$\frac{dR}{dt} = \frac{v_S \cdot D \cdot C_\infty}{R} \left\{ 1 - \exp\left(-\frac{\Delta g^*}{k_B T} \right) \right\} \tag{7.69}$$

となり，係数は異なるが，形の上では次の節で説明する反応律速の表現と同じになる．しかし，ここで注意すべきは，この成長の駆動エネルギーに用いられている濃度差は，界面と遠方での距離の違いによる濃度差であることだ．

[*8] R_C すなわち Δ が時間変化するとして，それを時間の代わりに用いて式変形を行ったのが，6.1.2 節で扱った Lifshitz-Slyozov の理論である．

[*9] 式 (7.66) において，臨界半径の逆数を基準にした過飽和度 $1/R_C - 1/R$ を一定とした場合の拡散成長（気泡）については，4.3 節で取り扱った．

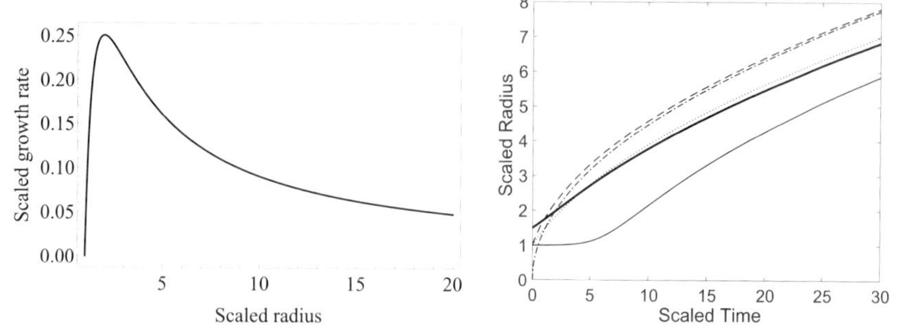

図 **7.11**　拡散成長の成長速度と結晶半径の時間変化．（左）無次元化された成長速度と結晶半径の関係（式 (7.73)）．（右）拡散律速成長の解析解（式 (7.76)）における各項の比較．各線の意味は，細実線（すべての項を含む場合），破線 ($(\tilde{R}^2 - \tilde{R}^2(0)) = 2\tilde{t}$)，1 点破線 ($\tilde{R} = (2\tilde{t})^{1/2}$)，点線（ln の項を除いた式）であり，$\tilde{R}(0) = 1.001$ を用いた．太実線は，$\tilde{R}(0) = 1.5$ を用いたすべての項を含む場合である．

式 (7.73) の解は変数分離で求まり，初期条件

$$\tilde{R} = \tilde{R}(0) \tag{7.74}$$

$$\tilde{t} = 0 \tag{7.75}$$

の下では，

$$\frac{1}{2}\left(\tilde{R}^2 - \tilde{R}^2(0)\right) + \tilde{R} - \tilde{R}(0) + \ln\left(\frac{\tilde{R}-1}{\tilde{R}(0)-1}\right) = \tilde{t} \tag{7.76}$$

となる．

$\tilde{R}(0) = 1.001$ の場合の解を，図 7.11 右に細実線で示す．注目すべきは，最初に成長の遅れがあることだ．この初期遅れは，式 (7.76) の ln の項に起因しており，$\tilde{R}(0)$ が 1 に近い場合に起こり，1 に近ければ近いほど成長の遅れは長くなる．$\tilde{R}(0) = 1$ は，初期サイズが臨界サイズであることを意味しており，不安定平衡な位置から徐々に成長が加速していく様子を表している．もし，$\tilde{R}(0) = 1.5$（臨界サイズの 1.5 倍の初期サイズ）として計算すると，図の太実線のようになり，初期遅れは現れない．すなわち，結晶半径が臨界半径の 1.5 倍より大きい場合には，拡散律速成長のいわゆる平方根則が成り立っている．また，いずれも成長が進行して，$\tilde{R} \gg \tilde{R}(0)$ では，$\tilde{R}^2$ の項以外は無視できるので，$\tilde{R}^2 - \tilde{R}(0)^2 \approx 2\tilde{t}$ となり，平方根則

$$\tilde{R} \propto \tilde{t}^{1/2} \tag{7.77}$$

に近づく．この場合，式 (7.73) では，$d\tilde{R}/d\tilde{t} = \mathrm{const}/\tilde{R}$ に近づく．

Laplace 変換と偏微分方程式の解析解

Laplace 変換は，

$$\hat{C}(x,s) = \int_0^\infty e^{-st} C(x,t)dt = \mathcal{L}\left(C(x,t)\right) \tag{7.78}$$

で定義される．ここで，s はダミー変数である．簡単のために，界面の運動がない単純な 1 次元拡散方程式

$$\frac{\partial C}{\partial t} = D\frac{\partial^2 C}{\partial x^2} \tag{7.79}$$

を考えよう．初期条件は，$t=0$ で $C(x,0)=C_0$，境界条件は，$x=0$ で $C(0,t)=C_e$，$x\to\infty$ で $C(\infty,t)=C_0$ である．式 (7.79) の両辺に，e^{-st} を掛けて積分すると，左辺は部分積分を用いて，

$$\mathrm{LHS} = \int_0^\infty e^{-st}\frac{\partial C(x,t)}{\partial t}dt = \Big[C(x,t)e^{-st}\Big]_0^\infty - \int_0^\infty (-s)e^{-st}C(x,t)dt \tag{7.80}$$

$$= -C_0 + s\hat{C}(x,s) \tag{7.81}$$

となる．右辺は，t の微分を含んでいないので，積分を微分の中に入れることができ，C をそのまま $\hat{C}$ に置き換えることができる．よって，拡散方程式は，$\hat{C}$ についての次の常微分方程式になる．

$$D\frac{\partial^2 \hat{C}(x,s)}{\partial x^2} + C_0 - s\hat{C}(x,s) = 0 \tag{7.82}$$

この式の解は，境界条件の Laplace 変換

$$\hat{C}(0,s) = \int_0^\infty C_e e^{-st}dt = \frac{C_e}{s}, \quad \hat{C}(\infty,s) = \int_0^\infty C_0 e^{-st}dt = \frac{C_0}{s} \tag{7.83}$$

を考慮すると，

$$\hat{C}(x,s) = \frac{C_e - C_0}{s}e^{-x\sqrt{s/D}} + \frac{C_0}{s} \tag{7.84}$$

となる．$C(x,t)$ は，これ ($\hat{C}(x,s)$) を逆 Laplace 変換すれば求まる．

$$C(x,t) = (C_e - C_0)\mathcal{L}^{-1}\left(\frac{e^{-x\sqrt{s/D}}}{s}\right) + C_0\mathcal{L}^{-1}\left(\frac{1}{s}\right) \tag{7.85}$$

$$= (C_e - C_0)\mathrm{erfc}\left(\frac{x}{2\sqrt{Dt}}\right) + C_0 \tag{7.86}$$

ここで，$\mathcal{L}^{-1}(y(x,s))$ は，y の逆 Laplace 変換で次のように定義されている．

$$\mathcal{L}^{-1}(y(x,s)) = \frac{1}{2\pi i}\int_{\gamma-i\infty}^{\gamma+i\infty} y(x,s)e^{-st}ds \tag{7.87}$$

これは複素経路積分で計算できるが，多くの場合煩雑で，結果が表で与えられている．

7.4.2　平面結晶面の非定常拡散成長

界面の移動速度が，拡散による濃度プロファイルに影響を与えない程度に十分遅い場合を取り扱う．基本となる式は，拡散方程式 (7.79) と，界面での拡散フラックスと結晶成長によるマスバランスを表す次の条件式である．

$$D\left.\frac{\partial C}{\partial x}\right|_{x=0} = (C_{\mathrm{S}} - C_{\mathrm{int}})G = (K_{\mathrm{D}} - 1)C_{\mathrm{int}}G \tag{7.88}$$

ここで，K_{D} は分配係数 $C_{\mathrm{S}}/C_{\mathrm{int}}$，$G$ は界面の移動速度（成長速度）である．希薄溶液中で純粋物質の固体が結晶化する場合，$C_{\mathrm{S}} = 1$，$C_{\mathrm{S}} \gg C_{\mathrm{int}}$ であり，先に扱った球状結晶の拡散成長の際に用いた条件式になる．右辺の界面濃度 C_{int} や固相の組成（分配係数）が一定だとすると，この式とは独立に液中濃度プロファイルがきまり，この式を用いて移動速度が決定される．しかし，この式の右辺中の界面濃度 C_{int} や移動速度 G は，一般に界面濃度の関数であり，界面濃度が時間変化する場合には，この条件式を境界条件として拡散方程式を解く必要があり，数学的手順は難しくなる．界面移動を考慮した拡散場の問題は，結晶の化学組成の累帯構造も含めてあとで取り扱う．

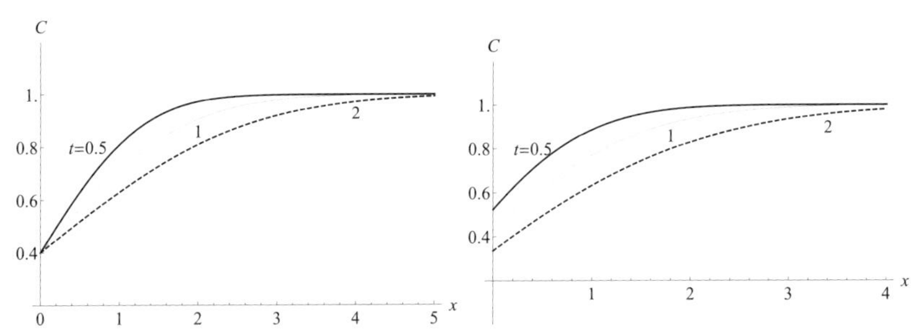

図 7.12　界面が移動しない場合の液中濃度プロファイルの時間変化．線種は時間経過に対応している．（左）界面濃度が一定の場合（式 (7.86)）．（右）拡散成長速度一定の場合（式 (7.91)）．

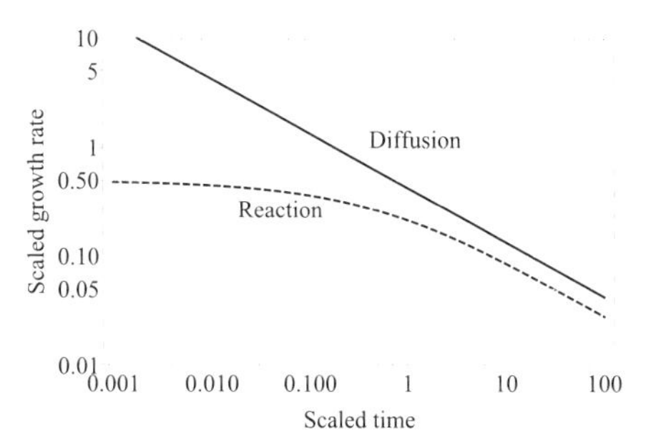

図 7.13 界面が移動しない場合の平面界面の成長速度の時間変化の比較．実線 (Diffusion) は，界面濃度一定（式 (7.90)）で，成長速度は界面の濃度勾配だけできまる場合．$t^{-1/2}$ に比例する．破線 (Reaction) は，界面濃度は一定と見なすが，成長速度は界面濃度と平衡濃度の差（過飽和度）に比例する（式 (7.96)）．

1) 界面濃度一定の場合

界面濃度 C_{int} が平衡濃度の一定値 C_{e} である場合，界面の移動速度 G は，濃度プロファイルを与えれば，境界条件（式 (7.88)）からきまる．満たす拡散方程式の解は，7.4.1 節の Box で解説する Laplace 変換の方法によって求めることができ，濃度プロファイルの解は式 (7.86) となる（図 7.12 左）．この場合の拡散フラックスは界面での濃度勾配によって与えられ，

$$\left|\frac{\partial C}{\partial x}\right|_{x=0} = \frac{(C_0 - C_{\mathrm{eq}})}{(\pi D t)^{1/2}} \tag{7.89}$$

式 (7.88) から，界面の移動速度 G は，

$$G = \frac{(C_0 - C_{\mathrm{eq}})}{(C_{\mathrm{S}} - C_{\mathrm{eq}})(\pi D t)^{1/2}} \tag{7.90}$$

となり，時間の平方根に反比例することがわかる（図 7.13）．

2) 界面濃度が変化する場合

2-1) 成長速度一定の場合

界面の移動速度 G が一定の場合は，境界条件（式 (7.88)）を満たすように，界面濃度 $C_{\mathrm{int}} = C(0,t)$ が拡散方程式の解の一部として決定される．この場合も，拡散方程式の解は，7.4.1 節の Box で解説する Laplace 変換の方法によって求めることができ，その結果，濃度プロファイルは，

$$C(x,t) = C_0\{1 - \psi(x,t)\} \tag{7.91}$$

となる（図 7.12 右）．ここで，$\psi(x,t)$ は以下で与えられる．

$$\psi(x,t) = \left\{ \operatorname{erfc}\left[\frac{x}{2(Dt)^{1/2}}\right] - \exp\left[\frac{G'}{D}x + \left(\frac{G'}{D}\right)^2 Dt\right] \cdot \operatorname{erfc}\left[\frac{x}{2(Dt)^{1/2}} + \left(\frac{G'}{D}\right)(Dt)^{1/2}\right]\right\} \tag{7.92}$$

この場合，$G' = (K_{\mathrm{D}}-1)G$ である．界面の移動速度 G は，$G \approx dC/dx|_{x=0}/C(0,t)$ によって与えられ，これは当然，この場合の仮定である一定値になる．界面移動を考慮した拡散方程式の解は，Smith *et al.* (1955) によって与えられている（式 (7.242)）．

2-2) 成長速度が界面での過飽和度に比例する場合（次節で詳しく解説）

この場合も，境界条件（式 (7.88)）に含まれる界面濃度 $C_{\mathrm{int}} = C(0,t)$ が未知変数であり，拡散方程式の解の一部として決定される．界面の移動速度 G が，反応律速成長のように界面の濃度 C_{int} と平衡濃度 C_{eq} との差 $(C_{\mathrm{int}} - C_{\mathrm{eq}})$ に比例するとすると，

$$D\left.\frac{\partial C}{\partial x}\right|_{x=0} = (K_{\mathrm{D}}-1)C_{\mathrm{int}}G_0(C_{\mathrm{int}} - C_{\mathrm{eq}}) \tag{7.93}$$

となり，C_{int} に関して非線形となり解析解は難しい．C_{int} そのものの変化と $C_{\mathrm{int}} - C_{\mathrm{eq}}$ の変化が，境界条件に及ぼす影響を比較したときに，$C_{\mathrm{int}} - C_{\mathrm{eq}}$ の方が大きいことが予想される．この場合，近似的に $(K_{\mathrm{D}}-1)C_{\mathrm{int}}$ を定数 $(K_{\mathrm{D}}-1)C_{\mathrm{eq}}$ と見なすことができる．よって，

$$D\left.\frac{\partial C}{\partial x}\right|_{x=0} = G'(C_{\mathrm{int}} - C_{\mathrm{eq}}) \tag{7.94}$$

この場合，$G' = (K_{\mathrm{D}}-1)C_{\mathrm{eq}}G_0$ であり，G_0 は定数である．この境界条件を満たす拡散方程式の解は，Carslaw and Jaeger (1959) により以下のように与えられている．

$$C(x,t) = C_0\left\{1 - \left(1 - \frac{C_{\mathrm{eq}}}{C_0}\right)\psi(x,t)\right\} \tag{7.95}$$

界面での濃度勾配は，

$$\left.\frac{\partial C}{\partial x}\right|_{x=0} = (C_0 - C_{\mathrm{eq}})\exp\left[\left(\frac{G'}{D}\right)^2 Dt\right]\operatorname{erfc}\left[\left(\frac{G'}{D}\right)(Dt)^{1/2}\right] \tag{7.96}$$

となる．t が大きくなると，界面の移動速度は，界面濃度一定の場合に近づく（図

7.13)．$(Dt)^{1/2}$ は有効拡散距離 x_D を与える．erfc の中は，Péclet 数 (Pe) になる ($\mathrm{Pe} = Gx_D/D$)．Pe 数は，後で取り扱う界面の運動を考慮した拡散の問題でも登場する．

このように，濃度勾配に駆動される結晶化成分の拡散輸送が，結晶成長速度を支配している場合は，成長速度は，時間の平方根に反比例して減少する．その結果，成長の長さあるいは結晶サイズ L は時間の平方根に比例して増加する：$L \approx (Dt)^{1/2}$.

7.5　反応律速成長

7.5.1　理論的考察

反応律速成長は，液/結晶界面での反応，すなわちメルト中の分子が結晶格子に取り込まれる反応過程が律速する場合である．実際の反応は，結晶表面のステップや転位を利用して進行する．拡散による結晶表面近傍へ物質供給は十分早く働いている．ここでは，反応の詳細については触れず，現象論的に，反応を熱活性過程と見なしてモデル化する．

液/結晶界面を結晶表面にある厚みを持った領域と定義する．その中で，結晶に組み込まれている分子数を $\mathcal{M}$ とすると，結晶化反応は

$$\mathcal{M} \longrightarrow \mathcal{M} + 1 \tag{7.97}$$

であり，溶解反応は

$$\mathcal{M} \longleftarrow \mathcal{M} + 1 \tag{7.98}$$

と書ける．反応による界面の移動速度 (m/s) をそれぞれ，G_+ と G_- とすると，Arrhenius の関係より，

$$G_+ = k_+ \exp\left(-\frac{\Delta g_+}{k_{\mathrm{B}}T}\right) \tag{7.99}$$

$$G_- = k_- \exp\left(-\frac{\Delta g_-}{k_{\mathrm{B}}T}\right) \tag{7.100}$$

である．ここで，k_+，k_- は，反応定数，Δg_+ および Δg_- は反応の活性化エネルギーである (図 7.14)．真の成長速度 G は，結晶化と溶解の差し引きであるから，

$$G_{\mathrm{react}} = G_+ - G_- = k_+ \exp\left(-\frac{\Delta g_+}{k_{\mathrm{B}}T}\right)\left[1 - \frac{k_-}{k_+}\exp\left(-\frac{\Delta g^*}{k_{\mathrm{B}}T}\right)\right] \tag{7.101}$$

となる．ここで，$\Delta g^* = \Delta g_- - \Delta g_+$ であり，分子がメルト中にあるときと結晶に

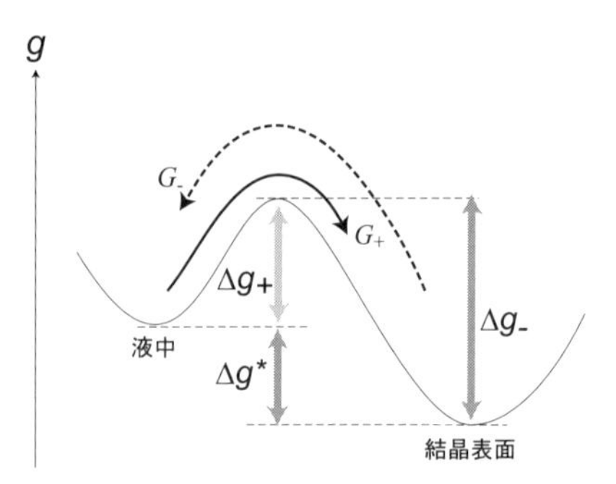

図 **7.14**　反応律速成長の概念図.

あるときの 1 分子当たりの自由エネルギーの差である．7.1.2 節より，これは，平坦な界面での結晶化の自由エネルギー $\Delta g^* = k_B T \ln C/C_{eq}$ と見ることができる．ここで，C は界面での液中濃度である．また，曲がった界面での結晶化の場合には，平衡濃度として C_{eq} の代わりに C_R を用いる必要がある．飽和状態 $\Delta g^* = 0$（融点で）で，$G_+ - G_- = 0$ を満たすためには，反応定数は $k_+ = k_- = G_0$=定数である[*10]．結局，式 (7.101) は，

$$G_{react} = G_{react0} \underbrace{\exp\left(-\frac{q}{k_B T}\right)}_{\text{拡散}} \cdot \underbrace{\left[1 - \exp\left(-\frac{\Delta g^*}{k_B T}\right)\right]}_{\text{成長の駆動力}} \tag{7.102}$$

となる．ここで，液中から結晶表面に動く際のエネルギーバリアーの大きさ Δg_+ を，液中での分子遥動の際の活性化エネルギー，すなわち拡散の活性化エネルギー q と見なした[*11]．また，Δg^* に $\Delta g^*(R)$ を用いると，曲がった界面での成長速度を与える．

成長の駆動力である自由エネルギー Δg^* は，融点では 0 であるから，$\exp(-\Delta g^*/k_B T)$ は 1 であり，成長の駆動力は 0 である．温度の低下すなわち過冷却度の増加によって成長の駆動力は急激に増大する．一方，拡散は温度の低下とともに不活発になるから，その競合によって，成長速度はある過冷却度で最大値をとる．

平坦な界面 ($R \to \infty$) を仮定すると，式 (7.39) より，$\Delta g^* = \Delta s \cdot (T_0 - T) =$

[*10] 脚注 7 参照.

[*11] $\Delta g^* + \Delta g_+ = \Delta g_-$ を仮定しているので，もしここで，Δg_- は固相中の拡散の活性化エネルギーと見なすとすると，固液相変化の自由エネルギーが，固・液中での拡散の活性化エネルギーの差に等しいということになる．しかし，これが成立しているかどうかは不明である．

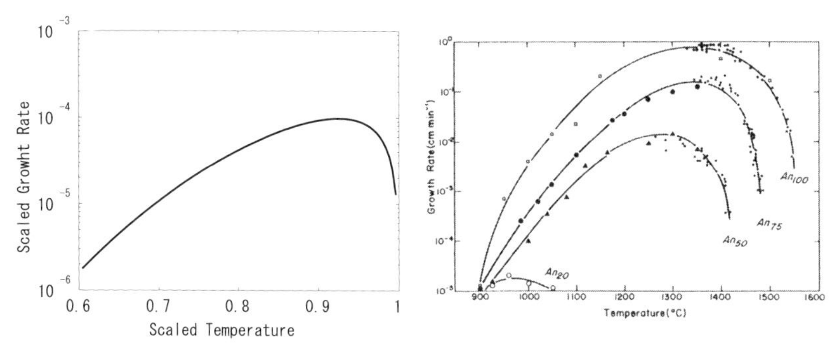

図 **7.15** （左）$G_0 = 1$, $\tilde{q} = 8$, $\Delta h / k_{\mathrm{B}} T_0 = 10$ についての Y の温度依存性.（右）Kirkpatrick *et al.* (1979) による斜長石の成長速度の実験結果. 線は近似曲線.

$\Delta h(1 - T/T_0)$ であり，$\tilde{T} = T/T_0$ とすると，

$$G_{\mathrm{react}} = G_{\mathrm{react0}} \exp\left(-\frac{\tilde{q}}{\tilde{T}}\right) \cdot \left[1 - \exp\left(-\Delta\tilde{h}\frac{(1-\tilde{T})}{\tilde{T}}\right)\right] \tag{7.103}$$

となる．ここで，$\tilde{q}$ はスケールされた液中拡散の活性化エネルギーで，式 (7.51) で定義されている．$\Delta\tilde{h}$ は無次元の潜熱で，式 (7.29) で定義されている．この成長則を対数スケールでグラフにすると図 7.15 左になる．温度が融点 ($\tilde{T} = 1$) から下がるにつれて，成長速度は急激に大きくなるが，さらに温度が下がると，拡散の熱活性過程が不活発になり，成長速度は減少する．

一般性を保つために，曲率を持った界面を仮定し，濃度の言葉で成長の駆動エネルギーを表す（式 (7.40)）．また，$\Delta g^*(R) = k_{\mathrm{B}} T \ln C/C_R$（$C$ は界面での液中濃度 C_{int}）であるので，

$$G_{\mathrm{react}} = G_{\mathrm{react0}} \exp\left(-\frac{\tilde{q}}{\tilde{T}}\right) \cdot \left[\frac{C - C_R}{C}\right] \tag{7.104}$$

となる．反応律速成長では，$C - C_R$ に比例して成長速度は大きくなる．

Gibbs-Thomson の関係式 (7.20) から，球形結晶の平衡界面濃度 C_R は，$C_R = C_{\mathrm{eq}} \exp(R_X^*/R)$ であり，これは R がミクロな結晶核スケール R_X^* より大きくなると急速に C_{eq} に近づく．そのため，成長速度は過飽和度に比例し，界面の移動速度は結晶径に依存しない．その結果，結晶の半径は時間に比例する．

$$\tilde{R} \propto \tilde{t} \tag{7.105}$$

$C_R = C_{\mathrm{eq}}$ の場合，これは古典的な Frenkel-Wilson 則と呼ばれる．$G_0 \exp(-\tilde{q}/$

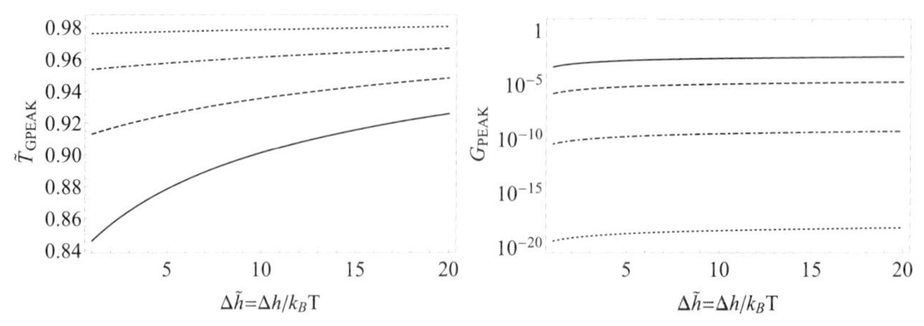

図 7.16　（左）式 (7.106) によって計算される，結晶化の駆動力（潜熱 $\Delta h/k_\mathrm{B}T$）の関数としての成長速度の最大値を与えるスケール化された温度．拡散のスケール化された活性化エネルギー $\tilde{q} = q/k_\mathrm{B}T$ をパラメータに取っている．線種は，点線 ($\tilde{q} = 5$)，1 点破線 ($\tilde{q} = 10$)，破線 ($\tilde{q} = 20$)，実線 ($\tilde{q} = 40$) である．（右）対応する最大成長速度．線の種類の意味は同じ．$G_0 = 1$ を仮定．

$\tilde{T}$) は，結晶成長のカイネティック因子と呼ばれる．カイネティック因子は，結晶表面での反応機構に依存しており，表面表面での起伏（ステップ）の連続的生成過程とそこへの分子の着地過程に分けられる．ステップの生成過程としては表面核形成と転位（Frank 機構）が考えられており，結晶成長の分野で研究が続いている．

7.5.2　実験との比較

図 7.15 右には，Kirkpatrick *et al.* (1979) によるその場観察実験によって求められた斜長石の成長速度の結果を示す．おおよその傾向は一致している．最大成長速度を与える過冷却度 $\tilde{T}_{\mathrm{G_{PEAK}}}$ は，式 (7.103) の exp の中の極値から近似的に決定され，

$$\tilde{T}_{\mathrm{G_{PEAK}}} = \frac{\Delta\tilde{h}}{\Delta\tilde{h} + \ln\left(1 + \frac{\Delta\tilde{h}}{\tilde{q}}\right)} \tag{7.106}$$

と与えられる[*12]．$\tilde{T}_{\mathrm{G_{PEAK}}}$ は $\tilde{q}$ と $\Delta\tilde{h}$ のみによって決定される．$\tilde{q}$ も $\Delta\tilde{h}$ も 5 から 20 程度の値を取るので，比 $\Delta\tilde{h}/\tilde{q}$ はオーダー 1 の値である．その関係を図 7.16 左に示す．

対応する成長速度のピーク値 G_PEAK は，式 (7.106) を $\exp(\Delta\tilde{h}(1-\tilde{T}_{\mathrm{G_{PEAK}}})/\tilde{T}_{\mathrm{G_{PEAK}}}) = 1 + \Delta\tilde{h}/\tilde{q}$ と書くこともできて，これを式 (7.103) に代入すると，

[*12] 右辺は，Frenkel-Wilson 則を用いた場合の近似式であるが，$\Delta\tilde{h}/\tilde{q}$ が 1 よりもかなり小さくなる場合は現実にはないので，中央の辺の式からの近似と見なすことはできない．

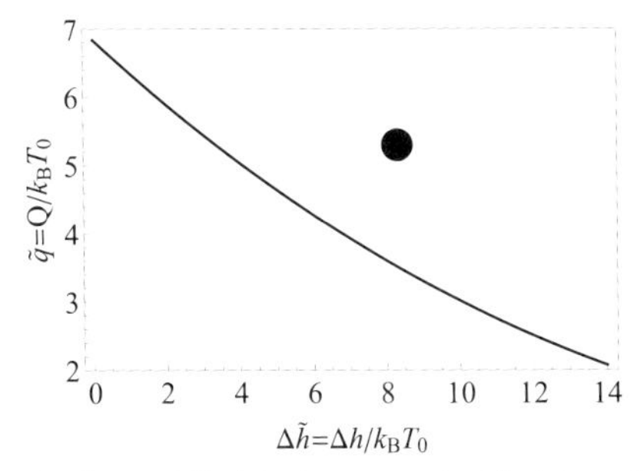

図 7.17 曲線は，簡単な反応律速成長モデルから予想される $\tilde{T}_{\mathrm{G_{PEAK}}} = 0.87$ に対する潜熱（$\Delta\tilde{h}$）と拡散の活性化エネルギー（$\tilde{q}$）の関係．黒丸が，実験的に測定された活性化エネルギーと潜熱の値．

$$G_{\mathrm{PEAK}} = G_0 \frac{\Delta\tilde{h}}{\tilde{q} + \Delta\tilde{h}} \exp\left(-\frac{\tilde{q}}{\tilde{T}_{\mathrm{G_{PEAK}}}}\right) \tag{7.107}$$

となる．このピーク成長速度からも $\Delta\tilde{h}$ と $\tilde{q}$ および G_0 の値に制約が与えられる．これを図 7.16 右に示す．

Kirkpatrick の実験 Anorthite=100%に対する結果は，$\tilde{T}_{\mathrm{G_{PEAK}}} \approx 0.87$ であるから，式 (7.106) から $\Delta\tilde{h}$ と $\tilde{q}$ の値に制約が与えられる（図 7.17）．一方，実験条件や物性値（表 7.1 参照）である Anorthite100 の融点 $T_{\mathrm{An}} = 1826\,\mathrm{K}$，および $\Delta\mathcal{H} = 126\,\mathrm{kJ/mol}$ から，$\Delta h/k_\mathrm{B}T_{\mathrm{An}} = 8.3$ である．また，拡散係数の活性化エネルギーとして最小値の $80\,\mathrm{kJ/mol}$ の値を用いたとしても，$\tilde{q} = q/k_\mathrm{B}T_0 = 5.3$ であり，モデルからの制約である図の曲線とは開きがある．モデルからは，より小さい $\tilde{q}$ や $\Delta\tilde{h}$ を要求している．しかし，Lasaga (1982) が調べたように，拡散係数[*13]の組成依存性を考慮すると，実験データとの一致はよくなる．拡散係数 ($D = D_0 \exp(q/k_\mathrm{B}T)$) の組成依存性は，exp の前の係数 D_0 と活性化エネルギー q の両方に現れるが，その間には一定の関係 (compensation law) がある．

濃度の表記について：$\boldsymbol{C}$，$\boldsymbol{C_{\mathrm{eq}}}$，$\boldsymbol{C_R}$，$\boldsymbol{C_{\mathrm{int}}}$，$\boldsymbol{\tilde{C}}$

本書では，記号 C を用いて，（分子数/m^3）という単位での濃度（または組成）を表す．$\tilde{C}$ は，無次元の濃度（の 100 倍）を表し，単位は (wt%) である．C_{eq} は，平坦な界面（曲率半径無限大）を通して，気泡または結晶と平衡にある液の濃度を表し，相平衡図上のリキダスや溶解度曲線のように相境界線上の濃度に対応する．C_R は，曲率半径 R の界面（液に凸の場合を正）を通して，気泡または結晶と平衡

[*13] Lasaga の場合は粘性係数の逆数をその指標として用いた．

にある液の濃度を表し，$C_R(R \to \infty) = C_{\rm eq}$ である．$C_{\rm int}$ は，界面での液中濃度を表し，界面平衡が成立していれば，$C_{\rm int} = C_R$ である．

7.5.3　拡散と反応のバランス成長

球状結晶の場合を想定して，界面の移動の拡散場への影響を無視する．拡散律速成長においては，半径 R の固液界面での濃度を平衡濃度 C_R と仮定し，C_R と遠方での濃度 C_∞ との差，すなわち濃度勾配に駆動される分子フラックスによって成長速度がきまるとした．一方，反応律速成長では，固液界面での液中濃度 $C_{\rm int}$ は液中平衡濃度 C_R より大きい過飽和濃度であり，その場所での過飽和度 $C_{\rm int} - C_R$ が結晶成長の駆動エネルギーになる．拡散律速は無限に速い反応を仮定しているので，常に $C_{\rm int} = C_R$ が成り立っている．一方，反応律速では，無限に速い拡散を仮定しており，固液界面での液中の濃度は液全体を代表していると暗に仮定している．実際は，その中間の状態で成長が起こっていると考えられる．ここでは，そのつりあいの状態がどのようなパラメータに支配されており，$C_{\rm int}$ と C_R はどの程度異なっているか調べよう．

まず，界面近傍液中での結晶成分濃度を Gibbs-Thomson 則に則らない一般的な濃度 $C_{\rm int}$ として，定常状態の拡散律速成長の式を導こう[*14]．拡散の式で，境界条件として $r = R$ で，$C = C_{\rm int}$ とすると，濃度プロファイルは，

$$C(r) = \frac{R(C_{\rm int} - C_\infty)}{r} + C_\infty \tag{7.108}$$

となる．固液界面での勾配は，

$$\left[\frac{dC}{dr}\right]_{r=R} = \frac{C_\infty - C_{\rm int}}{R} \tag{7.109}$$

である．

単一成分からなる固相を仮定する．この場合，固相の濃度 $C_{\rm S}$（分子数/m^3）は，$1/v_{\rm S}$ である．また，液中の結晶化成分のモル体積と固相モル体積が等しいとする．が，固液界面での物質保存は，

$$D\frac{C_\infty - C_{\rm int}}{R} \times 4\pi R^2 = (C_{\rm S} - C_{\rm int})G_{\rm dif} \times 4\pi R^2 \tag{7.110}$$

$$[\text{拡散による流入量}] = [\text{結晶成長による消費量}] \tag{7.111}$$

である．$G_{\rm dif}$ は，拡散律速成長速度である：

[*14] 希薄溶液中での G-T 則に従う場合は，7.4 節で扱った．

$$G_{\mathrm{dif}} = \frac{D}{R}\frac{\tilde{C}_\infty - \tilde{C}}{\tilde{C}_{\mathrm{S}} - \tilde{C}_{\mathrm{int}}} \tag{7.112}$$

ここで，$\tilde{C} = C/C_{\mathrm{eq}}$，$\tilde{C}_\infty = C_\infty/C_{\mathrm{eq}}$，$\tilde{C}_{\mathrm{S}} = C_{\mathrm{S}}/C_{\mathrm{eq}}$ である．$\tilde{C}_{\mathrm{int}} = \tilde{C}_R$，$\tilde{C}_{\mathrm{S}} - \tilde{C}_{\mathrm{int}} \approx C_{\mathrm{S}}/C_{\mathrm{eq}}$ とすると，希薄溶液中の拡散律速成長の式 (7.66) になる．

これが反応律速成長速度と等しくなるとき，反応と拡散のバランスがとれている．この場合の反応律速の成長速度は，固液界面での過飽和濃度 C_{int} と平衡濃度 C_R との差に比例する．比例係数を $G_0\exp(-\tilde{q}/\tilde{T}) = \hat{G}_0$ とすると，反応律速成長速度 G_{react} は，

$$G_{\mathrm{react}} = \hat{G}_0(\tilde{C}_{\mathrm{int}} - \tilde{C}_R) \tag{7.113}$$

となる．ここで $\tilde{C}_R = C_R/C_{\mathrm{eq}}$ で，C_R は曲率半径 R の界面での平衡濃度であり，Gibbs-Thomson の関係からきまる．

$G_{\mathrm{dif}} = G_{\mathrm{react}}$ として，$\tilde{C}_{\mathrm{int}}$ についての 2 次方程式を解くと，バランスするときの界面濃度 $\tilde{C}^*_{\mathrm{int}} = C^*_{\mathrm{int}}/C_{\mathrm{eq}}$ が以下のように得られる．

$$\tilde{C}^*_{\mathrm{int}} = \frac{C^*_{\mathrm{int}}}{C_{\mathrm{eq}}} = \frac{1}{2}(\tilde{C}_R + (\mathrm{Pe}\tilde{R})^{-1} + \tilde{C}_{\mathrm{S}})\left[1 - \sqrt{1 - \frac{4((\mathrm{Pe}\tilde{R})^{-1}\tilde{C}_\infty + \tilde{C}_{\mathrm{S}}\tilde{C}_R)}{(\tilde{C}_R + (\mathrm{Pe}\tilde{R})^{-1} + \tilde{C}_{\mathrm{S}})^2}}\right] \tag{7.114}$$

となる．ここで，

$$\mathrm{Pe} = \frac{\hat{G}_0 R^*_X}{D} \tag{7.115}$$

は，界面の移動速度 $\hat{G}_0$ を使って定義した Péclet 数で，定数である．以下は，半径 R^*_X でスケールした結晶半径 $\tilde{R} = R/R^*_X$ の関数として与えられる．

$$\tilde{C}_R(\tilde{R}) = \frac{C_R}{C_{\mathrm{eq}}} = \exp\left(\frac{1}{\tilde{R}}\right) \tag{7.116}$$

および，

$$\tilde{R}_{\mathrm{C}} = \frac{R_C}{R^*_X} = \left(\ln\frac{C}{C_{\mathrm{eq}}}\right)^{-1} \tag{7.117}$$

である．このバランス界面濃度は，当然，Gibbs-Thomson の関係による飽和濃度 C_R より大きくなる．この濃度を界面濃度として用いると，成長速度は界面平衡の場合の拡散成長速度より小さくなる．カイネティック因子 $\hat{G}_0$ が大きくなると，Pe 数が大きくなり，拡散律速成長に近づく．この場合，$\tilde{C}_{\mathrm{int}} \approx \tilde{C}_R$ で近似でき，式 (7.67) になる．また，D が十分に大きい場合，$\mathrm{Pe} \to 0$ で，$\tilde{C}_{\mathrm{int}} \approx (\mathrm{Pe}^{-1}\tilde{C}_\infty\tilde{R}^{-1} + \tilde{C}_{\mathrm{S}}\tilde{C}_R)/(\tilde{C}_R + \tilde{C}_{\mathrm{S}}) \to \tilde{C}_\infty$ となり，反応律速成長になる．これを図 7.18 に示す．

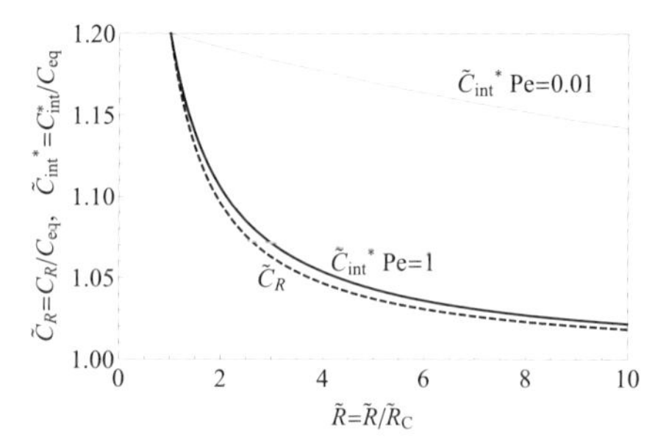

図 **7.18**　Gibbs-Thomson の関係による界面平衡濃度（破線）と，成長反応と拡散がバランスするときの界面濃度（実線）の違い．R^*_X と R の関係の不確定さを避けるために，$\tilde{R}/\tilde{R}_C$ を結晶径として取っている．Pe 数が大きくなるほど（カイネティック因子 $\hat{G}_0$ が大きくなるほど），界面濃度は Gibbs-Thomson 則できまる界面平衡濃度に近づき，成長速度は拡散律速成長に近づく．

界面が平面の場合には，どのような成長速度 G の値に対しても，液相側の境界層の幅は D/G できまるように調整される．この点は，球対称の拡散場とは大きく異なる．

7.6　結晶化過程の時間発展：2 成分共融系の結晶化

7.6.1　スケーリングと支配パラメータ

冷却結晶化による結晶サイズ分布も，気泡のサイズ分布と同様に，核形成・成長過程を考慮したスキームで理解できる．気泡のサイズ分布の時間発展の章でも解説したように，サイズ分布の時間発展の理解の仕方には，Euler 的定式化と Lagrange 的定式化の 2 通りある．

冷却結晶化の問題を，サイズ分布も含めて初めて解いたのは，Brandeis and Jaupart (1987) で，1 成分系を仮定して，Lagrange 的定式化で解いた．彼らは，現象論的な核形成速度と反応律速の成長速度を仮定し，得られた数値的な結果を，核形成速度のスケール J_m や成長速度のスケール G_m を用いたスケーリングによって理解しようとした．しかし，結晶化の歴史全体の中での核形成速度の最大値の時点，すなわち数密度決定時点での，これらの値を調べることはしていない．また結晶数密度の冷却速度依存性を系統的に調べることはしていない．

その後，Hort ら (Spohn *et al.*, 1988; Hort and Spohn, 1991a) は，岩脈やシルの中の粒径変化を調べるために，2 成分共融系を仮定してやはり Lagrange 的定式化で解いた．ここでもやはり，反応律速成長が仮定されていた．彼らは，マスターカーブのピーク値 J_{PEAK} と G_{PEAK} を用いて，核形成速度と結晶成長速度を無次元化し，無次元の支配方程式系の中に自然に登場する以下の Avrami 数 (Av) を結晶化を特徴づけるパラメータとして定義した．

$$\mathrm{Av} = \frac{(J_{\mathrm{PEAK}} G_{\mathrm{PEAK}}^3)^{-1}}{t_{\mathrm{th}}^4} \tag{7.118}$$

ここで，t_{th} は冷却の時間スケールである．カイネティックな時定数 t_{ki} は，

$$t_{\mathrm{ki}} = \left(J_{\mathrm{PEAK}} G_{\mathrm{PEAK}}^3\right)^{-\frac{1}{4}} \tag{7.119}$$

と定義できるので（7.2 節の Box 参照），Av 数は，カイネティックタイムスケールと冷却のタイムスケールの比の 4 乗の無次元数である．

この Av 数は，結晶化の振舞いを支配していることに間違いないが，注意すべき点は，彼らが Av 数に用いている J_{PEAK} と G_{PEAK} は，結晶化の全歴史を通しての最大値，すなわち核形成速度が極大値をとる時点での値ではないことである．すなわち，結晶化を直接的に制御しているパラメータではないので，その値を用いて数値実験結果の経験則を，簡単なスケーリングの解析から理解することは難しくなる（7.2 節の Box 参照）．

この Av 数は，J_{PEAK} と G_{PEAK} に含まれる物性値と，冷却速度（t_{th} の逆数）の目安だと見ることができる．しかし，前の節で見たように，J_{PEAK} と G_{PEAK} は，exp の中の Γ，$\tilde{q}$，$\Delta\tilde{h}$ の値の兼ね合いによってきまるが，それらの値をあらわに含むわけではない．これらのことを考慮すると，この Av 数の取り方は，数学的にはエレガントであるが，結果の物理的解釈のためにはあまり便利ではない．

このパラメータに似たものは，Euler 的定式化でも登場する (Toramaru, 1991, 2001)：

$$\alpha_3 = \frac{\text{冷却時間}}{\text{成長のカイネティック時間}} = \frac{t_{\mathrm{th}}}{t_{\mathrm{g}}} = \frac{\phi_0 D t_{\mathrm{th}}}{(R_X^*)^2} \propto \left|\frac{dT}{dt}\right|^{-1} \tag{7.120}$$

このパラメータ α_3 は，冷却時間と結晶成長の時間スケールの比である．t_{g} は結晶成長のカイネティックスできまり，

$$t_{\mathrm{g}} = \frac{R_X^*}{G_0} \tag{7.121}$$

と与えられる．ここで，R_X^* は式 (7.21) で定義される結晶核のサイズスケールであり，表面張力（エネルギー）に大きく左右される．それ故，冷却速度と α_3 を対

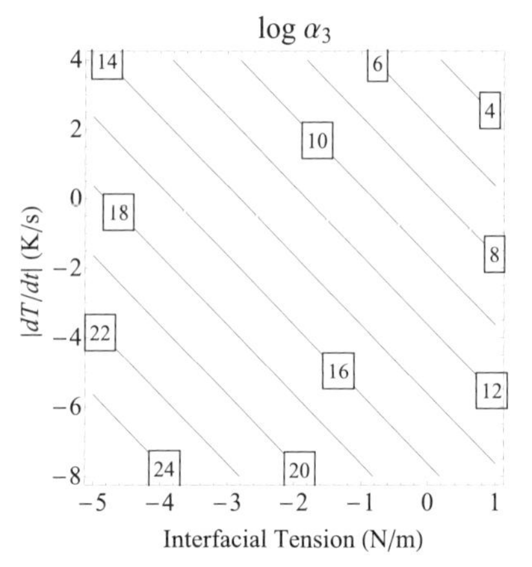

図 7.19　冷却速度と表面張力の関数としての α_3.

応づける際にも大きく影響する．G_0 は成長則の係数で，成長速度を代表する物性値できまる．例えば拡散成長の場合 $(\phi_S D)/R_X^*$ であり，拡散係数と関係する．この場合の界面エネルギーと冷却速度の関係を図 7.19 に示す[*15]．

結晶化は潜熱の解放を伴い，熱的なフィードバックが起こる．このフィードバックの影響は，以下で定義される Stefan 数 (St：Stefan number) によって特徴づけられる．

$$\mathrm{St} = \frac{\Delta\mathcal{H}}{\rho C_P T_0} \tag{7.123}$$

ここで，$\Delta\mathcal{H}$ は単位体積当たりの融解のエンタルピー，C_P は定圧比熱 (J kg^{-1} K^{-1}) である．St 数の値は，結晶化する鉱物の種類にもよるが，0.1～0.4 程度の値を取る．

以下では，数値実験のしやすさから，Euler 的記述から出現するパラメータを用いて，2 成分共融系での結晶化過程を解説する．パラメータは，発泡過程のモデル化の際のパラメータ α_1，α_3 と基本的に同じであり，それぞれ，式 (7.60)，および式 (7.120) によって定義されている．数値計算の手順は，発泡過程の章で述べたものとほぼ同じである．これまでの結晶化過程の議論では，最初に液相線以下で晶出する相（これをリキダス相という）(A 相) のみに限って議論したが，そ

[*15] Av 数と α_3 は，相互に関係している．核形成速度の係数を J_0 とすると，

$$\alpha_3 = \frac{(G_0/J_0)^{1/4}}{R_X^*}\mathrm{Av}^{-1/4} \tag{7.122}$$

となる．

の内容は B 相，あるいは多成分系では他の相についても使える．そのため，2 成分共融系の計算では，析出相が 2 つあることが，発泡の計算とは異なり，それぞれについて過飽和状態を逐次計算する．

7.6.2　一定熱損失下での結晶化過程の基本的振舞い

一定熱損失は，系から単位時間当たり H_L (J/s) の熱を抜き取ることを意味する．すなわち，温度変化は，

$$\rho C_P \frac{dT}{dt} = -H_\mathrm{L} + \Delta\mathcal{H}\frac{d\phi}{dt} \tag{7.124}$$

と記述できる．ここで，ϕ は結晶の体積分率であり，A 相と B 相の合計 $\phi_\mathrm{A} + \phi_\mathrm{B}$ である．温度と時間を，$\tilde{T} = T/T_0$，$\tilde{t} = t/t_\mathrm{th}$ および熱損失の特徴的時間 $t_\mathrm{th} = \rho C_P T_0/H_\mathrm{L}$ を用いて無次元化すると，

$$\frac{d\tilde{T}}{d\tilde{t}} = -1 + \mathrm{St}\frac{d\phi}{d\tilde{t}} \tag{7.125}$$

となり，先に説明した支配パラメータの 1 つである St 数が登場する．

拡散律速成長の場合を例にして説明するが，定性的な振舞いは反応律速成長でも同じである．初期状態として，ある組成のメルトがちょうどそのリキダスの温度にあるとする（図 7.20 の点 O）．一定の速度で熱を逃がすことを仮定し，潜熱解放がある場合とない場合について考察する．潜熱解放がある場合は，天然でのマグマの冷却に相当し，系の温度変化（冷却速度）は，熱損失率と潜熱解放の競合できまる．一方，ない場合は，熱損失率は一定冷却速度に等しく，室内実験のプログラム冷却に相当する[*16]．

まず，相平衡図上（図 7.20）での振舞いを示す．リキダス上の点 O で示される組成のメルトの冷却を考える．この組成では，固相 A が最初に晶出する．冷却が始まり，温度が固相 A のリキダス以下に低下しても，表面エネルギーに伴う核形成バリヤーのため，ある温度になるまで，核形成は起こらない．これは，相平衡図の読み方で学習する平衡結晶化の過程と異なる点である．そのため，液の化学組成は変化しない．過飽和度あるいは過冷却度がリキダスからの距離で表されることは，式 (7.26) によって学んだ．

図 7.20 では，点 A1 に対応する温度で，固相 A の核形成が起こっている．いったん核形成が起こると，結晶の成長により，液の化学組成は，結晶化成分が減少

[*16]潜熱の解放などによる温度変化を，電気回路もしくはコンピュータープログラムで補正し，一定速度の冷却を維持する冷却システム．

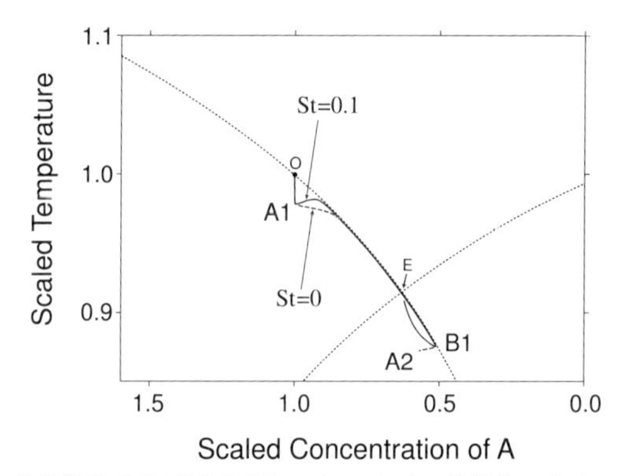

図 7.20　2 成分共融系相平衡図（図 7.1）における結晶化の軌跡．点線は，各相のリキダスを示す．組成，温度ともに初期値（点 O）によって規格化されている．St は Stefan 数の値．破線は，潜熱の解放がない一定冷却速度の場合．実線は，潜熱の解放があり，一定の heat loss の場合．A1，A2，B1 は，相 A の 1 回目と 2 回目の核形成，および相 B の 1 回目の核形成イベントを示す．

する方向に変化し，A のリキダスに近づく．この際，温度が上昇するかどうかは，潜熱解放の効率による．さらに冷却が進むと，共融点 E で，固相 B にも過飽和になり，両方の固相に対して過冷却状態になり，場合によっては複雑な振舞いをする．図で示されている潜熱解放のある場合は，いったん共融点以下ある温度 B1 まで過冷却し，固相 B の核形成成長が起こり，それによる潜熱解放と質量保存で，相図上での軌跡は最終的には共融点に収束する．

一方，潜熱解放のない場合は，共融点以下のある温度で固相 B の核形成と成長が起こり，それによる成分 A の濃度の増加により，固相 A が 2 度目の核形成を起こすことがある．図 7.20 の例はその場合を示す．固相 A の 2 度目の核形成の発生は，主として固相 A の界面エネルギーに依存し，界面エネルギーが小さいと，2 度目の核形成を起こす．Hort and Spohn (1991b) は，反応律速の成長速度に基づき，Lagrange 的記述の結晶モデルを用いて計算し，共融点付近で振動的，もしくはカオティックな振舞いをすることを示したが，拡散成長を仮定した図 7.20 の計算では起こっていない．

核形成速度や結晶数密度，結晶サイズの時間変化を図 7.21 に示す．発泡の場合と振舞いはよく似ているが，大きな違いは，結晶の場合は析出相が 2 つあることと，潜熱解放による熱的フィードバックがあることだ[17]．上から，温度，結晶量

[17] 発泡の場合も，有限系で周囲と力学的相互作用がある場合には圧力フィードバックがある．

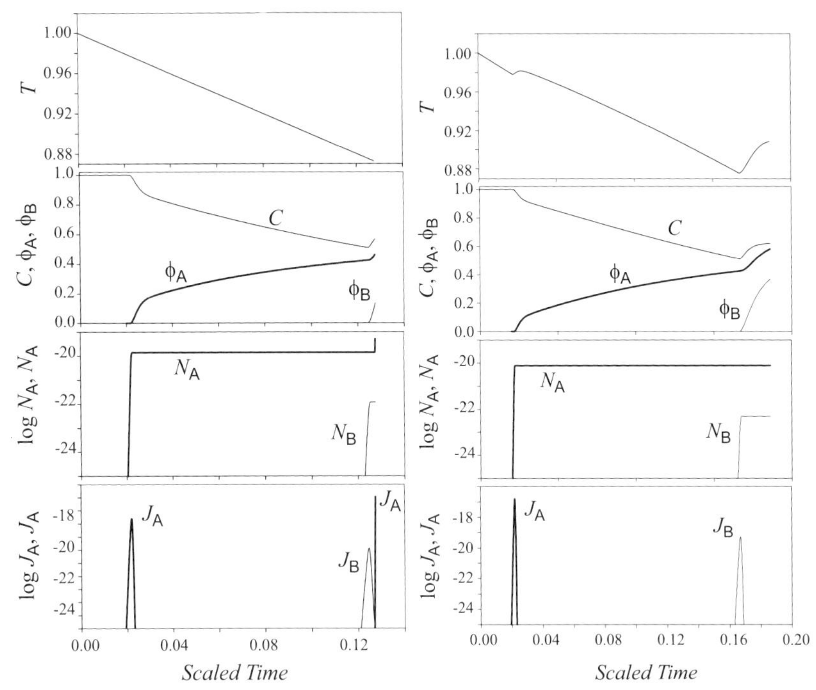

図 7.21 熱損失率一定の場合の 2 成分共融系の結晶化過程の計算結果．図 7.20 における軌跡に対応している．上から，温度，濃度と各相の体積分率，各相の結晶数密度，各相の核形成速度である．（左）潜熱解放なしの場合．A 相が，共融点以下で 2 回目の核形成をしていることに注意．（右）潜熱解放あり St = 0.1．核形成時には，急激に結晶化が進行するため，潜熱解放の影響が現れ，温度が急激に上昇していることに注意．

と液組成，結晶数密度，核形成速度の順で並べてある．また，左は潜熱解放なし，右は潜熱解放あり，の場合である．この図の振舞いから，次のことがわかる．1) 潜熱解放の有無は，核形成時の突発的結晶量の増加に伴う温度上昇の有無に結果する．2) 液組成は結晶量できまる．3) 最初に液相を切って結晶化する相 (liquidus phase) の核形成イベントは，界面エネルギーによっては，2 回起こる．4) 結晶数密度は核形成イベントで決定される．

以下では，数値実験から抽出された結晶化を特徴づけるパラメータを，支配パラメータを用いて理解する．

7.6.3 結晶化過程を特徴づける結晶化パラメータ

結晶化過程の全容は，結晶サイズ分布 (CSD) によって理解されるが，それの詳しい解説は後の章に譲るとして，ここでは，その代表量である結晶数密度を用いて理解する．結晶化組織を特徴づけるパラメータである数密度（あるいは平均粒径）は，基本的には核形成速度や成長速度に，スケーリングの関係式によって，シンボリックに関係づけられる．問題は，結晶化組織を決定している代表的な核形成速度や成長速度が，どのように冷却速度（あるいは減圧速度や脱水速度（減圧誘導型結晶化の場合））と関係づけられるかということである．以下では，シンボリックなスケーリング関係から離れて，実際的な核形成速度と核形成の継続時間を通して，このことを見る．

ここでは，1) 拡散律速成長の場合，2) 反応律速成長の場合，3) 核形成速度の指数前因子が極端に小さい場合に分けてまとめる．いずれの場合でも，結晶数密度は，最大核形成速度 J_{MAX} と核形成の継続時間 δt_{n} の積できまる．すなわち，

$$N \approx J_{\mathrm{MAX}} \times \delta t_{\mathrm{n}} \qquad (7.126)^{*18}$$

1) 拡散律速成長の場合

2 成分共融系と拡散律速成長を仮定した数値実験のパラメータスタディの結果 (Toramaru, 2001) から，

$$J_{\mathrm{MAX}} = \mathrm{const} \times \alpha_1^{-2.2} \alpha_3^{-1.4} \qquad (7.127)$$

$$\delta t_{\mathrm{n}} = \mathrm{const} \times \alpha_1^{0.5} \alpha_3^{-0.06} \qquad (7.128)$$

冷却速度は α_3 の中に含まれる（式 (7.120)）．核形成の継続時間の冷却速度依存性は小さいことがわかる．また，結晶数密度については，

$$N = 10^{3.5} C_0 \alpha_1^{-1.7} \alpha_3^{-1.5} \propto \left| \frac{dT}{dt} \right|^{3/2} \qquad (7.129)$$

となる．結晶数密度の冷却速度依存性を示す指数（冷却速度指数）がおよそ 3/2 であることに注意する．これらの関係が，固相 A と B 双方について成立する．

核形成が最大となる過冷却度 $\Delta T_{\mathrm{n}} = T_0 - T_{\mathrm{n}}$ は，

[*18] この式は近似的に成立しているが，パラメータ依存性を表す指数に関しては正確には成立していない．これは，急激な核形成速度の変化を J_{MAX} と δt_{n} だけで代表したためである．

$$\Delta T_{\mathrm{n}} = 10^{-1.3} T_0 \alpha_1^{0.5} \alpha_3^{-0.02} \tag{7.130}$$

で与えられる．核形成のクライマックスの過冷却度は，パラメータ α_1 すなわち固液界面張力 γ がおおよそ支配し，γ の 3/2 乗に比例する．一方，冷却速度や拡散係数は，α_3 の依存性が −0.02 乗と小さいため，ほとんど効かない．これらのパラメータ依存性は，共通の物理過程を持つ拡散領域での発泡の場合（式 (5.68)〜(5.71)）と定量的にほぼ同じである．

2) 反応律速成長の場合

$$J_{\mathrm{MAX}} = \mathrm{const} \times \alpha_1^{-3} \alpha_3^{-2.6} \tag{7.131}$$

$$\delta t_{\mathrm{n}} = \mathrm{const} \times \alpha_1^{0.5} \alpha_3^{-0.1} \tag{7.132}$$

核形成の継続時間の冷却速度依存性 ($\alpha_3^{-0.1}$) は拡散律速の場合 ($\alpha_3^{-0.06}$) より大きいが，いずれも十分小さく，J_{MAX} の冷却速度依存性が支配的である．結晶数密度については，

$$N \approx 10^{8.3} C_0 \alpha_1^{-2.7} \alpha_3^{-2.8} \propto \left| \frac{dT}{dt} \right|^{2.8} \tag{7.133}$$

となる．結晶数密度の冷却速度指数はおよそ 3 であり，拡散律速成長の場合より大きいことがわかる．これらの関係が，固相 A と B 双方について成立することは，拡散律速成長の場合と同じである．

核形成が最大となる過冷却度は，拡散成長の場合とほぼ同じで，

$$\Delta T_{\mathrm{n}} = 10^{-1.3} T_0 \alpha_1^{0.5} \alpha_3^{-0.03} \tag{7.134}$$

で与えられる．

3) ピーク核形成速度が極端に小さい場合

以上は，核形成マスターカーブにおけるピーク核形成速度が理論的な値を取った場合であり，実際の最大核形成速度が，それよりも十分小さくなる場合である．その場合は，結晶の不均質核形成の項（7.3.1 節）でも述べたように，ピーク核形成速度は十分小さい値を取り，ピーク値を維持し，核形成速度一定と近似することができる．この場合は，CSD の章で詳しく取り扱うが，核形成の継続時間が極端に長くなり，結晶数密度は冷却時間に比例するようになる．そのため，結晶数密度は，冷却速度に反比例し，冷却速度指数は −1 となる (Toramaru and Kichise in preparation).

$$N \propto \left| \frac{dT}{dt} \right|^{-1} \tag{7.135}$$

これは単純に，冷却速度が大きいほど，核形成時間が短いことを表している．さらに，核形成速度が小さいため，ある一定の過飽和状態が維持される．核形成速度が一定かつ過飽和状態一定の下では，結晶量の増加速度も一定になる．結晶数の増加とともに総表面積も増加し，その結果，1 個の結晶長速度は，時間に反比例する（9.3.5 節参照）．

ピーク核形成速度すなわち核形成速度の指数前因子が小さくなっていくと，この核形成速度一定かつ結晶量増加速度一定のカイネティック領域に徐々に入っていき，結晶数密度の冷却速度依存性を示す冷却速度指数は，3/2 から 0 を経て −1 へと変化し，複雑な様相を見せる．室内実験では，液相線より高い温度から出発した場合，実験との比較の節で示すように，カンラン石，輝石，斜長石など多くのケイ酸塩鉱物で，冷却速度依存性は 3/2 に近いが，液相線より低い温度から冷却を開始した場合，冷却速度指数にバラツキが多い．このことは，既存の不均質核によってピーク核形成速度が支配されており，このカイネティック領域付近にこれらの実験系があることを示唆している．

7.6.4　結晶数密度の冷却速度依存性と結晶成長則の関係

一定速度で冷却する場合について，簡単なスケーリングの議論によって，結晶数密度に対する核形成と成長の役割と，冷却速度依存性を理解しよう[*19]．結晶数密度は，核形成速度と核形成の継続時間の積によって決定される．このときの核形成速度は，核形成の履歴の中での最大値のことであり，それに対応する実効的過冷却度によって大きく左右される．冷却速度の効果は，この実効的過冷却度に対して結晶成長の時間依存性を通して働き，冷却速度が大きくなるほど実効的結晶成長は抑えられる．その結果，最大核形成に必要な過冷却度も大きくなり，核形成速度も大きくなる．

核形成の振舞いは，実効的過冷却度の少しの変化で指数関数的に増加することに特徴がある．核形成のクライマックスをきめるある結晶数密度は，過冷却度とともに急激に変化するある 1 点できまる．結晶数密度は結晶成長との兼ね合いできまり，核形成の終了をきめる結晶化時間内ではある値を持つとする．このときの核形成速度は冷却速度に依存するが，それは最終的に成長との兼ね合いできまり，成長との競合が起こる時間領域では時間によらず一定であるとする．

[*19] ここでの議論は，核形成速度の指数前因子が十分大きく，核形成がだらだらと継続しない場合を想定している．

一方，結晶成長は，ある時間則に従って進む．この時間則は，結晶サイズ R を時間のべき関数として表す：

$$R \propto t^p \tag{7.136}$$

ここで，指数 p は，結晶の成長を特徴づけ，拡散律速成長の場合 $p = 1/2$ であり（式 (7.77)），反応律速成長の場合 $p = 1$（式 (7.105)）である．反応律速成長の方が強い時間依存性を示すので，結晶成長はより速く進む．

始めに，ある冷却速度の系を設定し，これを基準系とする．結晶として析出した分子数 δC は

$$\delta C = \frac{\frac{4}{3}\pi N R^3}{v_{\mathrm{S}}} \tag{7.137}$$

である．結晶の核形成を終了させるのに必要な結晶化成分の減少量 $\delta C_{\mathrm{thres}}$ は，過飽和度の減少量に対応し，冷却速度によらない．

この基準系よりも k 倍速い冷却速度の系に対しては，結晶の成長は，冷却の時間スケールを基準に考えると，時間が $1/k$ に縮まったことになる．すなわち，

$$R_k \propto \left(\frac{t}{k}\right)^p \tag{7.138}$$

同様に，析出した結晶化成分子の数は，

$$\delta C_k = \frac{\frac{4}{3}\pi N_k R_k^3}{v_{\mathrm{S}}} \tag{7.139}$$

である．$\delta C_{\mathrm{thres}}$ は冷却速度に依存しないので，$\delta C_{\mathrm{thres}} = \delta C = \delta C_k$ であり，δC は δC_k と等しいから，

$$N t^{3p} = N_k \left(\frac{t}{k}\right)^{3p} \tag{7.140}$$

となる．これから，

$$\frac{N_k}{N} = k^{3p} \tag{7.141}$$

が導かれる．このことは，冷却速度が k 倍速い系では，結晶数密度は，k^{3p} 倍大きくなることを示す．すなわち，冷却速度指数は $3p$ となる．ここに，成長則を規定する指数 p が現れていることに注意しよう．核形成が継続している間，結晶も成長するが，その成長に使われる時間は，冷却速度が大きいほど実効的に短くなる．その間，結晶は核形成し続けているので，その結果できる結晶数は多くなる．別の表現を用いると，結晶は $1/k$ 時間に相当する量だけしか成長できないので，核形成を終わらせるほど過飽和度を減じるのに要する時間が長くなり，結果としてたくさんの結晶数を必要とする．

7.6.5　室内実験との比較

結晶化の室内実験は，1970 年代のアポロ計画で持ち帰られた月の石の成因を解明することがきっかけとなった．月の玄武岩と同じ組成の液を用いて，数々の実験が行われてきた (Lofgren *et al.*, 1974; Walker *et al.*, 1976, 1978; Grove and Walker, 1977; Grove, 1978, 1990)．これらの実験では，月の石の岩石組織を再現することを目的として行われた．それによって月の冷却の時間スケールについてヒントが得られるかもしれないからだろう．これらの実験は，主として 1 気圧下でワイヤーループ法が用いられ，その後の結晶化実験のノウハウが蓄積されていった．

こうした実験の結果，玄武岩質メルトにおける結晶化過程について様々な理解が進んだ．1 つは，結晶成長の複雑さであろう．天然で観察される岩石組織よりもはるかに複雑な結晶形態，羽毛状結晶や針状結晶，規則的な樹枝状結晶などが実験生成物として報告された．もう 1 つは，岩石組織の定量化であろう．実験生成物について，結晶サイズや結晶数密度，樹枝状結晶の側枝間隔のデータを得ることで，岩石組織に及ぼす冷却速度の影響を定量的に評価できるようになってきた．地球の岩石組織の理解のためにも，結晶化実験は行われてきたが (Swanson, 1977; Sato, 1995)，理論による定量的検討はあまりなされてこなかった．

最近では，結晶化のカイネティックスの実験が，減圧結晶化 (Hammer and Rutherford, 2002; Couch *et al.*, 2003b; Shea and Hammer, 2013; Befus *et al.*, 2015) や結晶サイズ分布 (Zieg and Lofgren, 2006; Pupier *et al.*, 2008; Schiavi *et al.*, 2009) に注目して行われてきている．これらのことは，第 8 章と第 9 章で取り扱う．また，モアッサナイト (SiC) セルを用いた高温でのその場観察実験では (Ni *et al.*, 2014)，本書では取り扱わない結晶の相互作用の動的描像が調べられている．

実験結果を検討する前に，結晶数密度に対する冷却速度の依存性に関して，理論的予測をまとめる．上で見たように，均質核形成の場合の結晶数密度 N の冷却速度依存性は，結晶成長速度の時間則

$$R \propto t^p \tag{7.142}$$

の指数 p と関係する．拡散律速成長の場合，$p = 1/2$ であり，反応律速成長の場合，$p = 1$ である．この指数を用いると，結晶数密度の冷却速度 ($|\dot{T}| = |dT/dt|$) 依存性は

$$N \propto |\dot{T}|^{3p} \tag{7.143}$$

表 7.2 単位面積当たりの結晶数密度 N_A およびサイズ R_A の冷却速度依存 $\propto |\dot{T}|^{\xi_2}$ を示す冷却速度指数 ξ_2．（文献は，a) Walker *et al.*, 1978, b) Lofgren *et al.*, 1979, c) Sato, 1995, d) Grove and Walker, 1977; Walker *et al.*, 1978; Grove, 1978, 1990, e) Walker *et al.*, 1976）．樹枝状輝石の枝間隔．

	理論	カンラン石	輝石	斜長石
N_A (m^{-2})	1（拡散） 2（反応）	1^a $(\lvert\dot{T}\rvert < 10°C/hr)$	$\frac{1}{2}^b$	$\frac{1}{3}^c$ $(T_{init} < T_{liq})$
R_A (m)	$-\frac{1}{2}$（拡散） -1（反応）	no data	$-\frac{1}{2}^b$ $-\frac{1}{3}^e$	$-\frac{1}{2}^d$ $(T_{init} > T_{liq})$ $-\frac{1}{5}^d$ $(T_{init} < T_{liq})$

となる．これは，3 次元空間内での結晶数密度であり，実験結果の測定では，2 次元観察面内での数密度 N_A（個/m^2）が用いられた．N と N_A の間には，$N_A \approx N^{2/3}$ の関係があるので，冷却速度依存性は，

$$N_A \propto |\dot{T}|^{2p} \tag{7.144}$$

となる．拡散律速の場合は $N_A \propto |\dot{T}|^1$，反応律速の場合には $N_A \propto |\dot{T}|^2$ の関係がある．また，3 次元結晶粒径は，3 次元数密度の $-1/3$ 乗に比例する関係にあるから，拡散律速で $R \propto |\dot{T}|^{-1/2}$，反応律速で $R \propto |\dot{T}|^{-1}$ となる．同様に，2 次元結晶粒径は，2 次元数密度の $-1/2$ 乗に比例する関係にあるから，拡散律速では $R_A \propto |\dot{T}|^{-1/2}$，反応律速で $R \propto |\dot{T}|^{-1}$ となる．これは，各結晶相の体積分率が冷却速度に依存しない $R^3N \approx R_A^2 N_A \approx \mathrm{const}$ という要請からくる．

初期の古典的実験結果をまとめたものが，表 7.2 である．このデータと上の理論的予想を比較すると次のことが言える．カンラン石の 2 次元結晶数密度のデータは，拡散成長の場合と整合的である．輝石の 2 次元数密度データは，拡散成長と調和的ではないが，液相線より初期温度が高い場合の粒径のデータは調和的である．斜長石に関しては，液相線より初期温度が高い場合，粒径データは拡散成長のモデルと調和的であるが，液相線より低い初期温度の場合は，数密度も粒径も調和的ではない．

7.6.6 天然の実験

1) 岩脈の冷却と数密度データ

岩脈の冷却結晶化は，天然の実験室である．産状のよくわかっている岩脈は，熱

伝導による冷却で固結すると考えてよい[20]．付録で示すように，熱伝導による冷却では，冷却速度は冷却面からの距離 y の -2 乗に比例して小さくなる．

$$|\dot{T}| \propto y^{-2} \tag{7.145}$$

上の関係式 (7.143) に，これを用いると，結晶数密度の距離依存性は，

$$N \propto y^{-6p} \tag{7.146}$$

となることが期待される．拡散律速成長では，$N \propto y^{-3}$，反応律速成長では $N \propto y^{-6}$ である．拡散律速の方が，反応律速よりも緩やかに（と言っても距離の -3 で），数密度が減少する．結晶粒径は，数密度の $-1/3$ 乗に比例する関係にあるから，距離依存性は，拡散律速で $R \propto y^{1}$，反応律速で，$R \propto y^{2}$ となる．

Gray (1970, 1978) は，カナダの岩脈の数密度を冷却境界からの距離の関数として計測した．その結果を図 7.22 に示す．直線は，$p = 1/2$ すなわち拡散律速成長の場合の距離依存性を示す．すべてのデータに関して，反応律速の依存性 $N \propto y^{-6}$ では説明できない．斜長石は，ほとんどの岩脈のデータが，拡散律速でも反応律速でも説明できないが，破線で囲んだデータは，拡散律速に従う可能性がある．輝石のデータは，拡散律速に従うように見えるものもあれば，そうでないものもある．不透明鉱物は，多くの場合で拡散律速に従うように見えるが，いくつかの岩脈では境界からの距離が 10 m になるあたりから怪しくなる．

均質核形成と拡散律速成長から期待されるトレンドからのずれ（距離依存性が弱くなるセンスの）の原因としては，不均質核形成が考えられる．実際，全岩化学組成から CIPW ノルム[21]を計算し，斜長石固溶体と透輝石からなる相平衡図にプロットすると，すべてのリキダス相は，斜長石の領域に入る．このことは，斜長石は，岩脈貫入時に既にリキダス以下の温度であったことを示唆しており，不均質核サイトとなる分子クラスターを形成していたと考えてよい．このことは，室内実験において，リキダスより高い初期温度からのものは結晶数密度の冷却速度依存性が大きく，リキダス以下の初期温度の場合は，冷却速度依存性がほとんどないか弱いという結果と整合的である．

[20] 幅の狭い岩脈 (dike) は，冷却時間に比べて，岩脈内での壁からの冷却によって起こる強制対流によるマグマの運動は無視してよい．同様に厚さの小さい岩床 (sill) は，Rayleigh 数が小さく対流が起こらないし，横の境界からの冷却による強制対流も無視できる．

[21] 現実的な結晶化シーケンスを仮定し，マグマが完全に結晶化した後の岩石に含まれる各単成分の鉱物割合を計算する方法．これを用いると，マグマの化学組成を各鉱物単成分の割合で表現することができ，相平衡図上にマグマの化学組成をプロットすることができる．

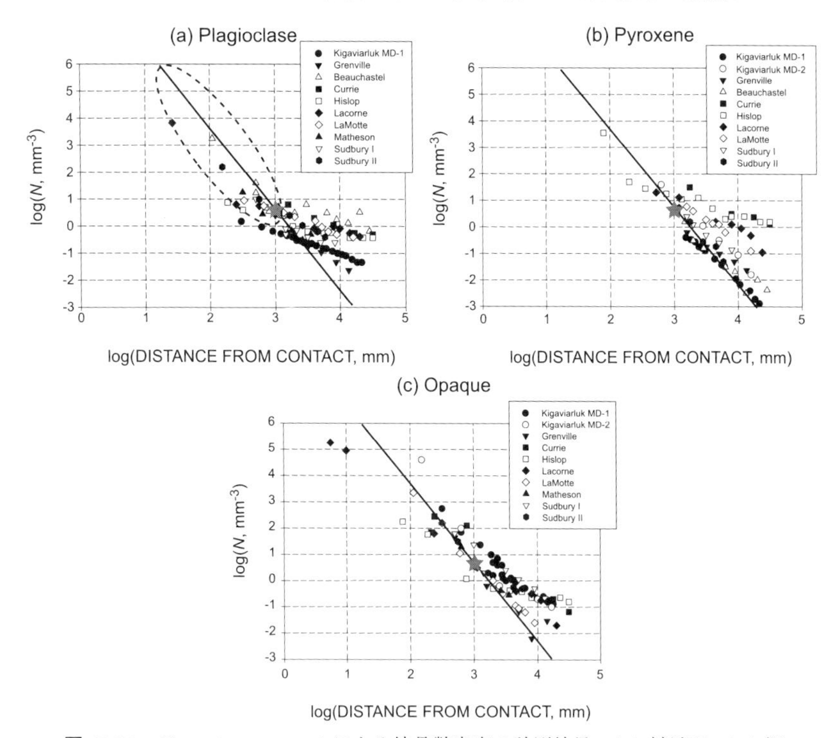

図 **7.22** Gray (1970, 1978) による結晶数密度の計測結果．(a) 斜長石，(b) 輝石，(c) 不透明鉱物（磁鉄鉱や赤鉄鉱のような酸化物）．横軸は冷却面からの距離 (mm) の常用対数，縦軸は単位体積当たりの石基の数密度（個/mm^3）の常用対数．星印は，カイネティック因子を決定する際の基準点 (Toramaru *et al.*, 2008).

2) カイネティック因子

十分大きな指数前因子と拡散成長の場合，冷却結晶化で生成する結晶数密度 N は，数値計算から式 (7.129) で与えられている．ここに，α_1 と α_3 の定義式 (7.60) と (7.120) を代入し，T_0/t_{th} は，冷却速度 $|\dot{T}| = |dT/dt|$ であることに注意すると，

$$N = a\left|\dot{T}\right|^{\frac{3}{2}} \tag{7.147}$$

と書ける．ここで，係数 a は，

$$a = 10^{3.5} \times C_0 \left(\frac{4\pi\gamma(R_X^*)^2}{3k_{\mathrm{B}}T_0}\right)^{-1.7} \times \left(\frac{\phi_0 D}{T_0(R_X^*)^2}\right)^{-1.5} \tag{7.148}$$

となる．この係数 a は，結晶化のカイネティックスすなわち核形成・成長の仕組みできまるので，カイネティック因子と呼ぶ．カイネティック因子を，拡散係数 D や，分子体積 v_S，界面エネルギー γ（R_X^* に含まれる）の物性値からきめるのは難しい．それは，分子体積は結晶化成分の実効的な分子体積であり，実効的な界面エネルギーは，不均質核形成の有無まで含めて精度よく与えることができないからだ．ここではその不確定さを避けて，岩脈を天然の実験結果と見立て，その数密度と熱伝導冷却モデルから，カイネティック因子をきめる．それでも，以下で見るように 1 桁程度の曖昧さは残る．

付録の半無限冷却の式 (A.106)（母岩の温度変化を考慮しない場合）あるいは (A.107)（母岩の温度変化を考慮する場合）を用いて，1 m の距離の数密度約 $5 \times 10^9\,\mathrm{m^{-3}}$ の値になるようにカイネティック因子をきめる．ただし，組成依存性の大きい拡散係数は，玄武岩質メルトに対して $10^{-11}\,\mathrm{m^2/s}$ と与えておく．拡散係数には，後で組成の効果を考慮することができる．

母岩の温度変化を考慮しない場合，マグマの初期温度を 1400 K，母岩の温度を 500 K，結晶化温度を $0.95 \times 1400 = 1330\,\mathrm{K}$ とすると，1 m の距離での冷却速度は，$8.32 \times 10^{-4}\,\mathrm{K/s}$ となる．この冷却速度に対して，約 $5 \times 10^9\,\mathrm{m^{-3}}$ の結晶数密度となるカイネティック因子は，2×10^{14} になる．母岩の温度変化を考慮する場合だと，冷却速度は $3.75 \times 10^{-4}\,\mathrm{K/s}$ となり，カイネティック因子は 6.89×10^{14} になる．ちなみに，これに相当する界面エネルギーの推定値は，2×10^{-3} と $3 \times 10^{-2}\,\mathrm{J/m^2}$ である．

結晶化温度を $0.99 \times 1400 = 1386\,\mathrm{K}$ とすると，1 m の距離での冷却速度は，母岩の温度変化を考慮しない場合とする場合で，それぞれ $5.5 \times 10^{-4}\,\mathrm{K/s}$ および $1.96 \times 10^{-4}\,\mathrm{K/s}$ となり，カイネティック因子は，それぞれ 3.93×10^{14} および 1.82×10^{15} になる．このようにカイネティック因子の見積もりにある程度幅がある．ここでは，無水の玄武岩質メルト $SiO_2 = 50\,\mathrm{wt\%}$ の 1400 K に対して，カイネティック因子を $a = 10^{15\pm1}$ としておく．

3) 結晶数密度冷却速度計

以上の計算では，玄武岩質メルト中での結晶化成分の実効的拡散係数を $D = 10^{-11}\,\mathrm{m^2/s}$ と仮定した．玄武岩質メルト以外の広い範囲のカイネティック因子を推定するためには，拡散係数の化学組成依存性を考慮する必要がある．しかし，結晶化成分の実効的拡散係数を実験的に決定することは，多成分系の相互拡散のため難しいし，結晶の核形成・成長過程を見直す必要があり，根本的な対策が必要である．

ここでは，ざっくりとした推定として，粘性と拡散の関係を用いて組成の効果を評価する．粘性は，拡散係数に比べて，いろいろな組成に対して実験的に求められているし，粘性係数は，バルクとしての平均的な分子の動きを代表しており，結晶の主要成分である Si，Al，Mg，Ca，H_2O，Na，K など原子の運動を示していると考えるからだ．シンプルな球状分子からなる拡散係数 D と粘性率 η の関係はよく知られた Stokes-Einstein の関係（$D\eta =$ 一定）があるが，ケイ酸塩メルトのような複雑な分子構造の液では，この関係が成立しない．結晶化成分として，最も拡散の遅い元素は Si であり，Liang *et al.* (1996a, b) は，

$$D_{\mathrm{Si}} \propto \eta^{-0.8} \tag{7.149}$$

の関係があることを実験的に示した．

ケイ酸塩メルトの粘性は，SiO_2 の含有量 $\tilde{C}_{\mathrm{Si}}$ (wt%) と含水量 $\tilde{C}_{\mathrm{W}}$ (wt%) と温度 T(K) によって，おおよそ $\eta = \exp[0.46(\tilde{C}_{\mathrm{Si}} - 72) - 1.25\tilde{C}_{\mathrm{W}} + 2 \times 10^4/T]$ と与えられる (Toramaru, 1995)．また，マグマの温度も，SiO_2 量が増加すると低下するという見かけ上の関係があり，おおよそ $T = 10^3/(0.16 + 0.01\tilde{C}_{\mathrm{Si}})$ と表すことができる．これらの式を式 (7.149) に代入すると，

$$D_{\mathrm{Si}} \propto \exp(-0.53\tilde{C}_{\mathrm{Si}} + \tilde{C}_{\mathrm{W}}) \tag{7.150}$$

の関係式を得る．

カイネティック因子は，式 (7.148) からわかるように，拡散係数に $D^{-1.5}$ の依存性を持つから，式 (7.150) から $D_{\mathrm{Si}}^{-1.5}$ を取り，さらに e のべき乗を 10 のべき乗に変換すると，カイネティック因子は，

$$a = 10^{15 \pm 1 + 0.345\Delta\tilde{C}_{\mathrm{Si}} - 0.65\tilde{C}_{\mathrm{W}}} \tag{7.151}$$

となる．ここで，$\Delta\tilde{C}_{\mathrm{Si}} = \tilde{C}_{\mathrm{Si}} - 50$ である．このカイネティック因子を用いると，式 (7.147) は，あらゆる SiO_2 のメルトに対して，冷却速度計の意味を持つ．

$$\left|\dot{T}\right| = \left(\frac{N}{a}\right)^{\frac{2}{3}} \tag{7.152}$$

この式に，観測量として，結晶数密度 N と化学組成 $\tilde{C}_{\mathrm{Si}}$ wt%と推定された水の量 $\tilde{C}_{\mathrm{W}}$ wt%の値を代入すると，冷却速度 $|\dot{T}|$ が求まる．

図 7.23 は，SiO_2 含有量と結晶数密度の関数として冷却速度の等値線を示している．これは，上で見たように，母岩の温度変化を考慮した熱伝導の冷却速度モデル

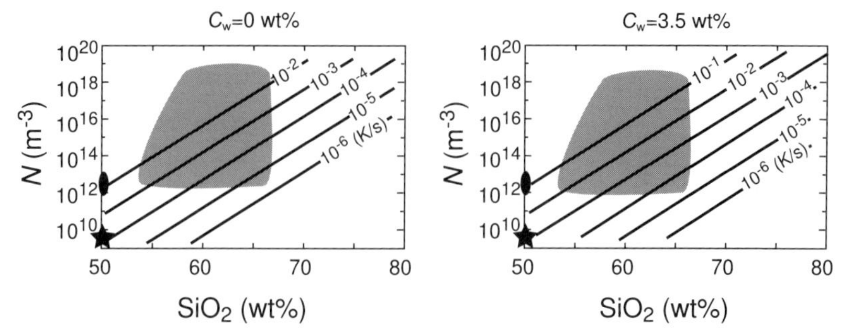

図 **7.23**　マグマ中のシリカ含有量の関数としての冷却速度計．(左) と (右) は含水量の違いに対応する．シリカ含有量と結晶数密度をこのコンター図にプロットすると，おおよその冷却速度が推定できる．Gray の岩脈のデータは，境界部分を黒丸，境界から 1 m の位置のものを星印で表している．影をつけた領域は，天然での噴出岩中のマイクロライトの観測値の範囲を示す (Toramaru *et al.*, 2008 を改変)．

に基づいて，かつ結晶核形成の過冷却度がリキダス温度の 1% (14 K) とした場合であることに注意が必要である．核形成の過冷却度が 5% (70 K) に大きくなると，同じ結晶数密度に対して冷却速度はファクターで 2 倍程度大きく見積もられる．また，水が含まれると拡散係数が大きくなるので，同じ結晶数密度を作るには，より大きな冷却速度を必要とする．例えば，3.5 wt%の水が入っていると，カイネティック因子は $10^{-0.65\times3.5}$ 大きくなるから，冷却速度は $10^{0.65\times3.5\times2/3} \approx 10^{1.5}$ 倍程度大きくなる必要がある．

7.6.7　結晶数密度の支配要因についてのまとめ

これまでに示した理論的理解と実験結果を総合して，冷却速度一定下での結晶化における結晶数密度や粒径の冷却速度依存性について以下のようにまとめることができる．

1. 液相線より高い初期温度からの冷却結晶化では，多くのケイ酸塩と酸化物において，古典核形成理論と拡散律速成長による結晶数密度 N の冷却速度 $|\dot{T}|^{3/2}$ 依存性が成立している．すなわち，$N \propto |\dot{T}|^{3/2}$．

2. 液相線より低い初期温度からの冷却結晶化では，多くのケイ酸塩において，古典核形成理論と拡散律速成長による結晶数密度の冷却速度依存性が成立しておらず，依存性は弱くなる．この要因には，不均質核クラスターの存在による，実効的な分子数の減少や，固液界面エネルギーの低下が考えられる．

7.7　結晶の化学組成

多成分系メルトの結晶化では，結晶の化学組成がどのようにして決定されるかに興味がある．それは，実際のサンプルを分析して，そのデータから形成条件が推定できる可能性があるからだ．一方で，天然の結晶内部の化学組成は，一様でないことが多く，結晶の中心部（コア core）から周辺部（リム rim）に向かって系統的に変化していることがよくある．このような結晶内部の化学組成の不均質構造を組成累帯構造 (composional zoning structure) という．

組成累帯構造のとらえ方には，大きく分けて 2 つある．1 つは，結晶成長時の固液界面での化学組成を保っているとする考え．もう 1 つは，その後の温度・圧力・液組成の変化で改変されているという考えがある．本書では，前者のみを考える．さらに，前者の場合，成長する結晶の固液界面で化学平衡が成り立っているという考えと，非平衡状態で何かきまっているという考えがある．

成長時の界面での化学組成を保っており，結晶内拡散が十分遅く無視できるような場合には，結晶粒子内部には結晶成長時の固液界面濃度が記録されている．このような累帯構造を成長累帯 (growth zoning) と呼び，以下の解説では，この成長累帯を念頭に置いている．界面での化学平衡が厳密に成立していない場合でも，温度圧力と直接関係するなにがしかの分配関係があれば，成長累帯は見られる．しかし，非平衡状態下での「なにがしかの分配関係」を決定する要因についてはよくわかっておらず，以下の 7.7.1 節の対応する項目では，そのことについて議論する．

まず，7.7.1 節で組成累帯構造を考察する際によりどころとなる 2 成分固溶体系を例にして，固相の化学組成の決定要因について整理する．ここでは，固液内部で組成が一様であると仮定している，あるいは空間的広がりを無視している*22．2 成分固溶体系は，固相の組成が変化する最も簡単な多成分系であり，界面化学平衡を仮定すれば，温度と圧力に従って共存する液相と固相の化学組成，および固相中の単成分比はユニークに決定される．まずこのことを化学平衡が成立して

*22 斜長石やカンラン石など典型的な 2 成分固溶体は，結晶化に際し液相と固相が逐次反応しながら化学組成を変化させる．系全体としての化学平衡（系のどの化学成分についても，その化学ポテンシャルが，空間のすべての位置で等しい）が完全に成立していれば，結晶化のどの段階でも結晶組成は粒子内で均一である．系全体の化学平衡は，固液界面での反応と，固相，液相内での拡散が十分速い場合に成立する．あるいは，温度圧力など物理条件の変化が十分ゆっくりと進行した場合である．固体内の拡散は遅いから，状況によってはしばしば，界面近傍での組成と粒子内部での組成が異なる．これが成長累帯として観察される．

いる場合について理解する．しかし，非平衡状態から晶出する結晶では，この固液化学平衡が必ずしも成り立っていないことを，実験結果によって示し，それを理解するための考え方を解説する．この場合には，結晶中に形成される累帯構造と，温度圧力とユニークに対応するかどうかはさらに検討する必要がある．

次に，7.7.2 節で，成長累帯について，界面濃度が温度または圧力のみできまっているとした場合に，結晶内組成の空間変化を記述する式を導出する．ここでは，結晶の成長則が，成長累帯の組成プロファイルを決定することを理解する．

2 成分固溶体の累帯構造

2 成分固溶体系の平衡状態においては，結晶の化学組成は温度のみの関数である．このことは式 (7.163) で表されている．もし仮に，結晶内拡散が働かず結晶内部と液が反応することなく，界面でのみ化学平衡を保ちながら冷却結晶化したとする（一種の分別結晶作用）．その場合，結晶は，中心から周辺に向かって固相線の組成をそのまま記録した累帯構造が形成される．現実には，固体内拡散や結晶成長速度の影響を含むが，定性的には中心部（コア）では高温成分に富み，周辺部（リム）に向かって減少する濃度プロファイルを示す．これを，正累帯 (normal zoning) と呼ぶ．その反対に，コアからリムに向かって高温成分に富んでいくような濃度プロファイルを示す場合，逆累帯 (reverse zoning) と呼ぶ．逆累帯構造の成因には，メルト中の水濃度の増加や，マグマ混合によるメルトの組成変化が考えられている．

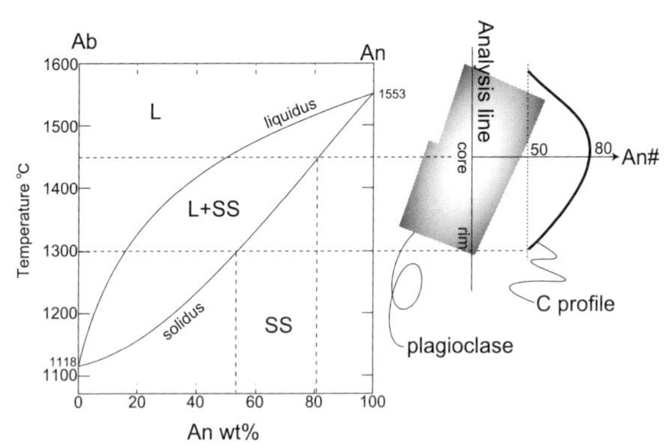

図　斜長石の 1 気圧での相平衡図．1450°C 付近で結晶化し始め，1300°C 付近で急冷した場合の正累帯構造の模式図を示す．この場合，高温成分は Anorthite (An:$CaAl_2Si_2O_8$)．「L」は液相，「SS」は斜長石固溶体 (solid solution)，「C profile」は濃度プロファイル（結晶内距離（縦軸）に対して濃度（横軸）をプロットした曲線），An#は An 値 (%) を示す．

結晶の成長速度が無視できる場合の液中の拡散プロファイルは，拡散律速成長の 7.4.2 節で扱った．そこでは，結晶成長速度の時間変化のみを議論した．しかし，成長速度が液中拡散に対して無視できない場合，結晶と液の界面の移動が，液中の拡散プロファイルに影響を与え，成長累帯の濃度プロファイルにも影響を与える．7.7.3 節では，このような状況下での結晶の化学組成プロファイルについて一般的な定式化を解説し，液中の拡散係数と界面の移動速度の比（Péclet 数）が，支配パラメータになることを理解する．この場合には，温度・圧力一定下でも，物質移動によって結晶中に累帯構造が形成される．

7.7.1 2 成分固溶体における固液平衡・非平衡と結晶化学組成

1) 熱力学的平衡化学組成

図 7.24 の上図には，2 成分固溶体系の相平衡図を示す．図 7.24 は，温度 T_0 での，自由エネルギーと化学ポテンシャルの関係を示す．固溶体における化学平衡の条件は

$$\mu_{\mathrm{L}}^{\mathrm{A}} = \mu_{\mathrm{S}}^{\mathrm{A}} \tag{7.153}$$

$$\mu_{\mathrm{L}}^{\mathrm{B}} = \mu_{\mathrm{S}}^{\mathrm{B}} \tag{7.154}$$

である．ここで添字 L は液相 (Liquid)，S は固相 (Solid) を示す．また，

$$\mu_{\mathrm{L}}^{\mathrm{A}} = \mathcal{G}_{\mathrm{L}}(X_{\mathrm{L}}^{\mathrm{A}}) + (1 - X_{\mathrm{L}}^{\mathrm{A}}) \frac{\partial \mathcal{G}_{\mathrm{L}}}{\partial X_{\mathrm{L}}^{\mathrm{A}}} \tag{7.155}$$

$$\mu_{\mathrm{S}}^{\mathrm{A}} = \mathcal{G}_{\mathrm{S}}(X_{\mathrm{S}}^{\mathrm{A}}) + (1 - X_{\mathrm{S}}^{\mathrm{A}}) \frac{\partial \mathcal{G}_{\mathrm{S}}}{\partial X_{\mathrm{S}}^{\mathrm{A}}} \tag{7.156}$$

と与えられる（7.7.1 節の Box 参照）．液中の A 成分の化学ポテンシャル $\mu_{\mathrm{L}}^{\mathrm{A}}$ は，液の自由エネルギー曲線 $\mathcal{G}_{\mathrm{L}}(X_{\mathrm{L}}^{\mathrm{A}})$ に関して，その液組成の点 $(X_{\mathrm{L}}^{\mathrm{A}}, \mathcal{G}_{\mathrm{L}}(X_{\mathrm{L}}^{\mathrm{A}}))$ から引いた接線が A 軸と交わる点 ($\mathrm{M_A}$) で与えられる．同様に，固相中の A 成分の化学ポテンシャル $\mu_{\mathrm{S}}^{\mathrm{A}}$ は，固相の自由エネルギー曲線 $\mathcal{G}_{\mathrm{S}}(X_{\mathrm{S}}^{\mathrm{A}})$ に関して，固相の組成 $X_{\mathrm{S}}^{\mathrm{A}}$ での値を与えたときの $\mathcal{G}_{\mathrm{S}}$ の点 $(X_{\mathrm{S}}^{\mathrm{A}}, \mathcal{G}_{\mathrm{S}}(X_{\mathrm{S}}^{\mathrm{A}}))$ から引いた接線が A 軸と交わる点で与えられる．これら 2 つの値が一致することが成分 A についての平衡条件であるから，グラフィカルには，2 つの曲線 $\mathcal{G}_{\mathrm{L}}$ と $\mathcal{G}_{\mathrm{S}}$ に共通接線が引けることが平衡の条件である．すなわち，両方の接線は A 軸上の点 ($\mathrm{M_A}$) を共有する．そのとき，平衡の組成は，共通接線の接点によって決定される．成分 B についての議論からも同じ結論になるが，そのときの共通接線の B 軸での切片が液相と固相中での B 成分の化学組成を与える．その結果，ある温度 T_0 で液相と固相が平

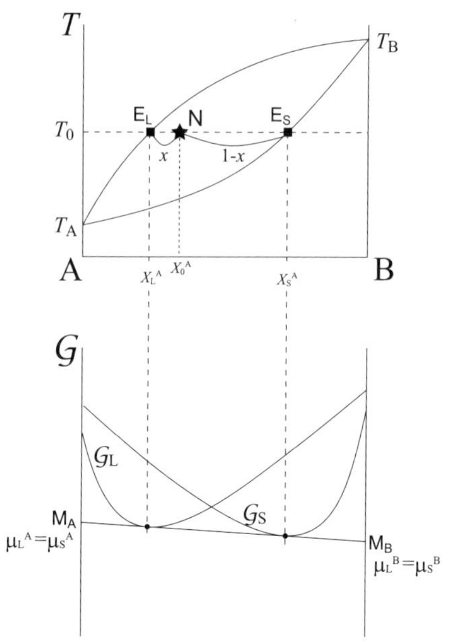

図 7.24　（上）2 成分固溶体における相平衡図，（下）平衡状態にある液相と固相の化学ポテンシャルおよび Gibbs 自由エネルギーの関係．

衡に共存できる組成は，一意に決定される．

理想溶液の化学ポテンシャル（2.4.1 節の Box 参照）は，i 成分に関して $\mu_i = \mu(\mathrm{pure}) + k_{\mathrm{B}}T\ln X_i$ であるから，式 (7.153) から，

$$k_{\mathrm{B}}T\ln\frac{X_{\mathrm{L}}^{\mathrm{A}}}{X_{\mathrm{S}}^{\mathrm{A}}} = \mu_{\mathrm{S}}(\mathrm{pureA}) - \mu_{\mathrm{L}}(\mathrm{pureA}) = -(\Delta h_{\mathrm{A}} - T\Delta s_{\mathrm{A}}) \tag{7.157}$$

となる．純粋な A について，その融点 T_{A} では，$X_{\mathrm{L}}^{\mathrm{A}} = X_{\mathrm{S}}^{\mathrm{A}} = 1$ であり，$\Delta h_{\mathrm{A}} = T_{\mathrm{A}}\Delta s_{\mathrm{A}}$ であるから，式 (7.157) は，

$$\ln\frac{X_{\mathrm{L}}^{\mathrm{A}}}{X_{\mathrm{S}}^{\mathrm{A}}} = \frac{\Delta h_{\mathrm{A}}}{k_{\mathrm{B}}}\left(\frac{1}{T_{\mathrm{A}}} - \frac{1}{T}\right) \tag{7.158}$$

となる．これは，A 成分の固相・液相間の分配をきめる式である．同様に，B 成分に関しても，

$$\ln\frac{X_{\mathrm{L}}^{\mathrm{B}}}{X_{\mathrm{S}}^{\mathrm{B}}} = \frac{\Delta h_{\mathrm{B}}}{k_{\mathrm{B}}}\left(\frac{1}{T_{\mathrm{B}}} - \frac{1}{T}\right) \tag{7.159}$$

なる．これらの式と，自明な質量保存則

$$X_L^A + X_L^B = 1 \tag{7.160}$$

$$X_S^A + X_S^B = 1 \tag{7.161}$$

を用いると，固相線を定義する式は[*23]，

$$X_S^A \exp\left[\frac{\Delta h_A}{k_B}\left(\frac{1}{T_A} - \frac{1}{T}\right)\right] + (1 - X_S^A)\exp\left[\frac{\Delta h_B}{k_B}\left(\frac{1}{T_B} - \frac{1}{T}\right)\right] = 1 \tag{7.162}$$

となる．

これから，固相中の端成分 A と B のモル分率の比 X_S^B/X_S^A は，以下のように与えられる．

$$\frac{X_S^B}{X_S^A} = \frac{\exp\left[\frac{\Delta h_A}{k_B}\left(\frac{1}{T_A} - \frac{1}{T}\right)\right] - 1}{1 - \exp\left[\frac{\Delta h_B}{k_B}\left(\frac{1}{T_B} - \frac{1}{T}\right)\right]} \tag{7.163}$$

このように，平衡条件下では，2 成分固溶体系の結晶の端成分比は，温度だけで決定される．

同様に，液相線を定義する式は

$$X_L^A \exp\left[-\frac{\Delta h_A}{k_B}\left(\frac{1}{T_A} - \frac{1}{T}\right)\right] + (1 - X_L^A)\exp\left[-\frac{\Delta h_B}{k_B}\left(\frac{1}{T_B} - \frac{1}{T}\right)\right] = 1 \tag{7.164}$$

となる．

式 (7.155)（または式 (7.156)）の導出

液の自由エネルギー $\mathcal{G}_L$ は，各成分の化学ポテンシャル μ_L^A，μ_L^B およびモル分率 X_L^A，X_L^B を用いて，

$$\mathcal{G}_L = X_L^A \mu_L^A + X_L^B \mu_L^B \tag{7.165}$$

と表される．1 つの相（以下では液相）に注目すると，その内部では P，T 一定の下で以下の Gibbs-Duhem の関係式が成り立っている[a]．

$$X_L^A d\mu_L^A + X_L^B d\mu_L^B = 0 \tag{7.167}$$

式 (7.165) を X_L^A に関して微分し，この式を用いると

$$\left(\frac{\partial \mathcal{G}_L}{\partial X_L^A}\right)_{T,P} = \mu_L^A - \mu_L^B \tag{7.168}$$

を得る．この式より，$\mu_L^B =$ として，それを式 (7.165) に代入すると，

[*23] 式 (7.158) と式 (7.159) を $X_L^A =$，$X_L^B =$ に直して，式 (7.160) に代入する．

$$\mathcal{G}_{\mathrm{L}} = \mu_{\mathrm{L}}^{\mathrm{A}} - X_{\mathrm{L}}^{\mathrm{B}} \left(\frac{\partial \mathcal{G}_{\mathrm{L}}}{\partial X_{\mathrm{L}}^{\mathrm{A}}} \right)_{T,P} \tag{7.169}$$

となり，これから式 (7.155) が導かれる．

[a] 化学ポテンシャル

$$\mu_{\mathrm{L}}^{\mathrm{A}} = \left(\frac{\partial \mathcal{G}_{\mathrm{L}}}{\partial N_{\mathrm{A}}} \right)_{T,P} \tag{7.166}$$

は，部分モル量としての性質を有しているので，各成分の化学ポテンシャルは式 (7.167) の下にお互いに関係し合っている．いまは，温度と圧力が一定なので Gibbs-Duhem の関係式と同じ制約になる．

ある組成 X_0^{A} の液が過冷却状態（相図上の点 N で表される）に置かれたとする．その場合は，組成 $X_{\mathrm{L}}^{\mathrm{A}}$（点 $\mathrm{E_L}$）の液相と組成 $X_{\mathrm{S}}^{\mathrm{A}}$（点 E_{S}）の固相に分離する．その際，各相の量比（固：液 $= x : 1 - x$）は系の質量保存

$$x_0^{\mathrm{A}} = x X_{\mathrm{S}}^{\mathrm{A}} + (1 - x) X_{\mathrm{L}}^{\mathrm{A}} \tag{7.170}$$

によって決定される．どのようにその分離が時間発展するかは，結晶化のカイネティックスと液中の拡散を含めた動的問題となる．

2) 非平衡化学組成

天然の結晶では，化学組成の不均一が様々な累帯構造として観測されている．これらの結晶中の組成不均一は，成長とともに温度・圧力・化学組成が変化したと考える場合が多い．すなわち，上で述べたように，過冷却液が，必ず界面平衡を保って液相と固相に分離して結晶化が進行するという考えである．それは，固液界面近傍で，過冷却メルト→メルト + 固相という反応において，1) 反応前後での質量の保存，2) 反応生成物間の界面平衡，に 2 つの条件を満たすような局所系が存在することを意味する．この場合，液相・固相とも，組成は温度によって一意に決定される．繰り返すが，どのようにその分離が時間発展するかは，結晶化のカイネティックスと液中の拡散を含めた動的問題となる．しかし，もう 1 つの考えとして，現実には平衡組成以外の過冷却液から，何らかの理由できまるある組成を持った固相が非平衡で生じうるというものである．

平衡条件と質量保存を満たす局所系を仮定しない場合は，ある一定の分配関係あるいは交換平衡関係，

$$K_{\mathrm{D}} = \frac{\dfrac{X_{\mathrm{S}}^{\mathrm{A}}}{X_{\mathrm{S}}^{\mathrm{B}}}}{\dfrac{X_{\mathrm{L}}^{\mathrm{A}}}{X_{\mathrm{L}}^{\mathrm{B}}}} \tag{7.171}$$

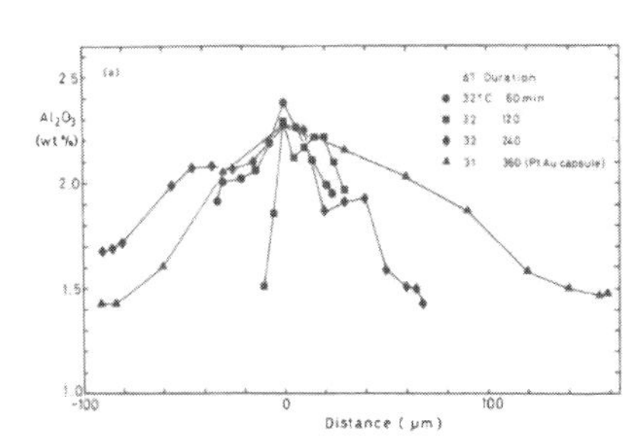

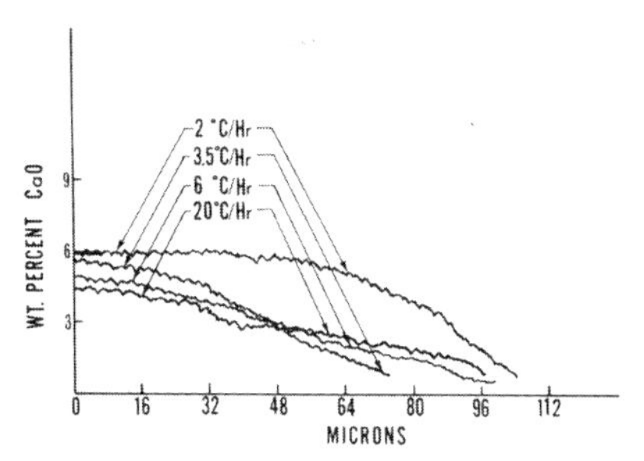

図 7.25　（左）Di-An 系の Di80 の組成を用いた一定温度での冷却結晶化実験の結果生成した Di 中の Al の濃度．分配係数（平衡状態での値と同程度で）が一定だと Al の濃度時間とともに（結晶の中心部から周辺部に向けて）減少するので，この場合は逆累帯構造を示す（Tsuchiyama, 1985 による）．（右）An_{15}-H_2O を用いた一定冷却速度の結晶化実験の結果生成した斜長石中の CaO の濃度変化．分配係数（平衡状態での値と同程度で）が一定だと CaO の濃度時間とともに（結晶の中心部から周辺部に向けて）減少するので，この場合は正累帯構造を示す（Lofgren, 1980 による）．

が成り立っていると仮定する．後で示す動的問題では，ある過冷却な（過飽和な）組成の液相から生じる固相の組成を実効的な分配係数によって定めるモデルを用いている．これは経験的に成り立つかもしれないが，物理的に正しいかどうか，あるいは物理的に正当であるための条件は何か，については不明である．少なくとも，結晶化後の液相 + 固相からなる局所系の自由エネルギーは，結晶化前の局所系（すなわち過冷却液）の自由エネルギーより小さくなくてはならない．それでは，局所平衡系が実現できない場合，リキダス上にない過冷却メルトと平衡に共存する固相はありうるだろうか？という疑問が生まれる．しかし，そうした固相の化学組成は一意にきまらないことを実験結果と熱力学的な考察によって以下に示そう．

ケイ酸塩メルトを使った結晶化実験では，冷却速度や温度履歴によって，様々な累帯構造が観察される (e.g., Lofgren, 1974a, 1980)（図 7.25 右）．火成岩中の鉱物の場合，正累帯構造は，コアからリムに向かって，高温成分が減少し，逆累帯構造は，増加する濃度プロファイルとして定義される．Tsuchiyama (1985) は，Di-An 系のメルトを用いて，一定温度での結晶化実験（図 7.25 左と図 7.26 左）と，連続的に温度を低下させる一定冷却速度の実験（図 7.26 右）を行って，生成する結晶における累帯構造を観察した．例えば，Di80 のメルト組成では，初相は透輝石で，その中に Al が溶解する．透輝石中の Al の濃度を調べた結果，一定温度での結晶化実験では，期待される平衡濃度より高いコア組成を持ち，リムに向

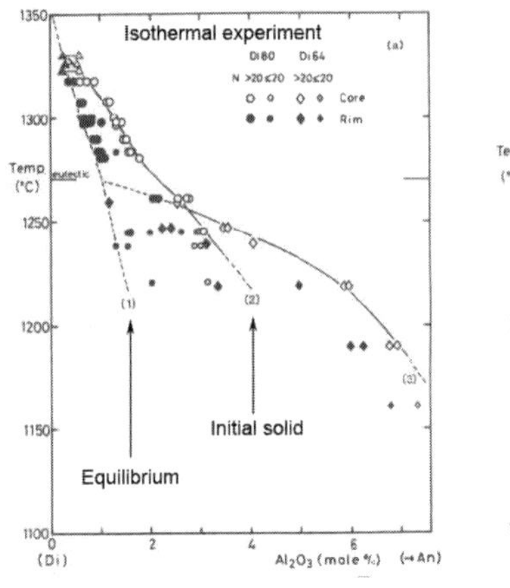

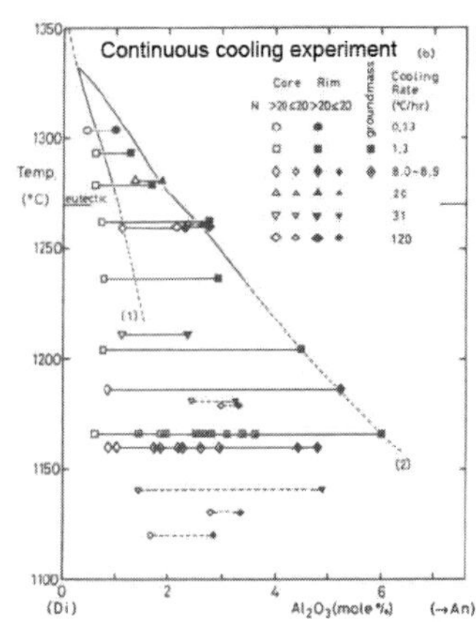

図 7.26　Di-An 系の Di80 の組成を用いた冷却結晶化実験の結果生成した Di 中の Al の濃度．（左）一定温度での結晶化実験．（右）一定冷却速度での結晶化実験．(1) および (2) の線は，一定温度での結晶化における，期待させる平衡固相組成 (Equilibrium) および，初期固相（コア）組成 (Initial solid) である．白はコア組成，黒はリム組成を示す（左右の図で傾向が逆になっていることに注意）．（Tsuchiyama, 1985 による）

かって減少する逆累帯構造を示した．化学平衡に近い一定の分配係数を仮定した場合，透輝石における Al の量は，温度の低下とともに増加するはずであるから，この累帯構造はその逆の傾向である．一方，一定冷速度の実験では，コアからリムに向かって Al の濃度が増加する正累帯構造を示した．このように，実験結果から，過冷却液から晶出する固相は，その温度圧力での平衡化学組成と異なることがわかった（図 7.26）．

注目している成分に関して，結晶の組成がその成分に富むか乏しくなるかによって，その後の結晶成長で形成する累帯構造が逆累帯になるか正累帯になるかが決定される．最初に不連続的に過冷却度をつけて，一定温度で結晶化させた場合，最初にできる結晶の組成は，多くの場合，その温度での平衡組成より，低温成分（たとえば斜長石の場合，Ab）に富んでいる．結晶成長が進むにつれて，結晶は An に富んでいき，メルトは Ab に富んでいく．その結果，結晶の中心部から周囲にかけて Ab-rich から An-rich という逆累帯構造が生まれる．しかし，なぜ最初に生じる結晶が平衡組成より Ab に富んだものになるのか，物理的理由は不明である．もし，分配係数が平衡状態での値と大きく違わなければ，過冷却液の初期組成を反映して，平衡組成よりも An に富む組成の結晶が生じるはずであり，そ

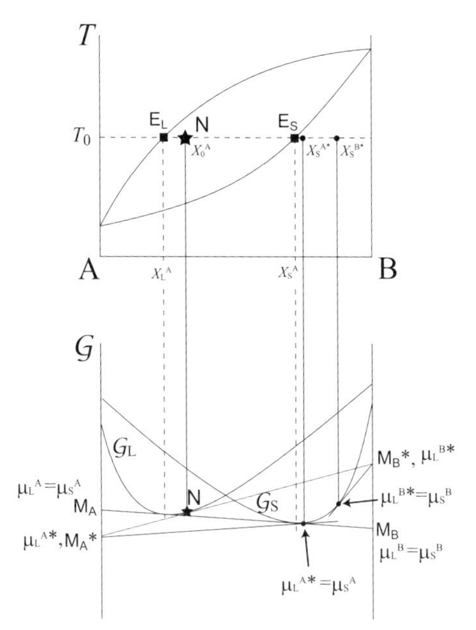

図 7.27　2 成分固溶体における相平衡図と，非平衡メルトと固相の間の化学ポテンシャルの関係.

の後の結晶成長によって平衡組成に近づくから，Ab に富んでいき，正累帯構造が生まれる．実際，冷却速度一定の実験では，正累帯構造が生まれている．

このような，過冷却液から結晶化する固相の化学組成が一意にきまらない問題は，以下のように自由エネルギー–組成（モル分率）の図 7.27 を用いて，グラフィカルに理解することができる．点 N で表される温度 T_0 と化学組成を持つメルトの A 成分の化学ポテンシャルは，前の議論より，自由エネルギー曲線からの接線が A 軸と交わる点 M_A^* で表され，平衡条件での M_A とは異なる．もし，固相の成分 A について化学平衡（式 (7.153)）を満たそうとすると，式 (7.156) より，点 M_A^* から，曲線 $\mathcal{G}_S$ に引いた接線との接点 $(\mu_L^{A*} = \mu_S^A)$ が，固相の化学組成 X_S^{A*} をきめることになる．一方，成分 B の化学ポテンシャルは，自由エネルギー曲線からの接線が B 軸と交わる点 M_B^* で表される．同様に，成分 B の化学平衡（式 (7.154)）を満たすためには，点 M_B^* から曲線 $\mathcal{G}_S$ に引いた接線との接点 $(\mu_L^{B*} = \mu_S^B)$ が，固相の化学組成 X_S^{B*} を決定することになる．図から容易にわかるように，この 2 点の組成 X_S^{A*} と X_S^{B*} は一致しない．このように，その温度での平衡組成とは異なる組成を持った過冷却液と平衡にある固相の化学組成は平衡論からは決定されない．

グラフに示した上記の例で，$\mu_{\mathrm{L}}^{\mathrm{A}*} = \mu_{\mathrm{S}}^{\mathrm{A}}$ の場合は，Tsuchiyama (1985) の冷却速度一定の実験は説明できそうであるので，A の都合で物事がきまっているとした方がよさそうである．しかし，一定温度の冷却結晶化の実験結果を説明できない．Tsuchiyama (1985) は，Baker and Cahn (1971), Hopper and Uhlmann (1974) の熱力学的考察を用いて，以下のように推論した．

いま，過冷却液の組成[*24]を X_0，それから結晶化によって作られる固相の組成を X_{S} とすると，質量保存より，

$$X_0 = xX_{\mathrm{S}} + (1-x)X_{\mathrm{L}} \tag{7.172}$$

ここで，x は固液の量比であり，上の式から

$$x = \frac{X_{\mathrm{L}} - X_0}{X_{\mathrm{L}} - X_{\mathrm{S}}} \tag{7.173}$$

と固液の組成 X_{S} と X_{L} に関係づけられる．すなわち，x は X_{S} と X_{L} の関数である：$x(X_{\mathrm{S}}, X_{\mathrm{L}})$．結晶化前後の，自由エネルギーの落差 $\Delta\mathcal{G}$ は，

$$\Delta\mathcal{G} = x\mu_{\mathrm{S}}(X_{\mathrm{S}}) + (1-x)\mu_{\mathrm{L}}(X_{\mathrm{L}}) - \mu_{\mathrm{L}}(X_0) \tag{7.174}$$

となる．この時点で，式 (7.173) を考慮すると，$\Delta\mathcal{G}$ の変数は x，X_{L}，X_{S} のうちどれか 2 つである．

自由エネルギーの落差が最大となる条件は，液の組成を一定とした場合，

$$\left(\frac{\partial\Delta\mathcal{G}}{\partial X_{\mathrm{S}}}\right)_{X_{\mathrm{L}}} = 0 \tag{7.175}$$

であり，式 (7.173) の x を代入し，計算すると，

$$\mu_{\mathrm{L}}(X_{\mathrm{L}}) = \mu_{\mathrm{S}}(X_{\mathrm{S}}) + (X_{\mathrm{L}} - X_{\mathrm{S}})\left(\frac{\mu_{\mathrm{S}}(X_{\mathrm{S}})}{\partial X_{\mathrm{S}}}\right)_{X_{\mathrm{L}}} \tag{7.176}$$

と与えられる（図 7.28 の直線 L_1）．これは，グラフィカルには，組成 X_{L} の液から，μ_{S} に引いた接線の接点が X_{S} になっていることを意味する（図 7.28）．これを X_{S}^* と書くことにする．この組成 X_{S}^* は，平衡組成 $X_{\mathrm{S}}^{\mathrm{E}}$ よりも低温成分に富んだ組成になっているので，Tsuchiyama (1985) の温度一定の条件での実験結果を説明できそうである．

[*24] 今後，組成（モル分率）X は，特に断らない限り B 成分のそれとする．

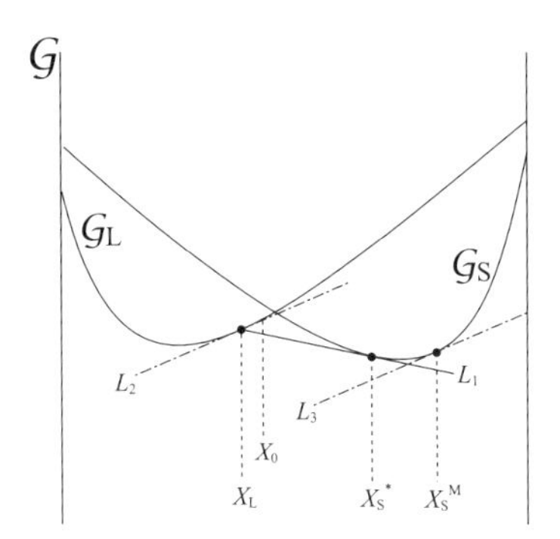

図 7.28　2 成分固溶体における自由エネルギーと組成の関係．初期組成 X_0 の過冷却メルトから非平衡で結晶化が起こる際に，液の組成 X_L を一定にしたときに自由エネルギーの落差が最大になる固相の組成 X_S^* と，固液の比を一定にしたときに自由エネルギーの落差が最大になる固相の組成 X_S^M．（図の簡潔さのため，初期組成 X_0 に対して液の組成が X_L，固相の組成が X_S になるように量比を選んだことになっている．）

別の制約条件，すなわち結晶化後の量比 x が一定の場合に，自由エネルギーの落差が最大になるような，固液のそれぞれの組成はどのようになるであろうか？その条件は，

$$\left(\frac{\partial \Delta \mathcal{G}}{\partial X_\mathrm{S}}\right)_x = 0 \tag{7.177}$$

で与えられるので，これを計算すると，

$$\left(\frac{\partial \mu_\mathrm{S}}{\partial X_\mathrm{S}}\right)_x = \left(\frac{\partial \mu_\mathrm{L}}{\partial X_\mathrm{L}}\right)_x \tag{7.178}$$

となる．これは，それぞれの組成での自由エネルギーの接線の傾きが同じになる（平行接線が引ける：図 7.28 の直線 L_2 と L_3）ような固相と液相の組成ペアである（図 7.28 の X_L と X_S^M）．しかし，図からわかるように，この固相組成は平衡組成 X_S^E より低温成分に乏しいので，Tsuchiyama (1985) の冷却速度一定の実験結果は説明できそうであるが，一定温度での実験結果は説明できない．

以上のような実験結果と熱力学的考察から次の結論が引き出される．

1. 実効的分配係数は，非平衡度の関数であり，それは時間の関数でもある．

2. 非平衡状態で結晶化する際の結晶組成を決定する物理的根拠はまだ確立されていない．

7.7.2　成長則と累帯構造の関係

もし，結晶の化学組成が，系の温度・圧力・液組成に対して一意に決定される場合，液組成を与え，温度または圧力のどちらかの示強変数を一定にすると，析出する結晶の化学組成はもう 1 つの示強変数だけの関数となる．この場合は，結晶の成長様式から累帯構造の化学組成プロファイルは一意に決定される．このことを示そう．

まず，化学組成と温度または圧力の関係を与えよう．冷却結晶化の場合，結晶中のある成分濃度 $\tilde{C}$(wt%)[*25]は，温度のみの 1 次関数とする．

$$\tilde{C} = \tilde{C}_0 - \frac{d\tilde{C}}{dT}(T_0 - T) = \tilde{C}_0 - \frac{d\tilde{C}}{dT}\left|\frac{dT}{dt}\right| t = \tilde{C}_0 - \tilde{C}_0 t_{\mathrm{z}}^{-1} t \tag{7.179}$$

ここで，$\tilde{C}_0$ は基準となる温度 T_0 での結晶中の濃度で，時間の係数の t_{z}^{-1} は 1/時間 (s) の次元を持ち，冷却時間 t_{th} に反比例し，冷却結晶化における温度変化の結晶化学組成のゾーニングへの影響を表している．

$$t_{\mathrm{z}}^{-1} = \frac{1}{\tilde{C}_0}\frac{d\tilde{C}}{dT}\left|\frac{dT}{dt}\right| = \frac{1}{\tilde{C}_0}\tilde{C}'_T|\dot{T}| \tag{7.180}$$

この $d\tilde{C}/dT = \tilde{C}'_T$ は，相平衡図または元素の分配からきまるので，熱力学因子 (thermodynamic factor) と呼べる．下付きの T は，温度に関する微係数を意味する．

次章で解説する減圧結晶化の場合，結晶中のある成分濃度 $\tilde{C}$ は，圧力のみの 1 次関数とする．等温過程を仮定し，全圧力=水の分圧 P とすると，

$$\tilde{C} = \tilde{C}_0 - \frac{d\tilde{C}}{dP}(P_0 - P) = \tilde{C}_0 - \frac{d\tilde{C}}{dP}\left|\frac{dP}{dt}\right| t = \tilde{C}_0 - \tilde{C}_0 t_{\mathrm{z}}^{-1} t \tag{7.181}$$

ここで，$\tilde{C}_0$ は基準となる圧力 P_0 での結晶中の濃度で，この場合係数 t_{z}^{-1} は，

$$t_{\mathrm{z}}^{-1} = \frac{1}{\tilde{C}_0}\frac{d\tilde{C}}{dP}\left|\frac{dP}{dt}\right| = \frac{1}{\tilde{C}_0}\tilde{C}'_P|\dot{P}| \tag{7.182}$$

である．同様に $d\tilde{C}/dP = \tilde{C}'_P$ は熱力学因子である．減圧結晶化の場合，係数 t_{z} は，減圧時間 t_{dec} に比例し，減圧結晶化における圧力変化の結晶化学組成のゾーニングへの影響を表している．

[*25]濃度の単位は，モル分率 X や，単位体積当たりの分子数 C など，何でもよいが，減圧結晶化の議論（第 8 章）と調和を保つために，ここでは wt%を用いる．

組成の時間変化の式（式 (7.179)）は，時間とコア組成やリム組成を関係づける．混乱を避けるために，時間として，核形成時刻 t' と一般的な時刻 t を，このように t' と t を用いて区別することを最初に注意しておく．この表記を用いると，結晶サイズは，核形成時刻と一般的な時刻の 2 つの時間の関数として $R(t',t)$ と書ける．

核形成時刻 t' は，そのときに核形成した結晶のコア組成 $\tilde{C}_{\mathrm{core}}(R(t',t))$ に関係づけられる．

$$t' = \frac{\tilde{C}_0 - \tilde{C}_{\mathrm{core}}(R(t',t))}{\tilde{C}_0} t_{\mathrm{z}} \tag{7.183}$$

同時に，一般的な時刻 t は，それ以前の時刻 t' で核形成した結晶のリム組成 $C_{\mathrm{rim}}(R)$ と以下のように関係づけられる．

$$t = \frac{\tilde{C}_0 - \tilde{C}_{\mathrm{rim}}(R(t',t))}{\tilde{C}_0} t_{\mathrm{z}} \tag{7.184}$$

成長速度 $G(t)$ が，時間の関数として次の 3 つの場合，1) $G(t) \propto (t-t')^{p-1}$ $(p>0)$，2) $G(t) \propto t^{-1}$，3) $G(t) = G_0 \exp(t/t_{\mathrm{g}})$ を考察しよう．

例 1：$G(t) \propto t^{p-1}$ $(p \neq 0)$

この場合は，次のように積分できて，時刻 t' に核形成した結晶の時刻 t でのサイズ $R(t',t)$ を求めることができる．

$$\frac{dR}{dt} = G_0 \left(\frac{t-t'}{t_{\mathrm{g}}} \right)^{p-1} \tag{7.185}$$

$$R = R_0 \left(\frac{t-t'}{t_{\mathrm{g}}} \right)^{p} \tag{7.186}$$

ここで，R_0 は結晶サイズを特徴づける比例定数，t_{g} は結晶成長の時間スケールであり，G_0 と

$$R_0 = \frac{G_0 t_{\mathrm{g}}}{p} \tag{7.187}$$

の関係がある．

時間と結晶組成の関係（式 (7.184) と式 (7.183)）から，t' および t を式 (7.186) に代入して整理すると，

$$\tilde{C}_{\mathrm{rim}}(R) = \tilde{C}_{\mathrm{core}}(R) - \tilde{C}_0 \left(\frac{t_{\mathrm{g}}}{t_{\mathrm{z}}} \right) \left(\frac{R}{R_0} \right)^{1/p} \tag{7.188}$$

これは，サイズ R のリムの組成を与えるが，サイズ R をコアからの距離 $r = R$

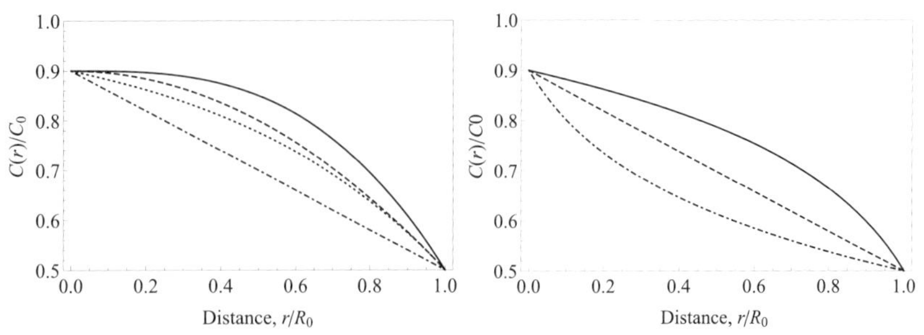

図 7.29　（左）例 1) $G(t) \propto t^{p-1}$ $(p \neq 0)$（実線 $p = 1/3$，破線 $p = 0.5$，1 点破線 $p = 1$）と例 2) $G(t) \propto t^{-1}$（点線）の場合の，累帯構造プロファイル（コア組成 0.9，リム組成 0.5 を仮定）．（右）例 3) $G(t) = G_0 \exp(t/t_{\rm g})$ の累帯構造プロファイル（実線 $t_{\rm z}/t_{\rm g} = -5$，破線 $t_{\rm z}/t_{\rm g} = 0.1$，1 点破線 $t_{\rm z}/t_{\rm g} = 5$）．

と読み替えると，サイズ R の結晶中で距離 $r \leq R$ の位置での結晶組成を与えることになる．すなわち，そのまま累帯構造の組成プロファイル $C(r)$ となる：

$$\tilde{C}(r) = \tilde{C}_{\rm core}(R) - \tilde{C}_0 \left(\frac{t_{\rm g}}{t_{\rm z}}\right) \left(\frac{r}{R_0}\right)^{1/p} \tag{7.189}$$

いま，観察している結晶のサイズ R とコア組成 $\tilde{C}_{\rm core}(R)$ およびリム組成 $\tilde{C}_{\rm rim}(R)$ は，$t_{\rm g}/t_{\rm z}$ を介してお互いに関係しており，式 (7.188) から，

$$\tilde{C}_0 t_{\rm g}/t_{\rm z} = \left(\tilde{C}_{\rm core}(R) - \tilde{C}_{\rm rim}(R)\right) \left(\frac{R}{R_0}\right)^{-1/p} \tag{7.190}$$

であるので，これを式 (7.189) に代入すると，サイズ R の結晶に対して，コア組成 $\tilde{C}_{\rm core}$ およびリム組成 $\tilde{C}_{\rm rim}$ だけをパラメータとする組成プロファイルが得られる（図 7.29 左）．

$$\tilde{C}(r) = \tilde{C}_{\rm core}(R) - (\tilde{C}_{\rm core}(R) - \tilde{C}_{\rm rim}(R)) \left(\frac{r}{R}\right)^{1/p} \tag{7.191}$$

ここで注意すべき点は，結晶サイズで規格化されたコアからの距離 r/R を取り，組成をコア組成で規格化 $\tilde{C}(r)/\tilde{C}_{\rm core}$ すれば，組成プロファイルは，成長則の指数 p とコアとリムの組成比 $\tilde{C}_{\rm rim}/\tilde{C}_{\rm core}$ だけによってきまるということだ．

$$\frac{\tilde{C}(r)}{\tilde{C}_{\rm core}(R)} = 1 - \left(1 - \frac{\tilde{C}_{\rm rim}(R)}{\tilde{C}_{\rm core}(R)}\right) \left(\frac{r}{R}\right)^{1/p} \tag{7.192}$$

さらに，観測される結晶のうち最大の粒径を $R_{\rm max}$ とすると，

$$\tilde{C}_{\rm rim}(R_{\rm max}) = \tilde{C}_{\rm core}(R_{\rm max}) - \tilde{C}_0 \left(\frac{t_{\rm g}}{t_{\rm z}}\right) \left(\frac{R_{\rm max}}{R_0}\right)^{1/p} \tag{7.193}$$

であり，これと式 (7.188) から $t_{\rm g}/t_{\rm z}$ を消去すると，任意の粒径 R のコア組成 $\tilde{C}_{\rm core}(R)$ とそのサイズ R の関係が，最大粒径のそれらを基準にした形で与えられる（図 7.30 左）.

$$\tilde{C}_{\rm core}(R) = \tilde{C}_{\rm rim}(R) + (\tilde{C}_{\rm core}(R_{\rm max}) - \tilde{C}_{\rm rim}(R_{\rm max}) \left(\frac{R}{R_{\rm max}}\right)^{1/p} \tag{7.194}$$

例 2：$G(t) \propto t^{-1}$

この場合は，核形成速度が一定 (J_1)，結晶量増加速度が一定 ($\dot{\phi}$) の場合に相当し，CSD は指数分布になるという興味深い性質がある（9.3.5 節）．結晶成長則を

$$\frac{dR}{dt} = \frac{R_4}{t} \tag{7.195}$$

と書くと，R_4 は，このカイネティックモデルにおける特徴的サイズであり，結晶量の増加速度 $\dot{\phi} = 4\pi \dot{M}_3/3$ と，核形成速度 J_1 と以下の関係にある（9.3.5 節，式 (9.162)）．ここで t は T や P と関係づけられるグローバルな時間である．

$$R_4 = \left(\frac{\dot{\phi}}{6\alpha_s J_1}\right)^{1/3} \tag{7.196}$$

成長則は，積分できて，

$$R = R_4 \ln\left(\frac{t}{t'}\right) \tag{7.197}$$

となり，式 (7.184) と式 (7.183) から t' および t を代入すると，

$$R = R_4 \ln\left(\frac{\tilde{C}_0 - \tilde{C}_{\rm rim}(R)}{C_0 - \tilde{C}_{\rm core}(R)}\right) \tag{7.198}$$

となる．整理すると

$$\tilde{C}_{\rm rim}(R) = \tilde{C}_0 - (\tilde{C}_0 - \tilde{C}_{\rm core}(R)) e^{R/R_4} \tag{7.199}$$

となる．これから，サイズ R の結晶のコア組成 $C_{\rm core}(R)$ は，

$$\tilde{C}_{\rm core}(R) = \tilde{C}_0 - (\tilde{C}_0 - \tilde{C}_{\rm rim}(R)) e^{-R/R_4} \tag{7.200}$$

と与えられる（図 7.30）.

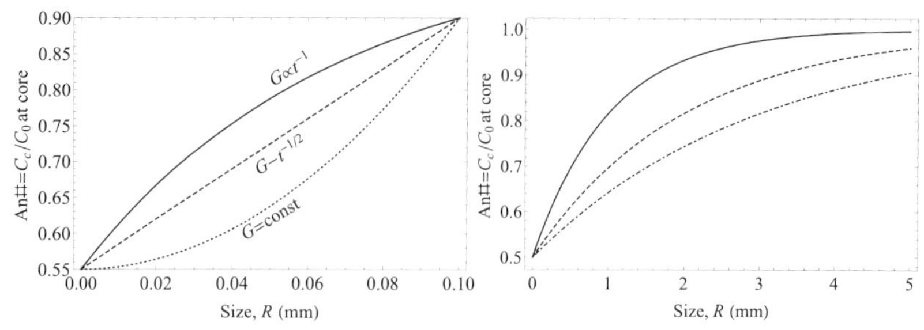

図 7.30　(左) 成長則の違いによるコア組成とサイズの関係の違い．(右) $G(t) \propto t^{-1}$ の場合のコア組成とサイズの関係．$R_4 = (\dot{\phi}/6\alpha_s J_1)^{1/3}$ の値を変えた場合のコア組成とサイズの関係．コア組成はスケールされているが，サイズは実スケール．実線：$R_4 = 1$ (mm)，破線：2 (mm)，1 点破線：3 (mm)．R_4 は，結晶化速度が大きいほど，核形成速度が小さいほど，大きくなるので，カーブが下にくるほど，核形成速度は小さいことを意味する．これは，核形成速度が小さいほど，1 つ 1 つの結晶が大きく成長することに相当している．リム組成を $\tilde{C}_{\rm rim}(R)/C_0 = 0.5$ と仮定．

例 1 と同様に，式 (7.199) のリム組成 $C_{\rm rim}(R)$ は，このサイズ R をコアからの距離と読み替えると，$R = r$ として，サイズ $R > r$ の結晶中での組成プロファイル $C(r)$ を与える．

$$\tilde{C}(r) = \tilde{C}_0 - (\tilde{C}_0 - \tilde{C}_{\rm core}(R))e^{r/R_4} \tag{7.201}$$

である．式 (7.199) を用いて R_4 を消去すると，

$$\tilde{C}(r) = \tilde{C}_0 - (\tilde{C}_0 - \tilde{C}_{\rm core}(R)) \left(\frac{\tilde{C}_0 - \tilde{C}_{\rm rim}(R)}{\tilde{C}_0 - \tilde{C}_{\rm core}(R)} \right)^{r/R} \tag{7.202}$$

を得る (図 7.29 左)．

観測される最大粒径 $R_{\rm max}$ で粒径を規格化するためには，関係式

$$\tilde{C}_{\rm core}(R_{\rm max}) = \tilde{C}_0 - (\tilde{C}_0 - \tilde{C}_{\rm rim}(R_{\rm max}))e^{-R_{\rm max}/R_4} \tag{7.203}$$

を利用して，R_4 を消去すると，粒径の関数としてのコア組成 $C_{\rm core}(R)$ は，

$$\tilde{C}_{\rm core}(R) = \tilde{C}_0 - (\tilde{C}_0 - \tilde{C}_{\rm rim}(R)) \left(\frac{\tilde{C}_0 - \tilde{C}_{\rm core}(R_{\rm max})}{\tilde{C}_0 - \tilde{C}_{\rm rim}(R_{\rm max})} \right)^{R/R_{\rm max}} \tag{7.204}$$

と与えられる (図 7.30 右)．初期圧力 P_0 に相当する平衡結晶組成 $\tilde{C}_0$ は，最大粒

径のコア組成 $\tilde{C}_{\mathrm{core}}(R_{\mathrm{max}})$ と一致しないことに注意したい．この結晶成長モデルでは，時刻 $t'=0$ で核形成した結晶のサイズは無限大になる．このような結晶は現実には観測されないからだ．

例 3：$G(t) = G_0 \exp(t/t_{\mathrm{g}})$

この場合，結晶成長速度の増加率を特徴づける時定数は t_{g} となる．同様の計算の結果，ゾーニングプロファイルの表現は多少複雑になり，

$$\tilde{C}(r) = \tilde{C}_0 - \tilde{C}_0 \left(\frac{t_{\mathrm{g}}}{t_{\mathrm{z}}}\right) \ln\left[(1-\frac{r}{R})e^{(t_{\mathrm{z}}/t_{\mathrm{g}})(\tilde{C}_0-\tilde{C}_C)/\tilde{C}_0} + \frac{r}{R}e^{(t_{\mathrm{z}}/t_{\mathrm{g}})(\tilde{C}_0-\tilde{C}_R)/\tilde{C}_0}\right] \tag{7.205}$$

となる．

以上の例で出てきた $t_{\mathrm{z}}/t_{\mathrm{g}}$ は，冷却時間または減圧時間と結晶成長の特徴的時間の比（$t_{\mathrm{z}}/t_{\mathrm{g}} = t_{\mathrm{cool}}/t_{\mathrm{g}}$ または $= t_{\mathrm{dec}}/t_{\mathrm{g}}$）を与える．これは，結晶化の支配パラメータ α_3 に等しいことは興味深い．

7.7.3　界面の動きを考慮した拡散プロファイルと結晶の化学組成

固液界面とともに動く座標系で見た液組成の保存式

過冷却状態から核形成し，成長する場合の化学組成を考えよう．この際，上で議論したように，ある過冷却メルトと平衡にあるような結晶の化学組成は熱力学的には正しく定義されないが，ある分配関係を満たすように決定されると考える．すなわち，分配係数を K_{D} とし，液相中のモル分率を X_{L} とした場合，固相中のモル分率 X_{S} は，

$$K_{\mathrm{D}} = \frac{X_{\mathrm{S}}}{X_{\mathrm{L}}} \tag{7.206}$$

によって $X_{\mathrm{S}} = K_{\mathrm{D}} \cdot X_{\mathrm{L}}$ と決定され，結晶成長に伴い界面近傍での液の組成が結晶に記録されていく．

一方，液の組成は，初め均一でも液相と異なる組成の固相の成長によって消費されるため，結晶に向かって濃度勾配が生じてくる．すなわち，固液界面近傍での組成とそこから離れたところでの組成は異なっており，その間を拡散で物質輸送が行われる．また，固液界面では，成長速度 G と分配に応じた質量保存が成立しており，これが液中の物質輸送に対する境界条件を提供する．

固相は $x' \le 0$，液相は $x' > 0$ であるとする．固液界面が一定の成長速度 G で運動するとき，固液界面とともに動く座標 x' で見ると，液中の微小な空間幅 dx' における，流束 $I(x')$ の出入りによる微小な変化 $dC \cdot dx'$ は

$$dC \cdot dx' = (I(x') - I(x' + dx')) \cdot dt = -\frac{\partial I(x')}{\partial x'} dx' \cdot dt \tag{7.207}$$

である．よって，液中の結晶化成分の質量の保存

$$\frac{\partial C}{\partial t} = -\frac{\partial I(x')}{\partial x'} \tag{7.208}$$

である．一方，フラックス I は座標が速度 G で正の方向に運動することに伴い，幅 dx' も運動することを考慮すると，

$$I(x') = -D \cdot \frac{\partial C}{\partial x'} - G \cdot C \tag{7.209}$$

となる．最後の項は，相対運動による効果である．これを，式 (7.208) に代入すると，前進する界面とともに動く座標系で見た拡散方程式（質量保存の次の式）が得られる．

$$\frac{\partial C}{\partial t} = D \frac{\partial^2 C}{\partial x'^2} + G \frac{\partial C}{\partial x'} \tag{7.210}$$

この式は，G が時間に依存しても成り立つことに注意したい（Box を参照）．

界面が運動する場合の拡散方程式の座標変換による導出

運動しない座標系での拡散方程式

$$\frac{\partial C}{\partial t} = D \frac{\partial^2 C}{\partial x^2} \tag{7.211}$$

から出発する．この式は，独立変数が t と x である従属変数 $C(t, x)$ が従う式である．この式を，空間座標に関して，x 正の方向に速度 $G(t)$ で動く座標系 x' を独立変数とする $C'(t, x')$ が従う式に変換する．それぞれの座標系での変数の関係は，

$$C(t, x) = C(t, x(x', t)) = C'(t, x'(x, t)) \tag{7.212}$$

$$x(x', t) = x' + \int_0^t G(t') dt' \tag{7.213}$$

である．

$$\frac{\partial x}{\partial t} = G = -\frac{\partial x'}{\partial t} \tag{7.214}$$

右の等式は，座標 x で見た x' の位置の値が界面の移動（$x > 0$ の方向）により小さくなっていくので（座標系 x の原点が $x > 0$ の方向に移動するので），マイナスがつく．

$$\frac{\partial x}{\partial x'} = 1 = \frac{\partial x'}{\partial x} \tag{7.215}$$

$$\frac{\partial C(t, x)}{\partial t} = \frac{\partial C'(t, x')}{\partial t} + \frac{\partial C'(t, x')}{\partial x'} \frac{\partial x'}{\partial t} \tag{7.216}$$

$$= \frac{\partial C'(t,x')}{\partial t} - G\frac{\partial C'(t,x')}{\partial x'} \tag{7.217}$$

$$\frac{\partial C(t,x)}{\partial x} = \frac{\partial C'(t,x')}{\partial x'}\frac{\partial x'}{\partial x} = \frac{\partial C'(t,x')}{\partial x'} \tag{7.218}$$

同様に,

$$\frac{\partial^2 C(t,x)}{\partial x^2} = \frac{\partial^2 C'(t,x')}{\partial x'^2} \tag{7.219}$$

以上から, 式 (7.217) と (7.219) を式 (7.211) に代入し, C' の $'$ を落とせば, 式 (7.210) が得られる.

成長速度一定の場合の定常解

Tiller *et al.* (1953) は, 金属の結晶化の問題を取り扱い, G が一定の場合について定常状態での液中の結晶化成分の濃度分布を調べた. 定常状態の場合, 基礎方程式は, 時間微分の項を無視して,

$$D\frac{\partial^2 C}{\partial x'^2} + G\frac{\partial C}{\partial x'} = 0 \tag{7.220}$$

となる. 境界条件は,

$$1) \qquad C(\infty) = C_0 \tag{7.221}$$

$$2) \qquad C(0) = \frac{C_\mathrm{S}}{K_\mathrm{D}} \tag{7.222}$$

$$3) \qquad \left.\frac{\partial C}{\partial x'}\right|_{x'=\infty} = 0 \tag{7.223}$$

$$4) \qquad D\left.\frac{\partial C}{\partial x'}\right|_{x'=0} = G(C_\mathrm{S} - C(0)) \tag{7.224}$$

である. ここで, C_0 は初期メルト組成, C_S は固相の組成である. 定常状態として成り立つためには, 質量保存として

$$5) \qquad C_\mathrm{S} = C_0 \tag{7.225}$$

が成立する. これを境界条件 2) と 4) に代入すると,

$$2') \qquad C(0) = \frac{C_0}{K_\mathrm{D}} \tag{7.226}$$

$$4') \qquad D\left.\frac{\partial C}{\partial x'}\right|_{x'=0} = \frac{K_\mathrm{D} - 1}{K_\mathrm{D}} G C_0 \tag{7.227}$$

となる.

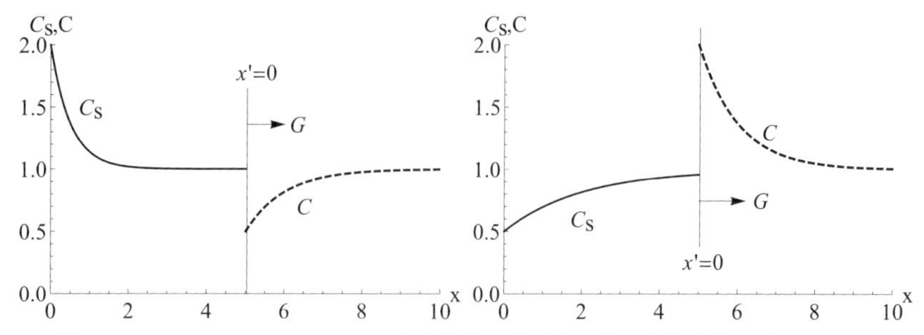

図 7.31　Tiller *et al.* (1953) の定常状態の解析解に基づく液中濃度プロファイルの時間変化.（左）$K = 2$ の場合.（右）$K = 0.5$ の場合. $x' = 0$ は界面の位置. $C_0 = 1$, $x_0 = 1$ を仮定.

式 (7.220) を 1 回積分し，境界条件を用いると，

$$\frac{\partial C}{\partial x'} = -\frac{G}{D}(C - C_0) \tag{7.228}$$

である．さらにもう 1 回積分して，境界条件を用いると，

$$C(x') = C_0\left[1 + \frac{1 - K_{\mathrm{D}}}{K_{\mathrm{D}}}\exp\left(-\frac{Gx'}{D}\right)\right] \tag{7.229}$$

となる．これから，濃度プロファイルは，K_{D} と G/D だけで決定される (図 7.31)．定常状態での濃度プロファイルは，特徴的長さ $x_0 = D/G$ の境界層を持ち，界面から液中濃度 C_0 に減衰していくことがわかる．また，この特徴的長さだけ成長する時間 $t_0 = x_0/G = D/G^2$ を結晶成長の特徴的時間と呼ぶことができる．

定常状態の仮定の下では，固相側の組成変化 $C_{\mathrm{S}}(x)$，すなわちゾーニングを知ることはできない[*26]．1 つの推定方法は，定常状態からのずれ $C_0 - C_{\mathrm{S}}$ の変化率が，その大きさ自身に比例して緩和していくというモデルだ．すなわち，

$$\frac{d}{dx}(C_0 - C_{\mathrm{S}}) = -\frac{C_0 - C_{\mathrm{S}}}{x_{\mathrm{S}}} \tag{7.230}$$

ここで，x_{S} は固相側の特徴的緩和スケールで，濃度プロファイルの整合性（固液間の質量保存）から決定される．この式の積分の結果，

$$C_{\mathrm{S}}(x) = C_0\left[1 - (1 - K_{\mathrm{D}})\exp\left(-\frac{x}{x_{\mathrm{S}}}\right)\right] \tag{7.231}$$

質量保存から，固相濃度の定常値からのずれ $C_0 - C_{\mathrm{S}}$ を，$x = 0$ から ∞ まで積

[*26] ここでは，界面の動きに依存しない空間座標 x が用いられていることに注意.

分した値と，液相濃度の定常値からのずれ $C_0 - C$ を，$x' = 0$ から ∞ まで積分した値は等しくなければならない．その結果，x_S は，

$$x_S = \frac{D}{K_D G} = \frac{x_0}{K_D} \tag{7.232}$$

となる（図 7.31）．

成長速度一定の場合の非定常解：結晶のゾーニングパターン

Smith *et al.* (1955) は，G が一定の場合に，7.4.1 節の Box で説明する Laplace 変換を用いた方法で，式 (7.210) を満たす時間変化をする液中濃度プロファイルの解を得た．式 (7.210) の両辺に，e^{-st} を掛けて積分すると（ここでの s は Laplace 変換のダミー変数），左辺は部分積分を用いて，

$$\text{LHS} = \int_0^\infty e^{-st}\frac{\partial C(x',t)}{\partial t}dt = \left[C(x',t)e^{-st}\right]_0^\infty - \int_0^\infty (-s)e^{-st}C(x',t)dt \tag{7.233}$$

$$= -C_0 + s\hat{C}(x',s) \tag{7.234}$$

ここで，初期条件

$$C(x',0) = C_0 \tag{7.235}$$

および境界条件

$$\left.\frac{\partial C}{\partial x'}\right|_{x'=0} = -\frac{G}{D}(1 - K_D)C(0,t) \tag{7.236}$$

に相当する Laplace 変換を用いた．また，右辺は t の微分を含んでいないので，積分を微分の中に入れることができ，C をそのままその Laplace 変換 $\hat{C}$ に置き換えることができる．よって，C の Laplace 変換 $\hat{C}$ が満たす常微分方程式は，

$$D\frac{\partial^2 \hat{C}(x',s)}{\partial x'^2} + G\frac{\partial \hat{C}(x',s)}{\partial x'} + C_0 - s\hat{C}(x',s) = 0 \tag{7.237}$$

となる．この式に，$\hat{C} - C_0/s \propto e^{-\lambda x'}$ を代入し固有値 λ を求めると，

$$\lambda_\pm = \frac{G}{2D} \pm \sqrt{\left(\frac{G}{2D}\right)^2 + \frac{s}{D}} \tag{7.238}$$

となり，$x' \to \infty$ での解の有限性を考え，$+$ を採用すると，一般解，

$$\hat{C}(x',s) = ce^{-\lambda_+ x'} + \frac{C_0}{s} \tag{7.239}$$

を得る．ここで，係数 c は，境界条件より，

$$c = \frac{1-K_{\mathrm{D}}}{\frac{D}{G}\lambda_{+} - (1-K_{\mathrm{D}})} \frac{C_0}{s} \tag{7.240}$$

と求まる．これを用いて $\hat{C}$ を整理すると，

$$\frac{\hat{C}(x',s)}{C_0} = \frac{(1-K_{\mathrm{D}})\frac{G}{2\sqrt{D}}e^{-\frac{G}{2D}x'}\exp\left[-\frac{1}{\sqrt{D}}\left(\frac{G^2}{4D}+s\right)^{1/2}x'\right]}{s\left[\frac{G}{\sqrt{2D}}(2K_{\mathrm{D}}-1)+\left(\frac{G^2}{4D}+s\right)^{1/2}\right]} + \frac{1}{s} \tag{7.241}$$

となる．この式を s について逆 Laplace 変換すれば，解が求まる．右辺第 1 項は，変数 s の関数として，$\mathrm{const}\times\exp(-a(b+s)^{1/2})/(s(c+(b+s)^{1/2}))$ の形をしており，Campbell and Foster (1931) の変換表の 827.1 式がこれに相当する[*27]．右辺第 2 項 $1/s$ の逆 Laplace 変換は 1 である．その結果，

$$\begin{aligned}\frac{C(x',t)}{C_0} &= 1 + \frac{1-K_{\mathrm{D}}}{2K_{\mathrm{D}}}\exp\left(-\frac{Gx'}{D}\right)\mathrm{Erfc}\left[\frac{x'-Gt}{2\sqrt{Dt}}\right] - \frac{1}{2}\mathrm{Erfc}\left[\frac{x'+Gt}{2\sqrt{Dt}}\right] \\ &\quad + \frac{1}{2}\left(\frac{2K_{\mathrm{D}}-1}{K_{\mathrm{D}}}\right)\exp\left(-(1-K_{\mathrm{D}})\frac{G(x'+K_{\mathrm{D}}Gt)}{D}\right) \\ &\quad \cdot\ \mathrm{Erfc}\left[\frac{x'-(2K_{\mathrm{D}}-1)Gt}{2\sqrt{Dt}}\right]\end{aligned} \tag{7.242}$$

となる．これは，$t\to\infty$ で，式 (7.229) になる．一方，成長する瞬間の結晶の化学組成は $K_{\mathrm{D}}C(0,t)$ で与えられるから，結晶中に記録されるゾーニングパターンは，$C_{\mathrm{S}}(x) = K_{\mathrm{D}}C(0,x/G)$ により計算される．これは，天然や実験でのゾーニングパターンと比べることができる．これらを，図 7.32 に示す．

式 (7.242) を見ると，時間変化を左右しているのは，最後の Erfc の前の exp の中の $(1-K_{\mathrm{D}})G(x'+K_{\mathrm{D}}Gt)/D$ であり，これが 1 から 2 になる時間を，定常解への緩和時間 t_{relax} と見ることができる．$x'=0$ のとき，$(1-K_{\mathrm{D}})K_{\mathrm{D}}G^2t_{\mathrm{relax}}/D = 1$，$t_{\mathrm{relax}} = D/((1-K_{\mathrm{D}})K_{\mathrm{D}}G^2) = t_0/(1-K_{\mathrm{D}})K_{\mathrm{D}}$ となる．$K_{\mathrm{D}} = 0.2$ のとき，$t_{\mathrm{relax}} = 6t_0$ から $12t_0$ となり，液中の濃度プロファイルが定常解に緩和する時間は，結晶成長の特徴的時間 t_0 よりおおよそ 1 桁大きい．このことは図からもわかる．

成長速度が時間や液組成の依存する場合の時間依存解と振動累帯構造

Lasaga (1982) は，Smith *et al.* (1955) が行ったように，時間に対して Laplace 変換するのではなくて，空間に対して Laplace 変換することによって，拡散と結

[*27] 積分変換に関してはよく参考にされる Erdèl Yi (1954) の表には与えられておらず，Campbell and Foster (1931) が参考文献として挙げられている．

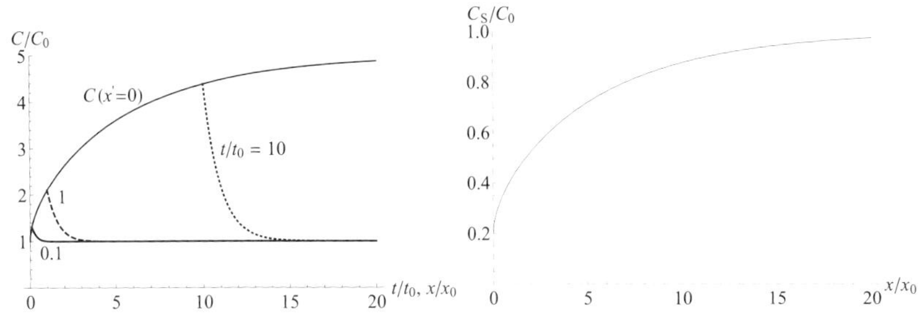

図 7.32 （左）Smith *et al.* (1955) の解析解に基づく液中濃度プロファイルの時間変化．$K_{\mathrm{D}} = 0.2$ の場合．$C(x' = 0)$ は界面での濃度を示す．$t \approx 10t_0$ で定常解（$C(x' = 0, t) = 1/K_{\mathrm{D}} = 5$）におよそ近づいている．（右）結晶中心からのゾーニングプロファイル．$x_0 = G/D$.

晶成長のつりあいの問題の解である界面での液濃度の表式を導いた．彼は，これを用いて，G が界面での液の組成依存性を持つ場合や，時間に依存する場合の固相の組成の解析解の形式表示を得た．彼は，Kirkpatrick *et al.* (1979) の実験結果を，反応律速結晶成長のモデルに基づいてパラメタライズし，拡散成長と界面反応律速成長のつりあい状態の安定性を数値的に議論して，安定であることを示した．その結果，公表されている斜長石の結晶成長モデルでは，振動累帯構造 (oscillatory zoning) は自発的に発生しないという結論に達した．

第8章　発泡に伴う結晶化

減圧に伴うマグマの発泡は，ケイ酸塩メルト中の水の濃度の減少を起こすので，ケイ酸塩の融点が上昇することは，2.7 節で見た．そのため，天然の火山噴火において，深部で水に飽和した温度一定のマグマが，発泡を伴い地表に噴出する場合，ほとんどの場合過冷却状態になる．この過冷却状態は，冷却結晶化で起こる過飽和過程と基本的は同じであるが，相違点もある．本章では，まず熱力学的な観点から，冷却結晶化と減圧発泡誘導型結晶化（decompression-vesiculation induced crystallization：簡単のために単に減圧結晶化という）の類似点と相違点について整理する．次に，発泡が，減圧に対して平衡に進行した場合の結晶化過程をまず解説する．その場合は，メルト中の水の濃度が，圧力に関して溶解度と等しい．その次に，気泡の核形成・成長過程が働き，水の濃度が圧力と非平衡に変化しうる場合を考察する．後者の場合は，水濃度の変化率が，溶解度に関して非平衡の領域と準平衡の領域で大きく異なる．結晶の核形成がいずれの領域において起こるかによって，結晶化の挙動は大きく異なる．いずれの場合でも，結晶化過程は，結晶の核形成と成長を通して行われることに変わりはなく，冷却結晶化での知識を用いる．このように，減圧結晶化の理解には，発泡過程と冷却結晶過程についての理解が密接に結びついている．

8.1　減圧結晶化と冷却結晶化との類似点と相違点

8.1.1　相平衡関係

2.7 節で見たように，マグマの発泡はメルトからの水の析出であり，水濃度の低下が結晶相の融点の上昇に導く．そのため，火山岩の石基結晶の多くは，この減圧結晶化によって形成したものである．減圧結晶化においても，ある結晶化成分にメルトが過飽和にあるために結晶の核形成・成長が起こるのであるから，議論の流れは，発泡における気泡の形成や，冷却結晶化における結晶の形成と同様に，相平衡関係を基に過飽和度あるいは実効的過冷却度を定義し，カイネティックスとして核形成・成長を取り扱う．ただし，温度と組成の関数としての過飽和度の変化の仕方にいくらか違いがある．

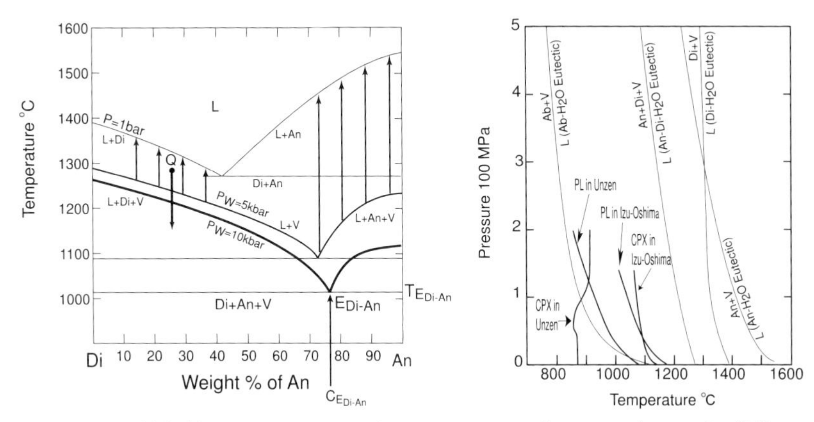

図 **8.1** （左）斜長石 (Anorthite)-輝石 (Diopside) 系における水の分圧の影響 (Yoder, 1965; Kushiro, 1979).（右）様々な系における共融点と結晶の液相線の圧力（全圧=飽和圧）依存性 (Burnham and Davis, 1974; Yoder, 1965; Hodges, 1974). V は Vapor（蒸気相）.

2.7 節では，ケイ酸塩を 1 成分とし，水-ケイ酸塩の 2 成分系で議論した．ここでは，もう少し現実的な場合を考えて，前章で考察した 2 成分共融系（図 7.1）に対する，水の影響を把握しよう．図 8.1 左は，An（Anorthite 斜長石)-Di（Diopside 輝石）系共融系の相平衡図が，水の分圧に対してどのように依存するかを示している．

最初に，水に飽和した点 Q の温度と組成の系が，冷却結晶化する過程を考える．その系は，圧力 5 kbar では，透輝石リキダスより上にあり，メルト 1 相である．そのメルトには，圧力 5 kbar での溶解度（約 9 wt%）に相当する水が溶解している．これが冷却されると，点 Q からの矢印で示す方向に相図上を移動し，約 1250°C で輝石リキダスを切り，それ以下では，輝石結晶を晶出する．この過程は，前章で取り扱った．

次に，圧力の低下とともに発泡が起こり，水の分圧が減少する場合を見よう．水の分圧の減少とともに，輝石リキダスそのものが，リキダスについて上向きの矢印のように高温側に移動し，点 Q の温度でリキダスを切り，過飽和状態に入る．

図 8.1 右には，様々な系の共融点とリキダスの水に飽和した状態での圧力変化を示している．これからわかることは，鉱物の種類によって，リキダスの水濃度依存性が異なることである．斜長石の方が輝石よりもその依存性は大きい．このことは，同量の水の濃度変化に対して，異なる過飽和度を与えることになる．すなわち，減圧速度が同じマグマ中で，斜長石と輝石は異なる実効的冷却速度を持

つことになる．以下で導入する熱力学因子 (thermodynamic factor) は，このような相平衡関係からきまる実効的過冷却度を定義するものである．

また，液が水に飽和しているか未飽和であるか，あるいは，発泡が十分進まず水に過飽和になっているかによって，融点の圧力に対する勾配も変わってくる（図 8.1 右）．これは，発泡のカイネティックスによってきまる．

8.1.2　減圧結晶化における過冷却度

冷却結晶化と減圧結晶化では，相平衡図のリキダスに対する系の温度の相対運動，すなわち過冷却度として見ると等価であるが，示強変数（温度・圧力・組成）の関数としての核形成・成長速度の振舞いには違いがある．冷却結晶化では，過冷却度の増加とともに温度低下が起こり，分子運動の不活性化により，核形成速度も成長速度もマスターカーブは図 7.4 のようにベル型を取る．一方，減圧発泡結晶化では，温度の低下は起こらないから，圧力の減少あるいは水の濃度の減少に伴う瞬間的な核形成速度と成長速度は，増大するのみである．ただし，水濃度の減少に伴う粘性増加があり，そのことが分子の運動に影響を与えることは考えられる (Hammer, 2004).

いずれにしろ，多成分系の場合，現実の結晶化履歴の中で核形成の最大値を決めるのは，過飽和度の減少率（核形成の進行と結晶成長による結晶量の増加による）と過飽和度の増加率（水の濃度減少や冷却による）の競合である．冷却結晶化で得られた理解（過冷却度に対するピーク核形成速度（マスターカーブの極大値）が，十分大きい場合に対して）は，冷却速度を水の濃度変化（脱水速度）によってきまる実効的冷却速度に置き換えることで，そのまま用いることができる．すなわち，7.6.6 節で導入したカイネティック因子 (kinetic factor) は，実効的冷却速度と結晶数密度の関係にも応用できる．

図 8.2 には，マグマの上昇減圧に伴う発泡によるメルト中の水濃度の変化と水の溶解度（左図の実線と点線）および，それに対応するリキダスの変化（右図の破線）が示されている．これに従って，マグマの発泡に伴うマイクロライトの結晶化のカイネティックな経路（減圧結晶化経路）を説明しよう．まず，マイクロライトの融点すなわちリキダスは，気泡の核形成前と後で異なる傾きを示す．気泡核形成前（点 T_{BN} より高圧）では，液中の水濃度は一定なので，圧力の影響で融点は深さとともに上昇する傾向にある．しかし，気泡核形成点より浅部では，水の濃度の減少のため，低圧すなわち浅くなるに従い，リキダスは上昇する．液の初期温度の違いにより，マイクロライトの過冷却度（液温度とリキダスとの距離 ΔT）の経路が異なる．

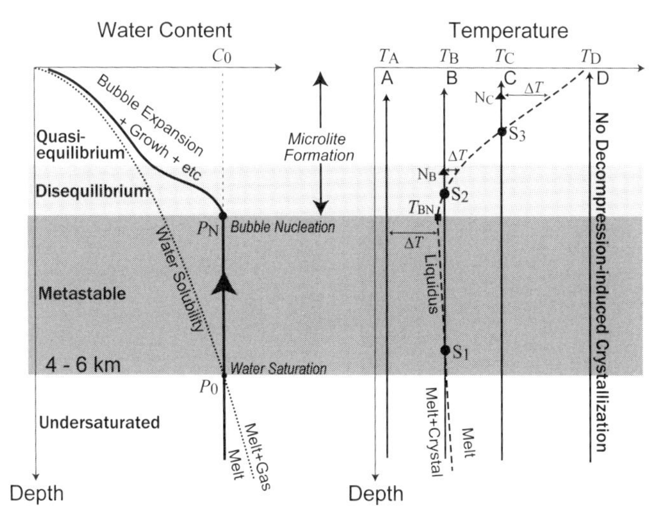

図 **8.2** マグマの上昇減圧に伴う発泡によるメルト中の水濃度の変化と水の溶解度（左図の実線と点線）および，それに対応するリキダスの変化（右図の破線）．P_0 は水の飽和点，点 S_1, S_2, S_3 はマイクロライトの飽和点，点 P_N は気泡核形成ポイント，点 N_B と N_C はマイクロライトの核形成ポイントを示す．水濃度の減少の仕方には，気泡の核形成・成長のカイネティックスが支配する非平衡領域 (Disequilibrium regime) とほぼ溶解度に従う準平衡領域 (Quasi-equilibrium regime) がある．マイクロライトの結晶化は，水濃度の減少領域と液の初期温度 (A, B, C, D) の関係によっていくつかのパターンがある．

初期温度が低い経路 A の場合は，初期状態から過冷却の状態であり，結晶おそらく斑晶を有している．マグマの上昇とともに，過冷却度は点 T_{BN} までは減少し，発泡開始の後増加する．過冷却度はいったん減少するから，点 T_{BN} 付近では結晶の融解が起こるかもしれない．過冷却度の増加とともに斑晶を含んだマグマがマイクロライトの核形成（結晶の 2 次核形成）をするかどうかは，気泡の 2 次核形成と同様に，初期斑晶の数密度とサイズに依存するであろう．

初期温度が高い経路 C の場合，初期状態はリキダスより高温であり，結晶に未飽和であり，結晶を持たない．マグマの上昇による発泡開始とともに，過冷却度は増加し，ある深さ S_3 で結晶に飽和し，N_C でマイクロライトの核形成を起こす．初期温度がリキダスより高温であるから比較的大きい過冷却度で均質核形成を起こすあろう．

初期温度が中程度の経路 B の場合，初期にはほぼ結晶に飽和しており（点 S_1,

以深で)，斑晶を有している場合と有していない場合が考えられる．有している場合は，経路 A と似た経路をたどる．気泡核形成点 T_{BN} 付近の未飽和になる深さでは，斑晶は融解する傾向にある（S_1 と S_2 の間)．初期温度が低い A の場合や飽和に近い B の場合では，液中には既に結晶のクラスターが形成されている可能性があり，そうした場合，マイクロライトの核形成の際の過冷却度は小さくなることが予想される（図中の経路 B に沿った N_{B} での ΔT)．

経路 A や B の場合で，マイクロライトの核形成が起こる場合，過冷却度は小さいので，気泡の核形成直後の水濃度の非平衡領域（水の溶解度曲線からのずれが大きい）で，マイクロライトの核形成が起こると考えられる．リキダスより高い初期温度の経路 C では，マイクロライト核形成に要する過冷却度が大きいことから，マイクロライトの核形成深度は，ほぼ平衡の領域にあることが考えられる．さらに高い初期温度（経路 D）では，マグマが完全に脱水して，地表に到達してもリキダスより高温であり，減圧結晶化は起こらず，冷却結晶化によってのみマイクロライトは形成する．

以下では，まず水に飽和している（平衡の）場合について，次に，非平衡の場合について，結晶化過程の結果として得られる結晶の数密度の支配パラメータ依存性について議論する．いずれにしろ，結晶化のカイネティックスにとって重要なことは，過冷却度であり，過冷却度は融点すなわちリキダスからの距離である．上で見たように，融点またはリキダスはメルトに溶解している水の濃度に依存しており，減圧結晶化の場合，過冷却度は水の濃度の関数となる．また，実効的冷却速度は，水の濃度の減少に伴う融点の上昇速度になる．このことを明確にするために，平衡発泡過程の解説の中で，まず実効的過冷却速度と水の濃度変化，すなわち脱水速度の関係を説明する．

8.2　平衡発泡領域における結晶化

8.2.1　平衡発泡領域における熱力学因子

平衡発泡過程では，水の濃度は水の溶解度曲線に従って変化する．水の溶解度曲線を簡単化した式 (2.26) で近似すると，2.7 節で議論したように，結晶の融点（液相線）T_{L} は，水の濃度 $\tilde{C}_{\mathrm{W}}$ の関数として式 (2.81) によって記述される．実用を考えて，この式を仮想的モル分率 1 に対応する濃度 $\tilde{C}_{\mathrm{W0}}$ を基準点として考える．デイサイト質メルトの場合，図 2.2 から，モル分率 0.5 が，質量%でおよそ 6 wt%（飽和圧 200 MPa）に相当するので，モル分率 1 の基準濃度を仮想的に

$\tilde{C}_{W0} = 12\,\mathrm{wt\%}$と設定する[*1]．このときの溶解度曲線は，$P = K_W(\tilde{C}_W/\tilde{C}_{W0})^2$ と書ける．ここで，係数 K_W は 8×10^8 となる．これを用いると，式 (2.81) は，

$$T_L(\tilde{C}_W) = \frac{T_L(0)\Delta s + K_W\left(\frac{\tilde{C}_W}{\tilde{C}_{W0}}\right)^2 \Delta v}{\Delta s - k_B \ln\left(1 - \frac{\tilde{C}_W}{\tilde{C}_{W0}}\right)^2} \tag{8.1}$$

と書ける．実効的冷却速度 $|dT/dt|$ は，水の濃度の減少に伴うリキダスの上昇速度 $|dT_L/dt|$ であるから，第 1 近似として，

$$\left|\frac{dT}{dt}\right| = \frac{dT_L}{dt} = \left|\frac{dT_L}{d\tilde{C}_W}\right|\left|\frac{d\tilde{C}_W}{dt}\right| \tag{8.2}$$

と与えられる．これは，脱水速度 $d\tilde{C}_W/dt$ と冷却速度 $|dT/dt|$ を関係づけている．係数 $dT_L/d\tilde{C}_W$ は，熱力学できまる液相線の傾きである．そのため，この係数を熱力学因子と呼び，T'_L と書く．$\tilde{C}_W/\tilde{C}_{W0}$ について，$T_L(\tilde{C}_W)$ の微分を取ると（いま基準とした濃度 $\tilde{C}_{W0}$ は 12 wt%であり，その平衡圧力は十分高い（1 GPa 程度以上)）いささか複雑になるので，それを Taylor 展開し，2 次の項まで取ると，

$$T_L(\tilde{C}_W/\tilde{C}_{W0}) = T_L(0) - \frac{2k_B T_L(0)}{\Delta s}\left(\frac{\tilde{C}_W}{\tilde{C}_{W0}}\right) + \left(\frac{\Delta v \cdot K}{k_B T_0} - 1 + \frac{4k_B}{\Delta s}\right)\frac{k_B T_L(0)}{\Delta s}\left(\frac{\tilde{C}_W}{\tilde{C}_{W0}}\right)^2 \tag{8.3}$$

となる．1 次の項の $\tilde{C}_W$ の係数は 10〜50 の値を取るが，2 次の項の $\tilde{C}_W^2$ の係数は 1 以下であるので，2 次以降を無視して差し支えない (Toramaru *et al.*, 2008)．このことは，図 2.12 左で，ほぼ直線になっていることからもわかる．よって，液相線と水濃度に関する熱力学因子は，

$$T'_L = \left|\frac{dT_L}{d\tilde{C}_W}\right| = \frac{2k_B T_L(0)}{\Delta s \cdot \tilde{C}_{W0}} \tag{8.4}$$

と与えられる．ここで，熱力学因子 T'_L は，正の量として定義している．

以上の結果から，あらためて式 (8.2) を書き換えると，

$$\left|\frac{dT}{dt}\right| = T'_L\left|\frac{d\tilde{C}_W}{dt}\right| \tag{8.5}$$

[*1] これはあくまで計算の都合上の便宜的なものである．

となる．相平衡図や MELTS[*2]の計算から，この値は，斜長石 (pl) と輝石 (cpx) で，

$$T'_{\mathrm{Lpl}} = 40 \tag{8.6}$$

$$T'_{\mathrm{Lcpx}} = 17 \tag{8.7}$$

と求められる．これらの値は，研究対象である実際の組成の液についての実験で求められた液相線の傾きを用いるのが最も確かであり，上記の値も，斜長石に関しては雲仙平成噴火のデイサイトと伊豆大島 1986 年 B 噴火の玄武岩質安山岩組成に対しての値であり，輝石は伊豆大島の組成に対してのものである．

いま気液平衡を仮定しているから，脱水速度 $d\tilde{C}_{\mathrm{W}}/dt$ は，圧力変化と溶解度曲線によって結びついている．

$$\left|\frac{d\tilde{C}_{\mathrm{W}}}{dt}\right| = \frac{d\tilde{C}_{\mathrm{W}}}{dP}\left|\frac{dP}{dt}\right| \tag{8.8}$$

よって，脱水速度は，減圧速度と結びつけることができる．ここで，$d\tilde{C}_{\mathrm{W}}/dP$ は溶解度曲線の傾きであり，これもやはり熱力学因子で $\tilde{C}'_{\mathrm{W}}$ と書く．溶解度と圧力の関係を $P = P_0(\tilde{C}_{\mathrm{W}}/\tilde{C}_{\mathrm{W0}})^2$ とすると，

$$\tilde{C}'_{\mathrm{W}} = \frac{d\tilde{C}_{\mathrm{W}}}{dP} = \frac{\tilde{C}^2_{\mathrm{W0}}}{2P_0\tilde{C}_{\mathrm{W}}} \tag{8.9}$$

である．この水濃度と圧力に関する熱力学因子は水濃度 $\tilde{C}_{\mathrm{W}}$ の関数である．この式 (8.9) を，式 (8.5) に代入すると，実効的冷却速度と減圧速度の関係が，熱力学因子を介して次のように与えられる．

$$\left|\frac{dT}{dt}\right| = T'_{\mathrm{L}}\tilde{C}'_{\mathrm{W}}\left|\frac{dP}{dt}\right| \tag{8.10}$$

8.2.2　平衡発泡領域における結晶数密度

冷却結晶過程の第 7 章で議論したように，結晶の核形成・成長の結果は，結晶サイズ分布や結晶数密度あるいは結晶サイズに現れる．結晶サイズ分布 (CSD) は数密度やサイズの情報をすべて含んでいるが，その取り扱いは次章に譲り，ここで

[*2] Ghiorso らが開発した相平衡図の計算プログラム．これまでの実験結果を説明するように，Gibbs 自由エネルギーのパラメータを，想定されるあらゆる場合について推定し，それを用いて Gibbs 自由エネルギー最小の計算から，実験結果のない任意の組成の液に関して相平衡図を作成することができる．

は結晶数密度を用いて議論を進める．第 7 章で述べたように，結晶数密度は，冷却による過冷却度の増加すなわち核形成速度の増加と，成長による過冷却度（過飽和度）の減少の競合できまる．

その際，核形成速度の指数前因子と核形成段階での結晶成長の様式が重要になる．結晶数密度の冷却速度依存性の実験結果を説明する有力な核形成・成長モデルとしては，1）指数前因子が理論値あるいは十分大きくかつ拡散律速成長，2）指数前因子が十分小さくかつ成長様式は問わない，の 2 つの場合が考えられる．2）の場合については，結晶数密度は，冷却速度ではなくて結晶化時間できまるので，別の項で解説する．ここでは，1）の場合を仮定して話を進める．

7.6.6 節において，結晶数密度と冷却速度 $|\dot{T}|$ の関係は式 (7.147) で与えらている．

$$N = a\left|\dot{T}\right|^{\frac{3}{2}} \tag{8.11}$$

ここで，a は結晶の核形成・成長を表すカイネティック因子であり，理論的数値解析的には式 (7.148) で表せるが，第 7 章で見たように，天然の実験結果を用いることができる（式 (7.151)）．この式 (8.11) に，脱水速度 $|\dot{\tilde{C}}'_{\mathrm{W}}| = |d\tilde{C}_{\mathrm{W}}/dt|$ による実効的冷却速度（式 (8.5)）を代入すると，

$$N = a\left(T'_{\mathrm{L}}|\dot{\tilde{C}}_{\mathrm{W}}|\right)^{\frac{3}{2}} \tag{8.12}$$

が得られる．ここでは圧力と水濃度の関係について触れていないので，この式は，非平衡発泡領域においても成立する．

また，減圧速度 $|\dot{P}| = |dP/dt|$ による上の実効的冷却速度（式 (8.10)）を代入すると，

$$N = a\left(T'_{\mathrm{L}}\tilde{C}'_{\mathrm{W}}|\dot{P}|\right)^{\frac{3}{2}} \tag{8.13}$$

となり，減圧速度と結晶数密度の関係が得られる．

8.2.3 MND 脱水速度計と減圧速度計

結晶数密度と減圧速度や脱水速度との関係は，観測可能な結晶数密度から未知情報である脱水速度や減圧速度を推定するための道具の基礎となる．式 (8.12) を，脱水速度について解くと，

$$|\dot{\tilde{C}}_{\mathrm{W}}| = \frac{1}{T'_{\mathrm{L}}}\left(\frac{N}{a}\right)^{\frac{2}{3}} \tag{8.14}$$

が得られる．これによって，式 (8.4)（具体的には式 (8.6) あるいは式 (8.7)）の熱力学因子と，液の化学組成の SiO_2 と結晶核形成圧力での推定含水量 $\tilde{C}_{\mathrm{W}}$ を式

(7.148) のカイネティック因子に代入した値を用いて，観測量の結晶数密度 N から脱水速度 $|\dot{\tilde{C}}_{\mathrm{W}}|$ を推定することができる．

式 (8.13) を，減圧速度について解くと，

$$|\dot{P}| = \frac{1}{T'_{\mathrm{L}}\tilde{C}'_{\mathrm{W}}}\left(\frac{N}{a}\right)^{\frac{2}{3}} \tag{8.15}$$

が得られる．これによって，式 (8.4) の熱力学因子と，結晶核形成圧力での推定含水量 $\tilde{C}_{\mathrm{W}}$ を代入した熱力学因子（式 (8.9)），および液の化学組成の SiO_2 と結晶核形成圧力での推定含水量 $\tilde{C}_{\mathrm{W}}$ を式 (7.148) のカイネティック因子 a に代入した値を用いて，観測量の結晶数密度 N から減圧速度 $|\dot{P}|$ を推定することができる．減圧速度は気泡の章で見たように，マグマの上昇速度と関係する．

8.3　非平衡発泡領域における結晶化

8.3.1　非平衡発泡領域における熱力学因子

非平衡発泡領域での減圧結晶化の場合，気泡核形成から準平衡状態に至る短い緩和過程の中で起こるので，圧力は気泡核形成圧力の一定値と近似してよい．2.7 節で議論したように，結晶の融点（液相線）T_{L} は，水の濃度 $\tilde{C}_{\mathrm{W}}$ と圧力 P の関数として式 (2.81) によって記述される．平衡発泡過程における熱力学因子と同様な議論を行うが，式 (2.81) の圧力の項はそのまま残す．

実効的冷却速度 $|dT/dt|$ は，水の濃度の減少に伴う液相線の上昇速度 $|dT_{\mathrm{L}}/dt|$ であるから，第 1 近似として，

$$\left|\frac{dT}{dt}\right| = \frac{dT_{\mathrm{L}}(0)}{dt} = \left|\frac{dT_{\mathrm{L}}}{d\tilde{C}_{\mathrm{W}}}\right|\left|\frac{d\tilde{C}_{\mathrm{W}}}{dt}\right| \tag{8.16}$$

と与えられる．ここまでは，平衡発泡による場合と同じである．

圧力を一定とした場合，熱力学因子は，

$$T'_{\mathrm{L}} = \frac{2k_{\mathrm{B}}(T_0 + \Delta vP/\Delta s)}{\Delta s \cdot \tilde{C}_{\mathrm{W0}}} \tag{8.17}$$

となり，$\Delta vP/\Delta s$ の補正項が入る．この補正項の寄与はせいぜい 10%程度なので，近似値として斜長石に対して式 (8.6) および輝石に対して式 (8.7) を用いることができるが，これは上限値であり，熱力学因子を多少過大評価していることになる．実験と観測の精度が上がってくると，この近似に関してのより厳密な議論をする必要が出てくるであろう．

8.3.2 非平衡発泡領域での脱水速度

非平衡発泡領域における結晶化は，ステップ的に減圧し結晶化を起こす実験 (SDE: Single-step Decompression Experiment) において起こっていると考えられる．Toramaru and Miwa (2008) に基づき，拡散支配領域での脱水過程と結晶過程の関係を見てみよう．この場合，減圧量 ΔP が十分大きい場合，瞬間的減圧から即座に気泡の核形成が起こり，気泡核形成の継続時間は，水濃度の減少の時間スケールに比べて十分短い．式 (5.90) とその周辺で述べたように，気泡核形成の継続時間は，減圧量 ΔP できまる最大核形成速度に関係し，減圧量が大きくなるほど，継続時間は短くなる．図 8.3 は，水の初期飽和圧力から，いろいろな減圧量で減圧した後一定に保ったときの，水濃度の時間変化である．

メルト中の水の濃度は単調に減少し，ある時間で，最終圧での平衡濃度にほぼ等しくなる．脱水速度は式 (5.95) で与えられており，この時間スケールは，$t_{\mathrm{degasDif}} = (48\pi^2\phi_{\mathrm{e}})^{-1/3}\, D_{\mathrm{W}}^{-1}(\Delta C_{\mathrm{e}}/C)^{-1} N_{\mathrm{bub}}^{-2/3}$ である．ここで，N_{bub} は減圧により生成した気泡数密度，ΔC_{e} は拡散を駆動する実効濃度差，ϕ_{e} はマイクロライトが核形成する際の気体の体積分率（$4\pi R^3 N_{\mathrm{bub}}/3$ は小さいとして近似できる）である．このことから，脱水は，気泡数密度が大きいほど効率よく進むことがわかる．また，D_{W} は水の拡散係数であり，カイネティック因子 a に含まれ

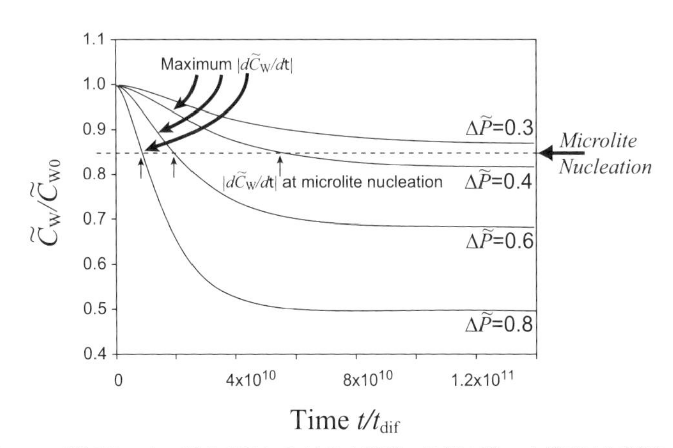

図 8.3 減圧量一定の数値実験における水濃度の時間変化．水濃度は初期値，時間は拡散成長の特徴的時間で規格化されている．この図では，水濃度が 15%減少したところで，マイクロライトの核形成が活発に起こると仮定している．気泡の核形成は，ほぼ時間軸の原点に近いところで終了している．(Toramaru and Miwa, 2008)

る結晶化成分の拡散係数と区別する．

気泡核形成成長の粘性支配領域は，気液界面張力が実効的に小さくなり，不均質核形成が起こる場合に対応する．脱水速度は式 (5.96) で与えられており，時間スケールは，$t_{\mathrm{degasVis}} = 4\eta\phi_{\mathrm{g0}}\Delta P(3\phi_{\mathrm{e}})^{-1}$ である．この場合は，気泡数密度には陽に依存せず，減圧量に依存するが，どちらも ϕ_{e} へ影響する可能性がある．脱水の特徴的時間は，減圧量が大きくなると短くなり，脱水速度は大きくなる．

8.3.3　非平衡発泡領域における結晶数密度

結晶数密度と冷却速度の関係（式 (8.11)）と実効的冷却速度と脱水速度の関係（式 (8.5)）および脱水速度と結晶数密度の関係（式 (8.12)）は形式上，非平衡発泡領域においても成立しているから，これに，上の熱力学因子と脱水速度（式 (5.95) または (5.96)）を代入すれば，結晶数密度 N_{mic} の式が得られる．

気泡の均質核形成が期待される拡散支配領域では，

$$N_{\mathrm{mic}} = a(T'_{\mathrm{L}})^{3/2}(48\pi^2\phi_{\mathrm{e}})^{1/2}(D_{\mathrm{W}}\Delta C_{\mathrm{e}})^{3/2}N_{\mathrm{bub}} \tag{8.18}$$

となる．ただし，T'_{L} の背後には，式 (8.17) があることに注意する．ここで，a は結晶の核形成を特徴づけるカイネティック因子である（式 (7.148) および (7.151)）．気泡数密度は N_{bub} と書き，マイクロライト数密度 N_{mic} と区別する．この式からわかるように，非平衡発泡領域におけるマイクロライトの数密度は，気泡の数密度に比例している．係数は，水の拡散係数 D_{W} と，マイクロライト核形成時の実効的発泡度 ϕ_{e} に依存し，$10^5 \sim 10^2$ の値をとる．気泡数密度は，減圧量 ΔP に指数関数的に依存するから，マイクロライトの結晶数密度も減圧量の増加とともに指数関数的に増加することが予想される．

不均質核形成が期待される粘性支配領域では，マイクロライト数密度は

$$N_{\mathrm{mic}} = a(T'_{\mathrm{L}})^{3/2}\left(\frac{3\phi_{\mathrm{e}}}{4\eta v_{\mathrm{G}}}\Delta P\right)^{3/2} \tag{8.19}$$

となり，気泡数密度には陽には依存せず，減圧量と粘性係数に依存することが予想される．減圧量依存性は，拡散支配領域のように指数関数的なものではなく，より緩やかなものが期待される．上の式からは，減圧量の 3/2 乗に比例するようなマイクロライト数密度の振舞いが予想されるが，この簡単化モデルには，以下で見るような要因を十分に考慮できていない．

もし，連続減圧の場合の非平衡発泡領域で結晶化が起これば，拡散支配領域では気泡数密度は，減圧速度の 3/2 乗に比例するから，

$$N_{\mathrm{mic}} \propto \left|\frac{dP}{dt}\right|_{\mathrm{BubbleNucleation}}^{\frac{3}{2}} \tag{8.20}$$

となり，マイクロライト数密度は，気泡核形成時の減圧速度に関係することになる．

連続減圧の場合，減圧量一定のところで見たような，不均質核形成-粘性領域という対応関係が成立しているかどうかもまだよくわかっていない．

8.4　発泡過程と結晶化過程を組み合わせた計算

8.4.1　簡単化モデルの問題点

以上は，発泡過程と結晶化過程を独立に評価していた．これは，いわば簡単化した解析モデルである．すなわち，発泡過程の考察から得られる脱水速度を仮定し，結晶化過程を評価するという手順を踏んで，結晶数密度など結晶組織を及ぼす影響を調べた．この簡単化モデルによって，結晶組織に与える個々の要因の役割を明確にすることができた．すなわち，平衡発泡領域では溶解度曲線できまる脱水速度であり，非平衡発泡領域では，発泡過程の拡散支配または粘性支配に対応した脱水速度である．

しかし，実際には，両方の過程が非線形的に同時進行するので，正確に評価できないパラメータも出てくる．例えば，ΔC_{e} や ϕ_{e} である．また，冷却結晶化の第 7 章で述べたように，結晶の均質核形成の古典核形成理論は不確定要素が大きく，水の濃度に対する核形成速度のマスターカーブも実験的には決定されつつあるが，その理論的説明はないし，不均質核形成の要因も明らかではない．これは，気泡数密度を決定する気泡の核形成についても，減圧量一定の実験においてはクリティカルになってくる．さらに，減圧量一定下での気泡の不均質核形成と粘性支配領域の影響など，上述の解析的考察から漏れている要因もあるかもしれない．

結晶化と発泡過程の複雑なカップリングは，気泡数密度が脱水速度を支配する非平衡発泡領域で顕著に現れる．第 II 部と第 III 部 7 章で発泡過程と結晶過程の全容を計算する手順を持ったから，これらを組み合わせて結晶化過程を計算することが可能であり，発泡と結晶化のカップリングのより実際的な理解につながる．組み合わせた計算は，発泡の計算で得られる水の濃度を，水濃度の関数としてのリキダスに入力し，減圧結晶化過程を計算するだけである．潜熱の解放がある場合は，エネルギー保存によって温度に影響を与えるので，この際はリキダスは温度の関数にもなる．非平衡発泡領域である減圧量一定下での減圧結晶化過程を例にして，以上のことを見てみよう．以下では断熱過程を仮定し，潜熱の解放を考慮していない．

8.4.2　気泡と結晶の均質核形成が起こる場合

まず，簡単化モデルで理解できる場合について述べる．図 8.4 に計算例を示す．気泡の核形成は初期段階で終了し（図 (d)），その後の拡散気泡成長（図 (e)）によって水濃度が減少する（図 (c)）．水濃度の減少に伴ってリキダス温度が上昇し（図 (a) の TL），等温状態のメルトは過冷却となり，結晶の核形成が起こる（図 (b) の J_{mic}）．その後，メルトからの結晶化成分の減少によりリキダスは低下し，結晶とメルトは準平衡状態を維持する．この場合のパラメータスタディによって得られた，気泡数密度 $\tilde{N}_{\mathrm{bub}}$ と結晶数密度 $\tilde{N}_{\mathrm{mic}}$ の減圧量 $\Delta\tilde{P}$ への依存性を図 8.5 左に示す．減圧量が初期圧力の 0.5 倍から 0.7 倍に変化しただけで，それぞれの

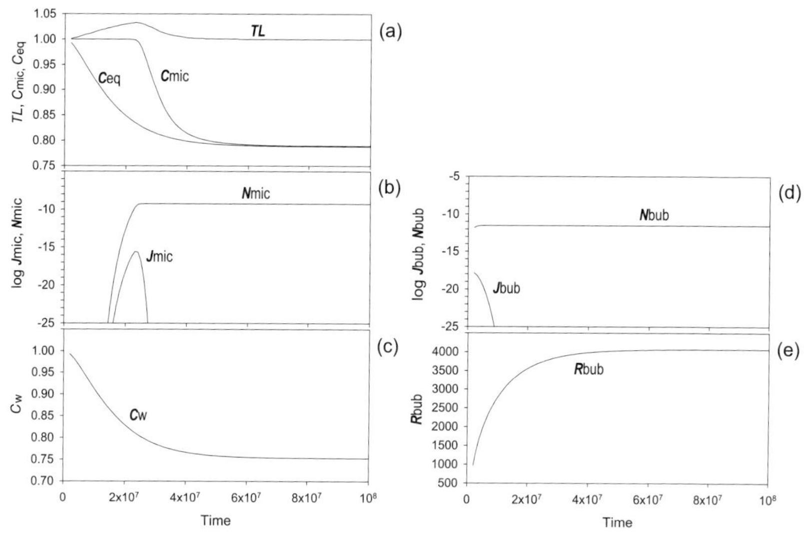

図 **8.4**　発泡過程と結晶過程の組み合わせ計算の結果．第 7 章で取り扱った 2 成分共融系を仮定し，液相相の振舞いを調べた例．150 MPa で 4 wt%の初期水濃度を仮定している．気液界面張力に相当する気泡の α_1 は 2.5．図 5.6 から約 0.5 N/m の界面張力に対応している．また，結晶/液界面張力に相当する結晶の α_1 は 0.1 を仮定している．(a) 結晶のリキダス TL，結晶化成分濃度 C_{mic}，結晶化成分の平衡濃度 C_{eq}，(b) 結晶の核形成速度 J_{mic} と結晶数密度 N_{mic}，(c) 液中水濃度 C_{w}，(d) 気泡核形成速度 J_{bub}，気泡数密度 N_{bub}，(e) 気泡半径，である．変数は無次元で，時間は拡散成長の時間スケール t_{dif} で規格化されている．

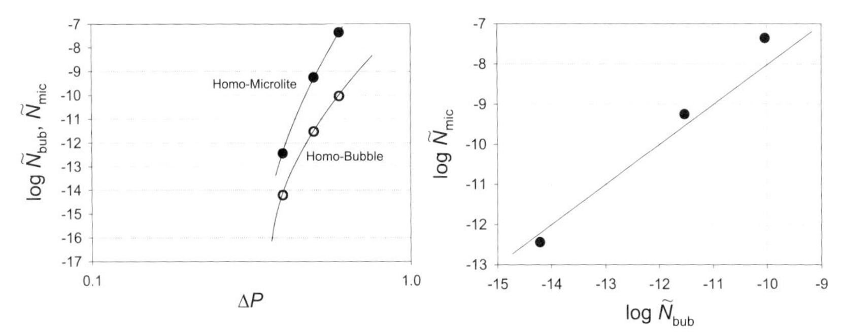

図 8.5　減圧量一定下での発泡と結晶の組み合わせ計算による，気泡と結晶の均質核形成の領域でのパラメータスタディの結果（図中の点．白抜き丸は気泡数密度，黒丸は結晶数密度）．（左）気泡数密度 $\tilde{N}_{\rm bub}$ と結晶数密度 $\tilde{N}_{\rm mic}$ の減圧量 $\Delta\tilde{P} = \Delta P/P_0$ 依存性．Homo-Bubble と Homo-Microlite は，気泡と結晶が均質核形成の場合に対応している．（右）気泡数密度と結晶数密度は，ほぼ比例関係にある．

数密度は 10 桁近く変化し，結晶数密度は減圧量に対し指数関数的な依存性を示す．気泡数密度に関しては，5.6 節で見たことである．

結晶数密度と気泡数密度の関係（図 8.5 右）は，簡単化モデルで予想された比例関係とよく一致している．比例関係からのずれは，その他のパラメータの影響であり，この場合それは小さいことがわかる．

8.4.3　気泡と結晶の不均質核形成が起こる場合

この場合の計算は，気液界面張力と結晶/液の界面張力に相当する α_1 の値を，均質核形成の場合に比べてそれぞれ 1 桁程度 0.2 と 0.1 に小さくしている．これらは界面張力にして 1/2 から 1/3 小さくなっていることに相当する．この場合のパラメータスタディの結果を図 8.6 に示す．図からわかるように，気泡の不均質核形成は，気泡数密度の減圧量依存性を極端に小さくする（図 8.6 左中 Hetero-Bubble で示されているトレンド）．さらに，結晶も不均質核形成をする場合は，結晶数密度の減圧量依存性も小さくなる（図 8.6 左中 Hetero-Microlite で示されているトレンド）．この場合には，気泡数密度と結晶数密度の比例関係がおおよそ成立している（図 8.6 右中 Hetero-Bubble, Hetero-Microlite で示されているトレンド）．

一方，結晶が均質核形成の場合（図 8.6 左中 Homo-Microlite で示されているトレンド）では，結晶数密度は，減圧量に大きな指数関数的依存性を示し，気泡数密度との比例関係も成立していない（図 8.6 右中 Hetero-Bubble, Homo-Microlite

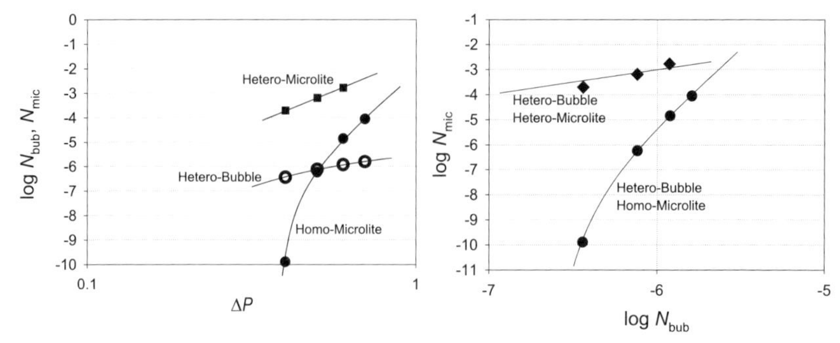

図 8.6　減圧量一定下での発泡と結晶の組み合わせ計算による，気泡と結晶の不均質核形成の領域でのパラメータスタディの結果（図中の点と線の意味は図 8.5 と同じ）．（左）気泡数密度 $\tilde{N}_{\rm bub}$ と結晶数密度 $\tilde{N}_{\rm mic}$ の減圧量 $\Delta\tilde{P} = \Delta P/P_0$ 依存性．（右）気泡数密度と結晶数密度の関係．Hetero-Bubble および Hetero-Microlite は，気泡と結晶の不均質核形成の場合，に対応している．

で示されているトレンド）[*3]．結晶が均質核形成する場合，気泡数密度の減圧量依存性が比較的小さいにも関わらず，結晶数密度の減圧量依存性が大きくなることは，先に説明した結晶の核形成過冷却度と減圧量との関係から理解できる（図 8.3）．すなわち，均質核形成の場合には，結晶核形成を起こす過冷却度が大きくなり，減圧量が小さい場合，脱水が十分進んでも結晶の最大核形成には到達せず，低い核形成速度で核形成の継続が続くことになる．所詮，核形成速度が小さいので，いくら継続時間が長くても結晶数は稼げない．この場合には，結晶数密度は，減圧量よりむしろ減圧下での継続時間によって影響することが考えられる．一方，大きな減圧量の場合には，脱水によって結晶核形成に必要な十分な過冷却度が得られ，パルス的な最大核形成速度に到達し，結晶数密度も大きくなる．

興味深いのは，気泡，結晶ともに不均質核形成が起こる場合であり，この計算では，次に述べる室内実験結果で現れるような，結晶数密度のマイルドな減圧量依存性が現れる．さらに，パラメータ (Pe, $\alpha_1/\Delta\tilde{P}$) から見たときには，脱水速度は，粘性と減圧量に支配され気泡数密度には依存しない領域があるにもかかわらず，気泡と結晶の均質核形成と拡散支配で期待されるような気泡数密度と結晶数密度の比例関係が見られる．これは，脱水速度において拡散支配と粘性支配の遷移領域の存在や，結晶核形成を与える過冷却度と減圧量との関係などと関連しているかもしれない．

[*3] 結晶核形成の均質不均質によらず，当然気泡の数密度依存性は同じになる．

8.5　減圧結晶化実験との比較

8.5.1　実験的研究の簡単な整理

減圧結晶化実験は，Geshwind and Rutherford (1995) が 1980 年 Mount St. Helens 噴火のデイサイトを用いて実験して以来，たくさん行われてきた．その多くは，相平衡関係の決定や結晶形態の再現に重点が置かれてきた．結晶化のカイネティックスに注目した実験は，Hammer and Rutherford (2002) によって Mount St. Helens 火山のデイサイト，Couch *et al.* (2003b) によって Soufrière Hills 火山のデイサイト，Martel and Schmidt (2003) によって Soufrière Hills 火山のガラス包有物の組成に似せた分化した組成（SiO_2 75 wt%）の合成物に対して行われた．その後，Cichy *et al.* (2010) が雲仙のデイサイト，Brugger and Hammer (2010) が Aniakchak 火山のライオデイサイト，Martel (2012) が，Mt Pelee のプリニアンの流紋岩組成に似せた合成物，Arzilli and Carroll (2013) がトラカイト黒曜石，Shea and Hammer (2013) が玄武岩質安山岩，Befus *et al.* (2015) は Yellowstone と Mono Crator の黒曜石を用いて実験をした．これらは，噴出物の石基組織を再現する目的で行われ，その基礎となる核形成速度や成長速度，結晶サイズ分布，結晶度，結晶形態，組成などが，減圧条件とどのように関係するかを明らかにしてきた．その多くは，ドーム噴火などデイサイトから流紋岩組成の非爆発的噴火の噴出物中のマイクロライトを対象としているが，Mt Pelee 等爆発的噴火（一般にマイクロライトを含まない）を対象としている場合もある．

実験で用いられる圧力変化には，3 つのタイプがある．SDE（Single-step Decompression Experiment，または SSD）実験は，圧力を瞬間的に ΔP だけ降下させ，その後その圧力で一定時間保持して，サンプルを急冷する．この実験では，圧力降下量と保持時間がパラメータとなる．これは，マグマの不連続的な急上昇に伴う減圧結晶化を模擬している．MDE（Multi-step Decompression Experiment，または MSD）実験では，減圧を多段階的に行う．この実験では，平均的な減圧速度が定義でき，連続的なマグマの上昇を模擬している．CDE（Continuous Decompression Experiment，または CD）実験では，連続的なマグマの上昇そのものに対応している．これは，比較的速い減圧速度の場合に行えるが，減圧速度が小さい場合にはテクニカルに難しい．実験的研究のまとめは，鈴木 (2016) に詳しい．

8.5.2 SDE

SDE では，非平衡発泡領域で結晶化が起こると考えられる．Hammer and Rutherford (2002) では，核形成速度や結晶成長速度といったカイネティックなデータは提供されているが，残念ながら数密度に関してのデータがない．Couch *et al.* (2003b) では，数密度のデータがあるので，主に彼らの実験結果を理論的に解釈してみよう．図 8.7 は，それぞれの実験について，圧力降下量に対して，マイクロライトの結晶度と数密度をプロットしている．保持時間が長くなるにつれて，ある一定のトレンドに収束していることがわかる．結晶量が減圧量とともに増加するのは，結晶量が熱力学的平衡で決定されていることを示唆する．それは，メルトからの水の析出総量が，圧力の関数としての溶解度に従って起こると仮定すると，減圧量（脱水量）が大きいほど，初期過冷却度（リキダスからの距離）が大きく，結晶度が大きくなることが期待されるからだ．

結晶数密度が減圧量とともに増加することの理解は，簡単ではない．結晶数密度は実効的過冷却速度に支配され，実効的過冷却速度は水の析出速度によってきまっている．水の析出速度は，前節の数値実験や理論的考察から，気泡数密度や減圧量に関係してくる．さらに気泡数密度は，結局，実効的気液界面張力によって均質核形成と不均質核形成を分けるし，気泡数密度決定段階での拡散支配と粘性支配を左右する．SDE 実験で，実際にどのような気泡数密度であるかを知る必要がある．残念ながら，この実験では発泡組織の定性的および定量的記載がない．

前節の議論と，図 8.7 左に示した十分時間が経過した後の結晶数密度と減圧量の関係は，図 8.6 に示している気泡，結晶ともに不均質核形成が起こる場合と類

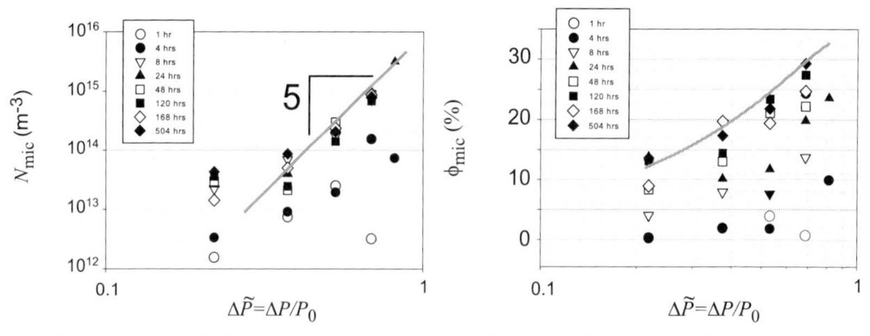

図 8.7　SDE 実験 (Couch *et al.*, 2003b) の結果．（左）結晶度と減圧量．（右）結晶数密度と減圧量．シンボルは圧力保持時間．線は時間が十分経った後に収束するトレンドを示す．図中「5」は，両対数での傾きを示す．（左）では，$N_{\rm mic} \propto \Delta\tilde{P}^5$ の関係があるように見える．

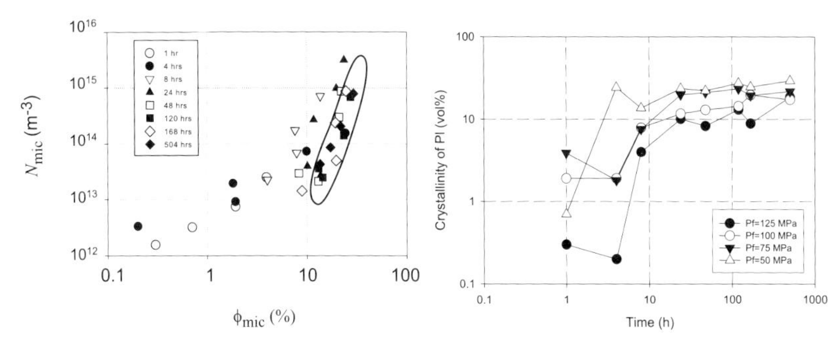

図 8.8　SDE 実験 (Couch *et al.*, 2003b) で見られる，（左）結晶度とマイクロライト数密度の間の関係，および（右）結晶度の時間変化．最終圧 P_f が大きいほど減圧量は小さい．

似している．このことから，彼らの実験では，気泡の不均質核形成が起こり，かつ結晶の不均質核形成も起こっていることが推察できる．理論的なパラメータから実験でのカイネティックデータの推定も可能であろう．

これらのデータから，結晶度とマイクロライト数密度の関係をプロットしたのが図 8.8 左であり，これらは正の相関を持つことがわかる．同様の関係は，MDE の実験でも見られる (Martel, 2012)．この関係が，次章で述べる，天然で観測されるマイクロライト・システマティックス（10.3.4 節）と似ていることは興味深い．また，結晶量は数時間から数十時間で一定値に達し，減圧量が大きいほど，最終的結晶度は大きくなる（図 8.8 右）．同様の結果は，Hammer and Rutherford (2002) でも得られている．

これらの実験で報告されている核形成速度と成長速度を実効的過冷却度に対してプロットしたのが図 8.9 である．比較のために，Hammer and Rutherford (2002) や Shea and Hammer (2013) による冷却結晶化実験によって得られたデータもプロットしている．減圧結晶化の場合，核形成速度は実効的過冷却の増加とともに単調に増加する．一方，冷却結晶化の場合には，過冷却度の増加とともに上昇し下降するというベル型の核形成速度を取る．結晶成長速度は，核形成速度に比べて，実効的過冷却度の依存性は小さい．Hammer and Rutherford (2002) の実験では，核形成速度のピークを与える実効的過冷却度は，結晶成長のそれよりも大きい．

減圧結晶化の場合，実効的過冷却度は見かけのもので，実際には脱水過程が介在してくるので，これらの実験の解釈および理論的考察との比較は注意を要する．すなわち，急減圧への応答として気泡の核形成成長が起こり，液からの脱水が進

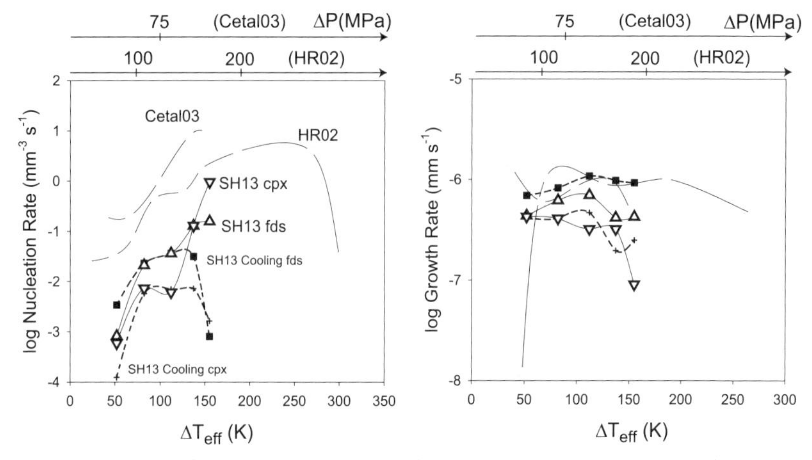

図 **8.9**　SDE 減圧実験による実効的過冷却度に対する斜長石の核形成速度（左）と成長速度（右）の変化．Cetal03 は Couch *et al.* (2003b)，HR02 は Hammer and Rutherford (2002)，SH13 は Shea and Hammer (2013) からのデータ．SH13 cooling cpx は圧力一定での冷却結晶化実験の結果．上部には減圧量の目安をプロットしている．

行し，リキダスが上昇し，その結果実効的過冷却が起こるから，時間的な遅れと実効的冷却速度（過冷却度一定ではない）を含むことになる．さらに，圧力を瞬間的に抜くとしてもある有限の減圧速度で減圧される（Hammer and Rutherford (2002) によると 1〜10 MPa/s）．

8.5.3　MDE および CDE

MDE (Multi-step Decompression Experiment) では，減圧を多段階的に行う．この実験では，平均的な減圧速度が定義できる．Couch *et al.* (2003b) の実験結果では，マイクロライト数密度と減圧速度には相関がある（図 8.10 左）．この実験の，結晶度と結晶数密度の関係をプロットしてみると，図 8.10 右のようになり，一見あまりきれいな相関があるとは思えない．しかし，減圧速度の最も速いもの（“Highest $|dP/dt|$” は P_f の保持時間が 8 h，他は 86 h と 192 h）を除けば，ある一定の関係があるように見える．減圧速度が速いものは，結晶数密度はトレンドの延長にあるが，結晶度が極端に小さく，十分結晶化が進まず，結晶度に関して平衡に達していないことが示唆される．

Cichy *et al.* (2010) は，0.1 MPa/s より遅い減圧速度については MDE で，それより速い減圧速度については CDE で実験を行った．彼らは，また，マイクロ

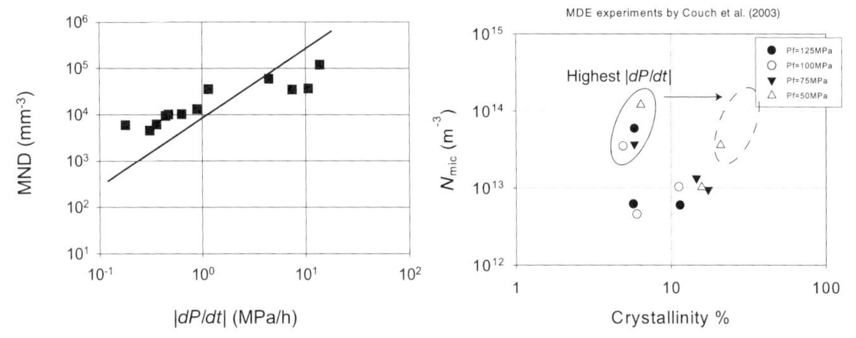

図 8.10　MDE 実験 (Couch *et al.*, 2003b) で見られる斜長石マイクロライトの数密度，結晶度および減圧速度の関係．(左) マイクロライト数密度と減圧速度の関係．データ点は Nakamura (2006) により 3D に変換された MND のデータ．直線は，$SiO_2 = 71$ wt%，$H_2O = 5$ wt%を仮定した際の，モデル式 (8.13) から予想される減圧速度と数密度の関係．(右) 結晶度とマイクロライト数密度の関係．シンボルの違いは最終圧の違いを示す．

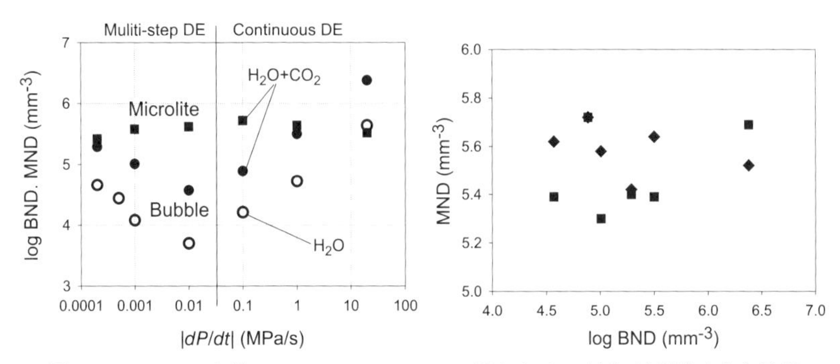

図 8.11　MDE 実験 (Cichy *et al.*, 2010) で見られる，(左) 減圧速度と気泡数密度およびマイクロライト数密度の関係．シンボルは，黒塗りは H_2O+CO_2 を含む系，白抜きは H_2O のみの系，丸は気泡，四角はマイクロライトを示す．(右) 気泡数密度とマイクロライト数密度の関係．

ライト組織の分析だけではなくて気泡組織の分析も行った．その結果，連続減圧の場合，気泡数密度は減圧速度と正の相関があるが，マイクロライト数密度には明瞭な相関がなかった (図 8.11)．MDE の平均減圧速度が小さい場合には，負の相関がある．これは，J_0 が小さい場合 (7.6.3 節) に当てはまる．マイクロライト数密度が，減圧速度に依存せず，減圧量や減圧下での経過時間に依存する結果は，MDE による Martel and Schmidt (2003) や CDE による Befus *et al.* (2015) で

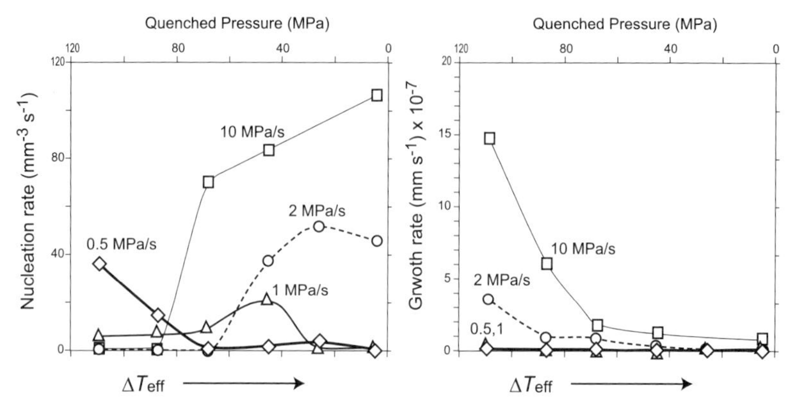

図 **8.12**　CDE 実験 (Brugger and Hammer, 2010) で見られる，減圧量に対する，(左) 核形成速度の関係に与える減圧速度の影響，(右) 結晶成長速度に与える減圧速度の影響．

も得られている．

Couch *et al.* (2003b) や Mollard *et al.* (2012) は，$SiO_2 = 71$ wt%のライオデイサイトの合成物を用いた MDE で，結晶の核形成速度は，減圧量すなわち実効的過冷却とともに急増することを示した．また，減圧速度が大きくなると，若干核形成速度は小さくなる．一方，Brugger and Hammer (2010) は，天然の火砕物から出発物質を作り，CDE によって，減圧速度が核形成速度や成長速度にどのように影響を与えるか調べた (図 8.12)．130 MPa で水に飽和した $SiO_2 = 71$ wt%のライオデイサイトを 10，2，1，0.5 MPa/s の減圧速度で目的の圧力に減圧し，急冷した後サンプルを観察し，減圧時間で結晶数を割り算し，核形成速度を求めた．目的の圧力と初期圧力の差が減圧量であり，実効的過冷却度を与える．彼らの実験結果は，核形成のピークを与える実効的過冷却度すなわち圧力の位置に，減圧速度依存性があることを示している．すなわち，減圧速度が小さくなると，核形成圧力は小さくなる．理論的考察からは，核形成圧力は，結晶/液の界面エネルギーによってほぼきまるから，減圧速度には大きく依存しないはずである．この実験結果は，核形成した結晶が観測可能な大きさ (1 μm 程度) にまで成長するための時間遅れ，または核形成自体の遅れと関係しているのかもしれない．実際，Mollard *et al.* (2012) は，高圧すなわち低い実効的過冷却では，核形成の時間遅れが顕著に現れることを実験的に示した．しかし，時間遅れと減圧速度には明瞭な相関は示されていない．

8.6 結晶成長の複雑さ

結晶形態の多様性は，結晶成長の複雑さを表している．結晶形態には樹枝状(dendrite)，ホッパー（hopper，中心部に結晶のない空間を持つ)，スワローテイル（swallow tail，燕尾状)，板状 (tabular)，糸状 (thready) などがある．こうした結晶形態は，天然でのマイクロライトでも観察されるので（図 1.6)，実験でこうした形態を再現することによって，天然での結晶生成の物理条件を推定することが可能になる．

結晶成長の複雑さは，温度圧力や減圧速度関係している．圧力一定の減圧結晶化実験 SDE でわかった斜長石結晶形態の多様性を図 8.13 に示す．過冷却度が小さい場合は，比較的アスペクト比の小さい直方体の結晶になり，時間とともにサイズは大きくなる．過冷却度が 70 K ぐらいに大きくなると，アスペクト比は大きくなり，時間とともに中空の構造を持つホッパーと呼ばれる形態をとる．過冷却度が 100 K 程度では，アスペクト比は小さくなり，成長とともに角から選択的な成長が起こり，燕尾状の結晶形態をとり，中空になったりする．過冷却度が大きく，核形成速度が成長速度よりも卓越する場合には，針状やアスペクト比の大きい板状のサイズの小さい結晶が卓越し，糸状の結晶が初期段階で出現する．この

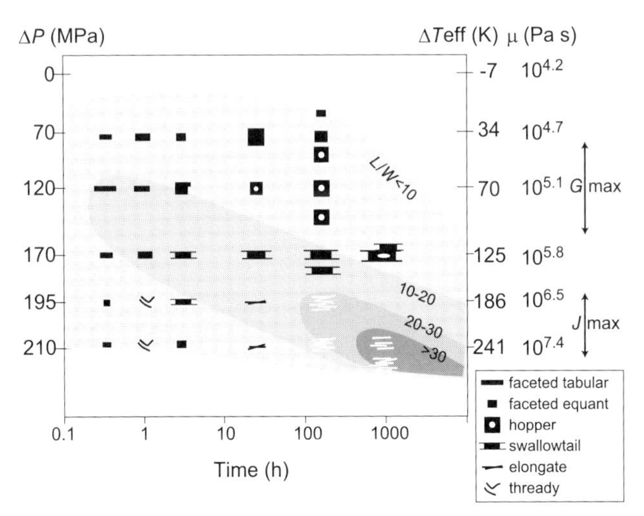

図 **8.13** SDE 実験で見られる，結晶形態の多様性と過冷却度および粘性との関係．色塗りのコンターは，結晶のアスペクト比 L/W を示す．(Hammer and Rutherford, 2002 を改変).

実験では，樹枝状の結晶は出現しないが，玄武岩質メルトを用いた実験では，樹枝状結晶や燕尾状，骸晶状，針状の結晶が初期段階で出現し，時間とともに自形の結晶に変化していくことが知られている (Lofgren, 1974b, 1980; Walker *et al.*, 1978; Shea and Hammer, 2013).

これらの実験結果は，結晶形態の多様性，結晶化の物理条件だけではなくて，時間にも依存していることを示唆している．特に玄武岩質や玄武岩安山岩質のメルトでは，時間とともに不安定な界面が消失し，界面エネルギー的に安定な結晶形態に移行すると考えられる．現在の結晶化のモデルでは，結晶形態は球として近似されており，こうした結晶形態の多様性と時間発展を考慮することは，今後の課題であろう．

第9章　CSD (Crystal Size Distribution)

この章では，結晶サイズ分布 (CSD: Crystal Size Distribution) について整理する．CSD は，岩石組織を定量的に記載する方法である．一種の観測方法であるが，そこから我々が知りたい量を抽出するためには，観測量の意味づけが必要である．その意味づけが，観測のための道具作りに他ならない．本章では，この道具作りの基礎を解説する．はじめに，CSD の導入の背景や，天然でよく観測される指数関数的 CSD の物理的解釈，天然の CSD の研究例の紹介を行う．次に，CSD の時間発展を記述する 2 つの方法を紹介する．この基本的な考えは，発泡と結晶化の章で紹介した，Euler 的な記述法と Lagrange 的な記述法である．CSD の本章では，より詳細にいろいろな条件下で CSD の一般解を求める．

CSD の時間発展を考える際には，閉鎖系と開放系を区別する．どちらも均質な系を仮定しているので，系内での結晶の運動の詳細は問わない．また，ここでいう閉鎖系は，結晶の核形成と成長のダイナミクスだけで CSD が決定されるような系で，液や結晶の動きがない[*1]．開放系は，結晶の外系とのやり取りが，CSD に本質的に影響を与える場合である．

CSD は，岩石組織のかなり多くの情報を含んでいる[*2]．例えば，CSD を積分することによって，結晶数密度が得られる．これまでの章で見たように，結晶数密度は，岩石組織を特徴づける最も基本的な観測量で，冷却速度についての情報を含んでいる．結晶数密度の冷却速度依存性は，冷却速度指数によって表され，これを用いて実験との比較を行うことができる．本章で行う CSD の数学的議論のメリットは，実験によって得られる CSD とモデルとの比較を行う際に，数値計算からの経験則に比べ，観測量である CSD とモデルパラメータの間の関係を，より明確にかつ詳細に理解できる点にある．このことを，CSD の定式化の結果を室内実験の結果に応用することで理解する．最後に，相変化実験でよく行われる Avrami プロットに対応する CSD を導出する．

9.1　岩石組織への CSD 導入の背景と研究の現状

CSD を用いた解析 (CSD analysis) は，化学工学系における結晶のサイズ分布についての研究成果 (e.g., Randolph and Larson, 1988) を，Marsh (1988), Cashman

---

[*1] このような場での結晶化を，その場結晶化 (In-situ crystallization) と言う．

[*2] 結晶の相互関係や結晶形態についてはいまのところ含まれていない．

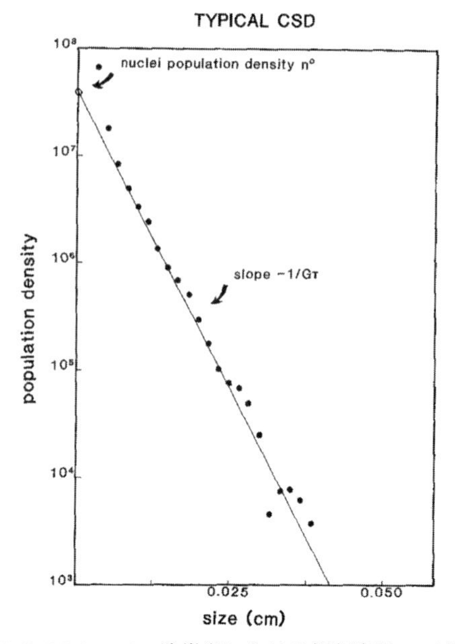

図 **9.1**　Hawaii の Makopuhi 溶岩湖における掘削資料の石基斜長石の CSD (Cashman and Marsh, 1988).

and Marsh (1988) らが火山岩の結晶サイズ分布に初めて応用し，その後広く用いられるようになった．CSD パラメータの物理的意味づけは，岩石組織の定量的解釈において基本的に重要であるが，初期の Marsh (1988, 1998), Cashman and Marsh (1988) などごく少数である．近年では，CSD の実証性を確保する目的で，実験によって CSD と核形成成長のカイネティックスの関係を探ろうとする研究が行われ始めた．以上を踏まえて，まず，CSD 導入の背景を述べ，典型的な CSD としての log-linear（指数関数的）CSD の成因論的研究を紹介する．続いて，記載的研究，実験的研究の順に解説し，これまでの研究の問題点を整理し，今後の方向性述べる．

9.1.1　CSD 導入の背景

岩石組織観測からの要請

Marsh (1988), Cashman and Marsh (1988) は，火成岩で観測される斑晶や石基の CSD は以下で示すような指数分布で近似できる場合が多いことに気がついた（図 9.1）.

$$F(R) = F_0 e^{-\frac{R}{R_S}} \tag{9.1}$$

ここで，$F(R)$ は population density と言われ，本書で用いられているサイズ分布関数 $F(R,t)$ と同じである．すなわち，$F(R)dR$ が，R から $R+dR$ の間にあるサイズを持つ結晶の単位体積当たりの数を与える．このサイズ分布に従う場合，自然対数の片対数用紙に結晶サイズ分布の測定結果をプロットすると直線になる．その切片が $\ln F_0$，負の傾きが $1/R_S$ である．切片の F_0 は nucleation density と呼ばれる．R_S は $F(R)$ が $1/e \approx 0.37$ に減少するサイズを与える．指数分布の利点は，この 2 つのパラメータで観測結果を整理できることだ．この観測パラメータは，成因的支配パラメータ，例えば冷却速度などの情報を含んでいるに違いない．

化学工学系の開放系 CSD の研究

工学系の議論では，溶液を冷却結晶化させつつ結晶を一定率で抜き取る反応槽内を取り扱い，その中の CSD は指数分布になることが観測されている (Randolph and Larson, 1988)．この CSD を population balance の式 (9.11) の定常解として理解し，指数分布 CSD の切片や傾きが解釈されていた．その際，特徴的サイズ R_S（傾きの逆数）は，成長速度 G と滞留時間 $t_{\mathrm{residence}}$ の積 $R_S = Gt_{\mathrm{residence}}$，切片 F_0 は核形成速度 J と $J = F_0 G$ によって関係していると解釈された．この関係については以下で解説する．

閉鎖系 CSD

Marsh (1988) は，結晶成長速度 $G=$ 一定の場合に，閉鎖系結晶化でも，同様の指数分布の CSD が導かれるとした．

$$F(R,t) = \check{F}_0 \exp\left[-\frac{R}{Gt_0} + \frac{t}{t_0}\right] \tag{9.2}$$

ここで，t_0 は結晶成長時間の目安となる時定数であるが，核形成継続時間 t との関係は定かではない．その後，Marsh (1998) において，この t_0 は時間とともに指数関数的に増加する核形成速度の増加率を特徴づける時間であることが明らかになるが，それでも結晶化時間 t_{x} との明瞭な区別はなされていない．この場合，傾き $(1/R_S)$ は，結晶成長速度と結晶成長を特徴づける何らかの時間スケール $t_{\mathrm{x}} (= t_0)$ との積によって $1/(Gt_{\mathrm{x}})$ と与えられる．

サイズ R 以下の結晶数（数密度）$N(R)$（数/m^3）は，式 (9.1) の $F(R,t)$ を 0 から R まで積分して得られるから，

$$N(R) = \int_0^R F(R')dR' = F_0 R_S \left(1 - \exp(-\frac{R}{R_S})\right) \tag{9.3}$$

と与えられる．核形成速度は，結晶数の増加率 dN/dt であるから，

$$J = \left.\frac{dN}{dt}\right|_{R=0} \tag{9.4}$$

と定義されてよい．ここで，N の時間微分が定義できるのは，この場合の R を時間とともに成長する $R(t)$ と考えているからだ．そうすると，核形成速度は，

$$J = \left.\frac{dN}{dR}\right|_{R=0} \cdot \left.\frac{dR}{dt}\right|_{R=0} \tag{9.5}$$

と，書くことができる．ここで，$(dN/dR)_{R=0}$ は，積算サイズ分布の原点での傾きであり，式 (9.3) を R に関して微分すると F_0 となる．すなわち，指数サイズ分布の nucleation density F_0 に等しい．また，$dR/dt|_{R=0}$ は，原点での結晶成長速度であるから，$G(R(t)=0)$ である．その結果，関係式

$$J = F_0 G(R(t) = 0) \tag{9.6}$$

が得られる．また，結晶成長速度と核形成速度 J の比によって，nucleation density F_0

$$F_0 = \frac{J}{G(R=0)} \tag{9.7}$$

と表現される．

上の式 (9.2) は，核形成速度は核形成の継続時間 t の関数として $J = G(R=0)$ $\check{F}_0 \exp(t/h)$ としたときの式 (9.1) であるから，式 (9.2) の導出には，時間に関して指数関数的に増加する核形成速度が仮定されていることがわかる．CSD の形（式 (9.1) の F_0 と R_S）は，結晶化のカイネティックス (G，J) と結晶化時間 (t_x) によって決まるから，CSD の違いは G，J，t_x の冷却過程（簡単には冷却速度で代表される）への依存性に帰着される．

9.1.2　指数関数的 CSD の物理的意味づけ

Cashman and Marsh (1988) では，以上 3 つのパラメータ（G，J，t_x）と冷却過程との関係を詳しく見るために，冷却速度など結晶化過程が野外の状況から推定可能な天然例である Hawaii の溶岩湖 (Makaophi lava lake) のボーリングコアサンプルを分析した．その際，バッチ結晶化（閉鎖系）を仮定し，サンプルの結晶化時間は，熱伝導モデルを用いてサンプルの深さに対応づけられて推定され

表 9.1 Hawaii の溶岩湖 (Makaopuhi lava lake) で冷却結晶化したマグマに対して推定された核形成速度と結晶成長速度 (Cashman and Marsh, 1988). 傾き $1/R_S$ は補正後の値.

サンプル	深さ (ft)	$1/R_S$ (cm^{-1})	F_0 (cm^{-4})	J (no./cm^3s)	G (cm/s)	ϕ (%)
斜長石						
68-2-20	51.5	1290	3.42×10^8	3.4×10^{-2}	9.9×10^{-11}	38.3
68-1-19	49.5	890	6.59×10^7	5.2×10^{-3}	7.9×10^{-11}	47.0
68-1-18	48.0	672	5.08×10^7	4.0×10^{-3}	8.0×10^{-11}	66.1
68-1-17	46.1	751	3.16×10^7	1.7×10^{-3}	5.4×10^{-11}	79.7
68-1-16	44.2	544	2.68×10^7	1.6×10^{-3}	6.0×10^{-11}	82.8
イルメナイト						
68-2-20	51.5	-	-	2.2×10^{-3}	4.9×10^{-10}	38.3
68-1-19	49.5	-	-	0.8×10^{-3}	3.9×10^{-10}	47.0
68-1-16	44.2	-	-	0.2×10^{-3}	3.4×10^{-10}	82.8
マグネタイト						
68-1-16	44.2	-	-	7.6×10^{-2}	2.9×10^{-10}	82.8

た．すなわち，結晶化の時間スケール t_x を，熱伝導モデルから推定される冷却速度の逆数によって推定し，その t_x の値を与えることによって，個々のサンプルの CSD の切片や傾きから，核形成速度と結晶成長速度の値を推定した (表 9.1)．斜長石に関しては，$J = 1.6\times10^{-3} \sim 3.4\times10^{-2}$ (no./cm^3s)，$G = 6.0\times10^{-11} \sim 9.9\times10^{-11}$ (cm/s) となり，深い方が J も G も大きい．イルメナイトに関しては，$J = 2.0\times10^{-4} \sim 2.2\times10^{-3}$ (no./cm^3s)，$G = 3.4\times10^{-10} \sim 4.9\times10^{-10}$ (cm/s) となり，これも深い方が J も G も大きい．さらに，核形成速度や結晶成長速度が，実効的な過冷却度 ΔT のべき関数 ($J \propto \Delta T^{\xi_J}$，$G \propto \Delta T^{\xi_G}$) で与えられるとすると，Kirkpatrick (1976) の結晶成長実験から $\xi_G = 1.59$ が与えられ，天然の CSD から，核形成速度の過冷却度依存性が $\xi_J = 7.5$ であると推定した．しかし，この考え方だと冷却速度が遅いほど (深いサンプルほど)，実効的過冷却度が大きくなり，直感と合わない．この問題は，CSD から推定される J や G がいつの時点のものかという問題と関係しており，指数関数的 CSD の成因的モデルの意味と解釈を含めて検討する必要がある．

Cashman (1988) では，Mount St.Helens のマイクロライトの CSD を測定し，噴火経過に前駆した地震の発生などをマグマの上昇のシグナルだと解釈し，そのタイミングから適当な結晶化時間を与え，J と G を計算した．その結果，マイクロライトの核形成速度は，斑晶のそれより顕著に大きいことがわかった (表 9.2)．Cashman (1992) では，マイクロライト CSD の変化から，1980 年 6 月から 1986

表 9.2　Mount St.Helens1980-1986 噴火の斑晶とマイクロライトに対して時定数を与えて推定された核形成速度と結晶成長速度 (Cashman, 1988).

サンプル	時定数	J(no./cm^{3}s)	G(cm/s)
鉄チタン酸化物斑晶			
ブラストデイサイト	30 (years)	3.35×10^{-4}	1.33×10^{-12}
ブラストデイサイト	150 (years)	6.69×10^{-5}	2.66×10^{-13}
1984 年 3 月ドーム	30 (years)	3.25×10^{-4}	9.75×10^{-13}
1984 年 3 月ドーム	150 (years)	6.50×10^{-5}	1.95×10^{-13}
斜長石斑晶			
ブラストデイサイト	30 (years)	1.569×10^{-5}	1.046×10^{-11}
ブラストデイサイト	150 (years)	4.72×10^{-6}	3.15×10^{-12}
1984 年 3 月ドーム	30 (years)	2.114×10^{-5}	9.88×10^{-12}
1984 年 3 月ドーム	150 (years)	6.36×10^{-6}	2.97×10^{-12}
ブラストデイサイトマイクロライト			
BD 8 Horizontal	52 (days)	1.64×10^{4}	1.19×10^{-11}
BD 8 Horizontal	1 (hour)	2.05×10^{7}	1.48×10^{-8}

年 10 月の間に，核形成速度が 1.2×10^3 (no./cm^3 s) から 2.7×10^{-2} (no./cm^3 s) に減少していることを示した．

Cashman (1993) では，さらに議論を進めて，核形成速度 J や結晶成長速度 G の冷却速度 (dT/dt) 依存性を以下のような形式で与え，地質学的産状や状況からそのパラメータを推定することを試みた．

$$\log G = \beta_1 + \beta_2 \log \left| \frac{dT}{dt} \right| \tag{9.8}$$

$$\log J = \beta_3 + \beta_4 \log \left| \frac{dT}{dt} \right| \tag{9.9}$$

彼女は，熱伝導モデルを用いて結晶化前線での冷却速度を境界からの距離 y の関数として推定し，距離の関数としての結晶サイズ $R(y)$ のデータを冷却の特徴的時間 $\tau = \kappa/y^2$ で割って，$G = R/\tau$ として推定した．また，核形成速度は，一般的なスケーリング関係式 $R = (G/J)^{1/4}$ から，$J = G/R^4$ として推定した (7.2 節の Box 参照)．その結果，核形成速度と成長速度の冷却速度依存性を表 9.3 のように推定した．さらに，これらのデータを用いると，結晶数密度についての一般的な関係式 $N = (J/G)^{3/4}$ から，結晶数密度の冷却速度依存性

$$N \propto \left| \frac{dT}{dt} \right|^{\xi} \tag{9.10}$$

を表す冷却速度指数 ξ を推定することができる．冷却速度指数は，岩石組織を解

表 9.3 Cashman (1993) によって推定された核形成速度と結晶成長速度の冷却速度依存性を表す指数 β_4 および β_2．その値と，$N = (J/G)^{3/4}$ によって求めた結晶数密度 N の冷却速度依存性 $\xi = 3(\beta_4 - \beta_2)/4$ を併せて示す．

天然サンプル	β_2	β_4	ξ
Salvador 岩脈（Gray のデータ）	0.87	1.37	0.37
Prehistoric Makaopuhi 溶岩湖	0.88	1.35	0.35
Lofgren *et al.* のデータ（輝石）	0.64	1.79	0.86

釈するうえで極めて重要なパラメータである．これも表にリストしている．

その後, Marsh (1998) は, 核形成速度および成長速度が時間の関数である場合の様々な場合について CSD を計算したが, J や G さらには N の冷却速度依存性にしては注目しておらず, CSD の違いを定量的に冷却速度の違いと関係づけることはしていない．また, 時間とともに指数関数的に増加する成長速度 $G = G_0 \exp(t/t_G)$ の場合に，成長速度を一定として計算したために，CSD の正確な数学表現が得られていない．Resmini (2007) は，CSD のモデリングを行い，$G \propto 1/t$ の場合，数値計算で CSD がセミログプロットで直線になることを示したが，指数分布 CSD の導出までは行っていない．Spillar and Dolejs (2014) は，J と G を与え，空間的な粒子の占有も考慮した結晶化のモデル化を行い，CSD を数値的に計算した．

9.1.3 CSD の記載的研究

CSD の記載的研究はたくさんなされている．斑晶に応用した例として，以下のものを挙げることができる．Mangan (1990) では，Hawaii のオリビン斑晶の CSD を分析し，外来結晶とその場晶出結晶の CSD に違いがあることから，マグマ供給系を議論した．Tomiya and Takahashi (1995) は，有珠の火山岩の CSD を測定し，CSD の折れ曲がりは 2 つのマグマ由来の結晶の CSD の混合の結果であるとして，マグマ混合の証拠とした．Resmini and Marsh (1995) は，溶岩の斜長石結晶について，0.05 mm ぐらいから 2 mm ぐらいまでの広い範囲の CSD をたくさん取得し，マグマだまり内過程，あるいは噴出順序（層序）の関数として，texture の変化を示した．Higgins (1996) は，斑晶からマイクロライトまでの CSD を取得し，マイクロライトと斑晶部分で傾きが違うと主張した．G を与えて，それぞれの時定数を数年と 10 数年と見積もっている．

石基組織に応用した例として以下のものがある．Wilhelm and Worner (1996) では，シルと溶岩流の CSD を空間の関数として取得し，熱伝導モデルから計算される結晶化時間を用いて，G と J を空間の関数として推定した．Hammer *et al.* (1999) では，0.01 (mm) までの CSD を取得し，指数分布になることを示した．

また，N_A（面積当たりの結晶数密度）と ϕ（結晶量）の間のマイクロライト・システマティックスの関係（10.3.4 節）を提示した．Hammer *et al.* (2000) は，CSD プロットを描いていないが，噴出率と texture を定量的に比較した最初の論文だろう．Higgins (2002) では，CSD によく見られる切片と傾きの相関が体積分率一定によるものだと議論した．Zieg and Marsh (2002) でも，たくさんの CSD を取得し，切片と傾きに相関があること示したが，これもやはり結晶度一定を意味する．CSD の傾きは冷却速度に依存しているとしたが，定量的な議論はなされていない．Piochi *et al.* (2005) は，Campi Flegrei (Italy) の火砕岩中の CSD を，0.1 mm ぐらいのものまで決定し，0.1 mm 弱のところで折れ曲がりがあることを見つけ，これをもとにマグマ上昇と結晶化に 2 つのステージがあったことを主張した．

Morgan *et al.* (2007) は，Stromboli 火山 (Italy) の最近の噴出物について，Sr の同位体の特徴と CSD との関係を調べて，マグマ注入の時間スケールを議論した．Salisbury *et al.* (2008) は，かなり広いレンジの CSD を取得して，microlite, microphenocryst, phenocryst を区別して傾きを取っている．これらの区別は，An#とサイズの相関図におけるトレンドの違いとも整合的であるとし，マグマだまり内過程の時間スケールを議論した．Vinet and Higgins (2011) は，Hawaii の Kilauea crater のドリルコアサンプルの CSD を測定し，変形オリビンとそうでないものと区別している．Preece *et al.* (2013) は，Merapi のドーム噴火について CSD を測定し，傾きと切片によって，Growth-dominated CSD と Nucleation-dominated CSD に分類できるとした．

9.1.4　CSD 研究の問題点と計算手法の確立

これまでの研究の問題点の 1 つは，J や G を時間やサイズの関数として与えたときの CSD の計算が数学的に正確ではなかったことである．例えば，Marsh (1998) では，G が時間の指数関数でありながら，$G =$ 一定としているところがあったりした．これによって数学的に間違った CSD が与えられ，それに基づいた議論が行われた．

もう 1 つの問題点は，冷却過程の違いによって CSD にどのような違いが生じるかという実証的研究があまり進んでこなかったことだ．しかし，これは近年に急速に進んできている（Burkhard, 2002 以来，Pupier *et al.*, 2008; Brugger and Hammer, 2010; Shea and Hammer, 2013）．こうした実験結果を有効に利用するためには，カイネティックモデルを用いて数学的に正しく CSD を計算する方法を確立する必要がある．そのことによって，CSD の数学表現に現れるパラメータと実験中のパラメータが正しく対応づけられ，どのカイネティックモデルが実際に作用しているか，実験的 CSD と比較することで評価できるからだ．

例えば，閉鎖系のバッチ結晶化の場合には，指数関数的 CSD に結果する 3 つのカイネティックモデルがある．1 つは，核形成速度が時間とともに指数関数的に増大し ($J = J_0 \exp(t/t_J)$)，成長速度が一定 ($G =$const.) のモデル．2 番目は，核形成速度と結晶化速度が一定のモデル（$J =$const. $\dot{\phi} =$const.，結晶成長速度は時間に反比例 $G = G_0(t/t_0)^{-1}$)，3 番目は，核形成速度が一定で，成長速度がサイズに対して指数関数 ($J =$ const., $G = G_0 \exp(R/R_{\mathrm{G}})$) である．3 者において，傾きは特徴的サイズ R_{S} の逆数であることはおなじであるが，その物理的意味は異なっている．最初の例では，特徴的サイズ R_{S} は，核形成の増加率を特徴づける時間 t_J と成長速度の積 $R_{\mathrm{S}} = Gt^* = Gt_J$ と与えられる．2 番目の例では，特徴的サイズ R_{S} は，核形成速度と結晶化速度の比 $\dot{\phi}/J$ の 1/3 乗によって与えられる．結晶化過程（例えば冷却速度）が異なることによって生じる傾きの変化は，最初の例では Gt_J，2 番目の例では $\dot{\phi}/J$ への影響を通して解釈されなければならない．具体的には，ここに登場するパラメータ t_J や J_0，G_0，t_0，$\dot{\phi}$ が，冷却速度にどのように依存しているかを吟味する必要がある．例えば，t_J は，核形成速度の指数関数的増加を特徴づける時定数であるが，界面エネルギーや拡散の活性化エネルギーによってきまる係数を持ち，冷却速度に反比例している．これらに値を代入することによって，カイネティックモデルの検討と CSD の解釈が実際的に可能になる．

以下では，この指数分布 CSD がどのような条件で生じるかということも含め，様々な核形成・成長則のカイネティックモデルに対して CSD を導出する．まず，結晶の出入りを伴わない閉鎖系において，Euler 的考察による一般的な導出方法を提示し，その後いくつかの具体例を示す．次に，Lagrange 的考察による一般的導出方法を解説し，いくつかの例について具体的に計算を試みる．この方法で導出された仮定の異なるいくつかのモデルを，室内実験から得られた CSD データに応用し，各モデルの評価を行う．次に，開放系についての CSD に関して，Euler 的記述を行い，解析解を求める．

9.2 Euler 的記述に基づく CSD の解析解

9.2.1 変数分離による解：一般解と指数分布になる例

閉鎖系の均一な結晶化を考える．Euler 的考察のサイズ分布の時間発展（population balance の式）は，

$$\frac{\partial F(R,t)}{\partial t} + \frac{\partial}{\partial R}\left(G(R,t)F(R,t)\right) = 0 \tag{9.11}$$

で記述される．いま，成長速度 G はサイズのみの関数 $G(R)$ とする．$F(R,t)$ を R のみの関数 $f_1(R)$ と t のみの関数 $f_2(t)$ に変数分離する：

$$F(R,t) = f_1(R) \cdot f_2(t) \tag{9.12}$$

これを，上式に代入すると，

$$f_1 \frac{\partial f_2}{\partial t} + f_2 \frac{\partial}{\partial R}\left(G(R)f_1(R)\right) = 0 \tag{9.13}$$

となる．ここで，$\varphi(R) = G(R)f_1(R)$ と置いて整理すると，

$$\frac{1}{f_2(t)}\frac{\partial f_2}{\partial t} = -\frac{G(R)}{\varphi(R)}\frac{\partial \varphi}{\partial R} = c \tag{9.14}$$

となる．それぞれ異なる独立変数だけから構成される各辺が等しくなるには，それらが定数でなければならず，ここでそれを c と置いた．

左辺と右辺の等式から，

$$f_2(t) = f_2(0)e^{ct} \tag{9.15}$$

であり，中央の式と右辺の等式から

$$\varphi(R) = \varphi(R_0)\exp\left(-\int_{R_0}^{R}\frac{c}{G(R)}dR\right) \tag{9.16}$$

となる．ここで，$\varphi(R_0) = G(R_0)f_1(R_0)$ である．

これらから，サイズ分布関数 ($F(R,t) = f_1 f_2 = \varphi f_2/G$) は，

$$F(R,t) = F(R_0,0)\frac{G(R_0)}{G(R)}\exp\left[c\left(t - \int_{R_0}^{R} G(R)^{-1}dR\right)\right] \tag{9.17}$$

となる．

成長速度がサイズによらず一定 ($G = G_0$) の場合

一般解は，

$$F(R,t) = F(R_0,0)\exp\left[c\left(t + \frac{R_0}{G_0}\right) - \frac{c}{G_0}R\right] \tag{9.18}$$

となる．ここで R_0 は境界条件からきまる定数である．これは，一見指数分布の CSD のように見える．しかし，境界条件によっては，c が定数とならず前提に反する場合もあり，この変数分離の解き方では適応範囲に制約が大きい[*3]．

[*3] 一定の核形成速度（$J = J_0$=一定）を仮定すると，境界条件から

指数分布になる例

成長速度がサイズによらず一定 ($G = G_0$) であり，かつ核形成速度が時間とともに指数関数的に増大する場合は，c は定数となり，この方法で解を得ることができる．この場合，

$$J(t) = J_0 e^{t/t_J} = G_0 F(0, t) = G_0 F(R_0, 0) e^{c(t+R_0/G_0)} \tag{9.21}$$

である．ここで，核形成速度の時定数 t_J は，核形成速度の指数関数的増加率を示

指数関数的に増加する核形成速度の時定数

時間とともに指数関数的に増大する核形成速度の時定数 t_J は，核形成速度が式 (7.48) で与えられる場合，温度を時間の関数と見なし微分を取ることで，

$$t_J^{-1} = \left(-\frac{\tilde{q}}{\tilde{T}_1^2} + \frac{(3\tilde{T}_1 - 1)\Lambda}{\tilde{T}_1^2(1-\tilde{T}_1)^3} \right) \frac{|\dot{T}|}{T_0} = \tilde{A}\frac{|\dot{T}|}{T_0} = \frac{\tilde{A}}{t_{\mathrm{th}}} \tag{9.22}$$

で与えられ，冷却速度に比例する．ここで，$\tilde{T}_1$ は核形成が活発になる温度 T_1 に相当する無次元の規格化された温度である．t_{th} は冷却の特徴的時間であり，$t_{\mathrm{th}} = T_0/|\dot{T}|$ と定義される．$\tilde{A}$ は大かっこの中である．$\tilde{A}$ は冷却が核形成速度増加に与える大きさを示す定数である．$\tilde{A}$ の値と無次元の過冷却 $\Delta\tilde{T}_1 = \Delta T_1/T_0$ の関係を下図に示す．3 つの異なる核形成バリアー $\log(\Gamma)$ に対する $\tilde{A}$ の値．過冷却度が小さいところでは $\Delta\tilde{T}_1^{-3}$ に依存する．線の横の数字は $\log(\Gamma)$ の値を示す．

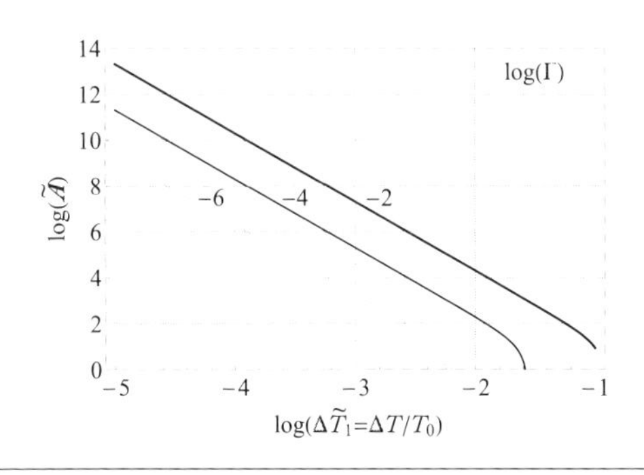

$$J(t) = J_0 = G_0 F(0, t) = G_0 F(R_0, 0) \exp\left[c\left(t + \frac{R_0}{G_0} \right) \right] \tag{9.19}$$

よって，

$$\exp\left[c\left(t + \frac{R_0}{G_0} \right) \right] = \frac{J_0}{G_0 F(R_0, 0)}, \quad c = \frac{\ln J_0/(G_0 F(R_0, 0))}{t + R_0/G_0} \tag{9.20}$$

となり，c は時間 t に依存する．

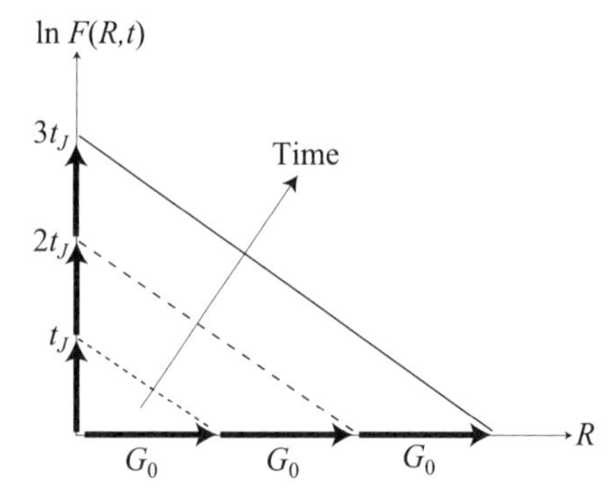

図 9.2　指数分布になる例その 1．核形成速度が時間とともに指数関数的に増加し $(J(t) = J_0 \exp(t/t_J))$，成長速度が一定 (G_0) の場合の，CSD の時間発展の模式図．

す時定数である（Box を参照）．

これから，

$$c = t_J^{-1} \tag{9.23}$$

$$\frac{J_0}{G_0} = F(R_0, 0)e^{R_0/G_0 t_J} \tag{9.24}$$

と，定数 c と定数 R_0，$F(R_0, 0)$ が核形成速度と関係づけられて決定される．結局，CSD は

$$F(R, t) = \frac{J_0}{G_0} \exp\left[\frac{t}{t_J} - \frac{R}{G_0 t_J}\right] \tag{9.25}$$

となり，指数分布の CSD が得られる．CSD の切片と傾きは

$$F_0 = \frac{J_0 e^{t/t_J}}{G_0} \tag{9.26}$$

$$|\mathrm{slope}| = \frac{1}{G_0 t_J} = 1/R_{\mathrm{S}} \tag{9.27}$$

となる．ここで，R_{S} $(= G_0 t_J)$ は特徴的なサイズであり，平均粒径と一致する．

この場合に指数分布になることを定性的に理解しよう．nucleation density F_0 または $F(0, t)$ は，核形成速度と成長速度の比 $J_0(t)/G_0 = J_0 \exp(t/t_J)/G_0$ によって増加する．自然対数スケールの増加率 $d \ln F_0/dt$ は，$d(t/t_J)/dt = t_J^{-1}$ で，対数スケールで一定となる．サイズ 0 で生まれる結晶サイズの増加率は G_0 で，これは線形スケールで一定である．その結果，片対数グラフで，サイズ分布関数は，横軸と縦軸に同じ比率で移動することになり，指数分布となる（図 9.2）．

9.2.2 成長速度が時間のみに依存する場合の一般解

成長速度が時間のみに依存する場合は，変数分離の方法が使えない．一般解を得るために，Laplace 変換の方法を利用しよう．成長速度が，時間のみの関数である場合，式 (9.11) の左辺第 2 項において，G は微分の外に出すことができるので，サイズ分布の保存則は，

$$\frac{\partial F(R,t)}{\partial t} + G(t)\frac{\partial F(R,t)}{\partial R} = 0 \tag{9.28}$$

となる．この式に，空間（ここでは，サイズ空間 R）についての Laplace 変換を施す．e^{-sR} を掛けて積分し（ここで s はダミー変数），Laplace 変換の定義

$$\hat{F} = \int_0^\infty e^{-sR} F dR \tag{9.29}$$

を用いると，

$$第 1 項 = \frac{\partial \hat{F}}{\partial t} \tag{9.30}$$

$$第 2 項 = G(t)\left[-F(0,t) + s\hat{F}\right] \tag{9.31}$$

となり，式 (9.28) は，

$$\frac{\partial \hat{F}}{\partial t} + sG(t)\hat{F} = G(t)F(0,t) \tag{9.32}$$

となる．これは，$\hat{F}$ の時間についての 1 次の線形微分方程式であるので，一般解は，

$$\hat{F} = \int_0^t G(t')F(0,t')\exp\left[-s\int_{t'}^t G(t'')dt''\right]dt' + c\exp\left[-s\int_0^t G(t')dt'\right] \tag{9.33}$$

となる．ここで，c は積分定数で，初期条件を $F_0(R) = F(R,0)$ とすると，

$$c = \int_0^\infty e^{-sR} F_0(R) dR = \hat{F}_0(s) \tag{9.34}$$

と書くことができる．

F は，$\hat{F}$ の逆 Laplace 変換を行えばよいから，

$$F(R,t) = \mathcal{L}^{-1}(\hat{F}) \tag{9.35}$$

$$
\begin{aligned}
&= \int_0^t G(t')F(0,t')\delta(R - \int_{t'}^t G(t'')dt'')dt' \\
&\quad + \int_0^R \delta(R' - \int_0^t G(t')dt')F(R-R',0)dR'
\end{aligned} \tag{9.36}
$$

となる．ここで，$\mathcal{L}^{-1}(e^{-sX}) = \delta(R-X)$ を利用した．右辺第 1 項に関して，デルタ関数の性質

$$
\int f(x)\delta(g(x))dx = \int f(g)\left(\frac{\partial g}{\partial x}\right)^{-1}\delta(g)dg = f(g=0)\left[\left(\frac{\partial g}{\partial x}\right)^{-1}\right]_{g=0} \tag{9.37}
$$

を用いると，

$$
F(R,t) = F(0,t'(R,t)) + F(R - \int_0^t G(t'')dt'', 0) \tag{9.38}
$$

となる．ここで，$t'(R,t)$ は，

$$
R - \int_{t'}^t G(t'')dt'' = 0 \tag{9.39}
$$

を満たす R と t の関数としての t' である．式 (9.38) の右辺第 1 項は，境界条件すなわち核形成の時間変化から決定される：

$$
G(0,t')F(0,t') = J(t') \tag{9.40}
$$

結局一般解は，

$$
F(R,t) = \underbrace{\frac{J(t')}{G(t')}}_{\text{境界条件}} + \underbrace{F(R - \int_0^t G(t'')dt'', 0)}_{\text{初期条件}} \tag{9.41}
$$

と表現される．第 1 項はサイズ空間での境界条件を反映しており，$R=0$ での流れ込み，すなわち核形成速度の影響，第 2 項は初期条件の影響を表している．

指数分布になる例　その 1

以上の成長速度が時間のみに依存する場合は，成長速度一定の場合も含む ($G = G_0$)．この場合は，先に変数分離の方法での例と同じであるが，基づく式が異なるので繰り返しになるがここでも述べる．

簡単のため，初期条件として結晶が存在しない場合を考える．その場合，式 (9.41) は，

$$F(R,t) = \frac{J(t')}{G_0} \tag{9.42}$$

となる．ここで，t' と R の関係は式 (9.39) で与えられる．すなわち，

$$R = G_0(t - t') \tag{9.43}$$

である．

核形成速度の時間依存性を指数関数 $J(t) = J_0 \exp(at)$ とすると，

$$J(t') = J(t - R/G_0) = J_0 \exp\left(t/t_J - \frac{R}{G_0 t_J}\right) \tag{9.44}$$

となり，指数分布が得られる．この場合に指数分布になることの定性的説明は図 9.2 とそれに対応する本文中で述べた．

指数分布になる例　その 2

同様に，初期条件として結晶が存在しない場合を想定し，核形成速度が一定 J_0 で，成長速度が時間に反比例する場合を考える．式 (9.41) は，

$$F(R,t) = \frac{J_0}{G(t')} \tag{9.45}$$

となる．この場合は，後で見るように，結晶化速度と核形成速度が一定の場合で，核形成速度の指数前因子が極端に小さい場合に相当する．成長速度の式

$$G(t) = \frac{R_0}{t} \tag{9.46}$$

を式 (9.39) に代入し，$G(t) = dR/dt$ として積分を実行すると，

$$R = R_0 \ln \frac{t}{t'} \tag{9.47}$$

となり，これから核形成時刻 t' を式 (9.46) と (9.45) に代入すると，

$$F(R,t) = \frac{J_0 t}{R_0} \exp\left(-\frac{R}{R_0}\right) \tag{9.48}$$

となり，指数分布が得られる．

この場合に指数分布になることを定性的に理解しよう．nucleation density F_0 または $F(0,t)$ は，核形成時刻 t' での核形成速度と成長速度の比 $J(t')/G(t')$，すなわち $J_0 t/R_0$ できまるから，時間とともに線形に増加する．$t = 0$ では，数学的

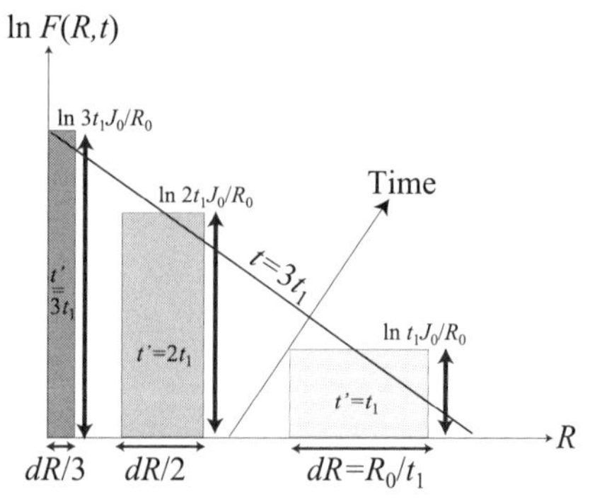

図 9.3 指数分布になる例その 2．核形成速度（$J_0 = F(R) \times dR$：四角形の面積）が一定で，成長速度が時間に反比例して減少する場合 $(G(t) = R_0/t)$ の指数分布 CSD の成立の模式図．時刻 t_1 で核形成した結晶のサイズビンは R_0/t_1，t_1 の 2 倍の時刻で核形成したもののサイズビンはその 1/2 と，ビン幅が核形成時刻とともに狭くなっていく．F の高さはそれとともに高くなっていき，J_0 は一定である．

には成長速度が無限に大きいから，一定の核形成速度で結晶が生成しても，すぐさま成長し，$R = 0$ での核密度は 0 になる．サイズ 0 で生まれる結晶サイズの増加率は時間に反比例するから，時間とともに核の成長速度は鈍り，サイズ $R = 0$ に留まるようになる．このため，核密度は時間に比例し増加する．サイズが大きいほど，より早期に時刻 t' で核形成し，成長速度が大きい時代の履歴を経るから，初期にサイズ 0 で dR のサイズビンにあった結晶数は，時間 t のときには，R でのサイズビン幅 t/t' に薄められる．このことは，後の Lagrange 的方法で見るとよりわかりやすい．その結果，片対数グラフで，サイズ分布関数は，縦軸の切片が一定で，サイズの増大とともに直線的に小さくなっていき，指数分布となる（図 9.3）．

9.2.3 成長速度がサイズのみに依存する場合の一般解

成長速度が，サイズのみの関数である場合，式 (9.11) の左辺第 2 項は，R だけの関数となり，サイズ分布の保存則は，

$$\frac{\partial F(R,t)}{\partial t} + \frac{\partial}{\partial R}\left(G(R)F(R,t)\right) = 0 \qquad (9.49)$$

となる．この式に，時間についての Laplace 変換を施す．e^{-st} を掛けて積分し，Laplace 変換の定義

$$\hat{F} = \int_0^\infty e^{-st} F dt \tag{9.50}$$

を用いると,

$$第1項 = -F(R,0) + s\hat{F} \tag{9.51}$$

$$第2項 = \frac{\partial}{\partial R}\left(G(R)\hat{F}\right) \tag{9.52}$$

となり，式 (9.49) は,

$$-F(R,0) + s\hat{F} + \frac{\partial}{\partial R}\left(G(R)\hat{F}\right) = 0 \tag{9.53}$$

となる．さらに整理すると

$$\frac{d\hat{F}}{dR} + \frac{s + \frac{dG}{dR}}{G}\hat{F} = \frac{F(R,0)}{G} \tag{9.54}$$

となる．これは，$\hat{F}$ の空間（サイズ空間）についての 1 次の線形微分方程式であり，一般解は,

$$\hat{F} = e^{-(st_{\mathrm{A}}(R)+\tilde{b}(R))}\left(\int_0^R \frac{F(R',0)}{G(R')} e^{st_{\mathrm{A}}(R')+\tilde{b}(R')} dR' + c\right) \tag{9.55}$$

となる．ここで,

$$t_{\mathrm{A}}(R) = \int_0^R \frac{dR''}{G(R'')} \tag{9.56}$$

$$\tilde{b}(R) = \ln\left(\frac{G(R)}{G(0)}\right) \tag{9.57}$$

である．また，c は積分定数で，境界条件 $F(0,t)$ の Laplace 変換

$$c = \hat{F}(0,s) = \int_0^\infty e^{-st} F(0,t) dt \tag{9.58}$$

から決定される．今の場合境界条件は $G(0)F(0,t) = J(t)$ であるので，その Laplace 変換から,

$$c = \frac{\hat{J}(s)}{G(0)} \tag{9.59}$$

である．

F は，$\hat{F}$ の逆 Laplace 変換を行えばよいから,

$$F(R,t) = \mathcal{L}^{-1}(\hat{F}) \tag{9.60}$$

$$= \int_0^R \frac{F(R',0)}{G(R')} e^{\tilde{b}(R,R')} \mathcal{L}^{-1}(e^{-st_{\mathrm{A}}(R,R')}) dR' + \frac{e^{-\tilde{b}(R)}}{G(0)} \mathcal{L}^{-1}(e^{-st_{\mathrm{A}}(R)} \hat{J}(s)) \tag{9.61}$$

$$t_{\mathrm{A}}(R,R') = t_{\mathrm{A}}(R) - t_{\mathrm{A}}(R') \tag{9.62}$$

$$\tilde{b}(R,R') = \tilde{b}(R') - \tilde{b}(R) \tag{9.63}$$

と表される．第1項では，$\mathcal{L}^{-1}(e^{-sX}) = \delta(t-X)$ を用い，第2項ではたたみこみ定理を利用すると，

$$F(R,t) = \underbrace{\frac{J(t-t_{\mathrm{A}}(R))}{G(R)}}_{\text{境界条件}} + \underbrace{\frac{G(R')}{G(R)} F(R',0)}_{\text{初期条件}} \tag{9.64}$$

となる．ここでも先に述べたデルタ関数の性質を用いた．ここで，R' は，

$$t = \int_{R'}^{R} \frac{dR''}{G(R'')} \tag{9.65}$$

を介して，R と t を関係づける変数である．

指数分布になる例　その3

簡単のために初期条件として結晶を含まず，核形成速度が一定としてみよう ($J(t) = J_0$)．式 (9.64) は，

$$F(R,t) = \frac{J_0}{G(R)} \tag{9.66}$$

となる．結晶成長速度が，サイズに関して指数関数的に増加する場合，

$$G(R) = G_0 \exp(R/R_{\mathrm{G}}) \tag{9.67}$$

を仮定する．ここで，R_{G} は成長速度のサイズ依存性を特徴づける定数である．このとき，式 (9.67) は，

$$F(R,t) = \frac{J_0}{G_0} \exp(-R/R_{\mathrm{G}}) \tag{9.68}$$

となり，指数分布が得られる．

この場合に指数分布になることを定性的に理解しよう．nucleation density F_0 または $F(0,t)$ は，核形成速度と成長速度の比 $J_0(t)/G(R)|_{R=0} = J_0/(G_0 \exp(R/R_{\mathrm{G}}))|_{R=0}$ できまるから，J_0/G_0 で常に一定であり，時間とともに変化しない．

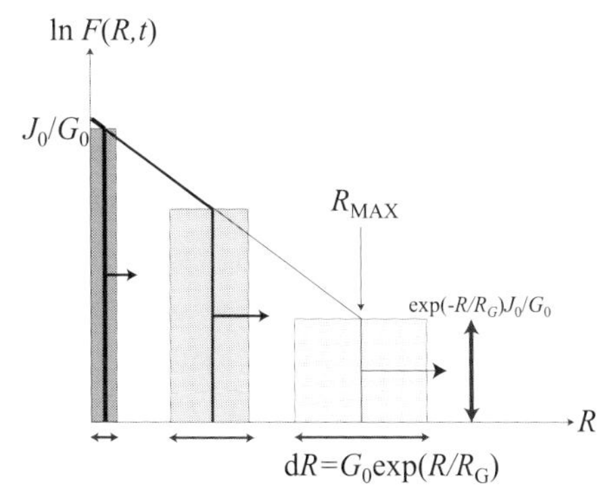

図 **9.4** 指数分布になる例その 3．核形成速度が一定で，成長速度がサイズの関数として $(G(R) = G_0 \exp(R/R_{\mathrm{G}}))$ で与えられる場合の指数分布 CSD の成立の模式図．R_{MAX} は $R_{\mathrm{G}} \ln\left(\frac{G_0}{R_{\mathrm{G}}}t + 1\right)$ で時間とともに進む．

サイズ 0 で生まれる結晶サイズの増加率は $G_0 \exp(R/R_{\mathrm{G}})$ であり，これは指数関数的にサイズの増加とともに加速度的に大きくなる．サイズが大きいほど，増加率は大きくなるから，初期にサイズ 0 で dR であったサイズビンは，R のサイズにまで成長したときに $\exp(R/R_{\mathrm{G}})$ 倍に拡大している．そのサイズビンには，J_0/G_0 の結晶数が含まれるから，線形スケールのサイズビン dR には，$\exp(R/R_{\mathrm{G}})$ 分の 1，すなわち $\exp(-R/R_{\mathrm{G}})$ 倍の結晶数が含まれることになる．すなわち，結晶数密度は，サイズ空間上で，サイズの増加とともに薄まっていくことになる．その結果，片対数グラフで，サイズ分布関数は，縦軸の切片が一定で，サイズの増大とともに直線的に小さくなっていき，指数分布となる（図 9.4）．この場合，$t = 0$ で核形成が始まったとすると，$t < 0$ の結晶は存在しないから，$t = 0$ での核形成に対応したサイズが，サイズ前線（サイズフロント）として成長とともに伝播していく．

9.3 Lagrange 的記述に基づく CSD の解析解

9.3.1 方法

Euler 的方法と同じ結果が，時間–サイズ空間における Lagrange 的方法からも得られる．Lagrange 的方法のメリットは，核形成速度と成長速度が時間の関数として与えられていれば，比較的容易にサイズ分布関数が解析的に求まることである．以下にその手順を示す．

発泡過程の時間発展のところで解説した気泡サイズ分布に関する式 (5.50) は，そのまま結晶サイズ分布 $F(R,t)$ に置き換えることができる．

$$F(R(t',t),t) = \frac{\delta t' J(t')}{\delta R(t',t)} \tag{9.69}$$

ここで，核形成速度 $J(t')$ は，核形成時刻 t' での核形成速度である．注意が必要なのは，ある時刻 t での結晶サイズ分布 $F(R,t)$ のサイズ R に陽に核形成時刻 t' が入っていることである．右辺の $\delta R(t',t)$ は，式 (5.51) で与えられるから，成長速度 $G(R,t)$ を用いて書くと，

$$\delta R(t',t) = \int_{t'}^{t} G(R(t',\tau),\tau)d\tau - \int_{t'+\delta t'}^{t} G(R(t'+\delta t',\tau),\tau)d\tau \tag{9.70}$$

となる．これは，成長速度の表式が与えられていれば計算できるのであるが，成長速度はその時刻での過飽和度に依存するから，時刻での $\delta R(t',t)$ を計算するためには，それまでの全時間での過飽和度を知っておく必要がある．過飽和度は温度と濃度の関数であり，濃度は結晶化量に依存するから，結局それまでの F を知っておく必要があり，一筋縄ではいかない．

いま，以上のような温度や濃度とのカップリングはひとまず考えないで，単純に成長速度 G が時間のみに陽に依存するとしよう．そうすると，

$$\delta R(t',t) = \int_{t'}^{t} G(\tau)d\tau - \int_{t'+\delta t'}^{t} G(\tau)d\tau = \int_{t'}^{t'+\delta t'} G(\tau)d\tau \tag{9.71}$$

$$= G(t')\delta t' \tag{9.72}$$

となる．最後の積分を $G(t')\delta t'$ で近似すると，式 (9.69) において分母と分子で $\delta t'$ はキャンセルされて，

$$F(R(t',t),t) = \frac{J(t')}{G(t')} \tag{9.73}$$

となる．これが，今後基本となる重要な式で，過去の時刻 t' での，核形成速度と成長速度の比によって，現在の時刻 t でのサイズ分布が決定されていることを表している．

しかし，ここで注意が必要である．すなわち，過去の核形成時刻 t' を計算する必要があるということだ．過去の核形成時刻の手掛かりは，現在の結晶サイズ $R(t',t)$ と，成長速度だけである．成長を逆にたどればそれが誕生した，すなわち $R=0$ の時刻に行きつくわけである．すなわち，

$$R(t', t) = \int_{t'}^{t} G(\tau) d\tau \tag{9.74}$$

を計算すれば，右辺は t' と t の関数であるので，t' について解けば，R の関数としての t' が求まる．

サイズ分布関数を求める問題を閉じるためには，核形成の終了時刻を決定する必要がある．核形成の終了は，最大核形成の時刻で近似する．最大核形成の時刻は，過冷却度（過飽和度）の最大値の時刻と一致する．これは半解析的に気泡の数密度を求める際に，この条件を利用した（5.5.3 節および 5.5.4 節）．温度 T および結晶化成分濃度 C の液の過冷却度 ΔT_{L} を，温度 T と液の融点（液相線温度）$T_{\mathrm{L}}(C)$ との差で定義する：

$$\Delta T_{\mathrm{L}}(C, T) = T_{\mathrm{L}}(C) - T \tag{9.75}$$

濃度の関数としての液相線温度を簡単化して

$$T_{\mathrm{L}}(C) = T_0 \left(1 + \frac{k_{\mathrm{B}}}{\Delta s}\left(\frac{C}{C_0} - 1\right)\right) \tag{9.76}$$

と書く．質量の保存から，結晶化成分濃度は，結晶相の体積分率 ϕ を用いて

$$C = \frac{C_0 - \phi/v_{\mathrm{S}}}{1 - \phi} \tag{9.77}$$

と表される（1 固相を仮定）．最大核形成での，体積分率は 1 に比べて十分小さいので，以下の近似が成立する．

$$C = C_0 - \frac{\phi}{v_{\mathrm{S}}} \tag{9.78}$$

この式を，式 (9.76) および式 (9.75) に代入し，時間について微分し極値条件を取ると，

$$\frac{d\Delta T_{\mathrm{L}}(C, T)}{dt} = \underbrace{-\frac{kT_0}{\phi_0 \Delta s}\frac{d\phi}{dt}}_{\text{減少}} \underbrace{-\frac{dT}{dt}}_{\text{増加}} = 0 \tag{9.79}$$

となる．ここで，$\phi_0 = C_0 v_{\mathrm{S}}$ で，初期体積濃度である．右辺第 1 項は結晶の成長による過飽和度の減少，第 2 項は冷却による過飽和度の増加に対応する．体積分率 ϕ は，サイズ分布関数 $F(R, t)$ を用いて，

$$\phi = \int_0^{\infty} \alpha_{\mathrm{s}} R^3 F(R, t) dR \tag{9.80}$$

と与えられる．ここで，α_s は形状因子で，球の場合 $4\pi/3$ である．ここまでの計算で $F(R,t)$ は求められているので，この積分も計算可能である．式 (9.79) の中央と右辺の等式を t について解けば，最大核形成（≈ 核形成終了）の時刻 t_n^* が求まる．核形成終了時での CSD は $F(R,t_n^*)$ として求まる．観測される CSD がその後の成長を経ている場合には，成長則を用いて，Euler 的記述で求めた一般解に代入し，境界条件による項が 0 の場合について計算する必要がある．以上の手順を実感するために，時間の関数として核形成・成長速度を与えた場合の計算例をいくつか示そう．

9.3.2　例 1：$J = J_0 \exp(t/t_J)$ と $G = G_1 =$ 一定の場合；指数分布

G が定数 G_1 の場合を考察してみよう．その場合は，さらに単純になり，

$$R(t',t) = G_1(t-t') \tag{9.81}$$

であるから，

$$t' = t - \frac{R(t',t)}{G_1} \tag{9.82}$$

となる．これを，上式に代入すると，形式的に

$$F(R(t',t),t) = \frac{J(t - \frac{R(t',t)}{G_1})}{G_1} \tag{9.83}$$

となる．核形成速度が，時間 t' とともに指数関数的に増大する場合；

$$J(t') = J_0 e^{t'/t_J} \tag{9.84}$$

を考える．ここで，核形成速度に関する定数 t_J は，冷却による過飽和度増加の特徴的時間で冷却速度に関係する（式 (9.22)）．

この t' に，R の関数として与えられた式 (9.82) を代入すると，サイズ分布は以下のように

$$F(R(t',t),t) = \frac{J_0 \exp\left(\frac{t}{t_J} - \frac{R(t',t))}{G_1 t_J}\right)}{G_1} \tag{9.85}$$

となり，指数分布の CSD が得られる．この場合は，切片と傾き，および特徴的サイズ R_1 は，

$$F_0 = \frac{J_0 e^{t/t_J}}{G_1} \tag{9.86}$$

$$R_1 = G_1 t_J (= 1/|\text{slope}|) \tag{9.87}$$

となる．ここで，特徴的サイズ R_1 は，population density が自然対数スケールで 1 変化することに対応するサイズ変化であり，そのときの時定数 $t_1/t_J = 1$（このとき $J = J_0 \times e$ である）を用いて，

$$R_1 = G_1 \times t_1 \tag{9.88}$$

と書ける[*4]．

時間とともに t が大きくなり，切片も増加するが，核形成の終了時刻 t_{n}^* において，サイズ分布のおおよその形状は決定され，数密度もきまる．CSD の全体像と，そのパラメータ依存性を見るためには，この核形成の終了時刻 t_{n}^* がパラメータにどのように依存するか，見る必要がある．核形成の終了は，核形成の極大後急速に訪れるので，核形成のクライマックスの時刻を核形成の終了時刻と考えてよい．核形成の極大時刻は，過飽和度の極値条件より決定される．極値条件の式 (9.79) から，核形成終了の条件は，

$$\frac{1}{R_X^*}\frac{1}{\phi_0}\frac{d\phi}{dt} - \frac{1}{R_T^*}\frac{1}{T_0}\frac{dT}{dt} = 0 \tag{9.89}$$

となる．ここで，$\phi_0 = C_0 v_c$ は結晶化成分の初期体積濃度，R_X^* と R_T^* は式 (7.21) と (7.18) で定義されている臨界核半径スケールの化学的および熱的表現である．

結晶量 ϕ はサイズ分布関数を用いて

$$\phi = \alpha_{\mathrm{s}} \int_0^\infty R^3 F(R,t) dR \tag{9.90}$$

で計算される．ここで，α_{s} は形状因子で，形状として球形，サイズとしてその半径を取る場合，$\alpha_{\mathrm{s}} = 4\pi/3$ である．上式に式 (9.85) を入れ，計算すると

$$\phi = \frac{6\alpha_{\mathrm{s}} J_0 e^{t/t_J}}{G_1} (G_1 t_J)^4 \tag{9.91}$$

となる．これを，極値条件の式 (9.89) に代入し，t_{n}^* は，

$$e^{t_{\mathrm{n}}^*/t_J} = \frac{\phi_{\mathrm{n}}^* G_1}{6\alpha_{\mathrm{s}} J_0} (G_1 t_J)^{-4} \tag{9.92}$$

を満たすように与えられる．ここで，ϕ_{n}^* は，核形成の終了を決定する実効的な結晶体積分率であり，いまの場合，

$$\phi_{\mathrm{n}}^* = \frac{\phi_0}{\tilde{A}} \frac{R_X^*}{R_T^*} \tag{9.93}$$

[*4] これは系に存在する最大粒径 $R_{\max}$（後述）とは異なることに注意．

となる[*5]．$\tilde{A}$ は式 (9.22) で与えられ，冷却が核形成速度増加率に与える大きさを示す定数である．

$\phi_{\rm n}^*$ と特徴的サイズ R_1 を用いて式 (9.85) を書きなおすと，

$$F(R) = F(R, t^*) = \frac{\phi_{\rm n}^*}{6\alpha_{\rm s}} (G_1 t_J)^{-4} \, e^{-\frac{R}{G_1 t_J}} = \frac{\phi_{\rm n}^*}{6\alpha} R_1^{-4} e^{-R/R_1} \tag{9.94}$$

ここで，

$$R_1 = G_1 t_J \tag{9.95}$$

さらに，切片と傾きは

$$F_0 = \frac{\phi_{\rm n}^*}{6\alpha} (G_1 t_J)^{-4} \tag{9.96}$$

$$|\text{slope}| = \frac{1}{G_1 t_J} \tag{9.97}$$

となる．これを図 9.5 に示す．この CSD は，冷却速度の目安である核形成の指数部分 t_J と成長速度 G_1 の積 $G_1 t_J$ で一意に決定され，この比が大きいほど，傾きが急で，切片の値は大きくなる．観測にかかる最大粒径[*6]は，逆にこの比の減少とともに増加する．それは，実効的成長速度が増加することに対応し，最大粒径 $R_{\max} = G_1 t_{\rm n}^*$ である．

この場合，結晶数密度 N は

$$N = \int_0^\infty F(R) dR = \frac{\phi_{\rm n}^*}{6\alpha_{\rm s}} (G_1 t_J)^{-3} = \frac{\phi_{\rm n}^*}{6\alpha} R_1^{-3} \tag{9.98}$$

である．$\phi_{\rm n}^*$ は冷却速度に依存しない定数であり，冷却速度は t_J を通して，すなわち R_1 を通して効いてくる（式 (9.22)）．これからわかるように，この場合は，結晶数密度は冷却速度 $t_J^{-1} \approx |\dot{T}|$ の 3 乗に比例する．しかし，室内実験や天然の岩脈で観測される数密度依存性とは一致しない．これらと一致するのは，以下で見る拡散律速成長の場合か，指数関数的に成長速度が与えられる場合で特殊な条件のときである．この場合には，CSD の切片 $F_0 (= F(0))$ と

[*5] これは，冷却による過飽和度増加と，結晶化の進行に伴う液中成分濃度減少による過飽和度減少が，バランスする条件である．単純に，液中結晶化成分濃度がある臨界値を超えて減少したときに核形成が終了するとする条件 ($\phi = \phi_{\rm n}^*$) でも，同様な結果が得られるが，その際，臨界濃度が，冷却速度やその他のパラメータに依存するかどうかは，この時点では不明である．別の言葉で言えば，極値条件を用いることで，$\phi_{\rm n}^*$ のパラメータ依存性が明らかになる（式 (9.93)）．

[*6] すなわち，population density がある一定の値を超えた粒径．

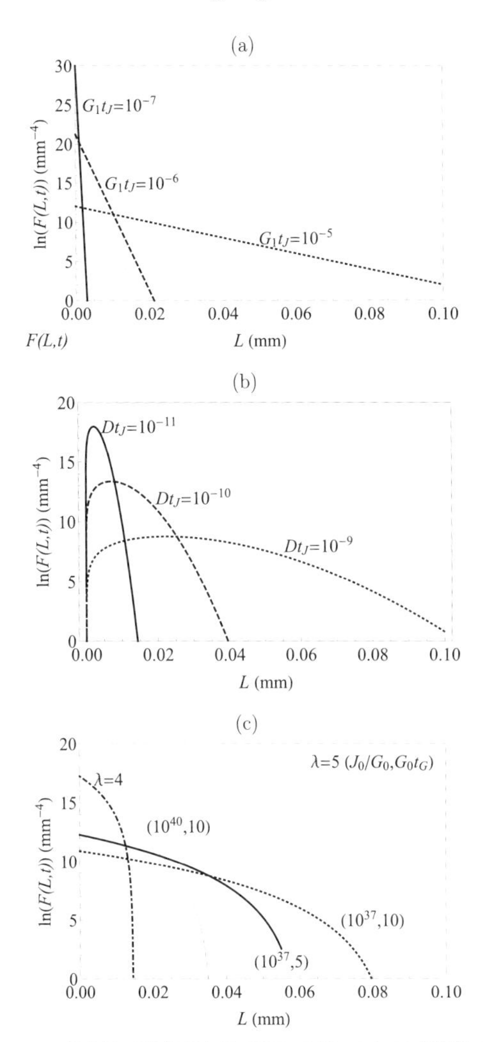

図 9.5　Lagrange 的方法で計算される CSD の例．(a) G が定数 G_1 の場合（式 (9.94)）．冷却速度の目安である核形成速度の時定数 t_J と成長速度（一定）G_1 の関 $G_1 t_J$ が小さくなるほど，傾きが急になる．(b) 拡散成長 $G = (D(t-t'))^{1/2}$ の場合．t_J と拡散係数 D の関 Dt_J が小さくなるほど傾きが大きくなる．(c) 式 (9.133) から計算される CSD．$t_G > 0$ の場合．λ, J_0/G_0 と $G_0 t_G$ の様々な値に対して示されている．点線は基準の場合 ($\lambda = t_G/t_J = 5$, $J_0/G_0 = 10^{37}$, $G_0 t_G = 10$)．太実線は $G_0 t_G$ の値が 1/2 倍の場合．細実線は J_0/G_0 の値が 10^{-3} 倍の場合．1 点破線は $\lambda = 4$ の場合．$\phi_{\rm n}^* = 0.1$ とした．

$$R_{\mathrm{m}} = \frac{\int_0^\infty RF(R)dR}{N} = G_1 t_J = R_1 \tag{9.99}$$

で定義される平均粒径は，その積が結晶数密度を与える：

$$N = R_{\mathrm{m}} F_0 = \frac{F_0}{|\mathrm{slope}|} \tag{9.100}$$

平均粒径は傾きの逆数である．

9.3.3　例 2：$J = J_0 \exp(t/t_J)$ と拡散成長の場合

拡散律速の場合は，

$$R(t', t) = \sqrt{D(t - t')} \tag{9.101}$$

であり，

$$t' = t - \frac{R^2(t', t)}{D} \tag{9.102}$$

$$\delta R = \frac{R(t', t)\delta t'}{2(t - t')} = \frac{D\delta t'}{2R(t', t)} \tag{9.103}$$

である．よって，

$$F(R, t) = \frac{2RJ(t')}{D} = \frac{2J_0 e^{t/t_J}}{D} R e^{-\frac{R^2}{Dt_J}} \tag{9.104}$$

となる．前節と同様に，核形成の終了時刻 t_{n}^* を求める．結晶量 ϕ は，

$$\phi = \frac{4\pi}{3} \int_0^\infty R^3 F(R, t) dR = \frac{6\alpha_{\mathrm{s}} J_0 e^{t/t_J}}{3D} \int_0^\infty R^4 e^{-\frac{R^2}{Dt_J}} dR \tag{9.105}$$

であり，最後の積分は $3\pi^{1/2}(Dt_J)^{5/2}/8$ となる．前節と同様，極値条件を用いると，

$$e^{t_{\mathrm{n}}^*/t_J} = \frac{\phi^* D}{\pi^{3/2} J_0} (Dt_J)^{-\frac{5}{2}} \tag{9.106}$$

となり，この場合の ϕ_{n}^* も，式 (9.93) で与えられているものと等しい．

よって，サイズ分布 $F(R)$ は，

$$F(R) = \frac{2\phi_{\mathrm{n}}^*}{\pi^{3/2}} \left(\frac{a}{D}\right)^{\frac{5}{2}} R e^{-\frac{R^2}{Dt_J}} = \frac{8\phi_{\mathrm{n}}^*}{3\alpha\pi^{1/2}} R_2^{-4} \left(\frac{R}{R_2}\right) e^{-(R/R_2)^2} \tag{9.107}$$

となる．ここで，特徴的サイズ R_2 は，

$$R_2 = (Dt_J)^{1/2} \tag{9.108}$$

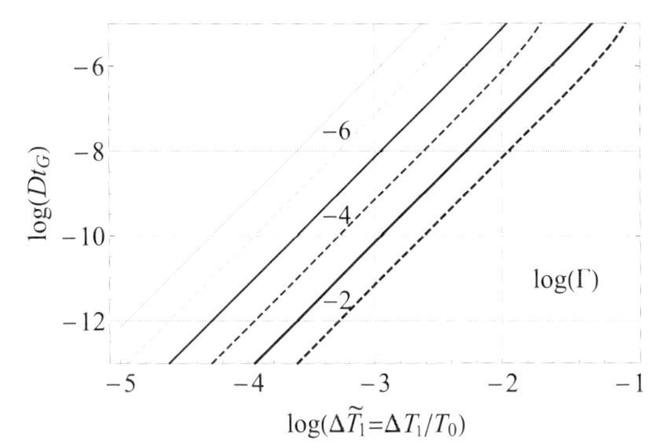

図 9.6 パラメータ Dt_J と核形成を与える過冷却度 ($\Delta\tilde{T}_1$) の関係．拡散係数は実線が $D = 10^{-11}$ (m^2/s)，破線が $D = 10^{-12}$ (m^2/s) に対応している．T_0= 1400 (K), $|\dot{T}| = 10^{-5}$ (K/s) が共通に用いられている．線の横の数字は，$\log\Gamma$ の値を示す．

と定義される．パラメータ Dt_J の値を図 9.6 に示す．

このCSDも図 9.5 に示す．拡散律速の場合の特徴は，核形成が継続しているときにスナップショットを取っても，CSD は粒径 0 に近づくと減少する．これは，粒径 0 付近では成長速度が無限大なので，式 (9.69) の中の δR が無限大になるので数密度が薄まる効果によっている[*7]．

同様に，結晶数密度は，

$$N = \frac{4\phi_{\mathrm{n}}^*}{3\alpha\pi^{1/2}}(Dt_J)^{\frac{3}{2}} = \frac{4\phi_{\mathrm{n}}^*}{3\alpha\pi^{1/2}}R_2^{-3} \tag{9.109}$$

となる．このように，拡散律速成長では，t_J^{-1} ($\propto |\dot{T}|$)（式 (9.22)）すなわち冷却速度の 3/2 乗に比例して，結晶数密度は増加する．

この場合，平均粒径は，

$$R_{\mathrm{m}} = \frac{1}{2}(\pi Dt_J)^{\frac{1}{2}} \tag{9.110}$$

となる．平均粒径とは別に，CSD のピークを与える粒径 R_{p} は，CSD の形を特徴づける：

$$R_{\mathrm{p}} = \left(\frac{Dt_J}{2}\right)^{\frac{1}{2}} \tag{9.111}$$

R_{m} と R_{p} には，$R_{\mathrm{m}} = (\pi/2)^{1/2}R_{\mathrm{p}} \approx 1.25R_{\mathrm{p}}$ の関係がある．これら特徴的な粒

[*7] CSD が粒径の小さい側で減少することは，このほかに，結晶化の進行に伴い自然に起こる．その原因には，1) 過飽和度の減少に伴う核形成速度の減少，2) 結晶量の増加による有効核形成面積の減少がある．

径スケールとピーク値 $F(R_\mathrm{p})$ の積が，結晶数密度を与える．ピーク CSD は

$$F(R_\mathrm{p}) = \frac{8\phi_\mathrm{n}^*}{3\alpha(2\pi e)^{1/2}}(Dt_J)^{-2} \tag{9.112}$$

であり，

$$N = e^{1/2}R_\mathrm{p}\cdot F(R_\mathrm{p}) \approx 1.6R_\mathrm{p}\cdot F(R_\mathrm{p}) \approx 1.3R_\mathrm{m}\cdot F(R_\mathrm{p}) \tag{9.113}$$

の関係が成立している．

9.3.4　例 3：$J = J_0\exp(t/t_J)$ と $G = G_0\exp(t/t_G)$ の場合

もう 1 つの例として，成長速度も時間とともに指数関数的に増加する場合を考えよう[*8]：

$$G(t') = G_0 e^{t'/t_G} \tag{9.114}$$

ここで，パラメータ t_G は，過冷却度に対する結晶成長速度の依存性である（本節の Box を参照）．

この場合，$\delta R(t') = R(t', t) - R(t' + \delta t', t)$ は，十分短い $\delta t'$ を取れば，

$$\delta R(t') = \int_{t'}^{t'+\delta t'} G_0 e^{t''/t_G}dt'' = G_0 t_G e^{t'/t_G}\left(e^{\delta t'/t_G} - 1\right) \approx G_0 e^{t'/t_G}\delta t' \tag{9.115}$$

となり，サイズ分布関数は

$$F(R(t', t), t) = \frac{\delta t' J(t')}{\delta R(t')} = \frac{J(t')}{G_0 e^{t'/t_G}} = \frac{J(t')}{G(t')} = \frac{J_0 e^{t'/t_G}}{G_0 e^{t'/t_G}} \tag{9.116}$$

を計算すれば求まる．以下，$t_G > 0$ の場合と，$t_G < 0$ の場合に分けて計算する[*9]．

---

*8 この式で，$e^{(t'-t'')/t_G}$ とならないことに注意．系全体の過冷却度の統一的な時間変化を表すためである．

*9 Spohn *et al.* (1988) は，式 (7.103) を線形で近似した．その場合は，$G = G_0(1 + t/t_G)$ となり，サイズ分布は，

$$F(R) = \frac{J_0\exp\left(-\frac{t_G}{t_J}\left(1 + \sqrt{1 + \frac{2}{G_0 t_G}(R_\mathrm{max} - R)}\right)\right)}{G_0\sqrt{1 + \frac{2}{G_0 t_G}(R_\mathrm{max} - R)}} \tag{9.117}$$

$$R_\mathrm{max} = G_0 t\left(1 + \frac{1}{2}\frac{t}{t_G}\right) \tag{9.118}$$

と求まる．しかし，体積分率の積分結果は煩雑で，核形成の終了時刻 t^* を評価することは解析的には難しい．

$t_G > 0$ の場合

成長則を積分して得られるサイズ $R(t',t)$ は,

$$R(t',t) = G_0 t_G \left(e^{t/t_G} - e^{t'/t_G}\right) \tag{9.119}$$

から式変形して得られる t'

$$t' = t + t_G \ln\left(1 - \frac{R(t',t)}{G_0 t_G e^{t/t_G}}\right) \tag{9.120}$$

を代入すればよい．結果は,

$$F(R,t) = \frac{J_0}{G_0} e^{(t_J^{-1} - t_G^{-1})t} \left(1 - \frac{R}{G_0 t_G e^{t/t_G}}\right)^{\frac{t_G}{t_J} - 1} \tag{9.121}$$

となる．

指数関数的に増加する成長速度の時定数

反応律速の結晶成長則式 (7.103) に従うとすると，温度を時間の関数と見なして微分すると，時定数 t_G は,

$$t_G^{-1} = \left(-\frac{\tilde{q}}{\tilde{T}_1^2} + \frac{\varepsilon \Delta\tilde{h}}{1-\varepsilon}\right) \frac{|\dot{T}|}{T_0} = \tilde{B}\frac{|\dot{T}|}{T_0} = \frac{\tilde{B}}{t_{\mathrm{th}}} \tag{9.122}$$

$$\Delta\tilde{h} = \frac{\Delta h}{k_{\mathrm{B}} T_0} \tag{9.123}$$

$$\varepsilon = e^{\Delta\tilde{h}(1 - 1/\tilde{T}_1)} \tag{9.124}$$

で与えられる[a]．ここで，$\tilde{B}$ は大かっこの中であり，冷却の成長速度増加に与える影響を示す定数である．下図は，$\tilde{B}$ の値と無次元の過冷却 $\Delta\tilde{T}_1 = \Delta T_1/T_0$ の関係を，異なる潜熱 $\Delta\tilde{h}$ に対してプロットしている．これから，潜熱の値にはほとんどよらず，$\Delta\tilde{T}_1^{-1}$ の依存性を示す．

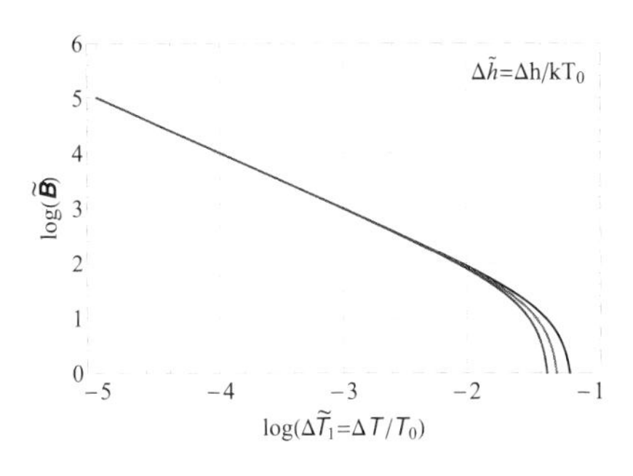

[a]式 (7.103) の $1 - e^{-x}$ の項を $x = x_1 + \Delta x$ と x_1 の周りに展開し，$e^{f(x \approx x_1 + \Delta x)}$ と表すことを考える．$g(x) = 1 - e^{-x}$ と置くと $\ln g(x) = f(x)$.

$$\ln g(x) = \ln g(x_1) + \frac{d \ln g(x)}{x}|_{x=x_1} \Delta x = \ln g(x_1) + \frac{e^{-x_1} \Delta x}{1 - e^{-x_1}} \tag{9.125}$$

これを，$f(x)$ として $e^{f(x)}$ に代入すると，

$$e^{f(x)} = e^{\ln g(x_1) + \frac{e^{-x_1} \Delta x}{1 - e^{-x_1}}} = g(x_1) e^{\frac{e^{-x_1}}{1 - e^{-x_1}} \Delta x} \tag{9.126}$$

となり，b は $e^{-x_1}/(1 - e^{-x_1})$ に相当する．

前節，前々節と同様に，核形成の終了時刻 $t_{\rm n}^*$ を求める．時間の関数としての結晶量は，

$$\phi = \alpha_s \int_0^\infty R^3 F(R, t) dR = \frac{\alpha J_0 e^{(t_J^{-1} - t_G^{-1})t}}{G_0} \int_0^{R_3} R^3 \left[1 - \frac{R}{R_3} \right]^{\frac{t_G}{t_J} - 1} dR \tag{9.127}$$

と与えられる．ここで，R_3 は $G_0 t_G \exp(t/t_G)$ と定義されており，ここでは時間の関数であることに注意する．パラメータ λ は

$$\lambda = \frac{t_G}{t_J} \tag{9.128}$$

と定義されている．積分は計算できて，

$$\int_0^{R_3} R^3 \left[1 - \frac{R}{R_3} \right]^{\lambda - 1} dR = \frac{6 (R_3)^4 \Gamma(\lambda)}{\Gamma(\lambda + 4)} \tag{9.129}$$

となる．

核形成最大に対する極値条件から，

$$e^{t_{\rm n}^*/t_G} = \left[\left(\frac{\phi_3^*}{6\alpha} \right) \left(\frac{J_0}{G_0} \right)^{-1} (G_0 t_G)^{-4} \right]^{\frac{1}{\lambda + 3}} \tag{9.130}$$

ここで，

$$\phi_3^* = \frac{\phi_0 \Delta \tilde{h}}{k T_0 B(\lambda + 3)} \frac{\Gamma(\lambda + 4)}{\Gamma(\lambda)} \tag{9.131}$$

である．これは，最大核形成速度に対応する体積分率 $\phi_{\rm n}^*$ に $\Gamma(\lambda + 4)/\Gamma(\lambda)$ を掛けたものになっている．この時点で，特徴的サイズ R_3 は，

$$R_3 = \left[\left(\frac{6\alpha}{\phi_3^*} \right) \left(\frac{J_0}{G_0} \right) (G_0 t_G)^{(1 - \lambda)} \right]^{-\frac{1}{\lambda + 3}} \tag{9.132}$$

と決定される．

これを用いると，サイズ分布関数は，

$$F(R) = \frac{\phi_3^*}{6\alpha} R_3^{-4} \left(1 - \frac{R}{R_3}\right)^{\lambda - 1} \tag{9.133}$$

となる（図 9.5(c)）．

$t_G < 0$ の場合

この場合は，時間とともに成長速度が減少する．成長則を積分して得られるサイズ $R(t', t)$ は，

$$R(t', t) = G_0 |t_G| \left(e^{t'/t_G} - e^{t/t_G}\right) \tag{9.134}$$

となる．以下，$t_G > 0$ の場合と同様に，

$$t' = t + t_G \ln \left(1 + \frac{R(t', t)}{G_0 |t_G| e^{t/t_G}}\right) \tag{9.135}$$

$$F(R, t) = \frac{J_0}{G_0} e^{(t_J^{-1} - t_G^{-1})t} \left(1 + \frac{R}{G_0 |t_G| e^{t/t_G}}\right)^{\frac{t_G}{t_J} - 1} \tag{9.136}$$

$$\begin{aligned} \phi &= \alpha_s \int_0^\infty R^3 F(R, t) dR \\ &= \frac{\alpha_s J_0 e^{(t_J^{-1} - t_G^{-1})t}}{G_0} \left(G_0 |t_G| e^{t/t_G}\right)^4 \int_0^\infty x^3 (1 + x)^{\lambda - 1} dx \end{aligned} \tag{9.137}$$

積分は計算できて[*10]，

$$\phi = \frac{\alpha_s J_0}{G_0} \left(G_0 |b|\right)^4 e^{(t_J^{-1} + 3 t_G^{-1})t} f_\lambda \tag{9.140}$$

核形成最大に対する極値条件から，$e^{t_n^*/t_G}$ は $t_G > 0$ の場合と同じ表現になるが，

$$\phi_3^* = \frac{\phi_0 \Delta \tilde{h}}{k T_0 B(\lambda + 3)} f_\lambda^{-1} \tag{9.141}$$

---

*10

$$\int_0^\infty x^3 (1 + x)^{\lambda - 1} dx = 6 f_\lambda \tag{9.138}$$

$$f_\lambda = \frac{1}{\lambda(\lambda + 1)(\lambda + 2)(\lambda + 3)} \tag{9.139}$$

となる．

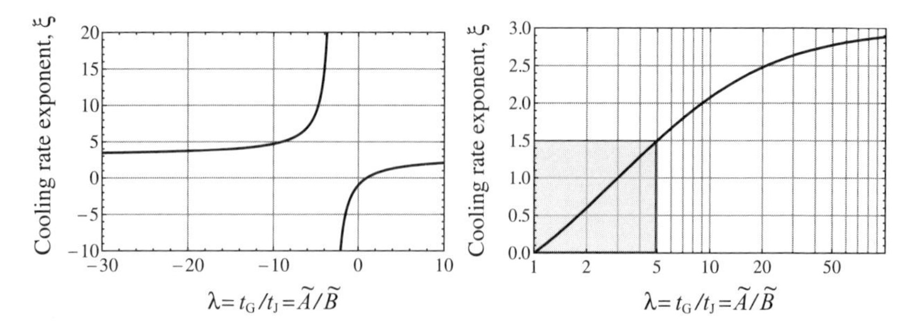

図 9.7　式 (9.143) から計算される冷却速度指数と λ の関係．(左) λ が -10 から 10 の範囲．冷却速度指数は $\lambda=-3$ で $\pm\infty$ に発散する．(右) 冷却速度指数が 0〜3 の範囲での λ 値との関係．現実的な値の範囲を灰色四角 ($1<\lambda<5$) で示す．

である．この ϕ_3^* を用いれば，$t_G<0$ の場合の特徴的サイズ R_3 は，$t_G>0$ の場合と同じ表式になる．サイズ分布関数は，

$$F(R)=\frac{\phi_3^*}{6\alpha_s}R_3^{-4}\left(1+\frac{R}{R_3}\right)^{\lambda-1} \tag{9.142}$$

となる．

片対数で CSD（すなわち $\ln F(R)$）は，$t_G/t_J<1$ の場合上に凸，$t_G/t_J>1$ の場合下に凸になる．

数密度は，

$$N=\frac{1}{\lambda}\left(\frac{\phi_3^*}{6\alpha_s}\right)R_3^{-3} \tag{9.143}$$

となる．冷却速度の影響は，t_J と t_G を通して入ってくる．λ では，分母と分子がそれぞれ冷却速度に比例するのでキャンセルし，冷却速度の影響は入ってこない．結局，数密度に及ぼす冷却速度の影響は R_3（式 (9.132)）の t_G を通してのみ入ってくる．数密度の t_G 依存性を抽出すると，

$$N\propto t_G^{-\frac{3(\lambda-1)}{\lambda+3}}\propto\left|\dot{T}\right|^{\xi} \tag{9.144}$$

$$\xi=\frac{3(\lambda-1)}{\lambda+3}=\frac{3(1-t_J/t_G)}{1+3t_J/t_G} \tag{9.145}$$

となる．この指数部分を，冷却速度指数 (ξ, cooling rate exponent) として，図 9.7 に示す．天然の岩脈冷却や，室内実験から推定される冷却速度指数は 0〜1.5 なので，これは λ の値として 1〜5 に対応し，t_J/t_G の値では 1〜0.2 に対応す

る[*11]．また，$t_J/t_G = 0$ で，すなわち成長速度最大の温度付近の結晶化では，冷却速度指数は 3 であり，分布関数は指数分布の CSD に対応し，$G =$ 一定の場合に相当する．Toramaru (2001) では，この場合を反応律速成長として扱い，$\xi = 3$ を得ている．

この場合も，CSD の切片 $F(0)$ と平均粒径 R_{m} および結晶数密度 N の間には，簡単な関係が成り立つ．

$$F(0) = \left(\frac{\phi_3^*}{6\alpha_{\mathrm{s}}}\right) R_3^{-4} \propto \left|\dot{T}\right|^{\frac{4}{3}\xi} \tag{9.146}$$

$$R_{\mathrm{m}} = \frac{1}{(\lambda+1)} R_3 \propto \left|\dot{T}\right|^{-\frac{1}{3}\xi} \tag{9.147}$$

$$N = \left(1 + \frac{1}{\lambda}\right) R_{\mathrm{m}} \cdot F(0) \tag{9.148}$$

また，最大粒径 R_{max} と平均粒径 R_{m} とは，$R_{\mathrm{max}} = (\lambda+1)R_{\mathrm{m}}$ によってお互いに関係している．切片での CSD の傾き $F'(0) = dF(R)/dR|_{R=0}$ は，

$$F'(0) = -(\lambda-1)R_3^{-5} \propto \left|\dot{T}\right|^{\frac{5}{3}\xi} = -(\lambda-1)\frac{F(0)}{R_{\mathrm{max}}} \tag{9.149}$$

となり，切片の値を粒径のスケールで割ったものになる．

9.3.5 例 4：核形成速度と結晶化速度が一定の場合；指数分布

興味深い例として，核形成速度と結晶化速度が一定の場合を考えよう．結晶化速度 $\dot{\phi} = d\phi/dt$ と結晶成長速度 $G = dR/dt$ とはサイズ分布 $F(R(t', t), t)$ を介して，以下のように関係づけられる．ここで，$R(t', t)$ は，時刻 t' で核形成した結晶の時刻 t でのサイズである．

$$\dot{\phi} = 3\alpha_{\mathrm{s}} G(t) \int_0^{R(0,t)} R(t', t)^2 F(R(t', t), t) dR(t', t) \tag{9.150}$$

サイズ分布を求めるためには，この式の値が，時間によらず一定値となるような $G(t)$ を求める必要があるが，積分の中には，当のサイズ分布関数が入っているので，この積分方程式と連立する必要がある[*12]．ここでは，直接的な方法ではなくて，成長速度が $G(t) \propto t^{\bar{n}}$ の依存性を持つ場合を仮定して，$\bar{n}$ に制約を与えるこ

[*11] このとき，Γ_1/Γ_2 は，1/24 から 1/1680 まで単調に変化する．

[*12] $G(t) = dR/dt = G_0 t^{\bar{n}}$ として，これを $t = t'$ から t まで積分し，$R(t') = 0$ とすると，$t' = (t - R/G_0)^{1/(\bar{n}+1)}$ を得る．また，$F(R(t', t), t) = J_4/G(t')$ であり，これらを問題の積分に代入し実行すると，

とを考えよう．

上式の積分を避けて，前章で登場したサイズ分布のモーメント方程式から出発しよう．Ostwald 熟成を含まないモーメント方程式は，

$$\frac{dM_0}{dt} = J_4 \tag{9.152}$$

$$\frac{dM_1}{dt} = G \cdot M_0 \tag{9.153}$$

$$\frac{dM_2}{dt} = 2G \cdot M_1 \tag{9.154}$$

$$\frac{dM_3}{dt} = 3G \cdot M_2 \tag{9.155}$$

で与えられる．結晶化速度が一定であるから，$\alpha_s \cdot dM_3/dt$ が一定である．また，核形成速度が一定値 J_1 であるから，$M_0 = J_1 t$ である．成長速度を $G(t) = ct^{\bar{n}}$（c は定数）として，これらを式に代入し逐次積分していくと，

$$\frac{dM_3}{dt} = \frac{6J_1c^3}{(\bar{n}+2)(2\bar{n}+3)}t^{3\bar{n}+3} \tag{9.156}$$

となる．これが時間に依存しないためには，$\bar{n} = -1$ である．成長速度が時間に反比例する場合についてサイズ分布を求める．

$$G(t) = \frac{dR}{dt} = \frac{R_4}{t} \tag{9.157}$$

ここで，R_4 は特徴的な結晶サイズであり，後で核形成速度 J_4 や結晶化速度 $\dot{\phi}$ と関係づけられる．式 (9.157) を積分すると，

$$R(t', t) - R(t', t') = R_4 \ln \frac{t}{t'} \tag{9.158}$$

$R(t', t') = 0$ とすると，核形成時刻 t' と時刻 t での結晶サイズ R の関係は

$$t' = t \cdot e^{-R/R_4} \tag{9.159}$$

$$\begin{aligned}\dot{\phi} &= 3\alpha_s J_4 t^{\bar{n}} \int_0^{R(0,t)} R(0,t')^2 \left[t^{\bar{n}+1} - \frac{R(0,t')}{G_0}\right]^{-\frac{\bar{n}}{\bar{n}+1}} dR(0,t') \\ &= \frac{6\alpha_s J_4 \left[G_0(1+\bar{n})t^{1+\bar{n}}\right]^3}{(\bar{n}+2)(2\bar{n}+3)}\end{aligned} \tag{9.151}$$

となる．この式が時間に依存しないためには，t の指数 $3(\bar{n}+1)$ が 0 すなわち $\bar{n} = -1$ が必要である．しかしこのとき，係数 $(1+\bar{n})^3$ もゼロになる．これは R と t，t' の関係を求めるために dR/dt を積分した際に，$\bar{n} \neq -1$ を仮定していたので，そこまで立ち返って確認する必要がある．

となる．式 (9.73) より，

$$F(R) = \frac{J_4}{G(t')} = \frac{J_4 t}{R_4} e^{-\frac{R}{R_4}} \tag{9.160}$$

となり，指数分布が得られる．このモデルでは，一定速度で核形成が起こっていることを前提としているので，核形成の終了時刻をきめる過飽和度の極値条件そのものに意味がない．

結晶の体積分率 ϕ は，

$$\phi = \alpha_{\mathrm{s}} \int_0^\infty R^3 F(R) dR = 6\alpha_{\mathrm{s}} J_4 t R_4^3 \tag{9.161}$$

となる．これより，$\dot{\phi} = 6\alpha_{\mathrm{s}} J_4 R_4^3$ であるから，

$$R_4 = \left(\frac{\dot{\phi}}{6\alpha_{\mathrm{s}} J_4} \right)^{1/3} \tag{9.162}$$

である．

観測される結晶量 ϕ_{obs} および結晶数密度 N は，結晶終了時刻 $t = t_{\mathrm{n}}^*$ に対応していると考えると，

$$N = J_4 t_{\mathrm{n}}^* = \frac{\phi_{\mathrm{obs}}}{6\alpha_{\mathrm{s}} R_4^3} \tag{9.163}$$

となる．結晶数密度と結晶量には自明の比例関係があるように見えるが，核形成速度 J_4 が，冷却速度依存性を持つので，同じ組成のマグマでも，冷却条件が異なれば比例関係は改変される．

サイズ分布は，

$$F(R) = \frac{\phi_{\mathrm{obs}}}{6\alpha_{\mathrm{s}}} R_4^{-4} e^{-R/R_4} \tag{9.164}$$

となる．このモデルでは，切片と傾きは，特徴的なサイズスケール R_4 を通して，結晶化速度 $\dot{\phi}$，核形成速度 J_4 に関係づけられる：

$$F_0 = \frac{\phi_{\mathrm{obs}}}{6\alpha_{\mathrm{s}} R_4^4} = \frac{\phi_{\mathrm{obs}}}{6\alpha_{\mathrm{s}}} \left(\frac{6\alpha_{\mathrm{s}} J_4}{\dot{\phi}} \right)^{4/3} \tag{9.165}$$

$$|\mathrm{slope}| = \frac{1}{R_4} = \left(\frac{6\alpha_{\mathrm{s}} J_4}{\dot{\phi}} \right)^{1/3} \tag{9.166}$$

ここでも指数分布に特徴的な，

$$F_0 = \frac{\Phi_{\mathrm{obs}}}{6\alpha} (|\mathrm{slope}|)^4 \tag{9.167}$$

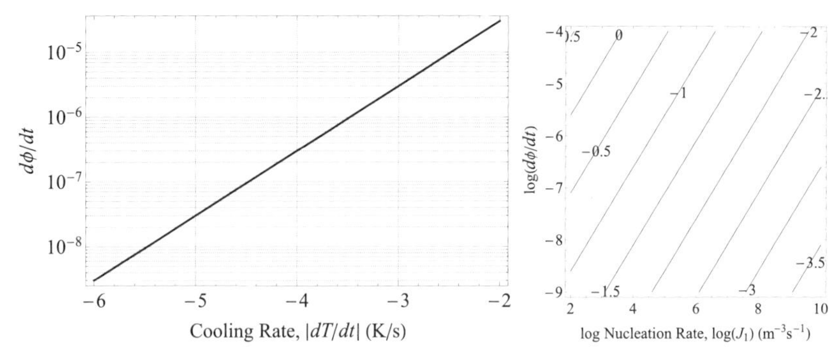

図 9.8　結晶化速度と核形成速度が一定のモデルにおける，各パラメータの値．（左）平衡を仮定した場合の，冷却速度の関数としての結晶化速度．（右）核形成速度と結晶化速度の関数としての特徴的サイズの対数 $\log R_4$ (mm) のコンター図．形状因子は，球に相当する $\alpha_s = 4.2$ を用いている．

が成立する．

結晶化速度が小さく核形成速度が大きくなるほど，特徴的サイズスケール R_4 は小さくなり，傾きが急になり，切片は大きくなる．結晶化速度 $\dot{\phi}$ は，結晶量がリキダスからの距離（過飽和度）を一定に保つような準平衡できまる場合には，温度変化と関係づけられる．

$$\dot{\phi} = \frac{d\phi}{dT}\frac{dT}{dt} = \phi'_T \cdot \left|\frac{dT}{dt}\right| \tag{9.168}$$

ここで，ϕ'_T は $-d\phi/dT$ であり，熱力学から決定される熱力学因子である．おおよその値は，$\phi'_T = \Delta\Phi_{\mathrm{obs}}/(T_L - T_S) = 3 \times 10^{-4} \sim 5 \times 10^{-3}$ である．冷却速度と結晶化速度の関係を図 9.8 左に示す．また，右図には特徴的サイズ R_4 を，現実的な核形成速度と結晶化速度の値の関数として示した．特徴的なサイズは，1 mm から 1 μm の値を取る．

このモデルの評価は，同様に指数分布の CSD を形成する $J = J_0 \exp(t/t_J)$ と $G =$ 一定とした場合と比較して検討されるべきであろう．

9.4　実験との比較

9.4.1　CSD の実験的研究

CSD の実験的研究は，記載的研究に比べて少ない．Burkhard (2002) は，玄武岩質ガラスを再加熱することによって結晶化（焼なまし）させ，CSD から G の時間依存性を決定している．これは，天然での Hawaii の 1994 年の溶岩の表面付近の結晶化を再加熱で説明しようという著者の思想に基づいている．また，熱伝導を仮定して，G の冷却速度依存性も決定している．これは，順問題のモデルからチェックできるかもしれないが，論文では，J の時間変化は CSD から推定されている．これはおそらく，T=const で実験的に CSD と G，J を関係づけた初めての論文である．

Zieg and Lofgren (2006) は，冷却実験で，CSD の発達過程を見た．しかし，一定冷却速度で最終温度が異なるので，冷却速度依存性は正確に抽出できない．Pupier *et al.* (2008) は，初期温度，初期温度の継続時間，冷却速度をパラメータとした系統だった実験を行い，時間とともに指数関数的に増加する核形成速度を仮定して CSD を計算し，核形成速度の速度定数を見積もった．Schiavi *et al.* (2009) は，その場観察により CSD と核形成・成長の関係を初めて実験的に調べ，CSD の形の変化はオストワルド熟成や合体であると主張した．Brugger and Hammer (2010) は，減圧結晶化実験で，実験的に求められる J と G を CSD から求められる J と G と比較した．Iezzi *et al.* (2011) は，冷却速度による CSD の違いを定量的に示した．Ni *et al.* (2014) は，その場観察により，結晶の成長速度と CSD の形の時間変化を比較検討し，CSD の切片や傾きは，核形成後の 2 次的変換による影響が大きいとした．

理論と比較しやすい条件が整理されている Pupier *et al.* (2008) の実験結果を紹介する．彼らは，1) 冷却速度 (1°C/h)，2) 急冷温度，3) リキダス（おおよそ 1175°C）より高温での焼きなまし温度 (1190°C) と時間 (9 h)，4) 急冷温度での焼きなまし時間 (0 s)，をパラメータとして，玄武岩質メルトを用いて実験を行った．括弧内は，他のパラメータを変化させたときの一定とした基準値である．

他のパラメータを一定として，急冷温度だけをパラメータにして得られた実験 CSD を図 9.9 に示す．この図から，CSD の切片は，急冷温度が低くなるとともに，傾きが緩やかになっていることがわかる．彼らは，これを Ostwald 熟成の効果だと述べている．また，切片の値も同様に小さくなっている．このことは結晶数の減少を意味する．これらのことから判断すると，結晶の核形成は，1170°C で既に終了している可能性が大きい．

切片 F_0 と核形成速度 J および核の成長速度 G とは，$J = F_0 G$ の関係がある（式 (9.6)）．また，傾きは，適切な結晶化（核形成）時間 Δt を使えば，$1/G\Delta t$ であるから，核形成速度は，

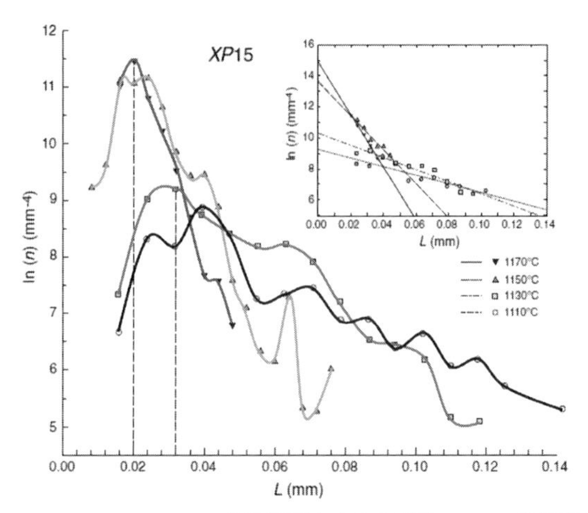

図 **9.9**　Pupier *et al.* (2008) の急冷温度を変えた実験 CSD．冷却速度 1°C/h, 1190°C で 68 時間の焼きなまし時間．

$$J = \frac{F_0}{|\text{slope}|\Delta t} \tag{9.169}$$

となる（Cashman and Marsh, 1988 および 9.1.2 節参照）．彼らは，冷却速度から結晶化時間を見積もり，この式を用いて核形成速度を推定した．その結果，この場合には，平均的核形成速度は $4.83 \times 10^8\,\text{m}^{-3}\,\text{s}^{-1}$ と見積もられた．彼らは，結晶数を結晶化時間で割り算した平均の核形成速度も計算し，$2.9 \times 10^7\,\text{m}^{-3}\,\text{s}^{-1}$ と見積もった．また，核形成速度の時間変化を $J = J_0 \exp(t/t_J)$ と仮定し，その係数 J_0 と時定数 t_J，および成長速度 G を未知数，CSD の切片，傾き，結晶分率を既知数として，数値的にこれらの値を推定した．その場合は，平均核形成速度は，$3.11 \times 10^8\,\text{m}^{-3}\,\text{s}^{-1}$ と見積もられた．数密度から求める方法が小さく推定されているのは，小さい結晶の取りこぼしだと議論している．

彼らの実験結果で，冷却速度を変えた実験を図 9.10 に示す．核形成は，1170°C 付近で完了するから，最も急冷温度の高い実験結果に注目すると，冷却速度の増加とともに，切片は増加し，傾きは大きくなっていることがわかる．この関係を図 9.11 に示す．この実験結果に，これまでの理論的考察を応用してみよう．

9.4.2　閉鎖系 CSD の実験への応用

CSD モデルの整理

Lagrange 的記述で取り扱った 4 つの例（以下モデルと呼ぶ）は，パラメータの

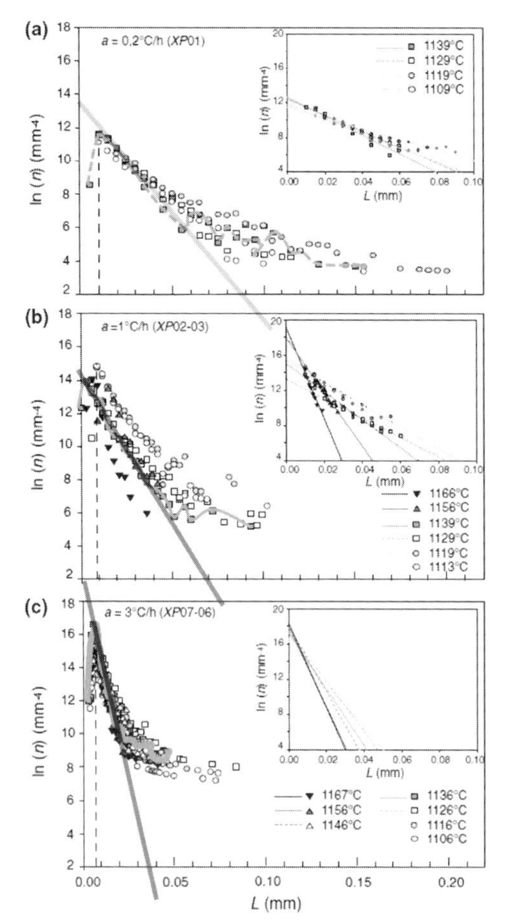

図 9.10　Pupier *et al.* (2008) の冷却速度を変えた実験 CSD．1 つの冷却速度に関して様々な急冷温度の CSD がプロットされている．(a)(b)(c) は冷却速度の違い．

観点から以下のように整理される．

モデル 1（**式 (9.94)**）　CSD は指数分布になり，パラメータ $G_1 t_J$ が，唯一 CSD の特徴である切片と傾きを決める（式 (9.96) および (9.97)）．この中の t_G は，核形成の指数関数的増加率の時定数であり，冷却速度に反比例する：$t_J^{-1} = \tilde{A}|\dot{T}|/T_0$．$\tilde{A}$ は界面張力（核形成のバリアー）や結晶化の潜熱に関

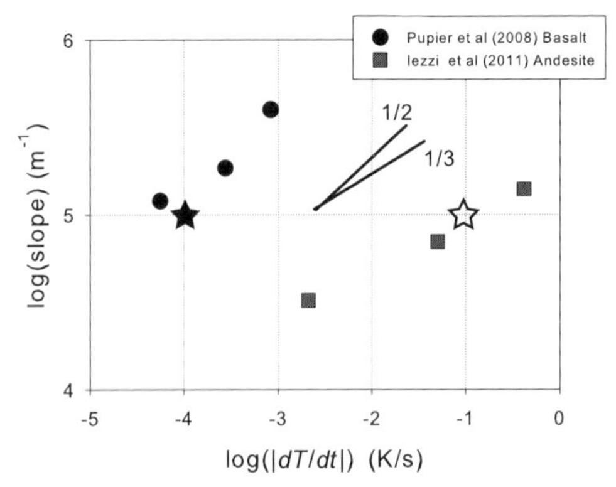

図 **9.11**　冷却速度を変えた実験 CSD における切片と傾きの関係 (Pupier *et al.* 2008; Iezzi *et al.*, 2011)

係する定数として与えられる（式 (9.22)）．G_0 はフリーパラメータで，冷却速度に依存してよい．例えば，

$$G_1 = c_G |\dot{T}|^{\chi_G} \tag{9.170}$$

ここで，c_G と χ_G は定数である．

モデル 2（式 **(9.107)**）　この分布関数は上に凸の形を持ち，パラメータ Dt_J が，分布関数の形を決める唯一のパラメータである．t_J は，モデル 1 に同じであり，D は結晶化成分の実効的拡散係数である．この場合，結晶数密度は式 (9.109) で与えられる．

モデル 3（式 **(9.133)** または **(9.142)**）　この分布関数は $t_G > 0$ で上に凸の形を持ち，$t_G < 0$ で下に凸の形を持つ．この分布関数の形は，3 つのパラメータ $\lambda(= t_G/t_J)$, J_0/G_0 および $G_0 t_G$ によって支配される．この 3 つのパラメータは，冷却速度や物性によってきまる．

モデル 4（式 **(9.164)**）　この分布関数では，核形成速度と結晶化速度の比 $J_4/\dot{\phi}$ が唯一のパラメータとなる．結晶化速度 $\dot{\phi}$ は，熱力学因子と冷却速度できまる（式 (9.168)）．核形成速度は，冷却速度依存性を持ってよい．

モデル 1

このモデルでは，指数関数的 CSD の傾きはパラメータ $G_1 t_J$ によって支配され，冷却速度依存性を考慮すると，

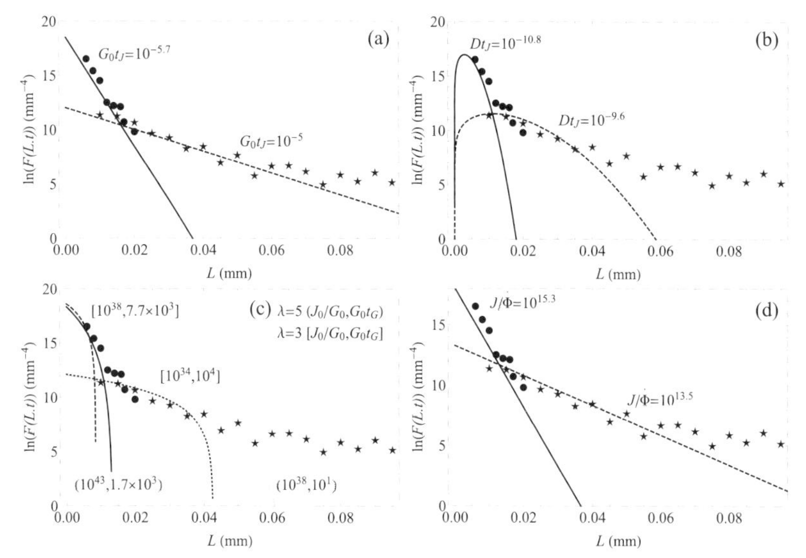

図 9.12 異なる冷却速度 (0.2 (°C/h) $= 5.6\times10^{-5}$ (K/s)（星印）と 3 (°C/h) $= 8.3\times10^{-4}$ (K/s)（丸））での実験的に得られた斜長石 CSD (Pupier *et al.*, 2008) とモデル CSD の比較．$\phi^* = 0.1$ が仮定されている．また，それぞれのモデルでのパラメータは図中と本文中に示している．(a) モデル 1：指数関数的に増加する核形成速度と時間に依存しない成長速度（冷却速度依存性はある）の場合．(b) モデル 2：指数関数的に増加する核形成速度と拡散律速成長の場合．パラメータは，(c) モデル 3：指数関数的に増加する核形成速度と成長速度を持つ場合．(d) モデル 4：核形成速度と結晶化速度が一定の場合．

$$|\mathrm{slope}| = \frac{1}{G_1 t_J} = \frac{A}{T_0 c_G}|\dot{T}|^{1-\chi_G} \tag{9.171}$$

となる．Pupier *et al.* (2008) の実験結果では，冷却速度とともに傾きは 1/2 乗で大きくなるから，$1 - \chi_G = 1/2$，すなわち $\chi_G = 1/2$ であることが予想される．

また，結晶数密度は式 (9.98) から，冷却速度に対して

$$N \propto \left|\dot{T}\right|^{3(1-\chi_G)} \tag{9.172}$$

の依存性を持つから，この実験での冷却速度指数は 3/2 となることが予想される．これは，拡散律速成長と均質核形成を仮定したときの冷却速度指数と一致する．もし，成長速度の冷却速度依存性を考慮しなければ，冷却速度指数は 3 となる．

図 9.12(a) に，理論 CSD と実験 CSD の比較を示す．$\alpha_{\mathrm{s}} = 10$（Pupier *et al.* (2008) に基づき短軸：中軸：長軸=1:2.22:4.75 の直方体を仮定）と $\phi = 0.1$ を仮

定．この値は，結晶核形成終了直後の値ではなく，その後の成長によるドリフトを考慮している．成長のため切片の値も見かけ上大きくなっていることを考慮している．これは，核形成終了時の CSD を結晶サイズ軸に沿って平衡に移動させればよい．移動量は，核形成終了時の体積分率 $\phi_{\mathrm{n}}^* \approx 0.01$ と急冷時の $\phi = 0.1$ の比できまる．

パラメータ $G_1 t_J$ は，実験 CSD にフィットするようにきめているが，冷却速度依存性は $\chi_G \approx 1/2$ である．基準点は，図 9.11 において，切片 $10^5\,\mathrm{m}^{-1}$ に対して $10^{-4}\,\mathrm{K/s}$ である．このときの $\tilde{A}/T_0 c_G$ の値は 10^7 となる．同様に，安山岩メルトについての実験 (Iezzi *et al.*, 2011) に対しては，図 9.11 における基準点を 1，冷却速度 $10^{-1}\,\mathrm{K/s}$ に対して $10^5\,\mathrm{m}^{-1}$ の傾きだとすると，$\tilde{A}/T_0 C_1$ の値は $10^{5.5}$ となる．このモデルでは，実験の CSD をよく説明している．

モデル 2

このモデルでは，パラメータ Dt_J がすべてを決めており，その中で拡散係数 D は，冷却速度に依存しない物性量であるから，t_J だけが冷却速度の影響を含む．この t_J は $t_J^{-1} = \tilde{A}|\dot{T}|/T_0$ で定義されており，$\tilde{A}$ は核形成速度の形できまるから，それも物性量である．よって，t_J^{-1} は冷却速度に線形に依存することになる．その結果，結晶数密度は，式 (9.109) から冷却速度に対して，

$$N \propto \left|\dot{T}\right|^{3/2} \tag{9.173}$$

の依存性を持つことになる．これは，第 7 章で数値的に見たことであるが，この章では CSD も含めた全貌が理解できる．

図 9.12(b) には，計算で求めた CSD と実験結果がプロットされている．モデル 1 の場合と同様に，形状因子 $\alpha_{\mathrm{s}} = 10$ が用いられている．2 つの CSD の冷却速度 $8.3 \times 10^{-4}\,\mathrm{K/s}$ と $5.6 \times 10^{-5}\,\mathrm{K/s}$ の比は，そのままパラメータ $(Dt_J)^{-1}$ の比になる．いまの場合，$5.6 \times 10^{-5}\,\mathrm{K/s}$ の CSD に対しては $(Dt_G)^{-1} = 10^{9.6}$，冷却速度 $8.3 \times 10^{-4}\,\mathrm{K/s}$ の実験に対しては $(Dt_J)^{-1} = 10^{10.8}$ の値を取っている．冷却速度の効果を差し引くと，$\tilde{A}/D$ の値はユニークにきまり，$\tilde{A}/D \approx 7.3 \times 10^{13}$ となる．拡散係数を $10^{-12}\,\mathrm{m}^2/\mathrm{s}$，無次元の過冷却度 $\Delta\tilde{T} = \Delta T/T_0$ を 0.01 とすると，$\tilde{A}$ の値は約 100 であり，9.2.1 節の Box 中の図から，固液界面エネルギーの目安である Γ の値は 10^{-4} となる．この値は，図 7.5 から固液界面エネルギーの値 $10^{-2}\,\mathrm{J/m}^2$ に相当する．

このモデルでは，中間的なサイズの CSD をよく説明するが，最も小さいサイズと大きいサイズではかい離がある．これは，実験において核形成後の Ostwald

熟成が起こっているためだと考えられる．さらに，CSD の形が，モデルでは上に凸の形を持ち，実験 CSD の下に凸の形と異なる．このこともさらなる考察を要する．

モデル 3

この場合の CSD は，3 つのパラメータ λ, J_0/G_0 と $G_0 t_G$ によってきまる．結晶数密度は，式 (9.144) および (9.145) によってきまり，先に述べたように，現実的な冷却速度依存性に相当する冷却速度指数 ξ は 0 から 1.5 であるので，それに対応する λ は 1 から 5 の値でなければならない．この実験の CSD の冷却速度依存性は中程度より大きいから，ここでは，$\lambda = 3$ と 5 を仮定する．図 9.12(c) からわかるように，$\lambda = 5$ の方がよく実験結果を再現している．

このモデル CSD もやはり，上に凸の形を持ち実験 CSD とは異なる．さらに，他のパラメータの値の範囲も $10^{38} < J_0/G_0 < 10^{43}$, $10^1 < G_0 t_G < 10^4$（$\lambda = 3$ および 5 に対して）と広く，実験結果の解釈に制約を与えるのは難しい．

モデル 4

このモデルは，結晶核形成速度の指数前因子が極端に小さく，不均質核形成に対応している場合に相当する．CSD は指数分布であり，唯一のパラメータである核形成速度と結晶化速度の比 $J_1/\dot{\phi}$ によって支配される．このパラメータは，強い冷却速度依存性を持つと考えられる．結晶化速度は，式 (9.168) で与えられているように，

$$\dot{\phi} = \phi'_T |\dot{T}| \tag{9.174}$$

ここで，ϕ'_T は熱力学因子であり，相平衡図から決定される．斜長石や輝石などの主固相の体積分率 $\Delta\phi$ は 0.1 から 0.5 程度であり，各リキダスとソリダスの間の温度差 ΔT は 100 から 300 K とすると，おおよそ $\phi'_T = \Delta\phi/\Delta T \approx (0.1 \sim 0.5)/(100 \sim 300) \approx 3 \times 10^{-4} \sim 5 \times 10^{-3}$ と見積もられる．これは定数なので，結晶化速度 $\dot{\phi}$ は冷却速度に線形に依存する．

一般に，核形成速度は，実効的過冷却度によって強く依存する．冷却速度の効果は，第 7 章で見たように，この実効的過冷却度に対して結晶成長の時間依存性を通して働き，冷却速度が大きくなるほど実効的結晶成長は抑えられる．その結果，最大核形成に必要な過冷却度も大きくなり，核形成速度も大きくなる．いまその効果を，

$$J = c_J |\dot{T}|^{\chi_J} \tag{9.175}$$

と表す．ここで，係数 c_J は表面張力や拡散係数等によって影響されるカイネティック因子である．指数 χ_J は冷却速度依存性の強さを表す定数である．

これらの式から，核形成速度と結晶化速度の比の冷却速度依存性は

$$\frac{J}{\dot{\phi}} = \frac{c_J}{\phi'_T}|\dot{T}|^{\chi_J - 1} \tag{9.176}$$

と書ける．また，CSD の傾き $-(6\alpha_s J/\dot{\phi})^{1/3}$ は，

$$|\mathrm{slope}| = -\left(\frac{6\alpha_s c_J}{\phi'_T}\right)^{1/3}|\dot{T}|^{(\chi_J - 1)/3} \tag{9.177}$$

となる．

図 9.11 から，指数 $(\chi_J - 1)/3$ は 1/3 から 1/2 であり，指数 χ_J の値は 2 から 5/2 の範囲にある．この値を用いると，このグラフにフィッティングさせることで，Pupier *et al.* (2008) の実験に対するカイネティック因子を推定することができる．その結果，支配パラメータの比は，冷却速度が 0.2°C/h のとき $J/\dot{\phi} = 10^{13.5}$，3°C/h のとき $J/\dot{\phi} = 10^{15.3}$ となる．カイネティック因子は，それぞれの冷却速度に対して，$\chi_J = 2.5$ で $c_J = 1.5 \times 10^{17}$ および 1.86×10^{17}（$\chi_J = 2$ で $c_J = 1.5 \times 10^{15}$ および 4.8×10^{15}）と推定される．このように，同じ組成のメルトではカイネティック因子は極めて似た値になり，このモデルの内部整合性が保たれていることがわかる．

支配パラメータの比が推定されると結晶化速度を熱力学あるいは実験結果から与えると，CSD の傾きから核形成速度が推定される．結晶化速度 $\dot{\Phi}$ は，2×10^{-3} を用いると，10^{-4} K/s のときの傾き $10^5\,\mathrm{m}^{-1}$ から，核形成速度は $J = 3.3 \times 10^6\,\mathrm{m}^{-3}\mathrm{s}^{-1}$ と推定される．また，10^{-2} K/s の冷却速度では，CSD の傾き $10^6\,\mathrm{m}^{-1}$ から，$J = 3.3 \times 10^{11}\,\mathrm{m}^{-3}\,\mathrm{s}^{-1}$ と推定される．これらの値は，Pupier *et al.* (2008) が別の方法で見積もった値の範囲と重複するが，やや大きめの値を示す．

図 9.11 には，Iezzi *et al.* (2011) による安山岩質メルトの CSD データも示している．このメルト組成による違いは，カイネティック因子 c_J の違いと見ることができる（熱力学因子はさほど変わらない）．Iezzi *et al.* (2011) のデータに対して同様の見積もりを行うと，$c_J \approx 10^{12}(\chi_J = 2.5) \sim 10^{11}(\chi_J = 2.0)$ となる．このように，カイネティック因子は安山岩質メルトの方が，玄武岩質メルトよりも小さい．この違いは，実効的表面エネルギーもしくは均質あるいは不均質核形成の違いを反映しているのかもしれない．

9.5 開放系での CSD

Randolph and Larson (1988) や Marsh (1988) は，化学工業のプラント中で，結晶の抜き取りを考慮すると，残された化学反応炉中の CSD は指数分布になることを示した．結晶の注入と抜き取りを考慮した結晶サイズ分布の時間発展は，

$$\frac{\partial F(R)}{\partial t} + \frac{\partial}{\partial R}\left(G(R)F(R)\right) = I_{\mathrm{in}} - I_{\mathrm{out}} \tag{9.178}$$

である．

9.5.1 定常解としての指数分布：抜き取り率一定の場合

いま，注入がなく ($I_{\mathrm{in}} = 0$)，抜き取り率 (s^{-1}) はすべての結晶にわたって一定の割合であるとする；$I_{\mathrm{out}} = F(R)/|t_{\mathrm{ex}}|$．ここで，$|t_{\mathrm{ex}}|$ は結晶の抜き取り率 $1/|t_{\mathrm{ex}}|$ を定義する時定数である．また，結晶成長速度 G が結晶粒径や時間に依存せず一定 (G_0) とし，定常状態を仮定すると，

$$G_0 \frac{\partial F(R)}{\partial R} = -F(R)/|t_{\mathrm{ex}}| \tag{9.179}$$

となる．この微分方程式は，直ちに積分でき，境界条件 $R = 0$ で $F = F_0$，$R = \infty$ で $F(\infty) = 0$ のもとで解は，

$$F(R) = F_0 e^{-\frac{R}{G|t_{\mathrm{ex}}|}} \tag{9.180}$$

と，指数分布になる．ここで，切片 F_0 は，定常状態の式 (9.179) を $R = 0$ から ∞ まで積分した結果に，$G(0)F(0) = J_0$，$G(\infty)F(\infty) = 0$ を適応して得られる結果

$$J_0 = \int_0^\infty I_{\mathrm{out}} dR = \mathrm{const.} \tag{9.181}$$

によってきまる核形成速度 J_0 と関係づけられている．結局，CSD の切片と傾きは

$$F_0 = \frac{J_0}{G_0} \tag{9.182}$$

$$L = G_0 t_{\mathrm{ex}} \quad (= 1/|\mathrm{slope}|) \tag{9.183}$$

によって，核形成速度，成長速度，滞在時間に関係づけられる．

結晶の抜き取り率が，結晶粒径に依存する場合 ($I_{\mathrm{out}} = F(R)/|t_{\mathrm{ex}}(R)|$) は，

$$F(R) = F_0 e^{-\int_0^R \frac{1}{G_0|t_{\mathrm{ex}}(R)|} dR} \tag{9.184}$$

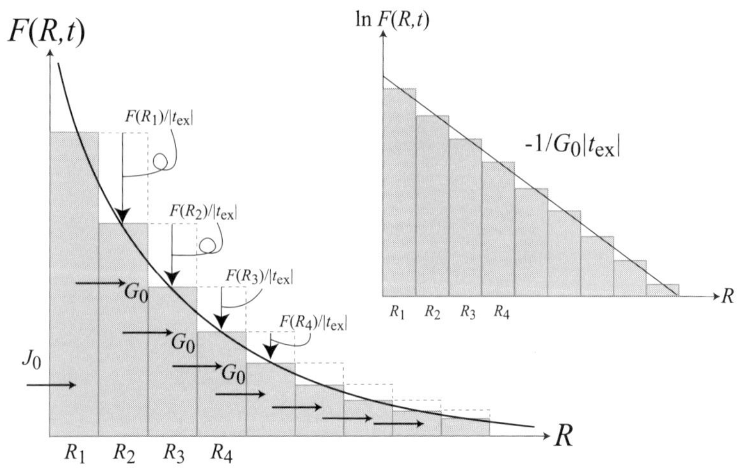

図 9.13 開放系 CSD の指数分布になる説明．抜き取り率 $1/|t_{\rm ex}|$ と核形成速度 J_0 および成長速度 G_0 が一定の場合．線形スケールのサイズ分布 $F(R)$（大きいグラフ）は，サイズ R とともに指数関数的に減少する．なぜなら，サイズが大きいものは核形成時刻が早く，結晶化時間が長い分，抜き取りを多く被っているからだ．片対数グラフ（右上の小さいグラフ）で CSD は直線になる．

となる．

抜き取り率が一定の場合，解は指数分布となる．

$$F(R) = F_0 e^{-\frac{R}{G_0 t_{\rm ex}}} \tag{9.185}$$

となる．この指数分布を例にして，開放系 CSD の仕組みを説明する（図 9.13）．

抜き取り率一定は，系から抜き取られる粒子数が，サイズ分布すなわち population density $F(R)$ に比例し，$F(R)/|t_{\rm ex}|$ となる．ある注目するサイズの結晶集団の成長過程で（すなわち時間が進行するにつれて），その数が，$|t_{\rm ex}|$ 分の 1 ずつ減少していく．その結果，抜き取りの影響を長く受けている大きいサイズのものほど，結晶数が少なくなる．抜き取り率が，結晶の沈降のように結晶粒径とともに大きくなるような場合では，斑晶の CSD が上に凸の曲線になり，大きな粒径で $F(R)$ がより乏しくなる (Marsh, 1988).

9.5.2 非定常解

いま一般的な場合を想定し，供給率と抜き取り率の差がサイズのみの関数であるとする：$I_{\rm in} - I_{\rm out} = F(R,t)/t_{\rm ex}$．以降，$t_{\rm ex}$ が正の場合も負の場合も想定し，

絶対値をつけずに進める．また，成長速度が，サイズのみの関数である場合，サイズ分布の保存則は，

$$\frac{\partial F(R,t)}{\partial t} + \frac{\partial}{\partial R}\left(G(R)F(R,t)\right) = \frac{F(R,t)}{t_{\rm ex}(R)} \tag{9.186}$$

となる．この式に，時間についての Laplace 変換を施す．9.2.3 節と異なるのは，右辺だけであり，

$$右辺 = t_{\rm ex}(R)^{-1}\mathcal{L}(F) = t_{\rm ex}(R)^{-1}\hat{F} \tag{9.187}$$

となり，式 (9.186) は，

$$-F(R,0) + s\hat{F} + \frac{\partial}{\partial R}\left(G(R)\hat{F}\right) = t_{\rm ex}(R)^{-1}\hat{F} \tag{9.188}$$

となる．ここで，

$$\varphi(R,s) = G(R)\hat{F} \tag{9.189}$$

として整理すると

$$\frac{d\varphi}{dR} + \left(\frac{s}{G} - \frac{1}{Gt_{\rm ex}}\right)\varphi = F(R,0) \tag{9.190}$$

となる．9.2.3 節と同様に，一般解は，

$$\varphi = e^{-st_{\rm A}(R,0)+\tilde{b}(R,0)}\left(\int_0^R F(R',0)e^{st_{\rm A}(R',0)-\tilde{b}(R',0)}dR' + c\right) \tag{9.191}$$

となる．ここで，

$$t_{\rm A}(R,0) = \int_0^R \frac{dR''}{G(R'')} \tag{9.192}$$

$$\tilde{b}(R,0) = \int_0^R \frac{dR'}{G(R')t_{\rm ex}(R')} \tag{9.193}$$

である．また，c は積分定数で，境界条件 $F(0,t)$ の Laplace 変換を通して

$$\varphi(0,s) = c = \int_0^\infty e^{-st}G(0)F(0,t)dt \tag{9.194}$$

から決定される．いまの場合，境界条件は $G(0)F(0,t) = J(t)$ であるので，その Laplace 変換から，

$$c = \hat{J}(s) \tag{9.195}$$

である．

F は，$\varphi/G(R)$ の逆 Laplace 変換を行えばよいから，

$$F(R,t) == \frac{1}{G(R)}\left[\int_0^R F(R',0)e^{\tilde{b}(R,R')}\mathcal{L}^{-1}(e^{-s\tilde{b}(R,R')})dR' + e^{\tilde{b}(R,0)}\mathcal{L}^{-1}(e^{-st_{\mathrm{A}}(R,0)}\hat{J}(s))\right] \tag{9.196}$$

$$t_{\mathrm{A}}(R,R') = \int_{R'}^{R}\frac{dR''}{G(R'')} \tag{9.197}$$

$$\tilde{b}(R,R') = \int_{R'}^{R}\frac{dR''}{G(R'')t_{\mathrm{ex}}(R'')} \tag{9.198}$$

と表される．第 1 項では $\mathcal{L}^{-1}(e^{-sX}) = \delta(R-X)$ を用い，第 2 項ではたたみこみ定理を利用すると，

$$F(R,t) = \underbrace{\frac{G(R')}{G(R)}F(R',0)e^{\int_{R'}^{R}\frac{dR''}{G(R'')t_{\mathrm{ex}}(R'')}}}_{\text{初期条件}} + \underbrace{\frac{J(t-\int_0^R\frac{dR''}{G(R'')})}{G(R)}e^{\int_0^R\frac{dR''}{G(R'')t_{\mathrm{ex}}(R'')}}}_{\text{境界条件}} \tag{9.199}$$

となる．ここでも先に述べたデルタ関数の性質を用いた．ここで，R' は，

$$t - \int_{R'}^{R}\frac{dR''}{G(R'')} = 0 \tag{9.200}$$

を介して，R と t を関係づけた変数 $R'(R,t)$ である．以下にいくつかの簡単な場合を見てみよう．

1) $G = G_0$=一定，$t_{\mathrm{ex}}^{-1} = 0$ の場合

式 (9.200) より，

$$t - \int_{R'}^{R}\frac{dR''}{G_0} = t - \frac{R-R'}{G_0} = 0 \tag{9.201}$$

より，

$$R' = R - G_0 t \tag{9.202}$$

また，$e^{\int}$ の項は，1 であるので，

$$F(R,t) = F(R-G_0t,0) + \frac{J(t-\frac{R}{G_0})}{G_0} \tag{9.203}$$

となる．

2) $G = G_0$=一定，t_{ex}=一定の場合

R'，t と R の関係は，上と同じである（式 (9.202)）である．$e^{\int}$ の積分の項は，

$$\int_{R'}^{R} \frac{dR''}{G_0 t_{\rm ex}} = \frac{R - R'}{G_0 t_{\rm ex}} = t/t_{\rm ex} \tag{9.204}$$

$$\int_{0}^{R} \frac{1}{G_0 t_{\rm ex}} dR'' = \frac{R}{G_0} R \tag{9.205}$$

であるので，

$$F(R,t) = F(R - G_0 t, 0)e^{t/t_{\rm ex}} + \frac{J(t - \frac{R}{G_0})}{G_0} e^{\frac{R}{G_0 t_{\rm ex}}} \tag{9.206}$$

となる．

3) $J = J_0 \exp(t/t_J)$，$G = G_0 =$ 一定，$t_{\rm ex} =$ 一定の場合

R'，t と R の関係および $e^{\int}$ の積分の項は，上と同じであるので，

$$F(R,t) = F(R - G_0 t, 0)e^{t/t_{\rm ex}} + \frac{J_0 e^{t/t_J}}{G_0} e^{-\frac{t_J^{-1} - t_{\rm ex}^{-1}}{G_0} R} \tag{9.207}$$

となる．

4) $J = J_0 \exp(t/t_{\rm ex})$，$G$ と $t_{\rm ex}$ が R の関数である一般的な場合

$$\begin{aligned} F(R,t) = & \frac{G(R')}{G(R)} F(R', 0) e^{\int_{R'}^{R} \frac{dR''}{G(R'') t_{\rm ex}(R'')}} \\ & + \frac{J_0 e^{t/t_J}}{G(R)} e^{-\int_0^R \left(\frac{1}{G(R') t_J} - \frac{1}{G(R') t_{\rm ex}(R')} \right) dR'} \end{aligned} \tag{9.208}$$

となる．ここで，R' は式 (9.200) から決定される．

9.6 Avrami モデルとサイズ分布

Avrami (1939, 1940, 1941) は，相変化によって新しく生成する相の体積の時間変化と核形成・成長速度の関係を論じた．その中で彼は，既に形成した新相が，核形成・成長に与える影響を評価した．相変化が起こる前の初期体積 V_0 中での新相の体積が V となった時点での相変化速度を考える．相変化速度 dV/dt は，新相が全くない状態での体積増加速度 $dV_{\rm ext}/dt$ とは異なる．この $V_{\rm ext}$ は拡張体積 (extended volume) と呼ばれ，通常の体積分率 $V_{\rm ext}/V_0$ であり，以下のように評価される．

$$\frac{V_{\rm ext}}{V_0} = \frac{4\pi}{3} \int_0^t J(t') \left[\int_{t'}^{t} G(t'')dt'' \right]^3 dt' \equiv \phi_{\rm ext} \tag{9.209}$$

新相の核形成・成長が働くことができる空間は，既に生成した新相の体積だけ少なく，$V_0 - V$ となっている．そのため，その影響は，新相がない場合の体積増加率に，初期体積に対する現在利用できる体積の比 $(V_0 - V)/V_0$ の重みをつけることで評価できる．すなわち

$$\frac{dV}{dt} = \frac{V_0 - V}{V_0}\frac{dV_{\mathrm{ext}}}{dt} \tag{9.210}$$

これは，V を V_{ext} の関数と見たときの微分方程式になっており，$V_{\mathrm{ext}} = 0$ で $V = 0$，$V_{\mathrm{ext}} = \infty$ で $V = V_0$ を条件として，変数分離により解析的に解けて，

$$V = V_0\left(1 - \exp(-\frac{V_{\mathrm{ext}}}{V_0})\right) \tag{9.211}$$

を得る．$\phi = V/V_0$ として，V_{ext}/V_0 を代入すると，

$$\phi = 1 - \exp\left(-\frac{4\pi}{3}\int_0^t J(t')\left[\int_{t'}^t G(t'')\right]^3 dt''dt'\right) \tag{9.212}$$

となる．

拡張体積を計算する際に，ある特別な場合を考えよう．核形成速度は時間のべきに比例する：$J = \bar{J}_0 t^{\bar{m}}$．成長速度は，核形成（時刻 t'）からの時間 $(t - t')$ べきに比例する：$G = \bar{G}_0(t - t')^{\bar{n}}$[*13]．ここで $\bar{J}_0$，$\bar{G}_0$ は Avrami モデルでの係数で，その次元は指数 $\bar{m}$ と $\bar{n}$ に依存している．この核形成速度と成長速度を用いると，拡張体積は

$$\phi_{\mathrm{ext}} = \frac{4\pi B_0 \bar{J}_0 \bar{G}_0^3}{3(1+\bar{n})} t^{\bar{m}+3(\bar{n}+1)+1} \tag{9.213}$$

$$B_0 = B(\bar{m}+1, 3(\bar{n}+1)+1) \tag{9.214}$$

となる．ここで，$B(a, b)$ はベータ関数である[*14]．ここで時間のべきに注目すると，$\bar{n} + 1$ は粒径変化の時間依存性，$\bar{m} + 3(\bar{n} + 1) + 1$ は核形成と成長による結晶化の時間依存性を表しており，以下のように定義する．

[*13] ここで，$G = G_0 t^{\bar{n}}$ としないことに注意．$G = G_0 t^{\bar{n}}$ の場合は，核形成の時刻に関わらず，すべての結晶は全体の統一的な時間の流れの中で一律の成長速度を持つ．

[*14] ベータ関数は，

$$B(a, b) = \int_0^1 x^{a-1}(1-x)^{b-1}dx \tag{9.215}$$

で定義され，ガンマ関数と次の関係にある．

$$B(a, b) = \frac{\Gamma(a)\Gamma(b)}{\Gamma(a+b)} \tag{9.216}$$

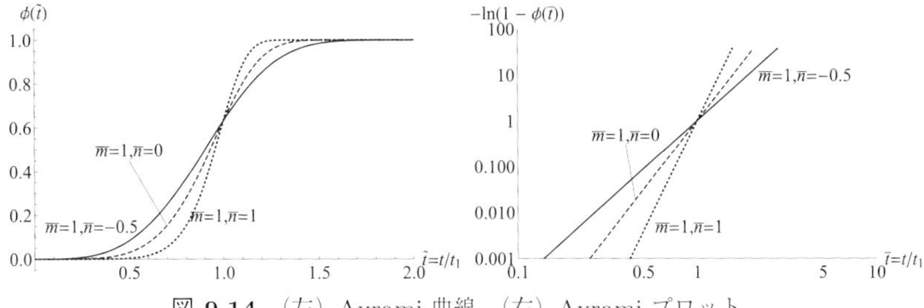

図 **9.14** (左) Avrami 曲線.(右) Avrami プロット.

$$\bar{n}_a = \bar{m} + 3(\bar{n}+1) + 1 = \bar{m} + 3\bar{n}_r + 1 \tag{9.217}$$

$$\bar{n}_r = \bar{n} + 1 \tag{9.218}$$

これらを用いると,相変化体積分率の時間変化は,

$$\phi = 1 - \exp\left(-\frac{4\pi B_0 \bar{J}_0 \bar{G}_0^3}{3\bar{n}_r} t^{\bar{n}_a}\right) \tag{9.219}$$

となる.ここに出てくる時間のべき $\bar{n}_a$ は,通常 Avrami の指数と呼ばれ,核形成と成長の時間依存性を表している.相変化実験を評価する際に,$-\ln(1-\phi)$ と t を両対数で取ったプロットは Avrami プロットと呼ばれ,その傾きは,Avrami 指数になる(図 9.14).

さて,この場合のサイズ分布はどのようになるであろうか.前節と同じ手法でサイズ分布関数を $\bar{m}$ と $\bar{n}$ あるいは $\bar{n}_a$ と $\bar{n}_r$ をパラメータとして求めてみよう.サイズ分布は,核形成速度と成長速度を用いて,

$$F_{\mathrm{ext}}(R(t',t),t) = \frac{J(t')}{G(t')} = \frac{\bar{J}_0(t')^{\bar{m}}}{\bar{G}_0(t-t')^{\bar{n}}} \tag{9.220}$$

である.ここで注意が必要なのは,このサイズ分布は,結晶の衝突を影響を無視した,拡張体積に相当するサイズ分布だということだ.そのため,サイズ分布の記号として F_{ext} を用いる.

粒径は $R(t',t) = \bar{G}_0(t-t')^{\bar{n}_r}$ であり,

$$t' = t - \left(\frac{\bar{n}_r}{\bar{G}_0}R\right)^{1/\bar{n}_r} \tag{9.221}$$

これを上式に代入し整理すると,

$$F_{\mathrm{ext}}(R,t;\bar{m},\bar{n}) = \frac{\bar{J}_0}{\bar{G}_0}\left(\frac{\bar{n}_r}{\bar{G}_0}R\right)^{-\frac{\bar{n}}{\bar{n}_r}}\left[t - \left(\frac{\bar{n}_r}{\bar{G}_0}R\right)^{\frac{1}{\bar{n}_r}}\right]^{\bar{m}} \tag{9.222}$$

となる．

ここで，Avrami モデルで拡張体積が 1（式 (9.219) の exp の中の絶対値が 1 になる）となるような時間を $t_{\rm Av}$ として，時間をこの $t_{\rm Av}$ でスケールし，$t=0$ で核形成した結晶が，$t_{\rm Av}$ で持つサイズ $R_{\rm Av}$ で，結晶サイズをスケールする．$t_{\rm Av}$ と $R_{\rm Av}$ は，

$$t_{\rm Av} = \left(\frac{4\pi B_0 \bar{J}_0 \bar{G}_0^3}{3\bar{n}_r}\right)^{-1/\bar{n}_a} \tag{9.223}$$

$$R_{\rm Av} = \frac{\bar{G}_0 t_{\rm Av}^{\bar{n}_r}}{\bar{n}_r} = \frac{\bar{G}_0}{\bar{n}_r}\left(\frac{4\pi B_0 \bar{J}_0 \bar{G}_0^3}{3\bar{n}_r}\right)^{-\bar{n}_r/\bar{n}_a} \tag{9.224}$$

である．これらを用いた無次元の時間 $\tilde{t} = t/t_{\rm Av}$ とサイズ $\tilde{R} = R/R_{\rm Av}$ を用いると，サイズ分布関数は，

$$F_{\rm ext}(\tilde{R},\tilde{t};\bar{m},\bar{n}) = F_{ext0}(\bar{m},\bar{n}) \cdot \tilde{F}_{\rm ext}(\tilde{R},\tilde{t};\bar{m},\bar{n}) \tag{9.225}$$

$$F_{\rm ext0}(\bar{m},\bar{n}) = \frac{\bar{J}_0}{\bar{G}_0}\left(\frac{4\pi B_0(\bar{m},\bar{n}) \bar{J}_0 \bar{G}_0^3}{3\bar{n}_r}\right)^{-(\bar{m}-\bar{n})/(\bar{n}_a)} \tag{9.226}$$

$$\tilde{F}_{\rm ext}(\tilde{R},\tilde{t};\bar{m},\bar{n}) = \tilde{t}^{\bar{m}-\bar{n}}\tilde{R}^{-\bar{n}/\bar{n}_a}\left[1-\tilde{R}^{1/\bar{n}_a}\right]^{\bar{m}} \tag{9.227}$$

となる．もし，核形成速度に体積分率の変化の効果を考慮すると，

$$F_{\rm ext}(R(t',t),t;\bar{m},\bar{n}) = \frac{(1-\phi(t'))J(t')}{G(t')} \tag{9.228}$$

であり，同様に規格化時間 $\tilde{t}$ を用いると

$$1-\phi(t') = \exp\left[-\tilde{t}^{\bar{n}_a}\left(1-\tilde{R}^{1/\bar{n}_r}\right)^{\bar{n}_a}\right] \equiv \tilde{F}_{\rm A}(\tilde{R},\tilde{t};\bar{m},\bar{n}) \tag{9.229}$$

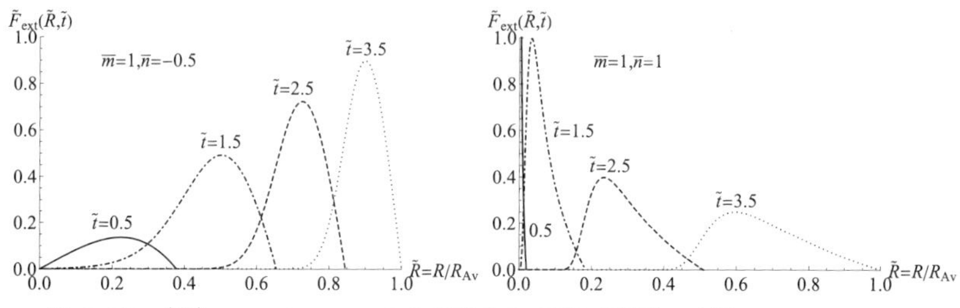

図 9.15　（左）$\bar{m}=1, \bar{n}=-0.5$ の場合の CSD の変化．（右）$\bar{m}=1, \bar{n}=1$ の場合の CSD の変化．サイズは $\tilde{t}=3.5$ のときの最大粒径でスケールされている．

この $\tilde{F}_{\mathrm{A}}$ を用いると，サイズ分布関数は

$$F_{\mathrm{ext}}(\tilde{R},\tilde{t};\bar{m},\bar{n}) = F_{\mathrm{ext0}}(\bar{m},\bar{n})\cdot\tilde{F}_{\mathrm{A}}(\tilde{R},\tilde{t};\bar{m},\bar{n})\cdot F_{\mathrm{ext}}(\tilde{R},\tilde{t};\bar{m},\bar{n}) \tag{9.230}$$

となる（図 9.15）．サイズスケールの R_{Av} は時間に依存しないことに注意．

第IV部
応 用

第10章　発泡と結晶化から探る噴火現象

これまでの章では，マグマの発泡と結晶化における個別のプロセス（素過程）の仕組み，それを統合した発泡過程や結晶化過程の全体的な時間発展，その中で果たす物性の役割などを解説し，可能な場合には実験と比較して，理論的理解の確からしさと限界について共有した．この章では，これまでの理解を応用し，火山噴出物の組織を解釈し，そこから定量的情報を読み解く例を紹介する．噴火様式との対応関係を意識して，爆発的噴火から非爆発的噴火の順番で，噴火生成物の組織解析から得られた実際の天然データを紹介し，それらのデータにこれまでの理解を応用して，噴火現象を定量的に理解する例を示す．最後には，貫入岩への応用を述べる．また，気泡組織と結晶組織に分けて解説することも意識した．

10.1　噴火生成物の産状と岩石組織

10.1.1　産状

「産状 (occurrence)」とは，天然で観察される岩石の存在状態である．火成岩の産状には，火砕物 (pyroclast) からなる堆積層（破砕したマグマ性粒子から構成される堆積物），溶岩 (lava) や溶岩ドーム (lava dome)（連続体として地表や海底に出現し固まった岩石），貫入岩（intrusion：地表に出現することなく地中で冷えて固まった岩石）がある．

火砕物は，いわゆる爆発的噴火によって生じる噴火生成物で，産出する噴火のタイプと関連づけて，1) 比較的粘性の大きいマグマのプリニー式噴火や大規模火砕流堆積物（イグニンブライト: ignimbrite）[*1]に含まれるもの（軽石や火山灰），2) 比較的粘性の小さいマグマのストロンボリ式や溶岩噴泉の噴火で生成したもの（スコリア，スパッター，Pele の涙や毛など），3) 大気中の衝撃波の発生を伴う単発的なブルカノ式噴火によるもの（火山灰），4) 溶岩ドームの崩壊によって生じ

[*1] 堆積後の過程で溶岩のように溶結しているものは溶結凝灰岩 (welded tuff) と呼ばれる．

た火砕流堆積物（火山灰や岩片），5) マグマ水蒸気爆発によるもの（火山灰や火山粒子），等に分類される．

溶岩流や溶岩ドームは，溢流的噴火あるいは非爆発的噴火の噴出物である．火砕物のうち，上記 4) は噴火堆積物の産状としては破砕しているが，その岩石組織の形成に関係している噴火様式としては，溢流的なものとして認識するのが適当だ．

貫入岩は，マグマが地表に噴出することなく地下で冷却固結したものであり，主として冷却結晶化の産物である．浅所に貫入した火成岩は，母岩（host rock または country rock）*2との境界付近から貫入岩内部に向かって系統的な組織変化を示すことが多い．母岩と貫入岩との整合性の関係や，水平方向と岩体形状の幾何学的関係によって，大きく分けて，岩床（sill：ほぼ水平方向に延びた岩体）と岩脈（dike または dyke）（水平方向と明瞭に異なる方向を持った岩体）がある*3．母岩が堆積岩の場合，母岩の層構造は堆積時の水平になることが多く，その層構造との整合性によって，整合の場合は岩床，不整合の場合は岩脈ということもある．

こうした火成岩の産状は，岩石内部の組織を理解し，噴火の物理過程を考察するうえで大変参考になる．産状は噴火様式と直結していることが多いので，含まれる物質の内部組織は噴火様式の支配要因を特定する際に重要な鍵となる．

10.1.2　気泡と結晶の便宜的分類

様々な産状の火成岩（噴出岩）に含まれる気泡や結晶は，その相対的サイズの違いによって，次のように分けることができる．

Matrix-bubble　主として上記 1) や 2) の軽石や火山灰中で観察される，肉眼では認識できないほど小さいサイズの気泡である．Matirix-bubble は，これらを生成する噴火様式や後で見るような組織解析の結果から，マグマが地表に上昇する際あるいは山体崩壊など何らかの減圧過程，すなわち減圧発泡過程で生成したと考えられる．

Pheno-bubble　Matrix-bubble とは明瞭に区別がつき，肉眼で認識できるサイズの気泡である．Matrix-bubble の形成以前，すなわち火道上昇前にマグマだまりで形成されたもの（2 次発泡：1.4.2 節参照），あるいは生成場に関わらず気泡の合体によって形成したもの，と考えられる．

---

*2マグマの貫入前に存在していて，貫入岩の周囲に存在する岩石のこと．

*3さらに，下方境界は水平で上方境界が丸くなっている岩餅 (stock) などがある．

Matrix crystal (microlite) 石基結晶 (groundmass crystal) のことであり，100 μm 程度以下のものをマイクロライト (microlite) と呼ぶ．相対的に大きな冷却速度の下で形成されたと考えられ，地表付近での冷却結晶化や地下からのマグマ上昇時の減圧結晶化で形成されたと考えられる．

Phenocryst 斑晶と呼ばれ，肉眼で認識できるサイズの結晶を言う．斑晶は，相対的に小さな冷却速度の下で形成されたと考えられ，地下深部のマグマだまり内部の冷却結晶化によると考えられている[*4]．

Matrix-bubble と Pheno-bubble は，結晶のマイクロライトと斑晶 (phenocryst) とに相対的サイズにおいて対応するもので，便宜的なものであるが，その成因の違いが明らかに背後にある[*5]．岩脈などの貫入岩中にも，気泡（2 次鉱物で充填されている：杏仁状組織 anygdale）は 2 次発泡により生成しているが，Matrix-bubble に相当するものと Pheno-bubble に相当するものとがある．

10.2 プリニー式噴火の軽石

10.2.1 気泡組織の特徴

軽石は，爆発的噴火，特にプリニー式噴火や，それに伴う火砕流に伴って生成される．プリニー式噴火は，多くの場合，噴出量は 0.1 km^3（DRE 体積[*6]）以上である．VEI (Volcanic Explosivity Index) (Newhall and Self, 1982) にして，4 以上であることが多い．カルデラ形成噴火の総噴出量は，数十 km^3 以上であり，大部分は火砕流噴火であるが，非常にしばしば前駆的にプリニー式噴火を行い，その噴煙柱崩壊により火砕流へと移行する (Sparks and Wilson, 1976)．噴火継続時間は，一般に数時間以上で，断続的に数日に及ぶものもある．

1 例として，29 ka の姶良カルデラ形成の際の，前駆プリニー式噴火である大隅降下

[*4] 斑晶中のガラス包有物（メルト包有物）の成因として，第 8 章で述べたホッパーや樹枝状結晶を必要とすることから，必ずしも小さい冷却速度ではなく，火道中をマグマが上昇する際中に形成されたとする考えもある (Waters *et al.*, 2015)．

[*5] 斑晶と石基は，結晶サイズの明瞭な違い（CSD がバイモーダル）に基づいており，絶対的なサイズに基づくものではないこともある．同様のことが，Pheno-bubble と Matrix-bubble にも当てはまりそうだ．結晶サイズ分布が顕著なバイモーダルを示さず連続的な場合は，“seriate” と呼ばれる．これに対応する気泡組織は，Matrix-bubble から Pheno-bubble まで連続的なべき分布的なものであろう．

[*6] Dense Rock Equivalent の略．空隙を多く含む軽石体積を空隙を除外した体積に換算したもの．堆積物から直接わかるのは，空隙を含む見かけ体積である．

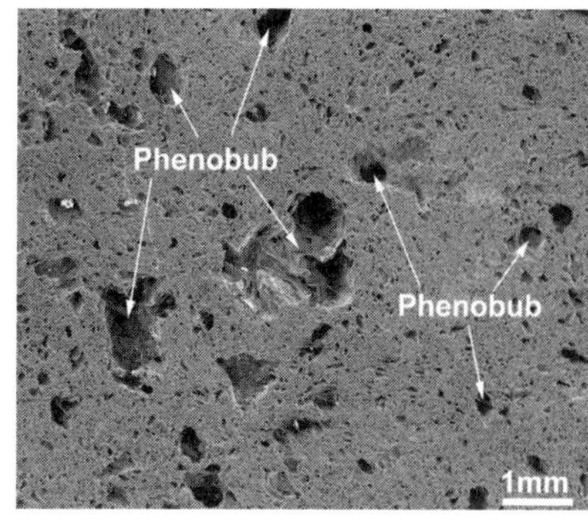

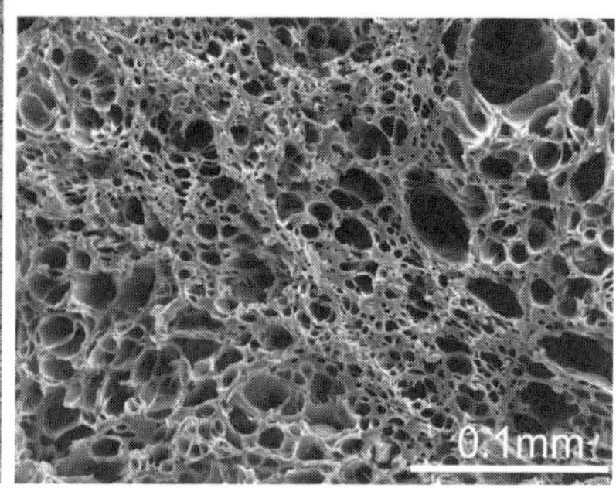

図 10.1　2 万 9000 年前の姶良カルデラ形成噴火（入戸火砕流）の前駆プリニー噴火である大隅降下軽石の断面の FE-SEM 写真．（左）横幅約 1 cm のスケールでの組織．（右）Matrix の部分の拡大図．(Toramaru, 2014)

軽石の断面の SEM 画像を図 10.1 に示す．これは流紋岩組成 (high silica rhyolite) で，SiO_2 が 78 wt%程度である．画像からわかるように，軽石内部は，10 μm 以下の小さい気泡が密に充填した基質 (Matrix) の中に，1 mm サイズの大きい気泡が点在している．前者が Matrix-bubble であり，後者が Pheno-bubble である．

Pheno-bubble は，この視野の中で 10 個ないしせいぜい多くても 20 個程度であろうか．数百 μm 程度の小さいサイズのものの数は多く，Matrix-bubble に分類した方が適当かもしれない．実際この程度の大きさのものは，肉眼では識別できない．結晶組織である斑晶と石基結晶の区別においても同じ問題がある．Pheno-bubble の形状は，球形に近いものもあれば，変形しいびつな形をしているものも見受けられる．周囲の Matrix-bubble が，はるかに小さいサイズであることを考えると，周囲の個々の気泡との相互作用によって形が変形したのではないことが示唆される．

Matrix-bubble には，サイズが数 μm のものから，100 μm のものまであるが，数は圧倒的に小さいサイズのものが多い．大きいものは目立つから多いように見えるが，発泡前のメルトの単位体積当たりに換算すると意外と少ない．さらに，Matirix-bubble は大きいものから小さいものに向かって数が単調に，しかも指数関数的に増加しているように見える．Matrix-bubble の形状は，おおよそ球形，楕円形，もしくはそれに近いが，多面体的なものやつぶれているものも見受けられる．つぶれている気泡の変形している部分の長さは，隣接する個々のサイズにおおよそ等しいので，隣接気泡との相互作用の結果，変形したことが示唆される．

Pheno-bubble か Matrix-bubble かは特定できないが，伸びた気泡が局在することがある．局在の領域は，1 個の軽石の中の一部であったり，1 つの軽石全体が伸びた気泡から成り立っていることもある．伸びた気泡からなる軽石の存在頻度は，降下堆積物の中で変化するが，大規模火砕流中の伸びた気泡からなる軽石の存在頻度と比べると，明らかに少ない．

より SiO_2 に乏しいデイサイトの軽石では，Pheno-bubble と Matrix-bubble の境界が怪しくなってくるが，Matrix-bubble の領域はある割合を占める．玄武岩質から玄武岩質安山岩組成のスコリアでは，不規則な形状の気泡が目立ってくる．これは，合体や複雑な変形過程の影響であると考えられる．

珪長質の軽石には，マイクロライトは一般には含まれない．デイサイト質よりもシリカに乏しい軽石のマイクロライト結晶度には多様性がある．結晶度と結晶数密度や発泡度にはしばしば相関（後述するマイクロライト・システマティックス）が見られる．

カルデラ形成を伴うような大規模火砕流中に含まれる軽石は，気泡が一方向に伸びていることが多い．これらの気泡のサイズ（1 個の体積）は，伸びていない気泡と比べて，極端に大きいことが特徴だ．

10.2.2　Matrix-bubble

BND 減圧速度計の応用

準プリニー式からプリニー式噴火の爆発的噴火によって生成した軽石の発泡組織解析の結果，気泡数密度は，噴煙柱の高度すなわち噴火強度と相関があることがわかった（図 1.9 左）(Toramaru, 1990, 1995)．この関係は，最近様々な噴火について調べられている (Alfano *et al.*, 2012)．しかしこの関係は，粘性や水の拡散係数などを通してマグマの組成を反映しているだけかもしれないという疑問が残った（図 1.9 右）．いまや我々はその疑問を解決する手段を持っている．

5.5 節でも述べたように，気泡数密度 N は減圧速度の定量的指標となり，その関係は式 (5.71) で表されている．より正確な係数を用いると，

$$N = 34 \cdot C \cdot \alpha_1^{-2} \cdot \alpha_2^{-1/4} \cdot \alpha_3^{-3/2} \tag{10.1}$$

と書ける．ここで，C は水の分子数（単位体積当たりの分子数で定義した濃度）である．パラメータ α_1，α_2，α_3 は，それぞれ式 (5.56)，式 (5.58)，式 (5.59) で与えられており，α_3 は減圧速度に反比例する．式 (10.1) を減圧速度を与える式に直すと，

$$\left|\frac{dP}{dt}\right|_{\mathrm{BN}} = 3.5 \times 10^{14} \cdot D \cdot \gamma^2 \cdot P_{\mathrm{W}}^{1/3} \cdot T^{1/2} \cdot N^{2/3} \tag{10.2}$$

となる．ここで，係数の値は Boltzmann 定数や水の部分モル分子容からきまる．

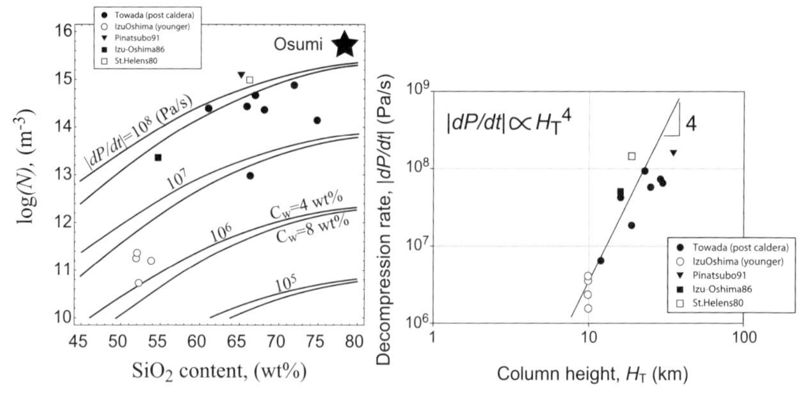

図 **10.2**（左）気泡数密度と SiO_2 含有量の関数としての減圧速度のコンター図．初期含水量が 4 wt%と 8 wt%の場合をプロットしている．図中の点は，凡例にある噴火の軽石のデータ．（右）観測量の気泡数密度 N を飽和圧と温度の推定値と物性値を用いて計算した核形成時の減圧速度と，噴煙柱高度の関係．(Toramaru, 2006 による)．

数密度 N を観測量として与えれば，気泡核形成時の減圧速度 $|dP/dt|_{\mathrm{BN}}$ が求まる．

式 (10.2) を用いて，減圧速度を計算するには，D，γ，P_{W}，T を与える必要がある（付録のマグマの物性に関する A.6 節を参照）．水の飽和圧 P_{W} やマグマの温度 T は，相平衡関係を用いて，鉱物組み合わせや鉱物組成から推定できる．水の拡散係数 D は（図 A.4），Zhang and Behrens (2000) と Behrens *et al.* (2004) から，水の濃度と SiO_2 含有量，温度の関数として計算できる．水の飽和濃度は，簡単化 Burnham モデル（式 (2.26)）を用いて P_{W} から計算できる．表面張力 γ は，流紋岩組成のメルトを用いた実験 (Bagdassarov *et al.*, 2000) から水飽和状態（圧力と水濃度）と温度の関数として計算できる（図 A.2）．シリカ含有量は温度と相関があるから，その関係を仮定すると，減圧速度は，水の初期含水量をパラメータとして，シリカ含有量と気泡数密度の関数となる．図 10.2 左は，その関係を図示したコンター図である．これに観測量の N とシリカ含有量をプロットすれば，おおよその減圧速度が推定できる．

この方法を大隅降下軽石に適用する．そのために気泡数密度 N を推定する．図 10.1 中の Matrix-bubble は，平均サイズ（半径）が 10 μm 程度であるとする[*7]．気泡数密度 N_ϕ，気泡半径 R，気泡の体積分率 ϕ との間には，$\phi = 4\pi R^3 N_\phi/3$ の関係が成り立つ．ここで，N_ϕ は気泡を含む軽石の単位体積当たりの数密度であ

[*7] 気泡数密度は，正確には，付録の 2 次元画像から 3 次元の形態学的情報を推定する方法（A.9 節）を用いる必要があるが，ここでは簡便な方法を用いる．

る．発泡する前のメルト単位体積中の数密度 N が必要であるから，N_ϕ を N に，$N = N_\phi/(1-\phi)$ によって変換する．気泡の体積分率（発泡度）を 70%とすると，$N \approx 5 \times 10^{15}$ 個 m^{-3} となる．シリカ含有量は 78 wt%であるから，星印の位置にプロットされ，減圧速度はおおよそ 10^8 Pa/s のオーダーであることがわかる．図には，その他のいろいろなプリニー式噴火についてのデータがプロットされおり，10^6 から 10^8 Pa/s の減圧速度に対応していることがわかる．

第 1 章で述べたように，地質学的調査による噴出物サイズの給源からの距離依存性を用いて，プリニー式噴火の噴煙柱高度が推定できる．噴煙柱高度と気泡核形成時の減圧速度の相関を取った図が図 10.2 右である．この図から，噴火の強度が大きいほど，減圧速度も大きく，減圧速度は噴煙柱高度 H_T の 4 乗に比例することがわかる：

$$\left|\frac{dP}{dt}\right|_\mathrm{BN} = c_\mathrm{H} H_\mathrm{T}^4 \tag{10.3}$$

ここで，c_H は比例定数でおおよそ，$10^{-9.5}(\mathrm{Pa\,s^{-1}\,m^{-4}})$ である．

噴火強度のスケーリング則

噴煙柱高度は，連続的にプルームが供給される場合，経験的に噴出率 $\dot{M}$(kg/s) の 1/4 に比例し，噴出率は火口での噴出速度 U_VE に比例すると考えられるから，

$$H_\mathrm{T} = c_{\dot{M}} \dot{M}^{1/4} = c_\mathrm{U} U_\mathrm{VE}^{1/4} \tag{10.4}$$

となる．ここで，$c_{\dot{M}}$ と c_U は比例係数である（詳しくは小屋口，2008 参照）．

気泡核形成深度での減圧速度 $|dP/dt|_\mathrm{BN}$ と火口での噴出速度 U_VE あるいは噴出率 $\dot{M}$ に比例関係があることは興味深い．これは，噴出速度という表面現象と直接観測不可能な火道内部でのダイナミクスを結びつける一種のスケーリング則である．すなわち，

$$\left|\frac{dP}{dt}\right|_\mathrm{BN} = c_{\dot{M}} c_\mathrm{U}^{1/4} U_\mathrm{VE} \tag{10.5}$$

5.5 節で述べたように，定常的火道流の場合，火道内の減圧速度は火口からの噴出速度に比例し，簡単に式 (5.67) で与えられる．その場合，式 (10.5) の係数 $c_\mathrm{H} c_\mathrm{U}^{1/4}$ の係数は，ρg に等しい．おおよその見積もりとして，密度 ρ を 1000 kg/m^3，火口での速度を，火砕物とガスの混合物の音速として 100 m/s とすると[*8]，減圧速度は 10^6 Pa/s となる．これは簡単化した見積もりであるが，火道流モデル (Wilson *et al.*, 1980) に基づくより正確な見積もりでも大きく違わない．一方，気泡数密

[*8] チョーキング状態を想定している．チョーキングは，圧縮性流体が管の中を流れる際，流速が音速で飽和すること．

度から推定される減圧速度は $10^6 \sim 10^8$ Pa/s であり，定常火道流からの予想値よりかなり大きい．このことは，気泡の核形成を支配している減圧過程が，定常火道流での減圧過程とは異なることを意味している．この違いを説明する可能性を含めて，スケーリング則が成立する仕組みを考えよう．

スケーリング則の仕組み

1 つの可能性は，破砕面直上での減圧過程である．破砕面直上では，圧力変化が急激になり，減圧速度が上昇する．しかし，マグマの破砕は，発泡がかなり進行して，発泡度（後述）がかなり大きくなったときに起こると考えられている．そのためには，Pheno-bubble が存在し，その成長が卓越して起こらなければならない．これは，メルト中の含水量の減少などから，破砕面での 2 次核形成によるMatrix-bubble の生成には都合が悪い．しかし，2 次核形成とマグマの破砕がお互い関係しあって同時に起これば，高い気泡数密度を作る仕組みとしてはありうる．これは 3 番目の可能性や，マグマの破砕の中での Pheno-bubble の役割（後述 Pheno-bubble の項参照）と関係するかもしれない．

2 番目の可能性は，気液の表面張力が，Bagdassarov *et al.* (2000) の実験で得られた値よりも小さいという考えである．式 (10.2) から，表面張力が 1 桁小さくなれば，観測された気泡数密度から推定される減圧速度は 2 桁小さくなり，定常火道流での減圧でもよい (Campagnola *et al.*, 2016)．

3 番目は，急激な圧力減少を作る一種の衝撃波（希薄衝撃波）が，気泡核形成を起こしているという考えである (Toramaru, 2006)（図 10.3）．通常の流体では，衝撃波は，物質が低圧から高圧になる際，すなわち圧縮される際にのみ発生する．それは，エントロピーの生成を同時に起こし，熱力学の第 2 法則（第 2 章の Box 参照）を満たしている．しかし，高圧から低圧に運動する場合（火道を上昇するマグマの場合）には，通常の物質は単に断熱膨張するだけで，エントロピーの生成は伴わない[*9]．通常の流体で，高圧から低圧に向かう際に衝撃波が形成されないのは，衝撃波が存在すれば，エントロピーは減少することになり熱力学の第 2 法則に従わないからである (Zeldovich and Raizer, 1967)[*10]．しかし，極端に大きな比熱や，減圧に伴い相変化など非平衡過程が起こる場合には，エントロピー生成も起こり，衝撃波も形成されうる (Borisov *et al.*, 1983; Thompson *et al.*, 1986)．この場合，減圧速度は気泡核形成波伝播速度 U_{BN} と圧力勾配 $\Delta P/\Delta Z$ の積であり，圧力勾配を 10 MPa/m とすると，伝播速度は 10 m/s 程度となる．

[*9] 粘性散逸を伴わない場合．

[*10] 通常の流体では，比体積–圧力の曲線が常に下に凸の関係にあることと関係する．

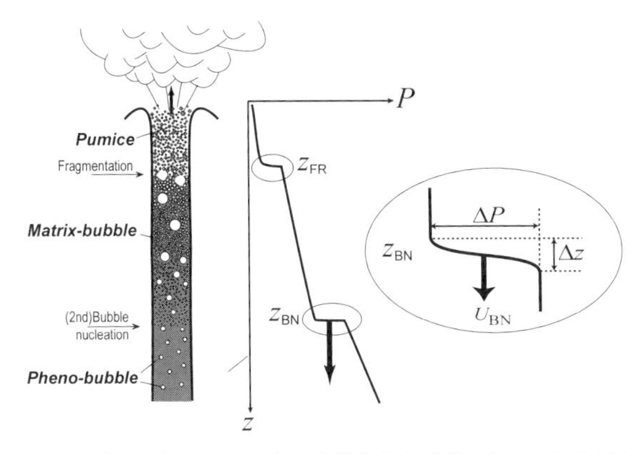

図 10.3　爆発的噴火で観測される高気泡数密度を説明できる可能性がある 2 つの急減圧．1 つは深さ Z_{FR} でのマグマの破砕 (fragmentation) に伴う急減圧．もう 1 つは深さ Z_{BN} での気泡核形成に関係した希薄衝撃波の伝播による急減圧．

10.2.3　Pheno-bubble

Pheno-bubble は，2 つの重要な意味を持っている．1 つは，マグマだまりの過剰圧を担っているという意味．もう 1 つは，マグマが地下のマグマだまりから地表に上昇し始める際の駆動力すなわち浮力を担っているという意味である．姶良カルデラの前駆プリニー式噴火の大隅降下軽石（図 10.1）を例にして，このことを見てみよう．また，2 次核形成の可否についても，図 5.21 を用いて議論する．

Pheno-bubble のマグマだまりでの状態

図 10.1 中の Pheno-bubble は，サイズが 1 mm 程度であり，1 cm^2 のサンプル断面当たり，10 から 100 個存在する．この数字を用いると，発泡度を 70%として，単位メルト体積当たり $10 \sim 100/(0.01^2\ (\mathrm{m}^2))/0.001\ (\mathrm{m})/(1-0.7) \approx 3 \times 10^8 \sim 3 \times 10^9$ 個 m^{-3} の Pheno-bubble が大気圧（と仮定する）での単位メルト体積当たりに存在する．

気泡サイズをマグマだまりでのサイズに変換するために，マグマだまりの深さと圧力をおおよそ 10 km (250 MPa) と仮定する．マグマの上昇は等温過程と見なすことができ，理想気体の状態方程式から，マグマだまりでの気泡サイズ R_{PE} は，$(P_{\mathrm{f}}/P_0)^{1/3} \times 10^{-3}$ m と見積もることができる．ここで，P_{f} は軽石が固結した圧力，P_0 はマグマだまりの圧力 250 MPa である．仮に，軽石の固結圧が大気圧 (0.1 MPa) とすると，R_{PE} は 0.074 mm である．発泡度（10.2.4 節）のところで議論するように，軽石の固結圧は 1 気圧より高い可能性があり，それを発泡度 70%の固結圧 25 MPa とすると，R_{PE} は 0.46 mm となる．噴火直前にこのサイズの Pheno-bubble を約 10^9 個/m^3 含むマグマが上昇した場合を考える．これら既存の Pheno-bubble が成長することによってメルトからの水の脱水が進むか，新たに核形成を起こして Matrix-bubble を生成し，脱水が進行するかは，図 5.21 によって判断できる．

このように見積もった大隅降下軽石の Pheno-bubble の状態を，図 5.21 に示している．この Pheno-bubble の体積分率はおよそ $10^{-3\pm1}$ に相当し，低体積分率の領域から高体積分率領域への遷移領域に入る．この状態のマグマ（気液表面張力 $\gamma = 0.1\,\mathrm{N/m}$）が減圧を受けた場合，およそ $10^4\,\mathrm{Pa/s}$ 以上の減圧速度であれば，2 次核形成が起こり Matrix-bubble が形成される．もし，気液表面張力が 1 桁小さい場合，限界の減圧速度は 2 桁小さくなり $10^2\,\mathrm{Pa/s}$ である．先に見たように，Matrix-bubble から推定された減圧速度 ($10^8\,\mathrm{Pa/s}$) は，この値より十分大きい．このことは，Matrix-bubble が 2 次核形成によって形成されたとする考えと矛盾しない．

2 次核形成の発生とマグマだまりからの上昇速度

このような Pheno-bubble を含むマグマの初期上昇速度を見積もろう．マグマだまりからのマグマの上昇が浮力と粘性抵抗のバランスできまるとすると，初速度 $U(0)$ は $L_{\mathrm{D}}^2 \Delta\rho g/\eta$ で見積もれる．ここで，L_{D} は割れ目の開口幅，η はマグマの粘性である．$L_{\mathrm{D}} = 1\,\mathrm{m}$, $\eta = 10^5\,\mathrm{Pa\,s}$ を仮定すると，$2.5\times10^{-4}\,\mathrm{m/s}$ の初速度になる[*11]．このとき，マグマが被る減圧速度は，$\rho g U(0)$ で評価でき，$\rho = 2500\,\mathrm{kg/m^3}$ のとき，$2.5^2 \approx 6.25\,\mathrm{Pa/s}$ となり，2 次核形成が起こる限界の減圧速度よりも十分小さい．それ故，マグマは，気泡の 2 次核形成を起こさず上昇し始める．その後，気泡の膨張と成長とともに，上昇速度を増し，減圧速度も増加し，何らかの理由で，この限界を超えて 2 次核形成を起こす．そのときの減圧速度は，10 から 100 MPa/s であるから，「何らかの理由」は，単純な定常火道流モデルでは説明できないことは先に述べた．

噴火直前のマグマだまりの過剰圧

Pheno-bubble が形成される前に，マグマだまりが力学平衡にあったという保証はないが，この体積分率だけ，マグマだまりが力学平衡から膨張したとすると，

[*11] 定常火道流モデルでは，初速度は，浸透率と一緒に脱ガス効率を左右する重要なパラメータの 1 つであり，噴火が爆発的になるか非爆発的になるかを支配している．

過剰圧 ΔP は，おおよそ岩盤の剛性率と体積増加率 0.001 の積になる．岩盤の剛性率を 10 GPa とすると，10 MPa すなわち 100 気圧程度の過剰圧である．これぐらいの過剰圧によって，岩盤に割れ目が入り，噴火がトリガーされるというのはありうることである．

この過剰圧が，マグマの上昇速度の駆動力とすると，初期速度は，$U(0) \approx \Delta P L_{\mathrm{D}}^2/(L_{\mathrm{E}}\eta)$ で見積もれる．ここで，L_{E} は初期割れ目の伸びの長さスケールで，幅 L_{D} よりも大きい．$L_{\mathrm{D}} \approx L_{\mathrm{E}}$ を $U(0)$ の上限の見積もりとすると，初速度は 100 m/s のオーダーになる．対応する減圧速度は，$\Delta P \times U(0)/L_{\mathrm{E}}$ として，おおよそ 10^3 MPa/s となり，かなり大きく，このときに 2 次核形成を起こすことは十分ありそうだ．しかし，ここでの見積もりには，割れ目形成の初期段階での非定常過程や開口割れ目の形状（小屋口，2008 参照）などが考慮されておらず，かなり不確定性が大きく，さらなる検討が必要だ．

Pheno-bubble のマグマの破砕過程における役割

Pheno-bubble には，マグマの破砕の仕組みに関してさらに重要な意味がありそうだということが最近わかってきた．マグマの破砕過程は，爆発的噴火と非爆発的噴火を分ける重要な素過程であるが，いまだ不明な点が多い (Gonnermann, 2015)．Kameda *et al.* (2017) は，気泡を含むマグマと共通性のあるレオロジー特性を持つシロップを用いて，急減圧に伴って起こる破砕過程を Spring-8 の装置を用いてその場観察し，気泡サイズの不均一分布が脆性破壊をトリガーすることを突き止めた．小さいサイズの気泡（Matrix-bubble と見ることができる）に取り囲まれた大きい気泡（Pheno-bubble と見ることができる）の壁で破壊が起こり，その破壊がきっかけで試料全体が破砕することを理論と実験で確認したのだ．このことは，爆発的噴火の支配過程であるマグマの破砕過程と Matrix-bubble の形成過程，および Pheno-bubble の存在が密接に関係していることを意味している．さらに，もし，Pheno-bubble が普遍的に存在していれば，このメカニズムも普遍的に起こっていることが考えられ，破砕の結果生成されるテフラ（tephra：軽石や火山灰など火砕物の総称）のサイズ分布の意味づけにも示唆を与える．

10.2.4　発泡度 (Vesicularity)

軽石の発泡度は，物理的意味を与えるのが最も難しい観測量である．例えば，しばしば推定される 3～6 wt%の初期含水量を想定して，閉鎖系で 1 気圧まで発泡すると，気泡の体積分率は 99.88%になる．そのような噴出物は，玄武岩質マグマの溶岩噴泉噴火によって生成されるレティキュライト以外にはない．このことは，

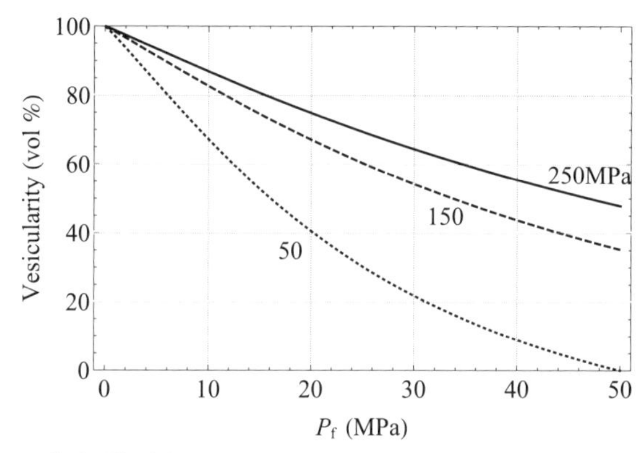

図 10.4　閉鎖系平衡発泡過程における発泡度と固結圧 P_f の関係．曲線横の数字は初期飽和圧 (MPa).

軽石が 1 気圧で固まったとすると，噴火前のマグマと，噴出物の軽石との間で，水の量に関して質量保存が成立していないことを意味している．これは，軽石を生成する爆発的噴火における発泡過程は閉鎖系ではなく，開放系であることを示唆している．すなわち，水は，発泡過程で何らかの形でマグマ（軽石）の外に出てしまっていることになる．これは，閉鎖系発泡における大きなパラドックスであるが，閉鎖系を仮定して議論することによって，以下のような示唆も得られる．

もし，軽石が 1 気圧より高圧で固まったとすると，閉鎖系でも水の質量保存が成立するように見える．図 10.4 には，様々な飽和圧に対して，固結圧の関数としての発泡度を示している．固結圧が 1 気圧 (0.1 MPa) では 99%を超えるが，100 気圧になると 70～90%の値を取る．Houghton and Wilson (1989) は，軽石の発泡度の多様性を，軽石が固結したときの圧力の影響だとした．プリニー式の噴火の場合，例えば，250 MPa の飽和圧に対して，100～300 気圧の固結圧で，発泡度はおおよそ 90～70%の範囲に入り，実際の値の範囲に入る．水中噴火やマグマ水蒸気噴火の噴出物では発泡度の変化が大きく，これらの噴火では固結圧の範囲が広いことを意味している．マグマ水蒸気爆発の場合，水とマグマとの相互作用の結果，複雑な温度圧力履歴を経るのでこのようなことが起こりうる．

Gardner *et al.* (1996) は，マグマの組成から粘性を見積もり，粘性が小さくなると発泡度は一定の値に近づくというデータを得た．また，粘性の大きなマグマでは，粘性抵抗により気泡が平衡径にまで膨張しきれないことによって発泡度が小さくなっているとした．また，Kaminski and Jaupart (1997) は，プリニー式噴火の火口からの流体力学的振舞いを仮定し，噴煙内気体の熱履歴と圧力変化を与えて，気体の膨張と軽石内の粘性抵抗および冷却過程を考慮して，軽石の膨張を計算した．その結果，軽石あるいは火山の内部は，発泡度に関してかなり不均一になることがわかった．これらの研究から，マグマの粘性は軽石の発泡度を支配している要因の 1 つであると考えられる．

10.3 （準）プリニー式噴火におけるマイクロライト結晶組織

この章の初めに「噴火生成物の産状と岩石組織」の節でも述べたように，準プリニーからプリニー式噴火の軽石で，流紋岩質などシリカ含有量が高いものには，マイクロライトは含まれないことが多い．一方，安山岩質や玄武岩安山岩質のスコリアでは，しばしばマイクロライトが含まれる．シリカ含有量の低いプリニー式噴火は，相対的に噴煙柱高度が低い傾向にある．準プリニー式–低シリカ含有量–マイクロライト含有，という粗い関係が成立しているように見える．

10.3.1 結晶組織の特徴

軽石やスコリア中の石基結晶であるマイクロライトは，減圧に伴うメルトからの水の析出の結果生成する．そのため，マイクロライトの形態・組織の特徴は，減圧過程の指標となりうる．特に，結晶数密度は，第 8 章で見たように，結晶が均質核形成に近い条件で核形成した場合，実効的冷却速度の関数となる．実効的冷却速度は脱水速度であり，平衡発泡領域においては，それは減圧速度と等価である．減圧速度はマグマの上昇速度に変換されるので，上昇速度の推定が可能になる．

玄武岩質安山岩の伊豆大島 1986 年の準プリニー式噴火を例にしよう．この噴火は，第 1 章で紹介したように，噴煙柱高度の時間変化など噴火推移が詳細にわかっている．その利点を活用するために，サンプルはスコリア堆積層を数 cm から 10 数 cm の層準に分け採取し，それぞれに層準のサンプルから粒径約 1 cm の粒子を選んで解析している．層準に分ける分析粒子の粒径をそろえることで，下層から上層への堆積層内での位置（層準）と火口から噴出された時間順序を対応づけることができる．堆積層での位置と時間とは比例関係にないが，粒径をそろえて分析しているので，大気中を粒子が沈降する際のサイズによる分級の影響がなく，時間の順番が前後することはないからだ[*12]．

[*12] 地上（堆積面最上部）での沈降流束が一定の場合は，堆積層の厚さの増加速度が一定なので，堆積層内での連続位置は正確に時間と比例関係にある．しかし，供給源での粒径サイズ分布や噴煙柱高度の時間変化がある場合は，沈降流束が時間変化する．この場合，堆積層の鉛直位置に時間メモリを振るためには，Iriyama *et al.* (2018) の方法によって，計算する必要がある．

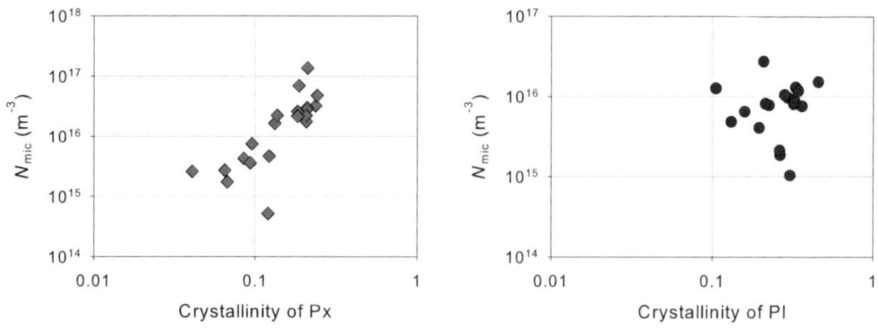

図 10.5　伊豆大島 1986B 準プリニー式噴火における結晶度と結晶数密度の関係．（左）輝石，（右）斜長石．

この噴火のスコリアは，マイクロライトとして，斜長石，輝石と少量の鉄チタン酸化物を含む．組織解析の結果を図 10.5（結晶度と結晶数密度の関係）に示す．マイクロライトに乏しいものから富んでいるものまで，結晶度や数密度に多様性がある．この多様性は，玄武岩質から安山岩質の（準）プリニー式噴火に特徴的に見られる．マイクロライトに乏しいものをタイプ A と呼び，マイクロライトに富んでいるものをタイプ B と呼ぶが，この間の遷移は連続的である．輝石については結晶度と数密度の間に正の相関があるが，斜長石については相関は認められない．

10.3.2　結晶数密度と脱水速度，減圧速度，上昇速度：MND 脱水速度計の応用

第 7 章と 8 章で見たように，輝石の方が斜長石よりも，均質核形成に近い条件で核形成するので，輝石に注目して話を進める．タイプ A の輝石マイクロライトの数密度はおおよそ $10^{15}\,\mathrm{m}^{-3}$ であり，タイプ B の数密度は $10^{17}\,\mathrm{m}^{-3}$ である．また，輝石結晶量はタイプ A で数%，タイプ B で 20%になる．

マイクロライト数密度 (MND)N_{mic} は，脱水速度 $|\dot{C}_{\mathrm{W}}|$ と式 (8.12) によって結びついている．これから，脱水速度は，観測量の N_{mic} の関数として，式 (8.14) によって与えられている：

$$|\dot{C}_{\mathrm{W}}| = \frac{1}{T'_{\mathrm{L}}a^{2/3}} N_{\mathrm{mic}}^{2/3} \tag{10.6}$$

ここで，係数 a はカイネティック因子であり，式 (7.151) で与えられている．また，熱力学因子 T'_{L} は式 (8.7) によって与えられている．これらを式 (10.6) の係数 $(T'_{\mathrm{L}}a^{2/3})^{-1}$ に代入すると：

$$(T'_{\mathrm{L}}a^{2/3})^{-1} = 5.9 \times 10^{-12-0.23\Delta C_{\mathrm{Si}}+0.43C_{\mathrm{W}}} \tag{10.7}$$

となる．輝石の核形成が起こる水の濃度を 1 wt%，基準のシリカ量 50 wt%との差 ΔC_{Si} は 8 とすると：

$$(T'_{\mathrm{L}} a^{2/3})^{-1}_{\mathrm{Py}} = 2.3 \times 10^{-13} \tag{10.8}$$

となる．これを用いると，タイプ A ではおおよそ 0.0023 wt%/s の脱水速度，タイプ B では 0.05 wt%/s の脱水速度になる．仮に平衡発泡領域を想定すると，式 (8.16) から減圧速度は，タイプ A では 2.6×10^4 Pa/s，タイプ B では 5.6×10^5 Pa/s となる．これは，マグマの上昇速度 $U = |\dot{P}|/(\rho \mathrm{g})$ にして（密度を $10^3\ \mathrm{kg/m^3}$ のオーダーにして），タイプ A で 2 m/s，タイプ B で 60 m/s のオーダーの値になる．

10.3.3 噴火推移との関係

結晶組織の多様性は，噴火の推移と相関がある．図 10.6 には，観測で得られた噴煙柱高度の時間変化と層準ごとの結晶組織のタイプの割合を示している．この図からわかる重要な事実は 2 点ある．1 つは，噴火の初期と終期では，マイクロライトの乏しいタイプ A が卓越しており，最盛期では，マイクロライトに富んだタイプ B が卓越すること，もう 1 つは，いつでもタイプ A とタイプ B が共存して

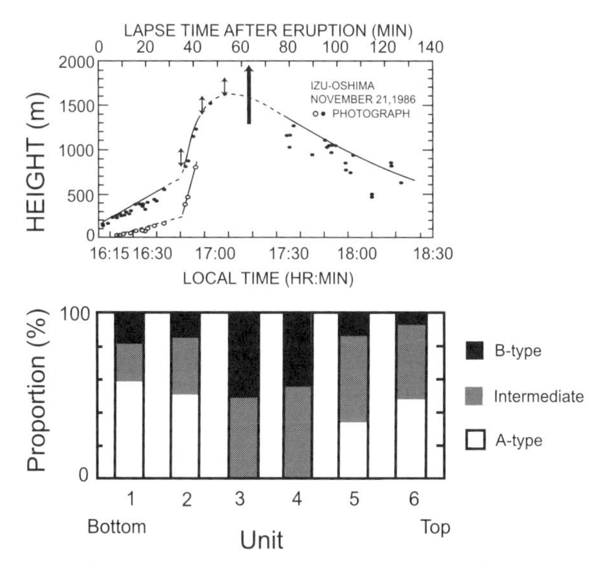

図 10.6 （上）伊豆大島 1986B 準プリニー式噴火の噴煙柱高度の時間経過．（下）各堆積層におけるマイクロライト組織の割合．火口から東に 2 km の地点で層厚およそ 30 cm（Toramaru *et al.*, 2008 による）．

いることである．初期（ユニット 1 と 2）と終期（ユニット 5 と 6），最盛期（ユニット 3 と 4）では，タイプの比率にかなり明瞭なコントラストがあるものの，どの層準（ユニット）でもマイクロライトの結晶度には多様性がある．これらの事実は，火道内ダイナミクスに制約を与える．

平衡発泡領域での結晶化という仮定と均質核形成に近いという仮定の 2 つの仮定の下では，これらの結晶数密度の多様性は，マイクロライト核形成時のマグマの上昇速度の多様性に帰着される．すなわち，この噴火では，様々な速度で火道中を上昇したマグマが，火口から同時に噴出されたことになる．このような火道場内状態は，マグマが上下に運動する乱流状態で上昇し様々な脱水速度を経験したと考えられる．果たして，このような結論は一意なものであろうか．次の項で，結晶数密度と結晶度との相関を検討する過程で，このことについても議論を深める．

10.3.4　結晶数密度と結晶度との関係

伊豆大島 1986 年の玄武岩質安山岩の準プリニー式噴火で見られた輝石マイクロライトの結晶数密度と結晶度の正の相関は，化学組成と噴火様式において共通性のある富士火山宝永噴火 (AD1707) のスコリアでも見られる（図 10.7）．この結晶数密度と結晶度の正の相関は，他のいくつかの火山の噴火でも観測されており (Hammer *et al.*, 1999; Miwa *et al.*, 2009; Martel, 2012; Pichavant *et al.*, 2013)，普遍的な関係のように見えるので，マイクロライト・システマティックスと呼ぶことにする．この関係を理解するためには，これまでに解説した発泡過程と結晶化過程の両方を含む減圧結晶化過程に基づく必要がある．

平衡発泡領域において均質核形成に近いカイネティックスの条件で結晶核形成が起こった場合，結晶量はマグマが実効的に凍結・固結されるときの含水量で決

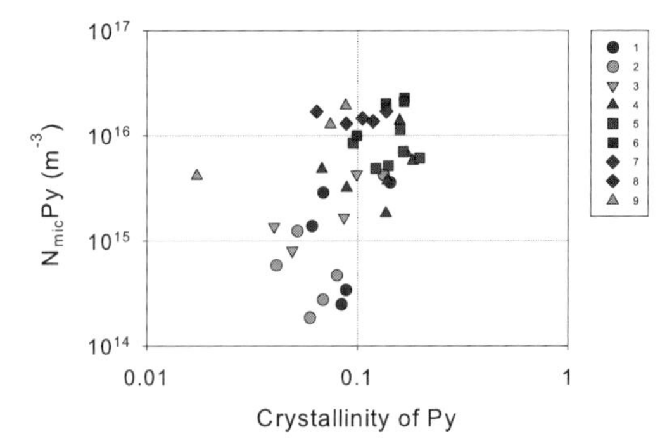

図 10.7　富士山宝永噴火における輝石マイクロライトの結晶度と数密度の関係．

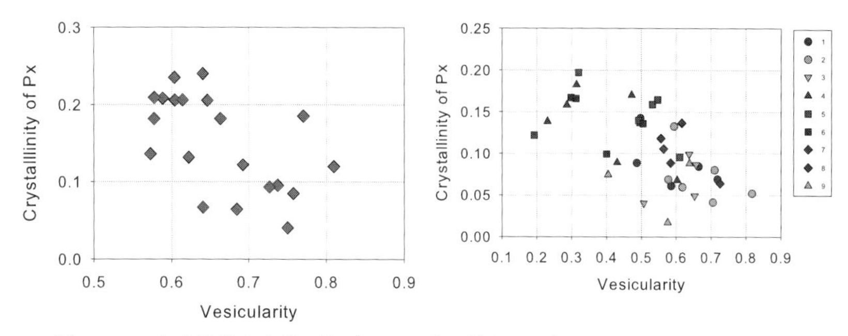

図 10.8 玄武岩質安山岩の準プリニー式で見られる輝石マイクロライト結晶度と発泡度の関係．（左）伊豆大島 1986B 噴火．（右）富士山宝永噴火．どちらも負の相関がある．

定される．含水量は圧力によって一意に決定されるから，固結圧がほぼ等しいなら，結晶量も似た値になるはずだ．これは，減圧量一定の実験 (SDE) で見られることだ（図 8.8）．結晶量に有意な範囲があるということは，固結圧が様々であるということを意味する．結晶量が少ないものは固結圧が大きいことを意味する．発泡度の項で説明したように，固結圧は広い範囲の値を取ってよい．

発泡度が閉鎖系での固結圧の目安なら，発泡度と結晶度の正の相関が見られるはずだ．図 10.8 に富士山宝永噴火の発泡度と結晶度の相関を示す．発泡度と結晶度の間にはむしろ負の相関が見られる．このことは，前段落で述べたような平衡論に従って固結圧で結晶度がきまっているのではないことを示唆している．ただし，これは閉鎖系を仮定した場合である．Klug and Cashman (1994) は，結晶量と粘性の関係に着目し，結晶量が大きいほど粘性が大きく，発泡度は小さくなると考えた．

発泡度が，別の要因，例えば開放系脱ガス過程などに支配されていると考えてみよう[*13]．結晶数密度と結晶量の正の相関は，固結圧が低いほど減圧速度が大きいことを意味する．固結圧に相当する減圧量を ΔP_{f} とすると，そこでの減圧速度 $|d\Delta P_{\mathrm{f}}/dt|$ は，ΔP_{f} と正の相関を持つことになる．仮にそれが比例関係であるとすると，

$$\left|\frac{d\Delta P_{\mathrm{f}}}{dt}\right| \propto \Delta P_{\mathrm{f}} \tag{10.9}$$

となる．この見かけの関係は，上昇速度が減圧量に比例していることを意味している．

減圧速度は，結晶数密度と $N_{\mathrm{mic}} \approx |d\Delta P_{\mathrm{f}}/dt|^{3/2}$ の関係にある．さらに，減圧

[*13] すなわち，発泡度と結晶度の負の相関はとりあえず考察の対象から除外する．

量は結晶量 ϕ_{obs} とほぼ比例関係にあるから，$\Delta P_{\mathrm{f}} \propto \phi_{\mathrm{obs}}$ である．これらから，

$$N_{\mathrm{mic}} \propto \phi_{\mathrm{obs}}^{3/2} \tag{10.10}$$

の関係が得られる．伊豆大島 1986 噴火や富士宝永噴火で見られる関係は，3/2 乗よりももう少し急であるので，減圧速度は減圧量に対して，比例関係（式 (10.9)）よりも少し強く依存していることが示唆される．

注意が必要な点は，均質核形成の場合，結晶数密度をきめる核形成速度は，減圧量に関して指数関数的に依存するから，数倍の減圧量の変化に対して結晶数密度は 10 桁近く変化する．観測や実験で見られる程度の結晶数密度の変化は，不均質核形成が起こった場合に出現する（図 8.6）．

実際，不均質核形成で核形成速度の指数前因子が十分小さい場合にも，結晶数密度と結晶量の正の相関は出現する．CSD の章の 9.3.5 節で展開したように，この関係は式 (9.163) で表されるように比例関係になる．この場合，核形成速度はほぼ一定で，結晶成長速度は時間に反比例する．実際の相関は，比例関係よりも急であり（結晶数密度は結晶量の 2 乗から 3 乗に比例する），このモデルをそのまま当てはめることはできないが，検討の余地はある．

さらなる可能性としては，噴火直前のマグマ中での温度の不均一があげられる．温度が低い方が減圧結晶化における実効的過冷却が大きくなり，結晶度は大きくなる．また，結晶度が大きい方が数密度も大きいから，噴火直前のマグマだまり中で温度が低い部分の上昇速度が大きかったことが期待される．著者は，実はこの可能性が最も大きいと考えている．

以上のように，結晶数密度と結晶量の正の相関に関して，いくつかの可能性をあげたが，多くはまだ十分に検討されていない．今後の研究結果によっては，マイクロライト数密度の解釈も変わってくるので，マグマの上昇速度についての考察も，そのことに留意しておく必要がある．

10.3.5　新燃岳 2011 年準プリニー式噴火のマイクロライト化学組成

霧島新燃岳 2011 年噴火では，マグマ水蒸気爆発で始まり，24 時間の間に 3 回の準プリニー式噴火が起こり，その後ブルカノ式噴火が断続的に続き，同時に火口内に溶岩ドームを生成した (Kozono *et al.*, 2013; Nakada *et al.*, 2013)．その準プリニー式噴火で生成した大部分のスコリアの全岩化学組成は，SiO_2 含有量 58 wt%の安山岩組成である．そのスコリア中のマイクロライトの CSD は，片対数グラフで下に緩やかに凸の分布を示す (Suzuki *et al.*, 2018)．多くのマイクロライトの形態は板状から針状である．

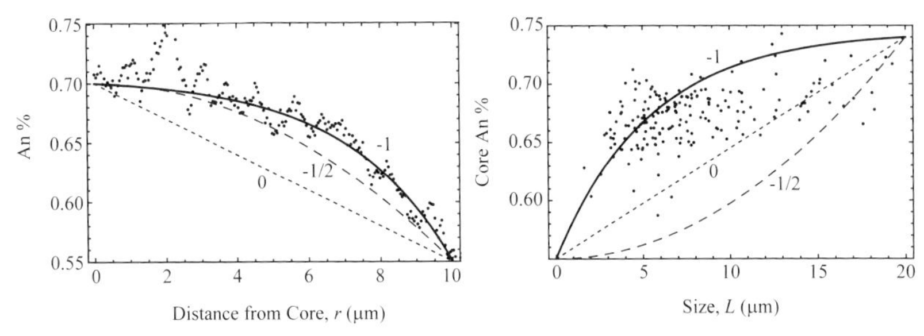

図 10.9　霧島新燃岳 2011 年噴火準プリニー式噴火のスコリア中のマイクロライトの化学組成と累帯構造．（左）累帯プロファイル．（右）コア組成とサイズの相関．曲線の横の数字は，成長則の時間指数を示す：0（成長速度一定），−1/2（拡散律速成長），−1（CSD モデル 4）．

一般に，比較的大きい冷却速度の下で形成したマイクロライトは，結晶成長の複雑さ（7.6 節参照）のため，組成累帯構造が多様であり，このことは新燃岳 2011 年噴火の産物にも当てはまる．Kichise (2015) は，マイクロライトの組成を調べて，興味深い事実を見つけた．その中には顕著な正累帯構造を持つものがあり（図 10.9 左），そのコア組成とサイズには正の相関がある（図 10.9 右）．累帯構造を成長累帯と見ると，7.7.2 節で見たように，累帯構造の組成プロファイルは成長則と関係する（図 7.29 と対応する式参照）．また，コア組成とサイズの間の関係も成長則によって左右される（図 7.30 と対応する式参照）．図 10.9 には，一定成長速度（反応律速成長），時間に反比例する成長則（CSD のモデル 4），時間に −1/2 乗（散律速成長）に比例する成長則の理論的予測との比較を示す．組成プロファイルは拡散律速成長と時間に反比例する成長と区別できないが，コア組成とサイズの関係は，成長速度が時間に反比例する場合がよく説明できる．このことから，新燃岳 2011 年準プリニー式噴火のマグマ上昇の際の減圧結晶化では，CSD モデル 4（9.3.5 節）の，結晶化速度と核形成速度が一定の条件であったと推定される (Toramaru and Kichise in preparation)．

10.4　ブルカノ式噴火による火山灰

10.4.1　ブルカノ式噴火の特徴

ブルカノ式噴火は，衝撃波を伴い高さ数 km 以下の噴煙とともに，火山灰を噴出する．噴火の前には火口直下での圧力増加を示す地盤変動とそれに続く噴火直前での収縮が起こることが知られている (Iguchi *et al.*, 2008)．噴火継続時間は，多くの場合数十秒以下で，突発的な噴火である．このメカニズムは，火口付近にできている蓋がはずれ，火道内で増圧されていたガスとマグマが大気に向かって一気に噴出すると考えられており，しばしば衝撃波管モデルが応用される (Ishihara, 1985; Turcotte *et al.*, 1990)．

ブルカノ式噴火による火山灰は，カルデラ形成噴火による火山灰と構成物が異なる．カルデラ形成噴火では，第 1 章で見たように（図 1.11），バブルウォール型の火山灰やマイクロパミスが大半を占めるが，ブルカノ式では岩片が多い．この噴火によって形成された火山灰から何がわかるか，桜島のブルカノ式噴火を例に見てみよう．

10.4.2　桜島ブルカノ式噴火と火山灰の特徴

1970 年代以降，桜島の火山灰は京都大学桜島火山観測所によってアーカイブされている．桜島火山の重要な利点は，観測所には当時からの火山性地震の波形記録（煤書き）や傾斜計や伸縮計など地球物理学的データもアーカイブされていることだ．そのため，頻繁に噴火を起こす桜島は，物質科学データと地球物理学データを比較検討するのに最も適している[*14]．

ブルカノ式噴火の火山灰解析の難しい点は，異なった履歴の火山灰が同時に噴出されることだ．ブルカノ式噴火は，同じ開放型火道（open conduit）を使って繰り返し頻繁に起こる．そのため，注目する噴火の駆動力に直接寄与したマグマ以外の，「昔の」マグマ起源の火山灰も含まれる．まずその識別を注意深い観察によって行い，注目する噴火イベントに直接寄与しているであろう新鮮な特徴を持つ火山灰を選別する．Miwa *et al.* (2009) は，1970 年代から 80 年代にかけての桜島ブルカノ式噴火の火山灰についてこのような選別を行い，桜島火山の利点を活かし，火山灰の岩石組織データと地球物理データを比較検討した．

10.4.3　結晶組織と表面現象の関係

図 10.10 左には，爆発地震振幅と火山灰中に含まれる新鮮な粒子の割合との相関を示している．いくつかのトレンドに分かれるが，いずれも新鮮な粒子の割合が多いほど，爆発地震振幅も大きいことを示している．このことは，新鮮なマグマからのガス成分の供給が大きいほど，爆発強度（火道内圧と大気圧との差）も大きくなることを実際に示した最初の例である．トレンドは，特徴的な火山性地

[*14] 現在は，物質科学的継続的モニタリングがなされている (Shimano *et al.*, 2013)．

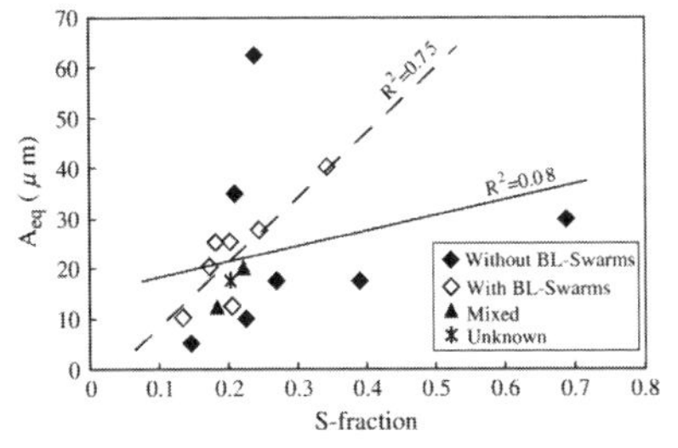

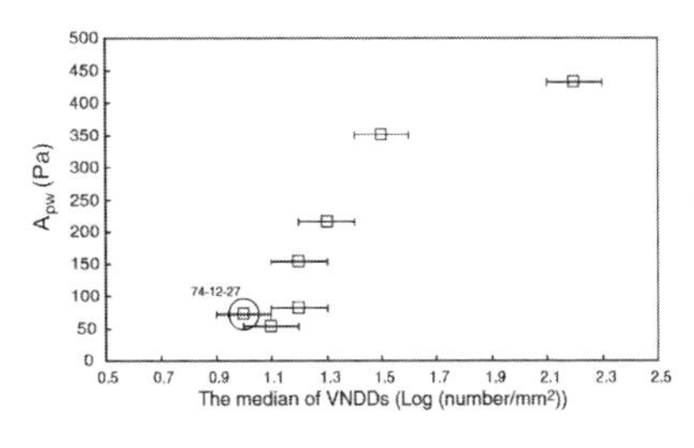

図 10.10　桜島ブルカノ式噴火 (1974-1987) で噴出した火山灰の分析結果．（左）新鮮な表面を持つガラス質火山灰の割合 (S-fraction) と爆発地震の振幅 (A_{eq}) の関係 (Miwa *et al.*, 2009 による)．（右）BL 型火山性地震の群発を伴うイベント (BL-Swarm) からの，気泡の多い新鮮な火山灰粒子中で気泡数密度 (VND) の代表値 (VNDD) と空振（圧力波）強度 (A_{pw}) の関係 (Miwa and Toramaru, 2013 による)．

震として知られる BL 型火山性地震の群発と関係があるように見える．

BL 型の火山性地震は，B 型地震（P 波や S 波など，岩盤の破壊を特徴づける明瞭なシグナルを持たない）でかつ，長周期（Long period：周波数 1〜3 Hz）の揺れを示すものである（西村・井口, 2006）．BL 型火山性地震は，ときとして噴火の前に群発し，連続微動のように見えることがある．こうした火山性地震と火山灰の両方の特徴を丁寧に比較することで，噴火に関与した物質が経験した物理過程の識別が可能であることを示している．

Miwa and Toramaru (2013) は，さらに，BL 型火山性地震が噴火前に群発するイベントからの火山灰だけに注目し，各イベントの 29 から 81 個の火山灰粒子について，岩石組織とガラス中の含水量を計測した．その結果，空振強度と気泡数密度には明瞭な正の相関があることを示した（図 10.10 右）．ブルカノ式噴火の火道浅部でのガスの存在状態について詳細はわかっていないが，発泡したマグマからのガス抜け (Outgassing) が継続して起こっているはずである．抜けたガスは，噴気や地中に入り，噴火には寄与しない．火山灰中の気泡の数は，ガス抜けの目安になり，気泡の数が多いほど，ガス抜けは進行していないと考えられる．この図で見られる正の相関は，ガス抜けしていないマグマほど，爆発したときに空振強度が大きくなることを示唆している．

10.5　溶岩ドームにおけるマイクロライト組織

10.5.1　雲仙平成噴火の溶岩ドーム

斜長石マイクロライトと噴出率の関係

1.3.2 節では，雲仙のドーム崩壊型火砕流（ブロック・アンド・アッシュフロー）の堆積物中の粒子片には，気泡が少なくマイクロライトがたくさん晶出していることを見た．雲仙平成噴火の溶岩ドーム成長の特徴は，図 1.16 に示されているように，マグマの噴出率に 2 回のサイクルがあることだ．Noguchi *et al.* (2008) は，噴火の時系列に沿って噴出物の組織解析を行い，結晶度やサイズ，数密度など斜長石マイクロライト組織と噴出率の変動の間に相関があることを見出した（図 10.11）．

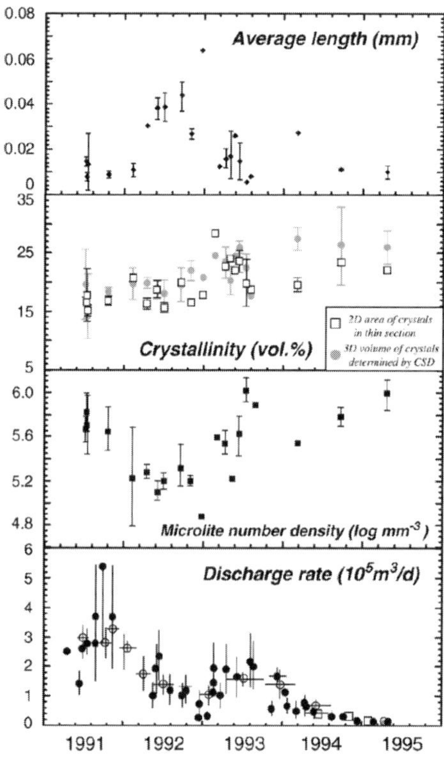

図 10.11　雲仙普賢岳平成噴火の斜長石マイクロライト組織の時間変化 (Noguchi *et al.*, 2008)．上から，サイズ（平均長さ），結晶度，結晶数密度，噴出率を示す．

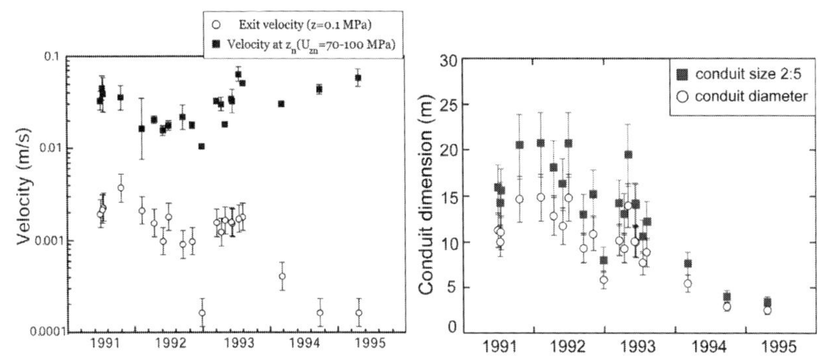

図 10.12　(左) 雲仙普賢岳平成噴火の斜長石マイクロライトの数密度から推定された 150 MPa (マイクロライト核形成圧力) での上昇速度の時間変化 (黒四角) および，噴出率から推定される地表での上昇速度 (白丸) の時間変化．地表での断面積は 1000～2000 m^2 (Nakada *et al.*, 1999) で一定と仮定している (地表での速度のエラーバーに対応)．(右) 地表での噴出率と地下での上昇速度を与えて，質量保存 (式 (10.11)) を満たすように決定された，地下での火道断面のサイズ変化．形状に楕円と円を仮定している (Noguchi *et al.*, 2008 による)．

斜長石マイクロライト数密度のデータを用いると，マイクロライト (MND) 脱水速度計の式 (10.6) から，脱水速度を求めることができる．平衡発泡を仮定すると，式 (8.15) から減圧速度を推定することができる．また，圧力は静マグマ圧できまっている ($P = \rho g z$，ここで z はマグマの深さ位置) とすると，減圧速度は上昇速度 $U = dz/dt$ に関係づけられ (式 (5.67))，上昇速度が推定できる．化学組成の値は直接の分析値から，マイクロライト核形成時の水の濃度は，斜長石マイクロライトの Anorthite 含有量と対応する実験結果から推定したものを用いた (Couch *et al.*, 2003a; Holtz *et al.*, 2004)．推定の結果，斜長石マイクロライトの核形成深度である 70～100 MPa の深さ (3～4 km) では，上昇速度は 0.01～0.1 m/s のオーダーで変化していることがわかった (図 10.12)．

図 10.12 左から，次の興味深い点がわかる．

1. 地表と地下での上昇速度の絶対値は，1 桁程度地下での上昇速度の方が大きい．

2. 1993 年までは，地表での噴出速度と地下での上昇速度が同じ傾向で変化している．

3. 変化の仕方は，地下での上昇速度の方が数カ月早い．

4. 1994 年以降，地表と地下での上昇速度の傾向は反対になる．噴火の終息する

1995 年には，地表での上昇速度は当然 0 に向かうが，地下ではむしろ増加傾向にある．

次に，これらの理由について考察しよう．

地下の火道ダイナミクスの推定

火道内部のマグマの上昇過程において，気体を除くケイ酸塩メルトや結晶の部分については質量保存が成立している．質量保存は，マグマとともに動く座標 z で見ると（Lagrange 的記述），火道断面（断面積 $\mathcal{A}$）を通過するマグマの質量 $\rho U \mathcal{A}$ が，火道に沿ったどの位置でも一定であることを意味する．さらに，溶岩ドームのような非爆発的噴火では，系からの脱ガス (Outgassing) が有効に働くと考えられるから，残りのケイ酸塩メルトと結晶からなる部分はほぼガスを含まないので，非圧縮として近似でき，密度は一定とする．その結果，質量保存は，

$$U(z_{\mathrm{n}}, t')\mathcal{A}(z_{\mathrm{n}}, t') = \text{一定} = U(0, t)\mathcal{A}(0, t) \tag{10.11}$$

と書ける．ここで，z_{n} はマイクロライトの核形成深度，$z = 0$ は地表である．時刻 t' は，時刻 t で地表に現れたマグマが地下深さ z_{n} に存在していたときの時刻であり，

$$t = t' + \int_{z_{\mathrm{n}}}^{0} \frac{dz}{U(z, t(z))} \tag{10.12}$$

によって関係づけられている．簡単のために，火道断面積内での速度の不均一はないと考えている．これは，ところてんのようにマグマが押し出るようなイメージである．マグマの場合は，断面積が時間空間で変動してよいし，押し出す駆動力は周囲からの圧力や自らの浮力や過剰圧である．この式 (10.11) に基づいて，マイクロライトの解析からわかったことを考察しよう．

地表での噴出率のデータ $U(0, t)\mathcal{A}(0, t)$ と地下での上昇速度 $U(z_{\mathrm{n}}, t')$ を与えて，この式から火道のサイズの時間変化を推定すると，図 10.12 右のようになる．地表での変動が地下での変動に数カ月遅れる「位相の遅れ」は，深部での速度変化が地表に伝搬するのに要する時間，t と t' の差であろう．速度変化の伝播時間は，上の式では無視したマグマの圧縮性，マグマの粘性抵抗，マグマと周囲の岩石との力学的相互作用の結果であろう．全時間領域で，表面での上昇速度 $U(0, t)$ が地下での上昇速度 $U(z_{\mathrm{n}}, t')$ よりも小さいのは，地表での火道断面積が地下での断面積より大きいからである．速度の逆数がおおよそ断面積の比になるから $(\mathcal{A}(0, t)/\mathcal{A}(z_{\mathrm{n}}, t') = U(z_{\mathrm{n}}, t')/U(0, t))$，地下の火道断面積は地表のそれの 10 分の 1 程度であることがわかる．

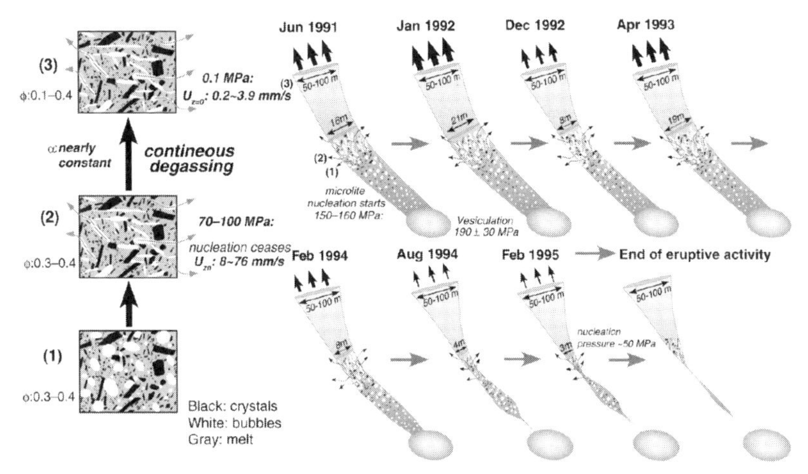

図 **10.13** マイクロライト解析から推定された雲仙普賢岳平成噴火の火道システムの時間変化 (Noguchi *et al.*, 2008).

地下深部と地表での上昇速度の変化が同じ傾向になるのは，地下の断面積が大きくは変化していないことを意味している．しかし，前半では地下での断面積変化も地下での上昇速度と連動しており，上昇速度の増加は火道を拡張する方向に働いていることがわかる．後半に地下での上昇速度が増加するのは，マグマの流入量の減少率よりも急速に火道断面積が小さくなっているからである．これは，地下での上昇速度変化に対するその場所での火道断面積の応答が，かなり非線形性の強いものであることを示唆している．これらの結果，地下深部での火道断面積は噴出率の強弱に関連して変化していることが明らかになった（図 10.13）.

10.5.2 爆発的噴火と非爆発的噴火を分ける支配要因

火山爆発の原動力は，地下深部でマグマの中に溶け込んでいた揮発性成分の発泡によって析出したガスの膨張である（1.4.3 節）．爆発的噴火の原動力であるガスがマグマから抜けてしまうと，マグマは爆発のポテンシャルを失ってしまう．このように，脱ガス効率が爆発的噴火と非爆発的噴火を分ける支配要因である．

脱ガス効率の支配要因について，Jaupart and Allègre (1991) 以来多くの研究がなされてきたが，主としてマグマの上昇速度とマグマの浸透性という 2 つの要因が重要であることが理論的に予想されてきた．マグマの浸透性については，第 6 章で紹介したように，気泡の合体過程や変形などの役割が実験的理論的に研究されている．また，この問題のきっかけになったのは，Eichelberger *et al.* (1986)

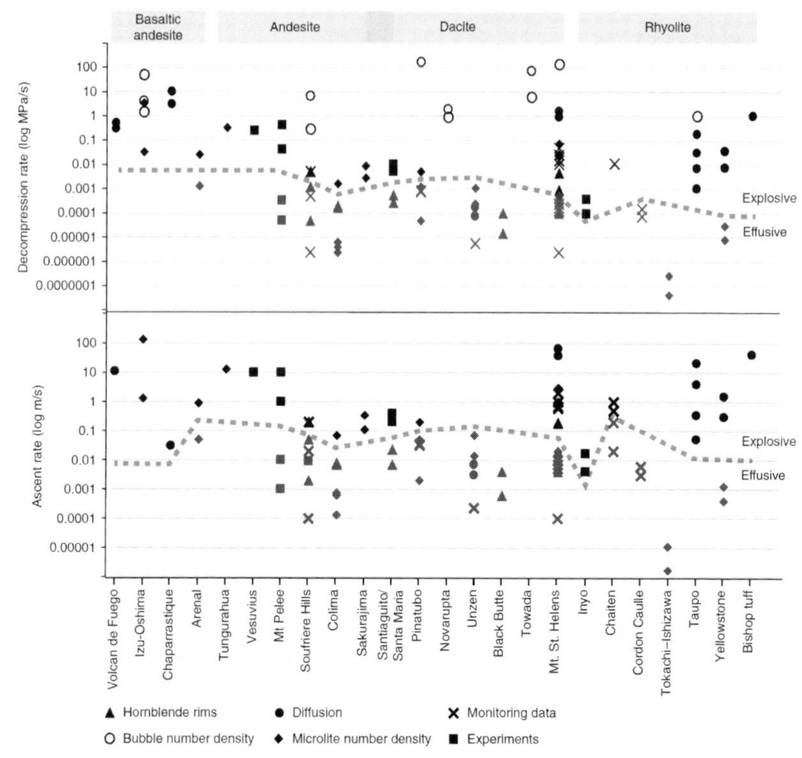

図 10.14　Cassidy *et al.* (2018) によってまとめられた，噴火様式，化学組成と，マグマの減圧速度および上昇速度との関係図.

による天然サンプルの浸透率測定である (6.4 節参照).

マグマの上昇速度については，これまでに扱った気泡数密度 (BND) やマイクロライト数密度 (MND) から制約が与えられている．図 10.14 には，Cassidy *et al.* (2018) によってまとめられた，様々な化学組成の様々な噴火様式についてのマグマの上昇速度の推定値を示している．推定方法は，BND と MND の方法だけでなく，他の手法，例えば角閃石が低圧で不安定になることにより形成される結晶周辺部の特徴的組織 (breakdown rim) を利用する方法 (Rutherford and Hill, 1993) や，ガラス包有物中の揮発成分の濃度勾配を用いた方法 (Liu *et al.*, 2007) が含まれている[*15].

[*15] ここには含まれていないが，結晶の分裂を利用する方法がある (Miwa and Geshi, 2012).

このデータから，地下での減圧速度や上昇速度と，爆発的噴火か非爆発的噴火かという表面での噴火の爆発性の間に，明瞭な相関があることがわかる．このことは理論的な予想を裏づけしている証拠であり，その仕組みの解明が現在さかんに行われている．

10.6　流紋岩溶岩中の気泡と結晶組織

10.6.1　流紋岩溶岩

流紋岩溶岩は，多様な構造とそれに付随した発泡度や気泡組織を持つ．一般に，流紋岩溶岩流は 1 つのフローユニットで，下位から，気泡に乏しいガラス質の黒曜岩，気泡や結晶に富む流紋岩，気泡に乏しいガラス質の黒曜岩，最上部に軽石質のよく発泡した溶岩層という 4 層構造を取ることがしばしばある (Manley and Fink, 1987; Stevenson *et al.*, 1994)．しかし，実際にはその一部しか存在しなかったり，観察できなかったりすることがある (Sano *et al.*, 2015; Furukawa *et al.*, 2019)．

含水量が少なく低温でシリカ量の多い粘性の大きな流紋岩が，どのような時間スケールで火道を上昇し地表を流れることができたのかなど，流紋岩には謎が多い．このような流紋岩は，一般に様々なスケールの縞状構造を示す．縞のコントラストは，結晶量や気泡量の違いである．このような結晶量と気泡量の違いがどこでどのように生まれたかが，流紋岩の構造の最大の問題であり，流紋岩噴出の謎を解く鍵もそこにあるように見える．

それぞれの層の発泡度や結晶度（結晶の体積分率）も多様性に富む．例えば，北海道白滝の黒曜岩はほぼ発泡度が 0 だし，米国 Oregon 州の Newberry 溶岩では，発泡度は大きいもので 90%に達する軽石質の層が，発泡度が 0 に近い黒曜岩と様々なスケールで互層して複雑な構造を取る．しかし，全体としては，比較的単純な 1 フロー溶岩ローブをなしている．

気泡サイズも様々である．大分県姫島のよく発泡している流紋岩溶岩は，均一で数 0.1 mm サイズの細かいものだが，Newberry のものは数 mm から 1 cm スケールである．気泡形状は一般に多少伸びているが，イグニンブライト中の軽石ほどではない．

マイクロライト結晶度も多様である．流紋岩組成の発泡した軽石には，マイクロライトは存在しないかまれであるが，溶岩中ではいくらか存在する．発泡度が極端に少ない黒曜岩では，マイクロライトが 1%程度以下のもの（北海道白滝）から，50%を超えるもの（大分県姫島観音崎）のものまで多様である．

含水量が少なく粘性の大きな流紋岩溶岩が，どうやって地表まで上昇し流動し，かつゆっくり上昇したであろう溶岩が結晶化せずガラス状態のままで固結した部分が局在していることは大きな謎である．単純には，粘性の大きい分子拡散の小さいケイ酸塩メルト中での結晶化の核形成・成長時間が極端に長く，ゆっくり上昇し冷却しても結晶化しなかったとも考えられるが，さらに検討が必要であろう．

10.6.2　気泡の変形度

流紋岩溶岩中ではせん断変形した気泡が典型的に見られる．Rust *et al.* (2003) は，Newberry の適度な気泡を含むガラス質の黒曜岩を観察し，その観察結果に気泡変形の実験結果を応用した．観測量は，気泡の形状（3 つの軸長）である．変形を被った野外の産状から，気泡や結晶の並びや体積分率のコントラストによって面構造が定義できることが多い．薄片の観察面がこの面構造に垂直に，伸び方向に平行になるようにカットする．この面内で，透過光によって観察される長軸と短軸は L_1 と L_3 である．この面だけの測定からは，中間軸 L_2 は求まらない．彼らは，伸び方向に垂直に切った面の測定から L_2 と L_3 の相関を見出し，この関係式を用いて，$R=(L_1L_2L_3)^{1/3}$ の関係から変形前の球形気泡半径 R を推定し，解析に用いた．彼らの解析の結果，pure shear と simple shear の場合で，変形度 $DF=(L_1-L_3)/(L_1+L_3)$（式 (6.9)）が，Capilary 数 (Ca)

$$\mathrm{Ca}=\frac{\eta\dot{\epsilon}R}{\gamma} \tag{10.13}$$

に対して異なる依存性を持つことから，変形の様式（pure shear か simple shear か）を特定することが可能であることがわかった．

変形の様式が特定できると，歪速度の推定も可能になる．変形が小さい simple shear の場合，$DF=\mathrm{Ca}$ であるから，歪速度は

$$\dot{\epsilon}=\frac{\gamma DF}{\eta R} \tag{10.14}$$

となる．表面張力 γ と粘性 η がわかれば，観測量の DF と R から歪速度が求まることになる．また，もし γ や η が同一の黒曜岩で違わなければ，DF 対 R のプロットを作れば，その傾きの違いは歪速度の違いを表すことになる（図 10.15）．Rust and Cashman (2007) は，界面張力を一定と仮定し，Newberry 火山の黒曜岩中の揮発性成分量を測定し，変形時の粘性を見積もり，歪速度を 10^{-2}～10^{-4} と推定した．形状から求めた歪をこの歪速度で割り算すると，変形の経過時間の

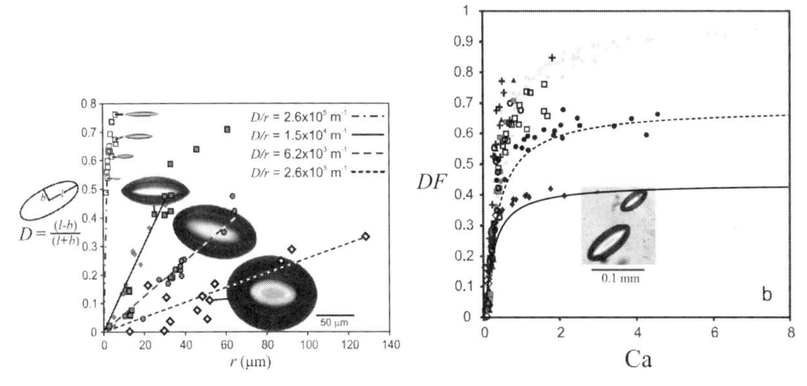

図 **10.15**　（左）DF（図中 D）と変形前の気泡径 R（図中 r）の線形の関係．定常モデルが適用できる．（右）DF と Ca 数の関係．Ca が 1 を超えても，DF が，0.4～0.8 の範囲で留まっており，線形関係に基づく定常モデルはこの領域に適用できない（Rust and Cashman, 2007 に加筆）．曲線は非定常変形モデル (Ohashi *et al.*, 2018) を示し，線形関係から外れる領域にまで適用できる．この曲線と定常モデルに基づくデータ点が若干ずれているのは，気泡形状から Ca 数を求める際に用いる歪速度が，定常モデル (Rust and Cashman, 2007) と非定常モデル (Ohashi *et al.*, 2018) で異なるためである．

下限値が推定でき，その値は 0.2～8 時間の範囲に入る．定常状態なので，この下限値以上の時間，変形が経過しても形状は変わらないので，実際の変形時間への制約は乏しい．

以上の解析は，変形気泡の形状として定常状態が仮定できる場合，すなわち DF と R のプロットが線形の場合に限る．これは，気泡径が大きくなると界面張力と変形力のつりあいの中で，界面張力の効果が弱くなり気泡がよく伸びることを示している．実際には，R が大きくなっても（Ca 数が大きくなっても），DF は 0.4～0.8 の範囲を取り大きく変化しないことがしばしばあり（図 10.15 右），このことは気泡の変形が界面張力と変形力がつりあう定常状態に達していないことを意味している．また，気泡界面での応力は気泡をより変形させるので，液の変形場に置かれた歪楕円と一致しない．そのため，気泡の球形からのずれによる歪を用いた経過時間の見積もりはこの意味でも誤差がある．

第 6 章で紹介したように，Ohashi *et al.* (2018) は，非定常状態を含むモデル（MJT モデル）を応用して，歪速度と同時に変形量（変形時間）を同時に推定する方法を開発した．このモデルは，非定常状態の気泡形状を用いて，かつ気泡形状と液の歪の関係も適切に取り扱っているので，定常モデルの不満足な点を改良している．方法は，以下の手順を取る．

まず，歪のセンスと粘性と界面張力を与える．次に，観測で得られた DF と R の散布図から，DF の収束値を読み取る．DF の収束値と非定常変形の理論曲線を比較することで，未知パラメータの歪 ϵ を推定する．さらに，観測データと理論曲線が重なるように，もう 1 つの未知パラメータである歪速度 $\dot{\epsilon}$ を変えることで，$\dot{\epsilon}$ を決定する．その結果，歪速度は 10^{-2} 程度と，定常モデルと同等であるが歪時間は 2.7〜4 分とかなり短く見積もられた．実際には，サンプルごとの気泡サイズ分布の違いのため，歪速度や歪量の見積もりはサンプルごとに大きく変化する．実際に溶岩が流動中に受けた歪履歴を溶岩全体にわたって推定するには，こうした空間不均一を適切に取り扱う必要があるだろう．

10.6.3　流紋岩溶岩の結晶組織

縞状構造とマイクロライト

気泡をほとんど含まない部分の縞のコントラストは，鉄チタン酸化物など苦鉄質鉱物の結晶数密度の差によることが多い．流紋岩を構成する結晶組織の中には，特徴的な球状を示すものがある (Breitkreuz, 2013)．1 つはリソファイゼ (lithophysa) と呼ばれ，溶岩中の気泡や新たにできた空隙中を 2 次的にシリカ鉱物が充填したものである．内部構造は同心円状の縞状構造を取る場合が一般的であり，中心部に空洞を持つものが多い．もう 1 つは球晶 (spherulite) と呼ばれるもので，液がガラス転移点以下になった状態で結晶化した（脱ガラス化，devitrification）ものであり，シリカ鉱物と長石の放射状構造を示す．これは実験的に再現されている (Lofgren, 1971)．

流紋岩は，上昇速度が遅いと考えられるから，減圧結晶化か冷却結晶化か判断しづらいことも，縞状構造の起源の理解を難しくしている．実際に，流紋岩中のマイクロライトの結晶数密度を計測した例では，産状から判断できる冷却面からの距離や岩相によって顕著な変化が見られない (Befus *et al.*, 2015; Sano *et al.*, 2015)．こうした地表での産状との無相関は，マイクロライトが地下深部で結晶化したことを示唆している．

Projection

Sano and Toramaru (2017) は，北海道白滝の十勝石沢流紋岩溶岩に関して，マイクロライトよりさらに細かい projection という組織に注目して，天然での層構造と組織の興味深い相関を見つけた（図 10.16 左図中の写真）．projection は，マイクロライトの結晶表面から発達するとげのような構造で，結晶面の角から発達

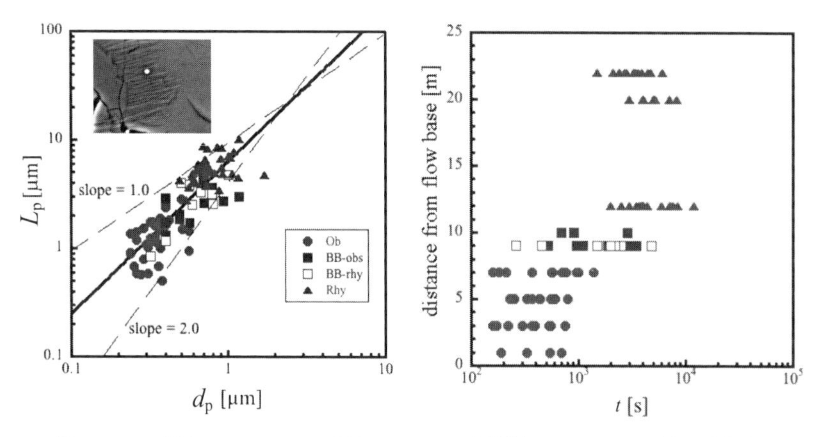

図 **10.16** （左）projection の長さ L_p (μm) と間隔 d_p (μm) の関係．画像（横幅約 20 μm）は，代表的な projection の電子顕微鏡の BSE 像．（右）左図の観測値から，拡散係数 10^{-15} m^2/s を仮定して，式 (10.21) を用いて推定した結晶化時間と溶岩流の中での位置との関係 (Sano and Toramaru, 2017 を改変)．

することが多い (Lofgren, 1974b)．注意深い計測の結果，projection の長さ L_p と間隔 d_p の間には顕著な正の相関があり，黒曜岩から縞状流紋岩層に向かうに従って大きくなることがわかった．その相関は，おおよそ

$$L_p \propto d_p^{1.5\pm0.5} \tag{10.15}$$

である（図 10.16 左）．

projection の長さは，成長速度 G と結晶化時間 t_x の積で決まる．

$$L_p = Gt_x \tag{10.16}$$

また，projection の間隔は，結晶化成分の拡散係数 D に比例し成長速度に反比例する (Keith and Padden, 1963; Kurz and Fisher, 1986)：

$$d_p = \frac{D}{G} \tag{10.17}$$

また，projection のような不安定界面の発達には，冷却速度 ($|\dot{T}|$) 依存性があることが知られており，それをいま比例定数を c_p として

$$d_p = c_p|\dot{T}|^{-\chi_p} \tag{10.18}$$

とする．ここで χ_p は正であり，冷却速度が大きくなると，間隔は短くなることを表す．冷却過程で，projection が成長できる温度幅 ΔT_x は相平衡図からきまっ

ていると仮定すると，冷却速度は結晶化時間 t_{x} と $|\dot{T}| = \Delta T_{\mathrm{x}}/t_{\mathrm{x}}$ の関係にある．式 (10.16)，(10.17)，(10.18) から，

$$L_{\mathrm{p}} = D\Delta T_{\mathrm{x}} c_{\mathrm{p}}^{-1/\chi_{\mathrm{p}}} d_{\mathrm{p}}^{-1+1/\chi_{\mathrm{p}}} \tag{10.19}$$

となる．これと，実際の観測結果（式 (10.15)）と比べると，$-1+1/\chi_{\mathrm{p}} = 1.5 \pm 0.5$，すなわち，

$$\chi_{\mathrm{p}} \approx \frac{1}{3} \sim \frac{1}{2} \tag{10.20}$$

であることが推察される．この冷却速度指数は，結晶の側枝間隔の不安定性で確認されている値 (Horwath and Mondolfo, 1962; Suzuki *et al.*, 1968) の範囲であり，projection の形成過程として現実性がある．

結晶化時間の推定

以上の議論の結論としての現実性は，応用としての重要性を持つ．すなわち，長さ L_{p} と間隔 d_{p} が観測量として与えられていれば，拡散係数 D にもっともらしい値を与えれば（精度にもよるがそれほど難しいことではない），式 (10.17) から成長速度 G が推定できる．さらに，その成長速度を用いれば，式 (10.16) から結晶化時間 t_{x} が推定できる．すなわち，

$$t_{\mathrm{x}} = \frac{L}{G} = \frac{L_{\mathrm{p}} d_{\mathrm{p}}}{D} \tag{10.21}$$

となり，観測量 L_{p} と d_{p} の積を拡散係数 D で割ったものになる．こうして求めた，結晶化時間と溶岩中での位置との関係を図 10.16 右に示す．結晶化時間は，100 秒から 10^4 秒であり，黒曜岩中の方が結晶化時間が桁で小さい．しかし，冷却時間（冷却速度の逆数）と位置との相関はあるものの，距離に対して 2 乗で変化する単調なものではないので，溶岩が定置後の一様媒質の熱伝導による冷却（付録 A.7 節）では説明しづらい．むしろ，岩相によって一定の冷却時間の値を取っているように見える．

このことは，projection が形成される際，発泡質の流紋岩層と黒曜岩層のそれぞれ岩相ごとに明瞭な熱履歴の違いを持つような状況であったことを意味している．1 つの可能性としては，マグマの上昇途中で，火道壁近くの極端に急冷された部分は地表には出てこず，地下でそのまま固結し，比較的内部だけが露出している可能性がある．岩相ごとの極端な違いは，発泡質流紋岩は多孔質媒質のため熱伝導以外の仕組み，例えば気相対流など別の熱輸送が働いたという可能性がある．流紋岩層の複雑な層構造は，発泡している部分とそうでない部分が混ざり合いながら上昇してきたことを意味している．

10.7 溶岩流の斑晶組織

10.7.1 斑状組織：斑晶と石基

溶岩流の岩石組織は，斑晶 (phenocryst) と石基 (groundmass または matrix) からなる斑状組織 (porphiric texture) を示すことが多い．斑状組織において，斑晶は地下深くで結晶化したもの，石基は地表での急冷で結晶化したものと一般的に解釈される．第 8 章で見たように，爆発的噴火の産物である軽石やスコリアの石基結晶は，メルトからの脱水によるリキダスの上昇が実効的過冷却をもたらす減圧結晶化の産物である．溶岩流の石基も，減圧結晶化で核形成された可能性が大きい．

溶岩流となるマグマは，気泡の含有量が低いために上昇速度を獲得できなかった場合や，マグマの破砕を受けなかった場合である．それは，地下深部のどこかで脱水したか，あるいは最初から水の濃度が低かったことを意味する[*16]．いずれにしろ，マグマが上昇途中で，図 8.2 で示したリキダス曲線を切れば実効的過冷却状態になり，減圧結晶化が起こる[*17]．噴出後の冷却結晶化だけで石基結晶が核形成するのは，初期温度が 1 気圧での無水のリキダスよりも高温の場合だけである（図 8.2 参照）．

斑晶と石基は同じ鉱物種であることが多いので，マグマの上昇途中や地表付近での過冷却で既存の斑晶が成長してもよい．しかし，実際には石基結晶が，減圧結晶化にしろ冷却結晶化にしろ，新たに核形成・成長を起こし石基を形成する．この問題は，第 5 章で扱った気泡の 2 次核形成の問題と本質的に同じである．気泡 2 次核形成に関する要約（5.9 節）をそのまま結晶に置き換えると，以下のようになる．

1. 既存結晶（斑晶）の体積分率が小さい場合には，2 次核形成が起こる限界の実効的冷却速度は，既存結晶の数密度のみによってきまる．その場合，限界の実効的過冷却速度は，既存結晶の数密度に相当する冷却速度よりおおよそ 1 桁大きい必要がある．

2. 既存結晶（斑晶）の体積分率が大きい場合には，2 次核形成が起こる限界の冷却速度は，既存結晶の数密度とサイズに比例する．

[*16] 水の濃度が低いマグマは，上昇のきっかけを与える過剰圧や上昇の駆動力となる浮力を自力で獲得できないから，同じイベント内の爆発的噴火のマグマに引きずられて地表に出てきた可能性がある．実際，島弧の典型的な成層火山は，軽石などの火砕物と溶岩流から構成され，その 1 組が 1 噴火イベントを構成する（守屋，1983）．

[*17] 水の初期含有量が低い場合，図 8.2 のリキダス曲線が上昇に転じる点 T_{BN} に相当する圧力が曲線上を低圧に，従って温度が高温側に移動する．

3. もし結晶の 2 次核形成が起こったなら，2 次結晶（石基結晶）の数密度は，1 次結晶（斑晶）の数密度より 1 桁以上大きくなる．

4. 2 次結晶（石基結晶）の数密度には MND 冷却速度計が適応可能である．

石基結晶（マイクロライト）に関しては，他の項（10.3 節，10.5 節，10.8 節）で扱っているので，以下では，斑晶について桜島溶岩を例にして詳しく見てみよう．

10.7.2　桜島歴史時代溶岩

桜島の歴史時代の溶岩は，過去 550 年の間に 4 回の巨大噴火（DRE 体積 0.1 km^3 以上）を行っている．文明噴火 (AD 1471～76)，安永噴火 (AD 1779～82)，大正噴火 (1914～15)，昭和噴火 (AD 1946) である．このうち昭和噴火以外は，プリニー式噴火に続き溶岩流を流す噴火で，昭和噴火は主として溶岩流だけを出している．それぞれの噴火の体積は，昭和噴火以外はおおよそ 1～2 km^3 DRE 体積で，軽石と溶岩がほぼ同じオーダーである．文明 1.2 (0.5) km^3，安永 2.1 (0.4) km^3，大正 2.0 (0.5) km^3，昭和 0.1 (0.02) km^3 であり，カッコ内は火砕物すなわち軽石の DRE 体積である (Ishihara *et al.*, 1981; Kobayashi and Tameike, 2002; Kobayashi *et al.*, 2013)．全岩化学組成の SiO_2 含有量は，文明 66～68 wt%，安永 64～66 wt%，大正 59～64 wt%，昭和 61～62 wt%である (Nakagawa, 2011)．すべての溶岩は，斑晶として斜長石，斜方輝石，単斜輝石，磁鉄鉱を含み，大正以降はカンラン石も含む．溶岩における斑晶の割合は，文明 15%，安永 20%，大正 25～28%，昭和 29%である (Yanagi *et al.*, 1991)．石基は，斜長石，斜方輝石，単斜輝石，チタン磁鉄鉱とガラスからなる．

10.7.3　斑晶の CSD

桜島の溶岩は，斑晶の化学組成から少なくとも 2 成分のマグマの混合が起こったことがわかっている (Yanagi *et al.*, 1991)．例えば，斜長石は，An#58 付近の低温マグマ起源と An#85 付近の高温マグマ起源のものがある．そのため，斑晶の CSD を調べる際には，組成別に各起源の斑晶に対して計測する必要がある．Yamashita and Toramaru (2019) は，各溶岩に対して詳細な結晶組織観察を行い，低温起源のものと高温起源の斑晶に分けて CSD を計測した．その結果，低温成分（タイプ A）の CSD の切片と傾きは，過去 550 年の間大きく変化しないが，高温成分（タイプ B）の CSD は，時間とともに切片と傾きが大きくなることがわかった（図 10.17）．

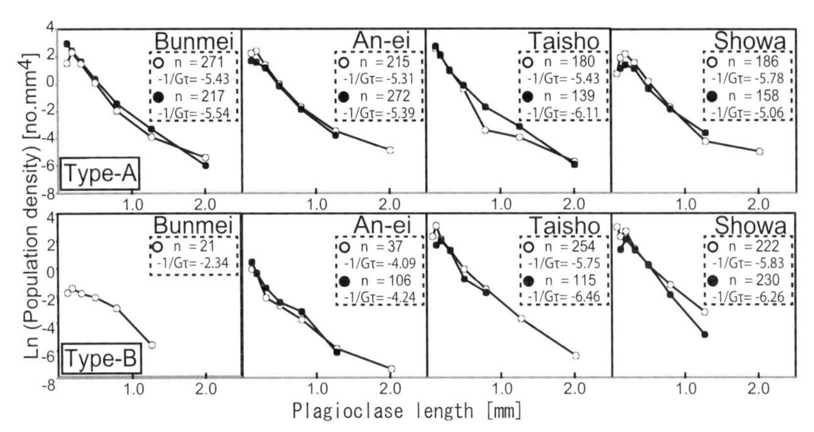

図 **10.17**　桜島火山の歴史時代噴火の溶岩の斜長石斑晶の CSD (Yamashita and Toramaru, 2019). 上は低温起源斜長石 (Type-A). 下は高温起源斜長石 (Type-B). 左から右に, 文明, 安永, 大正, 昭和噴火に対応している. 白丸と黒丸は異なる溶岩ユニットからのサンプルを示す.

10.7.4　斑晶 CSD の解釈

CSD の解釈の前提として, 閉鎖系と開放系がある. マイクロライトのようにサイズが小さく, 結晶化開始から固結までの時間が比較的短時間の場合, その場結晶化が起こり, CSD は閉鎖系における核形成と成長過程できまる. 斑晶のように, マグマだまりでの結晶沈降や, 対流, 温度組成の異なるマグマとの混合など紆余曲折を明らかに経ている場合, 開放系として取り扱うのが適当である. この場合, 系は観測しているスケール, すなわち薄片や試料サイズである.

開放系の場合, 一般解は, CSD の章の式 (9.199) で与えられている. 初期条件として斑晶がなく, 系外からの粒子の供給もなく, 核形成速度 (J_0), 成長速度 (G_0) および抜き取り率 ($t_{\rm ex} < 0$ に注意) が一定の場合には, 十分時間が経過した後に[*18], CSD は一定の指数分布を取る：

[*18] 核形成速度が時間の関数として, $t = 0$ でステップ関数的に J_0 になるとすると, 時刻 t で存在する最大粒径 $R_{\max}$ は $G_0 t$ であり, その CSD の値は $J_0 \exp(-R_{\max}/G_0|t_{\rm ex}|)/G_0 = J_0 \exp(-t/|t_{\rm ex}|)/G_0$ で, 時間とともに指数関数的に減少する. 通常, CSD は傾きで定義される特徴的サイズの数倍から 10 倍程度の大きさまで計測するので, 時間が $|t_{\rm ex}|$ の数倍から 10 倍程度経過した後には, 観測的観点から定常と見なせる. $|t_{\rm ex}|$ の値は不明であるが, 本文の議論では, 巨大噴火の間隔は定常状態の条件を満たしているということを前提としている. 厳密な検討は, 時間の関数としてのそれぞれのパラメータと, もっともらしい値に対して非定常解を用いてなされる.

$$F(R) = \frac{J_0}{G_0} \exp\left(-\frac{R}{G_0|t_{ex}|}\right) \tag{10.22}$$

この式から，CSD の切片と傾きは，核形成速度と成長速度の比 J_0/G_0 と，抜き取り率を定義する時間スケール $|t_{ex}|$ と成長速度 G_0 の積 $G_0|t_{ex}|$ できまることがわかる．すなわち，CSD が一定であるとは，これらのパラメータが一定であることを意味し，傾きが大きくなることは，$G_0|t_{ex}|$ が小さくなることを意味する．

桜島の低温マグマ起源の斑晶斜長石 CSD は，550 年間を通して一定であるので，これらの値が一定であることを意味している．高温マグマ起源の斑晶斜長石 CSD は，切片と傾きが大きくなっているので，核形成速度と成長速度一定の定常モデルでは，J_0/G_0 と $1/(G_0|t_{ex}|)$ の値が大きくなっていることを意味している．結晶の核形成速度と成長速度が一定の定常モデル[*19]に基づいて，このことを検討すると以下の 2 つの可能性がある．

可能性 1：時代とともに G_0 が小さくなる場合　この場合, CSD の傾きの増加は，成長速度の減少による，特徴的サイズの減少に対応している．サイズ空間で見ると，核形成は一定率で進み，最小サイズの結晶が一定率で生成するが，成長できないために，小さいサイズビンに積算していくことに対応している．結晶の抜き取りは，一定率で進行している．

可能性 2：時代とともに $|t_{ex}|$ が小さくなる場合　抜き取り率を特徴づける滞在時間 $|t_{ex}|$ が小さくなる場合が考えられる．抜き取りは，結晶沈降によると考えられるが，結晶沈降を左右する斜長石の密度は，組成がほぼ一定なので大きく変化しそうにない．また，$|t_{ex}|$ の減少だけでは，切片の増加は説明できない．

以上のように，高温起源斜長石 CSD の変化の原因は実効的成長速度の数百年スケールの減少にありそうだ．

10.7.5　開放系 CSD における成長速度とマグマの供給率

開放系 CSD の定式化における成長速度は，結晶がどれだけ効率よく成長できるかを表す実効的なものだ (Marsh, 1988, 1998)．いま，高温マグマは，高温マグマだまりの中で，CSD を作る一連の過程，すなわち冷却による結晶化や対流，結晶沈降などを経験すると仮定する．高温マグマは，マントルで発生し，高温マグマだまりに注入し，そこで一定時間滞在し，これらの過程を経験して低温マグマ

[*19] CSD を決定する噴火間隔以下の時間スケールでは，という意味．異なる噴火では異なる定常値であってよい．

だまりに移動し，低温マグマとの混合を経て，噴出に至ると考えられる．高温マグマだまりの体積が大きく変化しないと考えると，マントルからの供給量と低温マグマだまりへの移動量はおおよそ等しいはずである．

このような状況で，例えば，高温マグマだまりが効率よく冷却されれば実効成長速度は大きくなる．また，高温マグマだまりでの滞在時間 ($t_{\mathrm{residence}}$) が短くなれば，実効成長速度は小さくなる．滞在時間は，マントルからのマグマの供給率に影響を受ける．供給率が大きくなれば，高温マグマだまりに滞在している時間は短くなる．すなわち，

$$G_0 \propto t_{\mathrm{residence}} \propto I_{\mathrm{Mantle}}^{-1} \tag{10.23}$$

ここで，I_{Mantle} はマントルからの供給率である．このように考えると，CSD の切片 (intercept) と傾き (slope) はそれぞれ，

$$\mathrm{intercept} \propto I_{\mathrm{Mantle}} \tag{10.24}$$

$$|\mathrm{slope}| \propto I_{\mathrm{Mantle}} \tag{10.25}$$

となり，どちらもマントルからの供給率に比例することが期待される．

マントルから供給されたマグマは，化学組成の改変や結晶の沈降などの損失，マグマ供給系の幾何学の経年変化などの影響をある程度受けるものの，供給率の変動は，地表での噴出量の変動に現れるはずである．1 つの噴火での実際の噴出物の量 M と，その前の巨大噴火からの休止期間 Δt から地表での噴出率 $I_{\mathrm{obs}} = M/\Delta t$ と CSD の傾きとの相関を取ったのが図 10.18 である．1 桁以上噴出量が小さい昭

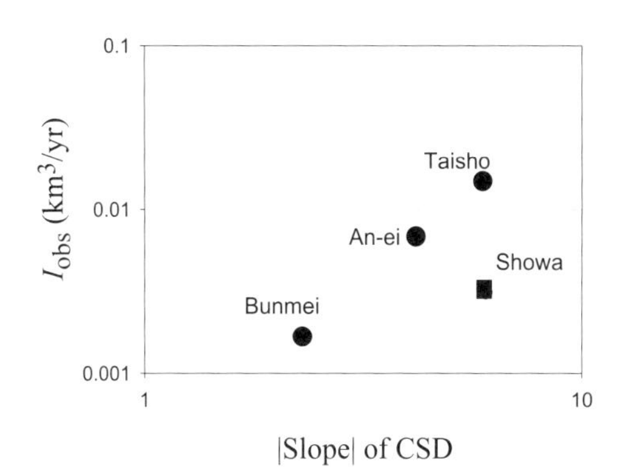

図 10.18　地質学的にきめられた地表での噴出率 I_{obs} と高温起源斜長石 CSD の傾きの関係．

和溶岩を除くと，巨大噴火の噴出率と CSD の傾きの間には明瞭な正の相関が認められる．その関係は，おおよそ

$$I_{\mathrm{obs}} \propto |\mathrm{slope}|^2 \tag{10.26}$$

と表せる．これは，CSD から推定されたマントルの供給率と実際の噴出率の間に以下の関係があることを意味する．

$$I_{\mathrm{obs}} \propto I_{\mathrm{Mantle}}^2 \tag{10.27}$$

これは，地表での噴出率が，CSD から推定されるマントルからの供給率よりも，見かけ上増幅されていることを意味するが，マントルからの供給が地表現象を支配している可能性があり，興味深い．増幅の原因については，核形成・成長速度一定とした定常状態の仮定や，低温マグマとの相互作用など，様々な側面から検討される必要がある．

10.7.6　斑晶 CSD を用いた噴火長期予測の可能性

現在の火山噴火予知では，いつ噴火するかという時間予測が困難である．その困難に対して，1 つは，種々の観測によるモニタリングと観測結果を説明するためのモデリングを通しての短期予測がある．もう 1 つは，過去の噴火についての地質学的調査による噴火履歴の把握を通しての長期予測がある．噴火履歴の把握は，時間に対して積算噴出量をプロットしたいわゆる階段ダイアグラムに集約される．Nakamura (1965) は，伊豆大島火山の噴火年代がわかっている過去 2000 年の大規模噴火について噴出物の詳しい分布の調査を行い，噴出量を推定し，時間に対して積算噴出量を熱エネルギーに換算しプロットした（図 10.19 左）[*20]．階段ダイアグラムは，火山システムの長期間での質量保存や力学条件を反映しており，極めて重要な意味を持つ（階段ダイアグラムの特性に関しては，小山・吉田 (1994) に詳しい）．例えば，階段ダイアグラムの傾きは，その火山に対するマグマの平均供給率の目安になる．階段ダイアグラムから，その火山独特のマグマのおおよその供給率が把握でき，直前の噴火からの休止期間と合わせると，次の噴火への切迫性がわかる．

この長期予測にはいくつかの困難がある．1 つは，噴出量の推定が難しい点である．小規模噴火は，階段ダイアグラムでの貢献は少ないから無視できるとして

[*20] これは，熱エネルギーこそが火山噴火の根源的エネルギーだとする中村一明の思想に基づく．

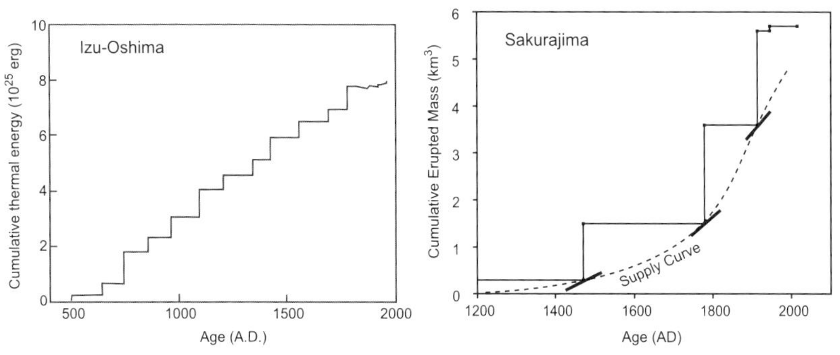

図 10.19 (左) 中村による伊豆大島火山の階段ダイアグラム (Nakamura, 1965). 噴出量の代わりに熱エネルギーが用いられている. (右) 桜島火山のステップダイアグラム. 各噴火点での直線は, 高温起源斜長石斑晶の CSD の傾きから推定される供給率. CSD から供給率の絶対値はわからないので, 文明噴火と安永噴火を結ぶ線に合わせてある. 破線は仮想的供給率曲線.

も, 大規模噴火 (0.1 km^3DRE 体積以上) の噴出量の正確な推定は不可欠である. 多くの場合, 噴出物はテフラ (火砕物) と溶岩流から構成される. そのうち, テフラの噴出量は, プリニー式噴火の特性や噴出物分布の大域性から, 地質調査から比較的正確に推定できる (Pyle, 1989). しかし, 溶岩流の噴出量は, 分布の局所性のため, 新しい溶岩で過去の溶岩がおおわれていると正確に推定することが難しい. さらに, 火口内での堆積など不確定要素が大きくなる. 桜島の歴史時代噴火では, 前の噴火の溶岩を避けるように次の噴火の溶岩が流れているので, 体積の見積もりが比較的正確に行える. この点に関して, 桜島は大きな利点を持っている.

もう 1 つの困難は, 階段ダイアグラムの傾きが顕著に時間変化することだ. 供給率が一定の場合, もし, マグマだまりの体積が一定で, 噴出した量と同量の新たなマグマが供給されれば噴火するという場合 (質量保存の系) だと, 階段ダイアグラムの下点が供給率に相当する直線上にくる. この場合は, 次の噴火の時間はこの直線と, 直近の噴火を示す点から水平に引いた線が交わる点で与えられる. すなわち時間予測型になる[*21]. しかし, その場合, 噴出量を予測することはできない. 一方, 階段ダイアグラムの上点が供給率の直線上に揃えば, いつ噴火するかはわからないが, 噴火したときの噴出量は予測可能である. すなわち, 噴出量

[*21] アメリカ合衆国 Yellowstone 国立公園にある Old Faithful 間欠泉ではこの時間予測型が成立している. 間欠泉と火山噴火の間には, 前駆地震や減圧発泡過程という点で共通性がある (Kieffer, 1984).

予測型である．天然の火山は，いずれにしても簡単にはなっていないことが多い (小山・吉田, 1994)．その 1 つの理由が，マントルからの供給率の時間変化であろう．もし，CSD の方法でマントルからの供給率の時間変化が推定できれば，階段ダイアグラム上に供給率曲線が描け（図 10.19 右の破線），来る噴火の時間が予想できる．

10.8　貫入岩の岩石組織

10.8.1　岩体のサイズによる構造と組織の特徴

浅所に貫入した岩脈や岩床は，しばしば冷却面からの距離に従って特徴的な組織変化を示す．岩体のサイズ（幅あるいは厚さ）が小さい場合には，岩体全体にわたり斑状組織であり，主として石基組織のみに空間変化が見られる．岩体のサイズが数十 m 以下の貫入岩では，岩体内部では石基の粒径が大きくなり，石基組織が岩石組織を特徴づけるようになる．このように比較的小さいサイズの貫入岩体では，構造や組織の点で，冷却固結過程での液や結晶のマクロな運動は無視できる「その場結晶作用 (in situ crystallization)」だけで整理することができる*22．

さらに，岩体のサイズが大きくなり，100 m 以上のものでは，冷却過程で生じる偏析構造や流体運動で，岩石組織は空間的に複雑な様相を呈してくる．数 km より大きな岩体では，浮力による液の上昇や結晶の沈降がより顕著になり，母岩からの冷却による結晶化や温度低下により対流が発生し，岩体内部では層構造を呈する．このような比較的大きな貫入岩では，周辺部と内部では顕著な構造と組織の違いが見られる (McBirney and Noyes, 1979)．このマグマだまりの化石は，層状貫入岩体 (layered intrusion) と呼ばれ，活発に研究が進められている (Charlier *et al.*, 2015)．以下では，大きなマグマだまりで起こる複雑な運動を伴わない，その場結晶作用が支配的に働いた比較的小さいサイズの貫入岩体を取り扱う．

10.8.2　幅の狭い岩脈中の石基結晶数密度の空間変化

1.4.1 節で，岩脈中の石基組織の空間変化を紹介した．また，7.6.6 節では，結晶化のカイネティックスを議論した際に，天然での実験結果として，Gray (1970, 1978) による岩脈中の数密度の距離変化のデータをよりどころとした．そのとき，

*22 例外もある．新潟県佐渡島の小木のピクライト岩床 (Toramaru *et al.*, 1996, 1997) や北海道の納沙布岬のシート状貫入岩 (Simura and Ozawa, 2011) では，カンラン石斑晶の沈降が顕著に見られる．

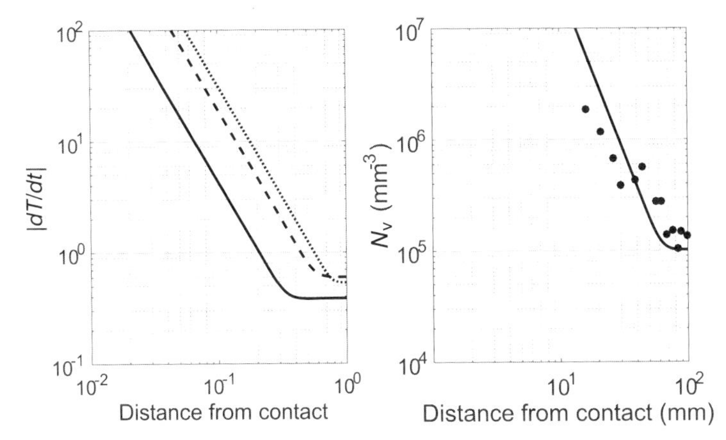

図 10.20 (左) 岩脈中の接触面からの距離の関数としての冷却速度. 横軸, 縦軸ともに無次元. 点線 $T_{\mathrm{m}}/T_{\mathrm{m0}} = 0.98$, 破線 0.9, 黒線 0.8. (右) およびそれから予想される拡散律速の場合の結晶数密度変化. 平戸の玄武岩岩脈における実際のデータを黒丸で示す. $T_{\mathrm{m}}/T_{\mathrm{m0}} = 0.93$. $1 - T_{\mathrm{s0}}/T_{\mathrm{m0}} = 0.7$ を共通に仮定. 境界を実際の物質境界から 6 mm 母岩側に設定. T_{m0}, T_{s0} はマグマおよび母岩の初期温度. T_{m} は結晶核形成が起こる温度.

岩脈のように有限の長さではなく無限の幅を仮定した解を参照した. 厚さが有限の場合について, 平戸の岩脈を例に見てみよう.

幅を持つ岩脈の場合の解は, 付録の式 (A.130) で与えられている. この解に基づく冷却速度と冷却面からの距離の関係を図 10.20 左に示す. 岩体の中心付近のかなりの部分で, 冷却速度は一定となる. この冷却速度を用いて, 式 (7.152) から理論的に推定される数密度を右図にプロットしている. また, 実際に平戸の岩脈に対して得られた数密度のデータも併せて示している. 数密度が接触面 (冷却面) からの距離とともに −3 乗で減少するトレンドや, 中心付近で変化しない様子もよく説明できているように見える. この様子は, 図 1.21 の結晶サイズの空間変化においても見てとれる.

幅の狭い岩脈や, 境界面近傍での数密度の減少トレンドは, 冷却境界の設定によって影響を受ける. この表示では, 実際の冷却面が, 物質境界よりも 6 mm 外側に設定している. 実際の岩脈の境界面近傍 (数 cm) に, 第 7 章で導出した結晶数密度冷却速度計 (式 (7.152)) を応用する際には, 注意が必要である.

10.8.3 斜長石と輝石の相互関係に注目した石基組織の空間変化

玄武岩質の貫入岩の代表的な組織変化の例を図 10.21 (McBirney, 1993) に示

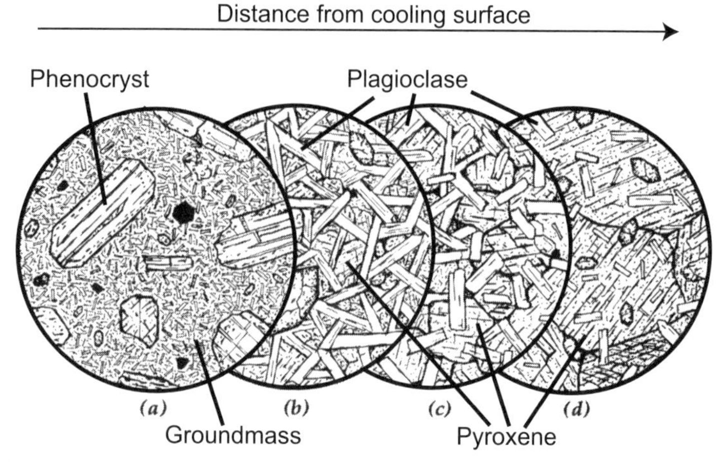

図 10.21　玄武岩質の半深成岩で特徴的に見られる岩石組織変化．冷却面からの距離とともに, (a) Porphyritic, (b) Intergranular, (c) Ophitic, (d) Poikilitic へと変化する．スケールが異なることに注意 (McBirney, 1993 から)．McBirney 先生のテキストの薄片スケッチには必ずおじさんが描かれている．

す．冷却面からの距離とともに，斑状組織 (Porphyritic)，インターグラニュラー (Intergranular)，オフィティック (Ophitic)，ポイキリティック (Poikilitic) と呼ばれる組織に変化していくことがしばしば起こる．玄武岩質の貫入岩では，斜長石と輝石が代表的な構成鉱物であり，この 2 つの相互関係によってこれらの特徴的な組織が形成される．

斑状組織は，斑晶と石基が区別できるサイズを取る．これは，噴出岩に見られる組織と同様，冷却面からの急冷によって石基が形成されたことによる．インターグラニュラーでは，石基の斜長石と輝石が同等のサイズと数密度で，お互いの隙間に存在している．オフィティックでは，斜長石単結晶の一部が，より大きな輝石単結晶に食い込んでいる関係が卓越している．ポイキリティックでは，斜長石の単結晶が，さらに大きな輝石の単結晶に含まれている関係が卓越している[*23]．冷却面からの距離の関数としてのこうした系統的変化は，必ず見られるものではない．例えば，Scotland の Skye 島の岩床では，冷却面近傍からオフィティック組織が見られる．

オフィティック組織での興味深い観察事実は，輝石の中心部にポイキリティッ

[*23]「オフィティック」で表される組織の一部には，ポイキリティック的に完全に輝石に含まれている斜長石もある．「ポイキリティック」組織でも同様である．

ク的に含まれている斜長石は，サイズが小さく，輝石の周辺で一部が輝石に食い込んでいるものや，輝石と輝石の隙間に存在する斜長石は，サイズが大きいことだ．これは，斜長石が，輝石の核形成前にすでにマグマに存在していて，早々に輝石に取り囲まれたこれら初期の斜長石は成長していないそのままのサイズであり，その後，輝石の成長とともに後のステージで取り込まれた斜長石は，取り込まれるまでに成長したのでサイズが大きくなったと解釈できる．McBirney 先生のスケッチでも注意深く見るとそのように描かれている．

こうした半深成岩体に特徴的に見られる組織は，その場結晶作用が起こったことの証拠になると考えられる．これらの組織のうち，インターグラニュラーやポイキリティックは，結晶沈降や高温状態での 2 次成長でも形成しうる．しかし，斜長石が輝石に自然に取り込まれているオフィティック組織だけは，その場結晶作用でのみ形成しうる．すなわち，オフィティック組織の存在は，マグマが結晶化する際に対流や結晶沈降が働いていなかった証拠となる．そのため，オフィティック組織は，貫入岩に特有な組織としてその成因が古くから議論されてきた (Wager, 1961)．

1 つの考えが，第 7 章で紹介した核形成速度と成長速度のマスターカーブを用いた古典的理解である (7.2 節)．すなわち，斜長石は核形成が先に卓越し，輝石はむしろ成長が卓越していたという考えである．なぜそうなるかは別にして，この理解は定性的には的を射ているように見える．すなわち，斜長石は小さいサイズで数密度は大きくなり，輝石は少数の大きな結晶となる．この結晶化過程で，斜長石が輝石にポイキリティック的に完全に取り込まれたり，部分的に取り込まれずオフィティック組織が形成されたと考える．しかし，距離とともに組織が系統的に変化する理由までは理解できない．すなわち，冷却速度依存性が考慮されていない．

図 10.21 に示す組織変化の要因は，斜長石と輝石の数密度のコントラストである[*24]．すなわち，

$$\frac{N_{\mathrm{pl}}}{N_{\mathrm{px}}} \tag{10.28}$$

を指標とすることができる．ここで，N_{pl} と N_{px} はそれぞれ斜長石と輝石の結晶数密度である．この指標が 1 に近いときは，インターグラニュラーであり，大きくなっていくと，オフィティック，ポイキリティックへと組織は変化する．7.6 節で議論したように，天然の観察事実から，数密度の冷却速度依存性が異なっている．この組織変化もその事実の 1 つの現れである．

[*24] 晶出順序はもうひとつの要因と考えられる．

7.6 節の議論を復習する．均質核形成に近い条件（核形成速度の指数前因子と固液界面エネルギーが十分大きい）で核形成が起こり，核形成段階での結晶成長が拡散律速の場合，結晶数密度は冷却速度の 3/2 乗に依存する．この場合，結晶数密度の距離依存性が −3 乗となり，輝石や鉄チタン酸化物の結晶数密度の観察事実を説明できる．不均質核形成に近い条件（核形成速度の指数前因子と固液界面エネルギーが十分小さい）で核形成が起こる場合には（成長則は問わない），結晶数密度の冷却速度依存性は 3/2 より小さくなり，極端な場合（核形成速度と結晶化速度が時間によらず一定：CSD のモデル 4），負の依存性を持つ．斜長石は，この場合に当てはまる．斜長石がなぜこのような依存性を持つかは，十分理解できていないが，初期条件がリキダス下である（分子クラスターが多数存在している）可能性や，斜長石の結晶構造（ネットワークシリケイト）が関係しているように見える．以上のことを踏まえると，冷却面からの系統的組織変化は，斜長石と輝石の結晶数密度の冷却速度依存性の違いが主要因であると考えられる．

付録

A.1 熱力学ポテンシャル

熱力学の建設過程で確立されたのが，熱力学ポテンシャルあるいは熱力学関数という概念である．熱力学ポテンシャルは，系が安定平衡であるときに最小値を取る関数で，熱力学的考察に拡張された位置エネルギー（ポテンシャル）である．その関数は，示強変数 T, P, μ[*1]と示量変数 S, V, N を独立変数とし，例えば 1 成分系の内部エネルギー $\mathcal{E}$ は

$$d\mathcal{E} = TdS - PdV + \mu dN \tag{A.1}$$

と書かれる．この熱力学ポテンシャル $\mathcal{E}$ は，独立変数 S，V と N の全微分形式に従うので，上式は，

$$d\mathcal{E} = \left(\frac{\partial \mathcal{E}}{\partial S}\right)_{V,N} dS + \left(\frac{\partial \mathcal{E}}{\partial V}\right)_{N,S} dV + \left(\frac{\partial \mathcal{E}}{\partial N}\right)_{S,V} dN \tag{A.2}$$

と等価になるように構築されている．熱力学ポテンシャルには，内部エネルギー $\mathcal{E}(S,V)$，Helmholtz の自由エネルギー $\mathcal{F}(V,T)$，Gibbs の自由エネルギー $\mathcal{G}(T,P)$，エンタルピー $\mathcal{H}(P,S)$ がある．カッコ内が独立変数であり，熱力学ポテンシャルの選択は，何を独立変数とするかによる．これらの間には，$\mathcal{G} = \mathcal{F} + PV = \mathcal{H} - \mathcal{TS} = \mathcal{E} + \mathcal{PV} - \mathcal{TS}$ という関係がある．これは数学的には独立変数の変換を行う Legendre 変換である．この式とは別に，独立変数があらわに含まれている全微分形式（例えば式 (A.1)）を覚えておくと，それを積分することによって，熱力学ポテンシャルを計算できるので便利である．そのためには，独立変数の組とポテンシャルの間の関係を覚えておく必要がある．

独立変数と熱力学ポテンシャルの覚えやすい方法は，まず，「ラッキーセブン」と唱え，セブンの SEV を書く（和田，1981）．続いて，示量変数 S と V の対角線の先にそれぞれの共役関係[*2]にある示強変数 T と P を正方形の頂点に書く．続いて，アルファベットの「EFGH」を時計回りに，辺の中心に埋めていく．

[*1] 化学ポテンシャル μ に関しては，2.4.1 節の Box 参照．

[*2] (示強変数) × (示量変数) = エネルギーの単位，となるような示強変数と示量変数の間の特別の関係をいう．具体的には $T \times S$，$P \times V$，$\mu \times N$ である．この組み合わせを念頭に置くと，熱力学の式の展開や記憶が楽になる．

$$\begin{array}{ccc} S & \mathcal{E} & (V) \\ \mathcal{H} & & \mathcal{F} \\ P & \mathcal{G} & (T) \end{array}$$

これででき上がり．それぞれの熱力学ポテンシャルの両隣が，その独立変数である．○で囲んだ変数の前にはマイナスをつける．例えば，

$$d\mathcal{G} = -SdT + VdP + \mu dN \tag{A.3}$$

S，V，μ が温度・圧力・組成の関数としてわかっていれば，これは直ちに積分できる．ここで用いた基礎知識は，S と T，V と P がそれぞれ共役関係にあるということだけである．

A.2　水を含む系の相平衡図のまとめ

発泡が関係する相変化過程を，2 次元平面上での相平衡図で見てきたが，ここでそれを整理するために，温度–圧力–水濃度という 3 次元空間で見てみよう（図 A.1）．状態 A（圧力 P_{H}，温度 $T_{\mathrm{E_L}}$，メルト中の $\mathrm{H_2O}$ 濃度 C_0）を通る等温面が存在する．その温度での $\mathrm{H_2O}$ の飽和曲線（溶解度曲線）は A–$\mathrm{E_L}$–B であり，等温過程で圧力変化する系の説明に用いられる．曲線 $\mathrm{F_H}$–A–$\mathrm{E_H}$–$\mathrm{Q_H}$ は圧力 P_{H} における T–C 平面上での L/L+G 平衡曲線（飽和曲線）である．ここで L は液相，G は気相を示す．曲線 $T_{\mathrm{A}}(P_{\mathrm{H}})$–D–$\mathrm{E_H}$–$\mathrm{R_H}$ は同様に圧力 P_{H} における T–C 平面上での L/S+L 平衡曲線である．ここで S は固

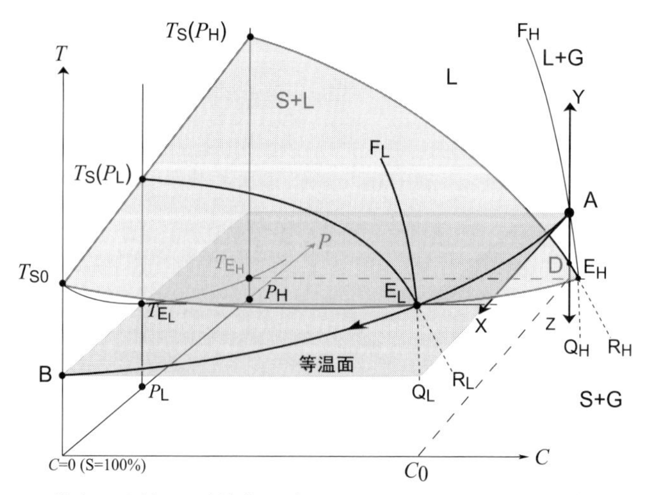

図 **A.1**　温度 T–圧力 P–水濃度 C 空間におけるアルバイト–$\mathrm{H_2O}$ 系の模式的相平衡図．

相を示す．これら 2 つは，等圧過程における相変化を考察する際に用いられる．アルバイトと H_2O は共融系を作り，共融点（曲線 L/L+G と L/S+L の交点）は E_H で示されている．圧力が変化し P_L になると，L/L+G 平衡曲線と L/S+L 平衡曲線は，それぞれ F_L–E_L–Q_L，$T_S(P_L)$–E_L–R_L となり，共融点は E_L になる．圧力変化に伴う共融点の軌跡は E_H–E_L–T_{S0} となり，その T–P 面への投影は T_{H_E}–T_{E_L}–T_{S0} のようになり，圧力の減少とともに融点は上昇する．無水の系（$C = 0$）のアルバイトの融点は T_{S0}–$T_S(P_L)$–$T_S(P_H)$ のように，圧力の増加とともに上昇する．F_H–Q_H–F_L–Q_L–T_{S0}–B を通る曲面（色塗りはされていないが）は，T–P–C 空間における L/L+G 平衡曲面，$T_S(P_H)$–R_H–$T_S(P_L)$–R_L–T_{S0} は L/S+L 平衡曲面になる．

A.3　Fokker-Planck 方程式の導出

A.3.1　分子数サイズ l についての方程式の導出

式 (3.29) を導出する．サイズ l' からサイズ l への遷移確率を $W_\text{o}(l' \to l)$ と書くと，気泡の数 $N(l)$（個数/m^3）の変化は次のようになる（式 (3.27) に対応）．

$$\frac{\partial N(l,t)}{\partial t} = \sum_{l'} \left(W_\text{o}(l' \to l) \cdot N(l',t) - W_\text{o}(l \to l') \cdot N(l,t) \right) \tag{A.4}$$

この式は，マスター方程式と呼ばれる．

このような合体 (coagulation)・分裂 (fragmentation) の遷移確率をそれぞれ $\Psi_\text{C}(l,l')$，$\Psi_\text{F}(l,l')$ とし，数の増加 (gain) と数の減少 (loss) を表す $W_\circ$ を書き換える．

$$\text{gain} \ : \ W_\circ(l' \to l) = \underbrace{\Psi_\text{C}(l-l',l') \cdot N(l-l',t)}_{\text{Coagulation}} + \underbrace{\Psi_\text{F}(l',l)}_{\text{Fragmentation}} \tag{A.5}$$

$$\text{loss} \ : \ W_\circ(l \to l') = \underbrace{\Psi_\text{C}(l'-l,l) \cdot N(l'-l,t)}_{\text{Coagulation}} + \underbrace{\Psi_\text{F}(l,l')}_{\text{Fragmentation}} \tag{A.6}$$

これを式 (A.4) に代入すると，

$$\begin{aligned}\frac{\partial N(l,t)}{\partial t} = \sum_{l'} \Biggl(& \underbrace{\left(\Psi_\text{C}(l-l',l') \cdot N(l-l',t) + \Psi_\text{F}(l',l)\right) \cdot N(l',t)}_{\text{gain}} \\ & - \underbrace{\left(\Psi_\text{C}(l'-l,l) \cdot N(l'-l,t) + \Psi_\text{F}(l,l')\right) \cdot N(l,t)}_{\text{loss}} \Biggr)\end{aligned} \tag{A.7}$$

ここで，平衡分布 $N_\text{E}(l)$ は，上の式での定常解 $dN_\text{E}(t)/dt = 0$ になっているはずである，という要請をおく．さらにその定常状態では，あるサイズ l と別のサイズ l' の間の，合体と分裂の割合がつりあっている（詳細つりあい：detail balance）と仮定する：

$$\Psi_{\mathrm{C}}(l-l',l')\cdot N_{\mathrm{E}}(l-l')\cdot N_{\mathrm{E}}(l') = \Psi_{\mathrm{F}}(l,l')\cdot N_{\mathrm{E}}(l) \equiv W(l':l) \tag{A.8}$$

この仮定は，合体・分裂という非平衡過程を，平衡分布という平衡状態の性質と関係づける重要な意味がある．この $W(l':l)$ を用いると，

$$\begin{aligned}\frac{\partial N(l,t)}{\partial t} &= \underbrace{\sum_{l'>l} W(l:l')\frac{N(l',t)}{N_{\mathrm{E}}(l')}}_{\text{Fragmentation1}} - \underbrace{\frac{1}{2}\sum_{l'<l} W(l':l)\frac{N(l,t)}{N_{\mathrm{E}}(l)}}_{\text{Fragmentation2}} \\ &+ \underbrace{\frac{1}{2}\sum_{l'<l} W(l':l)\frac{N(l',t)}{N_{\mathrm{E}}(l')}\frac{N(l-l',t)}{N_{\mathrm{E}}(l-l')}}_{\text{Coagulation1}} \\ &- \underbrace{\sum_{l'>l} W(l:l')\frac{N(l'-l,t)}{N_{\mathrm{E}}(l'-l)}\frac{N(l,t)}{N_{\mathrm{E}}(l)}}_{\text{Coagulation2}}\end{aligned} \tag{A.9}$$

と書ける．ここで，1 分子の流入・流出による場合を成長あるいは蒸発と考え，複数個の分子の塊と相互作用する合体・分裂過程を区別する．そのために，1 分子の変化に対応するサイズの変化 Δl を導入する．合体・分裂過程 $(|l-l'|>1)$ を無視して，式 (A.9) を変形すると，

$$\begin{aligned}\frac{\partial N(l,t)}{\partial t} &= \underbrace{xW(l:l+\Delta l)\frac{N(l+\Delta l,t)}{N_{\mathrm{E}}(l+\Delta l)}}_{\text{Fragmentation1}} - \underbrace{W(l-\Delta l:l)\frac{N(l,t)}{N_{\mathrm{E}}(l)}}_{\text{Fragmentation2}} \\ &+ \underbrace{W(l-\Delta l:l)\frac{N(l-\Delta l,t)}{N_{\mathrm{E}}(l-\Delta l)}\frac{N(\Delta l,t)}{N_{\mathrm{E}}(\Delta l)}}_{\text{Coagulation1}} \\ &- \underbrace{W(l:l+\Delta l)\frac{N(\Delta l,t)}{N_{\mathrm{E}}(\Delta l)}\frac{N(l,t)}{N_{\mathrm{E}}(l)}}_{\text{Coagulation2}}\end{aligned} \tag{A.10}$$

と書ける．ここで，Frangmentation 1 と Coagulation 2 はサイズ l とサイズ $l+\Delta l$ の間の気泡数の移動に相当し，それを $Q(l+)$ と書くことにする．また，Fragmentation 2 と Coagulation 1 は，サイズ $l-\Delta l$ とサイズ l の間の気泡数の移動に相当し $Q(l-)$ と書く．Q は l が大きくなる方向を正に取ることにすると，上式は，

$$\frac{\partial N(l,t)}{\partial t} = Q(l-) - Q(l+) \tag{A.11}$$

となる．ここで，$Q(l+)$ は，l と $l+\Delta l$ の間のやり取りからきまる l からの総流出量であり，次のように与えられる．

$$
\begin{aligned}
Q(l+) &= W(l:l+\Delta l)\frac{N(\Delta l,t)}{N_{\mathrm{E}}(\Delta l)}\frac{N(l,t)}{N_{\mathrm{E}}(l)} \\
&\quad -W(l:l+\Delta l)\frac{N(l+\Delta l,t)}{N_{\mathrm{E}}(l+\Delta l)} \\
&= -W(l:l+\Delta l)\cdot\Delta l\cdot\frac{\partial}{\partial l}\left(\frac{N(l,t)}{N_{\mathrm{E}}(l)}\right)
\end{aligned}
\tag{A.12}
$$

ここで，$\frac{N(l+\Delta l,t)}{N_{\mathrm{E}}(l+\Delta l)}$ の Taylor 展開

$$
\frac{N(l+\Delta l,t)}{N_{\mathrm{E}}(l+\Delta l)} = \frac{N(l,t)}{N_{\mathrm{E}}(l)} + \Delta l\frac{\partial}{\partial l}\left(\frac{N(l,t)}{N_{\mathrm{E}}(l)}\right) \tag{A.13}
$$

を利用した．また，小さな気泡の分布は平衡状態に近いと仮定し，$\frac{N(\Delta l,t)}{N_{\mathrm{E}}(\Delta l)}=1$ とした．$Q(l-)$ も同様に書き換えられて，

$$
Q(l-) = -W(l-\Delta l:l)\cdot\Delta l\cdot\frac{\partial}{\partial l}\left(\frac{N(l,t)}{N_{\mathrm{E}}(l)}\right) \tag{A.14}
$$

となる．これらを用いて式 (A.11) を整理すると，

$$
\frac{\partial N(l,t)}{\partial t} = (W(l:l+\Delta l)-W(l-\Delta l:l))\cdot\Delta l\cdot\frac{\partial}{\partial l}\left(\frac{N(l,t)}{N_{\mathrm{E}}(l)}\right) \tag{A.15}
$$

となる．ここで，$W(l-\Delta l:l)$ を l のまわりで Taylor 展開すると，

$$
W(l-\Delta l:l) = W(l:l+\Delta l) - \Delta l\frac{\partial W(l:l+\Delta l)}{\partial l} \tag{A.16}
$$

となることを利用すると，式 (A.15) は，

$$
\frac{\partial N(l,t)}{\partial t} = \frac{\partial}{\partial l}\left((\Delta l)^2\cdot W(l)\cdot\frac{\partial}{\partial l}\left(\frac{N(l,t)}{N_{\mathrm{E}}(l)}\right)\right) \tag{A.17}
$$

となり，Fokker-Planck の式が得られる．なお，$W(l)\equiv W(l\to l+\Delta l)$ と書き換えた．式 (3.29) は，括弧の中を $N(l,t)$ の項と $\partial N(l,t)/\partial l$ の項について整理したものである．

A.3.2 $N(l,t)$ から $F(R,t)$ への変換

$N(R)$ と $F(R,t)$ は，数の保存によって結びついている．すなわち，

$$
N(l,t)dl = F(R,t)dR \tag{A.18}
$$

である．また，

$$
F(R,t) = N(l,t)\frac{dl}{dR} \tag{A.19}
$$

である．クラスターの分子数 l は，クラスター半径 R と

$$lv_{\mathrm{G}} = \frac{4\pi}{3} R^3 \tag{A.20}$$

によって結びついている．ここで，v_{G} は気体の分子体積である．よって，

$$\frac{dl}{dR} = \frac{4\pi R^2}{v_{\mathrm{G}}} \tag{A.21}$$

であるが，ここでは使わなくてよい．

式 (A.17) を，R についての式に変換する．

$$\frac{\partial}{\partial l} = \frac{\partial}{\partial R} \frac{\partial R}{\partial l} \tag{A.22}$$

を式 (A.17) に適用すると，

$$\frac{\partial N(l,t)}{\partial t} = \frac{\partial}{\partial R} \left((\Delta l)^2 \cdot W(l) \cdot \frac{\partial}{\partial R} \left(\frac{N(l,t)}{N_{\mathrm{E}}(l)} \right) \frac{\partial R}{\partial l} \right) \frac{\partial R}{\partial l} \tag{A.23}$$

となる．右辺の括弧の外の $\partial R/\partial l$ を左辺に移動し，$\partial/\partial t$ の中に入れると，

$$\frac{\partial}{\partial t} \left(N(l,t) \frac{\partial l}{\partial R} \right) = \frac{\partial}{\partial R} \left((\Delta l)^2 \cdot W(l) \frac{\partial R}{\partial l} \cdot \frac{\partial}{\partial R} \left(\frac{N(l,t) \frac{\partial l}{\partial R}}{N_{\mathrm{E}}(l) \frac{\partial l}{\partial R}} \right) \right) \tag{A.24}$$

となる．ここで，$N(l,t)/N_{\mathrm{E}}(l)$ の分母分子にそれぞれ $\partial l/\partial R$ を乗じた．

式 (A.19) より，

$$\frac{\partial F(R,t)}{\partial t} = \frac{\partial}{\partial R} \left((\Delta R)^2 \cdot W(R) \frac{\partial R}{\partial l} \cdot \frac{\partial}{\partial R} \left(\frac{F(R,t)}{F_{\mathrm{E}}(R)} \right) \right) \tag{A.25}$$

となり，同様の Fokker-Planck 方程式が得られる．ここで，Δl を ΔR および $W(l)$ を $W(R)$ と書いた．クラスター径 R についての Fokker-Planck 方程式は，l と R の間の変換を考慮しなかった場合に比べて，成長項が $\partial R/\partial l$ だけ異なる．これをまとめて $A(R)$ と定義するので，$A(R)$ の定義がその分だけ異なるが，後の議論には影響しない．

A.4 平衡サイズ分布の係数

比例係数 F_{E}^0 は，$R \to 0$，すなわち半径無限小の気泡の population density であり，分子の個数/m^4 の単位を持つ．いまの場合，ガス成分の分子は，それぞれいずれかのサイズのクラスターに属しており，かつその数は動的に変動しているので，マクロな考察だけからは記述できない．しかし，F_{E}^0 は単位体積当たりの分子数 C と関係していると考えるのは妥当であり，$C = F_{\mathrm{E}}^0 \times \delta R$ と関係づけてみよう．ここで，δR はサイズ空間において臨界サイズの存在幅をきめる実効的分割サイズである．δR は，臨界気泡中の分子が 1 つ増えるごとに増えるサイズ空間の刻み幅 ΔR_{C} と見ることができる．ここでは定性的に，臨界サイズ R_{C} を，それに含まれる分子数 $N_{\mathrm{C}} \approx (R_{\mathrm{C}})^3/v_{\mathrm{G}}$ で割ったものを，そ

の刻み幅と見なそう．すなわち，$\delta R \approx (R_{\rm C})/N_{\rm C} \approx (R_{\rm C})/((R_{\rm C})^3/v_{\rm G}) = v_{\rm G}/(R_{\rm C})^2$ とする．その結果，$F_{\rm E}^0 = C/\delta R$ は，

$$F_{\rm E}^0 \approx \frac{C{R_{\rm C}}^2}{v_{\rm G}} \tag{A.26}$$

となる．

平衡気泡数密度分布 $N_{\rm E}(l)\,(1/{\rm m}^3)$ を用いて，もう少し厳密な議論をしてみよう．式 (A.18) から式 (A.19) までの繰り返しになるが，数密度分布は，

$$N_{\rm E}(l)dl \tag{A.27}$$

が，分子数 l を含む気泡の単位液体積中の数として定義され，サイズ分布関数 $F_{\rm E}(R)$ とは，

$$F_{\rm E}(R)dR = N_{\rm E}(l)dl \tag{A.28}$$

すなわち，

$$F_{\rm E}(R) = N_{\rm E}(l)\frac{dl}{dR} \tag{A.29}$$

の関係にある．

$N_{\rm E}(l)$ は，$F_{\rm E}(R)$ と同様に，l で記述された Helmholtz エネルギー変化の関数として

$$N_{\rm E}(l) = N_1 \exp\left(-\frac{\Delta\mathcal{F}(l)}{k_{\rm B}T}\right) \tag{A.30}$$

と与えられる．ここで，かなりよい近似として，係数 $N_{\rm E}(1)$ すなわち 1 つの分子を含む気泡の数が単位体積当たりの分子数で定義された濃度 C に等しいとしてよい[*3]：

$$N_1 = C \tag{A.31}$$

さらに，気泡内の分子数 l は

$$l = \frac{4\pi R^3}{3v_{\rm G}} \tag{A.32}$$

で計算できる．分子容 $v_{\rm G}$ がサイズ R によらず定数と仮定すると，サイズゼロすなわち，分子 1 個を含む気泡のサイズ分布関数の値 $F_{\rm E}^0$ は，

$$F_{\rm E}^0 = 4\pi\frac{C{R_{\rm C}}^2}{v_{\rm G}} \tag{A.33}$$

となる．これは，スケーリングから求めた式 (A.26) と 4π だけ異なっている．

[*3] 厳密には，すべてのサイズの気泡に含まれる分子の数の総計が濃度に等しいが，過飽和度があまり大きくない場合は，本文の近似を用いてよい．

A.5 定常核形成速度を求める際の積分

式 (3.69) の分母の積分 In は,

$$In = \int_0^\infty \frac{dR}{B(R)\cdot F_{\mathrm{E}}(R)} \tag{A.34}$$

$$= \frac{2}{v_{\mathrm{G}} D C^2 R_{\mathrm{C}}} \exp\left(\frac{4\pi\gamma R_{\mathrm{C}}^2}{k_{\mathrm{B}}T}\right)\cdot\int_0^\infty R^2 \exp\left(\frac{\frac{1}{2}\frac{d^2\mathcal{W}}{dR^2}(R-R_{\mathrm{C}})^2}{k_{\mathrm{B}}T}\right)dR \tag{A.35}$$

である.

積分 In は被積分関数の振舞いできまるが, exp の中の R への依存性が大きく積分値を左右する. このような場合, 鞍部点の方法で計算する. 鞍部点法では, exp の中の関数を極大値を与える R の周りに展開するが, 式 (A.35) は既にその形になっている[*4].

結局, 積分 In は,

$$In = \frac{2R_{\mathrm{C}}}{Zv_{\mathrm{G}}DC^2}\exp\left(\frac{4\pi\gamma(R_{\mathrm{C}})^2}{3k_{\mathrm{B}}T}\right) = \frac{1}{Z\cdot B_{\mathrm{C}}\cdot F_{\mathrm{E}}^*} \tag{A.40}$$

[*4] さらに, exp 以外の被積分関数 R^2 は, 極大値を与える R_{C} での値で代表し, 積分の外に出すことができる. 積分 In は

$$In=\frac{2R_{\mathrm{C}}\exp\left(\frac{4\pi\gamma\,(R_{\mathrm{C}})^2}{3k_{\mathrm{B}}T}\right)}{v_{\mathrm{G}}DC^2}\int_0^\infty \exp\left(\frac{\frac{1}{2}\frac{d^2\mathcal{W}}{dR^2}(R-R_{\mathrm{C}})^2}{k_{\mathrm{B}}T}\right)dR \tag{A.36}$$

と書ける. 次に, $R_{\mathrm{C}}x = R - R_{\mathrm{C}}$ として変数変換すると, $R: 0 \to \infty$, $x: -1 \to \infty$, そして $dR = R_{\mathrm{C}}dx$ であるから, 上式 (A.36) の積分の部分は,

$$R_{\mathrm{C}}\int_{-1}^\infty \exp\left(-ax^2\right)dx \approx R_{\mathrm{C}}\int_{-\infty}^\infty \exp\left(-ax^2\right)dx \tag{A.37}$$

となる. ここで,

$$a = \frac{1}{2}\left|\frac{d^2\mathcal{W}}{dR^2}\right|\frac{(R_{\mathrm{C}})^2}{k_{\mathrm{B}}T} = \frac{4\pi\gamma(R_{\mathrm{C}})^2}{k_{\mathrm{B}}T} = \pi(ZR_{\mathrm{C}})^2 \tag{A.38}$$

となる. 積分 (A.37) は, ガウス積分[*5]から $R_{\mathrm{C}}\sqrt{\pi/a} = \Gamma(1/2)R_{\mathrm{C}}a^{-1/2} = Z^{-1}$ となる. ここで Γ はガンマ関数である.

[*5] 被積分関数がガウス関数 e^{-x^2} の積分をガウス積分といい, $-\infty$ から ∞ まで積分した値は, $\sqrt{\pi}$ になる. すなわち,

$$\int_{-\infty}^\infty \exp\left(-x^2\right)dx = \sqrt{\pi} \tag{A.39}$$

積分 (A.37) は, 変数変換 $y = a^{1/2}x$ によって, $\sqrt{\pi/a}$ となる.

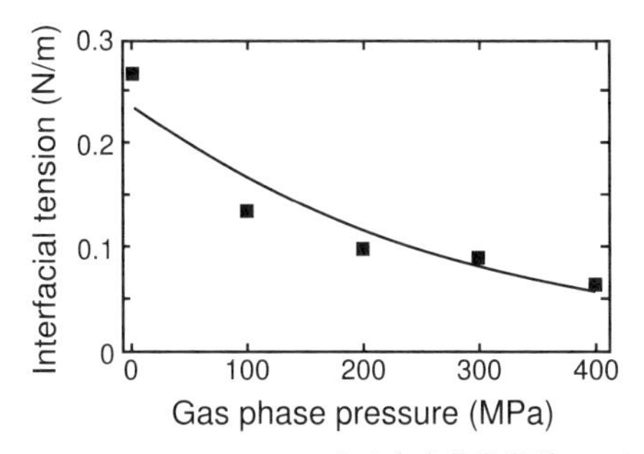

図 **A.2**　Bagdassarov *et al.* (2000) による合成花崗岩質メルトと水蒸気間の表面張力.

となる.

A.6　ケイ酸塩メルトの物性

ここでは，本書で重要になり，かつケイ酸塩メルトの組成や温度圧力条件によって桁で変化する物性である，表面張力，拡散係数，粘性について概説する.

A.6.1　表面張力

表面（界面）張力と表面（界面）エネルギーは，厳密には異なる（小野，1980）が，本書では同義として用いる．ガスとケイ酸塩メルトの間の表面張力測定は，Murase and McBirney (1973) の先駆的研究がある．彼らは，玄武岩から流紋岩，シリカガラスまで幅広い組成範囲と温度範囲 1000～1500°C に対して，セシルドロップ法で実験を行った．彼らの実験による表面張力値は，1 気圧のアルゴンガスの雰囲気下で，0.3～0.4 (N/m) であった．また，Walker and Mullins Jr (1981) は玄武岩質から流紋岩質のメルトについて，Taniguchi (1988) は DiAn 系メルトについて，1 気圧下でロッド引き揚げ法によって表面張力を計測した．それらの値も，やはり 0.3～0.4 (N/m) であった．後で見るように，このように大きな表面張力では，均質核形成が起こることはなく，天然では不均質核形成が起こっていると考えられていた．また，実験においても，均質核形成が起こることはまずあり得ないだろうと思われていた．これらの研究では，1) 気体が水蒸気ではないことと，2) 圧力が 1 気圧であったために，得られたデータの応用性に限界があった.

Bagdassarov *et al.* (2000) は，実験装置を工夫し，セシルドロップ法を用いて，これら 2 つの問題を解決し，人工的に合成した花崗岩 (haprogranite) 組成のメルトと水蒸気の表面張力を測定し，その圧力依存性を得た（図 A.2）．彼らの実験結果は，水蒸気に飽和した高圧下では，表面張力が低下し，200 MPa では 0.1 (N/m) の値にまでになることを示している．彼らは，圧力依存性と温度依存性（彼らの論文の図から近似）を次のように表現した.

$$\gamma = 0.2366 \exp\left(-0.35 \times 10^{-6} \cdot P_{\mathrm{W}} - 11 \times 10^{3}\left(\frac{1}{T} - \frac{1}{1273}\right)/\mathcal{R}\right) \qquad (A.41)$$

第 5 章で見たように，減圧発泡実験では，均質核形成を起こすために，200 MPa 以上の初期飽和圧力を用いている．

水以外の揮発性成分が含まれる場合，表面張力に影響を与え，核形成圧力にも影響を及ぼすという研究報告がある (Yamada *et al.*, 2005; Fiege *et al.*, 2014; Gardner *et al.*, 2018)．また，液の組成によって，すなわち揮発性成分以外の成分濃度の違いによっても変化する可能性がある (Mangan and Sisson, 2005)．しかし，飽和水蒸気圧下での表面張力の直接測定はなく，核形成圧力による，あくまで予想である．

1 成分系での気液表面張力の温度依存性に関しては，以下の Van del Waals - Guggenheim の式がある．

$$\gamma = \gamma_0 \left(1 - \frac{T}{T_{\mathrm{C}}}\right)^{11/9} \qquad (A.42)$$

ここで，T_{C} は臨界点の温度，γ_0 は T_{C} から離れた温度での一定値である．臨界点は，飽和曲線に沿って温度と圧力の増加とともに気液の密度が等しくなる点として熱力学的に定義されている．飽和条件下での気液表面張力は，低温低圧から飽和曲線上の臨界点までの間 ($T < T_{\mathrm{C}}$) で定義され，臨界点で 0 になる．

表面張力は，界面の曲率にも影響を受けるという議論がある．これは，界面の曲率半径が分子の相互作用の長さに比べて無視できない場合に生じてくると考えられている．これは Tolman 補正と呼ばれ，式 (3.111) で与えられる．

A.6.2 水の拡散係数

ケイ酸塩メルト中の H_2O の拡散係数は，Shaw (1974) により最初に測られた．彼は，ケイ酸塩メルトを高圧容器の中で水と接触させ，一定の時間経過した後取り出し，それを境界からの距離に従って切り出し，化学分析にかけた．その結果得られた境界からの距離の関数としての水の含有量を，拡散方程式の解と比較することで，拡散係数の値を得た．その後，1980 年代になって，分析技術として SIMS（2 次イオン質量分析法：Secondary-ion mass spectrometry）が発達し，Karsten *et al.* (1982), Delaney and Karsten (1981) はその技術を用いて Shaw の実験サンプルをより高い空間分解能で分析した．その後，1990 年代になって，さらに分析技術が発達し，FT-IR（Fourier 変換赤外分光法：Fourier-transform infrared spectroscopy）が開発された．Zhang と Stolper は，流紋岩質メルトだけではなく玄武岩質メルトに対して，この顕微鏡下で高空間分解能で測定できる FT-IR を用いて水の拡散係数を決定した (Zhang and Stolper, 1991)．その後，Behrens や Zhang はその技術を用いて，拡散係数の組成依存性や温度依存性を決定した．

Zhang and Behrens (2000) は，ケイ長質メルト中の水の拡散係数の温度依存性を取り扱い，拡散係数をそれらの関数として表した：$D_{\mathrm{ZB2000}}(C_{\mathrm{W}}, T, P)$．また，Behrens *et al.* (2004) は，SiO_2 含有量 $C_{\mathrm{Si}}(\mathrm{wt\%})$ を変化させて実験し，化学組成依存性を考慮した拡散係数 $D_{\mathrm{BZX2004}}(P, T, C_{\mathrm{Si}})$ の表式を得た．これら 2 つの効果を統合すると

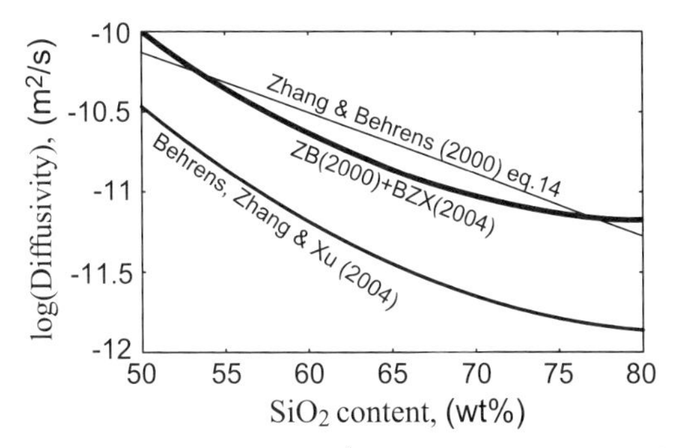

図 **A.3**　Zhang and Behrens (2000) と Behrens *et al.* (2004) によるケイ酸塩メルト中の水の拡散係数．ZB(2000)+BZX(2004) はメルト組成の効果と温度効果を考慮した拡散係数．100 MPa 水飽和を仮定．

$$D(P(C_{\mathrm{W}}), T, C_{\mathrm{Si}}) = D_{\mathrm{BZX2004}}(P(C_{\mathrm{W}}), T, C_{\mathrm{Si}}) \cdot \frac{D_{\mathrm{ZB2000}}(C_{\mathrm{W}}, T, P(C_{\mathrm{W}}))}{D_{\mathrm{ZB2000}}(1\,\mathrm{wt\%}, T, P(C_{\mathrm{W}}))} \tag{A.43}$$

となる（図 A.3）．

Liu *et al.* (2004) は，安山岩質ガラスでは，活性化エネルギーのために，低温で流紋岩ガラス中の拡散係数よりも小さくなることを示した．Okumura and Nakashima (2005) は，玄武岩，安山岩，デイサイト，流紋岩のメルトに対して水和実験を行い，各メルトにおける水の拡散係数，活性化エネルギーを決定した．CO_2 の拡散に関しては，Watson (1991) で行われ始めた．

ケイ酸塩メルト中の他の元素の拡散については，比較的昔から測定され，Hofmann (1980) のレビューがある．拡散係数の指数前因子と活性化エネルギーには一定の関係があり，compensation law と呼ばれている．結晶化の章（7.6.6 節）で引用した Baker (1991, 1992), Liang *et al.* (1996a, b, 1997) によって，詳細な議論が行われている．

A.6.3　Newton 粘性

Newton 粘性は，応力と歪速度が比例するときの係数として定義される．メルトの粘性は，温度，圧力，メルトの化学組成，水の含有量によって変化し，一般に非 Newton 粘性を示す．非 Newton 粘性は，応力や歪速度の時間スケールによって応答が変化する特徴を持つ．定性的には，時間スケールが短いときには（急激な変化では）弾性が卓越するが，時間スケールが長いときには Newton 粘性が卓越する（A.7 節参照）．結晶や気泡を含まないメルトの Newton 粘性 (η) については，理論と実験において研究が蓄積されてきている (Kingery *et al.*, 1976)．例えば，『理科年表』にも載っている簡便な方法として Shaw (1972) の式がある．

$$\ln \eta = \frac{\sum Y_i (c_i \cdot Y_{\mathrm{SiO_2}})}{1 - Y_{\mathrm{SiO_2}}} \cdot \left(\frac{10^4}{T} - 1.5 \right) - 8.7 \tag{A.44}$$

ここで，i は酸化物の成分を示し，Y_i は酸化物のモル%（Al_2O_3 と Fe_2O_3 についてはそれぞれのモル分比を 2 倍した後，100%に換算する）．c_i は，$SiO_2 = 0$，$Al_2O_3 = 6.7$，$TiO_2 = CaO = 4.5$，$Fe_2O_3 = FeO = MnO = MgO = 3.4$，$Na_2O = K_2O = 2.8$，$H_2O = 2.0$ である．

粘性はメルトの構造と関係する．ケイ酸塩メルトの構造は，イオン半径の一番大きい酸素イオンの充填でほぼ決定されている．その酸素のうち，SiO_4^{-4} 四面体 (Tetrahedron: T) を構成し全体のネットワークに寄与している割合が重要になる．四面体の酸素の内，ネットワークに寄与しない非架橋酸素 (NBO: Non-Bridging Oxigen) の割合 NBO/T を指標として粘性は整理できる（Mysen, 1988; 谷口，2001）．T = 100% は，溶融石英に相当する．この場合はほぼ Arrhenius の関係に従う (Urbain *et al.*, 1982)．すなわち，

$$\eta(\mathrm{SiO_2} = 100) = \exp\left(-13.4 + \frac{E_\eta}{R_\mathrm{B} T}\right) \tag{A.45}$$

となる．ここで，E_η は活性化エネルギーで，おおよそ 5.1×10^2 kJ/mol である．主要化学成分元素の濃度が変わってくると，この活性化エネルギーが変化する．図 A.4 には，1) SiO_2 100 wt%のシリカガラスの粘性に加え，2) SiO_2 50 wt%+Al_2O_3 50 wt%，3) SiO_2 50 wt%+MgO 50 wt%，4) SiO_2 50 wt%+Al_2O_3 25 wt%+MgO 25 wt%も図示されているが，Al や Mg は粘性を小さくする効果を持つことがわかる．

Giordano *et al.* (2008) はケイ酸塩メルトの粘性の実験データを広い温度・組成範囲でコンパイルし，次の VFT（Vogel-Fulcher 理論）式を用いて整理した．

$$\eta = \exp\left(A_\eta + \frac{B_\eta(X_i)}{T - C_\eta(X_i)}\right) \tag{A.46}$$

A_η は無限大の温度での仮想的な粘性に対応し，組成によらず一定値 $A_\eta = -4.55$ を与える．B_η と C_η は組成の関数として与えられている．

多成分の効果は，架橋四面体の数 (T) に対する，非架橋酸素の数 (NBO) の比 NBO/T を用いて表されるが，SiO_2 と P_2O_5 以外の元素は，ネットワークを修飾（切断）する元素だと考え，SiO_2 と水の濃度だけに注目すると，下記の簡単な経験式 (Toramaru, 1995) を作れるが，ある程度の誤差を含む．

$$\eta = \exp\left[0.46(C_\mathrm{silica} - 72) - 1.25 C_\mathrm{W} + \frac{20903.6}{T}\right] \tag{A.47}$$

図 A.4 には，Hui and Zhang (2007) の簡便な方法によって計算して，玄武岩質メルト，安山岩質メルト，流紋岩質メルトの粘性（無水と 5 wt%の含水量）の Arrhenius プロットも示している．ほぼ Arrhenius の関係式に従うことがわかる．ケイ酸塩メルトの粘性のデータに関しては，竹内 (2016) に詳しい．

結晶や気泡を含むメルトの粘性も調べられているが，結晶や気泡の体積分率が大きい場合や，結晶の形状やサイズ分布の効果まで含めた統一的な関係式はまだない．結晶や気泡を含むメルトのレオロジーは，非 Newton 的な振舞いをするので，その物理過程の理解や関係式の確立は難しい．

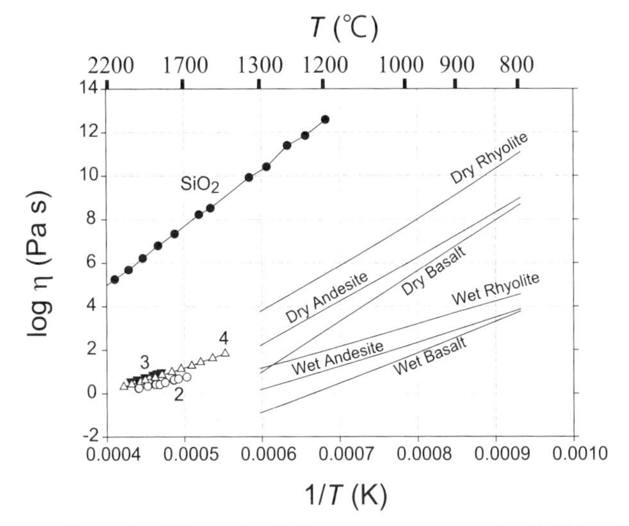

図 **A.4**　高温でのケイ酸塩メルトの粘性 (Urbain *et al.*, 1982)．数字の 2，3，4 は本文中の組成 2)，3)，4) に対応している．玄武岩 (Basalt)，安山岩 (Andesite)，流紋岩 (Rhyolite) は，理科年表の海洋島玄武岩，カルクアルカリ安山岩，カルクアルカリ流紋岩の化学組成に対応している．Dry は無水，Wet は 5 wt%の水を含む場合である．

A.7　粘弾性体の構成方程式

ケイ酸塩メルトの粘性は分子構造が複雑なため，非 Newton 流体あるいは粘弾性的性質を示す．結晶や気泡を含まないケイ酸塩メルト自身も粘弾性的性質を示す．ここで，弾性体と粘性流体の性質をカテゴライズし整理しておく．

1. 線形弾性体：応力は，その瞬間の変位（歪）に線形的に比例する．

2. Newton 流体：応力は，その瞬間の変位速度（歪速度）に線形的に比例する．

粘弾性体は，それぞれの端成分の性質からずれともとれるし，両方の性質を併せ持っているとも見ることができる．粘弾性体の大きな特徴は，

1. 応力の最大が，変位の最大を与える時刻と一致しない．

2. 変形の歪速度あるいは周波数によって，応力の応答が異なってくる．

1. の性質は，弾性体なら一致するはずであるが，粘性流体は応力の最大は歪速度の最大と一致するから，その影響による．2. の性質は，粘性と弾性の優位性が，変形の速度，言い換えれば変形を担うミクロな機構に依存していることを示している．

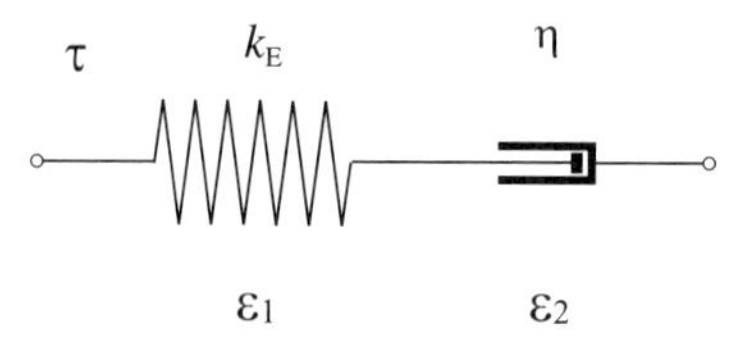

図 A.5 弾性定数 k_E のばねと粘性散逸する素子（粘性率 η）を直列につないだ Maxwell モデル．

粘弾性流体の一般的性質を見るために，角振動数 ω で振動する応力 $\sigma(\omega)$ と歪速度 $\dot{\epsilon}(\omega)$ の関係に対して，以下のように，複素弾性率 $M^*(\omega)$ と，複素粘性係数 $\eta^*(\omega)$ を設定してみよう[*6]．

$$\sigma(\omega) = M^*(\omega) \cdot \epsilon(\omega) \tag{A.50}$$

$$\sigma(\omega) = \eta^*(\omega) \cdot \dot{\epsilon}(\omega) \tag{A.51}$$

ここで，複素弾性率と複素粘性係数を，

$$M^*(\omega) = M_\mathrm{R}(\omega) + \mathrm{i}M_\mathrm{I}(\omega) \tag{A.52}$$

$$\eta^*(\omega) = \eta_\mathrm{R}(\omega) + \mathrm{i}\eta_\mathrm{I}(\omega) \tag{A.53}$$

と書くと，それぞれの実数項と虚数項の間には，$M^* = \mathrm{i}\omega\eta^*$，すなわち

$$M_\mathrm{R} = -\omega\eta_\mathrm{I} \tag{A.54}$$

$$M_\mathrm{I} = \omega\eta_\mathrm{R} \tag{A.55}$$

の関係がある．

次に，複素弾性率や複素粘性係数が，具体的に実際の弾性率，粘性係数とどのように結びついているか，さらに周波数依存性がどのようなものか見るために，簡単な粘弾性体モデルの解析を行ってみよう．図 A.5 のような，バネとダッシュポットからなる Maxwell 粘弾性体を考える．これは，マグマの粘弾性の特徴を簡潔によく表している．この系の個々の要素における応力と歪の関係は，$\sigma = k_\mathrm{E}\epsilon_1 = \eta\dot{\epsilon}_2$ であり，個々の要素の歪の和

[*6] 厳密には，弾性率は，体積弾性 M_v^* (volume modulus) と，せん断弾性 M_s^* (shear modulus)，粘性率は，体積粘性 η_v^* (volume viscosity) とせん断粘性 η_s^* (shear viscosity) に区別され，

$$M^* = M_\mathrm{v}^* + \frac{4}{3}M_\mathrm{s}^* \tag{A.48}$$

$$\eta^* = \eta_\mathrm{v}^* + \frac{4}{3}\eta_\mathrm{s}^* \tag{A.49}$$

であるが，ここでは区別しない．

が系全体の歪 ϵ に等しいから，$\dot{\epsilon} = \dot{\epsilon}_1 + \dot{\epsilon}_2$ となる[*7]．これらから，この系の応力と歪を関係づける以下の微分方程式が得られる．

$$\frac{\dot{\sigma}}{k_{\mathrm{E}}} + \frac{\sigma}{\eta} = \dot{\epsilon} \tag{A.56}$$

これに，$\sigma(\omega) = \sigma_0 \exp(\mathrm{i}\omega t)$ を代入し整理すると，式 (A.50)～(A.55) における複素弾性率と複素粘性係数の実部と虚部は，それぞれ

$$M_{\mathrm{R}}(\omega) = \frac{k_{\mathrm{E}}\omega^2 t_{\mathrm{re}}^2}{1+\omega^2 t_{\mathrm{re}}^2} \tag{A.57}$$

$$M_{\mathrm{I}}(\omega) = \frac{k_{\mathrm{E}}\omega t_{\mathrm{re}}}{1+\omega^2 t_{\mathrm{re}}^2} \tag{A.58}$$

$$\eta_{\mathrm{R}}(\omega) = \frac{\eta}{1+\omega^2 t_{\mathrm{re}}^2} \tag{A.59}$$

$$\eta_{\mathrm{I}}(\omega) = -\frac{\eta\omega t_{\mathrm{re}}}{1+\omega^2 t_{\mathrm{re}}^2} \tag{A.60}$$

となる．ここで，t_{re} は以下で定義される粘弾性の緩和時間で，ω_{re} はそれに相当する角振動数である．

$$t_{\mathrm{re}} = \frac{\eta}{k_{\mathrm{E}}} = \frac{1}{\omega_{\mathrm{re}}} \tag{A.61}$$

緩和時間は，物質の振舞いを見分ける重要な指標である．系の応力や圧力あるいは変形の特徴的時間と緩和時間の比較によって，物質が弾性的に振舞うか粘性流体的に振舞うかがわかる．

変化の特徴的時間	$>$	緩和時間	$\rightarrow$	粘性流体的
変化の特徴的時間	$<$	緩和時間	$\rightarrow$	弾性的

となる．式を見ての通り，この緩和時間は，粘性に大きく関係する．粘性は，温度や水の量などの含有量によって大きく左右される．一方，剛性率 (shear modulus or rigidity) は，温度や微量成分の量にはあまり依存しない．様々な物質の緩和時間を図 A.6 に示す．

複素弾性率と複素粘性係数は，

$$M^*(\omega) = k_{\mathrm{E}}\left(\frac{\omega t_{\mathrm{re}}\exp(-\mathrm{i}\varphi_M)}{\sqrt{1+\omega^2 t_{\mathrm{re}}^2}}\right) \tag{A.62}$$

$$\eta^*(\omega) = \mu\left(\frac{\exp(-\mathrm{i}\varphi_\eta)}{\sqrt{1+\omega^2 t_{\mathrm{re}}^2}}\right) \tag{A.63}$$

と書ける．ここで，カッコ内は無次元である．位相の遅れ φ_M と φ_η は，$\tan\varphi_\eta = \omega t_{\mathrm{re}} = \omega/\omega_{\mathrm{re}} = \tan^{-1}\varphi_M$ である．粘性要素が 0 の場合，$\eta \rightarrow 0$ で $t_{\mathrm{re}} \rightarrow 0$，$M_{\mathrm{I}} \rightarrow 0$，

[*7] この表式はよく用いられるが，応力の向きを圧縮方向が正にとってある．もし運動方程式に組み込みたいなら座標系の取り方にしたがって，$\sigma = -k_{\mathrm{E}}\epsilon_1 = -\eta\dot{\epsilon}_2$ となる．

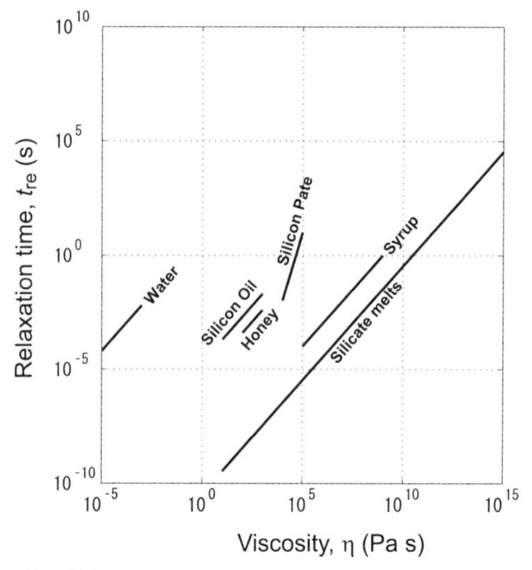

図 **A.6** 粘弾性の緩和時間と粘性との関係 (Joseph *et al.*, 1986 のデータより).

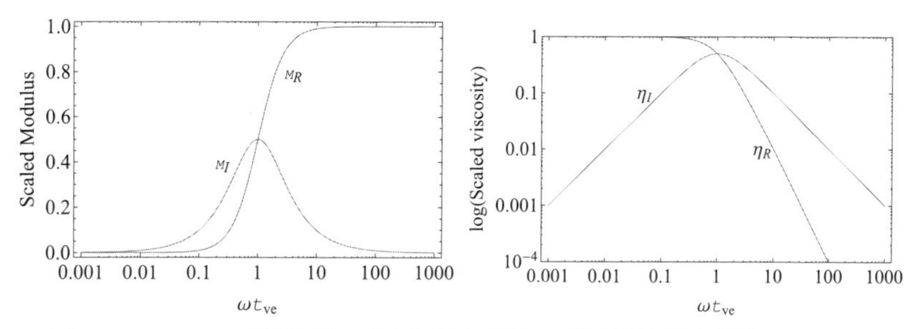

図 **A.7** Maxwell 粘弾性体の複素弾性率 (左) と複素粘性係数 (右) の実部と虚部の周波数依存性. 緩和時間で規格化されている.

$\varphi_M \to 0$, $\varphi_M \to 0$ となる. 一方, 粘性要素が卓越する場合, $\eta \to \infty$ で $t_{\rm re} \to \infty$, $\varphi_M \to \infty$, $\varphi_M \to \pi/2$ となる.

複素粘性係数 $\eta^*(\omega)$ の実部の周波数依存性は, 実測値の粘性の周波数依存性を説明するのに用いられる. Newton 粘性は, $\omega \to 0$ として定義されている. このことは, 横軸に角振動数, 縦軸に応力の応答をプロットした図で特徴的な形をとる (図 A.7). Webb (1992) が周期的トルクをかけて行った実験結果を, 図 A.8 に示す[*8]. 彼は, Maxwell

[*8] 小さな球形 (この研究では直径 3 mm) の先端を持つロッドを一定の力をかけてメルトの円盤 (この研究では直径 8 mm 中) に差し込んでいき, その変位と時間の関係から粘性を求める (Dingwell *et al.*, 1992).

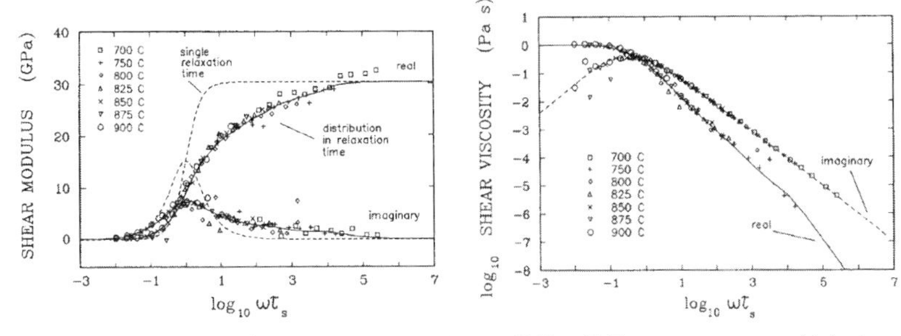

図 **A.8** 流紋岩組成メルトについてのトルク試験の結果 (Webb, 1992).（左）トルクの周波数の関数としての複素せん断弾性率の実部と虚部.（右）周波数の関数としての複素粘性率の実部と虚部. 粘性は，マイクロペネトレーション法で測定された Newton 粘性の値で規格化されている.

モデルにおける単一の緩和過程では，周波数依存性は説明できず，緩和の時定数が分布を持っていると解釈した.

式 (A.56) は，粘弾性緩和時間 t_{re} を用いて，

$$\dot{\sigma} + \frac{1}{t_{\mathrm{re}}}\sigma = k_{\mathrm{E}}\dot{\epsilon} \tag{A.64}$$

と書け，歪 ϵ を一般的な時間の関数とすると，これを σ についての 1 階の常微分方程式と見なすことができる. 応力がゼロの初期条件に対する一般解は，

$$\sigma = \int_0^t \underbrace{\left[k_{\mathrm{E}} \exp\left(-\frac{t-t'}{t_{\mathrm{re}}}\right)\right]}_{\text{memory function}} \dot{\epsilon} dt' \tag{A.65}$$

で与えられる. 積分中の $\dot{\epsilon}$ の前は，メモリ関数と呼ばれる. $k_{\mathrm{E}} = 0$, $t_{\mathrm{re}} = \infty$ では，そのまま積分し，$t_{\mathrm{vs}} \to \infty$ の極限を取ると，$\sigma = \eta\dot{\epsilon}$ となる.

粘弾性体中の気泡の膨張過程に関する研究では，歪速度 $\dot{\epsilon}$ に動径方向の歪速度 $\partial u_r/\partial r$ を $\dot{\epsilon}$ に用いて，$\sigma_{rr} = -2\sigma$ を計算し，それを式 (4.74) に代入して，気泡半径の変化を計算している.

A.8 岩脈や岩床，溶岩などの冷却

「岩脈」や「岩床」という言葉を用いる場合，熱伝導による冷却を仮定する. また，岩脈や岩床の厚みがその伸びの方向に比べて十分短いので，厚み方向での 1 次元熱伝導を仮定できる場合が多い. 場合によっては，結晶の沈降などを考慮する場合もあるが，それは研究対象による.

ここではまず，結晶化のカイネティックスを考えずに，いろいろな境界条件の下で 1

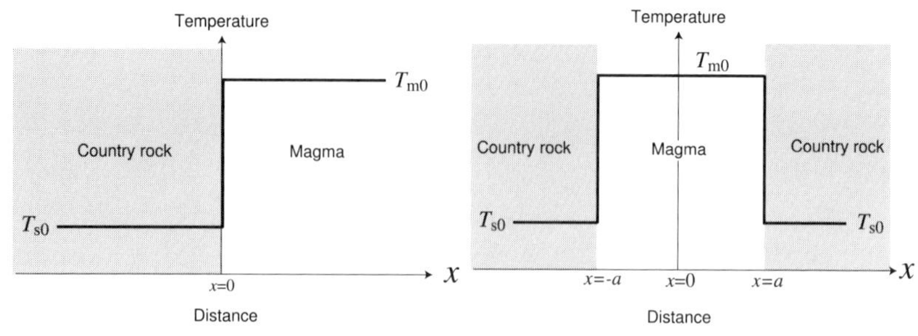

図 **A.9** 1 次元熱伝導問題についての初期条件．（左）半無限空間にマグマが存在する場合．（右）厚さ $2a$ の幅の間にマグマが存在する場合．

次元熱伝導で冷却する場合，時間と空間の関数としての温度変化を計算し，境界条件や潜熱の影響を理解する．そのために，図 A.9 で与えられる初期条件について，下記の場合について解析解を求める．

A.8.1 結晶化の潜熱を考慮しない場合

1) 半無限空間にマグマが存在する場合（図 **A.9** 左）

この場合の初期条件は，

$$T(x,0) = T_{s0} \qquad \text{at} \qquad x < 0, \quad t = 0 \tag{A.66}$$

$$T(x,0) = T_{m0} \qquad \text{at} \qquad x > 0, \quad t = 0 \tag{A.67}$$

である．

1-1) 母岩温度が変化しない場合（半無限熱伝導）

この場合，境界での温度は，初期温度で一定に保たれるとする．これは，母岩内の熱水循環が活発に行われる場合，実効的に接触面での温度を一定と近似することができる．その場合，境界条件は

$$T(0,t) = T_{s0} \qquad \text{at} \qquad x = 0 \tag{A.68}$$

である．この場合の解析解は，相似変換 (Turcotte and Schubert, 1982) や Laplace 変換 (Carslaw and Jaeger, 1959) の方法で解くことでき（第 7 章の Box 参照），

$$T(x,t) = T_{s0} + (T_{m0} - T_{s0})\mathrm{Erf}\left(\frac{x}{2\sqrt{\kappa_m t}}\right) \tag{A.69}$$

と求まる（図 A.10）．ここで，κ_m はマグマの熱拡散係数である．また，$\mathrm{Erf}(y)$ は，以下で定義される誤差関数 (error function)

$$\mathrm{Erf}(y) = \frac{2}{\sqrt{\pi}}\int_0^y e^{-y'^2}dy' \tag{A.70}$$

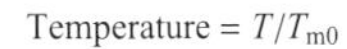

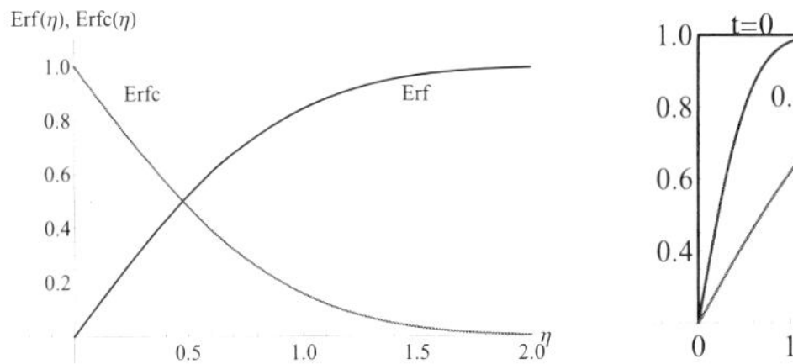

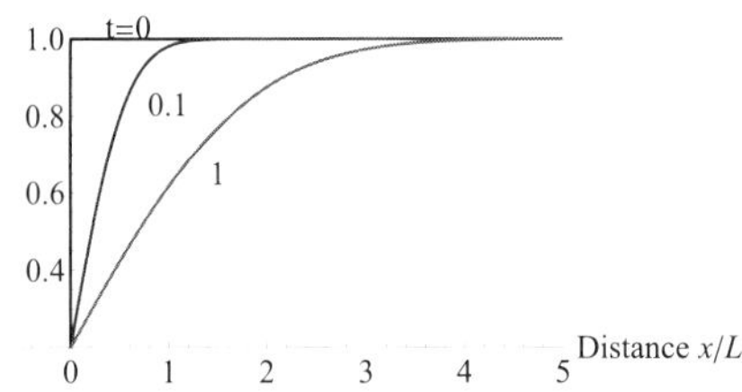

図 A.10 （左）誤差関数．（右）母岩内での温度が変化しない場合（A.9 左）の 1 次元熱伝導問題についての解（式 (A.69)）．$T_{\mathrm{m0}} - T_{\mathrm{s0}} = 0.8$ を仮定．空間は任意の空間スケール l，時間は l^2/κ_{m} によってスケールされている．

であり，$\mathrm{Erfc}(y)$ は complementary error function と呼ばれ，$\mathrm{Erfc}(y) = 1 - \mathrm{Erf}(y)$ の関係がある．

マグマの総熱量の減少量は，

$$H_Q = \rho C_{\mathrm{P}} \int_0^{\infty} [T_{\mathrm{m0}} - T(x,t)]\, dx \tag{A.71}$$

$$= \rho C_{\mathrm{P}} (T_{\mathrm{m0}} - T_{\mathrm{s0}}) \int_0^{\infty} \mathrm{Erfc}\left(\frac{x}{2\sqrt{\kappa_{\mathrm{m}} t}}\right) dx = \frac{2\rho C_{\mathrm{P}}}{\pi}(T_{\mathrm{m0}} - T_{\mathrm{s0}})\sqrt{\kappa t} \tag{A.72}$$

となる．ここで，ρ と C_{P} はマグマの密度および定圧比熱である．熱量の減少率は，

$$\frac{dH_Q}{dt} = \frac{\rho C_{\mathrm{P}} \sqrt{\kappa}}{\pi}(T_{\mathrm{m0}} - T_{\mathrm{s0}}) t^{-1/2} \tag{A.73}$$

となり，時間の平方根に従って減少する．これは，当然，境界での熱流束

$$k_{\mathrm{T}} \left.\frac{dT}{dx}\right|_{x=0} = -k_{\mathrm{T}}(T_{\mathrm{m0}} - T_{\mathrm{s0}}) t^{-1/2} \tag{A.74}$$

による損失と一致する．ここで，k_{T} は熱伝導率であり，熱拡散係数 κ とは $\kappa = k_{\mathrm{T}}/(\rho C_{\mathrm{P}})$ の関係がある．

1-2) 母岩の温度が熱伝導によって変化する場合

この場合も，境界での温度 T_{b} は一定になるが，接触面でのマグマからの熱流束と母岩内での熱流束のつりあいで以下のようにきまる．

$$T_{\mathrm{b}} = T_{\mathrm{m0}} \frac{1 + \frac{T_{\mathrm{s0}}}{T_{\mathrm{m0}}} (\kappa_{\mathrm{m}}/\kappa_{\mathrm{s}})^{1/2}}{1 + (\kappa_{\mathrm{m}}/\kappa_{\mathrm{s}})^{1/2}} \tag{A.75}$$

ここで，κ_{s} は母岩の熱拡散係数である．これからわかるように，境界での定常温度は，母岩とマグマの熱拡散係数の比 $\kappa_{\mathrm{m}}/\kappa_{\mathrm{s}}$ だけで決定される．母岩の熱伝導が悪いと，熱境界層がマグマ側に比べて母岩側で相対的に発達しないので，境界を介して熱流束を等しく

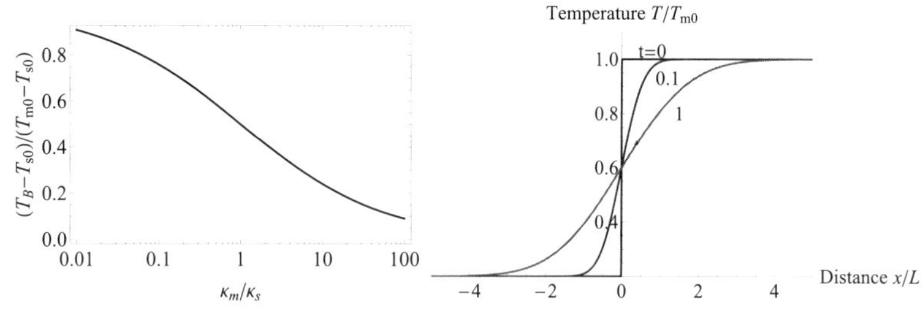

図 A.11 （左）境界の温度 T_b と母岩とマグマの熱拡散係数の比 $\kappa_\mathrm{m}/\kappa_\mathrm{s}$ の関係．境界の温度は，母岩初期温度との差 $(T_\mathrm{b} - T_\mathrm{s0})$ を母岩とマグマの初期温度差 $(T_\mathrm{m0} - T_\mathrm{s0})$ で規格化している．この規格化を用いると，境界の温度がマグマの初期温度と等しいとき 1，母岩の初期温度に等しいとき 0 となる．拡散係数が等しい場合 $(\kappa_\mathrm{m}/\kappa_\mathrm{s} = 1)$，境界温度は，母岩とマグマの平均温度 $(T_\mathrm{b} - T_\mathrm{s0})/(T_\mathrm{m0} - T_\mathrm{s0}) = 0.5$ となる．$T_\mathrm{m0} - T_\mathrm{s0} = 0.8$ を仮定．（右）半無限空間にマグマが存在する場合（図 A.9 左）の 1 次元熱伝導問題について，母岩内での温度変化がある場合の解（式）．$T_\mathrm{m0} - T_\mathrm{s0} = 0.8$ を仮定．

するには，母岩内部と境界との温度差も小さくなる．境界面の温度が一定になることは，母岩とマグマがどちらも半無限の空間を占める場合に理想的に成立する．母岩 (T_out) とマグマ T_in のそれぞれの温度は，

$$T_\mathrm{out}(x,t) = T_\mathrm{s0} + (T_\mathrm{b} - T_\mathrm{s0})\mathrm{Erf}\left(\frac{x}{2\sqrt{\kappa_\mathrm{s} t}}\right) \tag{A.76}$$

$$T_\mathrm{in}(x,t) = T_\mathrm{m0} + (T_\mathrm{b} - T_\mathrm{m0})\mathrm{Erf}\left(\frac{x}{2\sqrt{\kappa_\mathrm{m} t}}\right) \tag{A.77}$$

と与えられる．ここで T_b は式 (A.75) で与えられる．

母岩とマグマの熱拡散率が等しい場合 $(\kappa_\mathrm{m} = \kappa_\mathrm{s} = \kappa)$，境界の温度は，2 つの温度の平均温度 $T_\mathrm{b} = (T_\mathrm{m0} + T_\mathrm{s0})/2$ となり，母岩およびマグマ中の温度プロファイルは以下のように簡単な共通の式で表される（図 A.11）．

$$T(x,t) = \frac{T_\mathrm{m0} + T_\mathrm{s0}}{2} + \frac{T_\mathrm{m0} - T_\mathrm{s0}}{2}\mathrm{Erf}\left(\frac{x}{2\sqrt{\kappa t}}\right) \tag{A.78}$$

これは，結局，式 (A.69) において $T_\mathrm{s0} = T_\mathrm{b}$ としたことになっている．

2) 幅 2*b* の空間にマグマが存在する場合（図 A.9 右）

この場合の初期条件は，

$$T(x,0) = T_\mathrm{s0} \qquad \text{at} \qquad |x| > b, \quad t = 0 \tag{A.79}$$

$$T(x,0) = T_\mathrm{m0} \qquad \text{at} \qquad |x| < b, \quad t = 0 \tag{A.80}$$

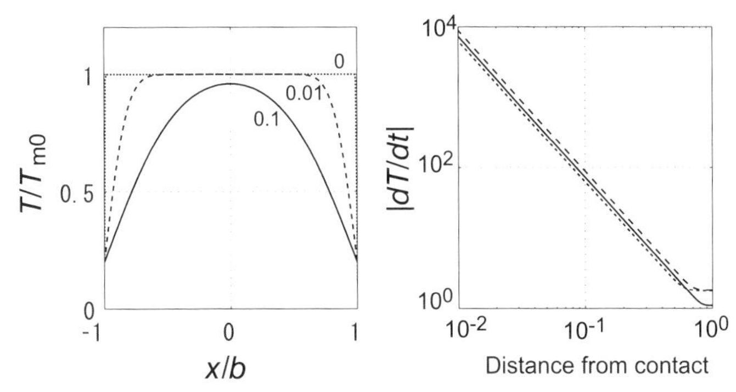

図 **A.12**　(左) 境界の温度が一定の場合の熱伝導で冷却する岩脈中の温度変化 (式 (A.83))．線の横の数字は無次元時間 $\kappa t/b^2$ の値．(右) ある温度 T_1 をよぎる際の冷却速度の距離依存性．距離は岩脈の幅 $2b$ の b で規格化されている．右端が岩脈の中央．冷却速度は，$T_{\mathrm{m0}}\kappa/b^2$ で規格化されている．実線 $T_1 = 0.98$，破線 $T_1 = 0.9$，点線 $T_1 = 0.8$．$T_{\mathrm{m0}} - T_{\mathrm{s0}} = 0.8$ を仮定．

である．

2-1) 母岩の温度が変化しない場合

境界条件は，母岩との境界が常に一定の温度に保たれている：

$$T(\pm b, t) = T_{\mathrm{s0}} \qquad \text{at} \qquad x = b \tag{A.81}$$

および，境界での熱流束（熱拡散率）が母岩側とマグマ側で等しい：

$$\kappa_{\mathrm{s}} \left.\frac{dT}{dx}\right|_{x\to\pm b(|x|>b)} = \kappa_{\mathrm{m}} \left.\frac{dT}{dx}\right|_{x\to\pm b(|x|<b)} \tag{A.82}$$

である．

これまでの例と同様に，Laplace 変換の方法で解いていくと，下記の解を得る．

$$T(x,t) = T_{\mathrm{m0}} - (T_{\mathrm{m0}} - T_{\mathrm{s0}}) \sum_{0}^{\infty} (-1)^n \left(\mathrm{Erfc}\left(\frac{(2n+1)b + x}{2\sqrt{\kappa t}} \right) + \mathrm{Erfc}\left(\frac{(2n+1)b - x}{2\sqrt{\kappa t}} \right) \right) \tag{A.83}$$

この中の級数は，n の増加とともにすぐ減衰するので，最初の数項だけ取ればよい．結果を図 A.12 に示す．ある温度をよぎる際の冷却速度は，距離の -2 に従って小さくなり，岩脈中心部ではあまり距離依存性がなくなる．

2-2) 母岩の温度が変化する場合

境界条件は温度が無限遠で初期の母岩温度と等しい：

$$T(\infty, t) = T_{\mathrm{s0}} \qquad \text{at} \qquad x = \infty \tag{A.84}$$

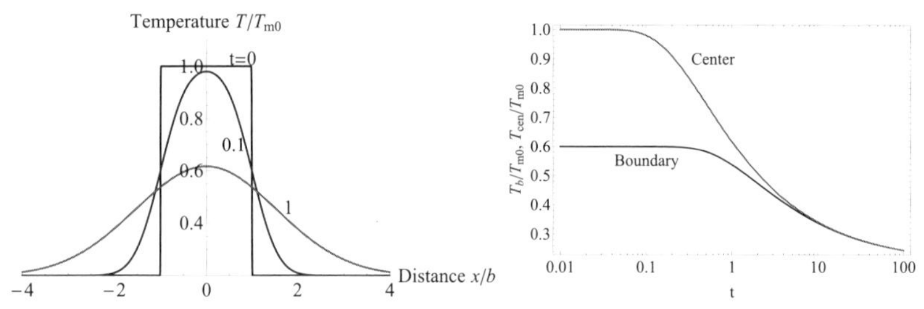

図 **A.13** （左）熱伝導で冷却する場合の岩脈中の温度変化．境界の温度は，半無限媒質の場合と異なり，一定値にならないことに注意．（右）境界と岩脈中心での温度の時間変化．$T_{\mathrm{m0}} - T_{\mathrm{s0}} = 0.8$ を仮定．

境界で，マグマと母岩の温度が等しい：

$$T(\pm b, t)|_{x \to \pm b(|x|>b)} = T(\pm b, t)|_{x \to \pm b(|x|<b)} \tag{A.85}$$

および，境界での熱流束（熱拡散率）が母岩側とマグマ側で等しい：

$$\kappa_{\mathrm{s}} \frac{dT}{dx}\bigg|_{x \to \pm b(|x|>b)} = \kappa_{\mathrm{m}} \frac{dT}{dx}\bigg|_{x \to \pm b(|x|<b)} \tag{A.86}$$

である．

マグマと母岩の熱拡散係数が等しい場合，以上の初期条件および境界条件の下での解は，

$$T(x,t) = T_{\mathrm{s0}} + \frac{T_{\mathrm{m0}} - T_{\mathrm{s0}}}{2} \left[\mathrm{Erf}\left(\frac{x+b}{2\sqrt{\kappa t}}\right) - \mathrm{Erf}\left(\frac{x-b}{2\sqrt{\kappa t}}\right) \right] \tag{A.87}$$

となる．この場合，境界での温度 T_{b} は，

$$T(b,t) = T_{\mathrm{s0}} + \frac{T_{\mathrm{m0}} - T_{\mathrm{s0}}}{2} \mathrm{Erf}\left(\frac{b}{\sqrt{\kappa t}}\right) \tag{A.88}$$

また，岩脈中心での温度 T_{cen} は，

$$T(0,t) = T_{\mathrm{s0}} + (T_{\mathrm{m0}} - T_{\mathrm{s0}}) \mathrm{Erf}\left(\frac{b}{2\sqrt{\kappa t}}\right) \tag{A.89}$$

によって時間変化する．

A.8.2 結晶化の潜熱を考慮する場合（Stefan 問題）

結晶化が，ある 1 つの温度（融点）に対応する等温面（1 次元の場合，点）で起こる場合，その結晶化前線 (crystallization front) の進行速度を求める問題は，Stefan 問題と呼ばれている．

融点 T_{m} で結晶化が完結するとすると，その温度のみ，すなわちその温度に対応する

位置のみで潜熱が発生する．その解放された潜熱は，熱伝導で速やかに周囲に輸送される．温度プロファイルは，潜熱解放位置の前後で，それぞれ拡散方程式に従って決定されているはずである．潜熱解放の位置では，その位置に高温側から流入する熱流束 (I_+) と，低温側へ流出する熱流束 (I_-) の差（すなわち温度勾配の差）が，潜熱解放量とつりあっている．このときの温度プロファイルと，結晶化前線の移動速度を求める問題が，Stefan 問題である[*9]．詳細は Turcotte and Schubert (1982) にゆずり，以下では結果だけを要約する．

1) 母岩温度が変化しない場合（半無限熱伝導）

境界での温度が一定の場合（境界条件 A.68）の解析解は，式 (A.69) で与えられる．結晶化の温度を $T_{\rm m}$，それに対応する位置を $x_{\rm m}$ とする．$x_{\rm m}$ より低温側および高温側では，それぞれ別々の解析解が成立しているとする．ただし，$x=0$ と $x=\infty$ での境界条件に相当する $T_{\rm s0}$ と $T_{\rm m0}$ は，低温側・高温側それぞれの領域で，一方の境界条件は仮想的なもので，最終的に整合的な解によって決定されるダミーのパラメータである．

低温側の温度を $T_{\rm out}(x,t)$，高温側の温度 $T_{\rm in}(x,t)$ とすると，低温側への熱流束は

$$I_- = k_{\rm s}\frac{dT_{\rm out}}{dx}\bigg|_{x=x_{\rm m}} = k_{\rm s}\frac{(T_{\rm m}-T_{\rm s0})e^{-\lambda^2}}{\sqrt{\pi\kappa_{\rm s}t}\,{\rm Erf}\,(\lambda)} \tag{A.90}$$

であり，高温側からの熱流束は

$$I_+ = k_{\rm m}\frac{dT_{\rm in}}{dx}\bigg|_{x=x_{\rm m}} = k_{\rm m}\frac{(T_{\rm m0}-T_{\rm m})e^{-\lambda^2(\kappa_{\rm s}/\kappa_{\rm m})}}{\sqrt{\pi\kappa_{\rm m}t}\left(1-{\rm Erf}\left(\lambda\sqrt{\kappa_{\rm s}/\kappa_{\rm m}}\right)\right)} \tag{A.91}$$

ここで λ は，

$$\lambda = \frac{x_{\rm m}}{2\sqrt{\kappa_{\rm s}t}} \tag{A.92}$$

であり，結晶化前線の位置 $x_{\rm m}$ と時間 t の関係を規定する定数であり，これも最終的な整合的な解によって決定される．結晶化前線の位置と移動速度は，その定数によって，以下のように決定される．

$$x_{\rm m}=2\lambda\sqrt{\kappa_{\rm s}t} \tag{A.93}$$

$$\frac{dx_{\rm m}}{dt}=\lambda\sqrt{\frac{\kappa_{\rm s}}{t}} \tag{A.94}$$

結晶化前線での潜熱解放率は，

$$\rho\Delta H\frac{dx_{\rm m}}{dt} = \rho\Delta H\lambda\sqrt{\frac{\kappa_{\rm s}}{t}} \tag{A.95}$$

と表される．ここで，ΔH は結晶化の潜熱 (J/kg) である．

[*9] 正確には，7.7.3 節で説明する動く界面を考慮した拡散方程式の解を求める必要がある．

結晶化前線での熱のつりあいは,

$$I_- - I_+ = \rho \Delta H \frac{dx_\mathrm{m}}{dt} \tag{A.96}$$

であり，この式にこれまでの式を代入し整理すると，定数 λ についての制約条件：

$$\frac{(T_\mathrm{m} - T_\mathrm{s0})e^{-\lambda^2}}{\lambda \mathrm{Erf}\,(\lambda)} - \left(\frac{k_\mathrm{m}}{k_\mathrm{s}}\right)\left(\frac{\kappa_\mathrm{m}}{\kappa_\mathrm{s}}\right)\frac{(T_\mathrm{m0} - T_\mathrm{m})e^{-\lambda^2(\kappa_\mathrm{s}/\kappa_\mathrm{m})}}{\sqrt{\frac{\kappa_\mathrm{s}}{\kappa_\mathrm{m}}}\lambda\,(1 - \mathrm{Erf}\,(\lambda))} = \frac{\sqrt{\pi}\Delta H}{C_\mathrm{ps}} \tag{A.97}$$

を得る.

熱拡散係数や熱伝導率が，固・液で等しい場合 ($k_\mathrm{s} = k_\mathrm{m}$，$\kappa_\mathrm{s} = \kappa_\mathrm{m}$)，上式は

$$\frac{e^{-\lambda^2}}{\lambda}\left[\frac{T_\mathrm{m} - T_\mathrm{s0}}{\mathrm{Erf}\,(\lambda)} - \frac{T_\mathrm{m0} - T_\mathrm{m}}{1 - \mathrm{Erf}\,(\lambda)}\right] = \frac{\sqrt{\pi}\Delta H}{C_\mathrm{P}} \tag{A.98}$$

となる．さらに，液の初期温度が融点の場合 ($T_\mathrm{m0} = T_\mathrm{m}$),

$$\frac{e^{-\lambda^2}}{\lambda \mathrm{Erf}\,(\lambda)} = \frac{\sqrt{\pi}\Delta H}{C_\mathrm{P}(T_\mathrm{m} - T_\mathrm{s0})} \equiv \frac{\sqrt{\pi}\mathrm{St}}{1 - T_\mathrm{s0}/T_\mathrm{m}} \tag{A.99}$$

となる．ここで，$\mathrm{St} = \Delta H / T_\mathrm{m} C_\mathrm{P}$ は，Stefan 数と呼ばれる潜熱の影響を計る無次元数であり，0.1 から 0.3 の値を取る．この場合の，現実的な St 数や母岩の初期温度に対して，$0.5 < \lambda < 1$ である.

2) 母岩の温度が熱伝導によって変化する場合

また，境界での温度 ($T_\mathrm{b} = (T_\mathrm{m0} - T_\mathrm{s0})/2$ が一定でなく，母岩への熱伝導を考慮する場合，式 (A.97) に相当する式は,

$$\frac{(T_\mathrm{m} - T_\mathrm{s0})e^{-\lambda^2}}{\lambda\,(1 + \mathrm{Erf}\,(\lambda))} - \left(\frac{k_\mathrm{m}}{k_\mathrm{s}}\right)\left(\frac{\kappa_\mathrm{m}}{\kappa_\mathrm{s}}\right)\frac{(T_\mathrm{m0} - T_\mathrm{m})e^{-\lambda^2(\kappa_\mathrm{s}/\kappa_\mathrm{m})}}{\sqrt{\frac{\kappa_\mathrm{s}}{\kappa_\mathrm{m}}}\lambda\,(1 - \mathrm{Erf}\,(\lambda))} = \frac{\sqrt{\pi}\Delta H}{C_\mathrm{ps}} \tag{A.100}$$

であり，$k_\mathrm{s} = k_\mathrm{m}$，$\kappa_\mathrm{s} = \kappa_\mathrm{m}$ の場合,

$$\frac{e^{-\lambda^2}}{\lambda}\left[\frac{T_\mathrm{m} - T_\mathrm{s0}}{1 + \mathrm{Erf}\,(\lambda)} - \frac{T_\mathrm{m0} - T_\mathrm{m}}{1 - \mathrm{Erf}\,(\lambda)}\right] = \frac{\sqrt{\pi}\Delta H}{C_\mathrm{P}} \tag{A.101}$$

となり，さらに $T_\mathrm{m0} = T_\mathrm{m}$ の場合,

$$\frac{e^{-\lambda^2}}{\lambda\,(1 + \mathrm{Erf}\,(\lambda))} = \frac{\sqrt{\pi}\mathrm{St}}{1 - T_\mathrm{s0}/T_\mathrm{m}} \tag{A.102}$$

となる．この場合 $0.1 < \lambda < 1.2$ であり，境界（母岩）の温度を一定とした場合に比べて，λ の値は若干小さくなっている．現実的な母岩の初期温度や St 数に関して $\lambda \approx 0.5$ が成り立ち，式 (A.93) から，結晶化前線の進行は

$$x_\mathrm{m} \approx \sqrt{\kappa t} \tag{A.103}$$

でよく近似されることがわかる.

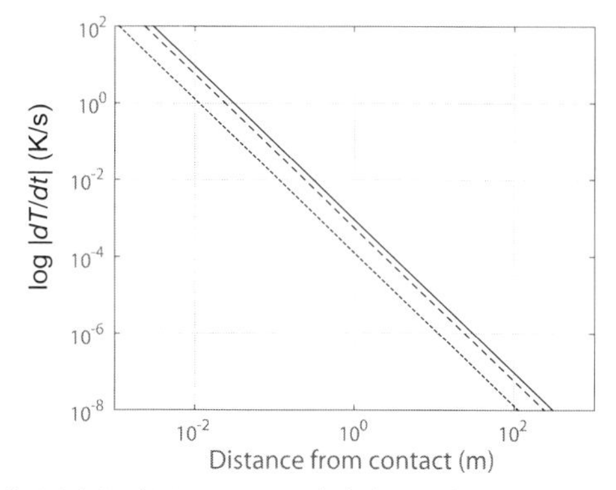

図 **A.14**　1 次元半無限空間にマグマが存在する場合の境界からの距離とある温度をよぎる際の冷却速度の関係．母岩とマグマの初期温度差が $0.7T_{\mathrm{m0}}$ で，母岩の温度が変化しない場合（式 (A.106)）．母岩の温度も熱伝導で変化し，熱拡散係数が同じ場合は，冷却速度が半分になる．マグマの初期温度を 1200°C とした場合．線種はよぎる温度の違いを示す．実線：$0.98T_{\mathrm{m0}}$，破線：$0.9T_{\mathrm{m0}}$，点線：$0.8T_{\mathrm{m0}}$．

A.8.3　冷却速度と距離の関係の比較

いろいろな場合について，結晶化するマグマ中の温度が，時間と空間の関数としてわかったから，それらを時間で微分することによって，冷却速度の空間依存性がわかる．

1) 潜熱を考慮しない場合

1-1) 半無限空間で母岩の温度が変化しない場合

融点 T_{m} で結晶化が開始し完結するとすると，その温度は式 (A.69) から，

$$T_{\mathrm{m}} = T_{\mathrm{s0}} + (T_{\mathrm{m0}} - T_{\mathrm{s0}})\mathrm{Erf}\,(y) \tag{A.104}$$

の関係を満たす．ここで，y は時間 t と空間位置 x の関係を制約する定数である：

$$y = \frac{x}{2\sqrt{\kappa t}} \tag{A.105}$$

ここでは，固相と液相に対して同じ物性を仮定したが，異なる場合は，式 (A.97) において $\Delta H = 0$ とした場合の λ が y となる．

融点をよぎる際の冷却速度は，式 (A.69) を時間微分し，

$$\frac{dT}{dt} = -\frac{4(T_{\mathrm{m0}} - T_{\mathrm{s0}})\kappa y^3 e^{-y^2}}{\sqrt{\pi}x^2} \tag{A.106}$$

となる．この式から，結晶化が起こる温度での冷却速度は，距離の 2 乗に反比例して小さくなっていくことがわかる（図 A.14）．

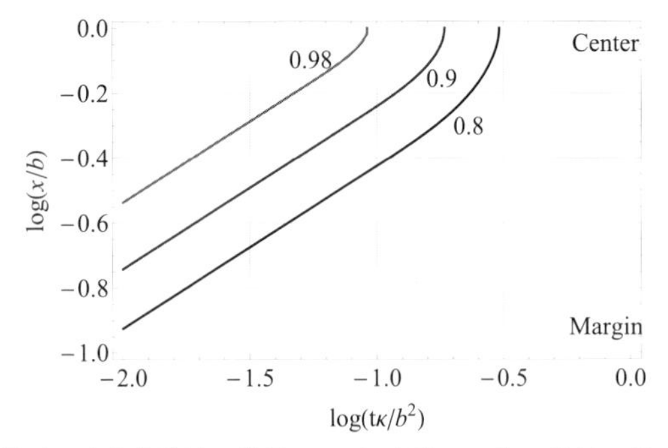

図 **A.15** 岩脈の結晶化前線の位置 x/b と時間 $t\kappa/b^2$ の関係．線の横の数字は $(T_{\rm m}-T_{\rm s0})/(T_{\rm m0}/T_{\rm s0})$ の値の違いを示す．直線の部分では，結晶化前線の伝播速度が時間の平方根に比例する．

1-2) 半無限空間で母岩の温度が変化する場合

この場合の温度変化は，式 (A.78) に従って変化するので，1-1) の場合と同様の手順で求めることができる：

$$\frac{dT}{dt}=-\frac{2(T_{\rm m0}-T_{\rm s0})\kappa y^3e^{-y^2}}{\sqrt{\pi}x^2} \tag{A.107}$$

結局 1-1) の場合と表現上 2 倍異なる結果となる．ただし，ここで y は

$$T_{\rm m}=\frac{T_{\rm m0}+T_{\rm s0}}{2}-\frac{T_{\rm m0}-T_{\rm s0}}{2}{\rm Erf}\,(y) \tag{A.108}$$

を満たし，1-1) の場合と比べて数十%小さくなる．

1-3) 幅を持つ岩脈の場合

この場合，温度変化は岩脈の中心からの距離 x と時間 t の関数として，式 (A.87) で与えられる．この場合は，融点 $T_{\rm m}$ に相当する $y=x/2\sqrt{\kappa t}$ は一意の値を取らない．特に，岩脈の中心付近で一定値からのずれは大きくなる．

岩脈内部での冷却速度は，式 (A.87) を時間について微分し，

$$\frac{dT}{dt}=-\frac{T_{\rm m0}-T_{\rm s0}}{4\sqrt{\pi}t(\kappa t)^{1/2}}\left((x+b)e^{-\frac{(x+b)^2}{4\kappa t}}-(x-b)e^{-\frac{(x-b)^2}{4\kappa t}}\right) \tag{A.109}$$

となる．この式に，式 (A.87) において $T(x,t)=T_{\rm m}$ としたときの x の関数としての t を代入すれば，冷却速度の距離 x 依存性がわかる．いくつかの場合について，図 10.20 に示す．岩脈中止部付近では，冷却速度が距離に依存しない領域がある．それは，岩脈中心付近では，結晶化前線の伝播が一気に進み，結晶化時間の差がなくなることに起因している（図 A.15）．領域の長さは，結晶化までの過冷却度が大きいほど長くなる．

岩脈の中心 $x=0$ では，

$$\left.\frac{dT}{dt}\right|_{x=0} = -\frac{8(T_{\mathrm{m0}} - T_{\mathrm{s0}})\kappa y_{\mathrm{b}}^{3} e^{-y_{\mathrm{b}}^{2}}}{\sqrt{\pi} b^{2}} \tag{A.110}$$

ここで，y_{b} は $t = b^2/4\kappa y_{\mathrm{b}}^2$ であり，$x = 0$ で $T = T_{\mathrm{m}}$ となる条件をきめる．

A.9　2 次元組織解析の基礎

A.9.1　はじめに

我々が求めたい結晶数密度は 3 次元空間中の単位体積当たりの個数であり，2 次元観察面における数密度とは異なる．3 次元空間での量を 2 次元断面の情報から求める問題を取り扱う分野をステレオロジー (Stereology) という．岩石組織学の分野では，Cashman and Marsh (1988) が結晶形態など影響を調べた．Higgins (2010) では，CSD の観測結果や成因についての定性的な議論が詳しく述べられている．実際の観測では，Higgins によるインターネット上でのアプリケーション (CSD correction) が広く用いられている (http://www.uqac.ca/mhiggins/csdcorrections.html)．最近では，X 線 CT を用いて，3 次元の形態学的情報を直接定量化できるが，まだ日常的な分析手法にはなっていない．ここでは，光学顕微鏡や電子顕微鏡を用いてより簡単に取得できる 2 次元画像に基づく組織解析の基礎を解説する．定量形態学の詳しい解説は，DeHoff and Rhines (1968), Underwood (1972) にある．

A.9.2　基本的計測量

画像処理装置を用いた形態解析は，通常目的の資料を切断して得られた 2 次元断面（以後，観察面と呼ぶ）に対して行われる．定量解析で重要になる基本的測定量には次のようなものがある（図 A.16 参照）．

L　観察面内にランダムに引いた線（テスト線）が 1 個の結晶粒子によって切り取られる長さ．

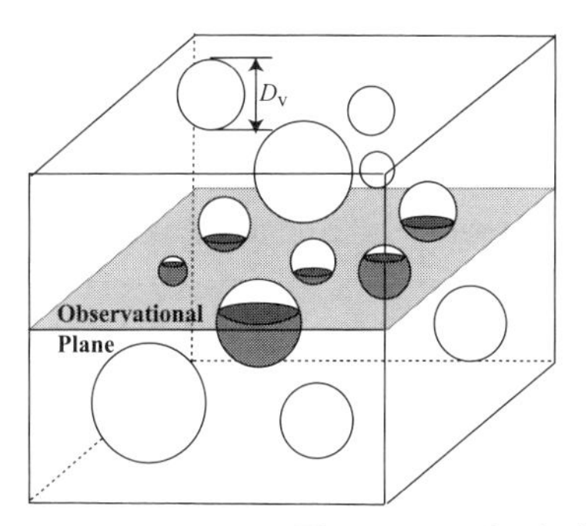

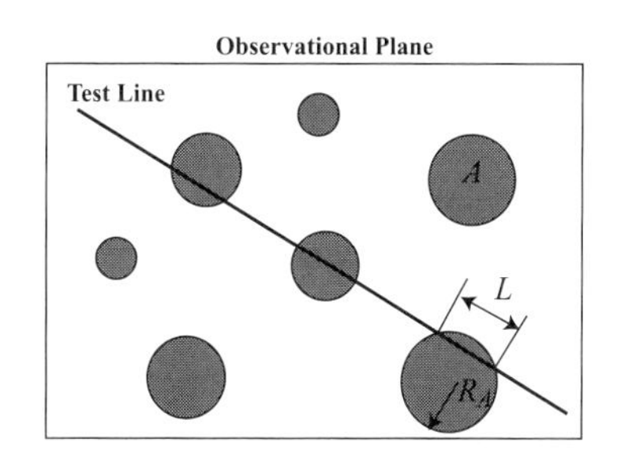

図 **A.16**　2 次元観察面と 3 次元形態との関係．

L_L　観察面内にランダムに引いた線が注目する相の結晶粒子によって切り取られる長さの割合.

N_L　観察面内にランダムに引いた線が注目する相の結晶粒子と交わる単位長さ当たりの回数. この観測量の重要性は, $2N_L$ が単位体積当たりの注目する相の表面積 S_v に相当することである.

A　注目する相の 1 個の結晶粒子の断面積.

A_A　単位面積当たりの注目する相の結晶粒子によって占められる部分の面積. これは, L_L と同様に注目する相の体積分率（モード）を与える. モードの見積もりは, L_L と A_A でほぼ一致しなければならない.

N_A　単位面積当たりの注目する相の結晶粒子の個数. これは, 結晶粒子の個数密度 N_v と平均粒子直径 $\langle D_v \rangle$ の積に等しい. この関係は以下で, 結晶数密度を見積もる際に利用する.

ここで用いられている記号のアルファベットは, L は長さ, A は面積, N は個数/単位体積という意味を持っている. 下付き文字は, その文字の意味する単位当たりの量にしたものである. 例えば, L_L は単位長さ当たりの長さであるから, 無次元の値になる. これらの計測量の中で, L, L_L, N_L は, 1 次元の線計測によって得られる量であり, マニュアルで行うときには, 最も簡便に得られる計測量である. 残りの A, A_A, N_A は, 2 次元の面計測によって得られる量であり, マニュアルでは比較的労力を要するが, Image J などのフリーソフト (https://imagej.nih.gov/ij/) で簡単に行える.

A.9.3　気泡・結晶数密度の決定

気泡・結晶数密度は, 岩石組織を特徴づける最も基本的な量である. 数密度は, 単位体積当たりの気泡・結晶の個数（個数/m^3）で定義される. 我々は, 2 次元観察面での個数密度 N_A を直接測定することはできるが, 3 次元空間での個数密度 N_v を直接測定することはできない. そのため, N_A を N_v に関係づける式が必要になってくる. この関係式は, 一般に次のように書かれる.

$$N_v = \frac{N_A}{\langle D_v \rangle} \tag{A.111}$$

ここで, $\langle D_v \rangle$ は観察面に垂直に投影した結晶の直径の平均である（$\langle\ \rangle$ は平均を意味する）. この $\langle D_v \rangle$ を求める際にも上で述べたステレオロジーの問題が生じる. そのために, $\langle D_v \rangle$ と観察面上での測定量の関係が必要になってくる. $\langle D_v \rangle$ は, 結晶の形に依存して次のように与えられる. 結晶の形が球の場合, $\langle D_v \rangle$ は, 観察面上での円の平均半径 $\langle R_A \rangle$ と次の式によって関係づけられる.

$$\langle D_v \rangle = \frac{\pi}{2} \langle R_A \rangle \tag{A.112}$$

結局，N_v は，観察面上での測定だけからも求まる $\langle R_\mathrm{A} \rangle$ と N_A を用いて

$$N_\mathrm{v} = \frac{2N_\mathrm{A}}{\pi \langle R_\mathrm{A} \rangle} \tag{A.113}$$

から計算できる．

N_A または $\langle R_\mathrm{A} \rangle$ が測定困難な場合，N_A を N_v に関係づける次の半経験式がよく用いられる．

$$N_\mathrm{v} = N_\mathrm{A}^{3/2} \tag{A.114}$$

A.9.4　$\langle R_\mathrm{A} \rangle$ の決定

画像処理装置を用いて観察面での粒子（気泡または結晶）の平均半径 $\langle R_\mathrm{A} \rangle$ を決定する方法には次のものがある．

1. 注目している相の粒子の総数 n と個々の粒子の幅（FX_i，FY_i $(i = 1, 2, \cdots, n)$ など）を計測し

$$\langle R_\mathrm{A} \rangle = \frac{1}{n} \Sigma_{i=1}^{n} FX_i \tag{A.115}$$

によって計算する．

2. 粒子の面積を測定し，断面の形を円と見なしたときの相当半径 HD_i を用いて計算する．

$$\langle R_\mathrm{A} \rangle = \frac{1}{n} \Sigma_{i=1}^{n} HD_i \tag{A.116}$$

3. 粒子の形を球と仮定すると，N_L と N_A を用いて次の式から計算される．

$$\langle R_\mathrm{A} \rangle = \frac{4N_\mathrm{L}}{\pi N_\mathrm{A}} \tag{A.117}$$

記号一覧

記号	意味	単位
$A(R)$	Laplace 変換における R の関数	
$A(R)$, $A(l)$	Fokker-Planck 方程式の係数	m s^{-1}
A_+	凝集率	
A_-	蒸発率	
$A_{\rm A}$	付録 A.9 節中：2 次元計測割合	無次元
$\mathcal{A}$	面積，断面積	m^2
$\tilde{A}$	核形成速度の増加率を定義する定数（式 (9.22)）	無次元
Av	Avrami 数（式 (7.118)）	無次元
a	結晶数密度のカイネティック因子	m^{-3}K$^{-3/2}$s$^{3/2}$
$a(X)$	活動度	無次元
$a(T, P, X)$	活動度	無次元
a_0	分子間距離	m
a_k	溶解度係数の比	
$a_{\rm M}$	分子の有効半径	m
$a_{\rm Melt}^{\rm H_2O}$	液中の H_2O の活動度	無次元
$a_{\rm Melt}^{\rm OH^-}$	液中の OH^- の活動度	無次元
$a_{\rm Melt}^{\rm O^{2-}}$	液中の O^{2-} の活動度	無次元
$a_{\rm p}$	浸透率における通路の最小開口幅	m
$B(R)$, $B(l)$	Fokker-Planck 方程式の係数	m^2 s^{-1}
$B_0 = B(x, y)$	ベータ関数	
$B_{\rm C}$	臨界サイズでの $B(R)$	m^2 s^{-1}
$\tilde{B}$	結晶成長速度の増加率を定義する定数（式 (9.122)）	無次元
Bo	Bond 数	無次元
b	本文中：界面張力による気泡圧のスケール $2\gamma/R(0)P_{\rm G}(0)$	無次元
b	付録 A.8 節中：岩脈幅の 1/2	m
$b_{\rm p}$	浸透率における形状効果因子	無次元
$b_{\rm v}$	気泡振動の減衰定数（式 (6.116)）	
$\tilde{b}(R)$, $\tilde{b}(R, R')$	Laplace 変換中の R, R' の関数	
C	濃度	分子数 m^{-3}
C_0	基準濃度	分子数 m^{-3}
$C_{\rm eq}$	平衡濃度	分子数 m^{-3}
$C_{\rm exs}$	析出した揮発成分量	分子数 m^{-3}
$C_{\rm int}$	気液または固液界面での濃度	分子数 m^{-3}
$C_{\rm int}^*$	反応と拡散がつりあう固液界面での濃度	分子数 m^{-3}
$C_{\rm P}$	定圧比熱	J kg^{-1}

記号	意味	単位
C_R	半径での界面平衡濃度	分子数 m^{-3}
C_S	固相の濃度	分子数 m^{-3}
C_∞	気泡からの距離無限大での濃度	分子数 m^{-3}
ΔC_e	脱水速度が最大となる実効的過飽和度	分子数 m^{-3}
$\tilde{C}$	無次元の濃度（例えば wt%）	無次元
$\tilde{C}_W$	水の濃度	wt%
$\tilde{C}_{W0}$	基準の水の濃度	wt%
$\tilde{C}'_W$	水の溶解度の圧力依存性を表す熱力学因子	wt% Pa^{-1}
$\lvert\dot{\tilde{C}}_W\rvert$	脱水速度	wt% s^{-1}
Ca	Capilary 数	無次元
c, c_1, c_2, c_3	任意の係数または定数	
c_a	活動度の係数（式 (2.10)）	
c_{CO_2}	CO_2 の溶解度定数	
c_G	CSD モデル 1 における成長速度の係数（式 (9.170)）	
c_H	噴煙柱高度と減圧速度の関係式における係数	
c_{H_2O}	H_2O の溶解度定数	
c_h	Henry 定数	濃度 (圧力)$^{-1}$
c_J	CSD モデル 4 における核形成速度の係数（式 (9.175)）	
$c_{\dot{M}}$	噴煙柱高度と噴出率の関係式における係数	
c_{Mo}	気泡体積の関数としての気泡上昇速度の係数	
c_U	噴煙柱高度と噴出速度の関係式における係数	
c_x, c_y	フラックシングの速度定数	
D	拡散係数	$m^2\ s^{-1}$
D_v	付録 A.9 節中：3 次元における球状粒子の直径	m
DF	気泡の変形度 $(L_1 - L_3)/(L_1 + L_3)$	無次元
d_p	Projection の間隔	m
$F(R), F(R,t)$	サイズ分布関数	個数 m^{-4}
F_0	Nucleation Density $F(0), F(0,t)$	個数 m^{-4}
$\mathbf{F}_B$	浮力	N
F_E	平衡サイズ分布関数	個数 m^{-4}
F_{ext}	Avrami モデルの拡張体積におけるサイズ分布関数	個数 m^{-4}
F_S	定常サイズ分布関数	個数 m^{-4}
$\mathcal{F}$	Helmholtz 自由エネルギー	J
$\mathcal{F}_V$	単位体積当たりの Helmholtz 自由エネルギー	
$\hat{F}$	$F(R,t)$ の Laplace 変換	
f, f_1, f_2	任意の関数	
G	成長速度	$m\ s^{-1}$
G_0	結晶成長速度を特徴づける定数	$m\ s^{-1}$
$\bar{G}_0$	結晶成長速度を特徴づける定数	$m\ s^{-1-\bar{n}}$
G_1	CSD モデル 1 における一定成長速度	$m\ s^{-1}$
G_{MAX}	結晶成長速度の最大値	$m\ s^{-1}$
G_{PEAK}	結晶成長速度マスターカーブの極値	$m\ s^{-1}$
G_R	サイズ空間での揺動を含む移動速度	$m\ s^{-1}$

記号	意味	単位
$\mathcal{G}$	Gibbs 自由エネルギー	J
$\mathcal{G}_V$	単位体積当たりの Gibbs 自由エネルギー	
g	重力加速度	m s^{-2}
$g(x)$	x の任意関数	
Δg^*	結晶化成分の固液 Gibbs 自由エネルギー差	J (分子)$^{-1}$
$\dot{H}$	熱の抜き取り率	J s^{-1}
$\mathcal{H}$	エンタルピー	J
h	1 分子当たりのエンタルピー	J
h_{CO_2}	CO_2 の Henry 定数	
h_{H_2O}	H_2O の Henry 定数	
$\hbar$	Planck 定数 $\approx 6.626 \times 10^{-34}$	J s
I	流束	
I_{in}	結晶の付加率	個数 m^{-4} s^{-1}
I_{in}	結晶の抜き取り率	個数 m^{-4} s^{-1}
i	整数	
J	核形成速度	数 m^{-3} s^{-1}
J_0	核形成速度の指数前因子	数 m^{-3} s^{-1}
$\bar{J}_0$	結晶成長速度を特徴づける定数	m $s^{-1-\bar{m}}$
J_{MAX}	最大核形成速度	数 m^{-3} s^{-1}
J_{PEAK}	核形成速度マスターカーブの極値	数 m^{-3} s^{-1}
J_S	定常核形成速度	数 m^{-3} s^{-1}
K	反応定数	
K_D	固液分配係数	
K_{ij}	サイズ i とサイズ j の合体頻度	m^3 個数 $^{-1}$ s^{-1}
$K(v', v - v')$	サイズ v' とサイズ $v - v'$ の合体 kernel	個数 $^{-1}$ s^{-1}
K_W	水の溶解度係数：$P = K_W(\tilde{C}_W/\tilde{C}_{W0})^2$	
$\mathcal{K}$	遷移頻度	s^{-1}
k	整数	
k_B	Boltzmann 定数	J K^{-1}
k_{CO_2}	$c_{CO_2}^{-1}$	
k_E	粘弾性モデルにおける弾性定数	Pa
k_T, k_m, k_s	熱伝導率	W m K^{-1}
k_{H_2O}	$c_{H_2O}^{-1}$	
k_p	浸透係数	m^2
L	気泡間液膜ディスクの実効半径	m
L	付録 A.9 節中：1 次元計測値	m
L_1, L_2, L_3	変形気泡の長軸，中間軸，短軸の長さ	m
L_D	亀裂の開口幅	m
L_E	亀裂の伸び方向の長さ	m
L_L	付録 A.8 節中：1 次元計測割合	無次元
L_p	Projection の長さ	m
$\mathcal{L}(f)$	関数 f の Laplace 変換	
$\mathcal{L}^{-1}(g)$	関数 g の逆 Laplace 変換	

記号	意味	単位
l	サイズ	m または粒子数
l_{ij}	ベクトルの座標変換行列	
$\hat{l}_{ij}$	l_{ij} の逆行列	
$M_i,\ i=0,1,2,3$	サイズ分布関数のモーメント	m^{-i+3}
M^*	複素弾性率	Pa
M_{I}	複素弾性率の虚部	Pa
M_{R}	複素弾性率の実部	Pa
Mo	Morton 数	無次元
指数 m	溶解度指数または浸透率指数	kg
m	粒子質量	kg
$m_{\mathrm{CO_2}}$	CO_2 の分子量	kg
$m_{\mathrm{H_2O}}$	水の分子量	kg
$\bar{m}$	Avrami モデル中の指数	
N	気泡または結晶数密度	個数 m^{-3}
$N(l,t)$	数密度分布関数	個数 m^{-3}
N_0	分子数密度または単分散気泡の数密度	個数 m^{-3}
N_1	モノマー数密度 $N(1,t)$	個数 m^{-3}
N_{Av}	アボガドロ数	
N_{bub}	気泡数密度	個数 m^{-3}
N_{C}^*	臨界核サイズの数密度 $\approx N_{\mathrm{E}}^*$	個数 m^{-3}
$N_{\mathrm{E}}(l)$	平衡数密度分布関数	個数 m^{-3}
N_{E}^*	臨界サイズでの $N_{\mathrm{E}}(l)$ の値	個数 m^{-3}
N_{L}	付録 A.9 節中：1 次元計測数	個数 m^{-1}
N_{mic}	マイクロライト数密度	個数 m^{-3}
N_{PE}	既存気泡の数密度	個数 m^{-3}
N_{V}	単位体積当たりの粒子数	個数 m^{-3}
n	ダミー整数	
n	個数密度	個数 m^{-3}
n_{G}	気泡中の分子数	
n_k	サイズ k の個数密度	個数 m^{-3}
n_v	サイズ v の個数密度	個数 m^{-3}
$\bar{n},\ \bar{n}_{\mathrm{a}},\ \bar{n}_{\mathrm{r}}$	Avrami モデル中の指数	
P	圧力	Pa
$P_{\mathrm{CO_2}}$	CO_2 の分圧	Pa
P_{f}	減圧の最終圧力	Pa
P_{G}	気体圧力	Pa
P_{G}^*	飽和状態での気体圧力	Pa
$P_{\mathrm{H_2O}}$	水の分圧	Pa
P_{max}	r_{max} での液圧	Pa
P_{n}	最大核形成速度を与える圧力	Pa
ΔP_{n}	最大核形成速度を与える圧力幅	Pa
P_∞	気泡からの距離無限大での液圧	Pa
$\mathcal{P}_x$	結晶核を見つける確率	

記号	意味	単位
$\tilde{P}$	規格化された圧力	無次元
Pe	Péclet 数	無次元
p	成長速度指数：$R \propto t^p$	無次元
$p(x)$	常微分方程式中の関数	
Q	拡散の活性化エネルギー	J mol^{-1}
$\mathcal{Q}$	熱量	J
q	拡散の活性化エネルギー	J (分子)$^{-1}$
$q(x)$	常微分方程式中の関数	
$\tilde{q}$	$k_B T_0$ で規格化された q	無次元
R	気泡（結晶）半径	m
R_0	結晶または気泡サイズを特徴づけるスケール	m
R_1	CSD モデル 1 における特徴的サイズ	m
R_2	CSD モデル 2 における特徴的サイズ	m
R_3	CSD モデル 3 における特徴的サイズ	m
R_4	CSD モデル 4 における特徴的サイズ	m
R_A	付録 A.9 節中：2 次元計測における球状粒子の半径	
R_B	気泡内過剰圧 ΔP_G と力学平衡にある気泡半径	m
R_C	臨界気泡（結晶）半径（平衡気泡（結晶）半径）	m
R_G	R に対して指数関数的成長速度を特徴づけるサイズ	m
R_m	平均粒径	m
R_P^*	過飽和液中での平衡気泡のスケール（式 (4.10), (4.14)）	m
R_{PE}	既存気泡の気泡半径	m
R_S	CSD の傾きを定義するサイズ	m
R_T^*	過冷却液中ので平衡結晶のスケール（式 (7.28)）	m
R_X^*	過飽和液中ので平衡結晶のスケール（式 (7.27)）	m
$\mathcal{R}$	気体定数	J K^{-1}
$\dot{R}$	気泡径変化速度 dR/dt	m s^{-1}
$\ddot{R}$	気泡径変化加速度 d^2R/dt^2	m s^{-2}
$\tilde{R}$	規格化された気泡半径	無次元
$\tilde{R}_{CT}$	R_T^* で規格化された R_C	無次元
$\tilde{R}_{CX}$	R_X^* で規格化された R_C	無次元
Re	Reynolds 数	無次元
r	気泡または結晶中心からの動径方向の距離	m
r_{max}	液圧の最大値を与える距離 r	m
S	エントロピー	J K^{-1}
St	Stefan 数（式 (7.123)）	無次元
s	1 分子当たりのエントロピー（Laplace 変換以外）	J K^{-1} (分子)$^{-1}$
s	Laplace 変換のダミー変数（Laplace 変換中のみ）	
$s_f(\theta)$	不均質核の形状因子	無次元
T	温度	K
T_b	貫入岩の境界での温度	K
T_{GPEAK}	G_{PEAK} を与える温度	K
T_{JPEAK}	J_{PEAK} を与える温度	K

記号	意味	単位
T_{L}	液相線（リキダス）温度	K
$\Delta T_{\mathrm{L}}(C, T)$	過冷却度	K
T'_{L}	液相線の水濃度依存性を表す熱力学因子	K wt%$^{-1}$
T'_{Lpl}	斜長石液相線の水濃度依存性を表す熱力学因子	K wt%$^{-1}$
T'_{Lpx}	輝石液相線の水濃度依存性を表す熱力学因子	K wt%$^{-1}$
T_{m0}	貫入マグマの初期温度	K
T_{n}	最大核形成速度を与える温度	K
ΔT_{n}	最大核形成速度を与える過冷却度	K
T_{s0}	母岩の初期温度	K
t	時間	s
t_0	任意の時定数	s
$t_{\mathrm{A}}(R)$, $t_{\mathrm{A}}(R, R')$	Laplace 変換中の R, R' の関数	s
t_{Av}	Avrami モデルの時間スケール	s
t_{ap}	気泡の接近時間	s
t_{c}	気泡崩壊の特徴的時間	s
t_{col}	Ralyeigh 崩壊の特徴的時間	s
t_{dec}	減圧の特徴的時間	s
t_{dif}	拡散の特徴的時間	s
t_{difG}	拡散成長の特徴的時間	s
t_{degasDif}	拡散成長による脱水の特徴的時間	s
t_{degasVis}	粘性成長による脱水の特徴的時間	s
t_{ex}	正：結晶の付加率を特徴づける時間	s
t_{ex}	負：結晶の抜き取り率を特徴づける時間	s
t_{fd}	気泡間液膜の排出時間	s
t_{g}	結晶成長の特徴的時間	s
t_{in}	慣性膨張の特徴的時間	s
t_J	指数関数的核形成速度を特徴づける時間	s
t_{ki}	カイネティックな時間スケール	s
t_{n}	最大核形成速度を与える時間	s
t_{re}	粘弾性の特徴的時間	s
$t_{\mathrm{residence}}$	結晶の滞留時間	s
t_{sr}	気泡形状緩和の特徴的時間	s
t_{th}	冷却の（熱的）特徴的時間	s
t_{vis}	粘性律速膨張の特徴的時間	s
t_{x}	結晶化の特徴的時間	s
t_{z}	累帯構造を特徴づける時間（式 (7.180), (7.182)）	s
t^*	気泡合体の時定数	s
t^*_{n}	核形成の終了時刻	s
$\tilde{t}$	規格化された時間	無次元
$\tilde{t}^*$	気泡成長・膨張時間で規格化された t^*	無次元
$\tilde{t}_{\mathrm{z}}$	t_{g} で規格化された t_{z}	無次元
δt_{n}	最大核形成速度の継続時間	s
U	速度	m s^{-1}

記号	意味	単位
U_{st}	Stokes 速度	m s^{-1}
U_{t}	終端速度	m s^{-1}
U_{VE}	火口での噴出速度	m s^{-1}
u_{r}	気泡の周りの道径方向の速度	m s^{-1}
V	体積	m^3
V_{ext}	Avrami モデルにおける拡張体積	m^3
v	気泡の体積	m^3
v_0	単分散気泡の初期気泡サイズ	m^3
v_{G}	気相中の分子体積	m^3 (分子)$^{-1}$
v_{m}	液相中での気体成分の部分分子体積	m^3 (分子)$^{-1}$
v_{S}	結晶化成分の分子体積	m^3
v_x, v_y, v_z	x, y, z 方向の粒子速度	m s^{-1}
W	遷移数変化率	数 m^{-3} s^{-1}
$W_{\circ}$	遷移率	s^{-1}
$\mathcal{W}$	仕事	J
w	取りうる場合の数	無次元
X	モル分率	無次元
$\tilde{X}$	規格化されたモル分率	無次元
x	付録 A.8 で用いられる距離	m
x_{D}	拡散有効距離	m
y	C_{eq}/C	無次元
y	付録 A.8 で用いられる定数（式 (A.105)）	
$y(R)$	R の関数	無次元
Z	Zeldovich 因子	m^{-1}
$\mathcal{Z}(\zeta)$	2 次核形成の限界条件をきめる関数	
α_1	核形成障壁の大きさ	無次元
α_2	初期平衡（飽和）状態の大きさ	無次元
α_3	拡散成長時間に対する減圧時間の大きさ	無次元
α_4	粘性緩和時間に対する減圧時間の大きさ	無次元
α_{s}	形状因子	無次元
β_1, β_2	成長速度の冷却速度依存性（式 (9.8)）	無次元
β_3, β_4	核形成速度の冷却速度依存性（式 (9.9)）	無次元
β_{ij}	気泡合体効率の補正係数	無次元
Γ	結晶の核形成バリアー	無次元
$\Gamma(x)$	x のガンマ関数	無次元
Γ_q	$\Gamma/\tilde{q}$	無次元
γ	界面張力または界面エネルギー	N m^{-1}, J m^{-2}
γ_0	マクロな界面エネルギー	N m^{-1}, J m^{-2}
γ_{a}	活動度係数	
γ_{h}	比熱比	無次元
γ_{GL}	気液界面エネルギー	N m^{-1}, J m^{-2}
γ_{SG}	固気界面エネルギー	N m^{-1}, J m^{-2}
γ_{SL}	固液界面エネルギー	N m^{-1}, J m^{-2}

記号	意味	単位
Δ	過飽和度	無次元
$\delta(x)$	x のデルタ関数	
δ_{T}	Tolman 補正のための値	m
$\mathcal{E}$	内部エネルギー	J
ε_{P}	核形成過飽和圧への Poynting 補正（式 (5.89)）	無次元
ϵ	歪	無次元
$\dot{\epsilon}$	歪速度	s^{-1}
$\dot{\epsilon}_{rr}$	動径方向の歪速度	s^{-1}
ζ	2 次核形成の限界条件におけるパラメータ	無次元
η	粘性率	Pa s
η^*	複素粘性率	Pa s
η_{I}	複素粘性率の虚部	Pa s
η_{R}	複素粘性率の実部	Pa s
Θ_{D}	$t_{\mathrm{dif}}/t_{\mathrm{dec}} = \alpha_3^{-1}$	無次元
Θ_{V}	$t_{\mathrm{vis}}/t_{\mathrm{dec}} = \alpha_4^{-1}$	無次元
κ	熱拡散係数	$\mathrm{m\ s^{-2}}$
Λ	式 (6.113) で定義される無次元数	無次元
λ	核形成速度と成長速度の指数関数的増加率の比	無次元
λ	付録 A.8 節中：Stefan 問題におけるパラメータ	無次元
μ	化学ポテンシャル	J (分子)$^{-1}$
$\mu_{\mathrm{A}}^{\mathrm{B}}$	A 中の B の化学ポテンシャル	J (分子)$^{-1}$
ν	動粘性係数	$\mathrm{m^2\ s^{-1}}$
ξ	結晶数密度の冷却速度指数（式 (9.10)）	無次元
Π	式 (6.114) で定義される無次元数	無次元
ρ	密度	$\mathrm{kg\ m^{-3}}$
ρ_{g}, ρ_{G}	気体の密度	$\mathrm{kg\ m^{-3}}$
ρ_{m}, ρ_{L}	液の密度	$\mathrm{kg\ m^{-3}}$
σ	応力	Pa
σ_{ij}	座標 x_i, x_j に関する応力	Pa
σ_{rr}, $\sigma_{\theta\theta}$, $\sigma_{\phi\phi}$	球座標での応力	Pa
τ	時定数	s
τ_0	2 次核形成の条件をきめる時定数	無次元
τ_2	2 次核形成の条件をきめる時定数	無次元
ϕ	体積分率	
ϕ_{c}	臨界体積分率	無次元
ϕ_{e}	脱水速度が最大となる実効的発泡度	無次元
ϕ_{G}	溶存ガス換算体積分率 $v_{\mathrm{G}}C$	無次元
ϕ_{n}^*	核形成終了時の体積分率	無次元
ϕ_{obs}	観測される体積分率	無次元
ϕ_{s}	結晶化成分の体積濃度 $v_{\mathrm{S}}C$	無次元
ϕ_{T}'	結晶体積分率の温度に対する熱力学因子	K^{-1}
φ	位相角	
φ_{M}, φ_η	粘弾性体における位相遅れ角	

記号	意味	単位
$\varphi(x)$	ダミー関数	
χ_G	CSD モデル 1 における成長速度の冷却速度指数	無次元
χ_J	CSD モデル 4 における核形成速度の冷却速度指数	無次元
χ_{OS}	Ostwald 熟成の成長指数	無次元
χ_{p}	Projection 間隔の冷却速度指数	無次元
χ_{t}	べき分布における時間指数	無次元
χ_{U}	気泡上昇速度の体積指数	無次元
χ_{v}	べき分布における体積指数	無次元
Ψ_{C}	合体頻度係数	
Ψ_{F}	分裂頻度係数	
$\psi(x)$, $\psi(x,t)$	任意関数	
ω	角振動数	s^{-1}
ω_{G}	粘性流体中の気泡振動の固有角振動数	s^{-1}
ω_{L}	粘弾性流体中の気泡振動の固有角振動数	s^{-1}
ω_{re}	粘弾性緩和の特徴的固有角振動数，t_{re}^{-1}	s^{-1}
$\langle\rangle$	平均量	
$\tilde{}$	規格化量	無次元
$\hat{}$	Laplace 変換後の変数	
$\propto$	比例（y は x に比例する；$y \propto x$）	

参考文献

Acrivos, A. and Lo, T. S. (1978) Deformation and breakup of a single slender drop in an extensional flow. J. Fluid Mech., 86(4), 641-672.

Alfano, F., Bonadonna, C. and Gurioli, L. (2012) Insights into eruption dynamics from textural analysis: the case of the May, 2008, Chaitén eruption. Bull. Volcanol., 74(9), 2095-2108.

Amon, M. and Denson, C. D. (1984) A study of the dynamics of foam growth: Analysis of the growth of closely spaced spherical bubbles. Polymer Engineer. Sci., 24, 1026-1034.

Anderson, A. T., Newman, J. S., Williams, S. N., Druitt, T. H., Skirius, C. and Stolper, E. (1989) H_2O, CO_2, CI, and gas in Plinian and ash-flow Bishop rhyolite. Geology, 17, 221-225.

Arzilli, F. and Carroll, M. R. (2013) Crystallization kinetics of alkali feldspars in cooling and decompression-induced crystallization experiments in trachytic melt. Contrib. Mineral. Petrol., 166(4), 1011-1027.

Avrami, M. (1939) Kinetics of Phase Change. I General Theory. J. Chem. Phys., 7, 1103.

Avrami, M. (1940) Kinetics of Phase Change. II Transformation – Time Relations for Random Distribution of Nuclei. J. Chem. Phys., 8, 212.

Avrami, M. (1941) Granulation, Phase Change, and Microstructure Kinetics of Phase Change. III. J. Chem. Phys., 9, 177.

Bagdassarov, N. (1994) Pressure and volume changes in magmatic systems due to the vertical displacement of compressible materials. J. Volcanol. Geotherm. Res., 63(1-2), 95-100.

Bagdassarov, N., Dorfman, A. and Dingwell, D. (2000) Effect of alkalis, phosphorus, andwater on the surface tension of haplogranite melt. Am. Mineral., 85, 33-40.

Baker, D. R. (1991) Interdiffusion of hydrous dacitic and rhyolitic melts and the efficacy of rhyolite contamination of dacitic enclaves. Contrib. Mineral. Petrol., 106, 462-473.

Baker, D. R. (1992) Tracer diffusion of network formers and multicomponent diffusion in dacitic and rhyolitic melts. Geochim. Cosmochim. Acta, 56, 617-631.

Baker, J. C. and Cahn, J. W. (1971) Thermodynamics of solidification. Paper from Solidification, ASM, Metals Park, 23-58.

Barclay, J., Riley, D. S. and Sparks, R. S. J. (1995) Analytical models for bubble growth during decompression of high viscosity magmas. Bull. Volcanol., 57, 422-431.

Batchelor, G. K. (1967) An introduction to fluid dynamics. Cambridge University Press.

Becker, R. and Döring, W. (1935) Ann. d. Physik [5] 24, 719.

Befus, K. S., Manga, M., Gardner, J. E. and Williams, M. (2015) Ascent and emplacement dynamics of obsidian lavas inferred from microlite textures. Bull. Volcanol., 77-88, DOI 10.1007/s00445-015-0971-6.

Beherns, H., Zhang, Y. and Xu, Z. (2004) H_2O diffusion in dacitic and andesitic melts. Geochim. Cosmochim. Acta, 68, 5139-5150.

Bhaga, D. and Weber, M. E. (1981) Bubbles in viscous liquids: shapes, wakes and velocities. J. Fluid Mech., 105, 61-85.

Bird, R. B., Stewart, W. E. and Lightfoot, E. N. (1960) Transport phenomena, John Wiley & Sons, New York, pp780.

Blander, M. and Katz, J. L. (1975) Bubble nucleation in liquids. AIChE Journal, 21(5), 833-848.

Blower, J. D., Madera, H. M. and Wilson, S. D. R. (2001) Coupling of viscous and diffusive controls on bubble growth during explosive volcanic eruptions. Earth Planet. Sci. Lett., 193, 47-56.

Blower, J. D., Keating, J. P., Mader, H. M. and Phillips, J. C. (2002) The evolution of bubble size distributions in volcanic eruptions. J. Volcanol. Geotherm. Res., 20, 1-23.

Blundy, J., Cashman, K. and Humphreys, M. (2006) Magma heating by decompression-driven crystallization beneath andesite volcanoes. Nature, 443(7107), 76.

Borisov, A. A., Borisov, Al. A., Kutateladze, S. S. and Nakoryakov, V. E. (1983) Rarefaction shock wave near the critical liquid-vapor point. J. Fluid Mech., 126, 59-73.

Bowen, N. L. (1915) The crystallization of haplobasaltic, haplodioritic, and related magmas. Am. J. Sci., 236, 161-185.

Bowen, N. L. (1956) The evolution of the igneous rocks, Dover Publications.

Brandeis, G. and Jaupart, C. (1987) The kinetics of nucleation and crystal growth and scaling laws for magmatic crystallization. Contrib. Mineral. Petrol., 96, 24-34.

Breitkreuz, C. (2013) Spherulites and lithophysae: 200 years of investigation on high-temperature crystallization domains in silica-rich volcanic rocks. Bull. Volcanol., 75(4), 705.

Brugger, C. R. and Hammer, J. E. (2010) Crystallization kinetics in continuous decompression experiments: implications for interpreting natural magma ascent processes. J. Petrol., 51, 1941-1965.

Burkhard, D. J. (2002) Kinetics of crystallization: example of micro-crystallization in basalt lava. Contrib. Mineral. Petrol., 142(6), 724-737.

Burnham, C. W. and Davis, N. F. (1974) The role of H_2O in silicate melts: II. Thermodynamic and phase relations in the system $NaAl\text{-}Si_3O_8\text{-}H_2O$ to 10 kilobars, 700°C to 1100°C. Am. J. Sci., 274, 902-940.

Burnham, C. W. (1975) Water and magmas: A mixing model. Geochim. Cosmochim. Acta, 39, 1077-1084.

Burnham, C. W. (1979) The importance of volatile constituents. In: The evolution of the igneous rocks (ed. H. S. Yoder Jr.), Princeton University Press, 439-482.

Callen, H. B. (1960) Thermodynamics, John Wiley and Sons, New York.

Campagnola, S., Romano, C., Mastin, L. G. and Vona, A. (2016) Confort 15 model of conduit dynamics: applications to Pantelleria Green Tuff and Etna 122 BC eruptions. Contrib. Mineral. Petrol., 171(6), 60.

Campbell, G. A. and Foster, R. M. (1931) Fourier integrals for practical applications, Bell Telephone System, Technical publications, Monograph B-584.

Carey, S. and Sparks, R. S. J. (1986) Quantitative models of the fallout and dispersal of tephra from volcanic eruption columns. Bull. Volcanol., 48, 109-125.

Carey, S. and Sigurdsson, H. (1989) The intensity of plinian eruptions. Bull. Volcanol.,

51, 28-40.

Carey, V. P. (2007) Liquid vapor phase change phenomena: an introduction to the thermophysics of vaporization and condensation processes in heat transfer equipment, CRC Press.

Carslaw, H. S. and Jaeger, J. C. (1959) Conduction of Heat in Solids, Second edition, Oxford University Publications.

Cashman, K. V. (1988) Crystallization of Mount St. Helens 1980-1986 dacite: A quantitative textural approach. Bull. Volcanol., 50, 194-209.

Cashman, K. V. and Marsh, B. D. (1988) Crystal size distribution (CSD) in rocks and the kinetics and dynamics of crystallization II, Makaopuhi lava lake. Contrib. Mineral. Petrol., 99, 292-305.

Cashman, K. V. (1992) Groundmass crystallization of Mount St. Helens dacite, 1980-1986: a tool for interpreting shallow magmatic processes. Contrib. Mineral. Petrol., 109, 431-449.

Cashman, K. V. (1993) Relationship between plagioclase crystallization and cooling rate in basaltic melts. Contrib. Mineral. Petrol., 113, 126-142.

Cashman, K. and Blundy, J. (2000) Degassing and crystallization of ascending andesite and dacite. Phil. Trans. Roy. Soc. London A: Mathematical, Physical and Engineering Sciences, 358(1770), 1487-1513.

Cassidy, M., Manga, M., Cashman, K. and Bachmann, O. (2018) Controls on explosive-effusive volcanic eruption styles. Nature comm., 9(1), 2839.

Castro, J. M., Burgisser, A., Schipper, C. I. and Mancini, S. (2012) Mechanisms of bubble coalescence in silicic magmas. Bull. Volcanol., 74(10), 2339-2352.

Charlier, B., Namur, O., Latypov, R. and Tegner, C. (Eds.) (2015) Layered intrusions, Springer.

Cichy, S. B., Botcharnikov, R. E., Holtz, F. and Behrens, H. (2010) Vesiculation and microlite crystallization induced by decompression: A case study of the 1991-1995 Mt Unzen eruption (Japan). J. Petrol., 52(7-8), 1469-1492.

Cluzel, N., Laporte, D., Provost, A. and Kannewischer, I. (2008) Kinetics of heterogeneous bubble nucleation in rhyolitic melts: implications for the number density of bubbles in volcanic conduits and for pumice textures. Contrib. Mineral. Petrol., 156, 745-763.

Couch, S., Harford, C. L., Sparks, R. S. J. and Carroll, M. R. (2003a) Experimental constraints on the conditions of formation of highly calcic plagioclase microlites at the Soufriere Hills Volcano, Montserrat. J. Petrol., 44, 1455-1475.

Couch, S., Sparks, R. S. J. and Carroll, M. R. (2003b) The kinetics of degassing-induced crystallization at the Soufriere Hills Volcano, Montserrat. J. Petrol., 44, 1477-1502.

DeHoff, R. T. and Rhines, F. N. (eds.) (1968) Quantitative microscopy, McGraw-Hill, New York.

Delaney, J. R. and Karsten, J. L. (1981) Ion microprobe studies of water in silicate melts: concentration-dependent water diffusion in obsidian. Earth Planet. Sci. Lett., 52, 191-202.

Dingwell, D. B., Knoche, R., Webb, S. L. and Pichavant, M. (1992) The effect of B_2O_3 on the viscosity of haplogranitic liquids. Am. Mineral., 77, 457-461.

Eberl, D. D., Drits, V. A. and Srodon, J. (1998) Deducing growth mechanisms for minerals from the shapes of crystal size distributions. Am. J. Sci., 298(6), 499-533.

Eichelberger, J. C., Carrigan, C. R., Westrich, H. R. and Price, R. H. (1986) Nonexplosive silicic volcanism. Nature, 323(6089), 598.

Erdèl Yi, A. (Ed.) (1954) Tables of integral transforms, volume I, McGraw-Hill, New York.

Eshelby, J. D. (1957) The determination of the elastic field of an ellipsoidal inclusion, and related problems. Proc. R. Soc. Lond. A, 241(1226), 376-396.

Fiege, A., Holtz, F. and Cichy, S. B. (2014) Bubble formation during decompression of andesitic melts. Am. Mineral., 99(5-6), 1052-1062.

Fiege, A. and Cichy, S. B. (2015) Experimental constraints on bubble formation and growth during magma ascent: A review. Am. Mineral., 100(11-12), 2426-2442.

Fogler, H. S. and Goddard, J. D. (1970) Collapse of Spherical Cavities in Viscoelastic Fluids. Phys. Fluid, 13, 1135-1141.

Formenti, Y. and Druitt, T. H. (2003) Vesicle connectivity in pyroclasts and implications for the fluidisation of fountain-collapse pyroclastic flows, Montserrat (West Indies). Earth Planet. Sci. Lett., 214, 561–574.

Friedlander, S. K. and Wang, C. S. (1966) The self-preserving particle size distribution for coagulation by Brownian motion. J. Colloid Interface Sci., 22(2), 126-132.

Friedlander, S. K. (1977) Smoke, Dust and Haze: Fundamentals of Aerosol Behaviour, John Wiley and Sons.

Friedlander, S. K. (2000) Smoke, Dust, and Haze (Vol. 198), Oxford University Press, New York.

Furukawa, K., Uno, K., Kanamaru, T. and Nakai, K. (2019) Structural variation and the development of thick rhyolite lava: A case study of the Sanukayama rhyolite lava on Kozushima Island, Japan. J. Volcanol. Geotherm. Res., 369, 1-20.

Gaonac'h, H., Stix, J. and Lovejoy, S. (1996a) Scaling effects on vesicle shape, size and heterogeneity of lavas from Mount Etna. J. Volcanol. Geotherm. Res., 74, 131-153.

Gaonac'h, H., Lovejoy, S., Stix, J. and Schertzer, D. (1996b) A scaling growth model for bubbles in basaltic lava flows. Earth Planet. Sci. Lett., 139, 395-409.

Gaonac'h, H., Lovejoy, S. and Schertzer, D. (2005) Scaling vesicle distributions and volcanic eruptions. Bull. Volcanol., 67, 350-357.

Gardner, J. E., Thomas, R. M. E., Jaupart, C. and Tait, S. (1996) Fragmentation of magma during Plinian volcanic eruptions. Bull. Volcanol., 58, 144-162.

Gardner, J. E., Hilton, M. and Carroll, M. R. (1999) Experimental constraints on degassing of magma: Isothermal bubble growth during continuous decompression from high pressure. Earth Planet. Sci. Lett., 168, 201-218.

Gardner, J. E. and Denis, M. -H. (2004) Heterogeneous bubble nucleation on Fe-Ti oxide crystals in high-silica rhyolitic melts. Geochim. Cosmochim. Acta, 68, 3587-3597.

Gardner, J. E. (2007a) Bubble coalescence in rhyolitic melts during decompression from high pressure. J. Volcanol. Geotherm. Res., 166, 161-176.

Gardner, J. E. (2007b) Heterogeneous bubble nucleation in highly viscous silicate melts during instantaneous decompression from high pressure. Chem. Geol., 236, 1-12.

Gardner, J. E., Hajimirza, S., Webster, J. D. and Gonnermann, H. M. (2018) The impact of dissolved fluorine on bubble nucleation in hydrous rhyolite melts. Geochim. Cosmochim. Acta, 226, 174-181.

Geschwind, C. H. and Rutherford, M. J. (1995) Crystallization of microlites during magma ascent: the fluid mechanics of 1980-1986 eruptions at Mount St Helens. Bull. Volcanol., 57(5), 356-370.

Giordano, D., Russell, J. K. and Dingwell, D. (2008) Viscosity of magmatic liquids: A

model. Earth Planet. Sci. Lett., 271, 123-134.
Gonde, C., Martel, C., Pichavant, M. and Bureau, H. (2011) In situ bubble vesiculation in silicic magmas. Am. Mineral., 96(1), 111-124.
Gonnermann, H. M. (2015) Magma fragmentation. Ann. Rev. Earth Planet. Sci., 43, 431-458.
Gray, N. H. (1970) Crystal grwoth and nucleation in two large diagase dikes. Can. J. Earth Sci., 7, 366-375.
Gray, N. H. (1978) Crystal growth and nucleation in flash-injected diabase dikes. Can. J. Earth Sci., 15, 1904-1923.
Grove, T. L. and Walker, D. (1977) Cooling histories of Apollo 15 quartz-normative basalts. Proc. Lunar Planet. Conf. 8th, 1501-1520.
Grove, T. L. (1978) Cooling histories of Luna 24 very low Ti (VLT) ferrobasalts: an experimental study. Proc. Lunar Planet. Conf. 9th, 565-584.
Grove, T. L. (1990) Cooling histories of lavas from Seroki volcano. Proc. ODP, Sci. Res., 106/109, 3-8.
Groβ, T. F. and Peters, F. (2013) The pressure in an enclosed volume of liquid in case of a rising bubble. Acta Mechanica, 224(8), 1685-1694.
Gupta, A. and Kumar, R. (2008) Lattice Boltzmann simulation to study multiple bubble dynamics. Intern. J. Heat Mass Transfer, 51(21-22), 5192-5203.
Haken, H. (1978) Synergetics: an introduction. Non-equilibrium phase transition and self-self organisation in physics, chemistry and biology, 2nd ed., Springer Verlag. 牧島邦夫・小森尚志訳 (1981) 協同現象の数理—物理，生物，化学的系における自律形成，東海大学出版会.
Hamada, M., Laporte, D., Cluzel, N., Koga, K. T. and Kawamoto, T. (2010) Simulating bubble number density of rhyolitic pumices from Plinian eruptions: constraints from fast decompression experiments. Bull. Volcanol., 72(6), 735-746.
Hammer, J. E., Cashman, K. V., Hoblitt, R. P. and Newman, S. (1999) Degassing and microlite crystallization during pre-climactic events of the 1991 eruption of Mt. Pinatubo, Philippines. Bull. Volcanol., 60, 355-380.
Hammer, J. E., Cashman, K. V. and Voight, B. (2000) Magmatic processes revealed by textural and compositional trends in Merapi dome lavas. J. Volcanol. Geotherm. Res., 100, 165-192.
Hammer, J. E. and Rutherford, M. J. (2002) An experimental study of the kinetics of decompression-induced crystallization in silicic melt. J. Geophys. Res., 107, 10.1029/2001JB000281.
Hammer, J. E. (2004) Crystal nucleation in hydrous rhyolite: Experimental data applied to classical theory. Am. Mineral., 89(11-12), 1673-1679.
Hayakawa, Y. (1985) Pyroclastic geology of Towada volcano. Bull. Earthq. Res. Inst. Univ. Tokyo, 60, 507-592.
Higgins, M. D. (1996) Magma dynamics beneath Kameni volcano, Thera, Greece, as revealed by crystal size and shape measurements. J. Volcanol. Geotherm. Res., 70, 37-48.
Higgins, M. D. (2002) A crystal size-distribution study of the Kiglapait layered mafic intrusion, Labrador, Canada: evidence for textural coarsening. Contrib. Mineral. Petrol., 144, 314-330.
Higgins, M. (2010) Quantitative Textural Measurements in Igneous and Metamorphic Petrology, Cambridge University Press, pp276.
Hinch, E. J. and Acrivos, A. (1980) Long slender drops in a simple shear flow. J. Fluid

Mech., 98, 305-328.
Hirth, J. P., Pound, C. M. and Pierre, G. R. St. (1970) Bubble nucleation. Metal. Trans., 1, 939-945.
Hodges, F. N. (1974) The solubility of H_2O in silicate melts, Carnegie Institution of Washington Yearbook, 73, 251-254.
Hofmann, A. W. (1980) Diffusion in natural silicate melts: a critical review. In: Physics of Magmatic Processes (ed. Hargraves, R. B.), Princeton University Press, Princeton, NJ, 385-418.
Holtz, F., Sato, H., Lewis, J., Behrens, H. and Nakada, S. (2004) Experimental petrology of the 1991-1995 Unzen dacite, Japan. Part I: phase relations, phase composition and pre-eruptive conditions. J. Petrol., 46(2), 319-337.
Hopper, R. W. and Uhlmann, D. R. (1974) Solute redistribution during crystallization at constant velocity and constant temperature. J. Crystal Growth, 21(2), 203-213.
Hort, M. and Spohn, T. (1991a) Numerical simulation of the crystallization of multicomponent melt in thin dikes or sills. 2: effects of heterocatalytic nucleation and composition. J. Geophys. Res., 96, 485-499.
Hort, M. and Spohn, T. (1991b) Crystallization calculations for a binary melt cooling at constant rates of heat removal: implications for the crystallization of magma bodies. Earth Plant. Sci. Let., 107, 463-474.
Horwath, J. A. and Mondolfo, L. F. (1962) Dendritic growth. Acta Metall., 10(11), 1037-1042.
Houghton, B. F. and Wilson, C. J. N. (1989) A vesicularity index for pyroclastic deposits. Bull. Volcanol., 51(6), 451-462.
Huber, C., Su, Y., Nguyen, C. T., Parmigiani, A., Gonnermann, H. M. and Dufek, J. A. (2014) New bubble dynamics model to study bubble growth, deformation, and coalescence. J. Geophys. Res.: Solid Earth, 119(1), 216-239.
Hui, H. and Zhang, Y. (2007) Toward a general viscosity equation for natural anhydrous and hydrous silicate melts. Geochim. Cosmochim. Acta, 71(2), 403-416.
Hurwitz, S. and Navon, O. (1994) Bubble nucleation in rhyolitic melts: experiments at high pressure, temperature and water content, Earth Planet. Sci. Lett., 122, 267-280.
Ichihara, M. and Kameda, M. (2004) Propagation of acoustic waves in a visco-elastic two-phase system: Influences of the liquid viscosity and the internal diffusion. J. Volcanol. Geotherm. Res., 137, 73-91.
Ichihara, M., Okunitani, H., Ida, Y. and Kameda, M. (2004) Dynamics of bubble oscillation and wave propagation in viscoelastic liquids. J. Volcanol. Geotherm. Res., 129, 37-60.
Ichihara, M. and Nishimura, T. (2009) Pressure impulses generated by bubbles interacting with ambient perturbation, In: W. H. K. Lee eds, Complexity in Earthquakes, Tsunamis and Volcanoes and Forecasting and Early Warning of their Hazards, Encyclopedia of Complexity and System Science, Springer, 6955-6977.
Ida, Y. (1996) Cyclic fluid effusion accompanied by pressure change: implication for volcanic eruptions and tremor. Geophys. Res. Lett., 23(12), 1457-1460.
Iezzi, G., Mollo, S., Torresi, G., Ventura, G., Cavallo, A. and Scarlato, P. (2011) Experimental solidification of an andesitic melt by cooling. Chem. Geol., 283(3), 261-273.
Iguchi, M., Yakiwara, H., Tameguri, T., Hendrasto, M. and Hirabayashi, J. I. (2008) Mechanism of explosive eruption revealed by geophysical observations at the Sakurajima, Suwanosejima and Semeru volcanoes. J. Volcanol. Geotherm. Res., 178(1),

1-9.

Iriyama, Y., Toramaru, A. and Yamamoto, T. (2018) Theory for deducing volcanic activity from size distributions in plinian pyroclastic fall deposits. J. Geophys. Res.: Solid Earth, 123(3), 2199-2213.

Ishihara, K., Takayama, T., Tanaka, Y. and Hirabayashi, J. (1981) Lava flows at Sakurajima volcano (1) - Volume of the historical lava flows. Ann. DPRI, Kyoto Univ., 24(B-1), 1-10.

Ishihara, K. (1985) Dynamical analysis of volcanic explosion. J. Geodynamics, 3(3-4), 327-349.

Jackson, N. E. and Tucker III, C. L. (2003) A model for large deformation of an ellipsoidal droplet with interfacial tension. J. Rheol., 47(3), 659-682.

James, P. F. (1974) Kinetics of crystal nucleation in lithium-silicate glasses. Phys. Chem. Glasses, 15, 95-105.

James, P. F. (1985) Kinetics of crystal nucleation in silicate glasses. J. Non-Crystal. Solids, 73, 517-540.

Japan Meteorological Agency (1987) Report on the research about volcano phenomena in natural disasters—the 1986 Izu-Oshima volcano.

Jaupart, C. and Allègre, C. J. (1991) Gas content, eruption rate and instabilities of eruption regime in silicic volcanoes. Earth Planet. Sci. Lett., 102, 413-429.

Joseph, D. D., Riccius, O. and Arney, M. (1986) Shear-wave speeds and elastic moduli for different liquids. Part 2. Experiments. J. Fluid Mech., 171, 309-338.

Kagan, Y. (1960) The kinetics of boiling of a pure liquid. Russ. J. Phys. Chem., 34, 42-46.

Kameda, M., Ichihara, M., Maruyama, S., Kurokawa, N., Aoki, Y., Okumura, S. and Uesugi, K. (2017) Advancement of magma fragmentation by inhomogeneous bubble distribution. Sci. Rep., 7(1), 16755.

Kaminski, E. and Jaupart, C. (1997) Expansion and quenching of vesicular magma fragments in Plinian eruptions. J. Geophys. Res., 102, 12187-12203.

Karsten, J. L., Holloway, J. R. and Delaney, J. R. (1982) Ion microprobe studies of water in silicate melts: temperature-dependent water diffusion in obsidian. Earth Planet. Sci. Lett., 59, 420-428.

Kashchiev, D. (1969) Solution of the non-steady state problem in nucleation kinetics. Surface Sci., 14, 209-220.

Keith, H. D. and Padden, F. J. (1963) A phenomenological theory of spherulitic crystallization. J. Appl. Phys., 34, 2009-2421.

Keller, J. B. and Miksis, M. (1980) Bubble oscillations of large amplitude. J. Acoustical Soc. Am., 68(2), 628-633.

Kichise, T. (2015) Microlite textural and chemical evolution during magma ascent, applications of a new crystallization model to pyroclasts of Shinmoe-dake 2011 eruption, Kyushu University Doctoral Dissertation.

Kieffer, S. W. (1984) Seismicity at Old Faithful Geyser: an isolated source of geothermal noise and possible analogue of volcanic seismicity. J. Volcanol. Geotherm. Res., 22(1-2), 59-95.

Kingery, W. D., Bowen, H. K. and Uhlmann, D. R. (1976) Introduction to Ceramics, John Wiley and Sons, New York.（小松和藏・佐多敏之・守吉佑介・北澤宏一・植松敬三共訳 (2000) セラミック材料科学入門，内田老鶴圃）

Kirkpatrick, R. J. (1976) Towards a kinetic model for the crystallization of magma bodies. J. Geophys. Res., 81(14), 2565-2571.

Kirkpatrick, R. J., Klein, L., Uhlmann, D. R. and Hays, J. F. (1979) Rates and processes of crystal growth in the system anorthite-albite. J. Geophys. Res., 84, 3671-3676.

Kirkpatrick, R. J. (1981) Kinetics of crystallization of igneous rocks. Rev. Mineral., 8, 321-398.

Klug, C. and Cashman, K. V. (1994) Vesiculation of May 18, 1980, Mount St. Helens magma. Geology, 22(5), 468-472.

Klug, C. and Cashman, K. V. (1996) Permeability development in vesiculating magmas: implications for fragmentation. Bull. Volcanol., 58, 87-100.

Klug, C., Cashman, K. and Bacon, C. (2002) Structure and physical characteristics of pumice from the climactic eruption of Mount Mazama (Crater Lake), Oregon. Bull. Volcanol., 64, 486–501.

Kobayashi, T. and Tameike, T. (2002) History of Eruptions and Volcanic Damage from Sakurajima Volcano, Southern Kyushu, Japan. Quat. Res., 41(4), 269-278.

Kobayashi, T., Miki, D., Sasaki, H., Iguchi, M., Yamamoto, T. and Uto, K. (2013) Geological map of Sakurajima volcano (2nd edition) 1:25000: Geological Survey of Japan.

工業技術院計量研究所訳編 (1977) 国際法定計量機関 (OIML) で採択された国際アルコール表（日本語版），p.16. https://www.nmij.jp/library/alcohol/international-alchol.pdf

小屋口剛博 (2008) 火山現象のモデリング，東京大学出版会，pp637.

小山真人・吉田浩 (1994) 噴出量の累積変化からみた火山の噴火史と地殻応力場（特集 火山活動と地殻応力場）．火山，39(4), 177-190.

Kozono, T., Ueda, H., Ozawa, T., Koyaguchi, T., Fujita, E., Tomiya, A. and Suzuki, Y. J. (2013) Magma discharge variations during the 2011 eruptions of Shinmoe-dake volcano, Japan, revealed by geodetic and satellite observations. Bull. Volcanol., 75(3), 695.

Kurz, W. and Fisher, D. J. (1986) Fundamentals of Solidification, Trans Tech Publications, Switzerland.

Kushiro, I. (1979) Fractional crystallization of basaltic magma. in The Evolution of the igneous rocks, edited by H. S. Yoder, Jr., Princeton University Press, Princeton.

Landau, L. D. and Lifshitz, E. M. (1958) Statistical Physics, Pergamon, London.

Langer, J. S. and Schwartz, A. J. (1980) Kinetics of nucleation in near-critical fluids. Phys. Rev. A, 21, 948-958.

Larsen, J. F. and Gardner, J. E. (2000) Experimental constraints on bubble interactions in rhyolite melts: implications for vesicle size distributions. Earth Planet. Sci. Lett., 180, 201-214.

Larsen, J. F., Denis, M. -H. and Gardner, J. E. (2004) Experimental study of bubble coalescence in rhyolitic and phonolitic melts. Geochim. Cosmochim. Acta, 68, 333-344.

Lasaga, A. C. (1982) Toward a master equation in crystal growth. Am. J. Sci., 282, 1264-1288.

Lautze, N. C., Sisson, T. W., Mangan, M. T. and Grove, T. L. (2011) Segregating gas from melt: an experimental study of the Ostwald ripening of vapor bubbles in magmas. Contrib. Mineral. Petrol., 161(2), 331-347.

Lensky, N. G., Navon, O. and Lyakhovsky, V. (2004) Bubble growth during decompression of magma: experimental and theoretical investigation. J. Volcanol. Geotherm. Res., 129, 7-22.

Liang, Y., Richter, F. M., Davis, A. M. and Watson, E. B. (1996a) Diffusion in silicate melts: I. Self diffusion in Ca-Al_2O_3-SiO_2 at 1500°C and 1 GPa. Geochim. Cosmochim. Acta, 60, 4353-4367.

Liang, Y., Richter, F. M. and Watson, E. B. (1996b) Diffusion in silicate melts: II. Multicomponent diffusion in Ca-Al_2O_3-SiO_2 at 1500°C and 1 GPa. Geochim. Cosmochim. Acta, 60, 5021-5035.

Liang, Y., Richter, F. M. and Chmberlin, L. (1997) Diffusion in silicate melts: III. Emprical models for multicomponent diffusion. Geochim. Cosmochim. Acta, 61, 5295-5312.

Lifshitz, H. M. and Pitaevskii, L. P. (1981) Physical Kinetics, Pergamon Press, Oxford.

Lifshitz, I. M. and Slyozov, V. V. (1961) The kinetics of precipitation from supersaturated solid solutions. J. Phys. Chem. Solids, 19, 35-50.

Linde, A. T., Sacks, I. S., Johnston, M. J. S., Hill, D. P. and Billharm, R. G. (1994) Increased pressure from rising bubbles as a mechanism for remotely triggered seismicity. Nature, 371, 408-410.

Liu, Y., Zhanga, Y. and Behrens, H. (2004) H_2O diffusion in dacitic melts. Chem. Geol., 209, 327-340.

Liu, Y., Anderson, A. T. and Wilson, C. J. N. (2007) Melt pockets in phenocrysts and decompression rates of silicic magmas before fragmentation. J. Geophys. Res. Solid Earth, 112, B06204.

Lofgren, G. (1971) Spherulitic textures in glassy and crystalline rocks. J. Geophys. Res., 76(23), 5635-5648.

Lofgren, G. (1974a) Temperature induced zoning in synthetic plagioclase feldspar. The Feldspars, NATO Feldspar Institute, Manchester Univ. Press, Manchester, 362-375.

Lofgren, G. (1974b) An experimental study of plagioclase crystal morphology: isothermal crystallization. Am. J. Sci., 274(3), 243-273.

Lofgren, G. E., Donaldson, C. H., Williams, R. J., Mullins, O. and Usselman, T. M. (1974) Experimentally reproduced textures and mineral chemistry of Appolo 15 quartz normative basalts. Proc. Lunar Planet. Sci. 5th, 549-567.

Lofgren, G. E., Grove, T. L., Brown, R. W. and Smith, D. P. (1979) Composition of dynamic crystallization techniques on Apollo 15 quartz normative basalts, Proc. Lunar Planet. Sci. Conf. 10th, 423-438.

Lofgren, G. E. (1980) Experimental studies on the dynamic crystallization of silicate melts. In: Physics of magmatic process, (Hargrabes R. B. ed), Princeton University Press, Princeton, 488-551.

Lyakhovsky, V., Hurwitz, S. and Navon, O. (1996) Bubble growth in rhyolitic melts: experimental and numerical investigation. Bull. Volcanol., 58, 19-32.

町田洋・新井房夫 (2003) 新編 火山灰アトラス，東京大学出版会, pp360.

Maeda, I. (2000) Nonlinear visco-elastic volcanic model and its application to the recent eruption of Mt. Unzen. J. Volcanol. Geotherm. Res., 95(1-4), 35-47.

Mancini, S., Forestier-Coste, L., Burgisser, A., James, F. and Castro, J. (2016) An expansion-coalescence model to track gas bubble populations in magmas. J. Volcanol. Geotherm. Res., 313, 44-58.

Manga, M. and Stone, H. A. (1994) Interactions between bubbles in magmas and lavas: effects of bubble deformation. J. Volcanol. Geotherm. Res., 63(3-4), 267-279.

Mangan, M. T. (1990) Crystal size distribution systematics and the determination of magma storage times: The 1959 eruption of Kilauea volcano, Hawaii. J. Volcanol. Geotherm. Res., 44, 295-302.

Mangan, M. T. and Sisson, T. W. (2000) Delayed, disequilibrium degassing in rhyolite magma. Decompression experiments and implications for explosive volcanism. Earth Planet. Sci. Lett., 183, 441-455.

Mangan, M. T. and Sisson, T. W. (2005) Evolution of melt-vapor surface tension in silicic volcanic systems: Experiments with hydrous melts. J. Geophys. Res., 110, B01202, doi:10.1029/2004JB00321523-36.

Manley, C. R. and Fink, J. H. (1987) Internal textures of rhyolite flows as revealed by research drilling. Geology, 15(6), 549-552.

萬年一剛 (1999) 伊豆大島 1986 年噴火 TB テフラの全噴出物粒度組成・全噴出量. 火山, 44, 55-70.

Marsh, B. D. (1988) Crystal size distribution (CSD) in rocks and the kinetics and dynamics of crystallization I. Theory. Contrib. Mineral. Petrol., 99, 277-291.

Marsh, B. D. (1998) On the interpretation of crystal size distributions in magmatic systems. J. Petrol., 39, 553-599.

Martel, C. and Bureau, H. (2001) In situ high-pressure and high-temperature bubble growth in silicic melts. Earth Planet. Sci. Lett., 191, 115-127.

Martel, C. and Schmidt, B. C. (2003) Decompression experiments as an insight into ascent rates of silicic magmas. Contrib. Mineral. Petrol., 144, 397-425.

Martel, C. (2012) Eruption dynamics inferred from microlite crystallization experiments: application to Plinian and dome-forming eruptions of Mt. Pelée (Martinique, Lesser Antilles). J. Petrol., 53(4), 699-725.

Masotta, M., Ni, H. and Keppler, H. (2014) In situ observations of bubble growth in basaltic, andesitic and rhyodacitic melts. Contrib. Mineral. Petrol., 167(2), 976.

Massol, H. and Koyaguchi, T. (2005) The effect of magma flow on nucleation of gas bubbles in a volcanic conduit. J. Volcanol. Geotherm. Res., 143, 69-88.

McBirney, A. R. and Noyes, R. M. (1979) Crystallization and layering of the Skaergaard intrusion. J. Petrol., 20(3), 487-554.

McBirney, A. (1993) Igneous petrology (2nd ed), Jones and Barlett Publishers, Boston.

Meakin, P. (1990) Coalescence of drifting droplets and bubbles in two- and three-dimensional space. Phys. Rev., A42, 4678-4687.

Melnik, O. and Sparks, R. S. J. (1999) Nonlinear dynamics of lava dome extrusion. Nature, 402, 37-41.

Minakami, T. (1942) On the distribution of volcanic ejecta (Part 1.). The distribution of volcanic bombs ejected by the recent explosions of Asama. Bull. Earthq. Res. Inst., 20, 62-92.

Miwa, T., Toramaru, A. and Iguchi, M. (2009) Correlations of volcanic ash texture with explosion earthquakes from vulcanian eruptions at Sakurajima volcano, Japan. J. Volcanol. Geotherm. Res., 184(3-4), 473-486.

Miwa, T. and Geshi, N. (2012) Decompression rate of magma at fragmentation: Inference from broken crystals in pumice of vulcanian eruption. J. Volcanol. Geotherm. Res., 227, 76-84.

Miwa, T. and Toramaru, A. (2013) Conduit process in vulcanian eruptions at Sakurajima volcano, Japan: Inference from comparison of volcanic ash with pressure wave and seismic data. Bull. Volcanol., 75(1), 685.

Mollard, E., Martel, C. and Bourdier, J. L. (2012) Decompression-induced crystallization in hydrated silica-rich melts: empirical models of experimental plagioclase nucleation and growth kinetics. J. Petrol., 53(8), 1743-1766.

Morgan, D. J., Jerram, D. A., Chertkoff, D. G., Davidson, J. P., Pearson, D. G., Kronz, A. and Nowell, G. M. (2007) Combining CSD and isotopic microanalysis: magma supply and mixing processes at Stromboli Volcano, Aeolian Islands, Italy. Earth Planet. Sci. Lett., 260(3), 419-431.

守屋以智雄 (1983) 日本の火山地形，東京大学出版会，pp135.

Mourtada-Bonnefoi, C. C. and Laporte, D. (2004) Kinetics of bubble nucleation in a rhyolitic melt: an experimental study of the effect of ascent rate. Earth Planet. Sci. Lett., 218, 521-537.

Murase, T. and McBirney, A. (1973) Properties of some common igneous rocks and their melts at high temperature. Geol. Soc. Am. Bull., 84, 3563-3592.

Mysen, B. O. (1988) Structure and Properties of Silicate Melts (Developments in Geochemistry 4), Elsevier Science, pp354.

Nakada, S., Shimizu, H. and Ohta, K. (1999) Overview of the 1990-1995 eruption at Unzen Volcano. J. Volcanol. Geotherm. Res., 89, 1-22.

Nakada, S., Nagai, M., Kaneko, T., Suzuki, Y. and Maeno, F. (2013) The outline of the 2011 eruption at Shinmoe-dake (Kirishima), Japan. Earth Planets Space, 65(6), 1.

Nakagawa, M., Matsumoto, A., Amma-Miyashita, M., Togashi, Y. and Iguchi, M. (2011) Change of mode of eruptive activity and the magma plumbing system of Sakurajima Volcano since the 20th century. In: Study on preparation process of volcanic eruption based on intergrated volcano observation 2010, Sakurajima Volcano Research Center, 85-94.

Nakamura, K. (1965) Volcano-Stratigraphic Study of Oshima Volcano, Izu. Bull. Earthq. Res. Inst., Univ. Tokyo, 42(4), 649-728.

Nakamura, K. (2006) Textures of plagioclase microlite and vesicles within volcanic products of the 1914-1915 eruption of Sakurajima Volcano, Kyushu, Japan. J. Mineral. Petrol. Sci., 101, 178-198.

Navon, O. and Lyakhovsky, V. (1998) Vesiculation processes in silicic magmas. In: The Physics of Explosive Volcanic Eruptions (J. S. Gilbert and R. S. J. Sparks, Eds.), Geol. Soc. London, Spec. Publ., 145, 27-50.

Navon, O., Chekhmir, A. and Lyakhovsky, V. (1998) Bubble growth in highly viscous melts: Theory, experiments, and autoexplosivity of dome lavas. Earth Planet. Sci. Lett., 160, 763-776.

Neilson, G. F. and Weinberg, M. C. (1979) A test of classical nucleation theory: Crystal nucleation of lithium disilicate glass. J. Non-Crystal. Solids, 34, 137-147.

Newhall, C. G. and Self, S. (1982) The volcanic explosivity index (VEI) an estimate of explosive magnitude for historical volcanism. J. Geophys. Res.: Oceans, 87(C2), 1231-1238.

Newman, S. and Lowenstern, J. B. (2002) VolatileCalc: a silicate melt-H_2O-CO_2 solution model written in Visual Basic for excel. Comp. Geosci., 28(5), 597-604.

Ni, H., Keppler, H., Walte, N., Schiavi, F., Chen, Y., Masotta, M. and Li, Z. (2014) In situ observation of crystal growth in a basalt melt and the development of crystal size distribution in igneous rocks. Contrib. Mineral. Petrol., 167:1003 DOI 10.1007/s00410-014-1003-9.

西村太志・井口正人 (2006) 日本の火山性地震と微動，京都大学学術出版会，pp242.

Noguchi, S., Toramaru, A. and Nakada, S. (2008) The relation between microlite textures and discharge rate for the 1991-1995 eruptions at Unzen, Japan. J. Volcanol. Geotherm. Res., 175, 141-155.

Nowak, M. and Behrens, H. (1995) The speciation of water in hapologranitic glasses and melts determined by in situ near-infrared spectroscopy. Geochim. Cosmochi.

Acta, 59, 3445-3450.

Ohashi, M., Ichihara, M. and Toramaru, A. (2018) Bubble deformation in magma under transient flow conditions. J. Volcanol. Geotherm. Res., 364, 59-75.

Ohashi, M., Toramaru, A. and Masotta, M. (2019) Bubble coalescence in magmas, (in preparation).

Okumura, S. and Nakashima, S. (2005) Water diffusion in basaltic to dacitic glasses. Chem. Geol., 227, 70-82.

Okumura, S., Nakamura, M., Tsuchiyama, A., Nakano, T. and Uesugi, K. (2008) Evolution of bubble microstructure in sheared rhyolite: Formation of a channel-like bubble network. J. Geophys. Res.: Solid Earth, 113(B7), doi.org/10.1029/2007JB005362.

小野周 (1980) 表面張力（物理学 one point 9），共立出版.

Paillat, O., Elphick, S. C. and Brown, W. L. (1992) The solubility of water in $NaAlSi_3O_8$ melts: a re-examination of Ab-H2O phase relationships and critical behaviour at high pressures. Contrib. Mineral. Petrol., 112, 490-500.

Papale, P. (1997) Modeling of the solubility of a one-component H_2O or CO_2 fluid in silicate liquids. Contrib. Mineral. Petrol., 126, 237-251.

Pichavant, M., Di Carlo, I., Rotolo, S. G., Scaillet, B., Burgisser, A., Le Gall, N. and Martel, C. (2013) Generation of CO_2-rich melts during basalt magma ascent and degassing. Contrib. Mineral. Petrol., 166(2), 545-561.

Piochi, M., Mastrolorenzo, G. and Pappalardo, L. (2005) Magma ascent and eruptive processes from textural and compositional features of Monte Nuovo pyroclastic products, Campi Flegrei, Italy. Bull. Volcanol., 67(7), 663-678.

Plesset, M. S. and Prosperetti, A. (1977) Bubble dynamics and cavitation. Annu. Rev. Fluid Mech., 9, 145-185.

Poritsky, H. (1952) The collapse or growth of a spherical bubble or cabity in a viscous fluid. Proc. First National Cong. in Applied Mechanics, 813-821-D.

Preece, K., Barclay, J., Gertisser, R. and Herd, R. A. (2013) Textural and micropetrological variations in the eruptive products of the 2006 dome-forming eruption of Merapi volcano, Indonesia: Implications for sub-surface processes, J. Volcanol. Geotherm. Res., 261, 98-120.

Prosperetti, A. (1982) A generalization of the Rayleigh-Plesset equation of bubble dynamics. Phys. Fluid., 25(3), 409-410.

Proussevitch, A. A., Sahagian, D. L. and Kutolin, V. A. (1993a) Stability of foams in silicate melts. J. Volcanol. Geotherm. Res., 59, 161-178.

Proussevitch, A. A., Sahagian, D. L. and Anderson, V. A. T. (1993b) Dynamics of diffusive bubble growth in magmas: Isothermal case. J. Geophys. Res., 98, 22283-22307.

Proussevitch, A. A., Sahagian, D. L. and Anderson, V. A. T. (1994) Reply to Comments by Sparks. J. Geophys. Res., 99, 17829-17832.

Pupier, E., Duchene, S. and Toplis, M. J. (2008) Experimental quantification of plagioclase crystal size distribution during cooling of a basaltic liquid. Contrib. Mineral. Petrol., 155(5), 555-570.

Pyle, D. M. (1989) The thickness, volume and grainsize of tephra fall deposits. Bull. Volcanol., 51(1), 1-15.

Pyle, D. M. and Pyle, D. L. (1995) Bubble migration and the initiation of volcanic eruptions. J. Volcanol. Geotherm. Res., 67, 227-232.

Ramabhadran, T. E., Peterson, T. W. and Seinfeld, J. H. (1976) Dynamics of aerosol coagulation and condensation. AIChE J., 22(5), 840-851.

Randolph, A. D. and Larson, M. A. (1988) Theory of Particulate Processes, 2nd ed. Academic Press, New York, pp369.

Rayleigh, Lord (1917) On the pressure developed in a liquid during the collapse of a spherical cavity. Philosophical Magazine and Journal of Science, 34, 94-98.

Resmini, R. G. and Marsh, B. D. (1995) Steady-state volcanism, paleoeffusion rates, and magma system volume inferred from plagioclase crystal size distributions in mafic lavas: Dome Mountain, Nevada. J. Volcanol. Geotherm. Res., 68(4), 273-296.

Resmini, R. G. (2007) Modeling of crystal size distributions (CSDs) in sills. J. Volcanol. Geotherm. Res., 161(1), 118-130.

Rumpf, H. and Gupte, A. R. (1971) Einflusse der porositat und korngrossenvertellung in widerstandsgesetz der perenstromung, Chemie-Ing. Tehc., 43, 367-375.

Rust, A. C. and Manga, M. (2002) Bubble Shapes and Orientations in Low Re Simple Shear Flow. J. Coll. Int. Sci., 249, 476-480.

Rust, A. C., Manga, M. and Cashman, K. V. (2003) Determining flow type, shear rate and shear stress in magmas from bubble shapes and orientations. J. Volcanol. Geotherm. Res., 122, 111-132.

Rust, A. C. and Cashman, K. V. (2007) Multiple origins of obsidian pyroclasts and implications for changes in the dynamics of the 1300 BP eruption of Newberry Volcano, USA. Bull. Volcanol., 69(8), 825-845.

Rutherford, M. J. and Hill, P. M. (1993) Magma ascent rates from amphibole breakdown: an experimental study applied to the 1980-1986 Mount St. Helens eruptions. J. Geophys. Res., 98, 19667-19685.

Saar, M. O. and Manga, M. (2002) Continuum percolation for randomly oriented soft-core prisms. Phys. Rev., E65, 056131.

Sahagian, D. (1985) Bubble migration and coalescence during the solidification of basaltic lava flows. J. Geol., 93(2), 205-211.

Sahagian, D. L., Anderson, A. T. and Ward, B. (1989) Bubble coalescence in basalt flows: comparison of a numerical model with natural examples. Bull. Volcanol., 52(1), 49-56.

Sahagian, D. L. and Proussevitch, A. A. (1992) Bubbles in volcanic systems. Nature, 359, 485.

Sahagian, D. L. and Proussevitch, A. A. (1996) Thermal effects of magma degassing. J. Volcanol. Geotherm. Res., 74, 19-38.

佐久間修三・村瀬勉 (1957) 高温における火山ガラスの諸性質：粘性・気泡の成長. Some Properties of Natural Glasses at High Temperatures: Viscosity and the Growth of bubbles. 火山, 第 2 集 2(1), 6-16, 09-30.

Sakuyama, M. and Kushiro, I. (1979) Vesiculation of hydrous andesitic melt and transport of alkalies by separated vapor phase. Contrib. Mineral. Petrol., 71(1), 61-66.

Salisbury, M. J., Bohrson, W. A., Clynne, M. A., Ramos, F. C. and Hoskin, P. (2008) Multiple plagioclase crystal populations identified by crystal size distribution and in situ chemical data: implications for timescales of magma chamber processes associated with the 1915 eruption of Lassen Peak, CA. J. Petrol., 49(10), 1755-1780.

Sano, K., Wada, K. and Sato, E. (2015) Rates of water exsolution and magma ascent inferred from microstructures and chemical analyses of the Tokachi-Ishizawa obsidian lava, Shirataki, northern Hokkaido, Japan. J. Volcanol. Geotherm. Res., 292, 29-40.

Sano, K. and Toramaru, A. (2017) Cooling and crystallization of rhyolite-obsidian lava: Insights from micron-scale projections on plagioclase microlites. J. Volcanol. Geotherm. Res., 341, 158-171.

Sato, H. (1995) Textural difference of pahoehoe and aa lava of Izu-Oshima volcano, Japan—an experimental study on population density of plagioclase. J. Volcanol. Geotherm. Res., 66, 101-113.

Schiavi, F., Walte, N. and Keppler, H. (2009) First in situ observation of crystallization processes in a basaltic-andesitic melt with the moissanite cell. Geology, 37(11), 963-966.

Schmelzer, J. W. and Baidakov, V. G. (2016) Comment on "Simple improvements to classical bubble nucleation models". Phys. Rev. E, 94(2), 026801.

Schmincke, H. U. (2000) Vulkanismus, Wissenschaftliche Buchgesellschaft, Darmstadt, pp264.（ハンス–ウルリッヒ・シュミンケ著，隅田まり・西村裕一訳 (2010) 火山学，古今書院，pp354.）

Shante, V. K. S. and Kirkpatrick, S. (1971) An introduction to percolation theory. Adv. Phys., 20, 325-357.

Shaw, H. R. (1972) Viscosities of magmatic silicate liquids; an empirical method of predition. Am. J. Sci., 272, 870-893.

Shaw, H. (1974) Diffusion of H_2O in granitic liquids: part I. experimental data; part II. mass transfer in magma chambers, in Geochemical Transport and Kinetics, Carnegie I Washington 634, 139-170.

Shea, T. and Hammer, J. E. (2013) Kinetics of cooling- and decompression-induced crystallization in hydrous mafic-intermediate magmas. J. Volcanol. Geotherm. Res., 260, 127-145.

Shen, A. and Keppler, H. (1995) Infrared spectroscopy of hydrous silicate melts to 1000°C and 10 kbar: Direct observation of H_2O speciation in a diamond-anvil cell. Am. Mineral., 80, 1335-1338.

Shimano, T., Nishimura, T., Chiga, N., Shibasaki, Y., Iguchi, M., Miki, D. and Yokoo, A. (2013) Development of an automatic volcanic ash sampling apparatus for active volcanoes. Bull. Volcanol., 75(12), 773.

下鶴大輔・中牟田修・妹尾博文・野田博治・種子田定勝 (1957) 軽石生成の機巧に就て, Mechanism of Pumice Formation, 火山，第 2 集 2(1), 17-25, 1957-09-30.

Shimozuru, D. (1994) Physical parameters governing the formation of Pele's hair and tears. Bull. Volcanol., 56, 217-219.

Simura, R. and Ozawa, K. (2011) Magmatic fractionation by compositional convection in a sheet-like magma body: Constraints from the Nosappumisaki Intrusion, northern Japan. J. Petrol., 52(10), 1887-1925.

Smith, V. G., Tiller, W. A. and Rutter, J. W. (1955) A mathematical analysis of solute redistribution during solidification. Canad. J. Phys., 33, 723-745.

Sparks, R. S. J. and Wilson, L. (1976) A model for the formation of ignimbrite by gravitational column collapse. J. Geol. Soc., 132(4), 441-451.

Sparks, R. S. J. (1978) The dynamics of bubble formation and growth in magmas: A review and analysis. J. Volcanol. Geotherm. Res., 3, 1-37.

Sparks, R. S. J. and Brazier, S. (1982) New evidence for degassing processes during explosive eruptions. Nature, 295, 218-220.

Sparks, R. S. J. (1994) Comments on "Dynamics of diffusive bubble growth in magmas: Isothermal case" by A. A. Proussevitch, D. L. Sahagian, and V. A. T. Anderson. J. Geophys. Res., 99, 17827-17828.

Spickenbom, K., Sierralta, M. and Nowak, M. (2010) Carbon dioxide and argon diffusion in silicate melts: insights into the CO_2 speciation in magmas. Geochim. Cosmochim. Acta, 74, 6541-6564.

Spillar, V. and Dolejs, D. (2014) Kinetic model of nucleation and growth in silicate melts: Implications for igneous textures and their quantitative description. Geochim. Cosmochim. Acta, 131, 164-183.

Spohn, T., Hort, M. and Fischer, H. (1988) Numerical simulation of the crystallization of multicomponent melts in thin dikes or sills. 1: the liquidus phase. J. Geophys. Res., 93, 4880-4894.

Stauffer, D. and Aharony, A. (2014) Introduction to percolation theory: revised second edition, CRC Press.

Stevenson, R. J., Briggs, R. M. and Hodder, A. P. W. (1994) Physical volcanology and emplacement history of the Ben Lomond rhyolite lava flow, Taupo Volcanic Centre, New Zealand. NZ J. Geol. Geophys., 37(3), 345-358.

Stewart, C. W. (1995) Bubble interaction in low-viscosity liquids. Intern. J. Multiphase Flow, 21(6), 1037-1046.

Stolper, E. (1982) The speciation of water in silicate melts. Geochim. Cosmochim. Acta, 46, 2609-2620.

Suzuki, A., Suzuki, T., Nagaoka, Y. and Iwata, Y. (1968) On secondary dendrite arm spacing in commercial carbon steel with different carbon content (in Japanese with English abstract). J. Jpn. Inst. Metals, 12, 1301-1305.

鈴木由希 (2016) 噴火時のマグマプロセスを噴出物組織から探る手法—過去 10 年間の研究進展のレビュー．火山，61, 367-384.

Suzuki, Y., Maeno, F., Nagai, M., Shibutani, H., Shimizu, S. and Nakada, S. (2018) Conduit processes during the climactic phase of the Shinmoe-dake 2011 eruption (Japan): Insights into intermittent explosive activity and transition in eruption style of andesitic magma. J. Volcanol. Geotherm. Res., 358, 87-104.

Swanson, S. E. (1977) Relation of nucleation and crystal-growth rate to the development of granitic texture. Am. Mineral., 62, 966-978.

Swanson, D. A., Rose, T. R., Fiske, R. S. and McGeehin, J. P. (2012) Keanakakoi Tephra produced by 300 years of explosive eruptions following collapse of Kīlauea's caldera in about 1500 CE. J. Volcanol. Geotherm. Res., 215, 8-25.

Takeuchi, S., Nakashima, S. and Tomiya, A. (2008) Permeability measurements of natural and experimental volcanic materials with a simple permeameter: toward an understanding of magmatic degassing processes. J. Volcanol. Geotherm. Res., 177(2), 329-339.

Takeuchi, S., Tomiya, A. and Shinohara, H. (2009) Degassing conditions for permeable silicic magmas: Implications from decompression experiments with constant rates. Earth Planet. Sci. Lett., 283(1-4), 101-110.

竹内晋吾 (2016) マグマ溜まり条件でのマグマ粘性とその簡便推定．震研彙報，91(3), 55-63.

Tanaka, K. K., Tanaka, H., Angèlil, R. and Diemand, J. (2015) Simple improvements to classical bubble nucleation models. Phys. Rev. E, 92(2), 022401.

Tanaka, K. K., Tanaka, H., Angèlil, R. and Diemand, J. (2016) Reply to "Comment on 'Simple improvements to classical bubble nucleation models'". Phys. Rev. E, 94(2), 026802.

Taniguchi, H. (1988) Surface tension of melts in the system CaMg-Si_2O_6-$CaAl_2Si_2O_8$ and its structural significance. Contrib. Mineral. Petrol., 100, 484-489.

谷口宏充 (2001) マグマ科学への招待（ポピュラー・サイエンス），裳華房，pp179.

Taylor, G. I. (1932) The viscosity of a fluid containing small drops of another fluid. Proc. Roy. Soc. A London, 138, 41-48.

Taylor, G. I. (1934) The formation of emulsions in definable fields of flow. Proc. Roy.

Soc. A London, 146, 501-523.

Thompson, P. A., Carofano, G. C. and Kim, Y. -G. (1986) Shock waves and phase changes in a large-heat-capacity fluid emerging from a tube. J. Fluid Mech., 166, 57-92.

Tiller, W. A., Jackson, K. A., Rutter, J. W. and Chalmers, B. (1953) The redistribution of solute atoms during the solidification of metals. Acta Metal., 1, 428-437.

Tolman, R. C. (1949) The effect of droplet size on surface tension. J. Chem. Phys., 17(3), 333-337.

Tomiya, A. and Takahashi, E. (1995) Reconstruction of an evolving magma chamber beneath Usu Volcano since the 1663 eruption. J. Petrol., 36(3), 617-636.

Toramaru, A. (1988) Formation of propagation pattern in two-phase flow systems with application to volcanic eruptions. Geophys. J., 95(3), 613-623.

Toramaru, A. (1989) Vesiculation process and bubble size distributions in ascending magmas with constant velocities. J. Geophys. Res., 94, 17523-17542.

Toramaru, A. (1990) Measurement of bubble size distributions in vesiculated rocks with implications for quantitative estimation of eruption process. J. Volcanol. Geotherm. Res., 43, 71-90.

Toramaru, A. (1991) Model of nucleation and growth of crystals in cooling magmas. Contrib. Mineral. Petrol., 108, 106-117.

Toramaru, A. (1995) Numerical study of nucleation and growth of bubbles in viscous magmas. J. Geophys. Res., 100, 1913-1931.

Toramaru, A., Ishiwatari, A., Matsuzawa, M., Nakamura, M. and Arai, S. (1996) Vesicle layering in solidified intrusive magma bodies: a newly recognized type of igneous structure. Bull. Volcanol., 58(5), 393-400.

Toramaru, A., Ishiwatari, A., Matsuzawa, M., Nakamura, M. and Arai, S. (1997) Corrections to vesicle layering in solidified intrusive magma bodies: a newly recognized type of igneous structure. Bull. Volcanol., 58(8), 655-656.

Toramaru, A. (2001) A numerical experiment of crystallization for a binary eutectic system with application to igneous textures. J. Geophys. Res., 106, 4037-4060.

Toramaru, A. (2006) BND (bubble number density) decompression rate meter for explosive volcanic eruptions. J. Volcanol. Geotherm. Res., 154, 303-316.

Toramaru, A. and Miwa, T. (2008) Vesiculation and crystallization under instantaneous decompression: Numerical study and comparison with laboratory experiments. J. Volcanol. Geotherm. Res., 177, 983-996.

Toramaru, A., Noguchi, S., Oyoshihara, S. and Tsune, A. (2008) MND (microlite number density) water exsolution rate meter. J. Volcanol. Geotherm. Res., 175, 156-167.

Toramaru, A. (2014) On the second nucleation of bubbles in magmas under sudden decompression. Earth Planet. Sci. Lett., 404, 190-199.

Toschev, S., Milchev, A. and Stoyanov, S. (1972) On some probabilistic aspects of the nucleation process. J. Crystal Growth, 13, 123-127.

Traykov, T. T., Manev, E. D. and Ivanov, I. B. (1977) Hydrodynamics of thin liquid films. Experimental investigation of the effect of surfactant on the drainage of emulsion films. Int. J. Multiphase Flow, 3, 485-494.

Tsuchiyama, A. (1983) Crystallization kinetics in the system $CaMgSi_2O_6$-$CaAl_2Si_2O_8$; the delay in nucleation of diopside and anorthite. Am. Mineral., 68(7-8), 687-698.

Tsuchiyama, A. (1985) Crystallization kinetics in the system $CaMgSi_2O_6$-$CaAl_2Si_2O_8$; development of zoning and kinetics effects on element partitioning. Am. Mineral.,

70(5-6), 474-486.

Turcotte, D. L. and Schubert, G. (1982) Geodynamics: Applications of continuum physics to geological problems, John Wiley and Sons, New York.

Turcotte, D. L., Ockendon, H., Ockendon, J. R. and Cowley, S. J. (1990) A mathematical model of vulcanian eruptions. Geophys. J. Intern., 103(1), 211-217.

Turnbull, D. and Fisher, J. C. (1949) Rate of Nucleation in Condensed Systems. J. Chem. Phys., 17, 71. doi: 10.1063/1.1747055

Uhlmann, D. R. (1972) A kinetic treatment of glass formation, J. Non-Crystal. Solids, 7, 337-348.

Underwood, E. E. (1972) The mathematical foundations of quantitative stereology. In: Stereology and quantitative metallography, ASTM International.

Urbain, G., Bottinga, Y. and Richet, P. (1982) Viscosity of liquid silica, silicates and alumino-silicates. Geochim. Cosmochim. Acta, 46, 1061-1072.

Vinet, N. and Higgins, M. D. (2011) What can crystal size distributions and olivine compositions tell us about magma solidification processes inside Kilauea Iki lava lake, Hawaii? J. Volcanol. Geotherm. Res., 208, 136-162.

和田靖 (1981) マクロな系と統計法則（物理学の廻廊），産業図書，pp176.

Wager, L. R. (1961) A note on the origin of ophitic texture in the chilled olivine gabbro of the Skaergaard intrusion. Geol. Mag., 1008, 353-369.

Walker, D., Kirkpatrick, R. J., Longhi, J. and Hays, J. F. (1976) Crystallization history of lunar picritic basalt sample 12002: phase-equilibria and cooling rate studies. Geol. Soc. Am. Bull., 87, 646-656.

Walker, D., Powell, M. A., Lofgren, G. E. and Hays, J. F. (1978) Dynamic crystallization of a eucrite basalt. Proc. Lunar Planet. Sci. Conf. 9th, 1369-1391.

Walker, D. and Mullins Jr., O. (1981) Surface tension of natural silicate melts from 1200°C - 1500°C and implication for melt structure. Contrib. Mineral. Petrol., 76, 455-462.

Walker, G. P. L. (1980) The Taupo pmice: Product of the most powerful known (ultraplinian) eruption? J. Volcanol. Geotherm. Res., 8, 69-94.

Waters, L. E., Andrews, B. J. and Lange, R. A. (2015) Rapid crystallization of plagioclase phenocrysts in silicic melts during fluid-saturated ascent: Phase equilibrium and decompression experiments. J. Petrol., 56(5), 981-1006.

Watson, E. B. (1991) Diffusion of dissolved CO_2 and Cl in hydrous silicic to intermediate magmas. Geochim. Cosmochim. Acta, 55(7), 1897-1902.

Weaire, D. and Hutzler, S. (2000) The Physics of Foams, Oxford University Press.

Webb, S. L. (1992) Low-frequency shear and structure relaxation in rhyolitic melt. Phys. Chem. Minerals, 119, 240-245.

Wetzel, E. D. and Tucker, C. L. (2001) Droplet deformation in dispersions with unequal viscosities and zero interfacial tension. J. Fluid Mech., 426, 199-228.

Wilhelm, S. and Worner, G. (1996) Crystal size distribution in Jurassic Ferrar flows and sills (Victoria Land, Antarctica): evidence for processes of cooling, nucleation, and crystallisation. Contrib. Mineral. Petrol., 125(1), 1-15.

Wilson, L., Sparks, R. S. J. and Walker, G. P. L. (1980) Explosive volcanic eruptions - IV The control of magma properties and conduit geometory on eruption column behavior. Geophys. J. Roy. Astr. Soc., 63, 117-148.

Winkler, H. F. G. (1948) Crystallization of basaltic magma as recorded by variation of crystal size in dikes. Mineral. Mag., 28, 557-574.

Witham, A. G. and Sparks, R. S. J. (1986) Pumice. Bull. Volcanol., 48, 209-223.

Yamada, K., Tanaka, H., Nakazawa, K. and Emori, H. (2005) A new theory of bubble formation in magma. J. Geophys. Res., 110, B02203 10.1029/2004JB003113.

Yamada, K., Emori, H. and Nakazawa, K. (2008) Time-evolution of bubble formation in a viscous liquid. Earth Planets Space, 60, 661-679.

Yamamoto, T. and Hasegawa, H. (1977) Grain Formation through Nucleation Process in Astrophysical Environment. Progress in Theoretical Physics, 58, 816-828. doi: 10.1143/PTP.58.816.

Yamashita, S. (1999) Experimental Study of the Effect of Temperature on Water Solubility in Natural Rhyolite Melt to 100 MPa. J. Petrol., 40, 1497-1507.

Yamashita, S. and Toramaru, A. (2019) Control of magma plumbing systems on long term eruptive behavior of Sakurajima volcano: Insights from CSD (Crystal Size Distribution) analysis, AGU Geophysical Monograph. (submitted)

Yanagi, T., Ichimaru, Y. and Hirahara, S. (1991) Petrochemical evidence for coupled m agma chambers beneath the Sakurajima volcano, Kyushu, Japan. Geochem. J., 25, 17-30.

Yoder, Jr. H. S. (1965) Diopside-anorthite-water at five and ten kilobars and its bearing on explosive volcanism. Yearbook of Carnegie Institution of Washington, 64, 82-89.

吉田牧子 (2008MS) 長崎県平戸島における島構造の発達した岩脈について—岩石組織の解析および縞構造形成メカニズムの提案. 九州大学大学院理学府地球惑星科学専攻修士論文.

Yoshimura, S. and Nakamura, M. (2013) Flux of volcanic CO_2 emission estimated from melt inclusions and fluid transport modelling, Earth Planet. Sci. Lett., 361, 497-503.

Zel'dovich, Ya. B. (1942) Zhur. Eksper. Teor. Fiz., 12, 525.

Zeldovich, Y. B. and Raizer, Y. P. (1967) Physics of shock waves and high-temperature hydrodynamic phenomena, Academic press, New York.

Zhang, Y. and Stolper, E. M. (1991) Water diffusion in a basaltic melt. Nature, 351, 306-309.

Zhang, Y. and Behrens, H. (2000) H_2O diffusion in rhyolitic melts and glasses. Chem. Geol., 169, 243-262.

Zieg, M. J. and Marsh, B. D. (2002) Crystal size distributions and scaling laws in the quantification of igneous textures. J. Petrol., 43(1), 85-101.

Zieg, M. J. and Lofgren, G. E. (2006) An experimental investigation of texture evolution during continuous cooling. J. Volcanol. Geotherm. Res., 154(1), 74-88.

索引

著者略歴

寅丸敦志（とらまる・あつし）

1959 年　香川県生まれ
1983 年　神戸大学理学部卒業
1989 年　東京大学大学院理学系研究科博士課程修了
　金沢大学理学部助手・助教授を経て
現　在　九州大学大学院理学研究院教授，理学博士
主要著書『火山爆発に迫る』（分担執筆，2009 年，東京大学出版会）

マグマの発泡と結晶化——火山噴火過程の基礎

2019 年 2 月 15 日　初　版

[検印廃止]

著　者　寅丸敦志
発行所　一般財団法人　東京大学出版会
代表者　吉見俊哉
153–0041　東京都目黒区駒場 4–5–29
電話 03–6407–1069　　FAX 03–6407–1991
振替 00160–6–59964
印刷所　三美印刷株式会社
製本所　誠製本株式会社

ISBN 978–4–13–066712–8 Printed in Japan